TURING 图灵数学经典 · 18

陶哲轩
实分析

第4版

[澳] 陶哲轩（Terence Tao）/ 著

李 馨 / 译

人民邮电出版社
北京

图书在版编目（CIP）数据

陶哲轩实分析：第 4 版 /（澳）陶哲轩著；李馨译.
北京：人民邮电出版社，2025. -- （图灵数学经典）.
ISBN 978-7-115-66554-6

I. O174.1

中国国家版本馆 CIP 数据核字第 2025Y3S937 号

内 容 提 要

本书采用一种不同寻常的方法介绍数学分析，以展现数学证明的精妙之处. 从构造数系和集合论等基础知识开始，本书全面覆盖级数、连续性、可微性、黎曼积分等重要内容，并逐渐深入到傅里叶分析、多元微积分、勒贝格积分等高等主题，叙述清晰，示例丰富，完美结合了严格性和直观性. 本书在附录部分还讲解了数理逻辑基础和十进制，书中的习题和正文密切相关，有利于读者掌握所学的知识.

本书适合初次学习实分析的本科生使用，是面向数学专业学生的一本优秀的参考书.

♦　著　　　　　[澳] 陶哲轩（Terence Tao）
　　译　　　　　李　馨
　　责任编辑　　张子尧
　　责任印制　　胡　南
♦　人民邮电出版社出版发行　　　　北京市丰台区成寿寺路 11 号
　　邮编　100164　　电子邮件　315@ptpress.com.cn
　　网址　https://www.ptpress.com.cn
　　三河市君旺印务有限公司印刷
♦　开本：700×1000　1/16
　　印张：30　　　　　　　　　　　2025 年 6 月第 1 版
　　字数：657 千字　　　　　　　　2025 年 6 月河北第 1 次印刷
　　著作权合同登记号　图字：01-2023-4532 号

定价：139.80 元

读者服务热线：(010)84084456-6009　印装质量热线：(010)81055316
反盗版热线：(010)81055315

版权声明

致我的父母，感谢他们所做的一切.

第 1 版前言

本书的内容来源于 2003 年我在加州大学洛杉矶分校给本科生讲授高等实分析系列课程时所使用的讲义. 该校的本科生普遍认为实分析是最难学的课程之一, 其原因不仅仅在于学生都是第一次接触很多抽象的概念（比如拓扑、极限、可测性等）, 还因为本课程对严格性和证明的要求较高. 意识到学习本课程存在这样的困难, 教师在授课时往往面临如下两种艰难的选择：要么选择降低课程的严格性, 从而使本课程的学习变得更容易；要么坚持本课程学习中的严格标准, 但是这样往往会使得大部分本科生面临与学习材料艰难斗争的局面, 即便是那些既聪明又有学习热情的学生, 也很难避免这种状况发生.

面对这样进退两难的局面, 我尝试采用一种稍不寻常的方法来教授本课程. 按照通常的教学方法, 实分析的导学部分都假定学生已经非常了解实数、数学归纳法、初等微积分、集合论基础等知识, 并且在此基础上, 很快将进入课程的核心部分, 比如极限的概念. 正常情况下, 当学生学到这部分核心内容时, 教材会向学生展示那些必需的预备知识, 但是大部分教材不会对这些预备知识进行详细的论述. 例如, 虽然学生能够直观地想象出实数和整数, 并能利用它们来进行代数运算, 但是很少有学生能够真正定义实数或整数. 在我看来, 这真的是错失了一个非常好的机会. 实分析、线性代数和抽象代数是学生最先学习的三门课程. 通过对实分析的学习, 学生能够真正领悟严格数学证明的精妙之处. 因此, 这门课程为我们提供了一个回顾数学基础知识的绝佳机会, 特别是为我们正确、全面掌握实数的本质提供了良机.

因此, 本课程将按照如下方式展开. 第一周, 我将给出分析理论中一些比较著名的"悖论". 在这些悖论中, 分析理论中的标准法则（如极限运算与和运算的交换法则, 或者和运算与积分运算的交换法则）按照不严格的方式来应用, 会得到一些荒谬的结论, 如 $0 = 1$. 这就启发我们要回到这门课程的开端, 甚至回到自然数的定义, 并要求我们对所有基础理论从头进行验证. 例如, 布置给学生的第一个家庭作业就是（只利用佩亚诺公理）证明对所有的自然数, 加法结合律均成立（对任意的自然数 a, b, c, $(a + b) + c = a + (b + c)$ 均成立, 见习题 2.2.1）. 所以, 即便是在刚开始学习本课程的第一周, 学生也必须利用数学归纳法写出严格的证明过程. 在推导出自然数的所有基本性质之后, 我们将开始学习整数（整数最初被定义为自然数的形式差）. 一旦学生能证明整数的所有基本性质, 我们就将转向对有理数（有理数最初被定义为整数的形式商）的学习. 然后, 我们（通过柯西序列的形式极限）来学习实数的相关知识. 在学习上述内容的同时, 我们也会学习一些集合论的基础知识, 例如, 对实数不可数性质的阐述. 只有在学完以上这些内容后（大概 10 讲之后）, 我们才开始学习人们通常认为的实分析的核心部分：极限、连续性、可微性等.

按照这样的方式来学习, 学生在整个学习过程中的反馈是非常有趣的. 在最初的几周中, 因为只需掌握标准数系的一些基本性质, 所以学生认为教材在概念层面上是非常容易的. 但是在知识层面上, 教材是非常有挑战性的. 这是由于为了从数系较原始的属性中严格地推导出更高水平的属性, 我们是从最基础的观点来分析数系的. 有一名学生曾经告诉我, 他很难向那些没有学习过高等实分析课程的朋友解释清楚如下两个问题：(a) 为什么当自己还在学习如何证明有理数只能为正、负或零（习题 4.2.4）时, 那些学习非高等实分析课程的学生已经在学习如何区分级数的绝对收敛和条件收敛；(b) 即便如此, 为什么感觉自己的家庭作业要比那些同学的更难. 另外一名学生非常苦恼地告诉我, 尽管她很清楚为什么一个自然数 n 除以一个正整数 q 可以得到一个商 a 和一个小于 q 的余数 r（习题 2.3.5）, 但是要证明这个事实对她来说非常困难, 这令她很沮丧.（我告诉她在后续的课程中, 有些命题的正确性并不是显而易见的, 而且她一定能够学会证明这些命题. 但是, 她看起来并没有因为我说的这些而感到欣慰.）然而, 这些学生仍然非常喜欢做家庭作业, 因为他们通过自己的不懈努力, 给出了关于某个直观事实的严格证明, 这加强了规范数学的抽象处理与对数学（以及现实世界）的不规范直觉之间的联系, 使得他们感到非常满足. 当被要求给出实分析中令人厌恶的 "ε-δ" 证明时, 他们已经通过大量的练习形成了直观概念且已经认识到数理逻辑的精妙之处（例如, "任意" 和 "存在" 两种表述的区别）, 这样他们就能够轻松地过渡到 "ε-δ" 这种证明, 同时我们也能够深入且快速地开展课程. 到第 10 周, 我们就已经赶上非高等实分析课程的进度, 学生也开始验证黎曼–斯蒂尔切斯积分的变量替换公式, 并证明分段连续的函数是黎曼可积的. 到第 20 周, 本系列课程就要结束的时候, 我们已经学习了（包括课堂讲述和家庭作业）泰勒级数和傅里叶级数的收敛理论, 以及多元连续可微函数的反函数和隐函数定理, 并建立了勒贝格积分的控制收敛定理.

为充分利用本材料, 很多关键性的基础结论作为家庭作业留给学生自己去证明. 事实上, 这是学习本课程非常重要的一点, 因为这样可以保证学生在学习过程中真正掌握这些重要概念. 这种模式将保留在学习本书的整个过程当中. 绝大部分习题是证明课本中的引理、命题和定理. 如果你希望利用本书来学习实分析, 那么我强烈建议你尽量多做这些习题, 包括那些结论看起来"显然"成立的习题. 这门课程的精妙之处不是通过单纯地阅读就可以掌握的. 本书绝大部分章节的最后给出了大量习题供大家学习.

对专业数学工作者来说, 本书的节奏可能稍微有些慢, 特别是在刚开始的几章中, 着重强调了严格性（那些明确标记为"非正式"的讨论内容除外）, 并对那些通常被认为显然成立、可以一带而过的步骤进行了论证. 刚开始的几章（通过烦琐的证明）给出了标准数系中许多"显然"成立的性质, 例如, 两个正实数之和仍旧是正的（习题 5.4.1）, 或者任意给定的两个不相等的实数之间一定存在有理数（习题 5.4.5）. 这些基础章节也强调了非循环论证. 所谓非循环论证, 是指不能利用后面更高深的知识来证明前面那些初级的理论. 特别是对于普通代数运算法则, 在被推导出来之前是不能被使用的（另外, 要分别证明代数运算法则在自然数、整数、有理数、实数中均是成立的）. 这样做是为了让学生学会利用给定的有限条件进行抽象推理, 并推导出正确的结论. 不断进行这样的练习有助于学生在后期的学习中, 采用同样的推理技巧来掌握更高深的概念（如勒贝格积分）.

因为本书来源于我教授实分析课程时所用的讲义, 所以主要是从教学的角度展开的, 许多关键性的资料包含在习题当中. 很多情况下, 我采用了繁复但具有启发性的证明来代替华而不实的抽象证明. 在更深层次的教科书中, 学生将看到对这些材料做了篇幅更简短、概念更凝练的处理, 而且书中更强调直观性而非严格性. 但是, 我认为, 首先了解如何严格地"动手"进行分析是非常重要的, 因为这有助于学生在研究生及更高的学习阶段中, 更好地掌握现代、直观、抽象的分析方法.

本书着重强调了严格性和形式化. 但是, 这不意味着采用本书作为教材的课程都要按照这样的方式来展开. 其实, 在教学过程中, 我会向学生展示更直观的概念（画一些非规范的图形并给出一些具体的例子）, 从而对书中正式的授课内容给出补充观点. 那些被设置为家庭作业的习题是连接直观形象和概念的重要桥梁, 它们要求学生把直观形象和形式理解结合起来, 从而帮助学生正确地论证题目. 我发现, 这对学生来说是最困难的任务, 因为这要求学生必须真正理解所学知识, 而不仅仅是对学习内容进行记忆或囫囵吞枣地吸收. 然而, 我从学生那里得到的反馈是: 虽然基于上述原因, 家庭作业对他们来说有些吃力, 但是对他们也有很大益处, 因为这些作业使他们能够把规范数学的抽象处理与对基本概念（如数、集合、函数）的直观感觉联系起来. 当然, 在这个过程中, 优秀助教的帮助是非常重要的.

　　关于考试，我建议采取如下两种方式：一种是开卷考试，题目可以类似于本书的习题（题目内容可以更简短，解题的思路更常规）；另一种是采取家庭作业式的测验，内容应该包含那些解题思路较复杂的题目. 因为实分析包含的内容非常广泛，所以不应该强迫学生去记忆定义和定理. 因此，我不建议采取闭卷考试，也不建议采取那种通过对书本内容进行反刍式的压缩而做的考试.（事实上，在考试中，我会为学生提供一张附页，这张附页会列出一些与本次考试内容相关的关键性定义和定理. ）将考试设置成类似于完成家庭作业的形式，有助于促进学生尽可能认真、全面地复习和理解作业中的问题（相对于那些使用教学卡片或类似的教学工具来让学生记忆教材内容的方式），这不仅有助于学生备考，同时也能帮助他们为一般的数学研究做好准备.

　　本书中的一些材料相对于主题而言是次要的，如果时间有限，可以忽略. 例如，集合论不像数系那样是分析理论的基础内容，所以有关集合论的章节（第 3 章和第 8 章）可以不那么严格地快速略讲，或者把这部分内容留作阅读资料. 附录中关于逻辑学和十进制的内容可以作为选学或补充阅读内容，不必在课堂上讲授. 附录中的逻辑学部分特别适合在讲授前几章时作为阅读材料来使用. 另外，第 16 章（关于傅里叶级数）在本书的其他部分用不到，可以略去.

　　鉴于篇幅的缘故，本书分为两卷①. 第一卷的篇幅稍长，但是若将那些次要的材料忽略或删减掉，本卷可以分为 30 讲来教授. 第二卷有时会涉及第一卷的内容，但是针对那些已经通过其他资料学习过分析论入门课程的学生，可以直接向他们讲授第二卷的内容. 第二卷也分为 30 讲完成.

　　我非常感谢我的学生. 他们参与了整个实分析课程的学习，纠正了赖以编成此书的讲义中许多错误的地方，并给了我非常宝贵的反馈意见. 另外，我非常感谢那些匿名的审阅人，他们对本书进行了多次修正并给出了许多重要的改进意见. 同时，我非常感谢 Adam、James Ameril、Quentin Batista、Biswaranjan Behara、José Antonio Lara Benítez、Dingjun Bian、Petrus Bianchi、Phillip Blagoveschensky、Tai-Danae Bradley、Brian、Eduardo Buscicchio、Carlos、cebismellim、Matheus Silva Costa、Gonzales Castillo Cristhian、Ck、William Deng、Kevin Doran、Lorenzo Dragani、EO、Florian、Gyao Gamm、Evangelos Georgiadis、Aditya Ghosh、Elie Goudout、Ti Gong、Ulrich Groh、Gökhan Güçlü、Yaver Gulusoy、Christian Gz.、Kyle Hambrook、Minyoung Jeong、Bart Kleijngeld、Erik Koelink、Brett Lane、David Latorre、Matthis Lehmkühler、Bin Li、Percy Li、Ming Li、Mufei

---

① 中文版合为一本书出版，第一部分对应原书的第一卷，第二部分对应原书的第二卷. ——编者注

Li、Zijun Liu、Rami Luisto、Jason M.、Manoranjan Majji、Mercedes Mata、Simon Mayer、Geoff Mess、Pieter Naaijkens、Vineet Nair、Jorge PeñaVélez、Cristina Pereyra、Huaying Qiu、David Radnell、Tim Reijnders、Issa Rice、Eric Rodriquez、Pieter Roffelsen、Luke Rogers、Feras Saad、Gabriel Salmerón、Vijay Sarthak、Leopold Schlicht、Marc Schoolderman、SkysubO、Rainer aus dem Spring、Sundar、Rafal Szlendak、Karim Taya、Chaitanya Tappu、Winston Tsai、Kent Van Vels、Andrew Verras、Murtaza Wani、Daan Wanrooy、John Waters、Yandong Xiao、Sam Xu、Xueping、Hongjiang Ye、Luqing Ye、Muhammad Atif Zaheer 和 Zelin. 最后，对新墨西哥大学 Math 401/501 和 Math 402/502 班次的同学表示感谢，感谢他们对本书第 1 版、第 2 版和第 3 版进行的修订.

陶哲轩

后续各版前言

本书第 1 版发行后，许多学生和老师与我联系，指出了书中一些拼写错误并给出了一些修正意见. 另外，也有人提出了对本书精装版的需求. 基于上述原因，出版商和我决定对第 1 版进行修订并将第 2 版做成精装版发行. 新版书的版面编排、页面编号及索引都发生了变动. 特别指出的是，本书的两卷将分开进行编号和索引①. 但是，第 2 版的章节、习题编号及数学知识都与第 1 版相同，所以，基于家庭作业和学习的目的，本书第 1 版和第 2 版是可以替换使用的.

第 3 版对第 2 版做了一些修正，并且增加了部分新的习题，但是从本质上来说，与第 2 版内容是相同的. 同样，第 4 版包含了自第 3 版发行以来反馈的大量额外更正，并补充了一些习题.

---

① 中文版中，编号和索引将统一编排. ——编者注

目　　录

第 一 部 分

第 1 章　引言

1.1　什么是分析

本书将介绍高等实分析，这是关于实数、实数序列、实数级数及实值函数的分析. 虽然实分析与复分析、调和分析及泛函分析是相关的，但与它们又是不同的. 复分析是关于复数和复函数的分析；调和分析是关于调和函数（振动）的分析，如正弦振动，并研究这些函数是如何通过傅里叶变换构造其他函数的；泛函分析研究的内容主要集中在函数上（以及这些函数是如何构造出如向量空间这样的内容的）. 分析学是对这些对象进行严格研究的学科，并着力于对这些对象做出准确的定性分析和定量分析. 实分析是微积分的理论基础，而微积分是我们在处理函数时所用到的计算规则的集合.

在本书中，我们将对很多概念进行研究，这些概念在学习初等微积分时会学到，比如数、序列、级数、极限、函数、定积分、导数等. 虽然你曾经基于这些概念进行过大量的运算，但是现在我们主要研究这些概念的基本理论. 我们关心如下几个问题.

1. 什么是实数？是否存在最大的实数？"0" 之后的 "下一个" 实数是多少？（最小的正实数是几？）是否能够对一个实数进行无限次分割？为什么有些数（比如 2）有平方根，而有些数（比如 −2）没有平方根？如果有无穷多个实数和无穷多个有理数，那么为什么会说实数比有理数的个数 "多"？

2. 如何确定实数序列的极限值？什么样的序列存在极限，什么样的序列不存在极限？如果你能够阻止一个序列趋于无穷，这是否意味着该序列最终会停止变化并且收敛？把无穷多个实数相加后得到一个有限实数的情况是否存在？把无穷多个有理数相加后得到一个非有理数的情况是否存在？如果有无穷多个数相加，那么改变这些数的排列次序，所得到的和是否保持不变？

3. 什么是函数？函数是连续的、可微的、可积的、有界的，分别是什么意思？能否将无限多个函数相加？对函数序列取极限会怎样？能否对无穷函数级数求微分？什么是求积分？如果一个函数 $f(x)$ 满足：当 $x = 0$ 时 $f(x)$ 的值为 3，当 $x = 1$ 时 $f(x)$ 的值为 5（$f(0) = 3, f(1) = 5$），那么如果 x 取遍 0 到 1 之间的所有值，$f(x)$ 是否也取遍了 3 到 5 之间的所有值？为什么？

通过微积分课程的学习，你也许能够回答出上述问题中的几个. 但是对微积分这类课程来说，上述这些问题并不是最重要的. 这类课程的重点在于教会学生如何计算，比如计算函数 $x\sin(x^2)$ 从 $x=0$ 到 $x=1$ 上的积分. 既然现在你对这些概念已经非常熟悉了，而且知道如何进行运算，那么我们将回归到理论知识并尝试真正去理解这些内容是如何展开的.

1.2 为什么要做分析

当人们谈论分析理论的时候，自然会想到"为什么要做分析"这个问题. 从哲学角度来说，认识到事物为什么起作用，能够带给人们一定的满足感. 但是，讲究实际的人会认为，人们只需了解事物在解决实际问题时是如何起作用的就足够了. 在学习入门课程时，你曾经接受过的微积分训练，足以让你可以开始着手解决存在于物理学、化学、生物学、经济学、计算机科学、金融学、工程学或者其他学科中的问题. 而且，对于链式法则、洛必达法则、分部积分法等，虽然你并不了解它们为什么是这样运作的，或者不知道这些法则是否有例外的情况存在，但是这并不影响你应用它们来解决问题. 然而，如果一个人在应用某些法则时并不了解这些法则是如何得出的，也不知道使用这些法则有哪些限制条件，那么他将陷入困境之中. 我来给出一些例子. 这些例子将告诉我们，对于那些我们熟知的法则，如果不了解其背后潜在的分析原理而盲目地应用它们，将会导致灾难性的后果.

例 1.2.1（用零做除数） 这是大家都非常熟悉的一个例子. 当 $c=0$ 时，消去律 $ac=bc \Longrightarrow a=b$ 不成立. 例如，等式 $1\times 0 = 2\times 0$ 是恒成立的，但是如果有人盲目地消去 0，那么将会得到 $1=2$，这显然是错误的. 在这个例子中，能够明显看出错误在于用零做了除数. 但是在其他情况下，错误可能会更隐蔽.

例 1.2.2（发散级数） 你也许见到过如下无穷和形式的几何级数：
$$S = 1 + \frac{1}{2} + \frac{1}{4} + \frac{1}{8} + \frac{1}{16} + \cdots.$$
你大概也见过按照下面的技巧对该级数求和的方法：令该级数的和为 S，那么将等号两端同时乘以 2 得
$$2S = 2 + 1 + \frac{1}{2} + \frac{1}{4} + \frac{1}{8} + \cdots = 2 + S,$$
于是 $S=2$，因此上述级数的和为 2. 但是，如果按照同样的方法来计算级数
$$S = 1 + 2 + 4 + 8 + 16 + \cdots,$$
将得到一个荒谬的结果：
$$2S = 2 + 4 + 8 + 16 + \cdots = S - 1 \Longrightarrow S = -1.$$

那么，按照同样的计算方法，我们得到 $1 + \frac{1}{2} + \frac{1}{4} + \frac{1}{8} + \frac{1}{16} + \cdots = 2$ 和 $1 + 2 + 4 + 8 + \cdots = -1$ 两个结果. 为什么我们认为前一个等式是成立的，而第二个等式是不成立的? 另一个类似的例子是关于下面这个级数的:

$$S = 1 - 1 + 1 - 1 + 1 - 1 + \cdots.$$

该级数可以写成如下形式:

$$S = 1 - (1 - 1 + 1 - 1 + \cdots) = 1 - S,$$

于是 $S = \frac{1}{2}$; 另外，我们也可以这样写:

$$S = (1 - 1) + (1 - 1) + (1 - 1) + \cdots = 0 + 0 + 0 + \cdots,$$

于是 $S = 0$; 或者，我们也可以这样写:

$$S = 1 + (-1 + 1) + (-1 + 1) + \cdots = 1 + 0 + 0 + \cdots,$$

于是 $S = 1$. 那么上述三个结果,究竟哪个才是正确的答案呢?(答案见习题 7.2.1.)

例 1.2.3（发散序列） 在这里，我们对之前的例子做出一些小的变动. x 表示一个实数，L 表示如下极限:

$$L = \lim_{n \to \infty} x^n.$$

做变量替换 $n = m + 1$，我们有

$$L = \lim_{m+1 \to \infty} x^{m+1} = \lim_{m+1 \to \infty} x \times x^m = x \lim_{m+1 \to \infty} x^m.$$

若 $m + 1 \to \infty$，则 $m \to \infty$，因此

$$\lim_{m+1 \to \infty} x^m = \lim_{m \to \infty} x^m = \lim_{n \to \infty} x^n = L,$$

于是

$$xL = L.$$

此时，我们可以消去 L，从而得出: 对任意的实数 x，均有 $x = 1$. 这显然是非常荒谬的. 但是，由于我们已经意识到之前"用零做除数"的错误，此时可以更聪明些，并推导出要么 $x = 1$，要么 $L = 0$. 特别地，我们貌似已经证明了这样一个结论: 对任意的实数 $x \neq 1$，均有

$$\lim_{n \to \infty} x^n = 0.$$

但是，当 x 取某些特定值时，上述结论是荒谬的. 比如，当 $x = 2$ 时，我们推导出序列 $1, 2, 4, 8, \cdots$ 收敛于 0; 当 $x = -1$ 时，序列 $1, -1, 1, -1, \cdots$ 也收敛于 0. 这些结论看起来非常荒谬. 上述论证出现了什么样的问题呢?(答案见习题 6.3.4.)

例 1.2.4（函数的极限值） 对极限表达式 $\lim_{x\to\infty}\sin x$,我们做变量替换 $x = y + \pi$，通过回顾等式 $\sin(y+\pi) = -\sin y$ 可以得到

$$\lim_{x\to\infty}\sin x = \lim_{y+\pi\to\infty}\sin(y+\pi) = \lim_{y\to\infty}(-\sin y) = -\lim_{y\to\infty}\sin y.$$

因为 $\lim_{x\to\infty}\sin x = \lim_{y\to\infty}\sin y$，所以

$$\lim_{x\to\infty}\sin x = -\lim_{x\to\infty}\sin x,$$

因此

$$\lim_{x\to\infty}\sin x = 0.$$

如果我们对上式做变量替换 $x = \frac{\pi}{2} + z$，那么根据 $\sin(\frac{\pi}{2}+z) = \cos z$ 得

$$\lim_{x\to\infty}\cos x = 0.$$

分别对上述两个极限求平方，然后将它们相加得

$$\lim_{x\to\infty}(\sin^2 x + \cos^2 x) = 0^2 + 0^2 = 0.$$

另外，我们知道对任意的实数 x，$\sin^2 x + \cos^2 x = 1$ 恒成立. 于是，我们得到 $1 = 0$. 这里究竟存在什么样的难点呢？

例 1.2.5（交换求和次序） 我们考虑有关运算的如下事实. 对任意的数值矩阵，例如

$$\begin{pmatrix} 1 & 2 & 3 \\ 4 & 5 & 6 \\ 7 & 8 & 9 \end{pmatrix},$$

计算该矩阵的每一行元素之和及每一列元素之和，然后分别把所有行的和相加、所有列的和相加. 最后，你会发现上述两种运算的结果是相等的——都等于矩阵中所有元素相加的和：

$$\begin{pmatrix} 1 & 2 & 3 \\ 4 & 5 & 6 \\ 7 & 8 & 9 \end{pmatrix}\begin{matrix} 6 \\ 15 \\ 24 \end{matrix}.$$
$$\begin{matrix} 12 & 15 & 18 & 45 \end{matrix}$$

换言之，如果想将一个 $m\times n$ 矩阵中的所有元素相加，那么不管你是先把每一行的元素加起来，还是先把每一列的元素加起来，最后得到的结果都是一样的.（在计算机被发明出来之前，会计师和登记账簿的人员在结算账目的时候，都会采用这种方法来避免错误.）用级数的概念来描述以上事实即为

$$\sum_{i=1}^{m}\sum_{j=1}^{n}a_{ij} = \sum_{j=1}^{n}\sum_{i=1}^{m}a_{ij},$$

其中，a_{ij} 表示矩阵的第 i 行第 j 列元素.

现在，有人可能会认为，上述结论应该很容易推广到无穷级数：

$$\sum_{i=1}^{\infty}\sum_{j=1}^{\infty} a_{ij} = \sum_{j=1}^{\infty}\sum_{i=1}^{\infty} a_{ij}.$$

实际上，如果你在工作中很多地方会用到无穷级数，那么你会发现自己经常像这样通过交换次序来求和. 也就是说，在一个无穷矩阵中，行和相加的结果与列和相加的结果是一样的. 然而，尽管这种说法听起来是合理的，但它实际上是错误的. 这里给出一个反例：

$$\begin{pmatrix} 1 & 0 & 0 & 0 & \cdots \\ -1 & 1 & 0 & 0 & \cdots \\ 0 & -1 & 1 & 0 & \cdots \\ 0 & 0 & -1 & 1 & \cdots \\ 0 & 0 & 0 & -1 & \cdots \\ \vdots & \vdots & \vdots & \vdots & \ddots \end{pmatrix}.$$

如果你对该矩阵的每一行元素求和,然后将得到的所有行和相加,那么你会得到 1. 但是，如果你对该矩阵的每一列元素求和，然后将得到的所有列和相加，那么你会得到 0. 因此，这是否意味着对无穷级数求和不能采用交换次序的方法，而且任何采用交换次序的方法所得到的结论都是不可信的？（答案见定理 8.2.2. ）

例 1.2.6（交换积分次序） 交换积分次序与交换求和次序一样，都是数学中很常见的运算技巧. 假设我们要计算某个曲面 $z = f(x,y)$ 下方的体积（此处我们暂时不考虑积分上下限）. 一种方法是平行于 x 轴进行切割：对任意给定的 y，我们能够计算出与之对应的一部分面积为 $\int f(x,y)\mathrm{d}x$，然后我们对这部分以 y 为变量的面积进行积分就得到了要求的体积：

$$V = \iint f(x,y)\mathrm{d}x\mathrm{d}y.$$

或者，对任意给定的 x，我们也可以平行于 y 轴进行切割，并且计算出与 x 对应的一部分面积为 $\int f(x,y)\mathrm{d}y$，然后沿 x 轴对上述面积进行积分，从而得到体积

$$V = \iint f(x,y)\mathrm{d}y\mathrm{d}x.$$

这似乎表明，我们可以通过交换积分号来运算：

$$\iint f(x,y)\mathrm{d}x\mathrm{d}y = \iint f(x,y)\mathrm{d}y\mathrm{d}x.$$

事实上，因为有时先对某个变量进行积分要比先对其他变量进行积分更容易，所以人们往往采用交换积分号的方法来运算. 但是，正如前文中对无穷个元素求和有时不能交换求和次序一样，交换积分号的运算有时也会存在风险. 下面给出一

个关于被积函数 $\mathrm{e}^{-xy} - xy\mathrm{e}^{-xy}$ 的例子. 假设该积分是可以交换积分号的:

$$\int_0^\infty \int_0^1 (\mathrm{e}^{-xy} - xy\mathrm{e}^{-xy})\mathrm{d}y\mathrm{d}x = \int_0^1 \int_0^\infty (\mathrm{e}^{-xy} - xy\mathrm{e}^{-xy})\mathrm{d}x\mathrm{d}y. \tag{1.1}$$

因为

$$\int_0^1 (\mathrm{e}^{-xy} - xy\mathrm{e}^{-xy})\mathrm{d}y = y\mathrm{e}^{-xy}\Big|_{y=0}^{y=1} = \mathrm{e}^{-x},$$

所以式 (1.1) 的等号左侧的表达式为 $\int_0^\infty \mathrm{e}^{-x}\mathrm{d}x = -\mathrm{e}^{-x}\big|_0^\infty = 1$. 但是, 又因为

$$\int_0^\infty (\mathrm{e}^{-xy} - xy\mathrm{e}^{-xy})\mathrm{d}x = x\mathrm{e}^{-xy}\Big|_{x=0}^{x=\infty} = 0,$$

所以式 (1.1) 的等号右侧的表达式为 $\int_0^1 0\mathrm{d}y = 0$. 显然 $1 \neq 0$, 因此上文中存在某些错误. 然而你会发现, 除了交换积分号这一步骤, 上面的过程并不存在其他的错误. 那么, 我们如何判断什么时候可以放心地进行交换积分次序的运算呢?（定理 19.5.1 会给出部分答案.）

例 1.2.7（交换极限运算的次序） 我们考虑下面这个看似正确的表达式:

$$\lim_{x\to 0}\lim_{y\to 0}\frac{x^2}{x^2 + y^2} = \lim_{y\to 0}\lim_{x\to 0}\frac{x^2}{x^2 + y^2}. \tag{1.2}$$

因为我们有

$$\lim_{y\to 0}\frac{x^2}{x^2 + y^2} = \frac{x^2}{x^2 + 0^2} = 1,$$

所以式 (1.2) 的等号左侧的表达式等于 1. 另外, 我们知道

$$\lim_{x\to 0}\frac{x^2}{x^2 + y^2} = \frac{0^2}{0^2 + y^2} = 0,$$

因此, 式 (1.2) 的等号右侧的表达式等于 0. 因为 1 显然不等于 0, 所以这表明, 交换极限运算的次序是不可信的. 然而, 是否存在某些情况使得交换极限运算的次序能够成立呢?（习题 13.2.9 给出了部分答案.）

例 1.2.8（再谈交换极限运算的次序） 考虑如下看似正确的表达式:

$$\lim_{x\to 1^-}\lim_{n\to\infty} x^n = \lim_{n\to\infty}\lim_{x\to 1^-} x^n,$$

其中, 记号 $x \to 1^-$ 表示 x 从 1 的左侧趋于 1. 当 x 在 1 的左侧时, $\lim_{n\to\infty} x^n = 0$, 因此上面等式的左端等于 0. 但是对任意给定的 n, 我们总可以得到 $\lim_{x\to 1^-} x^n = 1$, 因此, 上面等式右端的极限值为 1. 这是否意味着这种类型的极限运算的次序交换都是不可信的?（答案见命题 14.3.3.）

例 1.2.9（交换极限运算与积分运算的次序） 对任意的实数 y, 我们有

$$\int_{-\infty}^\infty \frac{1}{1 + (x - y)^2}\mathrm{d}x = \arctan(x - y)\Big|_{x=-\infty}^{x=\infty} = \frac{\pi}{2} - \left(-\frac{\pi}{2}\right) = \pi.$$

当 $y \to \infty$ 时，取极限，我们得到

$$\int_{-\infty}^{\infty} \lim_{y \to \infty} \frac{1}{1 + (x-y)^2} \mathrm{d}x = \lim_{y \to \infty} \int_{-\infty}^{\infty} \frac{1}{1 + (x-y)^2} \mathrm{d}x = \pi.$$

但是对每个 x，我们有 $\lim_{y \to \infty} \frac{1}{1 + (x-y)^2} = 0$. 因此，我们貌似可以推导出 $0 = \pi$.
上述论证出现了什么问题？是否应该抛弃（非常有用的）交换极限运算与积分运算次序的技巧？（定理 14.6.1 给出了部分答案.）

例 1.2.10（**交换极限运算与求导运算的次序**）观察可知，如果 $\varepsilon > 0$，那么

$$\frac{\mathrm{d}}{\mathrm{d}x} \left(\frac{x^3}{\varepsilon^2 + x^2} \right) = \frac{3x^2(\varepsilon^2 + x^2) - 2x^4}{(\varepsilon^2 + x^2)^2}.$$

特别地，

$$\frac{\mathrm{d}}{\mathrm{d}x} \left(\frac{x^3}{\varepsilon^2 + x^2} \right) \bigg|_{x=0} = 0.$$

当 $\varepsilon \to 0$ 时，取极限，我们期望得到

$$\frac{\mathrm{d}}{\mathrm{d}x} \left(\frac{x^3}{0 + x^2} \right) \bigg|_{x=0} = 0.$$

但是该式左端为 $\frac{\mathrm{d}}{\mathrm{d}x}x = 1$. 那么，这是否表明交换极限运算与求导运算的次序总是错误的？（答案见定理 14.7.1.）

例 1.2.11（**交换求导次序**）定义[①] $f(x,y)$ 为下列函数：$f(x,y) = \frac{xy^3}{x^2+y^2}$. 分析理论中常用的一个策略是交换两个偏导数的次序，我们期望得到

$$\frac{\partial^2 f}{\partial x \partial y}(0,0) = \frac{\partial^2 f}{\partial y \partial x}(0,0).$$

但是根据商的求导法则，我们得到

$$\frac{\partial f}{\partial y}(x,y) = \frac{3xy^2}{x^2 + y^2} - \frac{2xy^4}{(x^2 + y^2)^2}.$$

特别地，

$$\frac{\partial f}{\partial y}(x,0) = \frac{0}{x^2} - \frac{0}{x^4} = 0,$$

于是

$$\frac{\partial^2 f}{\partial x \partial y}(0,0) = 0.$$

另外，同样根据商的求导法则可以得到

$$\frac{\partial f}{\partial x}(x,y) = \frac{y^3}{x^2 + y^2} - \frac{2x^2 y^3}{(x^2 + y^2)^2},$$

[①] 可能有人会提出这样的质疑：函数 $f(x,y)$ 在 $(x,y) = (0,0)$ 处没有定义. 但是如果我们规定 $f(0,0) = 0$，那么该函数对任意的 (x,y) 都是连续且可微的. 事实上，偏导数 $\frac{\partial f}{\partial x}$ 与 $\frac{\partial f}{\partial y}$ 对任意的 (x,y) 也是连续且可微的.

进而有

$$\frac{\partial f}{\partial x}(0,y) = \frac{y^3}{y^2} - \frac{0}{y^4} = y,$$

于是

$$\frac{\partial^2 f}{\partial y \partial x}(0,0) = 1.$$

由于 $1 \neq 0$，因此我们貌似已经推导出了这样一个结论：交换求导次序是不可信的. 然而，是否存在某些其他情况使得交换求导次序可以成立？（定理 17.5.4 及习题 17.5.1 给出了一些回答.）

例 1.2.12（洛必达法则） 对于简洁优美的洛必达法则

$$\lim_{x \to x_0} \frac{f(x)}{g(x)} = \lim_{x \to x_0} \frac{f'(x)}{g'(x)}$$

我们都很熟悉. 但是如果不正确应用该法则，仍旧会出现错误. 例如，当 $f(x) = x$，$g(x) = 1 + x$ 及 $x_0 = 0$ 时，应用洛必达法则可以得到

$$\lim_{x \to 0} \frac{x}{1+x} = \lim_{x \to 0} \frac{1}{1} = 1.$$

但是，因为 $\lim_{x \to 0} \frac{x}{1+x} = \frac{0}{1+0} = 0$，所以这个结果是不正确的. 显然，只有当 $x \to x_0$，$f(x)$ 和 $g(x)$ 均趋于 0 时，洛必达法则才适用，上面的这个例子没有满足该条件. 但是即便当 $x \to x_0$，$f(x)$ 和 $g(x)$ 均趋于 0 时，仍然存在出现错误结果的情况. 例如，考虑如下极限

$$\lim_{x \to 0} \frac{x^2 \sin(x^{-4})}{x}.$$

因为当 $x \to 0$ 时，分子和分母都趋于 0，所以该极限貌似可以放心地使用洛必达法则，从而得到

$$\lim_{x \to 0} \frac{x^2 \sin(x^{-4})}{x} = \lim_{x \to 0} \frac{2x \sin(x^{-4}) - 4x^{-3} \cos(x^{-4})}{1}$$
$$= \lim_{x \to 0} 2x \sin(x^{-4}) - \lim_{x \to 0} 4x^{-3} \cos(x^{-4}).$$

根据夹逼定理知，第一个极限收敛于 0（因为函数 $2x \sin(x^{-4})$ 有上界 $2|x|$ 和下界 $-2|x|$，并且当 $x \to 0$ 时，$2|x|$ 和 $-2|x|$ 都趋于 0），但是第二个极限是发散的（原因在于当 $x \to 0$ 时，x^{-3} 趋于无穷且 $\cos(x^{-4})$ 不趋于 0）. 因此，极限 $\lim_{x \to 0} \frac{2x \sin(x^{-4}) - 4x^{-3} \cos(x^{-4})}{1}$ 发散. 于是，有人可能会根据洛必达法则推导出 $\lim_{x \to 0} \frac{x^2 \sin(x^{-4})}{x}$ 也是发散的. 但是我们可以聪明地把这个极限改写成 $\lim_{x \to 0} x \sin(x^{-4})$，那么根据夹逼定理，当 $x \to 0$ 时，该极限趋于 0. 这并非说明洛必达法则不可信（事实上，洛必达法则是非常严格的，见 10.5 节），而是告诉我们在使用它的时候需要更小心.

例 1.2.13（极限和长度） 当学习积分及积分与一条曲线下方面积之间的关系的时候，将会有一些图形展现在你的眼前. 在这些图形中，某条曲线下方的区域将由许多矩形来逼近，且这部分矩形的面积由黎曼和给出. 然后我们可以通过"取极限"的方式把上述黎曼和用积分代替，那么得到的这个积分值就被近似看作该曲线下方区域的实际面积. 之后不久，你将学会采用类似的方法求出一条曲线的长度——用许多线段来逼近一条曲线，计算出所有线段长度之和，进而通过取极限得到该曲线的长度.

然而，你现在不难想到，如果没有正确地运用上述方法，也会导致荒谬的结果. 考虑顶点为 $(0,0)$、$(1,0)$ 和 $(0,1)$ 的直角三角形，并假设我们希望求出该三角形斜边的长度. 利用勾股定理，我们计算出斜边的长度为 $\sqrt{2}$. 然而，假设由于某些原因我们并不知道勾股定理，并希望通过微积分的方法求出斜边的长度. 那么，一种方法是利用水平直角边和竖直直角边来逼近斜边. 取定一个较大的数 N，然后构造出一个"阶梯"来逼近斜边. 这个"阶梯"有 N 个长度相等的水平直角边，且这些水平直角边与 N 个长度相等的竖直直角边交替排列. 显然，所有边的长度均为 $1/N$，那么这个阶梯的总长度为 $2N/N = 2$. 如果令 N 趋于无穷，那么显然该阶梯趋于斜边. 因此，在极限概念下，我们应该可以得到斜边的长度. 但是，当 $N \to \infty$ 时，$2N/N$ 的极限值为 2，而非 $\sqrt{2}$，所以我们得到的斜边长度是错误的. 这种状况是如何发生的？

本书中的分析理论将帮助你解决以上这些问题，并让你了解这些法则（以及其他的法则）在什么情况下是适用的，在什么情况下是不能使用的，从而把这些法则有益的应用与谬论隔离开来. 所以，分析理论可以避免你犯错，并且有助于你在更广泛的领域中使用这些法则. 此外，在你不断深入学习分析理论的同时会培养一种"分析的思维方式". 当涉及数学中一些新的法则或者处理某些标准法则无法应用的情况时，这种思维方式将对你有所帮助. 例如，如果函数是复值的而不是实值的，将会发生什么样的情况？假如你现在处理的是一个球面而不是平面，情况会如何？如果你面对的函数是不连续的，而是类似于方波和 δ 函数之类的函数，那应该是什么样的情况？若你处理的函数、积分上下限或求和上下限偶尔是无穷的，情况将如何？你将会感知到为什么某个数学法则（如链式法则）能够起作用，如何把该法则应用到其他新的情况中，该法则的使用有哪些限制条件（如果存在限制条件）. 这会使你更自信地、准确地使用已经学到的数学知识.

第 2 章　从头开始：自然数

在本书中，我们将回顾曾在高中及初等微积分课程上学过的那些知识，但是我们会按照尽可能严格的要求来进行. 为此，我们将不得不从最基础的内容开始学习. 事实上，我们要追溯到数的概念及数有哪些相关性质. 不可否认，你已经与数打交道好多年了，并且了解如何利用代数定律化简含有数的表达式. 但是，现在我们将转向考虑一个更基础的问题，那就是：为什么代数定律总是起作用的？例如，为什么对任意三个数 a、b、c，总是有 $a(b+c)$ 等于 $ab+ac$ 成立？这种运算法则并不是随意给出的，它能够从数系更原始也更基本的性质中推导出来. 这将教会你一项新的技能——如何利用较简单的性质证明复杂的性质. 你会发现，虽然某个命题可能是"显然的"，但是要证明它好像并不是那么容易. 本书将给出大量这样的练习，另外在这个过程中，你会被引导着思考为什么一个显然成立的命题的确是显然的. 这里你将掌握的一项特殊技能是对数学归纳法的使用. 数学归纳法是很多数学领域中会用到的一种基本的证明工具.

因此，在本书的前几章中，我们将让你重新认识一下实分析中要用到的各种数系. 随着复杂程度的不断提高，这些数系分别是自然数系 $\mathbb{N}$、整数系 $\mathbb{Z}$、有理数系 $\mathbb{Q}$ 及实数系 $\mathbb{R}$（还存在其他的数系，如复数系 $\mathbb{C}$，但在 15.6 节之前，对它们不做研究）. 自然数系 $\{0,1,2,\cdots\}$ 是所有数系中最原始的一个，但是自然数被用来构造整数，然后整数又被用来构造有理数. 更进一步，有理数被用来构造实数，实数被用来构造复数. 于是，要想从最初的内容开始，我们必须考察自然数. 我们将考虑如下问题：人们如何真正地定义自然数？（这与如何使用自然数是完全不同的两个问题，显然，使用自然数是你非常擅长的事情. 这就好比知道如何使用一台计算机与知道如何组装一台计算机是完全不同的两码事.）

对这个问题的回答要比看起来难得多. 根本的问题在于，你使用自然数已经很久了，以至于自然数在你的数学思维中已经根深蒂固，你会无意识地对自然数做出各种隐含的假设（例如，$a+b$ 总是等于 $b+a$）. 另外，让你像第一次见到自然数系那样去考察它是非常困难的. 因此，下面我将让你执行一个难度相当大的任务：尝试把你所了解的所有关于自然数的知识暂时放在一边，同时忘记如何计数、求和、求乘积及如何使用代数定律等. 我们会尝试逐个引入这些概念，并明确标识出在学习过程中我们的假设都有哪些. 此外，在我们真正地证明出那些更"高级"的技巧（如代数定律）之前，那些技巧都是不允许我们使用的. 这看起来可能是一个令人烦恼的限制，特别是当我们需要花费大量时间去证明那些"显然"的命题时，这种烦恼感尤为明显. 这种把已知事实暂时放在一边的做法对于避免循环论证（例如，用高等的知识证明较初等的理论，然后又用该初等理论证明之前的高等知识）是非常有必要的. 同时，这种训练也是夯实数学基础知识的一种非常好的方式. 更进一步来说，当我们的课程进展到更高深的概念，如实数、函数、序列及级数、微分和积分等概念时，这里对证明和抽象思维能力的训练将对你有很大的帮助. 简言之，此处阐述的结果看起来好像是无关紧要的，但是目前对我们来说，过程比结果更重要.（一旦构造出合适的数系，我们就可以重新使用代数定律等，而不需要在每次使用它们之前都进行重新推导.）

我们也要忘掉所了解的十进制. 虽然十进制是我们处理数时所采用的一种极便捷的方法，但对什么是数这个问题而言，十进制并不是最基本的内容.（例如，人们可以使用八进制或二进制，甚至罗马数字系统来代替十进制，而且这些进制所得到的数的集合是完全相同的.）另外，尝试去彻底地解释什么是十进制并非你想象中那样自然. 为什么 00423 与 423 表示的是同一个数，而 32400 与 324 表示的却不是同一个数？为什么 123.4444⋯ 是一个实数，但 ⋯444.321 不是实数？当数相加或相乘的时候，我们为什么要进位？为什么说 0.999⋯ 与 1 表示的是同一个数？最小的正实数是多少？它是不是 0.00⋯001？为了暂不涉及这些问题，我们不会给出关于十进制相关知识的任何假设. 然而，对数的描述，我们将继续沿用熟悉的数字符号，如 1, 2, 3 等，而不去使用其他诸如 I, II, III 或 $0++, (0++)++, ((0++)++)++$（参见下文）等没必要的人工记号. 为保证完整性，我们在附录 B 中对十进制进行了回顾.

2.1　佩亚诺公理

现在我们根据佩亚诺公理给出定义自然数的一种标准方法，其中佩亚诺公理是由朱塞佩·佩亚诺（1858—1932）首次提出的. 但这并非定义自然数的唯一方法. 比如，另一种方法是通过讨论有限集合的势给出的. 例如，给定一个含有 5 个元素的集合，我们可以定义 5 来表示这个集合中含有的元素的个数. 在 3.6 节中，我们将对这种定义自然数的方法进行讨论. 但现在我们继续讨论根据佩亚诺公理定义自然数的方法.

如何来定义什么是自然数呢？我们可以通俗地说，

定义 2.1.1（非正式的） 自然数是集合

$$\mathbb{N} = \{0, 1, 2, 3, 4, \cdots\}$$

中的元素，其中，集合 $\mathbb{N}$ 是由从 0 开始，无休止地往前进行计数所得到的所有元素构成的集合. 我们称 $\mathbb{N}$ 为自然数集.

注 2.1.2 在有些教材中，自然数被定义为从 1 开始，而非从 0 开始，但这仅仅是一种符号约定而已. 在本书中，我们定义集合 $\{1, 2, 3, \cdots\}$ 为正整数集并记作 $\mathbb{Z}^+$，而不是自然数集. 自然数有时也被称为完整数（whole number）.

从某种意义上来说，上述定义给出了什么是自然数这个问题的答案：自然数是集合① $\mathbb{N}$ 中的元素. 然而这个定义并非真的那么令人满意，因为它带来了一个新的问题：$\mathbb{N}$ 是什么？"从 0 开始，无休止地往前进行计数"看起来好像是对 $\mathbb{N}$ 的一个足够直观的定义，但是，由于这种叙述遗留下很多尚未回答的问题，因此它并不能被人们完全接受. 例如，如何确定我们能够无休止地进行计数而不会出现循环回到 0 的情况？你应该如何进行诸如加法、乘法及指数运算这样的运算？

首先，我们可以回答第二个问题：我们能够利用较简单的运算来定义复杂的运算. 指数运算是重复地进行乘法运算：5^3 就是把 3 个 5 乘在一起. 乘法运算是重复地进行加法运算：5×3 就是把 3 个 5 加在一起.（由于减法运算和除法运算不是完全适用于自然数的运算，因此这里对它们不做论述. 只有当我们学到整数和有理数的时候，才会分别对减法和除法进行讨论.）那么加法又是如何定义的呢？它不过是重复地往前进行计数或不断增长的运算. 如果你把 5 加上 3，那么你所做的就是让 5 增长了 3 次. 另外，增长看起来是一个基本运算，它无法简化为更容易的运算. 事实上，增长是人们在学习数时首先接触到的运算，它甚至出现在学习加法运算之前.

于是，为了定义自然数，我们将使用如下两个基本概念：数 0 和增量运算（也称为后继运算）. 为了与现代计算机语言相一致，我们用 $n{+}{+}$② 来表示 n 的增量或紧跟在 n 之后的数，例如，$3{+}{+} = 4, (3{+}{+}){+}{+} = 5$ 等. 这与 $n{+}{+}$ 在计算机语言中的用法稍有不同. 例如，在 C 语言中，$n{+}{+}$ 实际上是把 n 重新赋值为紧跟在 n 之后的那个数. 但是在数学中，我们在任何情况下对一个变量仅定义一次，因为如果对一个变量定义多次会有混淆的状况发生. 很多命题可能对某变量原有的赋值为真，但是对该变量新的赋值而言会变成假的，反之亦然.

---

① 严格来说，这个非正式的定义存在另一个问题：我们尚未定义"集合"及"元素"的概念. 因此，在本章剩余的部分中，除了有关非正式的讨论内容，我们将尽量避免涉及集合及集合中的元素.

② 在文献中，符号 S_n 或 $S(n)$ 也经常被用来表示 n 的后继 $n{+}{+}$. 人们可能会倾向于用更熟悉的记号 $n+1$ 代替 $n{+}{+}$ 来表示紧跟在 n 之后的数，但这会导致基础理论的循环，因为加法是根据后继运算来定义的.

因此，这看起来貌似我们要说 $\mathbb{N}$ 是由 0 及所有能通过增量运算由 0 得到的数构成的，$\mathbb{N}$ 应该由如下这些对象构成：

$$0, \ 0{+}{+}, \ (0{+}{+}){+}{+}, \ ((0{+}{+}){+}{+}){+}{+}, \ \cdots.$$

如果我们把自然数用上述对象来表述，那么将得到如下关于 0 和增量运算 $++$ 的公理.

公理 2.1 0 是一个自然数.

公理 2.2 如果 n 是一个自然数，那么 $n{+}{+}$ 也是一个自然数.

于是作为例子，我们利用一次公理 2.1 和两次公理 2.2，能够推得 $(0{+}{+}){+}{+}$ 是一个自然数. 显然这个记号将变得越来越不灵便，因此我们共同约定采用更熟悉的记号来表示这些数.

定义 2.1.3 我们定义[①]：1 为数 $0{+}{+}$，2 为数 $(0{+}{+}){+}{+}$，3 为数 $((0{+}{+}){+}{+}){+}{+}$，等等. （换言之，$1 = 0{+}{+}, 2 = 1{+}{+}, 3 = 2{+}{+}$，等等. 在本书中，我用 "$x = y$" 来表示命题 "令 x 的值等于 y".）

于是作为例子，我们有

命题 2.1.4 3 是一个自然数.

证明 根据公理 2.1 知，0 是一个自然数. 根据公理 2.2 知，$0{+}{+} = 1$ 是一个自然数. 又根据公理 2.2 得，$1{+}{+} = 2$ 也是一个自然数. 再利用公理 2.2 得，$2{+}{+} = 3$ 是一个自然数. $\qquad\square$

目前看来我们似乎已经对自然数进行了充分的描述. 但是我们还没有彻底弄清楚 $\mathbb{N}$ 的特性.

例 2.1.5 考察一个由数 $0, 1, 2, 3$ 构成的数系. 在这个数系中，增量运算将从 3 绕回到 0. 用更准确的语言来描述就是，$0{+}{+}$ 等于 1，$1{+}{+}$ 等于 2，$2{+}{+}$ 等于 3，但是 $3{+}{+}$ 等于 0（通过给出数 4 的定义，可以得到 $3{+}{+}$ 也等于 4）. 当人们尝试在计算机中存储一个自然数的时候，这种 "绕回" 的状况在现实生活中也会发生：如果我们从 0 开始反复运行增量运算，最终计算机内存将溢出且数将归为 0（尽管导致这种状况发生所需运行的增量运算的次数可能会非常庞大，比如只有在运行 $65\,536$ 次增量运算之后，一个整数的双字节表示才会绕回到 0）. 我们注意到，这种类型的数系遵循公理 2.1 和公理 2.2，尽管这显然与我们凭直觉感知的自然数应该具备的特性并不一致.

为了防止出现这种 "绕回状况"，我们将引入另一个公理.

[①] 这个约定实际上过于简化了. 想要了解常用的十进制表示法与佩亚诺公理给出的自然数之间的关联，请参阅附录 B.

公理 2.3　0 不紧跟在任何自然数之后. 换言之, 对任意一个自然数 n, $n{++} \neq 0$ 均成立.

现在我们可以证明某些绕回状况不会发生, 比如利用下述命题, 我们可以阻止例 2.1.5 中绕回状况的发生.

命题 2.1.6　4 不等于 0.

不要笑! 因为我们是按照这样的方式来定义 4 的——4 是把 0 增长、增长、增长、再增长之后得到的——所以数 4 与 0 不是同一个数这个先验命题（a priori）并不一定为真, 尽管该命题为真是"显然的".（"a priori"是"beforehand"的拉丁语, 指人们在开始进行证明或论述之前, 就已经知道或假定其为真命题. 它的反义词是"a posteriori", 表示人们通过证明或论述后, 才确定其为真命题.）针对例 2.1.5 中的情况, 4 实际上是等于 0 的, 并且在自然数的标准双字节计算机表示中, 以 65 536 为例, 它是等于 0 的（根据我们对 65 536 的定义, 65 536 表示把 0 运行 65 536 次增量运算之后得到的结果）.

证明　由定义知 $4 = 3{++}$. 根据公理 2.1 和公理 2.2 知, 3 是一个自然数. 因此根据公理 2.3 得 $3{++} \neq 0$, 即 $4 \neq 0$. □

然而, 即便现在有了新公理, 我们的数系仍然可能表现出其他的病态特性.

例 2.1.7　考虑由 0, 1, 2, 3, 4 这 5 个数构成的数系. 在这个数系中, 增量运算在数 4 处碰到了"天花板". 更准确地说, 令 $0{++}=1, 1{++}=2, 2{++}=3, 3{++}=4$, 但令 $4{++}=4$（换言之, 有 $5=4$, 从而 $6=4, 7=4$ 等）. 这与公理 2.1、公理 2.2 及公理 2.3 并不矛盾. 有类似问题的另一个数系是这样的: 它的增量运算同样存在绕回状况, 但并不是绕回到 0, 例如, 令 $4{++}=1$（那么可以得到 $5=1$, 进而 $6=2$, 等等）.

有许多方法可以阻止上述状况的发生, 但是最简单的方法之一是假定下面这个公理成立.

公理 2.4　对不同的自然数而言, 紧跟在它们之后的数也必定是不同的. 也就是说, 如果 n 和 m 都是自然数, 并且 $n \neq m$, 那么 $n{++} \neq m{++}$. 等价说法为①, 如果 $n{++}=m{++}$, 那么一定有 $n=m$.

作为例子, 我们有

命题 2.1.8　6 不等于 2.

---

① 这是一个用逆否命题来重新阐述原命题含义的例子, 更多的细节见附录 A.2. 从命题的逆向来考虑, 如果 $n=m$, 那么 $n{++}=m{++}$, 这就是被应用到 ++ 运算上的替换公理（见附录 A.7）.

证明 为了推导出矛盾,不妨设 $6 = 2$ 成立,那么有 $5++ = 1++$,故根据公理 2.4 得 $5 = 1$,进而有 $4++ = 0++$. 再次利用公理 2.4,我们有 $4 = 0$,这显然与命题 2.1.6 相矛盾. □

正如我们从该命题中看到的那样,看起来好像所有的自然数都是两两不相等的. 但是现在仍然存在这样一个问题:虽然根据公理(特别是公理 2.3 和公理 2.4)我们能够确信 $0, 1, 2, 3, \cdots$ 是 $\mathbb{N}$ 中的不同元素,但是仍旧可能还有另外的不是上述形式的"无赖"元素存在于我们的数系当中.

例 2.1.9(非正式的) 假设我们的数系 $\mathbb{N}$ 是由如下所示的整数和半整数共同构成的:

$$\mathbb{N} = \{0, 0.5, 1, 1.5, 2, 2.5, 3, 3.5, \cdots\}.$$

(这个例子之所以被标注为"非正式的",是因为我们在这里使用了实数,但是目前我们不应该使用实数.)我们能够验证该集合仍旧满足公理 2.1 ~ 公理 2.4.

我们希望得到一个这样的公理,它告诉我们 $\mathbb{N}$ 中所有的元素都可以通过对 0 进行增量运算得到,从而能够从 $\mathbb{N}$ 中排除如 0.5 这样的元素. 但是,若不利用我们正尝试去定义的自然数,想把我们所说的"通过……得到"这句话量化地解释清楚是有困难的. 幸运的是,存在一种巧妙的方案试着去处理此事.

公理 2.5(数学归纳法原理) 令 $P(n)$ 表示关于自然数 n 的任意一个性质,如果 $P(0)$ 为真且 $P(n)$ 为真时一定有 $P(n++)$ 也为真,那么对任意的自然数 n,$P(n)$ 一定为真.

注 2.1.10 此处的"性质"到底指的是什么,我们还不太清楚. 但是 $P(n)$ 有如下一些例子:"n 是偶数""n 等于 3""n 是方程 $(n+1)^2 = n^2 + 2n + 1$ 的解",等等. 当然,我们还没有定义其中的许多概念,但是当我们给出定义后,公理 2.5 将能够应用到这些性质中. [一个逻辑上的备注:由于这个公理不仅涉及变量,同时也涉及性质,因此它在本质上与其他四个公理是不同的. 事实上,公理 2.5 严格来说应该被称为公理模式而非公理——它是一个模板而不是一个独立的公理,在这个模板上可以构造出大量(无穷多个)公理. 进一步讨论其中的区别将远远超出本书的范围,并且这种讨论会涉及数理逻辑学的相关内容.]

隐藏在这个公理背后的通俗的直观说明如下. 假设 $P(n)$ 满足如下条件:$P(0)$ 为真,并且 $P(n)$ 为真时 $P(n++)$ 一定为真. 那么由于 $P(0)$ 为真,因此 $P(0++) = P(1)$ 为真. 因为 $P(1)$ 为真,所以 $P(1++) = P(2)$ 也为真. 通过不断重复进行这个过程,我们可以得到 $P(0), P(1), P(2), P(3), \cdots$ 全为真. 然而根据上述推导过程,以 $P(0.5)$ 为例,我们永远得不到 $P(0.5)$ 为真. 因此,对于包含如 0.5 这样"非必要"元素的数系，公理 2.5 将失效．（实际上，我们能够给出关于这个事实的"证明"．把公理 2.5 应用到具有如下性质的 $P(n)$ 中："n 不是一个半整数"，即 n 不是一个整数加上 0.5．于是可以推导出 $P(0)$ 为真，并且当 $P(n)$ 为真时 $P(n++)$ 一定为真．那么，公理 2.5 说明对任意的自然数 n，$P(n)$ 均为真．换言之，所有自然数都不是半整数．特别地，0.5 不可能是自然数．由于我们尚未定义诸如"整数""半整数"及"0.5"这类的概念，因此这个"证明"并非真正意义上的证明．但是该证明应该给了你一些关于归纳法原理是如何将所有不是"真"自然数的数排除在 $\mathbb{N}$ 之外的启示．）

归纳法原理为我们提供了一种证明某性质 $P(n)$ 对任意的自然数 n 均为真的方法．因此在本书剩余部分中，我们将看到许多具有如下形式的证明过程．

命题模板 2.1.11 对任意的自然数 n，某性质 $P(n)$ 恒为真．

证明模板 我们利用归纳法来证明．首先我们证明最基本的 $n=0$ 时的情况，结论成立，也就是证明 $P(0)$ 为真（此处插入关于 $P(0)$ 为真的证明）．现在归纳性地假设 n 是一个自然数，同时 $P(n)$ 已经被证明为真．接下来我们证明 $P(n++)$ 也为真（在已知 $P(n)$ 为真的前提下，插入关于 $P(n++)$ 为真的证明）．到这里整个归纳过程就结束了，从而对所有的自然数 n，$P(n)$ 恒为真．   □

当然，我们没必要严格地按照上述证明过程中所采用的模板、措辞及语句顺序来展开证明，但是利用归纳法做出的证明一般都与上面这种形式相同．后面我们还将遇到一些其他的归纳法变体，例如，逆向归纳法（见习题 2.2.6）、强归纳法（见命题 2.2.14）和超限归纳法（见引理 8.5.15）．

公理 2.1～公理 2.5 被称为关于自然数的佩亚诺公理．这几个公理看起来都是非常可信的，于是我们给出下面这个假设．

假设 2.6（非正式的） 存在一个数系 $\mathbb{N}$，我们称 $\mathbb{N}$ 中的元素为自然数，并且公理 2.1～公理 2.5 对 $\mathbb{N}$ 均成立．

在第 3 章中，一旦规定了在集合与函数中所使用的记号，我们将进一步对这个假设做出更精确的描述．

注 2.1.12 我们把这个数系 $\mathbb{N}$ 称为自然数系．当然，我们会考虑这样一种可能的情况：存在不止一个自然数系，比如，印度–阿拉伯数系 $\{0,1,2,3,\cdots\}$ 和罗马数系 $\{O,I,II,III,IV,V,VI,\cdots\}$（添加一个零符号 O），而且如果不嫌麻烦，我们可以把它们看作不同的数系．但是，这些数系显然是完全等价的（用专业语言来描述是同构的），因为我们可以构造出一个一一对应：$0\leftrightarrow O, 1\leftrightarrow I, 2\leftrightarrow II$，等等，这个映射把印度–阿拉伯数系中的零对应到罗马数系中的零且还保持了增量运算（如果把 2 对应到 II，那么 2++ 将对应到 II++）. 对这种类型的等价关系的更精确的表述，参见习题 3.5.13. 因为自然数系的所有变形都是等价的，所以认为存在不同的自然数系是毫无意义的，并且我们只使用单独一个自然数系去做数学研究.

对于假设 2.6，我们将不做证明（尽管最终我们会把它包含在有关集合论的公理中，参见公理 3.8），并且它是我们做出的关于数系的唯一一个假设. 现代分析论中非常引人注目的一个成就是，只从上述 5 个非常基本的公理和集合论中的某些附加公理出发，就能够构造出其他所有的数系、生成函数，并进行我们通常所做的全部代数和微积分研究.

注 2.1.13（非正式的）自然数系的一个非常有趣的特点是：尽管每个自然数都是有穷的，但是由自然数构成的集合是无穷大的；也就是说，虽然 N 是无穷大的，但是 N 是由各个有穷的元素构成的（整体大于它的任意部分）. 不存在无穷大的自然数；倘若比较熟悉有穷和无穷的概念，那么我们可以利用公理 2.5 来证明这种说法.（显然 0 是有穷的. 另外，如果 n 是有穷的，那么 $n++$ 自然也是有穷的. 因此，根据公理 2.5 知，所有的自然数都是有穷的.）这样看来，自然数系能够趋于无穷大，但是它不可能真的取到无穷大；无穷大不是自然数.（存在其他的数系，使得"无穷大"是该数系中的元素，例如，基数系、序数系及 p 进数系，然而它们并不遵循归纳法原理，并且完全不在本书的讨论范围之内.）

注 2.1.14 注意，我们对自然数的定义是公理化的而非构造性的. 我们还没有告诉你什么是自然数（为此，我们不提下面这样的问题：数是由什么组成的？它们是物理对象吗？它们度量的对象是什么？）. 我们只列出一些你利用自然数可以做的事情（事实上，目前我们已经定义过的自然数上的运算只有增量运算）及自然数具备的一些性质. 数学研究就是这样进行的——将研究对象进行抽象处理，只关心研究对象具备什么样的性质，并不在乎研究对象是什么或者它们意味着什么. 如果人们想做数学研究，那么对一个自然数而言，它是否表示算盘珠子的某种排列，或者计算机内存中字节的某种编排，又或者某些不具备物理形态的更抽象的概念，这都无关紧要. 只要你能让它们增长，对它们中的任意两个都能够判断是否相等，并且对它们可以做相加和相乘这样的算术运算，那么从数学研究的目标来说，它们就是真正的数（当然，前提是它们能够满足那些必要的公理）. 从其他的数学对象出发来构造自然数也是有可能的. 例如，从集合出发来构造自然数. 然而，构造一个自然数系的有效模型存在多种方法，而争论到底哪个模型是"真"的，至少对一个数学家来说，是毫无意义的. 只要它满足所有的公理，并且能够正确地运作，那么对数学研究来说，它就是足够好的模型.

注 2.1.15　从历史的角度来说，实现对数的公理化处理是近代才发生的事情，距今也就一百多年. 在那之前，数一般被认为不可避免地与某些外部概念密切关联，例如，计算一个集合的势、测量一条线段的长度或者计算某个物体的质量，等等. 在人们的认知不得不从一个数系转向另一个数系之前，上面这种对数的理解是合理且有效的. 比如，通过数珠子的方式去理解数，对数的概念化是很有好处的（例如，通过数珠子很容易形成 3 和 5 的概念），但是对 $-3, \frac{1}{3}, \sqrt{2}$ 或 $3+4\mathrm{i}$ 这样的数来说，数珠子的方法就不怎么起作用了. 因此，数论中每一次伟大的进步——负数、无理数、复数甚至是数 0——都会带来大量不必要的哲理烦恼. 数可以通过公理来抽象地理解而不需要借助任何实物模型，这是 19 世纪后期的一个伟大发现. 当然，在方便的情况下，数学家可以使用任何实物模型来帮助自己更好地展现直观认识并加深理解，但是当这些模型开始对研究造成阻碍的时候，它们也会被轻易地抛弃.

根据前面这些公理，可以得到这样一个结论：现在我们能够递归地定义序列. 假设我们希望通过下列方式来构造一个数列 $a_0, a_1, a_2, \cdots$：首先定义 a_0 的基值，例如 $a_0 = c$，其中 c 是某个固定的数，然后令 a_1 是关于 a_0 的某个函数，$a_1 = f_0(a_0)$，令 a_2 是关于 a_1 的某个函数，$a_2 = f_1(a_1)$，按照这样的方式依次进行下去. 一般来说，我们记作 $a_{n++} = f_n(a_n)$，其中 f_n 是某个从 $\mathbb{N}$ 到 $\mathbb{N}$ 的函数. 利用前面所有的公理能够推导出，对任意给定的自然数 n，上述过程将对数列中的元素 a_n 给出一个单一的值. 更准确地说[①]：

命题 2.1.16（递归定义）　假设对任意的自然数 n，都存在某个从自然数系到自然数系的函数 $f_n : \mathbb{N} \to \mathbb{N}$，令 c 为某个固定的自然数，那么对任意的自然数 n，都能够确定唯一的自然数 a_n，使得 $a_0 = c$ 及 $a_{n++} = f_n(a_n)$ 恒成立.

证明（非正式的）　利用归纳法来证明. 首先我们观察到上述过程对 a_0 赋予了单一的值，即 c.（根据公理 2.3 知，无论 $a_{n++} = f_n(a_n)$ 是如何定义的，都不能改变 a_0 的值.）现在归纳性地假设上述过程对 a_n 赋予了单一的值，那么它必定也对 a_{n++} 赋予了单一的值，即 $a_{n++} = f_n(a_n)$.（由公理 2.4 知，无论其他 $a_{m++} = f_m(a_m)$ 是如何定义的，均不能改变 a_{n++} 的值.）到此归纳过程就结束了，从而对任意的自然数 n，a_n 都被定义了，并且每个 a_n 都被赋予了单一的值.□

注意所有的公理在这个过程中是如何被应用的. 在一个数系中，如果存在某种类型的绕回状况，那么递归定义在该数系中就不起作用了，因为序列中的某些

[①] 严格地说，该命题需要定义函数的概念. 在第 3 章中，我们将给出函数的定义. 然而，这并非循环论证，原因在于定义函数的概念不需要用到佩亚诺公理. 命题 2.1.16 可以用集合论的语言来描述得更严格，参见习题 3.5.12.

元素将会持续不断地被重新定义. 例如, 在例 2.1.5 中, 因为 $3++=0$, 所以 a_0 (至少) 存在两种相矛盾的定义: c 或 $f_3(a_3)$. 在一个含有多余元素 (如 0.5) 的数系中, 元素 $a_{0.5}$ 将永远不会被定义.

递归定义是非常强大的. 例如, 我们能够利用它去定义加法和乘法, 现在我们就转向这部分内容.

2.2 加法

目前来说, 自然数系是非常简单的, 我们知道的只有一种运算——增量运算——及少数公理. 但是现在我们可以构造出更复杂的运算, 如加法运算.

具体的做法如下: 5 加上 3 与对 5 进行 3 次增量运算是一样的, 这比 5 加上 2 多进行了一次增量运算; 5 加上 2 又比 5 加上 1 多进行了一次增量运算; 5 加上 1 又比 5 加上 0 多进行了一次增量运算, 而 5 加上 0 的结果应该恰好是 5. 于是我们给出加法的如下递归定义.

定义 2.2.1(**自然数的加法**) 令 m 为一个自然数, 我们定义 m 加上 0 为 $0+m=m$. 现在递归地假设我们已经定义了如何把 m 加上 n, 那么我们把 m 加上 $n++$ 定义为 $(n++)+m=(n+m)++$.

于是 $0+m$ 就是 m, $1+m=(0++)+m$ 就是 $m++$, $2+m=(1++)+m=(m++)++$, 以此类推. 例如, 我们有 $2+3=(3++)++=4++=5$. 从上一节关于递归的讨论中可以看出, 对任意的自然数 n, 我们已经定义了 $n+m$. 现在我们把之前一般性的讨论特殊化为 $a_n=n+m$ 和 $f_n(a_n)=a_n++$ 的情形. 注意, 这个定义是不对称的: $3+5$ 表示把 5 增长了 3 次, 而 $5+3$ 表示把 3 增长了 5 次. 当然, 它们生成的值是一样的, 都是 8. 更一般地, 事实上对任意的自然数 a 和 b, 都有 $a+b=b+a$ 成立 (我们将简短地给出证明), 尽管这并不能马上从定义中看出.

注意, 利用公理 2.1、公理 2.2 及归纳法 (公理 2.5), 我们容易证明两个自然数的和仍旧是自然数. (为什么?)

此刻, 我们只知道关于加法的如下两个事实: $0+m=m$ 和 $(n++)+m=(n+m)++$. 值得注意的是, 这已经足够用来推导出我们所知道的关于加法的其他任何事情. 我们从一些基本的引理①开始.

---

① 从逻辑学的观点来说, 引理、命题、定理和推论之间并没有什么不同——它们都是有待验证的一些论述. 然而, 我们使用这些术语是为了说明不同论述在重要性和困难程度上的不同. 引理很容易被证明, 它有助于进一步证明其他的命题和定理, 但是单独一个引理通常不会特别引起人们的关注. 单独一个命题是值得研究的, 定理比命题更重要. 定理是对研究对象权威性的描述, 而且证明一个定理需要比证明一个命题或者引理付出更多的努力. 推论是能够从目前已经被证明的命题或者定理中立即推导出的结论.

引理 2.2.2 对任意的自然数 n，恒有 $n+0=n$ 成立.

注意，不能根据 $0+m=m$ 立即推导出该结论，因为我们还没有给出加法交换律 $a+b=b+a$.

证明 采用归纳法来证明. 因为 $0+m=m$ 对任意的自然数 m 均成立且 0 是一个自然数，所以我们能得到最基本的情况 $0+0=0$. 现在归纳性地假设 $n+0=n$ 成立. 我们希望证得 $(n++)+0=n++$. 根据加法的定义，$(n++)+0=(n+0)++$. 又根据 $n+0=n$ 可以推导出 $(n+0)++=n++$. 至此整个归纳过程就结束了.□

引理 2.2.3 对任意的自然数 n 和 m，有 $n+(m++)=(n+m)++$ 成立.

同样，因为目前我们还不知道有 $a+b=b+a$，所以不能从 $(n++)+m=(n+m)++$ 中推导出本结论.

证明 将 m 固定，对 n 采用归纳法. 首先考虑最基本的情况 $n=0$. 此时我们必须证明 $0+(m++)=(0+m)++$. 根据加法的定义得 $0+(m++)=m++$ 及 $0+m=m$. 所以，要证等式的两端均与 $m++$ 相等，进而该等式两端相等. 现在归纳性地假设 $n+(m++)=(n+m)++$ 成立，那么我们必须证得 $(n++)+(m++)=((n++)+m)++$. 根据加法的定义，上式左端等于 $(n+(m++))++$，又由归纳假设得 $(n+(m++))++=((n+m)++)++$. 类似地，根据加法的定义得 $(n++)+m=(n+m)++$，从而等式的右端也等于 $((n+m)++)++$. 因此我们证明了等式的左端等于右端，从而整个归纳过程到这里就结束了.   □

作为引理 2.2.2 与引理 2.2.3 的一个特别推论，我们得到 $n++=n+1$.（为什么？）

如之前承诺的，现在我们证明 $a+b=b+a$.

命题 2.2.4（加法是可交换的） 对任意的自然数 n 和 m，有 $n+m=m+n$ 成立.

证明 将 m 固定，对 n 采用归纳法. 首先证明 $n=0$ 时结论成立，也就是证明 $0+m=m+0$. 一方面，根据加法的定义可以推导出 $0+m=m$；另一方面，根据引理 2.2.2 得 $m+0=m$. 于是 $n=0$ 时结论成立. 现在归纳性地假设 $n+m=m+n$ 成立，那么我们要证 $(n++)+m=m+(n++)$. 根据加法的定义得 $(n++)+m=(n+m)++$. 根据引理 2.2.3 得 $m+(n++)=(m+n)++$，但由归纳假设 $n+m=m+n$ 知 $(m+n)++=(n+m)++$. 因此 $(n++)+m=m+(n++)$，进而归纳过程结束.   □

命题 2.2.5（**加法是可结合的**） 对任意三个自然数 a, b, c，有 $(a+b)+c = a+(b+c)$ 成立.

证明 参见习题 2.2.1. □

正是因为有了这条结合律，我们可以把 a, b, c 的和写成 $a+b+c$ 的形式，而无须顾虑它们是按照什么样的次序加起来的.

下面，我们给出消去律.

命题 2.2.6（**消去律**） 令 a, b, c 为任意三个自然数且它们满足 $a+b = a+c$，那么 $b = c$ 成立.

注意，由于目前我们还没有给出减法和负数的概念，因此这里不能利用减法或者负数对该命题进行证明. 事实上，消去律对后面我们定义减法（和整数）的概念至关重要，因为在正式定义减法之前，消去律就涉及一种"虚拟减法".

证明 我们通过对 a 进行归纳来证明该命题. 首先考虑最基本的情况 $a = 0$，我们有 $0+b = 0+c$，那么根据加法的定义，由 $0+b = 0+c$ 得 $b = c$，故 $a = 0$ 时结论得证. 现在归纳性地假设关于 a 的消去律成立（进而从 $a+b = a+c$ 中可以得到 $b = c$），接下来我们要证明的是关于 $a++$ 的消去律也成立. 换言之，就是在假设 $(a++)+b = (a++)+c$ 成立时，证明 $b = c$ 成立. 根据加法的定义，我们有 $(a++)+b = (a+b)++$ 和 $(a++)+c = (a+c)++$，从而可以得到 $(a+b)++ = (a+c)++$. 根据公理 2.4，我们进一步得到 $a+b = a+c$. 因为关于 a 的消去律成立，所以 $b = c$ 成立，结论得证. 至此归纳过程结束. □

现在我们讨论加法与正性是如何相互作用的.

定义 2.2.7（**正自然数**） 称一个自然数 n 是正的，当且仅当它不等于 0.

命题 2.2.8 如果 a 是一个正自然数，并且 b 是自然数，那么 $a+b$ 是正的（从而根据命题 2.2.4 知，$b+a$ 也是正的）.

证明 我们通过对 b 进行归纳来证明该命题. 如果 $b = 0$，那么 $a+b = a+0 = a$ 显然是正的，从而 $b = 0$ 时的结论得证. 现在归纳性地假设 $a+b$ 是正的，那么根据公理 2.3 知，$a+(b++) = (a+b)++$ 不等于零，从而 $a+(b++)$ 是正的. 至此归纳过程结束. □

推论 2.2.9 如果 a 和 b 是自然数且满足 $a+b = 0$，那么 $a = 0$ 且 $b = 0$.

证明 假设结论的反面 $a \neq 0$ 或 $b \neq 0$ 成立. 如果 $a \neq 0$，那么 a 是正的，从而根据命题 2.2.8 知 $a+b$ 是正的，这显然与已知条件 $a+b = 0$ 相矛盾. 类似地，如果 $b \neq 0$，那么 b 是正的，同样根据命题 2.2.8 知 $a+b$ 是正的，这与 $a+b = 0$ 相矛盾. 于是 a 和 b 必须同时为 0. □

引理 2.2.10 令 a 表示一个正自然数，那么恰好存在一个自然数 b 使得 $b++ = a$.

证明 参见习题 2.2.2.   □

一旦有了加法的概念，我们就可以开始定义序.

定义 2.2.11（自然数的序） 令 n 和 m 表示任意两个自然数，我们称 n 大于或等于 m，并记作 $n \geqslant m$ 或 $m \leqslant n$，当且仅当存在某个自然数 a 使得 $n = m+a$. 我们称 n 严格大于 m，并记作 $n > m$ 或 $m < n$，当且仅当 $n \geqslant m$ 且 $n \neq m$.

于是，因为 $8 = 5+3$ 且 $8 \neq 5$，所以 $8 > 5$. 另外注意，对任意的 n 均有 $n++ > n$，因此不存在最大的自然数 n，因为下一个数 $n++$ 总是比之前的数更大.

命题 2.2.12（自然数的序的基本性质） 令 a, b, c 为任意的自然数.

(a)（序是自反的）$a \geqslant a$.

(b)（序是可传递的）如果 $a \geqslant b$ 且 $b \geqslant c$，那么 $a \geqslant c$.

(c)（序是反对称的）如果 $a \geqslant b$ 且 $b \geqslant a$，那么 $a = b$.

(d)（加法保持序不变）$a \geqslant b$，当且仅当 $a+c \geqslant b+c$.

(e) $a < b$，当且仅当 $a++ \leqslant b$.

(f) $a < b$，当且仅当存在正自然数 d 使得 $b = a+d$.

证明 参见习题 2.2.3.   □

命题 2.2.13（自然数的序的三歧性） 令 a 和 b 表示任意两个自然数，那么在下面三种表述中恰有一种表述为真：$a < b$、$a = b$ 或 $a > b$.

证明 这里只给出一个证明的框架，缺少的部分将在习题 2.2.4 中给出补充.

首先我们证明上述三种表述 $a < b$、$a = b$ 及 $a > b$ 中同时为真的表述个数不超过一个. 如果 $a < b$，那么根据定义知 $a \neq b$. 同样，如果 $a > b$，根据定义知 $a \neq b$. 如果 $a > b$ 且 $a < b$，那么根据命题 2.2.12 知 $a = b$，这显然与 $a \neq b$ 相矛盾. 因此同时为真的表述个数不超过一个.

现在我们证明至少有一个表述为真. 保持 b 固定不变，对 a 进行归纳. 当 $a = 0$ 时，对所有的 b 均有 $0 \leqslant b$，（为什么？）因此我们得到 $0 = b$ 或 $0 < b$，从而 $a = 0$ 时的结论得证. 现在我们假设命题对于 a 已经被证明是成立的，下面我们要证明的是该命题对 $a++$ 也同样成立. 从 a 的三歧性中知，存在三种可能的情况：$a < b$、$a = b$ 及 $a > b$. 如果 $a > b$，那么 $a++ > b$.（为什么？）如果 $a = b$，那么 $a++ > b$.（为什么？）现在假设 $a < b$，那么根据命题 2.2.12 知 $a++ \leqslant b$，

于是我们得到要么 $a++=b$，要么 $a++<b$，对于其中任何一种情况，我们都给出了论证. 至此归纳过程结束. □

序的这些性质使我们得到归纳法原理的一个更强的形式.

命题 2.2.14（**强归纳法原理**）令 m_0 表示一个自然数，$P(m)$ 表示与任意自然数 m 有关的性质. 假设对任意满足 $m \geqslant m_0$ 的自然数 m，均有如下内容成立：若 $P(m')$ 对任意满足 $m_0 \leqslant m' \leqslant m$ 的自然数 m' 均为真，那么 $P(m)$ 也为真.（特别地，这意味着 $P(m_0)$ 为真，因为当 $m=m_0$ 时，前提中的 m' 的取值范围为空.）于是我们能够断定，对任意满足 $m \geqslant m_0$ 的自然数 m，$P(m)$ 为真.

注 2.2.15 在应用强归纳法原理的时候，我们通常令 $m_0 = 0$ 或 $m_0 = 1$.

证明 参见习题 2.2.5. □

习 题

2.2.1 证明命题 2.2.5.（提示：固定两个变量，对第三个变量进行归纳.）

2.2.2 证明引理 2.2.10.（提示：利用归纳法. 这里使用的是退化的归纳法，因为实际上并没有使用归纳假设，但这并不妨碍论证的有效性. 参见附录 A.2 中关于蕴涵关系和因果关系的讨论.）

2.2.3 证明命题 2.2.12.（提示：你将用到前面的许多命题、推论和引理.）

2.2.4 证明在命题 2.2.13 的证明中标注了（为什么？）的那三个命题.

2.2.5 证明命题 2.2.14.（提示：定义 $Q(n)$ 是关于 n 的一个如下性质：$P(m)$ 对任意满足 $m_0 \leqslant m < n$ 的 m 均为真. 注意，当 $n \leqslant m_0$ 时，$Q(n)$ 为空虚的真.）

2.2.6 令 n 表示一个自然数，$P(m)$ 是关于自然数的某个性质且满足：只要 $P(m++)$ 为真，$P(m)$ 就为真. 假设 $P(n)$ 也为真，证明：$P(m)$ 对任意满足 $m \leqslant n$ 的自然数 m 均为真. 这被称为逆向归纳法原理.（提示：对变量 n 使用归纳法.）

2.2.7 设 n 为一个自然数，$P(m)$ 是关于自然数的某个性质且满足当 $P(m)$ 为真时，$P(m++)$ 也为真，证明：如果 $P(n)$ 为真，那么 $P(m)$ 对所有的 $m \geqslant n$ 都为真（这个原理有时被称为"从基本情况 n 开始的归纳法原理"）.

2.3 乘法

在上一节中，我们已经证明了所知道的所有关于加法和序的基本事实. 为了节省篇幅及避免赘述那些显然的事情，接下来我们将允许使用所熟悉的一切关于加法和序的代数定律，而不加进一步的说明. 于是我们可以写出 $a+b+c=c+b+a$ 这样的内容. 现在我们引入乘法. 正如加法是重复的增量运算一样，乘法是重复的加法运算.

定义 2.3.1（自然数的乘法） 令 m 表示任意一个自然数，我们定义 $0 \times m = 0$ 表示把 0 乘到 m 上. 现在归纳性地假设已经定义了如何把 n 乘到 m 上，那么我们可以通过定义 $(n{+}{+}) \times m = (n \times m) + m$ 把 $n{+}{+}$ 乘到 m 上.

因此有 $0 \times m = 0, 1 \times m = 0 + m, 2 \times m = 0 + m + m$，等等. 利用归纳法容易证得任意两个自然数的乘积仍然是自然数.

引理 2.3.2（乘法是可交换的） 令 n 和 m 表示任意两个自然数，那么有 $n \times m = m \times n$ 成立.

证明 参见习题 2.3.1. □

我们将把 $n \times m$ 简写为 nm，而且按照惯例，乘法运算优先于加法运算. 于是，$ab + c$ 意味着 $(a \times b) + c$，而不是 $a \times (b + c)$.［我们也将利用其他算术运算优先级的符号惯例（在它们被定义之后）来避免总是使用圆括号.］

引理 2.3.3（正自然数没有零因子） 设 n 和 m 为自然数，那么 $n \times m = 0$，当且仅当 n 和 m 中至少有一个为零. 特别地，如果 n 和 m 均为正，那么 nm 也为正.

证明 参见习题 2.3.2. □

命题 2.3.4（分配律） 对任意的自然数 a, b, c，我们有 $a(b + c) = ab + ac$ 和 $(b + c)a = ba + ca$.

证明 由于乘法是可交换的，因此我们只需证明第一个等式 $a(b+c) = ab+ac$ 成立即可. 固定 a 和 b，对 c 进行归纳. 我们来证明最基本的 $c = 0$ 时的结论，也就是证明 $a(b+0) = ab + a0$. 等式左端为 ab，右端为 $ab + 0 = ab$，因此我们完成了 $c = 0$ 时结论的证明. 现在我们归纳性地假设 $a(b+c) = ab + ac$ 成立，接下来要证明的是 $a(b+(c{+}{+})) = ab + a(c{+}{+})$. 等式左端为 $a((b+c){+}{+}) = a(b+c) + a$，同时根据归纳假设知等式右端为 $ab + ac + a = a(b+c) + a$，那么到这里归纳过程就结束了. □

命题 2.3.5（乘法是可结合的） 对任意的自然数 a, b, c，我们有 $(a \times b) \times c = a \times (b \times c)$.

证明 参见习题 2.3.3. □

命题 2.3.6（乘法保持序不变） 如果 a, b 是满足 $a < b$ 的自然数，并且 c 是正的，那么 $ac < bc$.

证明 因为 $a < b$，所以存在某个正自然数 d 使得 $b = a + d$. 等式两端同时乘以 c，然后利用分配律知 $bc = ac + dc$. 由于 d 是正的且 c 也是正的，因此 dc

是正的. 于是我们得到 $ac < bc$. □

推论 2.3.7（消去律） 设 a, b, c 是自然数, 满足 $ac = bc$ 且 c 不为零, 那么 $a = b$.

注 2.3.8 正如命题 2.2.6 提到 "虚拟减法" 一样, 该推论给出了 "虚拟除法". "虚拟减法" 使我们最终定义了真正的减法, "虚拟除法" 在我们以后定义真正的除法时将被用到.

证明 利用序的三歧性（命题 2.2.13）, 我们有如下三种情况: $a < b$、$a = b$、$a > b$. 首先假设 $a < b$, 那么根据命题 2.3.6 知 $ac < bc$, 这与已知条件矛盾. 当 $a > b$ 时, 我们能够推导出类似的矛盾, 于是唯一可能的情况是 $a = b$, 结论得证. □

利用这些命题我们能够推导出大家熟知的所有包含加法和乘法在内的代数定律, 例子参见习题 2.3.4.

既然我们有了熟悉的加法运算和乘法运算, 增长这个相对更原始的概念将逐渐被淘汰, 并且从现在开始我们会很少见到这个概念. 由于 $n++ = n+1$, 因此在任何情况下, 我们总是用加法运算来描述增量运算.

命题 2.3.9（欧几里得算法） 设 n 是一个自然数, q 表示一个正自然数, 那么存在自然数 m 和 r 使得 $0 \leqslant r < q$ 且 $n = mq + r$.

注 2.3.10 换句话说, 我们可以用一个正自然数 q 去除一个自然数 n, 从而得到商 m（另一个自然数）和余数 r（比 q 小）. 该算法标志着数论的开始. 数论是一门优美且重要的课程, 但是它超出了本书的范围.

证明 参见习题 2.3.5. □

正如我们可以用增量运算递归地定义加法运算及用加法运算递归地定义乘法运算一样, 我们也可以用乘法运算递归地定义指数运算.

定义 2.3.11（自然数的指数运算） 设 m 是一个自然数, 我们定义 $m^0 = 1$ 表示把 m 升到 0 次幂. 特别地, 定义 $0^0 = 1$. 现在递归地假设对某个自然数 n, m^n 已经被定义了, 那么我们定义 $m^{n++} = m^n \times m$.

例 2.3.12 于是譬如 $x^1 = x^0 \times x = 1 \times x = x$, $x^2 = x^1 \times x = x \times x$, $x^3 = x^2 \times x = x \times x \times x$, 以此类推. 根据归纳法知, 这种递归的定义把所有自然数 n 所对应的 x^n 都定义了.

这里我们不对指数运算的理论进行深入研究, 而要等到定义了整数和有理数的概念之后再说, 参见命题 4.3.10.

习　　题

2.3.1 证明引理 2.3.2.（提示：修改引理 2.2.2、引理 2.2.3 及命题 2.2.4 的证明.）

2.3.2 证明引理 2.3.3.（提示：首先证明第二个命题.）

2.3.3 证明命题 2.3.5.（提示：修改命题 2.2.5 的证明并利用分配律.）

2.3.4 证明等式 $(a+b)^2 = a^2 + 2ab + b^2$ 对任意自然数 a 和 b 均成立.

2.3.5 证明命题 2.3.9.（提示：固定 q 并对 n 进行归纳.）

第 3 章　集合论

同绝大多数现代数学的其他分支理论一样，现代分析理论与数、集合及几何有关. 我们已经介绍了一种数系，即自然数系. 稍后我们将介绍其他数系，但现在我们暂且介绍一些集合论中的概念和符号，因为这些概念和符号在后面几章中将越来越多地被用到.（在本书中，我们不追求对欧几里得几何的严格叙述. 我们关注的是借助笛卡儿坐标系，使用实数系的语言来描述欧几里得几何.）

虽然集合论不是本书的核心内容，但是几乎其他的数学分支理论都将集合论作为其基础的一部分，因此在涉足其他高级的数学领域之前，学习集合论中的一些基础知识是非常重要的. 在本章中，我们将给出公理集合论中较初等的内容，那些诸如对无穷集合及选择公理这样较高级的课题的讨论将留到第 8 章. 遗憾的是，对集合论精妙之处的全面研究将大大超出本书的范围.

3.1　基础知识

在本节中，我们会像学习自然数系那样，给出一些有关集合的公理. 基于教学的原因，一些公理会被用来推导其他的公理. 在这种意义上，虽然我们将使用稍微偏多的集合论公理，但这并不会产生真正的危害. 我们从非正式地描述什么是集合开始.

定义 3.1.1（非正式的） 我们把集合 A 定义为任意一堆没有次序的对象，例如，$\{3, 8, 5, 2\}$ 是一个集合. 如果 x 是这堆对象中的一个，那么我们称 x 是 A 中的元素，记作 $x \in A$；否则，记作 $x \notin A$. 例如，$3 \in \{1, 2, 3, 4, 5\}$，但是 $7 \notin \{1, 2, 3, 4, 5\}$.

这个定义相当直观，但是它无法回答诸如下面这些问题：什么样的一堆对象可以被看作集合，什么样的集合与另外的集合相等，如何定义集合上的运算（如并集、交集等）？同时，我们还没有给出关于集合或集合中元素的公理. 本节剩余内容的主要目的是给出这些公理并定义集合上的运算.

首先阐明一个观点：我们把集合本身看作一类对象.

公理 3.1（集合是对象） 如果 A 是一个集合，那么 A 也是一个对象. 特别地，给定两个集合 A 和 B，问 A 是不是 B 中的元素是有意义的.

例 3.1.2（非正式的） 集合 $\{3, \{3, 4\}, 4\}$ 是由三个不同元素构成的集合，其中一个元素恰好是含有两个元素的集合. 这个例子更正式的形式参见例 3.1.9.

注 3.1.3 集合论有一种特殊情形，即所有的对象都是集合，这种情形被称为"纯粹集合论". 例如，数 0 可以等价于空集 $\varnothing = \{\}$，数 1 可以等价于 $\{0\} = \{\{\}\}$，数 2 可以等价于 $\{0, 1\} = \{\{\}, \{\{\}\}\}$，以此类推. 从逻辑学角度来看，纯粹集合论是一种更简单的理论，因为人们只需对集合进行处理而不需要处理对象. 然而从概念层面来说，对非纯粹集合论的处理相对更容易些，在非纯粹集合论中，有些对象不被看作集合. 从数学研究的目的来说，这两种类型的理论差不多是等价的，因此对于是否所有的对象都是集合这个问题，我们将秉持不可知的立场. 例如，我们没必要非用上述形式的集合来表示 3 这样的自然数.（用更准确的数学语言来说，自然数可以是集合的基数，而不一定是集合本身. 参见 3.6 节.）

到目前为止，总的来说，在数学里学到的所有对象中，有些对象恰好是集合. 而且如果 x 是一个对象，A 是一个集合，那么要么 $x \in A$ 为真，要么 $x \in A$ 为假.（如果 A 不是集合，我们则认为 $x \in A$ 是无定义的. 例如，$3 \in 4$ 既非真也非假，该陈述是无意义的，因为 4 不是一个集合.）

接下来我们试着定义相等：什么情况下可以认为两个集合是相等的？我们不认为一个集合中元素的次序是重要的，因此我们把集合 $\{3, 8, 5, 2\}$ 与 $\{2, 3, 5, 8\}$ 看作同一个集合. 另外，$\{3, 8, 5, 2\}$ 与 $\{3, 8, 5, 2, 1\}$ 是两个不同的集合，因为后者中的一个元素不包含在前者里，即元素 1. 基于类似的原因，$\{3, 8, 5, 2\}$ 与 $\{3, 8, 5\}$ 也是不同的集合. 我们把这部分内容作为一个公理.

公理 3.2（集合的相等） 称集合 A 和 B 是相等的，即 $A = B$，当且仅当 A 中的每个元素都是 B 中的元素且 B 中的每个元素也都是 A 中的元素. 换句话说，$A = B$，当且仅当 A 中的任一元素 x 属于 B，同时 B 中的任一元素 y 也属于 A.

例 3.1.4 $\{1, 2, 3, 4, 5\}$ 和 $\{3, 4, 2, 1, 5\}$ 是同一个集合，因为它们含有完全相同的元素.（集合 $\{3, 3, 1, 5, 2, 4, 2\}$ 也等于 $\{1, 2, 3, 4, 5\}$，3 和 2 的重复出现是无关紧要的，因为这并没有进一步改变 2 和 3 作为该集合元素的状态.）

"是……的元素"这种 $\in$ 关系遵守替换公理（见附录 A.7）. 正因如此，只要我们能够把定义在集合上的新运算仅用 $\in$ 的语言来描述，这个新运算就会遵守替换公理. 例如，对于本节中剩下的定义，情况就是这样.（另外，在良好的定义方式中，我们不能使用集合中"第一个"或者"最后一个"元素这样的概念，因为这将违背替换公理. 例如，虽然集合 $\{1, 2, 3, 4, 5\}$ 与 $\{3, 4, 2, 1, 5\}$ 表示同一个集合，但是它们的第一个元素是不一样的.）

下面我们来讨论到底什么样的对象是集合, 什么样的对象不是集合. 这与第 2 章中我们如何定义自然数相类似. 我们从单个的自然数 0 开始, 利用增量运算从 0 中构造出更多的数. 这里我们将尝试做一些类似的事情, 从单个集合 (空集) 开始, 利用各种运算从空集中构造出更多的集合. 我们从假定空集存在开始.

公理 3.3（**空集**）存在一个集合 $\varnothing$, 被称为空集, 它不包含任何元素. 也就是说, 对任意的对象 x 均有 $x \notin \varnothing$.

空集也记作 {}. 注意, 只能有一个空集. 如果存在两个集合 $\varnothing$ 和 $\varnothing'$ 都是空集, 那么根据公理 3.2 知它们必定相等.（为什么？）

如果一个集合不等于空集, 那么称该集合是非空的. 下面这个命题非常简单, 但是值得叙述.

引理 3.1.5（**单个选取**）设 A 是一个非空集合, 那么存在一个对象 x 使得 $x \in A$.

证明 我们用反证法来证明. 假设不存在任何对象 x 使得 $x \in A$, 那么对任意一个对象 x 而言, 有 $x \notin A$. 另外根据公理 3.3 知 $x \notin \varnothing$. 于是 $x \in A \Longleftrightarrow x \in \varnothing$（这两个命题均为假命题）, 进而根据公理 3.2 有 $A = \varnothing$, 显然这与已知条件 A 是一个非空集合相矛盾. $\qquad\square$

注 3.1.6 上述引理断言, 给定任意一个非空集合 A, 我们可以 "选取" A 中的一个元素 x, 以此来证实 A 的非空性. 后面（在引理 3.5.11 中）我们将证明对于给定的任意有限多个非空集合 $A_1, \cdots, A_n$, 能够从每个集合 $A_1, \cdots, A_n$ 中分别选取出一个元素 $x_1, \cdots, x_n$, 这称作 "有限选取". 但是如果想从无穷多个集合中选取元素, 我们需要一个附加公理, 即选择公理. 关于选择公理的讨论将留到 8.4 节.

注 3.1.7 注意, 空集与自然数 0 不是同一个事物. 一个是集合, 另一个是数. 但是空集的基数为 0 的确是真的, 参见 3.6 节.

如果公理 3.3 是集合论中唯一一个公理, 那么集合论必然是相当乏味的, 因为在这种情况下, 只有唯一一个集合存在, 那就是空集. 现在我们给出更深层次的公理来丰富可用集合的种类.

公理 3.4（**单元素集与双元素集**）如果 a 是一个对象, 那么存在一个集合 $\{a\}$ 且该集合中唯一的一个元素就是 a. 也就是说, 对任意一个对象 y, 有 $y \in \{a\}$, 当且仅当 $y = a$, 我们称 $\{a\}$ 是元素为 a 的单元素集. 更进一步, 如果 a 和 b 都是对象, 那么存在一个集合 $\{a, b\}$ 且该集合中的元素只有 a 和 b. 换言之, 对任意一个对象 y, 有 $y \in \{a, b\}$, 当且仅当 $y = a$ 或 $y = b$, 我们称该集合是由 a

和 b 构成的双元素集.

注 3.1.8 正如只存在唯一一个空集那样, 根据公理 3.2 知, 元素为 a 的单元素集也只有一个. (为什么?) 类似地, 给定任意两个对象 a 和 b, 那么只存在唯一一个由 a 和 b 构成的双元素集. 同样, 公理 3.2 也能确保 $\{a,b\} = \{b,a\}$ 及 $\{a,a\} = \{a\}$. (为什么?) 于是, 单元素集公理事实上是多余的, 因为它是从双元素集公理中推导出的一个结论. 反过来, 双元素集公理可以由单元素集公理及后面的两集合的并集公理 (见引理 3.1.12) 推导出. 人们可能会问为什么我们不继续构造三元素集公理、四元素集公理等. 然而, 一旦我们引入两集合的并集公理, 再去构造这些公理就没有必要了.

例 3.1.9 因为 $\varnothing$ 是一个集合 (从而它是一个对象), 所以单元素集 $\{\varnothing\}$, 即只含唯一一个元素 $\varnothing$ 的集合, 也是一个集合. 类似地, 单元素集 $\{\{\varnothing\}\}$ 和双元素集 $\{\varnothing, \{\varnothing\}\}$ 也都是集合. 上述四个集合是彼此互不相等的 (习题 3.1.2).

正如例 3.1.9 所示, 现在我们可以构造出相当多的集合, 但是我们所能构造的集合依然是相当小的 (目前为止, 我们构造的每个集合所包含的元素个数都不超过两个). 接下来这个公理将使我们能够构造出比之前稍大一些的集合.

公理 3.5 (**两集合的并集**) 给定任意两个集合 A 和 B, 存在一个集合 $A \cup B$ 被称为 A 和 B 的并集, 该集合的元素由属于 A 的或属于 B 的或同时属于 A 和 B 的一切元素共同构成. 换言之, 对任意的对象 x,

$$x \in A \cup B \Longleftrightarrow (x \in A \text{ 或 } x \in B).$$

回忆一下, "或" 在数学中默认表示包含. 也可以说, "X 或 Y 为真" 的意思是 "要么 X 为真, 要么 Y 为真, 要么 X 和 Y 都为真". 参见附录 A.1.

例 3.1.10 集合 $\{1,2\} \cup \{2,3\}$ 中的元素是由属于 $\{1,2\}$ 的或属于 $\{2,3\}$ 的或同时属于这两个集合的一切元素共同构成的. 换句话说, 这个集合的元素就是 1、2 和 3. 因此, 我们把该集合记作 $\{1,2\} \cup \{2,3\} = \{1,2,3\}$.

注 3.1.11 如果 A、B 和 A' 都是集合且 A 等于 A', 那么 $A \cup B$ 等于 $A' \cup B$ (为什么? 我们需要利用公理 3.5 和公理 3.2). 类似地, 如果 B' 是与 B 相等的集合, 那么 $A \cup B$ 等于 $A \cup B'$. 因此, 并集运算遵守替换公理, 从而该运算在集合上是定义明确的.

现在我们给出并集的一些基本性质.

引理 3.1.12 *如果 a 和 b 都是对象, 那么 $\{a,b\} = \{a\} \cup \{b\}$. 如果 A、B 和 C 都是集合, 那么并集运算是可交换的 ($A \cup B = B \cup A$), 而且也是可结合的 $((A \cup B) \cup C = A \cup (B \cup C))$. 另外, 我们有 $A \cup A = A \cup \varnothing = \varnothing \cup A = A$.*

证明 我们只证明结合律 $(A \cup B) \cup C = A \cup (B \cup C)$，剩下的部分留作习题 3.1.3. 根据公理 3.2 知，我们要证明的是 $(A \cup B) \cup C$ 中的任意一个元素 x 都是集合 $A \cup (B \cup C)$ 中的元素，反之亦然. 于是，首先假设 x 是 $(A \cup B) \cup C$ 中的一个元素，那么根据公理 3.5 知，这意味着 $x \in A \cup B$ 和 $x \in C$ 至少有一个为真. 现在我们分两种情况来讨论. 如果 $x \in C$，那么根据公理 3.5 知 $x \in B \cup C$，进而再次利用公理 3.5 得 $x \in A \cup (B \cup C)$. 现在假设 $x \in A \cup B$，那么由公理 3.5 知 $x \in A$ 或 $x \in B$. 一方面，如果 $x \in A$，从公理 3.5 中可得 $x \in A \cup (B \cup C)$；另一方面，如果 $x \in B$，通过连续应用公理 3.5 得 $x \in B \cup C$，进而有 $x \in A \cup (B \cup C)$. 因此我们得到，在所有可能的情况中，$(A \cup B) \cup C$ 中的每个元素均包含在 $A \cup (B \cup C)$ 中. 通过类似的论证过程我们能够推导出 $A \cup (B \cup C)$ 中的每个元素也都包含在 $(A \cup B) \cup C$ 中，于是我们证明了 $(A \cup B) \cup C = A \cup (B \cup C)$. $\square$

有了上面这个引理，我们就不需要利用括号来表示多个并集的运算了. 例如，我们可以用 $A \cup B \cup C$ 来代替 $(A \cup B) \cup C$ 和 $A \cup (B \cup C)$. 类似地，对于四个集合的并集，我们可以写成 $A \cup B \cup C \cup D$，等等.

注 3.1.13 尽管并集运算与加法运算有一些相似的地方，但是这两种运算并不是完全相同的. 譬如，虽然有 $\{2\} \cup \{3\} = \{2, 3\}$ 和 $2 + 3 = 5$，然而 $\{2\} + \{3\}$ 是无意义的（加法是关于数的运算，而不是关于集合的运算），$2 \cup 3$ 也是毫无意义的（并集运算是关于集合的运算，而不是关于数的运算）.

这个公理使我们可以定义三元素集、四元素集，以此类推. 如果 a、b、c 是三个对象，那么定义 $\{a, b, c\} = \{a\} \cup \{b\} \cup \{c\}$；如果 a、b、c、d 是四个对象，那么定义 $\{a, b, c, d\} = \{a\} \cup \{b\} \cup \{c\} \cup \{d\}$，以此类推. 另外，对任意给定的自然数 n，我们目前尚无法定义由 n 个对象构成的集合. 这需要把上述结构迭代 "n 次"，然而 n 次迭代的概念还没有被严格定义. 基于类似的原因，我们还无法定义由无穷多个对象构成的集合的概念，因为这需要对两集合的并集公理迭代无穷多次，而且眼下能否确保整个过程的严谨性尚不清楚. 后面我们会引入一些其他的关于集合论的公理，这些公理将使我们能够构造出任意大的，甚至是无穷大的集合.

显然，某些集合看起来比其他的集合要大. 正式建立这种概念的一种方法是引入子集的概念.

定义 3.1.14（子集）设 A 和 B 都是集合，我们称 A 是 B 的子集，并记作 $A \subseteq B$，当且仅当 A 中的每个元素都是 B 中的元素，即

$$\text{对任意的对象 } x,\ x \in A \Longrightarrow x \in B.$$

如果 $A \subseteq B$ 且 $A \neq B$，那么我们称 A 是 B 的真子集，记作 $A \subsetneq B$.

注 3.1.15　因为上面的定义中只包含了相等及"是……的元素"的关系，而这两者都遵守替换公理，所以子集也自动地遵守替换公理. 于是，若 $A \subseteq B$ 且 $A = A'$，那么 $A' \subseteq B$.

例 3.1.16　我们有 $\{1,2,4\} \subseteq \{1,2,3,4,5\}$，因为 $\{1,2,4\}$ 中的每个元素都是 $\{1,2,3,4,5\}$ 中的元素. 事实上，我们也可以得到 $\{1,2,4\} \subsetneq \{1,2,3,4,5\}$，因为集合 $\{1,2,4\}$ 与 $\{1,2,3,4,5\}$ 不相等. 给定任意一个集合 A，我们总有 $A \subseteq A$ 和 $\varnothing \subseteq A$.（为什么？）

正如下面这个命题所描述的那样，集合论中的子集概念类似于数系中"小于或等于"的概念（更精确的表述见定义 8.5.1）.

命题 3.1.17（集合的包含关系使集合是偏序的）　设 A、B、C 是集合，如果 $A \subseteq B$ 且 $B \subseteq C$，那么 $A \subseteq C$. 如果 $A \subseteq B$ 且 $B \subseteq A$，那么 $A = B$. 如果 $A \subsetneq B$ 且 $B \subsetneq C$，那么 $A \subsetneq C$.

证明　我们只证明第一个结论. 假设 $A \subseteq B$ 且 $B \subseteq C$，为了证明 $A \subseteq C$，我们必须证明 A 中的每个元素都是 C 中的元素. 那么取 A 中任意一个元素 x，因为 $A \subseteq B$，所以 x 必定是 B 中的元素. 由于 $B \subseteq C$，因此 x 是 C 中的元素. 于是，A 中的每个元素实际上都是 C 中的元素，结论得证. □

注 3.1.18　子集和并集运算是相互关联的，参见习题 3.1.7.

注 3.1.19（真）子集关系"$\subsetneq$"和小于关系"$<$"之间存在一个重要的区别. 给定任意两个不同的自然数 n 和 m，我们知道其中一个会比另一个小（命题 2.2.13）. 但是给定两个不同的集合，说其中一个是另一个集合的子集这种命题通常不为真. 例如，令 $A = \{2n : n \in \mathbb{N}\}$ 是由所有偶自然数构成的集合，$B = \{2n+1 : n \in \mathbb{N}\}$ 是由所有奇自然数构成的集合，那么 A 和 B 彼此互不为对方的子集. 这就是为什么我们说集合仅仅是偏序的，但是自然数是全序的（见定义 8.5.1、定义 8.5.3）.

注 3.1.20　我们也应该注意到子集关系"$\subseteq$"与元素的属于关系"$\in$"是不一样的. 数 2 是集合 $\{1,2,3\}$ 中的一个元素，而不是它的一个子集，因此 $2 \in \{1,2,3\}$，但是 $2 \not\subseteq \{1,2,3\}$. 事实上，2 本身就不是一个集合. 反过来，$\{2\}$ 是集合 $\{1,2,3\}$ 的一个子集，而不是元素，所以 $\{2\} \subseteq \{1,2,3\}$，但是 $\{2\} \notin \{1,2,3\}$. 这里的关键在于数 2 和集合 $\{2\}$ 是不同的对象. 把集合与集合中的元素区分开来是非常重要的，因为集合和元素具有不同的性质. 譬如，能够找到一个含有无穷多个元素的集合，其中每个元素都是有穷数（自然数集 $\mathbb{N}$ 就是这样的一个例子），也能够找到这样一个集合，它的元素个数是有限的，但是每个元素都是由无穷多个元素构成的集合（例如，考虑集合 $\{\mathbb{N}, \mathbb{Z}, \mathbb{Q}, \mathbb{R}\}$，该集合共有四个元素且每个元素都是由无穷多个元素构成的集合）.

现在我们给出一个公理，它能够让我们轻松地构造出一个较大集合的子集.

公理 3.6（分类公理） 设 A 是一个集合，对任意的 $x \in A$，令 $P(x)$ 表示关于 x 的一个性质（对任意的 $x \in A$，$P(x)$ 要么是个真命题，要么是个假命题），那么存在一个集合，记作 $\{x \in A : P(x)$ 为真$\}$（或简记为 $\{x \in A : P(x)\}$），该集合恰好是由 A 中那些使得 $P(x)$ 为真的元素 x 构成的. 换言之，对任意的对象 y，

$$y \in \{x \in A : P(x) \text{ 为真}\} \iff (y \in A \text{ 且 } P(y) \text{ 为真}).$$

这个公理也被称为分离公理. 注意，$\{x \in A : P(x)$ 为真$\}$ 总是集合 A 的一个子集，（为什么？）尽管它可能与 A 一样大，也可能与空集一样小. 我们能够证明替换公理适用于分类，所以如果 $A = A'$，则有 $\{x \in A : P(x)\} = \{x \in A' : P(x)\}$.（为什么？）

例 3.1.21 令 $S = \{1,2,3,4,5\}$，那么集合 $\{n \in S : n < 4\}$ 是 S 中满足 $n < 4$ 为真的元素 n 构成的集合，即 $\{n \in S : n < 4\} = \{1,2,3\}$. 类似地，集合 $\{n \in S : n < 7\}$ 是与 S 自身完全相同的集合，而 $\{n \in S : n < 1\}$ 是空集.

有时我们用 $\{x \in A \,|\, P(x)\}$ 来代替 $\{x \in A : P(x)\}$，当我们用冒号"$:$"表示其他含义时，这种新写法就是有用的. 例如，我们用冒号来表示一个函数 $f : X \to Y$ 的定义域和陪域. 我们也可以把 $\{x \in A : P(x)\}$ 描述为"A 中使得 $P(x)$ 为真的所有 x 的集合".

我们可以利用分类公理进一步定义集合上的一些运算，即求交集和差集的运算.

定义 3.1.22（交集） 两个集合的交集 $S_1 \cap S_2$ 被定义为下面这样一个集合：

$$S_1 \cap S_2 = \{x \in S_1 : x \in S_2\}.$$

换句话说，$S_1 \cap S_2$ 是由所有同时属于 S_1 和 S_2 的元素构成的. 于是对任意的对象 x，

$$x \in S_1 \cap S_2 \iff x \in S_1 \text{ 且 } x \in S_2.$$

注 3.1.23 注意，这个定义是明确的（该定义遵守替换公理，见附录 A.7），因为它是用那些更原始的运算来定义的，并且我们已经知道这些更原始的运算遵守替换公理. 类似的注释适用于本章后面的定义，而且通常将不再明确提及.

例 3.1.24 我们有 $\{1,2,4\} \cap \{2,3,4\} = \{2,4\}$，$\{1,2\} \cap \{3,4\} = \varnothing$，$\{2,3\} \cup \varnothing = \{2,3\}$ 和 $\{2,3\} \cap \varnothing = \varnothing$.

注 3.1.25 顺便提一下，对于词汇中的"和"我们要小心使用. 根据上下文，它有时候表示的是并集，而有时候表示的是交集，这非常容易混淆. 例如，如果有人谈到"男孩和女孩"的集合，那么他的意思是男孩组成的集合与女孩组成的集合的并集，但是如果有人提到同时满足单身和男性这两个条件的人组成的集合，那么他的意思就是单身人士组成的集合与男性组成的集合的交集.（你能否弄清楚什么时候"和"表示并集及什么时候"和"表示交集？）另一个问题是"和"也表示相加，例如，我们可以说"2 与 3 的和是 5"，也可以说"集合 $\{2\}$ 的元素和集合 $\{3\}$ 的元素构成了集合 $\{2,3\}$"，还有"在 $\{2\}$ 和 $\{3\}$ 中的元素构成了集合 $\varnothing$". 这确实容易混淆！一个原因在于我们用数学符号来代替如"和"这样的词汇. 数学符号总是能够准确且清晰地表述意思，而想真正了解某个词汇所表达的含义，我们必须非常仔细地阅读上下文才行.

如果 $A \cap B = \varnothing$，那么称集合 A 和 B 是不相交的. 注意，这个概念与不相等（$A \neq B$）是两个不同的概念. 例如，集合 $\{1,2,3\}$ 和 $\{2,3,4\}$ 是不相等的（存在元素属于其中一个集合，但不属于另一个集合），但是它们并不是不相交的（因为它们的交集是非空集合）. 同时，$\varnothing$ 与 $\varnothing$ 是不相交的，但是并不是不相等的.（为什么？）

有一种类似于减法的集合运算.

定义 3.1.26（差集） 给定两个集合 A 和 B，我们定义集合 $A - B$ 或 $A \setminus B$ 是由 A 中所有不属于 B 的元素组成的集合.

$$A \setminus B = \{x \in A : x \notin B\}.$$

例如，$\{1,2,3,4\} \setminus \{2,4,6\} = \{1,3\}$. 在很多情况下，$B$ 是 A 的一个子集，但并非必须如此.

现在我们给出关于并集、交集和差集的一些基本性质.

命题 3.1.27（集合构成布尔代数） 设 A、B、C 都是集合，令 X 表示包含 A、B、C 作为其子集的集合.

(a)（最小元）我们有 $A \cup \varnothing = A$ 和 $A \cap \varnothing = \varnothing$.

(b)（最大元）我们有 $A \cup X = X$ 和 $A \cap X = A$.

(c)（恒等式）我们有 $A \cap A = A$ 和 $A \cup A = A$.

(d)（交换律）我们有 $A \cup B = B \cup A$ 和 $A \cap B = B \cap A$.

(e)（结合律）我们有 $(A \cup B) \cup C = A \cup (B \cup C)$ 和 $(A \cap B) \cap C = A \cap (B \cap C)$.

(f)（分配律）我们有 $A \cap (B \cup C) = (A \cap B) \cup (A \cap C)$ 和 $A \cup (B \cap C) = (A \cup B) \cap (A \cup C)$.

(g)（分拆法）我们有 $A \cup (X \setminus A) = X$ 和 $A \cap (X \setminus A) = \varnothing$.

(h)（德摩根定律）我们有 $X \setminus (A \cup B) = (X \setminus A) \cap (X \setminus B)$ 和 $X \setminus (A \cap B) = (X \setminus A) \cup (X \setminus B)$.

注 3.1.28 德摩根定律是以逻辑学家奥古斯塔斯·德摩根（1806—1871）的姓氏来命名的，奥古斯塔斯·德摩根把这些定律确定为集合论的基本定律之一.

证明 参见习题 3.1.6. □

注 3.1.29 你可能会注意到在上面这些定律中，$\cup$ 和 $\cap$ 之间及 X 和 $\varnothing$ 之间存在一定的对称性. 这是关于对偶性的一个例子. 所谓对偶性，是指两种不同的性质或者两个不同的对象彼此对偶. 在现在这种情况下，对偶性表现为互补关系 $A \longmapsto X \setminus A$，德摩根定律确定这种关系是把并集转换为交集，反之亦然（同样，它也把 X 和 $\varnothing$ 做这样的转换）. 上面这些定律统称为布尔代数定律，该定律是以数学家乔治·布尔（1815—1864）的姓氏来命名的. 另外，这些定律也可以应用到除了集合之外的许多其他客体上，它们在数理逻辑学中有特别重要的作用.

虽然现在我们已经积累了有关集合的大量公理和结果，但是目前还有许多事情没办法做到. 关于集合，我们想做的最基本的事就是取出集合中的每个元素，并以某种方式把每个元素都转换成另外的新对象. 例如，我们希望从集合 $\{3,5,9\}$ 开始，把该集合中的每个元素进行增长，从而构造出一个新的集合 $\{4,6,10\}$. 直接利用之前学过的公理是无法做到这件事的，因此我们需要一个新的公理.

公理 3.7（替代公理）设 A 是一个集合，对任意的 $x \in A$ 和任意的一个对象 y，假设存在一个关于 x 和 y 的命题 $P(x,y)$ 使得对任意的 $x \in A$，最多能够找到一个 y 满足 $P(x,y)$ 为真，那么存在一个集合 $\{y : P(x,y)$ 对某 $x \in A$ 为真$\}$ 使得对任意的对象 z，

$$z \in \{y : P(x,y) \text{ 对某 } x \in A \text{ 为真}\} \iff \text{对某 } x \in A, \ P(x,z) \text{ 为真}.$$

例 3.1.30 令 $A = \{3,5,9\}$，设 $P(x,y)$ 表示命题 $y = x{+}{+}$，即 y 是紧跟在 x 之后的那个数. 我们观察到，对任意一个 $x \in A$，只有一个 y 使得 $P(x,y)$ 为真. 具体地，就是紧跟在 x 之后的那个数. 于是，上面的公理断定集合 $\{y : y = x{+}{+}$ 对某 $x \in \{3,5,9\}$ 为真$\}$ 是存在的. 此时，上述集合显然就是 $\{4,6,10\}$.（为什么？）

例 3.1.31 令 $A = \{3,5,9\}$，设 $P(x,y)$ 表示命题 $y = 1$，那么同样，对任意的 $x \in A$，只有一个 y 使得 $P(x,y)$ 为真. 具体地，就是数 1. 此时，$\{y : y = 1$ 对某 $x \in \{3,5,9\}$ 为真$\}$ 就是单元素集 $\{1\}$，我们已经把原始集合 A 中的每个元素 3,5,9 都用同一个元素 1 来代替. 因此，这个例子告诉我们，通过上述公理得到的集合可以比原始集合更"小".

我们经常把形如

$$\{y : 对某 \ x \in A \ 有 \ y = f(x)\}$$

的集合简写为 $\{f(x) : x \in A\}$ 或 $\{f(x) \,|\, x \in A\}$. 例如，若 $A = \{3, 5, 9\}$，那么 $\{x++ : x \in A\}$ 就是集合 $\{4, 6, 10\}$. 我们当然可以把替代公理和分类公理合并在一起使用. 例如，我们可以按照下面的过程构造类似于 $\{f(x) : x \in A \ 且 \ P(x)$ 为真$\}$ 的集合. 从集合 A 开始，利用分类公理构造集合 $\{x \in A : P(x)$ 为真$\}$，然后应用替代公理构造集合 $\{f(x) : x \in A \ 且 \ P(x)$ 为真$\}$. 于是作为例子有 $\{n++ : n \in \{3, 5, 9\} \ 且 \ n < 6\} = \{4, 6\}$.

在我们的许多例子中，都暗含地假设了自然数实际上就是对象. 对此我们给出下面的正式叙述.

公理 3.8（无穷大） 存在一个集合 $\mathbb{N}$，它的元素被称为自然数. 对象 0 在 $\mathbb{N}$ 中，并且由每个自然数 $n \in \mathbb{N}$ 所指定的满足佩亚诺公理（公理 2.1～公理 2.5）的对象 $n++$ 也在 $\mathbb{N}$ 中.

这是假设 2.6 更正式的表述. 它被称为无穷大公理，因为它引入了一个无穷大集合的最基本的例子，也就是自然数集 $\mathbb{N}$（我们将在 3.6 节正式阐述有穷大和无穷大的意思）. 从无穷大公理中我们能够看出，像 3, 5, 7 等这样的数确实是集合论中的对象，从而（根据双元素集公理和两集合的并集公理）我们的确可以合法地构造如 $\{3, 5, 9\}$ 这样的集合，就像在之前的例子中我们已经做过的那样.

我们必须区分清楚集合的概念及集合中元素的概念. 例如，集合 $\{n + 3 : n \in \mathbb{N}, 0 \leqslant n \leqslant 5\}$ 与表达式或函数 $n + 3$ 不是一回事. 我们通过下面的例子来强调这一点.

例 3.1.32（非正式的） 这个例子需要用到减法，但是目前我们还没有正式地引入减法. 下面两个集合是相等的，

$$\{n + 3 : n \in \mathbb{N}, 0 \leqslant n \leqslant 5\} = \{8 - n : n \in \mathbb{N}, 0 \leqslant n \leqslant 5\} \tag{3.1}$$

（见下文），尽管对任意的自然数 n，表达式 $n + 3$ 和 $8 - n$ 都绝不可能相等. 所以当你谈论集合时，记住要使用花括号 $\{\}$，这是一个不错的主意，可以避免你偶然地把集合与其元素混淆. 这种反直观情形的一个原因是字母 n 在式 (3.1) 的两端是以不同的方式来使用的. 为了阐明这种情形，我们把字母 n 替换成字母 m 来重新书写集合 $\{8 - n : n \in \mathbb{N}, 0 \leqslant n \leqslant 5\}$，于是得到 $\{8 - m : m \in \mathbb{N}, 0 \leqslant m \leqslant 5\}$. 它与之前的集合是完全相等的，（为什么?）因此我们能够把式 (3.1) 重新写成下面的形式：

$$\{n + 3 : n \in \mathbb{N}, 0 \leqslant n \leqslant 5\} = \{8 - m : m \in \mathbb{N}, 0 \leqslant m \leqslant 5\}.$$

现在容易看出（利用公理 3.2）为什么该等式为真：每个形如 $n+3$ 的数（其中 n 表示 0 与 5 之间的自然数）也可以写成 $8-m$ 的形式，其中 $m = 5-n$（注意，m 也是 0 到 5 之间的自然数）. 反过来，每个形如 $8-m$ 的数（其中 m 表示 0 与 5 之间的自然数）也可以写成 $n+3$ 的形式，其中 $n = 5-m$（注意，n 也是 0 到 5 之间的自然数）. 观察一下，如果我们没有事先把 n 替换成 m，那么上面对式 (3.1) 的解释将会更让人困惑！

在形式上，我们可以把 $\mathbb{N}$ 称为 "自然数的集合"，但我们经常将其缩写为 "自然数集". 类似地，我们稍后还将介绍一些其他集合. 例如，$\mathbb{Z}$ 是 "整数的集合"，也就是 "整数集"；$\mathbb{R}$ 是 "实数的集合"，也就是 "实数集"，甚至简称为 "实数"，等等.

习 题

3.1.1 设 a、b、c、d 为满足 $\{a,b\} = \{c,d\}$ 的元素，证明命题 "$a = c$ 且 $b = d$" 和命题 "$a = d$ 且 $b = c$" 至少有一个成立.

3.1.2 只利用公理 3.2、公理 3.1、公理 3.3 和公理 3.4 证明集合 $\varnothing$、$\{\varnothing\}$、$\{\{\varnothing\}\}$ 和 $\{\varnothing, \{\varnothing\}\}$ 是互不相等的集合（任意两个集合彼此互不相等）.

3.1.3 证明引理 3.1.12 剩下的论述.

3.1.4 证明命题 3.1.17 剩下的论述.

3.1.5 设 A 和 B 是集合，证明下面三个命题 $A \subseteq B$、$A \cup B = B$ 和 $A \cap B = A$ 在逻辑上是等价的（其中任意一个命题都隐含其余两个命题）.

3.1.6 证明命题 3.1.27.（提示：我们可以用其中的一些论述证明另一些论述. 有些论述曾在引理 3.1.12 中出现过. ）

3.1.7 设 A、B、C 都是集合，证明 $A \cap B \subseteq A$ 和 $A \cap B \subseteq B$. 更进一步，证明 $C \subseteq A$ 且 $C \subseteq B$，当且仅当 $C \subseteq A \cap B$. 类似地，证明 $A \subseteq A \cup B$ 和 $B \subseteq A \cup B$，并且进一步证明 $A \subseteq C$ 且 $B \subseteq C$，当且仅当 $A \cup B \subseteq C$.

3.1.8 设 A 和 B 是集合，证明吸收率 $A \cap (A \cup B) = A$ 和 $A \cup (A \cap B) = A$.

3.1.9 令 A、B、X 表示集合，并且它们满足 $A \cup B = X$ 和 $A \cap B = \varnothing$，证明 $A = X \setminus B$ 和 $B = X \setminus A$.

3.1.10 设 A 和 B 是集合，证明三个集合 $A \setminus B$、$A \cap B$ 和 $B \setminus A$ 是不相交的，并且它们的并集是 $A \cup B$.

3.1.11 证明替代公理隐含分类公理.

3.1.12 设集合 A、B、A'、B' 满足 $A' \subseteq A$ 且 $B' \subseteq B$.

    (i) 证明 $A' \cup B' \subseteq A \cup B$ 且 $A' \cap B' \subseteq A \cap B$.

    (ii) 举一个反例说明 $A' \setminus B' \subseteq A \setminus B$ 为假. 对于这个包含差集运算 $\setminus$ 的命题，你能

否做出适当修改，使其在给定假设前提下为真？证明你的结论.

3.1.13 欧几里得将点定义为"没有部分的东西". 这道习题应该会让我们回想起那个定义. 集合 A 的真子集 B 被定义为满足下列条件的集合：B 是 A 的子集且 $B \neq A$. 设 A 为非空集合，证明 A 没有非空真子集，当且仅当 A 的形式为 $A = \{x\}$，其中 x 为某个对象.

3.2 罗素悖论（选学）

上一节中介绍的许多公理有一个相似的特点：这些公理都使我们能够把具有某个特征的全体元素组成一个集合. 这些公理看起来都是可信的，而且有人可能会认为它们是可以被统一起来的. 例如，通过引入下面的公理统一起来.

公理 3.9（万有分类公理）（危险！）假设对任意的对象 x，存在关于 x 的性质 $P(x)$（于是对每个 x，$P(x)$ 要么是真命题，要么是假命题），那么存在一个集合 $\{x : P(x)$ 为真$\}$ 使得对任意的对象 y，

$$y \in \{x : P(x) \text{ 为真}\} \Longleftrightarrow P(y) \text{ 为真}.$$

这个公理也被称作概括公理. 它断定每个性质都对应一个集合. 如果承认了这个公理，我们就能够谈论一切蓝色物体构成的集合、全体自然数构成的集合及一切集合构成的集合，等等. 这个公理同时也隐含了上一节中的大部分公理（习题 3.2.1）. 遗憾的是，这个公理不能被引入到集合论中，因为它产生了一个逻辑上的矛盾，即罗素悖论，这个悖论是由哲学家和逻辑学家伯特兰·罗素（1872—1970）在 1901 年发现的. 该悖论是按照下面的方式运作的. 令 $P(x)$ 表示下述命题：

$$P(x) \Longleftrightarrow \text{``}x \text{ 是一个集合且 } x \notin x\text{''},$$

也就是说，只有当 x 是一个不包含自己的集合时，$P(x)$ 才为真. 例如，$P(\{2,3,4\})$ 为真，因为集合 $\{2,3,4\}$ 不是 $\{2,3,4\}$ 所包含的三个元素 2、3、4 中的任何一个. 另外，如果我们令 S 表示由全体集合构成的集合（根据万有分类公理知 S 是存在的），由于 S 自身就是一个集合，那么它就是 S 中的一个元素，从而得到 $P(S)$ 为假. 现在利用万有分类公理来构造这样一个集合：

$$\Omega = \{x : P(x) \text{ 为真}\} = \{x : x \text{ 是一个集合且 } x \notin x\},$$

即由全体不包含自身的集合构成的集合. 现在问一个问题：Ω 是否包含自身？也就是说，$\Omega \in \Omega$ 是否成立？如果 Ω 包含自身，那么根据 Ω 的定义知，这意味着 $P(\Omega)$ 为真，即 Ω 是一个集合且 $\Omega \notin \Omega$. 另外，如果 Ω 不包含自身，那么根据 $P(\Omega)$ 的定义，$P(\Omega)$ 将会为真，从而由 Ω 的定义知 $\Omega \in \Omega$. 因此无论是哪一种

情况，我们都能得到 $\Omega \in \Omega$ 和 $\Omega \notin \Omega$，这是荒谬的.

上述公理存在的问题是它构造的集合都"过大". 例如，我们可以利用该公理去谈论由一切对象构成的集合（所谓的"万有集"）. 因为集合本身就是对象（公理 3.1），所以这意味着集合是可以包含自身的，这种说法就有些没头没脑了. 非正式地解决此事的一种方法是，考虑把对象按照一定的层次结构进行排列. 在层次结构最底层的是原始对象——那些不是集合的对象[①]，如自然数 37. 在层次结构下一级中存在一些集合，这些集合的元素只能是原始对象，如 $\{3, 4, 7\}$ 或空集 $\varnothing$. 目前我们暂且称这些集合为"原始集合". 然后就是那些只能由原始对象和原始集合来构成的集合，如 $\{3, 4, 7, \{3, 4, 7\}\}$. 接下来我们可以进一步利用这些对象来构造集合，以此类推. 关键是，在层次结构的每个层级中，我们只能看到那些由更低层级的对象构造出的集合，因此无论在哪个层级中我们都无法构造出包含自身的集合.

对上述对象层级结构的直观感觉进行正式地描述是非常复杂的，在这里我们不对此进行展开. 我们将简单给出一个公理，这个公理将确保像罗素悖论这样的悖论不会出现.

公理 3.10（正则性公理） *如果 A 是一个非空集合，那么 A 中至少存在一个元素 x 满足：x 要么不是集合，要么与 A 不相交.*

这个公理（也被称作基础公理）的要点在于它断定了 A 中至少有一个元素位于对象层级结构中非常低的层级，以至于该元素不包含 A 中的其他任何元素. 例如，若 $A = \{\{3, 4\}, \{3, 4, \{3, 4\}\}\}$，那么元素 $\{3, 4\} \in A$ 但不包含 A 中其他任何元素（3 不在 A 中，4 也不在 A 中），尽管位于层次结构中更高层级的元素 $\{3, 4, \{3, 4\}\}$ 的确包含了 A 中的元素 $\{3, 4\}$. 由该公理推导出的一个特别的结论是：集合不再被允许包含自身（习题 3.2.2）.

人们有理由提出这样一个问题：在集合论中，我们是否真的需要这个公理？因为它的确不如我们学过的其他公理直观. 从分析研究的目的来说，这个公理事实上完全没有必要. 在分析理论中，我们考察的一切集合都位于对象层次结构非常低的层级中，譬如由原始对象构成的集合，或者由原始对象构成的集合的集合，又或者最差不过是由原始对象构成的集合的集合的集合. 然而，如果想展现更高级的集合论，这个公理还是非常有必要的. 因此，为保证完整性，本书中我们给出了这个公理（但是作为选学内容）.

[①] 在纯粹集合论中，不存在原始对象，但是在层次结构的下一级中存在一个原始集合 $\varnothing$.

习　题

3.2.1 证明：如果我们假定万有分类公理（公理 3.9）为真，那么它将隐含公理 3.3、公理 3.4、公理 3.5、公理 3.6 和公理 3.7.（如果假定所有的自然数都是对象，那么我们也可以得到公理 3.8.）因此，如果这个公理被认可，那么它将极大地简化集合论的基础（而且它将被看作人们称之为"朴素集合论"的一个直观模型的基础）. 遗憾的是，正如我们所看到的那样，公理 3.9 "太好以至于失去了它的真实性"！

3.2.2 利用正则性公理（和单元素集公理）证明：如果 A 是一个集合，那么 $A \notin A$. 进一步证明：如果 A 和 B 是两个集合，则要么 $A \notin B$，要么 $B \notin A$（要么 $A \notin B$ 且 $B \notin A$）.（留意这道习题的一个推论：对任意给定的集合 A，都存在一个不属于 A 的数学对象，即 A 本身. 因此，人们总是可以在集合 A 中"再添加一个元素"来创建一个更大的集合 $A \cup \{A\}$.）

3.2.3 在假定集合论其他公理成立的前提下，验证万有分类公理（公理 3.9）与这样一个公理是等价的：该公理假定存在一个由一切对象构成的"万有集合" Ω（对任意一个对象 x，我们都有 $x \in \Omega$）. 换言之，如果公理 3.9 为真，那么就存在一个万有集合；反之，如果存在一个万有集合，那么公理 3.9 就为真（这或许就解释了为什么公理 3.9 被称为万有分类公理）. 注意，如果存在一个万有集合 Ω，那么利用公理 3.1 知 $\Omega \in \Omega$，这与习题 3.2.2 相矛盾. 因此，基础公理明确排除了万有分类公理.

3.3　函数

为了进行分析理论的研究，仅有集合的概念并不是特别有用，我们还需要从一个集合到另一个集合的函数概念. 非正式地说，从集合 X 到集合 Y 的一个函数 $f: X \to Y$ 是对集合 X 中的每个元素（或"输入"）x 都指定了集合 Y 中的一个元素（或"输出"）$f(x)$ 与之对应的运算. 在第 2 章中，当我们讨论自然数的时候，已经使用过这种非正式的概念. 其正式的定义如下.

定义 3.3.1（函数）设 X 和 Y 是集合，令 $P(x,y)$ 表示关于对象 $x \in X$ 和对象 $y \in Y$ 的一个性质，并且 $P(x,y)$ 满足对任意的 $x \in X$，恰好存在一个 $y \in Y$ 使得 $P(x,y)$ 为真（有时这被称为垂线测试），那么我们定义由 P 在定义域 X 和陪域 Y 上确定的函数 $f: X \to Y$ 为下述事物. 对于给定的任意输入 $x \in X$，f 指定了一个输出 $f(x) \in Y$ 与其对应，并且 $f(x) \in Y$ 是使得 $P(x, f(x))$ 为真的唯一一个对象. 因此，对任意的 $x \in X$ 和 $y \in Y$，

$$y = f(x) \iff P(x,y) \text{ 为真}.$$

根据上下文，函数也被称为映射或者变换. 有时函数也被称为态射，虽然按照更精确的说法，态射涉及的是更一般的一类对象，它们实际上可能相当于函数，

也可能不相当于函数，这要依据上下文来决定.

注 3.3.2 上述定义中隐含一个假设，即当给定两个集合 X、Y 和一个服从垂线测试的性质 P 时，就可以形成一个函数对象 f. 严格地说，函数对象 f 存在性的假设应该被表述为一个显式公理. 但我们不需要这样做，因为事实证明这是多余的.（更准确地说，根据习题 3.5.10，我们总是可以将函数 f 表示成由函数的定义域、陪域和图像共同组成的有序三元组 $(X, Y, \{(x, f(x)) : x \in X\})$，这是利用前面集合论公理中的运算来构建函数的方法.）另外，在上述定义中，我们还可以看到每个函数 f 都自动与某个定义域 X、陪域 Y 和性质 P 相关联.

例 3.3.3 令 $X = \mathbb{N}, Y = \mathbb{N}$，并令 $P(x, y)$ 表示性质 $y = x{+}{+}$，那么对任意一个 $x \in \mathbb{N}$，恰好存在一个 $y \in \mathbb{N}$ 使得 $P(x, y)$ 为真，即 $y = x{+}{+}$. 于是我们可以定义与该性质有关的一个函数 $f : \mathbb{N} \to \mathbb{N}$，使得对任意的 x 有 $f(x) = x{+}{+}$. 这就是定义在 $\mathbb{N}$ 上的增长函数，它把一个自然数作为输入，然后返回它增长之后的数并把该数作为输出. 例如，$f(4) = 5, f(2n+3) = 2n+4$，以此类推. 人们或许还希望定义一个与性质 $P(x, y)$（$P(x, y)$ 被定义为 $y{+}{+} = x$）有关的减少函数 $g : \mathbb{N} \to \mathbb{N}$，也就是说，$g(x)$ 是经过增长之后输出值为 x 的数. 遗憾的是，这无法定义一个函数，原因在于当 $x = 0$ 时，不存在自然数 y 使得 y 增长之后的数等于 x（公理 2.3）. 另外，我们能够合理地定义这样一个与性质 $P(x, y)$（$P(x, y)$ 被定义为 $y{+}{+} = x$）有关的减少函数 $h : \mathbb{N} \setminus \{0\} \to \mathbb{N}$，因为利用引理 2.2.10 知当 $x \in \mathbb{N} \setminus \{0\}$ 时，确实恰好存在一个自然数 y 使得 $y{+}{+} = x$. 例如，$h(4) = 3$ 和 $h(2n+3) = 2n+2$，但因为 0 不在定义域 $\mathbb{N} \setminus \{0\}$ 中，所以 $h(0)$ 无定义.

例 3.3.4（非正式的） 这个例子需要用到实数系 $\mathbb{R}$，我们将在第 5 章中给出实数系的定义. 人们会尝试定义与性质 $P(x, y)$ 有关的一个平方根函数 $\sqrt{\ } : \mathbb{R} \to \mathbb{R}$，其中 $P(x, y)$ 被定义为 $y^2 = x$. 也就是说，我们希望 $\sqrt{x}$ 等于某个满足 $y^2 = x$ 的数 y. 但遗憾的是，这里有两个问题使得该定义无法真正构造出一个函数. 第一个问题是存在实数 x 使得 $P(x, y)$ 恒为假，例如，若 $x = -1$，则不存在实数 y 使得 $y^2 = x$. 然而这个问题可以通过把定义域从 $\mathbb{R}$ 限制到 $[0, \infty)$ 上来解决. 第二个问题是即便 $x \in [0, \infty)$，但是在陪域 $\mathbb{R}$ 上有可能存在不止一个 y 使得 $y^2 = x$，例如，若 $x = 4$，则 $y = 2$ 和 $y = -2$ 都遵守性质 $P(x, y)$，即 $+2$ 和 -2 都是 4 的平方根. 这个问题可以通过把陪域从 $\mathbb{R}$ 限制到 $[0, \infty)$ 上来解决. 一旦做了上述这些事情，我们就可以利用关系式 $y^2 = x$ 正确地定义一个平方根函数 $\sqrt{\ } : [0, \infty) \to [0, \infty)$. 因此，$\sqrt{x}$ 就是唯一满足 $y^2 = x$ 的数 $y \in [0, \infty)$.

定义一个函数通常只需确定该函数的定义域、陪域及如何从每个输入 x 产生

它所对应的输出 $f(x)$，这被称为函数的显式定义. 譬如，例 3.3.3 中的函数 f 是这样被显式定义的：f 的定义域和陪域都是 $\mathbb{N}$，并且对任意的 $x \in \mathbb{N}$ 有 $f(x) = x++$. 另一种定义函数 f 的方法是，只确定是什么样的性质 $P(x, y)$ 把输入 x 和输出 $f(x)$ 联系起来，这就是函数的隐式定义. 譬如，在例 3.3.4 中，通过确定关系式 $(\sqrt{x})^2 = x$ 隐式地定义了平方根函数 $\sqrt{x}$. 注意，只有当我们能够确定对每个输入都恰好存在一个输出使得隐式关系成立时，隐式定义才是有效的. 在很多情况下，我们为了简洁而不指明函数的定义域和陪域，从而我们可以像例 3.3.3 中那样把函数 f 写成"函数 $f(x) = x++$""函数 $x \mapsto x++$""函数 $x++$"或者极其简洁地记作"$++$". 但是过于简洁的写法是危险的，有时知道一个函数的定义域和陪域是什么是很重要的.

我们观察到，函数遵守替换公理：如果 $x = x'$，那么 $f(x) = f(x')$.（为什么？）换句话说，相等的输入隐含相等的输出. 另外，不相等的输入未必能确保有不相等的输出，譬如下面这个例子.

例 3.3.5　令 $X = \mathbb{N}, Y = \mathbb{N}$，并且 $P(x, y)$ 表示性质 $y = 7$，那么对每个 $x \in \mathbb{N}$，肯定恰好存在一个 y（数 7）使得 $P(x, y)$ 为真. 于是我们可以构造一个与该性质相关的函数 $f : \mathbb{N} \to \mathbb{N}$，这个函数是简单的常数函数，它对每个输入 $x \in \mathbb{N}$ 都指定了输出 $f(x) = 7$. 因此，不同的输入产生相同的输出这种情况的确可能发生.

注 3.3.6　现在我们用圆括号 () 来表述数学中一些不同的事情. 一方面，我们用圆括号来标明运算的次序（例如，比较一下 $2 + (3 \times 4) = 14$ 和 $(2 + 3) \times 4 = 20$）；另一方面，我们用圆括号把函数自变量括起来，如 $f(x)$，或者把某个性质的自变量括起来，如 $P(x)$. 圆括号的这两种用法在上下文中通常是不会被混淆的. 例如，若 a 是一个数，则 $a(b + c)$ 就是表达式 $a \times (b + c)$. 然而如果 f 是一个函数，那么 $f(b + c)$ 就表示当输入为 $b + c$ 时 f 的输出. 有时函数的自变量用下标来表示以代替圆括号. 例如，一个自然数的序列 $a_0, a_1, a_2, a_3, \cdots$ 严格来说是一个从 $\mathbb{N}$ 到 $\mathbb{N}$ 的函数，但它用 $n \mapsto a_n$ 的方式来表述，而不是 $n \mapsto a(n)$.

注 3.3.7　函数不一定是集合，集合也不一定是函数. 因此，问一个对象 x 是不是某个函数 f 的元素是无意义的，把一个集合 A 应用到某个输入 x 上从而产生输出 $A(x)$ 也是无意义的. 另外，从一个函数 $f : X \to Y$ 开始，一旦确定了定义域 X 和陪域 Y，构造出能够完全描述该函数的图像 $\{(x, f(x)) : x \in X\}$ 是有可能的，参见 3.5 节.

现在我们定义有关函数的一些基本概念，第一个概念就是相等.

定义 3.3.8（函数的相等）　两个具有相同定义域和陪域（$X = X'$ 且 $Y = $

Y'）的函数 $f : X \to Y$ 和 $g : X' \to Y'$ 被称为是相等的，即对任意的 $x \in X$ 均有 $f(x) = g(x)$. 如果 $f(x)$ 和 $g(x)$ 对定义域中的某些 x 是相等的，而对于其他的 x 是不相等的，那么我们认为 f 和 g 是不相等的①. 如果两个函数 f, g 有不同的定义域或陪域，那么我们也认为它们是不相等的.

注 3.3.9 根据这个定义，严格来说，具有不同定义域或陪域的两个函数是不相等的. 然而，在不引起混淆的情况下，有时"滥用符号"是有用的. 对于两个具有不同定义域或陪域的函数，若它们在公共定义域上的函数值相等，那么这两个函数就可以用同一个记号来表示. 这类似于软件工程中"重载"运算符的应用，参见定义 9.4.1 之后的讨论.

例 3.3.10（非正式的） 函数 $x \mapsto x^2 + 2x + 1$ 与函数 $x \mapsto (x+1)^2$ 在定义域 $\mathbb{R}$ 上是相等的. 函数 $x \mapsto x$ 与函数 $x \mapsto |x|$ 在正实轴上是相等的，但在 $\mathbb{R}$ 上是不相等的. 因此，函数是否相等依赖于定义域的选取.

例 3.3.11 函数的一个相当无聊的例子是从空集到某个给定的集合 X 的空函数 $f : \varnothing \to X$. 因为空集中不包含任何元素，所以我们不需要确定 f 对于每个输入是如何处理的. 然而，正如空集是集合一样，空函数也是一个函数，尽管它并不是特别引人关注. 注意，对每个集合 X，只存在唯一一个从 $\varnothing$ 到 X 的函数，因为定义 3.3.8 断定了所有从 $\varnothing$ 到 X 的函数都是相等的.（为什么?）

注 3.3.12 定义 3.3.8 与附录 A.7 中的相等公理是否具有一致性并不显然，尽管习题 3.3.1 提供了证明这种一致性的证据. 目前至少有三种方法可以解决这个问题. 一种方法是将定义 3.3.8 视为函数相等的公理而不是定义. 另一种方法是给出一个更明确的函数定义，把定义 3.3.8 当作一个定理. 例如，可以把函数 $f : X \mapsto Y$ 定义为有序三元组 (X, Y, G)，由定义域 X、陪域 Y 和服从垂线测试的图像 $G = \{(x, f(x)) : x \in X\}$ 共同组成. 对定义域中的每个元素 x，利用图像来定义函数值 $f(x) \in Y$，参见习题 3.5.10. 第三种方法是从一个没有任何函数的数学宇宙 U 开始，并利用定义 3.3.8 对该宇宙做一个更大的拓展，使该拓展中包含如定义 3.3.8 所述的函数对象. 然而，最后一种方法需要用到更多逻辑学和模理论的内容，这里不再详细展开.

关于函数的一个可执行的基本操作是复合.

定义 3.3.13（复合） 令 $f : X \to Y$ 和 $g : Y \to Z$ 为两个函数，并且它们满足 f 的陪域与 g 的定义域是同一个集合，那么我们定义两个函数 g 和 f 的复合

---

① 在第 19 章中，我们将引入一个比相等更弱的概念，即两个函数几乎处处相等的概念.

$g \circ f : X \to Z$ 为一个函数，并且该函数是通过下面的式子来显式定义的：

$$(g \circ f)(x) = g(f(x)).$$

如果 f 的陪域与 g 的定义域不一致，那么我们对 $g \circ f$ 不做定义.

容易证明复合遵守替换公理（习题 3.3.1）.

例 3.3.14 设 $f : \mathbb{N} \to \mathbb{N}$ 为函数 $f(n) = 2n$，$g : \mathbb{N} \to \mathbb{N}$ 为函数 $g(n) = n + 3$，那么 $g \circ f$ 为函数

$$g \circ f(n) = g(f(n)) = g(2n) = 2n + 3.$$

例如，$g \circ f(1) = 5, g \circ f(2) = 7$，以此类推. 同时，$f \circ g$ 为函数

$$f \circ g(n) = f(g(n)) = f(n + 3) = 2(n + 3) = 2n + 6.$$

例如，$f \circ g(1) = 8, f \circ g(2) = 10$，以此类推.

上面的例子说明复合是不可交换的，$f \circ g$ 和 $g \circ f$ 未必是同一个函数. 然而复合仍是可结合的.

引理 3.3.15（复合是可结合的） 设 $f : Z \to W$、$g : Y \to Z$ 和 $h : X \to Y$ 是三个函数，那么 $f \circ (g \circ h) = (f \circ g) \circ h$.

证明 因为 $g \circ h$ 是从 X 到 Z 的函数，所以 $f \circ (g \circ h)$ 是从 X 到 W 的函数. 类似地，由于 $f \circ g$ 是从 Y 到 W 的函数，因此 $(f \circ g) \circ h$ 是从 X 到 W 的函数. 于是，$f \circ (g \circ h)$ 与 $(f \circ g) \circ h$ 有相同的定义域和陪域. 为证明它们是相等的，从定义 3.3.8 中可以看出，我们必须证明对任意的 $x \in X$，有 $(f \circ (g \circ h))(x) = ((f \circ g) \circ h)(x)$ 成立. 根据定义 3.3.13 得

$$
\begin{aligned}
(f \circ (g \circ h))(x) &= f((g \circ h)(x)) \\
&= f(g(h(x))) \\
&= (f \circ g)(h(x)) \\
&= ((f \circ g) \circ h)(x),
\end{aligned}
$$

结论得证. $\square$

注 3.3.16 注意，在表达式 $g \circ f$ 中，当 g 出现在 f 的左侧时，函数 $g \circ f$ 会首先使用最右端的函数 f，再使用 g. 在刚开始的时候这经常引起混淆，引发这种问题的原因在于我们总是习惯于把函数 f 放在它的输入 x 的左侧，而非右侧.（还存在一些其他的可替代的数学符号，在这些符号中，函数被放在了输入的右侧，从而我们用 xf 来代替 $f(x)$，但是这种符号经常被证明，与阐述清楚一件事情相比，它更容易引起混淆，而且到目前为止它并没有得到普及.）

现在我们描述一些特殊类型的函数: 一对一函数、映上函数和双射.

定义 3.3.17(**一对一函数**) 如果函数 f 把不同的元素映射到不同的元素:

$$x \neq x' \implies f(x) \neq f(x'),$$

则称函数 f 是一对一的(或单射). 等价的说法是,如果函数 f 满足

$$f(x) = f(x') \implies x = x',$$

则称函数 f 是一对一的.

例 3.3.18(**非正式的**) 定义为 $f(n) = n^2$ 的函数 $f : \mathbb{Z} \to \mathbb{Z}$ 不是一对一函数,因为元素 -1 和 1 被映射到同一个元素 1. 另外,如果我们把这个函数限制在自然数集上,即定义函数 $g : \mathbb{N} \to \mathbb{Z}$ 为 $g(n) = n^2$,那么现在 g 就是一对一函数. 因此,一对一函数不仅依赖于函数是如何作用的,还与函数的定义域有关.

注 3.3.19 如果函数 $f : X \to Y$ 不是一对一的,那么在定义域 X 中可以找到两个不相等的元素 x 和 x' 使得 $f(x) = f(x')$,因此我们能够找到被映射到同一个输出的两个输入. 正因如此,我们称 f 是二对一的而不是一对一的.

定义 3.3.20(**映上函数**) 称函数 f 是映上的(或满射),如果 Y 中每个元素都能通过 f 对 X 中某个元素起作用得到:

$$对每个 y \in Y, 存在 x \in X 使得 f(x) = y.$$

例 3.3.21(**非正式的**) 定义为 $f(n) = n^2$ 的函数 $f : \mathbb{Z} \to \mathbb{Z}$ 不是映上函数,因为负数不在 f 的象中. 但是如果我们把陪域 $\mathbb{Z}$ 限制到由平方数构成的集合 $A = \{n^2 : n \in \mathbb{Z}\}$ 上,那么定义为 $g(n) = n^2$ 的函数 $g : \mathbb{Z} \to A$ 是映上的. 因此,映上函数不仅依赖于函数是如何作用的,还依赖于函数的陪域是什么.

注 3.3.22 单射和满射在许多方面是彼此对偶的,一些相关的依据参见习题 3.3.2、习题 3.3.4 和习题 3.3.5.

定义 3.3.23(**双射**) 既是一对一的又是映上的函数 $f : X \to Y$ 被称为双射或可逆函数.

例 3.3.24 设 $f : \{0,1,2\} \to \{3,4\}$ 是如下函数: $f(0) = 3, f(1) = 3, f(2) = 4$,这个函数不是双射,因为如果令 $y = 3$,那么在 $\{0,1,2\}$ 中有不止一个 x 使得 $f(x) = y$ 成立(这说明 f 不是单射). 现在令 $g : \{0,1\} \to \{2,3,4\}$ 为函数 $g(0) = 2, g(1) = 3$,那么 g 不是双射,因为如果令 $y = 4$,则找不到 x 使得 $g(x) = y$(这说明 g 不是满射). 现在把函数 $h : \{0,1,2\} \to \{3,4,5\}$ 定义为 $h(0) = 3, h(1) = 4, h(2) = 5$,那么 h 是一个双射,因为 $3, 4, 5$ 中的每个元素都恰好由 $0, 1, 2$ 中的一个元素映射得到.

例 3.3.25　由 $f(n) = n{+}{+}$ 定义的函数 $f : \mathbb{N} \to \mathbb{N} \setminus \{0\}$ 是双射（事实上，这简单地重申了引理 2.2.10）．另外，具有相同定义 $g(n) = n{+}{+}$ 的函数 $g : \mathbb{N} \to \mathbb{N}$ 不是双射．因此，双射不仅依赖于函数是如何作用的，还依赖于函数的定义域和陪域是什么．

注 3.3.26　如果函数 $x \mapsto f(x)$ 是双射，那么有时我们称 f 是一个全匹配或一一对应（不要与一对一函数混淆），并把 f 的作用记为 $x \leftrightarrow f(x)$ 而不是 $x \mapsto f(x)$．于是譬如，例 3.3.24 中的函数 h 是一个一一对应 $0 \leftrightarrow 3, 1 \leftrightarrow 4, 2 \leftrightarrow 5$．

注 3.3.27　一个常犯的错误是：称一个函数 $f : X \to Y$ 是双射，当且仅当"对 X 中任意一个 x，在 Y 中恰好存在一个 y 使得 $y = f(x)$"．这种表述并不能说明 f 是一个双射，更确切地说，这仅仅陈述了 f 是一个函数．函数不能把一个元素映射成两个不同的元素，例如，我们无法得到一个使得 $f(0) = 1$ 且 $f(0) = 2$ 的函数 f．例 3.3.25 中给出的函数 g 不是双射，但因为它把每个输入恰好映射到一个输出上，所以它仍旧是函数．

如果 f 是一个双射，那么对任意的 $y \in Y$，恰好存在一个 x 使得 $f(x) = y$（因为 f 是满射，所以至少存在一个这样的 x．又因为 f 是单射，所以至多存在一个这样的 x）．此时 x 的值被记作 $f^{-1}(y)$，于是 f^{-1} 是一个从 Y 到 X 的函数，我们称 f^{-1} 为 f 的逆．

习　　题

3.3.1 证明定义 3.3.8 中"相等"的定义是自反的、对称的和可传递的．同时证明替换性质：如果 $f, \tilde{f} : X \to Y$ 和 $g, \tilde{g} : Y \to Z$ 是满足 $f = \tilde{f}$ 和 $g = \tilde{g}$ 的函数，那么 $g \circ f = \tilde{g} \circ \tilde{f}$．[当然，把附录 A.7 中的相等公理直接应用于讨论的函数，就可以马上得到这些命题，但这道习题的重点是为了说明，我们也可以把相等公理应用于定义域和陪域的元素（而不是函数本身）来得到这些命题．]

3.3.2 设 $f : X \to Y$ 和 $g : Y \to Z$ 是函数，证明：如果 f 和 g 都是单射，那么 $g \circ f$ 也是单射．类似地，证明：如果 f 和 g 都是满射，那么 $g \circ f$ 也是满射．

3.3.3 映射到某个集合 X 上的空函数何时是单射？满射？双射？

3.3.4 在这一节中，我们给出一些有关复合的消去律．设 $f : X \to Y$、$\tilde{f} : X \to Y$、$g : Y \to Z$ 和 $\tilde{g} : Y \to Z$ 都是函数，证明：如果 $g \circ f = g \circ \tilde{f}$ 且 g 是单射，那么 $f = \tilde{f}$．如果 g 不是单射，那么上面的结论是否仍然成立？证明：如果 $g \circ f = \tilde{g} \circ f$ 且 f 是满射，那么 $g = \tilde{g}$．如果 f 不是满射，上述结论是否仍然成立？

3.3.5 设 $f : X \to Y$ 和 $g : Y \to Z$ 都是函数，证明：如果 $g \circ f$ 是单射，那么 f 一定是单射．g 是否也必须为单射？证明：如果 $g \circ f$ 是满射，那么 g 一定是满射．f 是否也必须为满射？

3.3.6 令 $f: X \to Y$ 是一个双射，并且 $f^{-1}: Y \to X$ 是 f 的逆，证明下述消去律：对任意的 $x \in X$ 有 $f^{-1}(f(x)) = x$；对任意的 $y \in Y$ 有 $f(f^{-1}(y)) = y$. 推导出 f^{-1} 也是可逆的，并且它的逆就是 f（于是有 $(f^{-1})^{-1} = f$).

3.3.7 设 $f: X \to Y$ 和 $g: Y \to Z$ 都是函数，证明：如果 f 和 g 都是双射，那么 $g \circ f$ 也是双射，且有 $(g \circ f)^{-1} = f^{-1} \circ g^{-1}$.

3.3.8 如果 X 是 Y 的一个子集，令 $\iota_{X \to Y}: X \to Y$ 表示从 X 到 Y 的包含映射，该映射被定义为：对任意的 $x \in X$ 有 $x \mapsto x$，即对任意的 $x \in X$ 有 $\iota_{X \to Y}(x) = x$. 特别地，映射 $\iota_{X \to X}$ 被称为 X 上的恒等映射.

    (a) 证明：如果 $X \subseteq Y \subseteq Z$，那么 $\iota_{Y \to Z} \circ \iota_{X \to Y} = \iota_{X \to Z}$.

    (b) 证明：如果 $f: A \to B$ 是任意一个函数，那么 $f = f \circ \iota_{A \to A} = \iota_{B \to B} \circ f$.

    (c) 证明：如果 $f: A \to B$ 是一个双射，那么 $f \circ f^{-1} = \iota_{B \to B}$ 且 $f^{-1} \circ f = \iota_{A \to A}$.

    (d) 证明：如果 X 和 Y 是不相交的集合，并且 $f: X \to Z$ 和 $g: Y \to Z$ 都是函数，那么存在唯一的函数 $h: X \cup Y \to Z$ 使得 $h \circ \iota_{X \to X \cup Y} = f$ 且 $h \circ \iota_{Y \to X \cup Y} = g$.

    (e) 证明：在 (d) 中加入对所有的 $x \in X \cap Y$ 均有 $f(x) = g(x)$ 的假设，并去掉 X 和 Y 不相交的条件，(d) 仍然成立.

3.4 象和逆象

我们知道从集合 X 到集合 Y 的函数 $f: X \to Y$ 可以把单独的元素 $x \in X$ 映射到元素 $f(x) \in Y$，函数也可以把 X 的子集映射到 Y 的子集.

定义 3.4.1（集合的象） 如果 $f: X \to Y$ 是从 X 到 Y 的函数，并且 S 是 X 的一个子集，我们把 $f(S)$ 定义[1]为集合

$$f(S) = \{f(x) : x \in S\},$$

该集合是 Y 的一个子集，并且被称为 S 在映射 f 下的象. 有时我们称 $f(S)$ 为 S 的前象，以区别于下文将要定义的 S 的逆象 $f^{-1}(S)$ 的概念.

注意，根据替代公理（公理 3.7），集合 $f(S)$ 是定义明确的. 我们也可以不用替代公理而利用分类公理（公理 3.6）来定义 $f(S)$，这部分内容我们留作习题. 定义域的象 $f(X)$ 也称为函数 $f: X \mapsto Y$ 的值域，它是陪域 Y 的子集.

例 3.4.2 如果 $f: \mathbb{N} \to \mathbb{N}$ 是映射 $f(x) = 2x$，那么 $\{1, 2, 3\}$ 的前象是 $\{2, 4, 6\}$，

$$f(\{1, 2, 3\}) = \{2, 4, 6\}.$$

更通俗地说，为了计算 $f(S)$，我们取出 S 中的每个元素 x，然后单独把 f 作用于每个元素，最后将得到的所有结果放在一起构成一个新的集合.

---

[1] 原则上，如果 S 既是 X 的一个子集，又是 X 的一个元素，那么这个记号可能会与现有的表示 x 处函数值的符号 $f(x)$ 发生冲突. 然而，我们将忽略这种潜在的冲突，因为这在实践中很少发生.

在例 3.4.2 中，象与原始集合大小相同. 但有时候因为 f 不是一对一的（见定义 3.3.17），所以象可能会更小.

例 3.4.3（非正式的）设 $\mathbb{Z}$ 表示整数集（在 4.1 节中将给出整数的严格定义），并令 $f : \mathbb{Z} \to \mathbb{Z}$ 为映射 $f(x) = x^2$，则

$$f(\{-1, 0, 1, 2\}) = \{0, 1, 4\}.$$

注意，由于 $f(-1) = f(1)$，因此 f 不是一对一的.

注意，

$$x \in S \Longrightarrow f(x) \in f(S).$$

但是在一般情况下，

$$f(x) \in f(S) \;\not\!\!\!\Longrightarrow\; x \in S.$$

譬如，在例 3.4.3 中，$f(-2)$ 在集合 $f(\{-1, 0, 1, 2\})$ 中，而 -2 却不在集合 $\{-1, 0, 1, 2\}$ 中. 正确的表述是

$$y \in f(S) \Longleftrightarrow 存在某个 x \in S 使得 y = f(x).$$

（为什么?）

例 3.4.4　由定义 3.3.20 知函数 $f : X \mapsto Y$ 是映上的，当且仅当 $f(X) = Y$.

定义 3.4.5（逆象）如果 U 是 Y 的一个子集，我们定义集合 $f^{-1}(U)$ 为

$$f^{-1}(U) = \{x \in X : f(x) \in U\}.$$

换句话说，$f^{-1}(U)$ 是由 X 中所有被映射到 U 中的元素构成的，

$$f(x) \in U \Longleftrightarrow x \in f^{-1}(U).$$

我们称 $f^{-1}(U)$ 为 U 的逆象.

例 3.4.6　如果 $f : \mathbb{N} \to \mathbb{N}$ 是映射 $f(x) = 2x$，那么 $f(\{1, 2, 3\}) = \{2, 4, 6\}$，但是 $f^{-1}(\{1, 2, 3\}) = \{1\}$. 于是 $\{1, 2, 3\}$ 的前象和 $\{1, 2, 3\}$ 的逆象是完全不同的集合. 我们还注意到

$$f(f^{-1}(\{1, 2, 3\})) \neq \{1, 2, 3\}.$$

（为什么?）

例 3.4.7（非正式的）如果 $f : \mathbb{Z} \to \mathbb{Z}$ 是映射 $f(x) = x^2$，那么

$$f^{-1}(\{0, 1, 4\}) = \{-2, -1, 0, 1, 2\}.$$

注意，没必要为了使 $f^{-1}(U)$ 有意义而令 f 必须可逆. 还要注意，象和逆象彼此不是完全互逆的，例如，我们有

$$f^{-1}(f(\{-1, 0, 1, 2\})) \neq \{-1, 0, 1, 2\}.$$

（为什么？）

注 3.4.8 如果 f 是一个双射，那么我们已经通过两种略有不同的方式定义了 f^{-1}，而这并不会造成任何问题，因为这两种定义是一致的（习题 3.4.1）.

如之前注释的那样，函数不一定是集合. 但是我们可以把函数看作某一种类型的对象，而且可以考察由函数构成的集合，尤其是可以考察从一个集合 X 到一个集合 Y 的全体函数构成的集合. 为此我们需要引入集合论的另外一个公理.

公理 3.11（幂集公理） 设 X 和 Y 都是集合，那么存在一个集合记作 Y^X，并且该集合是由从 X 到 Y 的全体函数构成的. 于是

$$f \in Y^X \Longleftrightarrow (f \text{ 是一个定义域为 } X \text{ 且陪域为 } Y \text{ 的函数}).$$

例 3.4.9 令 $X = \{4,7\}, Y = \{0,1\}$，那么集合 Y^X 由四个函数构成：使得 $4 \mapsto 0$ 和 $7 \mapsto 0$ 的函数，使得 $4 \mapsto 0$ 和 $7 \mapsto 1$ 的函数，使得 $4 \mapsto 1$ 和 $7 \mapsto 0$ 的函数，以及使得 $4 \mapsto 1$ 和 $7 \mapsto 1$ 的函数. 我们之所以用符号 Y^X 来表示这种集合，是因为如果 Y 中有 n 个元素且 X 中有 m 个元素，那么我们就能知道 Y^X 中共有 n^m 个元素，参见命题 3.6.14(f).

由公理 3.11 可以推导出的一个结论如下.

引理 3.4.10 设 X 是一个集合，那么

$$\{Y : Y \text{ 是 } X \text{ 的一个子集}\}$$

也是一个集合. 也就是说，存在一个集合 Z，使得对任意的 Y 有

$$Y \in Z \Longleftrightarrow Y \subseteq X.$$

证明 参见习题 3.4.6. □

注 3.4.11 集合 $\{Y : Y \text{ 是 } X \text{ 的一个子集}\}$ 被称为 X 的幂集，并记作 2^X. 例如，如果 a, b, c 是不同的对象，那么我们有

$$2^{\{a,b,c\}} = \{\varnothing, \{a\}, \{b\}, \{c\}, \{a,b\}, \{a,c\}, \{b,c\}, \{a,b,c\}\}.$$

注意，当 $\{a,b,c\}$ 中有 3 个元素时，$2^{\{a,b,c\}}$ 中有 $2^3 = 8$ 个元素. 这提示我们为什么把 X 的幂集记作 2^X，第 8 章中我们将回到这个问题.

为保持完整性，现在我们再增加集合论的一个公理. 在该公理中，我们加强了两集合的并集公理，从而能够对更多的集合进行并集运算.

公理 3.12（并集） 设 A 是一个集合，并且 A 的每个元素本身就是一个集合，那么存在一个集合 $\bigcup A$，它的元素恰好是 A 的元素的元素. 于是对任意的对象 x，

$$x \in \bigcup A \Longleftrightarrow (存在 \ S \in A \ 使得 \ x \in S).$$

例 3.4.12　如果 $A = \{\{2,3\},\{3,4\},\{4,5\}\}$，那么 $\bigcup A = \{2,3,4,5\}$.（为什么?）

并集公理与双元素集公理结合在一起隐含了两集合的并集公理（习题 3.4.8）. 从并集公理中可以推导出的另外一个重要结论是：如果有某个集合 I，并且对每个元素 $\alpha \in I$ 均有一个集合 A_α，那么我们可以通过定义

$$\bigcup_{\alpha \in I} A_\alpha = \bigcup \{A_\alpha : \alpha \in I\}$$

构造出并集 $\bigcup_{\alpha \in I} A_\alpha$，而且根据替代公理和并集公理知它是一个集合. 于是，如果 $I = \{1,2,3\}, A_1 = \{2,3\}, A_2 = \{3,4\}, A_3 = \{4,5\}$，那么 $\bigcup_{\alpha \in \{1,2,3\}} A_\alpha = \{2,3,4,5\}$. 更一般地，对任意的对象 y，

$$y \in \bigcup_{\alpha \in I} A_\alpha \Longleftrightarrow (存在 \ \alpha \in I \ 使得 \ y \in A_\alpha). \tag{3.2}$$

在这种情况下，我们通常把 I 称为指标集，并把该指标集中的元素 α 称为标签. 所有集合 A_α 称为一个集族，并且该集族由标签 $\alpha \in I$ 来索引. 注意，如果 I 是一个空集，那么 $\bigcup_{\alpha \in I} A_\alpha$ 将自动成为空集.（为什么?）

只要指标集非空，我们就能够类似地构造出集族的交集. 更具体地说，给定任意一个非空集合 I，并且对每个 $\alpha \in I$ 都指定一个集合 A_α，我们可以这样来定义交集 $\bigcap_{\alpha \in I} A_\alpha$：首先从 I 中取出一个元素 β（因为 I 是非空的，所以能够这样做），并令

$$\bigcap_{\alpha \in I} A_\alpha = \{x \in A_\beta : 对任意的 \ \alpha \in I \ 有 \ x \in A_\alpha\}, \tag{3.3}$$

根据分类公理知它是一个集合. 从上面的定义看，$\bigcap_{\alpha \in I} A_\alpha$ 好像依赖于 β 的选取，然而并不是这样的（习题 3.4.9）. 我们观察到，对任意的对象 y，

$$y \in \bigcap_{\alpha \in I} A_\alpha \Longleftrightarrow (对任意的 \ \alpha \in I \ 都有 \ y \in A_\alpha). \tag{3.4}$$

（与式 (3.2) 比较一下.）

注 3.4.13　我们已经介绍过的集合论公理（公理 3.1～公理 3.12, 排除危险的公理 3.9）被称为策梅洛–弗兰克尔集合论公理[①]，这是以欧内斯特·策梅洛（1871—1953）和亚伯拉罕·弗兰克尔（1891—1965）的姓氏来命名的. 最终，我们会用到一个更深层次的公理，那就是著名的选择公理（见 8.4 节），进而有了策梅洛–弗兰克尔选择（ZFC）集合论公理，但是在一段时间内我们用不到这个公理.

---

① 在其他书中，这些公理的表述方式可能略有不同. 但是可以证明，所有的表述方式都是彼此等价的.

习 题

3.4.1 设 $f: X \to Y$ 是一个双射，并且 $f^{-1}: Y \to X$ 是 f 的逆，设 V 是 Y 的任意一个子集，证明：V 在 f^{-1} 下的前象与 V 在 f 下的逆象是同一个集合，从而把这两个集合都用 $f^{-1}(V)$ 来表示不会造成任何不兼容的状况.

3.4.2 令 $f: X \to Y$ 表示从集合 X 到集合 Y 的函数，S 是 X 的一个子集，U 是 Y 的一个子集.

    (a) 一般情况下，$f^{-1}(f(S))$ 与 S 有什么样的关系？

    (b) $f(f^{-1}(U))$ 与 U 又有什么样的关系？

    (c) $f^{-1}(f(f^{-1}(U)))$ 与 $f^{-1}(U)$ 又有什么样的关系？

3.4.3 设 A 和 B 是集合 X 的两个子集，并且 $f: X \to Y$ 是一个函数，证明：$f(A \cap B) \subseteq f(A) \cap f(B)$、$f(A) \setminus f(B) \subseteq f(A \setminus B)$ 和 $f(A \cup B) = f(A) \cup f(B)$. 对于前两个结论，$\subseteq$ 关系能够被加强为 "=" 吗？

3.4.4 设 $f: X \to Y$ 是从集合 X 到集合 Y 的函数，并令 U、V 为 Y 的子集，证明：$f^{-1}(U \cup V) = f^{-1}(U) \cup f^{-1}(V)$、$f^{-1}(U \cap V) = f^{-1}(U) \cap f^{-1}(V)$ 和 $f^{-1}(U \setminus V) = f^{-1}(U) \setminus f^{-1}(V)$.

3.4.5 设 $f: X \to Y$ 是从集合 X 到集合 Y 的函数，证明：$f(f^{-1}(S)) = S$ 对每个 $S \subseteq Y$ 均成立的充要条件是 f 是满射. 证明：$f^{-1}(f(S)) = S$ 对每个 $S \subseteq X$ 均成立的充要条件是 f 是单射.

3.4.6 (a) 证明引理 3.4.10.（提示：从集合 $\{0,1\}^X$ 开始，利用替代公理把每个函数 f 替换成 $f^{-1}(\{1\})$.）同时参见习题 3.5.11.

    (b) 反过来，证明：如果引理 3.4.10 是公理，那么公理 3.11 就可以利用之前的集合论公理推导出来.（这或许有助于解释为什么我们将公理 3.11 称为"幂集公理".）

3.4.7 设 X 和 Y 是集合，对任意一个函数 $f: X' \to Y'$，如果它满足定义域 X' 是 X 的子集且陪域 Y' 是 Y 的子集，那么就称 f 是从集合 X 到集合 Y 的部分函数. 证明：从 X 到 Y 的全体部分函数本身成为一个集合.（提示：利用习题 3.4.6、幂集公理、替代公理和并集公理.）

3.4.8 证明公理 3.5 能够从公理 3.1、公理 3.4 和公理 3.12 中推导出.

3.4.9 证明：如果 β 和 β' 是集合 I 中的两个元素，并且对每个 $\alpha \in I$，我们指定一个集合 A_α，那么

$$\{x \in A_\beta : \text{对任意的 } \alpha \in I \text{ 有 } x \in A_\alpha\} = \{x \in A_{\beta'} : \text{对任意的 } \alpha \in I \text{ 有 } x \in A_\alpha\}.$$

从而式 (3.3) 中给出的 $\bigcap_{\alpha \in I} A_\alpha$ 的定义不依赖于 β，这也解释了为什么式 (3.4) 为真.

3.4.10 设 I 和 J 是两个集合，并且对任意的 $\alpha \in I \cup J$，A_α 表示一个集合，证明：$(\bigcup_{\alpha \in I} A_\alpha) \cup (\bigcup_{\alpha \in J} A_\alpha) = \bigcup_{\alpha \in I \cup J} A_\alpha$. 如果 I 和 J 都是非空的，证明：$(\bigcap_{\alpha \in I} A_\alpha) \cap (\bigcap_{\alpha \in J} A_\alpha) = \bigcap_{\alpha \in I \cup J} A_\alpha$.

3.4.11 设 X 是一个集合，I 是一个非空集合，并且对任意的 $\alpha \in I$，A_α 是 X 的子集，证明：

$$X \setminus \bigcup_{\alpha \in I} A_\alpha = \bigcap_{\alpha \in I} (X \setminus A_\alpha)$$

和

$$X \setminus \bigcap_{\alpha \in I} A_\alpha = \bigcup_{\alpha \in I} (X \setminus A_\alpha).$$

我们应该把这个结论与命题 3.1.27 中的德摩根定律进行对比（尽管由于可能存在 I 是无穷大的情况，使我们无法从德摩根定律中直接推导出上述等式）.

3.5 笛卡儿积

除了并、交、差这些基本运算，集合上的另一个基本运算是笛卡儿积. 为了给出这个概念的定义，我们首先引入有序对的概念.

定义 3.5.1（**有序对**）若 x 和 y 是任意两个对象（它们有可能相等），那么我们把有序对 (x,y) 定义为一个把 x 作为第一个分量，y 作为第二个分量的新对象. 两个有序对 (x,y) 和 (x',y') 被认为是相等的，当且仅当它们的两个分量都相等，即

$$(x,y) = (x',y') \Longleftrightarrow (x = x' \text{ 且 } y = y'). \tag{3.5}$$

这里的相等遵守通常的相等公理（习题 3.5.3）. 例如，有序对 $(3,5)$ 等于有序对 $(2+1,3+2)$，但是与有序对 $(5,3)$、$(3,3)$ 及 $(2,5)$ 是不相等的.（这一点与集合有所不同，集合 $\{3,5\}$ 和 $\{5,3\}$ 是相等的.）

注 3.5.2 严格来说，这个定义在一定程度上是一个公理，因为我们简单地假定了，给定任意两个对象 x 和 y，就存在形如 (x,y) 的对象. 只利用集合论公理而不用其他任何假定来定义有序对是可以做到的（见习题 3.5.1）.

注 3.5.3 这里我们"超负荷"地再次使用了圆括号 ()，现在圆括号不仅用来标明运算的次序及把函数的自变量括起来，也用来括住有序对的分量. 在实际使用圆括号的时候一般不会出现问题，因为我们可以根据上下文来确定符号 () 是用来做什么的.

定义 3.5.4（**笛卡儿积**）如果 X 和 Y 是集合，那么我们定义笛卡儿积 $X \times Y$ 为第一个分量在 X 中且第二个分量在 Y 中的全体有序对的整体，因此

$$X \times Y = \{(x,y) : x \in X, y \in Y\},$$

或等价地，

$$a \in (X \times Y) \Longleftrightarrow (\text{存在 } x \in X \text{ 和 } y \in Y \text{ 使得 } a = (x,y)).$$

可以证明笛卡儿积 $X \times Y$ 实际上是一个集合，参见习题 3.5.1.

例 3.5.5 如果 $X = \{1,2\}, Y = \{3,4,5\}$，那么

$$X \times Y = \{(1,3),(1,4),(1,5),(2,3),(2,4),(2,5)\}$$

且

$$Y \times X = \{(3,1),(4,1),(5,1),(3,2),(4,2),(5,2)\}.$$

于是严格地说，$X \times Y$ 和 $Y \times X$ 是不同的集合，虽然它们非常相似. 譬如，它们所包含的元素个数总是相等的（习题 3.6.5）.

设 $f : X \times Y \to Z$ 是一个函数，其定义域 $X \times Y$ 是两个集合 X 和 Y 的笛卡儿积. 那么一方面，f 可以看作一个变量的函数，它把 $X \times Y$ 中的有序对 (x,y) 作为单个输入映射成 Z 中的输出[①] $f(x,y)$；另一方面，f 也可以看作两个变量的函数，它把一个输入 $x \in X$ 和另一个输入 $y \in Y$ 映射成 Z 中的单个输出 $f(x,y)$. 虽然从技术上来说，这两种观点是不同的，但我们不会特意去区分它们，而是认为 f 既是定义域为 $X \times Y$ 的单变量函数又是定义域为 X 和 Y 的双变量函数. 例如，自然数的加法运算 "+" 现在可以被重新理解为由 $(x,y) \mapsto x+y$ 定义的函数 $+ : \mathbb{N} \times \mathbb{N} \to \mathbb{N}$.

一旦有了有序对的概念，我们就可以利用公式 $(x,y,z) = ((x,y),z)$ 来定义包含三个对象 x,y,z 的有序三元组 (x,y,z). 按照这种方式可以继续定义有序四元组等，但接下来我们将采用另一种方法来构建有序 n 元组.

定义 3.5.6（有序 n 元组和 n 重笛卡儿积） 设 n 是一个自然数，有序 n 元组 $(x_i)_{1 \leqslant i \leqslant n}$（也记作 $(x_1, \cdots, x_n)$）是由对象 $x_1, \cdots, x_n$ 按次序构成的一个组，我们把 x_i 称为有序 n 元组的第 i 个分量. 我们称两个有序 n 元组 $(x_i)_{1 \leqslant i \leqslant n}$ 和 $(y_i)_{1 \leqslant i \leqslant n}$ 是相等的，当且仅当对所有的 $1 \leqslant i \leqslant n$，均有 $x_i = y_i$. 如果 $(X_i)_{1 \leqslant i \leqslant n}$ 是集合的有序 n 元组，我们定义它们的笛卡儿积 $\prod_{1 \leqslant i \leqslant n} X_i$（也记作 $\prod_{i=1}^{n} X_i$ 或 $X_1 \times \cdots \times X_n$）为

$$\prod_{1 \leqslant i \leqslant n} X_i = \{(x_i)_{1 \leqslant i \leqslant n} : 对任意的 1 \leqslant i \leqslant n 有 x_i \in X_i\}.$$

同样，这个定义简单地假定了有序 n 元组和笛卡儿积总是存在的，而且利用集合论公理我们能够明确地构造出这些对象，参见习题 3.5.2.

注 3.5.7 上述构造方法可以推广到无限笛卡儿积上，参见定义 8.4.1.

例 3.5.8 设 $a_1, b_1, a_2, b_2, a_3, b_3$ 都是对象，并令 $X_1 = \{a_1, b_1\}, X_2 = \{a_2, b_2\},$ $X_3 = \{a_3, b_3\}$，那么我们有

[①] 在这里（以及本书的其余部分），我们采用通常的做法，将 $f((x,y))$ 简写为 $f(x,y)$.

$$X_1 \times X_2 \times X_3 = \{(a_1, a_2, a_3), (a_1, a_2, b_3), (a_1, b_2, a_3), (a_1, b_2, b_3),$$
$$(b_1, a_2, a_3), (b_1, a_2, b_3), (b_1, b_2, a_3), (b_1, b_2, b_3)\},$$
$$(X_1 \times X_2) \times X_3 = \{((a_1, a_2), a_3), ((a_1, a_2), b_3), ((a_1, b_2), a_3), ((a_1, b_2), b_3),$$
$$((b_1, a_2), a_3), ((b_1, a_2), b_3), ((b_1, b_2), a_3), ((b_1, b_2), b_3)\},$$
$$X_1 \times (X_2 \times X_3) = \{(a_1, (a_2, a_3)), (a_1, (a_2, b_3)), (a_1, (b_2, a_3)), (a_1, (b_2, b_3)),$$
$$(b_1, (a_2, a_3)), (b_1, (a_2, b_3)), (b_1, (b_2, a_3)), (b_1, (b_2, b_3))\}.$$

严格地说, $X_1 \times X_2 \times X_3$、$(X_1 \times X_2) \times X_3$ 和 $X_1 \times (X_2 \times X_3)$ 是不同的集合. 但是, 显然它们彼此之间有密切的关系（例如, 其中任意两个集合之间都有明显的双射关系）, 而且在实践中通常会忽略它们之间的细微差别, 并假定它们实际上是相等的. 因此函数 $f : X_1 \times X_2 \times X_3 \to Y$ 即可以看作单个变量 $(x_1, x_2, x_3) \in X_1 \times X_2 \times X_3$ 的函数, 也可以看作三个变量 $x_1 \in X_1$、$x_2 \in X_2$、$x_3 \in X_3$ 的函数, 还可以看作两个变量 $x_1 \in X_1$ 和 $(x_2, x_3) \in X_2 \times X_3$ 的函数, 等等, 我们不会特意去区分这些不同的观点.

注 3.5.9 有序 n 元对象组 $(x_1, \cdots, x_n)$ 也被称作 n 个元素的有序序列, 或者简称为有限序列. 在第 5 章中, 我们也会引入非常有用的无限序列的概念.

例 3.5.10 如果 x 是一个对象, 那么 (x) 是个一元组且我们把它等同于 x 本身（虽然严格地说, 两者并非同一个对象）. 于是如果 X_1 是任意一个集合, 那么笛卡儿积 $\prod_{1 \leqslant i \leqslant 1} X_i$ 就是 X_1.（为什么?）同样, 空笛卡儿积 $\prod_{1 \leqslant i \leqslant 0} X_i$ 给出的并不是空集 $\{\}$, 而是一个单元素集 $\{()\}$, 并且该单元素集中包含的唯一元素是零元组 ()（也被称为空元组）.

如果 n 是一个自然数, 那么我们常用 X^n 来表示 n 重笛卡儿积 $X^n = \prod_{1 \leqslant i \leqslant n} X$. 因此, X^1 本质上与 X 表示同一个集合（如果我们忽略对象 x 和一元组 (x) 之间的不同）, 同时 X^2 就是笛卡儿积 $X \times X$. 集合 X^0 是单元素集 $\{()\}$.（为什么?）

现在我们能把单个选取引理（引理 3.1.5）推广到多个（但有限个）选取的情形.

引理 3.5.11（有限选取）设 $n \geqslant 1$ 是一个自然数, 并且对任意一个自然数 $1 \leqslant i \leqslant n$, 令 X_i 为一个非空集合, 那么存在一个 n 元组 $(x_i)_{1 \leqslant i \leqslant n}$ 使得对所有的 $1 \leqslant i \leqslant n$ 均有 $x_i \in X_i$. 换言之, 如果每个 X_i 都是非空集合, 那么集合 $\prod_{1 \leqslant i \leqslant n} X_i$ 也是非空的.

证明 我们对 n 进行归纳（从基本情况 $n = 1$ 开始, 当 $n = 0$ 时结论为空虚的真, 但这种情况不会特别引人关注）. 当 $n = 1$ 时, 结论可由引理 3.1.5 推导出.（为什么?）现在归纳性地假设对某个 n, 结论已经被证明为真. 我们现在要

证明的是对于 $n++$ 结论也为真. 令 $X_1,\cdots,X_{n++}$ 为一组非空集合,根据归纳假设,我们能够找到一个 n 元组 $(x_i)_{1\leqslant i\leqslant n}$ 使得对所有的 $1\leqslant i\leqslant n$ 均有 $x_i\in X_i$. 同时,因为 X_{n++} 是非空集合,所以利用引理 3.1.5 我们能够找到一个对象 a 使得 $a\in X_{n++}$. 于是,如果当 $1\leqslant i\leqslant n$ 时令 $y_i=x_i$,而当 $i=n++$ 时令 $y_i=a$,那么我们就定义了一个 $n++$ 元组 $(y_i)_{1\leqslant i\leqslant n++}$,并且显然对所有的 $1\leqslant i\leqslant n++$ 均有 $y_i\in X_i$,故归纳完成. $\qquad\square$

注 3.5.12 直观上看,这个引理应该可以推广到无限选取的情形,但这不能自动地完成,它需要另一个公理,即选择公理,参见 8.4 节.

习　题

3.5.1 (a) 假设对任意对象 x 和 y,我们定义有序对 (x,y) 为 $(x,y)=\{\{x\},\{x,y\}\}$(于是多次使用公理 3.4). 例如,$(1,2)$ 就是集合 $\{\{1\},\{1,2\}\}$,$(2,1)$ 就是集合 $\{\{2\},\{2,1\}\}$,$(1,1)$ 就是集合 $\{\{1\}\}$. 证明:这个定义(被称为有序对的库拉托夫斯基定义)的确遵守性质 (3.5).

(b) 假设我们使用替代定义 $(x,y)=\{x,\{x,y\}\}$ 来定义有序对,证明:这个定义(被称为有序对的简短定义)也满足性质 (3.5),因此也是一个合理的有序对定义(警告:这个证明比较棘手,需要用到正则性公理,也会用到习题 3.2.2).

(c) 证明:无论有序对的定义如何,任意两个集合 X,Y 的笛卡儿积 $X\times Y$ 都是集合. (提示:首先使用替代公理证明对任意的 $x\in X$,$\{(x,y):y\in Y\}$ 是一个集合,再使用并集公理.)

3.5.2 假设我们定义[①]有序 n 元组为一个满射 $x:\{i\in\mathbb{N}:1\leqslant i\leqslant n\}\to X$,其陪域为某个任意的集合 X(于是不同的有序 n 元组可以有不同的陪域),那么我们用 x_i 表示 $x(i)$,并把 x 写为 $(x_i)_{1\leqslant i\leqslant n}$. 利用这个定义证明:$(x_i)_{1\leqslant i\leqslant n}=(y_i)_{1\leqslant i\leqslant n}$,当且仅当 $x_i=y_i$ 对所有的 $1\leqslant i\leqslant n$ 均成立. 同时证明:如果 $(X_i)_{1\leqslant i\leqslant n}$ 是集合的有序 n 元组,那么按照定义 3.5.6 定义的笛卡儿积的确是一个集合. (提示:利用习题 3.4.7 和分类公理.)

3.5.3 证明:有序对和有序 n 元组的相等定义遵守自反性、对称性和传递性公理. 也就是说,如果假设这些公理对有序对 (x,y) 的各个分量 x,y 成立,那么它们对有序对本身也成立.

3.5.4 设 A、B、C 都是集合,证明:$A\times(B\cup C)=(A\times B)\cup(A\times C)$,$A\times(B\cap C)=(A\times B)\cap(A\times C)$ 及 $A\times(B\setminus C)=(A\times B)\setminus(A\times C)$. (当然我们也可以证明类似的等式,即把上述笛卡儿积的左右因子互换后所得到的等式.)

3.5.5 设 A、B、C、D 是集合,证明:$(A\times B)\cap(C\times D)=(A\cap C)\times(B\cap D)$. 等式 $(A\times B)\cup(C\times D)=(A\cup C)\times(B\cup D)$ 是否成立?等式 $(A\times B)\setminus(C\times D)=(A\setminus C)\times(B\setminus D)$ 是否成立?

---

① 从技术上讲,有序 n 元组的这种构造与习题 3.5.1 中有序对的构造并不一致,但这在实践中不会造成困扰. 例如,这里可以使用有序二元组的定义来代替习题 3.5.1 中的构造,或者在数学论证中对有序二元组和有序对进行特别区分.

3.5.6 设 A、B、C、D 都是非空集合，证明：$A \times B \subseteq C \times D$，当且仅当 $A \subseteq C$ 且 $B \subseteq D$；$A \times B = C \times D$，当且仅当 $A = C$ 且 $B = D$. 如果 A、B、C、D 中有部分空集或全是空集，那么会发生什么？

3.5.7 设 X 和 Y 是集合，令 $\pi_{X \times Y \to X} : X \times Y \to X$ 和 $\pi_{X \times Y \to Y} : X \times Y \to Y$ 分别表示映射 $\pi_{X \times Y \to X}(x, y) = x$ 和 $\pi_{X \times Y \to Y}(x, y) = y$，这两个函数被称为 $X \times Y$ 上的坐标函数. 证明：对任意的函数 $f : Z \to X$ 和 $g : Z \to Y$，存在唯一的函数 $h : Z \to X \times Y$ 使得 $\pi_{X \times Y \to X} \circ h = f$ 且 $\pi_{X \times Y \to Y} \circ h = g$.（把该结论与习题 3.3.8 的最后一部分及习题 3.1.7 进行比较.）函数 h 被称为 f 和 g 的配对，记作 $h = (f, g)$.

3.5.8 设 $X_1, \cdots, X_n$ 是集合，证明：笛卡儿积 $\prod_{i=1}^{n} X_i$ 是空集，当且仅当至少有一个 X_i 为空集.

3.5.9 假设 I 和 J 是两个集合，对所有的 $\alpha \in I$ 令 A_α 是一个集合，并且对所有的 $\beta \in J$ 令 B_β 是一个集合，证明：$\left(\bigcup_{\alpha \in I} A_\alpha \right) \cap \left(\bigcup_{\beta \in J} B_\beta \right) = \bigcup_{(\alpha, \beta) \in I \times J} (A_\alpha \cap B_\beta)$. 如果把所有的并符号与交符号互换会发生什么？

3.5.10 如果 $f : X \to Y$ 是一个函数，定义 f 的图像为 $X \times Y$ 的一个子集 $\{(x, f(x)) : x \in X\}$.

(a) 证明：函数 $f : X \to Y$ 和 $\tilde{f} : X \to Y$ 相等，当且仅当它们有相同的图像.

(b) 反之，如果 $X \times Y$ 的一个子集 G 具有下述性质：对每个 $x \in X$，集合 $\{y \in Y : (x, y) \in G\}$ 中恰有一个元素（换言之，G 满足垂线测试）. 证明：恰好存在一个函数 $f : X \to Y$，它的图像与 G 相等.

(c) 假设我们将函数 f 定义①为有序三元组 $f = (X, Y, G)$，其中 X, Y 是集合，G 是 $X \times Y$ 的一个服从垂线测试的子集. X 是这个三元组的定义域，Y 是陪域，并且对每个 $x \in X$，$f(x)$ 被定义为唯一一个使得 $(x, y) \in G$ 的 $y \in Y$. 证明：这个定义与定义 3.3.1 一致. 也就是说，对于给定的定义域 X、陪域 Y 和服从垂线测试的性质 $P(x, y)$，总能构造一个函数，它满足上述定义中要求的所有属性，并且与定义 3.3.8 一致.

3.5.11 证明：公理 3.11 实际上能够由引理 3.4.10 和其他集合论公理推导出来，从而引理 3.4.10 可以看作幂集公理的替代形式.（提示：对任意两个集合 X 和 Y，利用引理 3.4.10 和分类公理构造出由 $X \times Y$ 的一切子集组成的集合，它满足垂线测试. 再利用习题 3.5.10 和替代公理.）

3.5.12 本题将建立严格形式的命题 2.1.16，从而避免循环论证（特别地，避免使用任何需要利用命题 2.1.16 来构造的对象）.

(i) 设 X 是一个集合，$f : \mathbb{N} \times X \to X$ 是一个函数，c 是 X 中的元素，证明：存在一个函数 $a : X \to X$ 使得
$$a(0) = c$$
且
对任意的 $n \in \mathbb{N}$ 均有 $a(n++) = f(n, a(n))$,

而且这个函数是唯一的.（提示：通过修改引理 3.5.11 的证明过程归纳地证明，对

---

① 注意，这个定义不是循环的，因为函数没有被用来定义有序三元组或两个集合的笛卡儿积.

每个自然数 $N \in \mathbb{N}$, 存在唯一的函数 $a_N : \{n \in \mathbb{N} : n \leqslant N\} \to X$ 使得 $a_N(0) = c$ 且 $a_N(n++) = f(n, a_N(n))$ 对所有满足 $n < N$ 的 $n \in \mathbb{N}$ 均成立.)

(ii)（警告：这是一个挑战.）不利用除了佩亚诺公理之外任何有关自然数的性质, 直接证明 (i) 的结论（特别地, 不利用自然数的次序关系, 也不借助命题 2.1.16）.（提示：只利用佩亚诺公理和集合论的基本知识归纳地证明, 对每个自然数 $N \in \mathbb{N}$, 存在唯一一对 $\mathbb{N}$ 的子集 A_N, B_N 满足下列性质：(a) $A_N \cap B_N = \varnothing$; (b) $A_N \cup B_N = \mathbb{N}$; (c) $0 \in A_N$; (d) $N++ \in B_N$; (e) 只要 $n \in B_N$, 就有 $n++ \in B_N$; (f) 只要 $n \in A_N$ 且 $n \neq N$, 就有 $n++ \in A_N$. 一旦我们得到这些集合, 就用 A_N 来代替前面论述中的 $\{n \in \mathbb{N} : n \leqslant N\}$.）

3.5.13 本题的目的是证明, 在集合论中, 本质上只存在唯一的自然数系（见注 2.1.12 中的讨论）. 假设我们有一个由"另类的自然数"组成的集合 $\mathbb{N}'$、一个"另类的零" $0'$ 及一个"另类的增量运算", 并且该运算对任意一个另类的自然数 $n' \in \mathbb{N}'$ 作用后, 会返回另一个另类的自然数 $n'++' \in \mathbb{N}'$, 这使得当自然数、零及增量运算被它们的另类物替代时, 佩亚诺公理（公理 2.1~公理 2.5）仍然成立. 证明：存在一个从自然数集到另类的自然数集的双射 $f : \mathbb{N} \to \mathbb{N}'$ 使得 $f(0) = 0'$, 并且对任意的 $n \in \mathbb{N}$ 和 $n' \in \mathbb{N}'$, $f(n) = n'$, 当且仅当 $f(n++) = n'++'$.（提示：利用习题 3.5.12.）

3.6 集合的基数

在第 2 章中, 我们定义了自然数的公理化概念, 并假设自然数配置了 0 和增量运算, 而且还假设了自然数上的 5 个公理. 从哲学角度来说, 这与我们所形成的有关自然数的一个主要概念——基数的概念, 或者度量一个集合中有多少个元素的概念——是相当不同的. 事实上, 佩亚诺公理的方法更像是把自然数看作序数而非基数.（基数是 1、2、3、$\cdots$, 用来计算集合中有多少个元素. 序数则是第一、第二、第三、$\cdots$, 用来确定一列对象的次序. 两者之间存在微妙的区别, 特别是当比较无穷大基数和无穷大序数的时候更是如此, 但这些内容超出了本书的范畴.）我们曾把很多精力集中在这样一个问题上, 即对于一个给定的自然数 n, 紧跟在它后面的那个数是什么——这是一种运算, 而且该运算对序数来说是相当自然的事情, 但对基数来说就不那么自然了——但我们并不知道这些数能否被用来计数集合. 这一节的目标就是解决这个问题, 我们会指出只要集合是有限的, 自然数就可以用来计算集合的基数.

我们要做的第一件事是确定在什么情况下, 两个集合的大小相同. 例如, 很明显, 集合 $\{1, 2, 3\}$ 和 $\{4, 5, 6\}$ 的大小相同, 但是它们与集合 $\{8, 9\}$ 的大小是不相同的. 给出集合大小的定义的一种方法是：如果两个集合含有的元素个数相等, 那么就称这两个集合大小相同, 但是目前我们尚未定义一个集合中"元素个数"的概念. 另外, 当集合无穷大时, 这会出现问题.

定义 "两个集合大小相同" 概念的正确方法并不是立刻就能弄明白的, 但可以依据某种思想把它弄清楚. 集合 $\{1, 2, 3\}$ 和 $\{4, 5, 6\}$ 大小相同的一个直观原因是, 我们能够通过构造两个集合之间的一一对应: $1 \leftrightarrow 4, 2 \leftrightarrow 5, 3 \leftrightarrow 6$ 把第一个集合中的元素与第二个集合中的元素匹配起来. (事实上, 这就是我们最开始学习计数集合的方式: 我们把尝试计数的集合与另一个集合, 如手指构成的集合, 对应起来.) 我们把这种直观的理解作为 "有相同大小" 的严格基础.

定义 3.6.1 (相等的基数) 我们称两个集合 X 和 Y 有相等的基数, 当且仅当存在从 X 到 Y 的一个双射: $f: X \to Y$.

例 3.6.2 集合 $\{0, 1, 2\}$ 和 $\{3, 4, 5\}$ 有相等的基数, 因为我们能够找到这两个集合之间的一个双射. 注意, 目前我们还不知道 $\{0, 1, 2\}$ 和 $\{3, 4\}$ 是否有相等的基数. 我们知道有一个从 $\{0, 1, 2\}$ 到 $\{3, 4\}$ 的函数 f 不是双射, 但是我们还没有证明这两个集合之间是否有可能存在某个另外的双射 (它们的确没有相等的基数, 稍后我们会对此进行证明). 注意, 无论 X 是有限的还是无限的, 这个定义都是有意义的 (事实上, 我们甚至尚未定义什么是有限).

注 3.6.3 两个集合具有相等的基数这一事实并不能排除其中一个集合包含另一个集合的情况. 例如, 如果 X 是自然数集, Y 是偶数集[①], 那么由 $f(n) = 2n$ 定义的映射 $f: X \to Y$ 是一个从 X 到 Y 的双射, (为什么?) 从而 X 和 Y 有相等的基数, 尽管 Y 是 X 的一个子集, 并且从直观上看 Y 好像应该只包含 X 中 "一半" 的元素.

"具有相等的基数" 这一概念也是一种等价关系.

命题 3.6.4 设 X、Y、Z 是集合, 那么 X 和 X 有相等的基数. 如果 X 和 Y 有相等的基数, 那么 Y 和 X 有相等的基数. 如果 X 和 Y 有相等的基数且 Y 和 Z 有相等的基数, 那么 X 和 Z 有相等的基数.

证明 参见习题 3.6.1.   □

设 n 是一个自然数, 现在我们想说明集合 X 什么时候包含 n 个元素. 当然, 我们要让集合 $\{i \in \mathbb{N}: 1 \leqslant i \leqslant n\} = \{1, 2, \cdots, n\}$ 中有 n 个元素. (即便当 $n = 0$ 时, 上述命题也为真. 集合 $\{i \in \mathbb{N}: 1 \leqslant i \leqslant 0\}$ 就是空集.) 利用我们给出的 "相等的基数" 这一概念, 给出下述定义.

定义 3.6.5 设 n 是一个自然数, 称集合 X 的基数为 n, 当且仅当 X 和集合 $\{i \in \mathbb{N}: 1 \leqslant i \leqslant n\}$ 有相等的基数. 我们也称 X 中有 n 个元素, 当且仅当 X

[①] 如果一个自然数可以写成 $2n$, 其中 n 是某个自然数, 那么这个自然数就是偶数.

的基数为 n.

注 3.6.6 我们可以用集合 $\{i \in \mathbb{N} : i < n\}$ 来代替集合 $\{i \in \mathbb{N} : 1 \leqslant i \leqslant n\}$, 因为这两个集合显然有相等的基数. (为什么? 它们之间的双射是什么?)

例 3.6.7 设 a、b、c、d 是不同的对象, 那么 $\{a, b, c, d\}$ 与 $\{i \in \mathbb{N} : i < 4\} = \{0, 1, 2, 3\}$ 或 $\{i \in \mathbb{N} : 1 \leqslant i \leqslant 4\} = \{1, 2, 3, 4\}$ 具有相等的基数, 从而 $\{a, b, c, d\}$ 的基数为 4. 类似地, 集合 $\{a\}$ 的基数为 1.

该定义可能存在这样一个问题: 一个集合可能有两个不同的基数. 但这是不可能的.

命题 3.6.8 (**基数的唯一性**) 设 X 是一个基数为 n 的集合, 那么 X 不可能还有任何其他的基数. 也就是说, 对任意的 $m \neq n$, m 不可能是 X 的基数.

在证明这个命题之前, 我们需要一个引理.

引理 3.6.9 假设 $n \geqslant 1$ 且 X 的基数为 n, 那么 X 是非空的. 如果 x 是 X 中任意一个元素, 那么集合 $X - \{x\}$ (X 中去掉 x 之后剩下的元素构成的集合) 的基数为[①] $n - 1$.

证明 如果 X 是空集, 那么显然它和非空集合 $\{i \in \mathbb{N} : 1 \leqslant i \leqslant n\}$ 不可能有相等的基数, 因为不存在从空集到一个非空集合的双射. (为什么?) 现在设 x 是 X 中的一个元素, 因为 X 和 $\{i \in \mathbb{N} : 1 \leqslant i \leqslant n\}$ 有相等的基数, 所以我们就有一个从 X 到 $\{i \in \mathbb{N} : 1 \leqslant i \leqslant n\}$ 的双射 f. 特别地, $f(x)$ 是 1 到 n 之间的一个自然数. 现在按照下述规则定义一个从 $X - \{x\}$ 到 $\{i \in \mathbb{N} : 1 \leqslant i \leqslant n - 1\}$ 的函数 g: 对任意的 $y \in X - \{x\}$, 如果 $f(y) < f(x)$, 那么定义 $g(y) = f(y)$; 如果 $f(y) > f(x)$, 那么定义 $g(y) = f(y) - 1$ (注意, 因为 $y \neq x$ 且 f 是一个双射, 所以 $f(y)$ 不可能等于 $f(x)$). 容易验证这个映射也是一个双射, (为什么?) 于是 $X - \{x\}$ 和 $\{i \in \mathbb{N} : 1 \leqslant i \leqslant n - 1\}$ 有相等的基数. 特别地, $X - \{x\}$ 的基数是 $n - 1$, 结论得证. □

现在我们证明这个命题.

命题 3.6.8 的证明 我们对 n 进行归纳. 首先假设 $n = 0$, 那么 X 一定是空集, 从而 X 不可能有任何非零基数. 现在假设对于某个 n, 我们已经证明了命题为真. 下面我们证明该命题对于 $n++$ 也为真. 设 X 的基数是 $n++$, 同时假设 X 还有某个其他的基数 $m \neq n++$, 根据引理 3.6.9 知, X 是非空的, 并且如果 x 是 X 中任意一个元素, 那么 $X - \{x\}$ 的基数是 n 同时也是 $m - 1$. 根据归纳

[①] 严格地说, 在本书中, 目前我们还没有定义 $n - 1$. 就这个引理而言, 我们定义 $n - 1$ 是满足 $m++ = n$ 的唯一一个自然数 m, 这个 m 由引理 2.2.10 给出.

假设, 这表明 $n = m - 1$, 也意味着 $m = n++$, 显然这与 $m \neq n++$ 矛盾. 归纳过程结束. $\qquad\qquad\qquad\qquad\qquad\qquad\qquad\qquad\qquad\qquad\qquad\qquad\qquad$ $\square$

作为例子, 我们现在根据命题 3.6.4 和命题 3.6.8 知, 集合 $\{0, 1, 2\}$ 和 $\{3, 4\}$ 没有相等的基数, 因为第一个集合的基数是 3, 而第二个集合的基数是 2.

定义 3.6.10 (**有限集**) 一个集合是有限的, 当且仅当它的基数是某个自然数 n; 否则, 该集合被称为是无限的. 如果 X 是一个有限集, 那么我们用 $\#(X)$ 来表示 X 的基数.

例 3.6.11 集合 $\{0, 1, 2\}$ 和 $\{3, 4\}$ 都是有限的, 空集也是有限的 (0 是一个自然数), 并且 $\#(\{0, 1, 2\}) = 3, \#(\{3, 4\}) = 2$ 及 $\#(\varnothing) = 0$.

现在我们给出一个无限集的例子.

定理 3.6.12 自然数集 $\mathbb{N}$ 是无限的.

证明 为了推导出矛盾, 我们假设自然数集 $\mathbb{N}$ 是有限集, 于是它的基数是某个自然数 $\#(\mathbb{N}) = n$. 根据引理 3.6.9 知, $\mathbb{N} \setminus \{0\}$ 的基数为 $n - 1$. 但是 $\mathbb{N}$ 与 $\mathbb{N} \setminus \{0\}$ 具有相同的基数 (利用从 $\mathbb{N} \setminus \{0\}$ 到 $\mathbb{N}$ 的一个双射 $x \mapsto x + 1$), 因此 $n = n - 1$, 这得到了矛盾. $\qquad\qquad\qquad\qquad\qquad\qquad\qquad\qquad\qquad\qquad\qquad$ $\square$

注 3.6.13 我们也能够利用类似的论证过程证明任意一个无界的集合[①]都是无限的. 例如, 有理数集 $\mathbb{Q}$ 和实数集 $\mathbb{R}$ (在后面几章中我们将构造 $\mathbb{Q}$ 和 $\mathbb{R}$) 都是无限的. 但是某些集合可能比其他集合 "更" 无限, 参见 8.3 节.

现在我们把基数与自然数的算术联系起来.

命题 3.6.14 (**基数算术**)

(a) 设 X 是一个有限集, x 是一个对象且 x 不是 X 中的元素, 那么 $X \cup \{x\}$ 是有限的, 并且 $\#(X \cup \{x\}) = \#(X) + 1$.

(b) 设 X 和 Y 都是有限集, 那么 $X \cup Y$ 是有限的, 并且 $\#(X \cup Y) \leqslant \#(X) + \#(Y)$. 另外, 如果 X 和 Y 是不相交的 ($X \cap Y = \varnothing$), 那么 $\#(X \cup Y) = \#(X) + \#(Y)$.

(c) 设 X 是一个有限集, Y 是 X 的一个子集, 那么 Y 是有限的, 并且 $\#(Y) \leqslant \#(X)$. 另外, 如果 $Y \neq X$ (Y 是 X 的一个真子集), 那么我们有 $\#(Y) < \#(X)$.

(d) 如果 X 是一个有限集, 并且 $f : X \to Y$ 是一个函数, 那么 $f(X)$ 是一个有限集且满足 $\#(f(X)) \leqslant \#(X)$. $\#(f(X)) = \#(X)$, 当且仅当 f 是一对一的.

---

① 定义 9.1.22 给出了有界集合和无界集合的概念.

(e) 设 X 和 Y 都是有限集,那么笛卡儿积 $X \times Y$ 是有限的,并且 $\#(X \times Y) = \#(X) \times \#(Y)$.

(f) 设 X 和 Y 都是有限集,那么集合 Y^X(在公理 3.11 中被定义)是有限的,并且 $\#(Y^X) = \#(Y)^{\#(X)}$.

证明 参见习题 3.6.4. □

注 3.6.15 命题 3.6.14 说明存在另一种方法来定义自然数的算术运算. 这种方法不像定义 2.2.1、定义 2.3.1 和定义 2.3.11 那样递归地定义,而是利用了并集、笛卡儿积和幂集的概念. 这是基数算术的基础,而且它作为算术基础是我们已经建立的佩亚诺算术的替代物. 本书中不会研究这个算术,但是我们会在习题 3.6.5 和习题 3.6.6 中给出一些例子来演示如何进行这种算术.

对于有限集的讨论到这里就结束了. 一旦构造出更多无限集的例子(如整数集、有理数集和实数集),我们就将在第 8 章中讨论无限集.

习 题

3.6.1 证明命题 3.6.4.

3.6.2 证明:集合 X 的基数为 0,当且仅当 X 是空集.

3.6.3 设 n 是一个自然数,并且 $f : \{i \in \mathbb{N} : 1 \leqslant i \leqslant n\} \to \mathbb{N}$ 是一个函数,证明:存在一个自然数 M 使得 $f(i) \leqslant M$ 对一切 $1 \leqslant i \leqslant n$ 均成立.(提示:对 n 进行归纳. 你可能还需要看一下引理 5.1.14.)因此自然数集的有限子集是有界的. 利用上述结论给出定理 3.6.12 的另一种证明方法,该证明不使用引理 3.6.9.

3.6.4 证明命题 3.6.14.

3.6.5 设 A 和 B 是集合,通过构造一个明确的双射来证明:$A \times B$ 和 $B \times A$ 有相等的基数. 然后利用命题 3.6.14,给出引理 2.3.2 的另一种证明方法.

3.6.6 设 A、B、C 是集合,通过构造一个明确的双射来证明:集合 $(A^B)^C$ 和 $A^{B \times C}$ 有相等的基数. 推导出 $(a^b)^c = a^{bc}$ 对任意的自然数 a、b、c 均成立. 利用类似的论证方法推导出 $a^b \times a^c = a^{b+c}$.

3.6.7 设 A 和 B 是集合,如果存在一个从 A 到 B 的单射 $f : A \to B$,那么我们称 A 的基数小于或等于 B 的基数. 证明:如果 A 和 B 都是有限集,那么 A 的基数小于或等于 B 的基数,当且仅当 $\#(A) \leqslant \#(B)$.

3.6.8 设 A 和 B 是集合,并且存在一个从 A 到 B 的单射 $f : A \to B$(A 的基数小于或等于 B 的基数),假设 A 是非空的,证明:存在一个从 B 到 A 的满射 $g : B \to A$(该命题的逆命题需要用到选择公理,见习题 8.4.3).

3.6.9 设 A 和 B 是有限集,证明:$A \cup B$ 和 $A \cap B$ 也是有限集,并且 $\#(A) + \#(B) = \#(A \cup B) + \#(A \cap B)$.

3.6.10 设 $A_1, \cdots, A_n$ 都是有限集，并且满足 $\#\left(\bigcup_{i \in \{1, \cdots, n\}} A_i\right) > n$，证明：存在 $i \in \{1, \cdots, n\}$ 使得 $\#(A_i) \geqslant 2$（这被称为抽屉原理）.

3.6.11 设 $f : X \mapsto Y$ 是关于集合 X 和 Y 的函数，证明下列说法是等价的：

(a) f 是单射；

(b) 只要 $E \subseteq X$ 的基数 $\#(E)$ 等于 2，像 $f(E)$ 的基数 $\#(f(E))$ 就等于 2.

（注意，如果 X 的基数小于 2，那么 (b) 中的断言就是空虚的真. 然而，在这种情况下，等价性仍然成立.）由于这种等价性，我们可以将单射称为二对二函数.（这是由约翰·康韦（1937—2020）观察到的.）

3.6.12 对任意的自然数 n，设 S_n 是全体双射 $\phi : \{i \in \mathbb{N} : 1 \leqslant i \leqslant n\} \mapsto \{i \in \mathbb{N} : 1 \leqslant i \leqslant n\}$ 的集合（这种双射也被称为 $\{i \in \mathbb{N} : 1 \leqslant i \leqslant n\}$ 上的置换）.

(a) 对任意的自然数 n，证明：S_n 是有限的，并且 $\#(S_{n++}) = (n++) \times \#(S_n)$.（提示：根据 $\phi(n++)$ 的取值，将 S_{n++} 划分为 $n++$ 个子集，其中置换 $\phi : \{i \in \mathbb{N} : 1 \leqslant i \leqslant n++\} \to \{i \in \mathbb{N} : 1 \leqslant i \leqslant n\}$.）

(b) 自然数 n 的阶乘 $n!$ 按照下列方式递归地定义：$0! = 1, (n++)! = (n++) \times n!$. 证明：对任意的自然数 n，$\#(S_n) = n!$.

第 4 章　整数和有理数

4.1　整数

在第 2 章中，我们给出了自然数系的大部分基本性质，但目前只能局限于进行加法运算和乘法运算．现在我们将引入一种新的运算，即减法运算，但是为了能够真正地进行这种运算，我们必须从自然数系转向一个更大的数系，即整数系．

非正式地说，整数可以通过两个自然数相减得到．例如，就像 $6-2$ 是整数一样，$3-5$ 也应该是一个整数．这并非整数的完整定义，因为 (a) 它没有指出什么时候两个差是相等的（例如，我们应该知道为什么 $3-5$ 等于 $2-4$, 但不等于 $1-6$）; (b) 它没有指明如何对这些差进行算术运算（怎样把 $3-5$ 加到 $6-2$ 上）．另外, (c) 这个定义是循环的，因为它需要用到减法，而减法只有在整数概念建立之后才能充分地被定义．幸运的是，由于之前对整数有一定的了解，因此我们知道这些问题的答案应该是什么．为了回答 (a)，我们从代数学的高级知识中了解到，当 $a+d=c+b$ 时，恰好有 $a-b=c-d$, 于是我们可以只利用加法来刻画差的相等．类似地，为了回答 (b)，从代数学中我们了解到 $(a-b)+(c-d)=(a+c)-(b+d)$ 和 $(a-b)(c-d)=(ac+bd)-(ad+bc)$. 因此我们将利用已有的知识来构造整数的定义，这正是我们将要做的事情．

我们还必须回答 (c). 为了解决这个问题，我们将采取下面的措施：暂时不把整数写成差 $a-b$ 的形式，而是用一个新的符号 $a\!-\!\!-b$ 来定义整数．"——"是一个无意义的占位符，它与平面上点的笛卡儿坐标符号 (x,y) 中的逗号类似．稍后当我们定义减法时，将会看到 $a\!-\!\!-b$ 事实上就等于 $a-b$, 从而我们可以废弃符号"——". 现在它只是用来避免循环论证（这些设计类似于建造一幢大厦时所用的脚手架，脚手架对于确保大厦被正确地建造起来暂时是必不可少的，但是一旦大厦建成，它们就会不再被使用）．对于定义那些我们已经非常熟悉的事物，好像看起来没必要那么复杂，但是我们还将再次使用这些设计去构造有理数，而且了解这些构造方法对于后面几章的学习会很有帮助．

定义 4.1.1（整数） 整数是形如 $a—b$ 的表达式[①]，其中 a 和 b 都是自然数. 两个整数被看作相等的，即 $a—b = c—d$，当且仅当 $a+d = c+b$. 令 $\mathbb{Z}$ 表示全体整数构成的集合.

例如，$3—5$ 是一个整数，并且它等于 $2—4$，因为 $3+4 = 2+5$. 另外，$3—5$ 不等于 $2—3$，因为 $3+3 \neq 2+5$. 这个符号看起来有些奇怪，而且它还有一些缺陷. 例如，3 目前还不是整数，因为它不是形如 $a—b$ 的表达式. 后面我们将纠正这些问题.

我们必须验证上面定义中给出的"相等"是合理的. 我们需要证明自反性、对称性、传递性和替换公理（见附录 A.7）. 我们把自反性和对称性的证明留作习题 4.1.1，而来证明传递性公理. 假设已知 $a—b = c—d$ 和 $c—d = e—f$，于是我们有 $a+d = c+b$ 和 $c+f = d+e$. 把这两个等式相加得到 $a+d+c+f = c+b+d+e$. 根据命题 2.2.6，我们可以消去 c 和 d，从而得到 $a+f = b+e$，也就是 $a—b = e—f$. 因此消去律被用来保证我们定义的"相等"是有意义的. 关于替换公理，目前还无法对其进行证明，因为我们还没有定义整数上的任何运算. 但是，当我们定义整数上的基本运算时，如加法、乘法和排序运算，就必须证明替换公理从而来保证我们给出的定义是有效的（我们只需在定义基本运算时做这件事. 整数上更高级的运算，如指数运算，将由这些基本运算来定义，所以我们不需要对高级运算重新证明替换公理）.

现在我们定义整数上的两种基本算术运算：加法运算和乘法运算.

定义 4.1.2 两个整数的和 $(a—b) + (c—d)$ 由下面这个式子来定义：

$$(a—b) + (c—d) = (a+c)—(b+d).$$

两个整数的乘积 $(a—b) \times (c—d)$ 被定义为：

$$(a—b) \times (c—d) = (ac+bd)—(ad+bc).$$

例如，$(3—5)+(1—4)$ 等于 $4—9$. 但是在接受这些定义之前，我们必须证明一件事：如果我们把其中一个整数换成与它相等的另一个整数，那么加法的和及乘积保持不变. 例如，$3—5$ 等于 $2—4$，于是 $(3—5)+(1—4)$ 应该与 $(2—4)+(1—4)$ 有相同的值，否则无法给出统一的加法定义. 幸运的是，此事确实成立.

[①] 用集合论的语言来说，我们现在所做的事情是从空间 $\mathbb{N} \times \mathbb{N}$ 开始的，其中 $\mathbb{N} \times \mathbb{N}$ 是由一切自然数的有序对 (a,b) 构成的空间. 然后我们在这些有序对上定义一种等价关系 $\sim$，即 $(a,b) \sim (c,d)$，当且仅当 $a+d = c+b$. 那么符号 $a—b$ 的集合论解释就是它是由所有与 (a,b) 等价的有序对构成的空间，即 $a—b = \{(c,d) \in \mathbb{N} \times \mathbb{N} : (a,b) \sim (c,d)\}$. 替换公理的两个应用证明了整数集 $\mathbb{Z} = \{a—b : (a,b) \in \mathbb{N} \times \mathbb{N}\}$ 的存在性. 然而这种解释对于我们如何操作整数毫无用处，我们不再提起此事. 在本章后面构造有理数时或第 5 章构造实数时，我们也可以给出类似的集合论解释.

引理 4.1.3（加法运算和乘法运算是定义明确的） 设 a, b, a', b', c, d 是自然数，如果 $(a\!-\!b) = (a'\!-\!b')$，那么有 $(a\!-\!b) + (c\!-\!d) = (a'\!-\!b') + (c\!-\!d)$ 和 $(a\!-\!b) \times (c\!-\!d) = (a'\!-\!b') \times (c\!-\!d)$，还有 $(c\!-\!d) + (a\!-\!b) = (c\!-\!d) + (a'\!-\!b')$ 和 $(c\!-\!d) \times (a\!-\!b) = (c\!-\!d) \times (a'\!-\!b')$. 因此加法运算和乘法运算是定义明确的运算（相等的输入给出相等的输出）.

证明 为了证明 $(a\!-\!b) + (c\!-\!d) = (a'\!-\!b') + (c\!-\!d)$，我们分别对等式两端求值，得 $(a+c)\!-\!(b+d)$ 和 $(a'+c)\!-\!(b'+d)$. 于是我们要证明的是 $a+c+b'+d = a'+c+b+d$. 因为 $(a\!-\!b) = (a'\!-\!b')$，所以 $a+b' = a'+b$，等式两端同时加上 $c+d$ 得到 $a+c+b'+d = a'+c+b+d$. 现在我们证明 $(a\!-\!b) \times (c\!-\!d) = (a'\!-\!b') \times (c\!-\!d)$. 该等式两端分别为 $(ac+bd)\!-\!(ad+bc)$ 和 $(a'c+b'd)\!-\!(a'd+b'c)$，于是我们要证明的是 $ac+bd+a'd+b'c = a'c+b'd+ad+bc$. 然而等式左端等于 $c(a+b')+d(a'+b)$，等式右端等于 $c(a'+b)+d(a+b')$. 由于 $a+b' = a'+b$，因此上述等式两端相等. 剩下的两个等式可以采取类似的方法证明. □

整数 $n\!-\!0$ 与自然数 n 具有相同的性质. 事实上，我们可以证明 $(n\!-\!0) + (m\!-\!0) = (n+m)\!-\!0$ 和 $(n\!-\!0) \times (m\!-\!0) = nm\!-\!0$. 另外，$(n\!-\!0) = (m\!-\!0)$，当且仅当 $n = m$（用数学语言来描述它就是在自然数 n 和形如 $n\!-\!0$ 的整数之间存在一个同构）. 于是我们可以通过令 $n \equiv n\!-\!0$ 把自然数和整数等同起来，这并不会影响我们定义的加法、乘法或者相等的概念，因为它们彼此是一致的. 例如，现在我们认为自然数 3 与整数 $3\!-\!0$ 是相等的，于是 $3 = 3\!-\!0$. 特别地，0 等于 $0\!-\!0$，1 等于 $1\!-\!0$. 当然，如果我们令 n 等于 $n\!-\!0$，那么 n 就与任何一个等于 $n\!-\!0$ 的整数相等，例如，3 不仅等于 $3\!-\!0$，它还等于 $4\!-\!1, 5\!-\!2$，等等.

现在我们可以把整数上的增量运算定义为 $x{+}{+} = x+1$，其中 x 是任意整数. 这当然与我们所定义的自然数上的增量运算是一致的. 但是对我们而言，这已经不再是一种重要的运算，因为现在它已经被更一般的加法概念取代了.

现在我们考虑整数上其他的基本运算.

定义 4.1.4（整数的负运算） 如果 $(a\!-\!b)$ 是一个整数，那么我们定义它的负数 $-(a\!-\!b)$ 为整数 $(b\!-\!a)$. 特别地，如果 $n = n\!-\!0$ 是一个正自然数，那么我们可以定义它的负数为 $-n = 0\!-\!n$.

例如，$-(3\!-\!5) = (5\!-\!3)$. 我们能够证明这个定义是明确的（习题 4.1.2）.

现在我们可以证明整数恰好对应我们所期望的东西.

引理 4.1.5（整数的三歧性） 设 x 是一个整数，那么下述三个命题中恰好有一个为真：(a) x 是 0；(b) x 是正自然数 n；(c) x 是正自然数 n 的负数 $-n$.

证明 我们首先证明 (a)、(b)、(c) 中至少有一个为真. 根据定义, 存在自然数 a 和 b 使得 $x = a\text{—}b$. 我们有如下三种情况: $a > b$、$a = b$ 或 $a < b$. 如果 $a > b$, 那么存在某个正自然数 c 使得 $a = b + c$, 这表明 $a\text{—}b = c\text{—}0 = c$, 于是 (b) 为真; 如果 $a = b$, 那么 $a\text{—}b = a\text{—}a = 0\text{—}0 = 0$, 于是 (a) 为真; 如果 $a < b$, 那么 $b > a$, 于是根据与前面一样的理由知, 存在某个正自然数 n 使得 $b\text{—}a = n$, 从而 $a\text{—}b = -n$, 于是 (c) 为真.

现在我们证明 (a)、(b)、(c) 中同时成立的命题不超过一个. 根据定义, 一个正自然数是非零的, 所以 (a) 和 (b) 不能同时为真. 如果 (a) 和 (c) 同时为真, 那么存在某个正自然数 n 使得 $0 = -n$, 于是 $0\text{—}0 = 0\text{—}n$, 则 $0 + 0 = 0 + n$, 从而 $n = 0$, 这里出现了矛盾. 如果 (b) 和 (c) 同时为真, 那么存在两个正自然数 n 和 m 使得 $n = -m$, 于是 $(n\text{—}0) = (0\text{—}m)$, 从而 $n + m = 0 + 0$, 这与命题 2.2.8 矛盾. 因此, 对任意的整数 x, (a)、(b)、(c) 中恰好有一个为真. □

如果 n 是一个正自然数, 那么我们称 n 为一个正整数, $-n$ 为一个负整数. 因此每个整数是正的、零或负的, 但是不可能同时有多于一种可能.

有人可能会问, 我们为什么不利用引理 4.1.5 来定义整数. 也就是说, 我们为什么不定义整数就是正自然数, 或者零, 或者自然数的负数. 原因在于, 如果我们这样做了, 那么 "加上整数" 和 "乘以整数" 的法则将被分成许多不同的情况 (例如, 负数乘以负数等于正数; 负数加上正数要么是负数, 要么是正数, 要么是零, 这依赖于哪一项的数值更大, 等等). 而且证明这些性质将会造成很大的混乱.

现在我们对整数的代数性质进行总结.

命题 4.1.6 (整数的代数定律) 设 x, y, z 是整数, 那么我们有

$$x + y = y + x,$$
$$(x + y) + z = x + (y + z),$$
$$x + 0 = 0 + x = x,$$
$$x + (-x) = (-x) + x = 0,$$
$$xy = yx,$$
$$(xy)z = x(yz),$$
$$x1 = 1x = x,$$
$$x(y + z) = xy + xz,$$
$$(y + z)x = yx + zx.$$

注 4.1.7 上述 9 个等式有一个统称, 它们断定全体整数构成一个交换环 (如果我们删掉等式 $xy = yx$, 那么只能断定全体整数构成一个环). 注意, 其中某

些等式已经被证明对自然数是成立的, 但是这不能自动地表明它们对整数也成立, 因为整数集是一个比自然数集更大的集合. 另外, 这个命题取代了许多早先被推导出的关于自然数的命题.

证明 有两种方法来证明这些等式. 一种方法是利用引理 4.1.5 并根据 x, y, z 是否为零、正数或负数, 分成很多种情况来考虑. 这将变得非常烦琐. 一种简洁的方法是记 $x = a$—$b, y = c$—d 及 $z = e$—f, 其中 a, b, c, d, e, f 是自然数, 然后把这些等式展开成关于 a, b, c, d, e, f 的表达式并对它们使用自然数的代数定律. 这种方法使得每个等式能够在几行内就被证明. 我们只证明 $(xy)z = x(yz)$.

$$
\begin{aligned}
(xy)z &= [(a—b)(c—d)](e—f) \\
&= [(ac + bd)—(ad + bc)](e—f) \\
&= (ace + bde + adf + bcf)—(acf + bdf + ade + bce), \\
x(yz) &= (a—b)[(c—d)(e—f)] \\
&= (a—b)[(ce + df)—(cf + de)] \\
&= (ace + adf + bcf + bde)—(acf + ade + bce + bdf).
\end{aligned}
$$

于是 $(xy)z$ 和 $x(yz)$ 是相等的. 其余的等式可以按照类似的方法来证明, 参见习题 4.1.4. $\qquad\square$

现在我们定义两个整数的减法运算 $x - y$ 为下面这个式子:

$$
x - y = x + (-y).
$$

我们不需要证明减法运算遵守替换公理, 因为我们已经利用整数上的另外两种运算 (加法运算和负运算) 定义了减法运算, 并且已经证明这两种运算是定义明确的.

现在我们很容易证明, 如果 a 和 b 是自然数, 那么

$$
a - b = a + (-b) = (a—0) + (0—b) = a—b,
$$

从而 a—b 与 $a - b$ 就是一回事. 因此我们现在可以丢弃符号 "—", 改用我们熟悉的减法运算符.

我们现在可以把引理 2.3.3 和推论 2.3.7 从自然数的情形推广到整数的情形.

命题 4.1.8 (整数没有零因子) 设 a 和 b 是整数, 并且满足 $ab = 0$, 那么 $a = 0$ 或 $b = 0$ (或 $a = b = 0$).

证明 参见习题 4.1.5. $\qquad\square$

推论 4.1.9 (整数的消去律) 如果 a, b, c 是整数, 并且满足 $ac = bc$ 及 c 不为零, 那么 $a = b$.

证明 参见习题 4.1.6.   □

现在我们按照逐字重复定义的方法, 把定义在自然数上的序的概念推广到整数上.

定义 4.1.10 (整数的序) 设 n 和 m 是整数, 我们称 n 大于或等于 m, 并记作 $n \geqslant m$ 或 $m \leqslant n$, 当且仅当存在某个自然数 a 使得 $n = m + a$. 我们称 n 严格大于 m, 并记作 $n > m$ 或 $m < n$, 当且仅当 $n \geqslant m$ 且 $n \neq m$.

例如, $5 > -3$, 因为 $5 = -3 + 8$ 且 $5 \neq -3$. 这个定义显然与自然数上序的概念是一致的, 因为我们使用的是同一个定义.

利用命题 4.1.6 中的代数定律, 不难证明下列序的性质.

引理 4.1.11 (整数的序的基本性质) 设 a, b, c 是整数.

(a) $a > b$, 当且仅当 $a - b$ 是一个正自然数.

(b) (加法保持序不变) 如果 $a > b$, 那么 $a + c > b + c$.

(c) (正的乘法保持序不变) 如果 $a > b$ 且 c 是正的, 那么 $ac > bc$.

(d) (负运算反序) 如果 $a > b$, 那么 $-a < -b$.

(e) (序是可传递的) 如果 $a > b$ 且 $b > c$, 那么 $a > c$.

(f) (序的三歧性) 命题 $a > b$、$a < b$ 和 $a = b$ 中恰有一个为真.

证明 参见习题 4.1.7.   □

习   题

4.1.1 证明: 整数上 "相等" 的定义既是自反的又是对称的.

4.1.2 证明: 整数上负运算的定义是定义明确的, 即如果 $(a—b) = (a'—b')$, 那么 $-(a—b) = -(a'—b')$ (因此相等的整数有相等的负数).

4.1.3 证明: $(-1) \times a = -a$ 对每个整数 a 均成立.

4.1.4 证明命题 4.1.6 中余下的等式. (提示: 可以利用某些等式证明其他的等式, 以此来减少我们的工作量. 例如, 一旦知道了 $xy = yx$, 你就能够立即得到 $x1 = 1x$; 并且一旦证明了 $x(y + z) = xy + xz$, 那么你自然能得到 $(y + z)x = yx + zx$.)

4.1.5 证明命题 4.1.8. (提示: 虽然这个命题与引理 2.3.3 不完全一样, 但是在证明命题 4.1.8 的过程中, 使用引理 2.3.3 确实是合理的.)

4.1.6 证明推论 4.1.9. (提示: 有两种方法来证明本题. 一种方法是利用命题 4.1.8 推导出 $a - b$ 一定为零. 另一种方法是把推论 2.3.7 与引理 4.1.5 结合起来使用.)

4.1.7 证明引理 4.1.11. (提示: 利用该引理的第一部分证明其余部分.)

4.1.8 证明: 归纳法原理 (公理 2.5) 不能直接对整数使用. 更准确地, 给出下面这个例子. $P(n)$ 是关于整数 n 的性质, 它使得 $P(0)$ 为真, 并且对任意的整数 n, $P(n)$ 为真隐

含 $P(n++)$ 为真, 但是 $P(n)$ 并不对所有的整数 n 都为真. 于是在处理整数时, 归纳法不能像处理自然数那样成为一个有用的工具 (在处理我们稍后定义的有理数和实数时, 这种状况将变得更糟糕).

4.1.9 证明: 整数的平方必是自然数. 也就是说, 对每个整数 n, 都有 $n^2 \geqslant 0$.

4.2 有理数

我们已经构造了整数, 给出了相应的加法运算、减法运算、乘法运算和序, 并证明了全部预期的代数的及序理论的性质. 下面我们将利用类似的构造方法来构造有理数, 并把除法添加到我们的运算中.

正如整数是通过两个自然数做减法来构造的, 有理数可以通过两个整数做除法来构造, 当然我们必须注意分母不应该为零①. 就像当 $a + d = c + b$ 时两个差 $a - b$ 和 $c - d$ 是相等的一样, 我们知道 (根据更高级的知识) 如果 $ad = bc$, 那么两个商 a/b 和 c/d 也是相等的. 于是, 和定义整数时类似, 我们创造一个新的符号 "//" (这个符号最终会被除号取代), 并定义:

定义 4.2.1 有理数是形如 $a//b$ 的表达式, 其中 a 和 b 是整数, 并且 b 不为零. $a//0$ 不是一个有理数. 两个有理数被看作相等的, 即 $a//b = c//d$, 当且仅当 $ad = cb$. 全体有理数构成的集合记作 $\mathbb{Q}$.

例如, $3//4 = 6//8 = -3//-4$, 但 $3//4 \neq 4//3$. 这是一个有效的相等的定义 (习题 4.2.1). 现在我们需要加法运算、乘法运算及负运算的概念. 同样, 我们还需要利用已有的知识, 这些知识告诉我们 $a/b + c/d$ 应该等于 $(ad + bc)/(bd)$ 及 $(a/b) \times (c/d)$ 应该等于 ac/bd, 而 $-(a/b)$ 等于 $(-a)/b$. 受到这些已有知识的启发, 我们定义:

定义 4.2.2 如果 $a//b$ 和 $c//d$ 是有理数, 那么它们的和为

$$(a//b) + (c//d) = (ad + bc)//(bd),$$

它们的乘积为

$$(a//b) \times (c//d) = (ac)//(bd),$$

以及负运算为

$$-(a//b) = (-a)//b.$$

---

① 不存在任何理由用零来做除数, 因为如果 b 可以取零且 a 为非零, 那么等式 $(a/b) \times b = a$ 和等式 $c \times 0 = 0$ 不可能同时成立. 类似地, 如果 $0/0$ 有意义, 那么等式 $a/a = 1$ 和等式 $2 \times (a/a) = (2 \times a)/a$ 不可能同时成立. 但是最终我们能够得到一个由某个趋于零的量做除数的合理概念——洛必达法则 (见 10.5 节), 该法则对于定义微分这类的事情是足够的.

注意，如果 b 和 d 都不为零，那么根据命题 4.1.8 知 bd 也不为零，因此两个有理数的和或者乘积仍然是一个有理数.

引理 4.2.3　有理数上的和、乘积及负运算都是定义明确的. 也就是说，如果用一个与 $a//b$ 相等的有理数 $a'//b'$ 来代替 $a//b$ 作为以上几种运算的输入，那么得到的输出结果保持不变，而且对 $c//d$ 同样有类似的结果.

证明　我们只证明关于加法此结论是成立的，剩余命题的证明留作习题 4.2.2. 假设 $a//b = a'//b'$，于是 b 和 b' 都不为零且 $ab' = a'b$. 现在我们证明 $a//b + c//d = a'//b' + c//d$. 根据定义，等式左端为 $(ad+bc)//bd$，等式右端为 $(a'd+b'c)//b'd$，因此我们要证明的是

$$(ad + bc)b'd = (a'd + b'c)bd,$$

该等式可以展开为

$$ab'd^2 + bb'cd = a'bd^2 + bb'cd.$$

因为 $ab' = a'b$，所以结论得证. 类似地，可以证明把 $c//d$ 替换成 $c'//d'$ 时的结论. □

注意，有理数 $a//1$ 与整数 a 的性能相同：

$$(a//1) + (b//1) = (a+b)//1,$$
$$(a//1) \times (b//1) = (ab)//1,$$
$$-(a//1) = (-a)//1.$$

同时，$a//1$ 和 $b//1$ 仅当 a 等于 b 时才相等. 因此，对任意的整数 a，我们认为 a 和 $a//1$ 是恒等的：$a \equiv a//1$. 这个恒等式保证了整数的算术与有理数的算术是一致的. 于是，就像我们把自然数系嵌入整数系一样，我们把整数系嵌入有理数系中. 特别地，所有的自然数都是有理数，例如，0 等于 $0//1$ 及 1 等于 $1//1$.

观察可知，有理数 $a//b$ 等于 $0 = 0//1$，当且仅当 $a \times 1 = b \times 0$，即当且仅当分子 a 等于 0. 因此如果 a 和 b 都不为零，那么 $a//b$ 也不为零.

现在我们定义有理数上的一种新运算：倒数运算. 如果 $x = a//b$ 是一个非零的有理数（从而 $a \neq 0$ 且 $b \neq 0$），那么我们定义 x 的倒数 x^{-1} 为有理数 $x^{-1} = b//a$. 容易证明该运算与我们定义的相等是一致的：如果两个有理数 $a//b$ 和 $a'//b'$ 是相等的，那么它们的倒数也是相等的.（相比之下，一个如"分子"的运算就不是定义明确的：虽然有理数 $3//4$ 和 $6//8$ 相等，但它们的分子不相等，因此当我们谈到诸如"x 的分子"这样的术语时，要格外小心.）然而，0 的倒数是没有定义的.

现在我们对有理数上的代数性质进行总结.

命题 4.2.4（有理数的代数定律） 设 x, y, z 是有理数,那么下列代数定律成立:

$$x + y = y + x,$$
$$(x + y) + z = x + (y + z),$$
$$x + 0 = 0 + x = x,$$
$$x + (-x) = (-x) + x = 0,$$
$$xy = yx,$$
$$(xy)z = x(yz),$$
$$x1 = 1x = x,$$
$$x(y + z) = xy + xz,$$
$$(y + z)x = yx + zx.$$

如果 x 不为零, 那么我们还有

$$xx^{-1} = x^{-1}x = 1.$$

注 4.2.5 上述 10 个等式有一个统称, 它们断定有理数集 $\mathbb{Q}$ 构成一个域. 这比作一个交换环会更好, 因为我们得到了第十个等式 $xx^{-1} = x^{-1}x = 1$. 注意, 这个命题取代了命题 4.1.6.

证明 为了证明这些等式, 我们记 $x = a//b, y = c//d$ 及 $z = e//f$, 其中 a, c, e 是整数, b, d, f 是不为零的整数. 我们利用整数的代数定律来证明每个等式. 我们只证明 $(x + y) + z = x + (y + z)$.

$$
\begin{aligned}
(x + y) + z &= [(a//b) + (c//d)] + (e//f) \\
&= [(ad + bc)//(bd)] + (e//f) \\
&= (adf + bcf + bde)//(bdf), \\
x + (y + z) &= (a//b) + [(c//d) + (e//f)] \\
&= (a//b) + [(cf + de)//(df)] \\
&= (adf + bcf + bde)//(bdf),
\end{aligned}
$$

于是 $(x + y) + z$ 和 $x + (y + z)$ 是相等的. 其余的等式可以按照类似的方法来证明, 参见习题 4.2.3. □

现在我们定义两个有理数 x 和 y（倘若 y 不为零）的商 x/y 为

$$x/y = x \times y^{-1}.$$

于是,

$$(3//4)/(5//6) = (3//4) \times (6//5) = (18//20) = (9//10).$$

根据这个定义式容易得出，对任意的整数 a 和非零整数 b 均有 $a/b = a//b$. 因此我们可以丢弃符号 "$//$"，使用更合乎惯例的 a/b 来代替 $a//b$.

按照类似的思路，就像定义整数上的减法那样，我们定义有理数上的减法为

$$x - y = x + (-y).$$

命题 4.2.4 让我们能够使用一切规范的代数定律，我们以后将照此进行下去，并且不再给出进一步的评注.

在上一节中，我们把整数分为正数、零和负数. 现在我们对有理数也进行同样的划分.

定义 4.2.6　称一个有理数 x 是正的，当且仅当存在两个正整数 a 和 b 使得 $x = a/b$. x 是负的，当且仅当存在某个正有理数 y 使得 $x = -y$（存在两个正整数 a 和 b 使得 $x = (-a)/b$）.

于是，每个正整数都是一个正有理数，并且每个负整数都是一个负有理数，所以我们给出的新定义与之前的旧定义是一致的.

引理 4.2.7（有理数的三歧性）　设 x 是一个有理数，那么下列三个命题中恰有一个为真：(a) x 等于 0；(b) x 是一个正有理数；(c) x 是一个负有理数.

证明　参见习题 4.2.4.　□

定义 4.2.8（有理数的序）　设 x 和 y 是有理数，我们称 $x > y$，当且仅当 $x - y$ 是一个正有理数. 我们称 $x < y$，当且仅当 $x - y$ 是一个负有理数. 记 $x \geqslant y$，当且仅当 $x > y$ 或 $x = y$，并且可以类似地定义 $x \leqslant y$.

命题 4.2.9（有理数的序的基本性质）　设 x, y, z 是有理数，那么下列性质成立.

(a)（序的三歧性）命题 $x = y$、$x < y$ 和 $x > y$ 中恰有一个为真.

(b)（序是反对称的）我们有 $x < y$，当且仅当 $y > x$.

(c)（序是可传递的）如果 $x < y$ 且 $y < z$，那么 $x < z$.

(d)（加法保持序不变）如果 $x < y$，那么 $x + z < y + z$.

(e)（正的乘法保持序不变）如果 $x < y$ 且 z 是正的，那么 $xz < yz$.

证明　参见习题 4.2.5.　□

注 4.2.10　命题 4.2.9 中的 5 条性质与命题 4.2.4 中域的公理联合起来有一个统称，它们断定有理数集 $\mathbb{Q}$ 构成一个有序域. 我们需要记住非常重要的一点，那就是命题 4.2.9(e) 仅当 z 为正数时才成立，参见习题 4.2.6.

习　题

4.2.1 证明: 有理数上"相等"的定义是自反的、对称的和可传递的. (提示: 对于传递性, 利用推论 4.1.9.)

4.2.2 证明引理 4.2.3 中剩余的部分.

4.2.3 证明命题 4.2.4 中剩余的部分. (提示: 就像证明命题 4.1.6 那样, 你可以利用某些等式证明其他等式, 以此减少工作量.)

4.2.4 证明引理 4.2.7. (注意, 像在命题 2.2.13 中那样, 你必须证明两件事情: 首先证明 (a)、(b)、(c) 中至少有一个为真, 其次证明 (a)、(b)、(c) 中最多有一个为真.)

4.2.5 证明命题 4.2.9.

4.2.6 证明: 设 x, y, z 是有理数, 如果 $x < y$ 且 z 是负的, 那么 $xz > yz$.

4.3　绝对值和指数运算

我们已经介绍了有理数上四种基本算术运算, 即加法运算、减法运算、乘法运算和除法运算. (回忆一下, 减法运算和除法运算分别来源于更原始的负运算和倒数运算, 即 $x - y = x + (-y)$ 和 $x/y = x \times y^{-1}$.) 另外, 我们还有序 "<" 的概念, 并把有理数分为正有理数、负有理数和零. 简言之, 我们已经证明了有理数集 $\mathbb{Q}$ 构成了一个有序域.

现在我们可以利用这些基本运算去构造更多的运算. 虽然可以构造出很多这样的运算, 但我们只介绍两种特别有用的运算: 绝对值和指数运算.

定义 4.3.1 (绝对值) 如果 x 是一个有理数, 那么 x 的绝对值 $|x|$ 有如下定义: 若 x 是正的, 则 $|x| = x$; 若 x 是负的, 则 $|x| = -x$; 若 x 为零, 则 $|x| = 0$.

定义 4.3.2 (距离) 设 x 和 y 是有理数, 量 $|x - y|$ 称为 x 和 y 之间的距离, 有时它被记作 $d(x, y)$, 于是 $d(x, y) = |x - y|$. 例如, $d(3, 5) = 2$.

命题 4.3.3 (绝对值和距离的基本性质) 设 x, y, z 是有理数.

(a) (绝对值的非退化性) 我们有 $|x| \geqslant 0$. 另外, $|x| = 0$, 当且仅当 x 为零.

(b) (绝对值的三角不等式) 我们有 $|x + y| \leqslant |x| + |y|$.

(c) 不等式 $-y \leqslant x \leqslant y$ 成立, 当且仅当 $y \geqslant |x|$. 特别地, 我们有 $-|x| \leqslant x \leqslant |x|$.

(d) (绝对值的可乘性) 我们有 $|xy| = |x||y|$. 特别地, $|-x| = |x|$.

(e) (距离的非退化性) 我们有 $d(x, y) \geqslant 0$. 另外, $d(x, y) = 0$, 当且仅当 $x = y$.

(f) (距离的对称性) $d(x, y) = d(y, x)$.

(g)（距离的三角不等式）$d(x,z) \leqslant d(x,y) + d(y,z)$.

证明　参见习题 4.3.1.　　　　　　　　　　　　　　　　　　　　□

绝对值对于测量两个数有多"近"是有用的. 我们给出一个略含人为因素的定义.

定义 4.3.4（ε-接近性）　设 $\varepsilon > 0$ 是一个有理数，并设 x, y 是有理数，我们称 y 是 ε-接近于 x 的，当且仅当 $d(y,x) \leqslant \varepsilon$.

注 4.3.5　在数学教科书中，这个定义不是标准的定义. 后面我们将把它作为"脚手架"来构造更重要的极限概念（以及柯西序列的概念），而且一旦有了那些更高级的概念，我们将会丢弃 ε-接近的概念.

例 4.3.6　数 0.99 和 1.01 是 0.1-接近的，但是它们不是 0.01-接近的，因为 $d(0.99, 1.01) = |0.99 - 1.01| = 0.02$ 大于 0.01. 对任意的正数 ε，数 2 和 2 总是 ε-接近的.

当 ε 为零或为负时，我们不会特意去定义 ε-接近，因为如果 ε 为零，那么 x 和 y 仅当 $x = y$ 时才是 ε-接近的，并且当 ε 为负时，x 和 y 永远都不可能是 ε-接近的.（在分析理论中，有这样一个存在已久的传统，即无论在任何场合，希腊字母 ε, δ 只应该用来表示小的正数.）

下面给出 ε-接近性的一些基本性质.

命题 4.3.7　设 x, y, z, w 是有理数.

(a) 如果 $x = y$，那么对任意的 $\varepsilon > 0$，x 都是 ε-接近于 y 的. 反过来，如果对任意的 $\varepsilon > 0$，x 都是 ε-接近于 y 的，那么 $x = y$.

(b) 设 $\varepsilon > 0$，如果 x 是 ε-接近于 y 的，那么 y 也是 ε-接近于 x 的.

(c) 设 $\varepsilon, \delta > 0$，如果 x 是 ε-接近于 y 的，并且 y 是 δ-接近于 z 的，那么 x 和 z 是 $(\varepsilon + \delta)$-接近的.

(d) 设 $\varepsilon, \delta > 0$，如果 x 和 y 是 ε-接近的，并且 z 和 w 是 δ-接近的，那么 $x + z$ 和 $y + w$ 是 $(\varepsilon + \delta)$-接近的，并且 $x - z$ 和 $y - w$ 也是 $(\varepsilon + \delta)$-接近的.

(e) 设 $\varepsilon > 0$，如果 x 和 y 是 ε-接近的，那么对任意的 $\varepsilon' > \varepsilon$，$x$ 和 y 也是 ε'-接近的.

(f) 设 $\varepsilon > 0$，如果 y 和 z 都是 ε-接近于 x 的，并且 w 位于 y 和 z 之间（$y \leqslant w \leqslant z$ 或 $z \leqslant w \leqslant y$），那么 w 也是 ε-接近于 x 的.

(g) 设 $\varepsilon > 0$，如果 x 和 y 是 ε-接近的，并且 z 不为零，那么 xz 和 yz 是

$\varepsilon|z|$-接近的.

(h) 设 $\varepsilon, \delta > 0$, 如果 x 和 y 是 ε-接近的, 并且 z 和 w 是 δ-接近的, 那么 xz 和 yw 是 $(\varepsilon|z| + \delta|x| + \varepsilon\delta)$-接近的.

证明 我们只证明难度最大的那一个, 即 (h). 我们把 (a)~(g) 的证明留作习题 4.3.2. 设 $\varepsilon, \delta > 0$, 并假设 x 和 y 是 ε-接近的, 如果记 $a = y - x$, 那么有 $y = x + a$ 且 $|a| \leqslant \varepsilon$. 类似地, 如果 z 和 w 是 δ-接近的, 并且定义 $b = w - z$, 那么 $w = z + b$ 且 $|b| \leqslant \delta$.

因为 $y = x + a, w = z + b$, 所以

$$yw = (x + a)(z + b) = xz + az + xb + ab.$$

于是

$$|yw - xz| = |az + bx + ab| \leqslant |az| + |bx| + |ab| = |a||z| + |b||x| + |a||b|.$$

又因为 $|a| \leqslant \varepsilon, |b| \leqslant \delta$, 所以

$$|yw - xz| \leqslant \varepsilon|z| + \delta|x| + \varepsilon\delta,$$

从而 yw 和 xz 是 $(\varepsilon|z| + \delta|x| + \varepsilon\delta)$-接近的. $\square$

注 4.3.8 我们应该把命题 4.3.7 中 (a)~(c) 的表述与相等的自反性、对称性及传递性公理进行比较. 在分析理论中, 考虑把 ε-接近作为相等的近似代替一般是有用的.

现在我们推广定义 2.3.11 中给出的定义, 递归地定义自然数次幂的指数运算.

定义 4.3.9 (自然数次幂的指数运算) 设 x 是一个有理数, 为了把 x 升到 0 次幂, 我们定义 $x^0 = 1$. 特别地, 我们定义 $0^0 = 1$. 现在归纳性地假设对某个自然数 n, x^n 已经被定义了, 于是我们定义 $x^{n+1} = x^n \times x$.

命题 4.3.10 (指数运算的性质 I) 设 x 和 y 是有理数, 并设 n 和 m 是自然数.

(a) 我们有 $x^n x^m = x^{n+m}$、$(x^n)^m = x^{nm}$ 和 $(xy)^n = x^n y^n$.

(b) 假设 $n > 0$, 那么 $x^n = 0$, 当且仅当 $x = 0$.

(c) 如果 $x \geqslant y \geqslant 0$, 那么 $x^n \geqslant y^n \geqslant 0$. 如果 $x > y \geqslant 0$ 且 $n > 0$, 那么 $x^n > y^n \geqslant 0$.

(d) 我们有 $|x^n| = |x|^n$.

证明 参见习题 4.3.3. $\square$

现在我们定义负整数次幂的指数运算.

定义 4.3.11（负整数次幂的指数运算） 设 x 是一个不为零的有理数，那么对任意的负整数 $-n$，我们定义 $x^{-n} = 1/x^n$.

例如，$x^{-3} = 1/x^3 = 1/(x \times x \times x)$. 注意，当 $n = 1$ 时，定义 4.3.11 中的 x^{-1} 与 4.2 节中定义的 x 的倒数是一致的，因此这个新概念不会造成符号不兼容的问题.

现在对任意的整数 n，不管 n 是正的、负的或零，我们都定义了 x^n. 整数次幂的指数运算具有下列性质（这些性质将取代命题 4.3.10）.

命题 4.3.12（指数运算的性质 II） 设 x 和 y 是不为零的有理数，并设 n 和 m 是整数.

(a) 我们有 $x^n x^m = x^{n+m}$、$(x^n)^m = x^{nm}$ 和 $(xy)^n = x^n y^n$.

(b) 如果 $x \geqslant y > 0$，那么当 n 为正数时，有 $x^n \geqslant y^n > 0$；当 n 为负数时，有 $0 < x^n \leqslant y^n$.

(c) 如果 $x, y > 0$，$n \neq 0$ 且 $x^n = y^n$，那么 $x = y$.

(d) 我们有 $|x^n| = |x|^n$.

证明 参见习题 4.3.4.   □

习　　题

4.3.1 证明命题 4.3.3.（提示：尽管所有的陈述都可以通过分成若干种情形的方法来证明，比如可以分成 x 是正的、负的或零这些情形，但是命题中许多陈述可以不必这样冗繁地分情况来证明. 例如，我们可以利用命题中前面的陈述来证明后面的陈述.）

4.3.2 证明命题 4.3.7 中剩下的陈述.

4.3.3 证明命题 4.3.10.（提示：利用归纳法.）

4.3.4 证明命题 4.3.12.（提示：本题不适合使用归纳法，而是利用命题 4.3.10.）

4.3.5 证明：$2^N \geqslant N$ 对一切正整数 N 均成立.（提示：利用归纳法.）

4.4　有理数中的间隙

想象一下，我们把全体有理数放在一条直线上. 如果 $x > y$，那么就把 x 放在 y 的右侧.（这是一个不严格的排列，因为我们还没有定义直线的概念，但这里的讨论只是用来启发我们得到下面更严格的命题.）整数在有理数内部，从而整数也被排列在这条直线上. 现在我们考察有理数相对于整数是如何排列的.

命题 4.4.1（由有理数确定的整数散布） 设 x 是一个有理数，那么存在一个整数 n 使得 $n \leqslant x < n+1$. 事实上，这个整数是唯一的（对每个 x，只有一个

n 使得 $n \leqslant x < n + 1$). 特别地, 存在一个自然数 N 使得 $N > x$ (不存在某个大于全体自然数的有理数).

注 4.4.2 使得 $n \leqslant x < n + 1$ 成立的整数 n 有时被称作 x 的整数部分, 并记作 $n = \lfloor x \rfloor$.

证明 参见习题 4.4.1. □

另外, 任意两个有理数之间至少存在一个其他的有理数.

命题 4.4.3 (**由有理数确定的有理数散布**) 如果 x 和 y 是两个有理数, 并且满足 $x < y$, 那么存在第三个有理数 z 使得 $x < z < y$.

证明 设 $z = (x + y)/2$, 因为 $x < y$, 且 $1/2$ 是正的, 所以根据命题 4.2.9 知 $x/2 < y/2$. 如果把上式两端同时加上 $y/2$, 那么利用命题 4.2.9 知 $x/2 + y/2 < y/2 + y/2$, 即 $z < y$. 如果取代 $y/2$ 而把 $x/2$ 加到上式两端, 那么得到 $x/2 + x/2 < y/2 + x/2$, 即 $x < z$. 于是得到了要证明的结论 $x < z < y$. □

尽管有理数具有这种稠密性, 但是它仍然是不完备的. 在有理数之间仍然存在无穷多个 "间隙" 或 "洞", 尽管这种稠密性确实保证了这些洞在某种意义上是无穷小的. 例如, 现在我们证明有理数集中不包含 2 的平方根.

命题 4.4.4 不存在有理数 x 使得 $x^2 = 2$.

证明 我们只给出证明的框架, 具体的细节将在习题 4.4.3 中补充. 为了推导出矛盾, 假设存在一个有理数 x 使得 $x^2 = 2$. 显然 x 不为零. 不妨假设 x 是正的, 因为如果 x 是负的, 我们只需用 $-x$ 来代替 x (因为 $x^2 = (-x)^2$). 于是存在两个正整数 p, q 使得 $x = p/q$, 从而 $(p/q)^2 = 2$, 我们可以把它改写为 $p^2 = 2q^2$. 对于自然数 p 而言, 如果存在一个自然数 k 使得 $p = 2k$, 那么我们定义自然数 p 是偶数; 如果存在一个自然数 k 使得 $p = 2k + 1$, 那么我们定义自然数 p 是奇数. 每个自然数要么是偶数, 要么是奇数, 但不可能既是偶数又是奇数. (为什么?) 如果 p 是奇数, 那么 p^2 也是奇数, (为什么?) 这与 $p^2 = 2q^2$ 相矛盾. 因此 p 是偶数, 即存在某个自然数 k 使得 $p = 2k$. 由于 p 是正的, 因此 k 也必然是正的. 把 $p = 2k$ 代入 $p^2 = 2q^2$ 中, 我们有 $4k^2 = 2q^2$, 从而 $q^2 = 2k^2$.

总之, 我们从一个满足 $p^2 = 2q^2$ 的正整数对 (p, q) 开始, 最终得到了一个满足 $q^2 = 2k^2$ 的正整数对 (q, k). 因为 $p^2 = 2q^2$, 所以 $q < p$. (为什么?) 如果改写 $p' = q$ 和 $q' = k$, 那么我们就从方程 $p^2 = 2q^2$ 的一个解 (p, q) 过渡到同一方程的一个新解 (p', q'), 其中新解所对应的 p 值更小. 然后我们可以不断地重复上述过程, 并得到方程 $p^2 = 2q^2$ 的一系列解 $(p'', q''), (p''', q''')$, 等等. 这些解的每个 p 值都比前一个更小, 并且每个解都由正整数组成. 但是这与无穷递降原理相

矛盾（见习题 4.4.2）. 这个矛盾说明我们得不到一个满足 $x^2 = 2$ 的有理数 x. □

另外，我们能够得到与 2 的平方根的距离任意小的有理数.

命题 4.4.5 对任意有理数 $\varepsilon > 0$，存在一个非负有理数 x 使得 $x^2 < 2 < (x+\varepsilon)^2$.

证明 设 $\varepsilon > 0$ 是一个有理数，为了推导出矛盾，假设不存在非负有理数 x 使得 $x^2 < 2 < (x+\varepsilon)^2$. 这意味着只要 x 是非负的且 $x^2 < 2$，就有 $(x+\varepsilon)^2 < 2$（注意，根据命题 4.4.4 知 $(x+\varepsilon)^2$ 不可能等于 2）. 因为 $0^2 < 2$，所以 $\varepsilon^2 < 2$，这隐含 $(2\varepsilon)^2 < 2$. 事实上通过简单的归纳就能证明，对每个自然数 n 都有 $(n\varepsilon)^2 < 2$.（注意，对每个自然数 n，$n\varepsilon$ 都是非负的，为什么？）但是根据命题 4.4.1 我们能够找到一个整数 n 使得 $n > 2/\varepsilon$，这表明 $n\varepsilon > 2$，这进一步表明 $(n\varepsilon)^2 > 4 > 2$，这与对每个自然数 n 都有 $(n\varepsilon)^2 < 2$ 的陈述相矛盾. 证明完成. □

例 4.4.6 如果[①] $\varepsilon = 0.001$，我们可以取 $x = 1.414$，因为 $x^2 = 1.999396$ 且 $(x+\varepsilon)^2 = 2.002225$.

命题 4.4.5 表明，虽然有理数集 $\mathbb{Q}$ 中不包含 $\sqrt{2}$，但是我们能够找到尽可能接近 $\sqrt{2}$ 的有理数. 例如，有理数序列

$$1.4, 1.41, 1.414, 1.4142, 1.41421, \cdots$$

越来越接近 $\sqrt{2}$，因为它们的平方是

$$1.96, 1.9881, 1.999396, 1.99996164, 1.9999899241, \cdots.$$

于是，我们好像能够通过取一个有理数序列的"极限"来构造 2 的平方根. 这就是第 5 章中我们构造实数的思路.（还有另一种方法，即利用所谓"戴德金分割"方法，对此我们不做深究. 我们也可以利用无限十进制展开的方法，但这个过程中会存在一些棘手的问题. 例如，必须让 $0.999\cdots$ 等于 $1.000\cdots$，而且虽然这种方法是我们最熟悉的，但实际上它比其他方法更复杂，参见附录 B.）

习　题

4.4.1 证明命题 4.4.1.（提示：利用命题 2.3.9.）

4.4.2 定义：数列 $a_0, a_1, a_2, \cdots$（可以是自然数列、整数列、有理数列或实数列）被称为是无穷递降的，如果对任意的自然数 n 都有 $a_n > a_{n+1}$（$a_0 > a_1 > a_2 > \cdots$）.

　(a) 证明无穷递降原理：不存在无穷递降的自然数列.（提示：为了推导出矛盾，假设能够找到一个自然数列是无穷递降的. 因为所有的 a_n 都是自然数，所以 $a_n \geqslant 0$

---

① 我们将使用十进制来定义有限小数，例如，定义 1.414 等于有理数 1414/1000. 我们把关于十进制的正式讨论放在附录 B 中.

对一切 n 都成立. 然后利用归纳法来证明对任意的 $k \in \mathbb{N}$ 和任意的 $n \in \mathbb{N}$ 都有 $a_n \geqslant k$, 从而得到矛盾.)

(b) 如果序列 $a_1, a_2, a_3, \cdots$ 的取值替换成整数而不再是自然数, 那么无穷递降原理是否成立? 如果上述取值替换成正有理数, 情况又会如何? 请给出解释.

4.4.3 把命题 4.4.4 的证明过程中标注了（为什么?）的细节补充完整. 这个命题的证明会用到选择公理吗?

第 5 章　实数

回顾一下我们已经取得的成果. 我们已经严格地构造出三个基本数系: 自然数系 $\mathbb{N}$、整数系 $\mathbb{Z}$ 和有理数系 $\mathbb{Q}^{①}$. 我们利用 5 个佩亚诺公理来定义自然数, 并且假定自然数系是存在的. 这看起来是可信的, 因为自然数与连续计数这个非常直观的基础概念相对应. 利用自然数系, 我们递归地定义了加法运算和乘法运算, 并证明了这两种运算都遵守通常的代数定律. 然后我们通过取自然数的形式差[②] $a\!-\!b$ 来构造整数. 接下来我们又通过取整数的形式商 $a/\!/b$ 来构造有理数, 当然我们需要排除 0 做除数的情况, 以保证代数定律的合理性. (你当然可以自由地设计你自己的数系, 其中也许就包含了一个允许 0 做除数的数系. 但是你不得不放弃命题 4.2.4 中的一个或多个域公理, 而且你可能会构造出一个对处理现实世界中任何问题都没有多少用处的数系.)

有理数系已经足够用来处理数学中的很多事情. 如果我们只了解有理数, 那么高中代数里的很多事情都可以处理得很好. 然而, 只了解有理数系对于研究数学中的一个基础领域——几何学 (关于长度、面积等的研究)——是不够的. 例如, 两条直角边长均为 1 的直角三角形的斜边长度为 $\sqrt{2}$, 其中 $\sqrt{2}$ 是一个无理数, 也就是说, 它不是有理数, 参见命题 4.4.4. 当我们开始处理几何学中一个被称为三角学的子领域时, 以及当我们看到诸如 π 或 $\cos 1$ 这些在某种意义上比 $\sqrt{2}$ "更" 无理的数时 (这些数被称为超越数, 但是对超越数的进一步讨论将远远超出本书的范围), 事情将变得更糟糕. 于是, 为了得到一个数系使它足够用来描述几何学, 甚至是做一些诸如测量直线上的长度这样简单的事情, 我们需要用实数系来代替有理数系. 因为微积分与几何学也有非常密切的联系, 如切线的斜率, 或者一条曲线下的面积, 所以微积分同样需要实数系才能正常地发挥功能.

---

① 符号 $\mathbb{N}$、$\mathbb{Q}$ 和 $\mathbb{R}$ 分别代表 "自然的 (natural)" "商的 (quotient)" 和 "实的 (real)". $\mathbb{Z}$ 代表的是 "Zahlen", 它是德语中表示 "数" 的词. 另外还有复数系 $\mathbb{C}$, 它显然代表了 "复的 (complex)", 你将在 15.6 节中看到这个概念.

② 形式的 (formal) 表示 "有……的形式", 在我们刚开始构造的时候, 表达式 $a\!-\!b$ 并不是真正地意味着差 $a - b$, 因为符号 "—" 没有任何意义. 它只有差的形式. 稍后我们定义了减法, 并证明了这个形式差就等于实际差, 于是这最终不再是个问题, 并且形式差的符号也被我们丢弃了. 有一点容易混淆的是, "形式的 (formal)" 一词在这里的用法与形式参数 (formal argument) 和非形式参数 (informal argument) 是无关的.

　　然而，从有理数中严格地构造出实数是有一定困难的，与从自然数中构造整数或者从整数中构造有理数相比，这里需要更多的工具. 在前面两个构造中，我们的任务是引入一种新的代数运算到数系上来. 例如，通过引入减法运算，我们从自然数中得到了整数，并通过引入除法运算从整数中得到了有理数. 但是从有理数中得到实数是从一个"离散的"系统过渡到一个"连续的"系统，而且还需要引入一个略有不同的概念——极限的概念. 极限在某种层次上是非常直观的，但是要想严格地弄清楚它就变得非常有挑战性了. （即便像欧拉和牛顿这样伟大的数学家在研究这个概念时也面临困难. 直到 19 世纪，像柯西和戴德金这些数学家才弄清楚如何严格地处理极限.）

　　在 4.4 节中，我们研究了有理数中的"间隙". 现在我们利用极限来填充这些间隙，从而构造出实数. 实数系最终会与有理数系存在大量相似的地方，但是实数系上会有一些新的运算，尤其是上确界运算，它将被用来定义极限，进而被用来定义微积分所需要的任何其他概念.

　　这里我们将给出获得实数的过程，其中实数将作为有理数序列的极限. 这个过程看起来可能相当复杂，但实际上它是一种非常实用的方法，能够有效地完备化一个度量空间，参见习题 12.4.8.

5.1　柯西序列

　　我们对实数的构造将依赖柯西序列. 在正式定义这个概念之前，我们首先定义序列.

　　定义 5.1.1（**序列**）设 m 是一个整数，有理数序列 $(a_n)_{n=m}^{\infty}$ 是一个从集合 $\{n \in \mathbb{Z} : n \geqslant m\}$ 到 $\mathbb{Q}$ 的函数，也就是一个映射，它对每个大于或等于 m 的整数 n 都指定了一个有理数 a_n. 更通俗地说，一个有理数序列 $(a_n)_{n=m}^{\infty}$ 就是一组有理数 $a_m, a_{m+1}, a_{m+2}, \cdots$.

　　例 5.1.2　序列 $(n^2)_{n=0}^{\infty}$ 是一组自然数 $0, 1, 4, 9, \cdots$，序列 $(3)_{n=0}^{\infty}$ 是一组自然数 $3, 3, 3, \cdots$，这些序列的标号都是从 0 开始的，我们当然可以让序列的标号从 1 或者其他任何一个数开始. 例如，序列 $(a_n)_{n=3}^{\infty}$ 表示序列 $a_3, a_4, a_5, \cdots$，于是序列 $(n^2)_{n=3}^{\infty}$ 是一组自然数 $9, 16, 25, \cdots$.

　　我们希望把实数定义为有理数序列的极限，为此我们必须区分哪些有理数序列是收敛的，哪些不是收敛的. 例如，序列

$$1.4, 1.41, 1.414, 1.4142, 1.41421, \cdots$$

看起来好像要收敛到哪里，正如

$$0.1, 0.01, 0.001, 0.0001, \cdots$$

那样. 然而其他序列，如

$$1, 2, 4, 8, 16, \cdots$$

或

$$1, 0, 1, 0, 1, \cdots$$

就不像是要收敛到哪里. 为此我们使用早先定义过的 ε-接近性的定义. 回忆定义 4.3.4 知，如果 $d(x, y) = |x - y| \leqslant \varepsilon$，那么有理数 x 和 y 是 ε-接近的.

定义 5.1.3（ε-**稳定性**）设 $\varepsilon > 0$，序列 $(a_n)_{n=0}^{\infty}$ 是 ε-稳定的，当且仅当序列中的每一对元素 a_j 和 a_k 对任意的自然数 j 和 k 都是 ε-接近的. 换言之，序列 $a_0, a_1, a_2, \cdots$ 是 ε-稳定的，当且仅当 $|a_j - a_k| \leqslant \varepsilon$ 对任意的 j 和 k 均成立.

注 5.1.4　在文献中，这个定义不是标准定义，在本节之外我们用不到这个定义. 类似地，对于下面"最终 ε-稳定性"的概念也是如此. 我们已经对标号从 0 开始的序列定义了 ε-稳定性，但显然我们可以对标号从任何其他数开始的序列做出类似的定义：序列 $a_N, a_{N+1}, \cdots$ 是 ε-稳定的，如果 $|a_j - a_k| \leqslant \varepsilon$ 对所有 $j, k \geqslant N$ 均成立.

例 5.1.5　序列 $1, 0, 1, 0, 1, \cdots$ 是 1-稳定的，但不是 1/2-稳定的. 序列 $0.1, 0.01, 0.001, 0.0001, \cdots$ 是 0.1-稳定的，但不是 0.01-稳定的.（为什么？）序列 $1, 2, 4, 8, 16, \cdots$ 对任意的 ε 都不是 ε-稳定的.（为什么？）序列 $2, 2, 2, 2, \cdots$ 对任意的 $\varepsilon > 0$ 都是 ε-稳定的.

序列的 ε-稳定性很简单，但是它并没有真正捕获到序列的极限特征，因为它对序列开头的那些数太敏感了. 例如，序列

$$10, 0, 0, 0, 0, 0, \cdots$$

是 10-稳定的，但当 ε 取任意一个更小的值时，该序列都不是 ε-稳定的，尽管这个序列几乎立刻收敛于 0. 因此，我们需要一个不会在意序列开头那些数的更强的稳定性概念.

定义 5.1.6（**最终 ε-稳定性**）设 $\varepsilon > 0$，序列 $(a_n)_{n=0}^{\infty}$ 是最终 ε-稳定的，当且仅当存在某个自然数 $N \geqslant 0$ 使得 $a_N, a_{N+1}, a_{N+2}, \cdots$ 是 ε-稳定的. 换言之，序列 $a_0, a_1, a_2, \cdots$ 是最终 ε-稳定的，当且仅当存在一个 $N \geqslant 0$ 使得 $|a_j - a_k| \leqslant \varepsilon$ 对所有的 $j, k \geqslant N$ 均成立.

例 5.1.7 定义为 $a_n = 1/n$ 的序列 $a_1, a_2, \cdots$（序列 $1, 1/2, 1/3, 1/4, \cdots$）不是 0.1-稳定的，但它是最终 0.1-稳定的，因为序列 $a_{10}, a_{11}, a_{12}, \cdots$（序列 $1/10, 1/11, 1/12, \cdots$）是 0.1-稳定的. 对任意一个取值小于 10 的 ε，序列 $10, 0, 0, 0, 0, \cdots$ 都不是 ε-稳定的，但对任意的 $\varepsilon > 0$，它都是最终 ε-稳定的.（为什么？）

现在我们终于可以定义有理数序列"想要"收敛的正确概念.

定义 5.1.8（柯西序列） 有理数序列 $(a_n)_{n=0}^{\infty}$ 被称为柯西序列，当且仅当对任意的有理数 $\varepsilon > 0$，序列 $(a_n)_{n=0}^{\infty}$ 是最终 ε-稳定的. 换句话说，序列 $a_0, a_1, a_2, \cdots$ 是柯西序列，当且仅当对任意的 $\varepsilon > 0$，存在一个 $N \geqslant 0$ 使得 $d(a_j, a_k) \leqslant \varepsilon$ 对所有的 $j, k \geqslant N$ 均成立.

注 5.1.9 目前，参数 ε 被限定为正有理数. 我们还不能把 ε 取为任意的正实数，因为实数还没有被构造出来. 然而，一旦构造出实数，我们就会看到如果 ε 的值为实数而不仅仅是有理数，那么上述定义将不会发生改变. 换句话说，我们最终将证明：对任意的有理数 $\varepsilon > 0$，一个序列是最终 ε-稳定的，当且仅当对任意的实数 $\varepsilon > 0$，该序列是最终 ε-稳定的，参见命题 6.1.4. 从长远来看，有理数 ε 和实数 ε 之间的细微差别并不是很重要，建议读者不要把过多的精力花费在 ε 应该是哪种类型的数上.

例 5.1.10（非正式的） 考察前面提到的一个序列：

$$1.4, 1.41, 1.414, 1.4142, \cdots,$$

该序列是 0.1-稳定的. 如果我们删掉第一个数 1.4，那么剩下的序列

$$1.41, 1.414, 1.4142, \cdots$$

是 0.01-稳定的，这意味着原来的序列是最终 0.01-稳定的. 继续删掉下一个数 1.41，将得到一个 0.001-稳定的序列 $1.414, 1.4142, \cdots$，那么原来的序列就是最终 0.001-稳定的. 按照这种方式继续下去，好像有下面的结论成立：这个序列实际上对任意的 $\varepsilon > 0$ 都是最终 ε-稳定的，这说明该序列是一个柯西序列. 但是存在几个缘由使得这里的讨论是不严谨的，譬如我们没有准确定义序列 $1.4, 1.41, 1.414, \cdots$ 到底是什么. 下面给出一个严谨处理的例子.

命题 5.1.11 定义为 $a_n = 1/n$ 的序列 $a_1, a_2, a_3, \cdots$（序列 $1, 1/2, 1/3, \cdots$）是柯西序列.

证明 我们必须证明对任意的 $\varepsilon > 0$，序列 $a_1, a_2, \cdots$ 都是最终 ε-稳定的. 于是，设 $\varepsilon > 0$ 是任意取定的一个正数，现在我们必须找到一个数 $N \geqslant 1$ 使得序列 $a_N, a_{N+1}, \cdots$ 是 ε-稳定的. 我们看一下这意味着什么. 这意味着 $d(a_j, a_k) \leqslant \varepsilon$ 对

任意的 $j, k \geqslant N$ 均成立,即

$$|1/j - 1/k| \leqslant \varepsilon \text{ 对任意的 } j, k \geqslant N \text{ 均成立.}$$

因为 $j, k \geqslant N$,所以 $0 < 1/j, 1/k \leqslant 1/N$,从而 $|1/j - 1/k| \leqslant 1/N$. 于是,为了使 $|1/j - 1/k|$ 小于或等于 ε,只要让 $1/N$ 小于 ε 就足够了. 因此我们需要做的事情就是找到一个 N 使得 $1/N$ 小于 ε,或者使得 N 大于 $1/\varepsilon$. 但要解决这个问题需要利用命题 4.4.1.   □

正如你所看到的,根据一些基本原理(不利用任何有关极限的工具等)证明一个序列为柯西序列,是需要花费一些力气的,即便是对于 $1/n$ 这样的简单序列也是如此. 对于初学者来说,找 N 的这部分可能会特别困难. 我们必须逆向思考,想清楚 N 需要满足什么条件才能使序列 $a_N, a_{N+1}, a_{N+2}, \cdots$ 是 ε-稳定的,进而找到满足这个条件的 N. 后面我们将建立一些极限法则,这些法则使我们能够更容易判定什么时候一个序列是柯西序列.

现在我们把柯西序列与另一个基本概念——有界序列——联系起来.

定义 5.1.12(有界序列) 设 $M \geqslant 0$ 是有理数,有限序列 $a_1, a_2, \cdots, a_n$ 以 M 为界,当且仅当 $|a_i| \leqslant M$ 对任意的 $1 \leqslant i \leqslant n$ 均成立. 无限序列 $(a_n)_{n=1}^{\infty}$ 以 M 为界,当且仅当 $|a_i| \leqslant M$ 对任意的 $i \geqslant 1$ 均成立. 一个序列是有界的,当且仅当存在一个有理数 $M \geqslant 0$ 使得该序列以 M 为界.

例 5.1.13 有限序列 $1, -2, 3, -4$ 是有界的(在本例中,此序列以 4 为界,或者它以任意一个大于或等于 4 的数 M 为界). 但是无限序列 $1, -2, 3, -4, 5, -6, \cdots$ 没有界(你能证明这个结论吗?利用命题 4.4.1). 序列 $1, -1, 1, -1, \cdots$ 是有界的(例如,它以 1 为界),但它不是柯西序列.

引理 5.1.14(有限序列是有界的) 任意一个有限序列 $a_1, a_2, \cdots, a_n$ 都是有界的.

证明 我们通过对 n 进行归纳来证明. 当 $n = 1$ 时,序列 a_1 显然是有界的,因为如果令 $M = |a_1|$,那么显然有 $|a_i| \leqslant M$ 对任意的 $1 \leqslant i \leqslant n$ 均成立. 现在假设对某个 $n \geqslant 1$,我们已经证明了该引理成立. 下面我们证明对 $n + 1$ 该引理仍然成立,即证明任意一个序列 $a_1, a_2, \cdots, a_{n+1}$ 都是有界的. 根据归纳假设,我们知道 $a_1, a_2, \cdots, a_n$ 以某个 $M \geqslant 0$ 为界. 特别地,该序列一定以 $M + |a_{n+1}|$ 为界. 另外,a_{n+1} 也以 $M + |a_{n+1}|$ 为界. 于是 $a_1, a_2, \cdots, a_n, a_{n+1}$ 以 $M + |a_{n+1}|$ 为界,从而它是有界的. 至此归纳结束.   □

注意,虽然该论述表明,对任意一个有限序列,无论这个有限序列有多长,它都是有界的,但是该论述并没有提到任何关于无限序列是否有界的事情. 无限

（infinity）不是一个自然数，但是我们有：

引理 5.1.15（柯西序列是有界的） 任意一个柯西序列 $(a_n)_{n=1}^\infty$ 都是有界的.

证明 参见习题 5.1.1. □

习　题

5.1.1 证明引理 5.1.15.（提示：利用这样一个事实，即 $(a_n)_{n=1}^\infty$ 是最终 1-稳定的，从而它能够被划分成一个有限序列和一个 1-稳定的序列. 然后，对有限部分使用引理 5.1.14. 注意，这里使用的数 1 没有任何特别的地方，其他任何正数都足以用在这里.）

5.1.2 证明：如果 $(a_n)_{n=1}^\infty$ 和 $(b_n)_{n=1}^\infty$ 都是有界序列，那么 $(a_n + b_n)_{n=1}^\infty$、$(a_n - b_n)_{n=1}^\infty$ 及 $(a_n b_n)_{n=1}^\infty$ 也是有界的.

5.2　等价的柯西序列

考虑有理数的两个柯西序列：

$$1.4, 1.41, 1.414, 1.4142, 1.41421, \cdots$$

和

$$1.5, 1.42, 1.415, 1.4143, 1.41422, \cdots.$$

非正式地说，这两个序列看起来收敛于同一个数，即平方根 $\sqrt{2} = 1.414\,21\cdots$（尽管这种说法不够严谨，因为我们还没有定义实数）. 如果把实数定义为从有理数中得到的一个柯西序列的极限，那么我们必须知道，在没有定义实数的前提下（否则将会导致循环论证），有理数的两个柯西序列什么时候会给出相同的极限. 为此我们给出一系列定义，这些定义类似于那些最初为了引入柯西序列而做的一系列定义.

定义 5.2.1（ε-接近的序列） 设 $(a_n)_{n=0}^\infty$ 和 $(b_n)_{n=0}^\infty$ 是两个序列，并设 $\varepsilon > 0$，序列 $(a_n)_{n=0}^\infty$ 是 ε-接近于序列 $(b_n)_{n=0}^\infty$ 的，当且仅当对任意的 $n \in \mathbb{N}$ 均有 a_n 是 ε-接近于 b_n 的. 换言之，序列 $a_0, a_1, a_2, \cdots$ 是 ε-接近于序列 $b_0, b_1, b_2, \cdots$ 的，当且仅当对所有的 $n = 0, 1, 2, \cdots$ 均有 $|a_n - b_n| \leqslant \varepsilon$.

例 5.2.2 两个序列

$$1, -1, 1, -1, 1, \cdots$$

和

$$1.1, -1.1, 1.1, -1.1, 1.1, \cdots$$

彼此是 0.1-接近的（注意，两者都不是 0.1-稳定的）.

定义 5.2.3（**最终 ε-接近的序列**） 设 $(a_n)_{n=0}^{\infty}$ 和 $(b_n)_{n=0}^{\infty}$ 是两个序列，并设 $\varepsilon > 0$，序列 $(a_n)_{n=0}^{\infty}$ 是最终 ε-接近于序列 $(b_n)_{n=0}^{\infty}$ 的，当且仅当存在一个 $N \geqslant 0$ 使得序列 $(a_n)_{n=N}^{\infty}$ 和序列 $(b_n)_{n=N}^{\infty}$ 是 ε-接近的. 换言之，序列 $a_0, a_1, a_2, \cdots$ 是最终 ε-接近于序列 $b_0, b_1, b_2, \cdots$ 的，当且仅当存在一个 $N \geqslant 0$ 使得对所有的 $n \geqslant N$ 均有 $|a_n - b_n| \leqslant \varepsilon$.

注 5.2.4 再次说明，在文献中，ε-接近的序列及最终 ε-接近的序列这两个概念都不是标准概念，而且在本节之外我们不再使用它们.

例 5.2.5 两个序列

$$1.1, 1.01, 1.001, 1.0001, \cdots$$

和

$$0.9, 0.99, 0.999, 0.9999, \cdots$$

不是 0.1-接近的（因为这两个序列的第一个数彼此不是 0.1-接近的）. 但它们仍然是最终 0.1-接近的，因为如果我们从第二个数开始继续往下看，那么这两个序列是 0.1-接近的. 按照类似的论证过程可以证明这两个序列是最终 0.01-接近的（从第三个数开始继续往下看），以此类推.

定义 5.2.6（**等价序列**） 序列 $(a_n)_{n=0}^{\infty}$ 和 $(b_n)_{n=0}^{\infty}$ 是等价的，当且仅当对每个有理数 $\varepsilon > 0$，序列 $(a_n)_{n=0}^{\infty}$ 和 $(b_n)_{n=0}^{\infty}$ 是最终 ε-接近的. 换言之，$a_0, a_1, a_2, \cdots$ 和 $b_0, b_1, b_2, \cdots$ 是等价的，当且仅当对每个有理数 $\varepsilon > 0$，存在一个 $N \geqslant 0$ 使得 $|a_n - b_n| \leqslant \varepsilon$ 对所有的 $n \geqslant N$ 均成立.

注 5.2.7 就像定义 5.1.8 那样，量 $\varepsilon > 0$ 目前被限定为正有理数，而不是正实数. 但是，我们最终会发现 ε 在正有理数范围内取值和 ε 在正实数范围内取值没有任何差别，参见习题 6.1.10.

根据定义 5.2.6，例 5.2.5 中给出的两个序列看起来好像是等价的. 现在我们对它进行严格的证明.

命题 5.2.8 设 $(a_n)_{n=1}^{\infty}$ 和 $(b_n)_{n=1}^{\infty}$ 是两个序列，其中 $a_n = 1 + 10^{-n}, b_n = 1 - 10^{-n}$，那么序列 $(a_n)_{n=1}^{\infty}$ 和 $(b_n)_{n=1}^{\infty}$ 是等价的.

注 5.2.9 此命题断定了（用十进制记号来表述）$1.0000\cdots = 0.9999\cdots$，参见命题 B.2.3.

证明 我们需要证明对任意的 $\varepsilon > 0$，序列 $(a_n)_{n=1}^{\infty}$ 和 $(b_n)_{n=1}^{\infty}$ 彼此是最终 ε-接近的. 于是固定 $\varepsilon > 0$，我们需要找到一个 $N > 0$ 使得 $(a_n)_{n=N}^{\infty}$ 和 $(b_n)_{n=N}^{\infty}$

是 ε-接近的. 换句话说, 我们需要找到一个 $N > 0$ 使得

$$|a_n - b_n| \leqslant \varepsilon \text{ 对任意的 } n \geqslant N \text{ 均成立}.$$

但我们有

$$|a_n - b_n| = |(1 + 10^{-n}) - (1 - 10^{-n})| = 2 \times 10^{-n}.$$

由于 10^{-n} 是一个关于 n 的递减函数 (只要 $m > n$, 就有 $10^{-m} < 10^{-n}$, 利用归纳法容易证明这个结论), 并且 $n \geqslant N$, 因此 $2 \times 10^{-n} \leqslant 2 \times 10^{-N}$. 于是有

$$|a_n - b_n| \leqslant 2 \times 10^{-N} \text{ 对所有的 } n \geqslant N \text{ 均成立}.$$

所以, 为了得到 $|a_n - b_n| \leqslant \varepsilon$ 对所有的 $n \geqslant N$ 均成立, 我们只需找到一个 N 使得 $2 \times 10^{-N} \leqslant \varepsilon$ 即可. 利用对数能够很容易解决这个问题, 但是我们还没有建立对数的概念, 所以我们要使用一种原始的方法. 首先我们观察到, 对任意的 $N \geqslant 1$, 10^N 总是大于 N 的 (见习题 4.3.5). 于是 $10^{-N} \leqslant 1/N$, 从而 $2 \times 10^{-N} \leqslant 2/N$. 因此, 为了得到 $2 \times 10^{-N} \leqslant \varepsilon$, 只需找到一个 N 使得 $2/N \leqslant \varepsilon$, 或者等价地, 使得 $N \geqslant 2/\varepsilon$ 即可. 利用命题 4.4.1, 我们总能找到一个这样的 N, 进而得到要证明的结论. $\qquad\square$

习　题

5.2.1 证明: 如果 $(a_n)_{n=1}^{\infty}$ 和 $(b_n)_{n=1}^{\infty}$ 是等价的有理数序列, 那么 $(a_n)_{n=1}^{\infty}$ 是柯西序列, 当且仅当 $(b_n)_{n=1}^{\infty}$ 是柯西序列.

5.2.2 设 $\varepsilon > 0$, 证明: 如果 $(a_n)_{n=1}^{\infty}$ 和 $(b_n)_{n=1}^{\infty}$ 是最终 ε-接近的, 那么 $(a_n)_{n=1}^{\infty}$ 是有界的, 当且仅当 $(b_n)_{n=1}^{\infty}$ 是有界的.

5.3　实数的构造

我们现在已经做好了构造实数的准备. 我们将引入一个新的形式符号 "LIM", 它类似于前面定义的形式符号 "—" 和 "//". 正如符号本身所表明的, 它最终将与我们熟悉的极限运算相匹配, 而且到那时这个形式上的极限符号也会被丢弃.

定义 5.3.1（实数）实数被定义为形如 $\mathrm{LIM}_{n \to \infty} a_n$ 的对象, 其中 $(a_n)_{n=1}^{\infty}$ 是有理数的一个柯西序列. 称实数 $\mathrm{LIM}_{n \to \infty} a_n$ 和 $\mathrm{LIM}_{n \to \infty} b_n$ 是相等的, 当且仅当 $(a_n)_{n=1}^{\infty}$ 和 $(b_n)_{n=1}^{\infty}$ 是等价的柯西序列. 全体实数构成的集合记作 $\mathbb{R}$.

例 5.3.2（非正式的）设 $a_1, a_2, a_3, \cdots$ 表示序列

$$1.4, 1.41, 1.414, 1.4142, 1.41421, \cdots,$$

并设 $b_1, b_2, b_3, \cdots$ 表示序列

$$1.5, 1.42, 1.415, 1.4143, 1.41422, \cdots,$$

那么 $\mathrm{LIM}_{n \to \infty} a_n$ 是一个实数, 并且它与 $\mathrm{LIM}_{n \to \infty} b_n$ 是相同的实数, 因为 $(a_n)_{n=1}^{\infty}$ 和 $(b_n)_{n=1}^{\infty}$ 是等价的柯西序列: $\mathrm{LIM}_{n \to \infty} a_n = \mathrm{LIM}_{n \to \infty} b_n$.

我们把 $\mathrm{LIM}_{n \to \infty} a_n$ 看作序列 $(a_n)_{n=1}^{\infty}$ 的形式极限. 后面我们会定义真正的极限, 并证明一个柯西序列的形式极限与该序列的极限是同一回事. 之后, 我们就不再需要形式极限了 (这种情形与我们对形式差 "—" 和形式商 "//" 所做的处理非常相似).

为保证该定义是有效的, 我们需要证明定义中 "实数相等" 的概念遵守 "相等" 的前三个公理.

命题 5.3.3 (**形式极限是定义明确的**) 设 $x = \mathrm{LIM}_{n \to \infty} a_n$、$y = \mathrm{LIM}_{n \to \infty} b_n$ 和 $z = \mathrm{LIM}_{n \to \infty} c_n$ 都是实数, 于是根据上面给出的实数相等的定义, 我们有 $x = x$. 而且, 如果 $x = y$, 那么 $y = x$. 最后, 如果 $x = y$ 且 $y = z$, 那么 $x = z$.

证明 参见习题 5.3.1.   □

有了这个命题, 我们知道两个实数相等的定义是合理的. 当然, 在定义实数上的其他运算时, 我们都必须证明这些运算遵守替换公理: 如果把两个相等的实数作为输入应用到任意一个关于实数的运算上, 那么它们应该给出相等的输出.

现在我们想定义实数上全部常用的算术运算, 如加法运算和乘法运算. 我们从加法运算开始.

定义 5.3.4 (**实数的加法**) 设 $x = \mathrm{LIM}_{n \to \infty} a_n$ 和 $y = \mathrm{LIM}_{n \to \infty} b_n$ 是实数, 那么我们定义它们的和 $x + y$ 为 $x + y = \mathrm{LIM}_{n \to \infty}(a_n + b_n)$.

例 5.3.5 $\mathrm{LIM}_{n \to \infty}(1 + 1/n)$ 与 $\mathrm{LIM}_{n \to \infty}(2 + 3/n)$ 的和是 $\mathrm{LIM}_{n \to \infty}(3 + 4/n)$.

现在我们证明这个定义是有效的. 我们要做的第一件事是确认两个实数的和确实是实数.

引理 5.3.6 (**柯西序列的和是柯西序列**) 设 $x = \mathrm{LIM}_{n \to \infty} a_n$ 和 $y = \mathrm{LIM}_{n \to \infty} b_n$ 是实数, 那么 $x + y$ 也是实数 ($(a_n + b_n)_{n=1}^{\infty}$ 是有理数的一个柯西序列).

证明 我们需要证明对每个 $\varepsilon > 0$, 序列 $(a_n + b_n)_{n=1}^{\infty}$ 是最终 ε-稳定的. 现在根据假设知 $(a_n)_{n=1}^{\infty}$ 是最终 ε-稳定的, 并且 $(b_n)_{n=1}^{\infty}$ 也是最终 ε-稳定的, 但是只有这些还不够 (这隐含 $(a_n + b_n)_{n=1}^{\infty}$ 是最终 2ε-稳定的, 但这并不是我们想要的). 于是我们需要对 ε 的值采取一些小技巧.

我们知道对任意的 $\delta > 0$，$(a_n)_{n=1}^\infty$ 都是最终 δ-稳定的. 这表明 $(a_n)_{n=1}^\infty$ 不仅仅是最终 ε-稳定的，它也是最终 $\varepsilon/2$-稳定的. 类似地，序列 $(b_n)_{n=1}^\infty$ 也是最终 $\varepsilon/2$-稳定的. 这足以推导出 $(a_n + b_n)_{n=1}^\infty$ 是最终 ε-稳定的.

由于 $(a_n)_{n=1}^\infty$ 是最终 $\varepsilon/2$-稳定的，因此存在一个 $N \geqslant 1$ 使得 $(a_n)_{n=N}^\infty$ 是 $\varepsilon/2$-稳定的，即对任意的 $n, m \geqslant N$，a_n 和 a_m 都是 $\varepsilon/2$-接近的. 类似地，存在一个 $M \geqslant 1$ 使得 $(b_n)_{n=M}^\infty$ 是 $\varepsilon/2$-稳定的，即对任意的 $n, m \geqslant M$，b_n 和 b_m 都是 $\varepsilon/2$-接近的.

令 $\max(N, M)$ 表示 N 和 M 中较大的那一个（根据命题 2.2.13 知，其中一个数一定大于或等于另一个数），如果 $n, m \geqslant \max(N, M)$，那么 a_n 和 a_m 是 $\varepsilon/2$-接近的，并且 b_n 和 b_m 也是 $\varepsilon/2$-接近的，从而根据命题 4.3.7 知，对任意的 $n, m \geqslant \max(N, M)$，$a_n + b_n$ 和 $a_m + b_m$ 都是 ε-接近的. 这表明序列 $(a_n + b_n)_{n=1}^\infty$ 是最终 ε-稳定的，结论得证. $\qquad\square$

我们需要证明的另一件事是替换公理（见附录 A.7）：如果我们把实数 x 换成与它相等的另一个数，那么这不会改变和 $x + y$ 的值（类似地，如果我们把 y 换成与它相等的另一个数，和 $x + y$ 的值也不会改变）.

引理 5.3.7（等价的柯西序列之和是等价的）设 $x = \mathrm{LIM}_{n\to\infty} a_n$、$y = \mathrm{LIM}_{n\to\infty} b_n$ 和 $x' = \mathrm{LIM}_{n\to\infty} a_n'$ 是实数，假设 $x = x'$，那么我们有 $x + y = x' + y$.

证明 因为 x 和 x' 相等，所以柯西序列 $(a_n)_{n=1}^\infty$ 和 $(a_n')_{n=1}^\infty$ 是等价的. 换句话说，对任意的 $\varepsilon > 0$，它们都是最终 ε-接近的. 我们需要证明序列 $(a_n + b_n)_{n=1}^\infty$ 和 $(a_n' + b_n)_{n=1}^\infty$ 对任意的 $\varepsilon > 0$ 都是最终 ε-接近的. 我们已经知道存在一个 $N \geqslant 1$ 使得 $(a_n)_{n=N}^\infty$ 和 $(a_n')_{n=N}^\infty$ 是 ε-接近的，即对任意的 $n \geqslant N$，a_n 和 a_n' 是 ε-接近的. 由于 b_n 显然是 0-接近于 b_n 的（这里把 ε-接近推广到 $\varepsilon = 0$ 的情形），因此根据命题 4.3.7 知（推广到 0-接近的情形）对任意的 $n \geqslant N$，$a_n + b_n$ 和 $a_n' + b_n$ 是 ε-接近的. 这意味着对任意的 $\varepsilon > 0$，$(a_n + b_n)_{n=1}^\infty$ 和 $(a_n' + b_n)_{n=1}^\infty$ 是最终 ε-接近的，结论得证. $\qquad\square$

注 5.3.8 上述引理证明了替换公理关于 $x + y$ 中的变量 "x" 是成立的，我们可以类似地证明替换公理对于变量 "y" 也是成立的（一种快捷的方法是，从 $x + y$ 的定义中观察到，因为 $a_n + b_n = b_n + a_n$，所以一定有 $x + y = y + x$）.

按照定义加法运算的方式，我们可以类似地定义实数的乘法运算.

定义 5.3.9（实数的乘法）设 $x = \mathrm{LIM}_{n\to\infty} a_n$ 和 $y = \mathrm{LIM}_{n\to\infty} b_n$ 是实数，那么我们定义乘积 xy 为 $xy = \mathrm{LIM}_{n\to\infty} a_n b_n$.

下面这个命题保证了该定义是有效的，而且两个实数的乘积的确是实数.

命题 5.3.10（**乘法是定义明确的**） 设 $x = \text{LIM}_{n\to\infty} a_n$、$y = \text{LIM}_{n\to\infty} b_n$ 和 $x' = \text{LIM}_{n\to\infty} a_n'$ 是实数, 那么 xy 也是实数. 另外, 如果 $x = x'$, 那么 $xy = x'y$.

证明   参见习题 5.3.2.   □

当然, 如果用一个与 y 相等的实数 y' 来代替它, 那么我们也能证明类似的替换公理成立.

这时候, 我们把每个有理数 q 都等同于一个实数 $\text{LIM}_{n\to\infty} q$, 从而把有理数嵌入实数中. 如果 $a_1, a_2, a_3, \cdots$ 是序列

$$0.5, 0.5, 0.5, 0.5, 0.5, \cdots,$$

那么我们令 $\text{LIM}_{n\to\infty} a_n$ 等于 0.5. 这种嵌入与我们定义的加法运算和乘法运算是一致的, 因为对任意的有理数 a 和 b, 我们有

$$\left(\text{LIM}_{n\to\infty} a\right) + \left(\text{LIM}_{n\to\infty} b\right) = \text{LIM}_{n\to\infty}(a+b),$$

$$\left(\text{LIM}_{n\to\infty} a\right) \times \left(\text{LIM}_{n\to\infty} b\right) = \text{LIM}_{n\to\infty}(ab).$$

这意味着当两个有理数 a 和 b 相加或者相乘时, 我们把它们看作有理数或者看作实数 $\text{LIM}_{n\to\infty} a$ 和 $\text{LIM}_{n\to\infty} b$ 是无关紧要的. 另外, 这种有理数和实数的等同关系与我们给出的"相等"的定义是一致的（习题 5.3.3）.

现在我们很容易定义实数 x 的负运算 $-x$, 即

$$-x = (-1) \times x.$$

因为 -1 是有理数, 所以它是实数. 注意, 这与有理数的负运算显然是一致的, 因为对任意的有理数 q, 我们有 $-q = (-1) \times q$. 而且根据我们给出的定义显然有

$$-\text{LIM}_{n\to\infty} a_n = \text{LIM}_{n\to\infty}(-a_n).$$

（为什么?）一旦有了加法运算和负运算, 我们就可以像以往一样来定义减法运算:

$$x - y = x + (-y).$$

注意, 这隐含

$$\text{LIM}_{n\to\infty} a_n - \text{LIM}_{n\to\infty} b_n = \text{LIM}_{n\to\infty}(a_n - b_n).$$

现在很容易证明实数遵守所有常用的代数定律（或许会排除一些包含除法的定律, 稍后我们会涉及这些内容）.

命题 5.3.11   命题 4.1.6 中所有的代数定律不仅对整数成立, 对实数也是成立的.

证明   我们通过证明定律 $x(y+z) = xy + xz$ 来阐述这个命题. 设 $x = \text{LIM}_{n\to\infty} a_n$、$y = \text{LIM}_{n\to\infty} b_n$ 和 $z = \text{LIM}_{n\to\infty} c_n$ 是实数, 那么根据定义有 $xy =$

$\mathrm{LIM}_{n\to\infty}(a_nb_n)$ 和 $xz = \mathrm{LIM}_{n\to\infty}(a_nc_n)$, 从而 $xy + xz = \mathrm{LIM}_{n\to\infty}(a_nb_n + a_nc_n)$. 按照类似的推理过程可以证明 $x(y + z) = \mathrm{LIM}_{n\to\infty} a_n(b_n + c_n)$. 我们已经知道对于有理数 a_n, b_n, c_n 有 $a_n(b_n + c_n)$ 等于 $a_nb_n + a_nc_n$, 从而结论得证. 其他的代数定律可以类似地证明. □

我们要定义的最后一种基本算术运算是倒数运算: $x \to x^{-1}$. 这种运算有些微妙. 对于如何定义这种运算, 最早的一个猜想显然是这样来定义的:

$$\left(\mathrm{LIM}_{n\to\infty} a_n\right)^{-1} = \mathrm{LIM}_{n\to\infty} a_n^{-1}.$$

但这种定义存在一些问题. 例如, 设 $a_1, a_2, a_3, \cdots$ 是柯西序列

$$0.1, 0.01, 0.001, 0.0001, \cdots,$$

并令 $x = \mathrm{LIM}_{n\to\infty} a_n$, 那么按照这种定义, x^{-1} 是 $\mathrm{LIM}_{n\to\infty} b_n$, 其中 $b_1, b_2, b_3, \cdots$ 是序列

$$10, 100, 1000, 10000, \cdots.$$

但这个序列不是柯西序列 (它甚至是无界的). 当然, 这里的问题在于原来的柯西序列 $(a_n)_{n=1}^{\infty}$ 等价于零序列 $(0)_{n=1}^{\infty}$, (为什么?) 从而我们给出的实数 x 实际上等于 0. 因此, 只有当 x 不为零时, 上述倒数运算才能进行.

然而, 即便我们把范围限制在非零实数上, 仍然会存在一个小问题, 因为一个非零实数可能是某个包含零元素的柯西序列的形式极限. 例如, 是有理数从而也是实数的数 1 是柯西序列

$$0, 0.9, 0.99, 0.999, 0.9999, \cdots$$

的形式极限 $1 = \mathrm{LIM}_{n\to\infty} a_n$, 但利用给出的"倒数"的朴素定义, 我们无法把实数 1 倒过来, 因为我们没办法把上述柯西序列的第一个元素 0 倒过来.

为了避免这些问题, 我们需要让柯西序列远离 0. 为此我们首先需要一个定义.

定义 5.3.12 (远离 0 的序列) 称有理数序列 $(a_n)_{n=1}^{\infty}$ 是远离 0 的, 当且仅当存在一个有理数 $c > 0$ 使得 $|a_n| \geqslant c$ 对一切 $n \geqslant 1$ 均成立.

例 5.3.13 序列 $1, -1, 1, -1, 1, -1, 1, \cdots$ 是远离 0 的 (每一项的绝对值都为 1). 但是序列 $0.1, 0.01, 0.001, \cdots$ 不是远离 0 的, 而且序列 $0, 0.9, 0.99, 0.999,$ $0.9999, \cdots$ 也不是远离 0 的. 序列 $10, 100, 1000, 10000, \cdots$ 是远离 0 的, 但它不是有界的.

现在我们证明每个不为零的实数都是某个远离 0 的柯西序列的形式极限.

引理 5.3.14 设 x 是一个不为零的实数, 那么存在某个远离 0 的柯西序列 $(a_n)_{n=1}^{\infty}$ 使得 $x = \mathrm{LIM}_{n\to\infty} a_n$.

证明　因为 x 是实数,所以存在一个柯西序列 $(b_n)_{n=1}^{\infty}$ 使得 $x = \text{LIM}_{n\to\infty} b_n$. 但是到这里还没有结束,因为我们还不知道 b_n 是否远离 0. 另外,根据 $x \neq 0 = \text{LIM}_{n\to\infty} 0$,我们得到序列 $(b_n)_{n=1}^{\infty}$ 不等价于 $(0)_{n=1}^{\infty}$. 于是序列 $(b_n)_{n=1}^{\infty}$ 并非对任意的 $\varepsilon > 0$ 都最终 ε-接近于 $(0)_{n=1}^{\infty}$. 所以我们可以找到一个 $\varepsilon > 0$ 使得序列 $(b_n)_{n=1}^{\infty}$ 不是最终 ε-接近于 $(0)_{n=1}^{\infty}$ 的.

固定 ε,因为 $(b_n)_{n=1}^{\infty}$ 是柯西序列,所以它是最终 ε-稳定的. 由于 $\varepsilon/2 > 0$,因此它还是最终 $\varepsilon/2$-稳定的. 于是存在一个 $N \geqslant 1$ 使得 $|b_n - b_m| \leqslant \varepsilon/2$ 对任意的 $n, m \geqslant N$ 均成立.

另外,我们得不到 $|b_n| \leqslant \varepsilon$ 对所有的 $n \geqslant N$ 都成立,因为该结论隐含 $(b_n)_{n=1}^{\infty}$ 是最终 ε-接近于 $(0)_{n=1}^{\infty}$ 的. 因此必定存在一个 $n_0 \geqslant N$ 使得 $|b_{n_0}| > \varepsilon$. 又因为 $|b_{n_0} - b_n| \leqslant \varepsilon/2$ 对所有的 $n \geqslant N$ 均成立,所以我们可以从三角不等式中推导出 (如何推导?) $|b_n| \geqslant \varepsilon/2$ 对所有的 $n \geqslant N$ 均成立.

这几乎证明了 $(b_n)_{n=1}^{\infty}$ 是远离 0 的. 事实上,这只证明了 $(b_n)_{n=1}^{\infty}$ 是最终远离 0 的. 通过定义下面这个新的序列 $(a_n)_{n=1}^{\infty}$ 很容易证得该引理的结论. 如果 $n < N$,则令 $a_n = \varepsilon/2$;如果 $n \geqslant N$,则令 $a_n = b_n$. 由于 $(b_n)_{n=1}^{\infty}$ 是一个柯西序列,因此不难证出 $(a_n)_{n=1}^{\infty}$ 是一个与 $(b_n)_{n=1}^{\infty}$ 等价的柯西序列(因为两个序列最终是一样的),从而 $x = \text{LIM}_{n\to\infty} a_n$. 因为 $|b_n| \geqslant \varepsilon/2$ 对所有的 $n \geqslant N$ 均成立,所以 $|a_n| \geqslant \varepsilon/2$ 对所有的 $n \geqslant 1$ 均成立(分成 $n \geqslant N$ 和 $n < N$ 两种情形). 于是我们得到一个远离 0 的柯西序列(用 $\varepsilon/2$ 来代替 ε 是可行的,因为 $\varepsilon/2 > 0$),并且该序列把 x 作为它的形式极限. 结论得证. $\qquad\square$

一旦某个序列是远离 0 的,我们就能够毫无困难地求它的倒数.

引理 5.3.15　假设 $(a_n)_{n=1}^{\infty}$ 是一个远离 0 的柯西序列,那么序列 $(a_n^{-1})_{n=1}^{\infty}$ 也是一个柯西序列.

证明　因为 $(a_n)_{n=1}^{\infty}$ 是一个远离 0 的柯西序列,所以存在一个 $c > 0$ 使得 $|a_n| \geqslant c$ 对所有的 $n \geqslant 1$ 均成立. 现在我们要证明对任意的 $\varepsilon > 0$, $(a_n^{-1})_{n=1}^{\infty}$ 都是最终 ε-稳定的. 于是固定 $\varepsilon > 0$,现在我们的任务是找到一个 $N \geqslant 1$ 使得 $|a_n^{-1} - a_m^{-1}| \leqslant \varepsilon$ 对所有的 $n, m \geqslant N$ 均成立. 而

$$|a_n^{-1} - a_m^{-1}| = \left|\frac{a_m - a_n}{a_m a_n}\right| \leqslant \frac{|a_m - a_n|}{c^2}$$

(因为 $|a_m| \geqslant c, |a_n| \geqslant c$),于是为了使得 $|a_n^{-1} - a_m^{-1}|$ 小于或等于 ε,只需让 $|a_m - a_n|$ 小于或等于 $c^2\varepsilon$ 即可. 又因为 $(a_n)_{n=1}^{\infty}$ 是一个柯西序列且 $c^2\varepsilon > 0$,所以我们的确可以找到一个 N 使得序列 $(a_n)_{n=N}^{\infty}$ 是 $c^2\varepsilon$-稳定的,即对所有的 $n, m \geqslant N$ 均有 $|a_m - a_n| \leqslant c^2\varepsilon$. 根据前文所述,这表明对任意的 $n, m \geqslant N$ 均有

$|a_n^{-1} - a_m^{-1}| \leqslant \varepsilon$, 从而序列 $(a_n^{-1})_{n=1}^\infty$ 是最终 ε-稳定的. 由于我们对每个 ε 都证明了这个结论, 因此 $(a_n^{-1})_{n=1}^\infty$ 是一个柯西序列, 结论得证. □

现在我们准备定义倒数运算.

定义 5.3.16（**实数的倒数**）设 x 是一个不为零的实数, $(a_n)_{n=1}^\infty$ 是一个远离 0 的柯西序列且使得 $x = \mathrm{LIM}_{n\to\infty}\, a_n$（由引理 5.3.14 知这样的序列存在）, 那么我们定义倒数 x^{-1} 为 $x^{-1} = \mathrm{LIM}_{n\to\infty}\, a_n^{-1}$（根据引理 5.3.15 知 x^{-1} 是一个实数）.

在确保这个定义是有意义的之前, 我们需要弄清楚一件事: 如果存在两个不同的柯西序列 $(a_n)_{n=1}^\infty$ 和 $(b_n)_{n=1}^\infty$ 都把 x 作为它们各自的形式极限, 即 $x = \mathrm{LIM}_{n\to\infty}\, a_n = \mathrm{LIM}_{n\to\infty}\, b_n$, 那么将会出现什么状况? 不难想象, 上述定义可能会给出两个不同的倒数 x^{-1}, 即 $\mathrm{LIM}_{n\to\infty}\, a_n^{-1}$ 和 $\mathrm{LIM}_{n\to\infty}\, b_n^{-1}$. 幸运的是, 这种事情不可能发生.

引理 5.3.17（**倒数运算是定义明确的**）设 $(a_n)_{n=1}^\infty$ 和 $(b_n)_{n=1}^\infty$ 是两个远离 0 的柯西序列, 并且它们满足 $\mathrm{LIM}_{n\to\infty}\, a_n = \mathrm{LIM}_{n\to\infty}\, b_n$（两个序列是等价的）, 那么 $\mathrm{LIM}_{n\to\infty}\, a_n^{-1} = \mathrm{LIM}_{n\to\infty}\, b_n^{-1}$.

证明 考虑三个实数的下述乘积 P:

$$P = \left(\mathrm{LIM}_{n\to\infty}\, a_n^{-1}\right) \times \left(\mathrm{LIM}_{n\to\infty}\, a_n\right) \times \left(\mathrm{LIM}_{n\to\infty}\, b_n^{-1}\right).$$

如果把乘积计算出来, 我们得到

$$P = \mathrm{LIM}_{n\to\infty}\, \left(a_n^{-1} a_n b_n^{-1}\right) = \mathrm{LIM}_{n\to\infty}\, b_n^{-1}.$$

另外, 由于 $\mathrm{LIM}_{n\to\infty}\, a_n = \mathrm{LIM}_{n\to\infty}\, b_n$, 因此我们可以把 P 写成另一种形式:

$$P = \left(\mathrm{LIM}_{n\to\infty}\, a_n^{-1}\right) \times \left(\mathrm{LIM}_{n\to\infty}\, b_n\right) \times \left(\mathrm{LIM}_{n\to\infty}\, b_n^{-1}\right).$$

（见命题 5.3.10）同样把这个乘积计算出来, 我们得到

$$P = \mathrm{LIM}_{n\to\infty}\, \left(a_n^{-1} b_n b_n^{-1}\right) = \mathrm{LIM}_{n\to\infty}\, a_n^{-1}.$$

通过比较关于 P 的不同式子, 我们有 $\mathrm{LIM}_{n\to\infty}\, a_n^{-1} = \mathrm{LIM}_{n\to\infty}\, b_n^{-1}$, 这就是我们要证明的结论. □

于是倒数是定义明确的（对每个不为零的实数 x, 恰好有一个确定的倒数 x^{-1}）, 注意, 由定义显然可得 $xx^{-1} = x^{-1}x = 1$.（为什么? ）于是所有的域公理（命题 4.2.4）都适用于实数, 就像适用于有理数一样. 我们显然不能对 0 求倒数, 因为任何数乘以 0 都等于 0, 而非 1. 还注意到, 如果 q 是一个非零的有理数, 那么它等于实数 $\mathrm{LIM}_{n\to\infty}\, q$, 于是 $\mathrm{LIM}_{n\to\infty}\, q$ 的倒数是 $\mathrm{LIM}_{n\to\infty}\, q^{-1} = q^{-1}$. 因此, 实数上的倒数运算与有理数上的倒数运算是一致的.

一旦有了倒数，我们就可以像定义有理数上的除法那样来定义两个实数 x 和 y 的除法 x/y（其中 y 不为零）：

$$x/y = x \times y^{-1}.$$

特别地，我们有下述消去律：如果 x,y,z 是实数，满足 $xz = yz$ 且 z 不为零，那么等式两端同时除以 z，我们能够推导出 $x = y$. 注意，当 z 为零时，该消去律不成立.

现在我们有了关于实数的全部四种基本算术运算：加法运算、减法运算、乘法运算和除法运算，并且这些运算遵守所有常用的代数定律. 接下来，我们开始学习实数上序的概念.

习　　题

5.3.1 证明命题 5.3.3.（提示：你也许会发现命题 4.3.7 对本题是有用的.）

5.3.2 证明命题 5.3.10.（提示：命题 4.3.7 对本题同样有用.）

5.3.3 设 a 和 b 是有理数，证明：$a = b$，当且仅当 $\mathrm{LIM}_{n \to \infty} a = \mathrm{LIM}_{n \to \infty} b$（柯西序列 $a, a, a, a, \cdots$ 和 $b, b, b, b, \cdots$ 是等价的，当且仅当 $a = b$）. 这使我们能够明确地把有理数嵌入实数中.

5.3.4 设 $(a_n)_{n=0}^{\infty}$ 是一个有界的有理数序列，$(b_n)_{n=0}^{\infty}$ 是等价于 $(a_n)_{n=0}^{\infty}$ 的另一个有理数序列，证明：$(b_n)_{n=0}^{\infty}$ 也是有界的.（提示：利用习题 5.2.2.）

5.3.5 证明 $\mathrm{LIM}_{n \to \infty} 1/n = 0$.

5.4　对实数排序

我们知道每个有理数是正的、负的或零. 现在关于实数，我们想给出同样的说法：每个实数应是正的、负的或零. 因为实数 x 就是一些有理数 a_n 的形式极限，所以这试图给出下面的定义：对于实数 $x = \mathrm{LIM}_{n \to \infty} a_n$，如果全体 a_n 都是正的，那么 x 是正的；如果全体 a_n 是负的，那么 x 是负的（如果全体 a_n 都是零，那么 x 是零）. 但是我们很快意识到这个定义存在一些问题. 例如，定义为 $a_n = 10^{-n}$ 的序列 $(a_n)_{n=1}^{\infty}$，即

$$0.1, 0.01, 0.001, 0.0001, \cdots.$$

该序列完全是由正数组成的，但是它等价于零序列 $0, 0, 0, 0, \cdots$，从而 $\mathrm{LIM}_{n \to \infty} a_n = 0$. 于是，尽管这些有理数都是正的，但是这些有理数的形式极限作为实数是零而

不是正的. 另一个例子是

$$0.1, -0.01, 0.001, -0.0001, \cdots,$$

虽然这个序列中混杂着正数和负数, 但它的形式极限同样是零.

同 5.3 节中对倒数运算的处理一样, 我们的技巧在于把注意力都放在远离 0 的序列上.

定义 5.4.1 设 $(a_n)_{n=1}^{\infty}$ 是一个有理数序列, 我们称该序列是正远离 0 的, 当且仅当存在一个正有理数 $c > 0$ 使得 $a_n \geqslant c$ 对所有的 $n \geqslant 1$ 均成立 (特别地, 整个序列是正的). 称该序列是负远离 0 的, 当且仅当存在一个负有理数 $-c < 0$ 使得 $a_n \leqslant -c$ 对所有的 $n \geqslant 1$ 均成立 (特别地, 整个序列是负的).

例 5.4.2 序列 $1.1, 1.01, 1.001, 1.0001, \cdots$ 是正远离 0 的 (每一项都大于或等于 1). 序列 $-1.1, -1.01, -1.001, -1.0001, \cdots$ 是负远离 0 的. 序列 $1, -1, 1, -1, 1, -1, \cdots$ 是远离 0 的, 但它既不是正远离 0 的也不是负远离 0 的.

显然, 任意一个正远离 0 或者负远离 0 的序列都是远离 0 的. 而且, 一个序列不可能既是正远离 0 的又是负远离 0 的.

定义 5.4.3 称实数 x 是正的, 当且仅当它能够写成某个正远离 0 的柯西序列 $(a_n)_{n=1}^{\infty}$ 的形式极限 $x = \text{LIM}_{n \to \infty} a_n$. 称实数 x 是负的, 当且仅当它能够写成某个负远离 0 的柯西序列 $(a_n)_{n=1}^{\infty}$ 的形式极限 $x = \text{LIM}_{n \to \infty} a_n$.

命题 5.4.4 (正实数的基本性质) 对每个实数 x, 下列三个命题中恰好有一个为真: (a) x 是 0; (b) x 是正的; (c) x 是负的. 实数 x 是负的, 当且仅当 $-x$ 是正的. 如果 x 和 y 都是正的, 那么 $x + y$ 和 xy 都是正的.

证明 参见习题 5.4.1. □

注意, 如果 q 是正有理数, 那么柯西序列 $q, q, q, \cdots$ 是正远离 0 的, 从而 $\text{LIM}_{n \to \infty} q = q$ 是正实数. 于是有理数的正性与实数的正性是一致的. 类似地, 有理数的负性与实数的负性也是一致的.

一旦定义了正数和负数, 我们就可以定义绝对值和序了.

定义 5.4.5 (绝对值) 设 x 是实数, 如果 x 是正的, 那么我们定义 x 的绝对值 $|x|$ 等于 x; 如果 x 是负的, 那么我们定义 x 的绝对值 $|x|$ 等于 $-x$; 如果 x 为 0, 那么我们定义 x 的绝对值 $|x|$ 等于 0.

定义 5.4.6 (实数的序) 设 x 和 y 是实数, 若 $x - y$ 是一个正实数, 则称 x 大于 y 并记作 $x > y$; 若 $x - y$ 是一个负实数, 则称 x 小于 y 并记作 $x < y$. 我们定义 $x \geqslant y$, 当且仅当 $x > y$ 或 $x = y$, 并且可以类似地定义 $x \leqslant y$, 当且仅

当 $x < y$ 或 $x = y$.

把该定义与定义 4.2.8 中有理数上序的定义进行比较, 我们发现实数上的序与有理数上的序是一致的. 也就是说, 如果两个有理数 q 和 q' 在有理数系中满足 q 小于 q', 那么在实数系中 q 仍然是小于 q' 的. 关于"大于"有类似的结论. 按照同样的思路, 我们能够看到这里给出的绝对值的定义与定义 4.3.1 是一致的.

命题 5.4.7 命题 4.2.9 中一切关于有理数成立的结论关于实数仍是成立的.

证明 我们只证明其中一个结论, 把其余的留作习题 5.4.2. 假设 $x < y$ 且 z 是一个正实数, 我们希望推导出 $xz < yz$. 由于 $x < y$, 因此 $y - x$ 是正的, 从而由命题 5.4.4 得 $(y - x)z = yz - xz$ 是正的, 进而 $xz < yz$. □

作为这些命题的一个应用, 我们证明:

命题 5.4.8 设 x 是一个正实数, 那么 x^{-1} 也是正的. 同时, 如果 y 是另一个正数且 $x > y$, 那么 $x^{-1} < y^{-1}$.

证明 设 x 是一个正实数, 因为 $xx^{-1} = 1$, 所以实数 x^{-1} 不可能为 0 (因为 $x0 = 0 \neq 1$). 同时, 从命题 5.4.4 中容易看出, 一个正数乘以一个负数得到的结果是负的. 这说明 x^{-1} 不可能是负的, 否则 xx^{-1} 是负的, 这与 $xx^{-1} = 1$ 矛盾. 因此, 根据命题 5.4.4 知剩下的唯一一种可能的情况是 x^{-1} 是正的.

现在设 y 也是一个正实数, 那么 x^{-1} 和 y^{-1} 都是正的. 假设 $x > y$, 如果 $x^{-1} \geqslant y^{-1}$, 那么根据命题 5.4.7 得 $xx^{-1} > yx^{-1} \geqslant yy^{-1}$, 从而 $1 > 1$, 显然这里出现了矛盾. 因此一定有 $x^{-1} < y^{-1}$. □

另一个应用是, 关于有理数成立的指数运算的性质 (命题 4.3.12) 关于实数也是成立的, 参见 5.6 节.

我们已经看到, 正有理数的形式极限不必是正的, 它可以是零, 如例子 0.1, 0.01, 0.001, $\cdots$ 所示. 但是, 非负有理数 (要么为正, 要么为零的有理数) 的形式极限是非负的.

命题 5.4.9 设 $a_1, a_2, a_3, \cdots$ 是非负有理数的一个柯西序列, 那么 $\mathrm{LIM}_{n \to \infty} a_n$ 是非负实数.

最终我们将看到关于这个事实的一个更好的解释: 非负实数集是闭的, 而正实数集是开的, 参见 12.2 节.

证明 利用反证法证明. 假设实数 $x = \mathrm{LIM}_{n \to \infty} a_n$ 是一个负数, 那么根据负实数的定义知, 存在一个负远离 0 的序列 $(b_n)_{n=1}^{\infty}$ 使得 $x = \mathrm{LIM}_{n \to \infty} b_n$, 即存在一个负有理数 $-c < 0$ 使得 $b_n \leqslant -c$ 对所有的 $n \geqslant 1$ 均成立. 另外, 根据假设 $a_n \geqslant 0$ 对所有的 $n \geqslant 1$ 均成立, 于是数 a_n 和 b_n 绝不可能是 $c/2$-接近的, 因为

$c/2 < c$. 因此序列 $(a_n)_{n=1}^\infty$ 和 $(b_n)_{n=1}^\infty$ 不是最终 $c/2$-接近的. 因为 $c/2 > 0$, 这隐含 $(a_n)_{n=1}^\infty$ 和 $(b_n)_{n=1}^\infty$ 是不等价的. 然而该结论与这两个序列都以 x 作为其形式极限的事实相矛盾. □

推论 5.4.10 设 $(a_n)_{n=1}^\infty$ 和 $(b_n)_{n=1}^\infty$ 是有理数的柯西序列, 并且满足 $a_n \geqslant b_n$ 对所有的 $n \geqslant 1$ 均成立, 那么 $\mathrm{LIM}_{n\to\infty} a_n \geqslant \mathrm{LIM}_{n\to\infty} b_n$.

证明 对序列 $(a_n - b_n)_{n=1}^\infty$ 应用命题 5.4.9. □

注 5.4.11 注意, 如果把上述推论中的 "$\geqslant$" 用 "$>$" 来代替, 那么该推论是不成立的. 如果 $a_n = 1 + 1/n$ 且 $b_n = 1 - 1/n$, 那么 a_n 总是严格大于 b_n 的, 但是 $(a_n)_{n=1}^\infty$ 的形式极限并不大于 $(b_n)_{n=1}^\infty$ 的形式极限, 两者的形式极限是相等的.

就像定义有理数的距离那样, 现在我们来定义距离 $d(x,y) = |x-y|$. 事实上, 命题 4.3.3 和命题 4.3.7 不仅对有理数成立, 对实数也成立. 证明过程是完全相同的, 因为实数遵守关于有理数的一切代数定律和序的定律.

我们观察到, 虽然正实数可以是任意大的也可以是任意小的, 但是它们不可能大于所有的正整数, 也不可能小于所有的正有理数.

命题 5.4.12 (有理数对实数的界定) 设 x 是一个正实数, 那么存在一个正有理数 q 使得 $q \leqslant x$, 并且还存在一个正整数 N 使得 $x \leqslant N$.

证明 因为 x 是一个正实数, 所以它是某个正远离 0 的柯西序列 $(a_n)_{n=1}^\infty$ 的形式极限. 根据引理 5.1.15 知该序列是有界的, 于是存在有理数 $q > 0$ 和 r 使得 $q \leqslant a_n \leqslant r$ 对所有的 $n \geqslant 1$ 均成立. 由命题 4.4.1 知存在一个整数 N 使得 $r \leqslant N$. 因为 q 是正的且 $q \leqslant r \leqslant N$, 所以 N 也是正的. 于是 $q \leqslant a_n \leqslant N$ 对所有的 $n \geqslant 1$ 均成立. 应用推论 5.4.10 得 $q \leqslant x \leqslant N$, 结论得证. □

推论 5.4.13 (阿基米德性质) 设 x 为实数, ε 为正实数, 那么存在一个正整数 M 使得 $M\varepsilon > x$.

证明 若 x 是 0 或负数, 则令 $M = 1$. 接下来假设 x 是正的, 那么 x/ε 是正的, 从而根据命题 5.4.12 知存在一个正整数 N 使得 $x/\varepsilon \leqslant N$. 如果我们令 $M = N+1$, 那么 $x/\varepsilon < M$. 不等式的两端同时乘以 ε, 就得到了要证明的结论. □

这个性质非常重要, 它说明不管 x 有多大, 也不管 ε 有多小, 只要把 ε 自身持续不断地累加, 最终得到的数一定会超过 x.

命题 5.4.14 给定任意两个实数 x 和 y 且 $x < y$, 我们能够找到一个有理数 q 使得 $x < q < y$.

证明 参见习题 5.4.5. □

现在我们已经完成了对实数的构造. 实数系包含有理数系, 并且几乎包括了有理数系上的所有内容: 算术运算、代数定律及序的定律. 但是我们还没有阐述实数超过有理数的任何优点. 到目前为止, 尽管付出了很多努力, 我们所做的一切也只说明实数与有理数至少是一样好的. 但在接下来的几节中, 我们将证明, 与有理数相比, 实数能够做更多的事情. 譬如, 在实数系中, 我们可以求平方根.

注 5.4.15 直到现在, 我们还没有涉及实数能够用十进制来表示这一事实. 例如, 序列

$$1.4, 1.41, 1.414, 1.4142, 1.41421, \cdots$$

的形式极限更常规的表示方法为十进制数 $1.41421\cdots$. 我们将在附录 B 中谈论此事, 现在我们只需知道十进制中有很多微妙之处就可以了, 例如, $0.9999\cdots$ 和 $1.0000\cdots$ 实际上是同一个实数.

习 题

5.4.1 证明命题 5.4.4.（提示: 如果 x 不为零, 并且 x 是某个序列 $(a_n)_{n=1}^{\infty}$ 的形式极限, 那么这个序列不可能对每个 $\varepsilon > 0$ 都是最终 ε-接近于零序列 $(0)_{n=1}^{\infty}$ 的. 利用这一点证明序列 $(a_n)_{n=1}^{\infty}$ 最终要么是正远离 0 的, 要么是负远离 0 的.）

5.4.2 证明命题 5.4.7 中其余的结论.

5.4.3 证明: 对每个实数 x, 恰好存在一个整数 N 使得 $N \leqslant x < N+1$（这个整数 N 被称为 x 的整数部分, 并记作 $N = \lfloor x \rfloor$）.

5.4.4 证明: 对任意的正实数 $x > 0$, 存在一个正整数 N 使得 $x > 1/N > 0$.

5.4.5 证明命题 5.4.14.（提示: 利用习题 5.4.4. 你可能还会用到反证法.）

5.4.6 设 x 和 y 是实数, 并且 $\varepsilon > 0$ 是一个正实数, 证明: $|x-y| < \varepsilon$, 当且仅当 $y-\varepsilon < x < y+\varepsilon$, 以及 $|x-y| \leqslant \varepsilon$, 当且仅当 $y-\varepsilon \leqslant x \leqslant y+\varepsilon$.

5.4.7 设 x 和 y 是实数, 证明: $x \leqslant y+\varepsilon$ 对所有的实数 $\varepsilon > 0$ 均成立, 当且仅当 $x \leqslant y$. 证明: $|x-y| \leqslant \varepsilon$ 对所有的实数 $\varepsilon > 0$ 均成立, 当且仅当 $x = y$.

5.4.8 设 $(a_n)_{n=1}^{\infty}$ 是有理数的一个柯西序列, 并设 x 是实数, 证明: 如果 $a_n \leqslant x$ 对所有的 $n \geqslant 1$ 均成立, 那么 $\text{LIM}_{n \to \infty} a_n \leqslant x$. 类似地, 证明: 如果 $a_n \geqslant x$ 对所有的 $n \geqslant 1$ 均成立, 那么 $\text{LIM}_{n \to \infty} a_n \geqslant x$.（提示: 利用反证法. 使用命题 5.4.14 找到一个介于 $\text{LIM}_{n \to \infty} a_n$ 和 x 之间的有理数, 进而利用命题 5.4.9 或者推论 5.4.10.）

5.4.9 设 x 和 y 均为实数, 则 x 和 y 的最大值 $\max(x,y)$ 被定义为: 当 $x \geqslant y$ 时, $\max(x,y)$ 等于 x; 当 $x < y$ 时, $\max(x,y)$ 等于 y. 同样, 当 $x \leqslant y$ 时, x 和 y 的最小值 $\min(x,y)$ 等于 x; 当 $x > y$ 时, $\min(x,y)$ 等于 y.

(a) 设 x 和 y 均为实数, 证明: $\max(x,y) = -\min(-x,-y)$ 且 $\min(x,y) = -\max(-x,-y)$.

(b) 设 x, y, z 均为实数, 证明: $\max(x, y) = \max(y, x)$、$\max(x, x) = x$、$\max(x + z, y + z) = \max(x, y) + z$. 若 z 是非负数, 证明: $\max(xz, yz) = z\max(x, y)$. 如果 z 是负数, 最后一个结论还成立吗?

(c) 证明: 若将 max 全部替换为 min, 则 (b) 中的命题仍都成立.

(d) 设 x 和 y 均为正实数, 证明: $\max(x, y)^{-1} = \min(x^{-1}, y^{-1})$ 且 $\min(x, y)^{-1} = \max(x^{-1}, y^{-1})$.

5.5 最小上界性质

现在我们给出实数优于有理数的最基本的好处之一. 对于实数集 $\mathbb{R}$ 的任意一个 (非空且有上界的) 子集 E, 我们都能取到 E 的最小上界 $\sup(E)$.

定义 5.5.1 (**上界**) 设 E 是 $\mathbb{R}$ 的一个子集, 并设 M 是一个实数, 称 M 是 E 的一个上界, 当且仅当对 E 中任意一个元素 x 都有 $x \leqslant M$.

例 5.5.2 设 E 是区间 $E = \{x \in \mathbb{R} : 0 \leqslant x \leqslant 1\}$, 那么 1 是 E 的一个上界, 因为 E 中任意一个元素都小于或等于 1. 2 也是 E 的一个上界, 而且实际上每个大于或等于 1 的数都是 E 的一个上界. 另外, 任何其他的数, 如 0.5, 就不是它的上界, 因为 0.5 并非大于 E 中的每个元素 (只大于 E 中的某些元素不足以让 0.5 成为 E 的一个上界).

例 5.5.3 设 $\mathbb{R}^+$ 是正实数集 $\mathbb{R}^+ = \{x \in \mathbb{R} : x > 0\}$, 那么 $\mathbb{R}^+$ 不存在任何上界[①]. (为什么?)

例 5.5.4 设 $\varnothing$ 为空集, 那么任意一个数 M 都是 $\varnothing$ 的一个上界, 因为 M 大于空集中的每个元素 (这是一个空虚的真命题, 但仍为真).

如果 M 是 E 的一个上界, 那么任意一个更大的数 $M' \geqslant M$ 显然都是 E 的一个上界. 另外, 任意一个小于 M 的数是否有可能也是 E 的一个上界就不那么显然了. 这启发我们给出下面的定义.

定义 5.5.5 (**最小上界**) 设 E 是 $\mathbb{R}$ 的一个子集, 并且 M 是一个实数, 称 M 是 E 的最小上界, 当且仅当 (a) M 是 E 的一个上界, 同时 (b) E 的任意其他上界 M' 一定大于或等于 M.

例 5.5.6 设 E 为区间 $E = \{x \in \mathbb{R} : 0 \leqslant x \leqslant 1\}$, 那么正如前面提到的那样, E 有许多上界, 事实上每个大于或等于 1 的数都是它的一个上界. 但只有 1 是最小上界, 其他所有的上界都大于 1.

---

① 更准确地说, $\mathbb{R}^+$ 没有作为实数的上界. 在 6.2 节中, 我们将引入广义实数系 $\mathbb{R}^*$, 它允许 ∞ 作为像 $\mathbb{R}^+$ 这样的集合的上界.

例 5.5.7　空集没有最小上界.（为什么?）

命题 5.5.8（最小上界的唯一性）　设 E 是 $\mathbb{R}$ 的一个子集, 那么 E 最多有一个最小上界.

证明　设 M_1 和 M_2 是两个最小上界, 因为 M_1 是最小上界且 M_2 是上界, 所以根据最小上界的定义, 我们有 $M_2 \geqslant M_1$. 又因为 M_2 是最小上界且 M_1 是上界, 所以类似地得到 $M_1 \geqslant M_2$. 于是 $M_1 = M_2$. 因此, 最多存在一个最小上界.□

现在我们考虑实数的一个重要性质.

定理 5.5.9（最小上界的存在性）　设 E 是 $\mathbb{R}$ 的一个非空子集, 如果 E 有一个上界（E 有一个上界 M）, 那么它必定恰好有一个最小上界.

证明　这个定理需要花费一些精力来证明, 并且其中的许多步骤将留作习题.

设 E 是 $\mathbb{R}$ 的一个非空子集, 并且 E 有一个上界 M, 根据命题 5.5.8 知 E 最多有一个最小上界, 我们必须证明 E 至少有一个最小上界. 因为 E 是非空的, 所以我们可以选取 E 中的某个元素 x_0.

设 $n \geqslant 1$ 是一个正整数, 我们知道 E 有一个上界 M. 根据阿基米德性质（推论 5.4.13）, 我们可以找到一个整数 K 使得 $K/n \geqslant M$, 从而 K/n 也是 E 的一个上界. 再次利用阿基米德性质知, 存在另一个整数 L 使得 $L/n < x_0$. 由于 x_0 是 E 中的元素, 因此 L/n 不是 E 的上界. 因为 K/n 是上界而 L/n 不是上界, 所以 $K \geqslant L$.

由于 K/n 是 E 的一个上界而 L/n 不是, 因此我们可以找到一个整数 $L < m_n \leqslant K$ 满足 m_n/n 是 E 的上界, 但 $(m_n - 1)/n$ 不是 E 的上界（见习题 5.5.2）. 实际上, 这个整数 m_n 是唯一的（习题 5.5.3）. 我们用 n 来标注 m_n 是为了强调整数 m 依赖于 n 的选取这个事实. 这就给出了一个定义明确的（且唯一的）整数序列 $m_1, m_2, m_3, \cdots$, 其中每个 m_n/n 都是 E 的上界且每个 $(m_n - 1)/n$ 都不是 E 的上界.

现在设 $N \geqslant 1$ 是一个正整数, 并设 $n, n' \geqslant N$ 是大于或等于 N 的整数, 因为 m_n/n 是 E 的上界而 $(m_{n'} - 1)/n'$ 不是, 所以一定有 $\frac{m_n}{n} > \frac{m_{n'} - 1}{n'}$.（为什么?）经过少量的代数运算得

$$\frac{m_n}{n} - \frac{m_{n'}}{n'} \geqslant -\frac{1}{n'} \geqslant -\frac{1}{N}.$$

类似地, 因为 $m_{n'}/n'$ 是 E 的上界而 $(m_n - 1)/n$ 不是, 所以有 $\frac{m_{n'}}{n'} > \frac{m_n - 1}{n}$, 从而

$$\frac{m_n}{n} - \frac{m_{n'}}{n'} \leqslant \frac{1}{n} \leqslant \frac{1}{N}.$$

把上述两个式子合并在一起得

$$\left|\frac{m_n}{n} - \frac{m_{n'}}{n'}\right| \leqslant \frac{1}{N} \text{ 对所有的 } n, n' \geqslant N \geqslant 1 \text{ 均成立.}$$

这意味着 $\left(\frac{m_n}{n}\right)_{n=1}^{\infty}$ 是一个柯西序列（习题 5.5.4）. 由于 $\frac{m_n}{n}$ 是一个有理数, 因此我们现在可以定义实数 S 为

$$S = \mathrm{LIM}_{n\to\infty} \frac{m_n}{n}.$$

利用习题 5.3.5 我们推导出

$$S = \mathrm{LIM}_{n\to\infty} \frac{m_n - 1}{n}.$$

为完成本定理的证明, 我们需要证明 S 是 E 的最小上界. 首先我们证明它是一个上界. 设 x 是 E 中任意一个元素, 由于 m_n/n 是 E 的一个上界, 因此 $x \leqslant m_n/n$ 对所有的 $n \geqslant 1$ 均成立. 利用习题 5.4.8, 我们推导出 $x \leqslant \mathrm{LIM}_{n\to\infty} m_n/n = S$. 于是 S 的确是 E 的一个上界.

现在我们证明它是最小上界. 假设 y 是 E 的一个上界, 根据 $(m_n-1)/n$ 不是 E 的上界, 我们推导出 $y \geqslant (m_n-1)/n$ 对所有的 $n \geqslant 1$ 均成立. 利用习题 5.4.8, 我们推导出 $y \geqslant \mathrm{LIM}_{n\to\infty}(m_n-1)/n = S$. 于是上界 S 小于或等于 E 的每个上界, 从而 S 是 E 的最小上界. □

定义 5.5.10（**上确界**）设 E 是实数集的一个子集, 如果 E 是非空的且存在一个上界, 那么我们定义 $\sup(E)$ 为 E 的最小上界（根据定理 5.5.9 知该定义是明确的）. 我们引入两个符号 ∞ 和 $-\infty$, 如果 E 是非空的且没有上界, 那么我们令 $\sup(E) = \infty$; 如果 E 是空集, 我们令 $\sup(E) = -\infty$. 称 $\sup(E)$ 是 E 的上确界, 也记作 $\sup E$.

注 5.5.11 目前 ∞ 和 $-\infty$ 是无意义的符号. 现在我们还没有关于这些符号的运算, 而且所有涉及实数的结果都不适用于 ∞ 和 $-\infty$, 其原因在于 ∞ 和 $-\infty$ 并非实数. 在 6.2 节中, 我们将把 ∞ 和 $-\infty$ 添加到实数中, 从而构造出广义实数系, 但这个系统使用起来不像实数系那样方便, 因为许多代数定律在该系统中失效了. 例如, 尝试定义 $\infty + (-\infty)$ 并不是一个好主意, 把它定义为 0 会引发一些问题.

现在我们给出一个例子来说明最小上界的性质多么有用.

命题 5.5.12 存在一个正实数 x 使得 $x^2 = 2$.

注 5.5.13 通过比较本结论和命题 4.4.4, 我们发现的确存在某些数是实数但不是有理数. 本命题的证明过程同样说明有理数集 $\mathbb{Q}$ 不满足最小上界性质, 否则我们就可以利用这个性质在 $\mathbb{Q}$ 中构造 2 的平方根. 但根据命题 4.4.4 知这是不

可能的.

证明 设 E 是集合 $\{y \in \mathbb{R} : y \geqslant 0 \text{ 且 } y^2 < 2\}$，那么 E 是由平方值小于 2 的全体非负实数构成的集合. 我们观察到，2 是 E 的一个上界（因为如果 $y > 2$，那么 $y^2 > 4 > 2$，从而 $y \notin E$），同时 E 是非空的（譬如，1 是 E 的一个元素）. 于是根据最小上界性质知，存在一个实数 $x = \sup(E)$ 是 E 的最小上界，因此 x 大于或等于 1（因为 $1 \in E$）且小于或等于 2（因为 2 是 E 的一个上界）. 所以 x 是正的. 现在我们证明 $x^2 = 2$.

利用反证法. 我们要证明 $x^2 < 2$ 和 $x^2 > 2$ 都会导致矛盾产生. 首先假设 $x^2 < 2$，设 $0 < \varepsilon < 1$ 是一个较小的正数，由于 $x \leqslant 2$ 且 $\varepsilon^2 \leqslant \varepsilon$，因此

$$(x+\varepsilon)^2 = x^2 + 2\varepsilon x + \varepsilon^2 \leqslant x^2 + 4\varepsilon + \varepsilon = x^2 + 5\varepsilon.$$

因为 $x^2 < 2$，所以我们可以选取一个 $0 < \varepsilon < 1$ 使得 $x^2 + 5\varepsilon < 2$，于是 $(x+\varepsilon)^2 < 2$. 根据 E 的构造知 $x + \varepsilon \in E$，但这与 x 是 E 的一个上界相矛盾.

现在假设 $x^2 > 2$，设 $0 < \varepsilon < 1$ 是一个较小的正数，那么由 $x \leqslant 2$ 和 $\varepsilon^2 \geqslant 0$ 得

$$(x-\varepsilon)^2 = x^2 - 2\varepsilon x + \varepsilon^2 \geqslant x^2 - 2\varepsilon x \geqslant x^2 - 4\varepsilon.$$

由于 $x^2 > 2$，因此我们可以选取一个 $0 < \varepsilon < 1$ 使得 $x^2 - 4\varepsilon > 2$，从而 $(x-\varepsilon)^2 > 2$，但是这意味着 $x - \varepsilon \geqslant y$ 对所有的 $y \in E$ 均成立（为什么？如果 $x - \varepsilon < y$，那么 $(x - \varepsilon)^2 < y^2 \leqslant 2$，显然这里出现了矛盾）. 因此 $x - \varepsilon$ 是 E 的一个上界，这与 x 是 E 的最小上界相矛盾. 根据这两个矛盾，我们得到 $x^2 = 2$，这就是要证明的结论. □

注 5.5.14 在第 6 章中，我们将利用最小上界性质来构建极限理论，这使我们可以做更多的事情而不只是求平方根.

注 5.5.15 我们当然还可以讨论集合 E 的下界及最大下界. 集合 E 的最大下界也被称为 E 的下确界[①]，记作 $\inf(E)$ 或 $\inf E$. 关于上确界的每个讨论都相应地存在一个关于下确界的讨论，而且我们通常把这些命题留给读者. 上确界和下确界之间确切的关联在习题 5.5.1 中给出，同时参见 6.2 节.

[①] 上确界（supremum）意味着"最高的（highest）"，下确界（infimum）意味着"最低的（lowest）"，它们的复数形式分别为 suprema 和 infima. 上确界指的是"上面的（superior）"，下确界指的是"下面的（inferior）"，就像最大值（maximum）指的是"大的（major）"，最小值（minimum）指的是"小的（minor）". 它们的词根分别是表示上面（above）的"super"和表示下面（below）的"infer"（这种用法仅限于少数罕见的英语词汇，如"infernal"，在英语中，拉丁语前缀"sub"在绝大多数情况下取代了"infer"）.

习　题

5.5.1 设 E 是实数集 $\mathbb{R}$ 的一个子集，并假设 E 的最小上界是实数 M，即 $M = \sup(E)$. 设 $-E$ 表示集合

$$-E = \{-x : x \in E\}.$$

证明：$-M$ 是 $-E$ 的最大下界，即 $-M = \inf(-E)$.

5.5.2 设 E 是 $\mathbb{R}$ 的一个非空子集，$n \geqslant 1$ 是一个整数，并设 $L < K$ 是两个整数，假设 K/n 是 E 的一个上界，但是 L/n 不是 E 的上界，不使用定理 5.5.9 证明：存在一个整数 $L < m \leqslant K$ 使得 m/n 是 E 的一个上界，但 $(m-1)/n$ 不是 E 的上界.（提示：利用反证法证明，并使用归纳法. 对这种情形采用作图的方法可能也会有帮助.）

5.5.3 设 E 是 $\mathbb{R}$ 的一个非空子集，$n \geqslant 1$ 是一个整数，并设 m 和 m' 是具有下列性质的整数：m/n 和 m'/n 都是 E 的上界，但 $(m-1)/n$ 和 $(m'-1)/n$ 都不是 E 的上界. 证明：$m = m'$. 这说明在习题 5.5.2 中构造的整数 m 是唯一的.（提示：同样，作图会有帮助.）

5.5.4 设 $q_1, q_2, q_3, \cdots$ 是一个有理数序列，并且该序列满足：只要 $M \geqslant 1$ 是一个整数且 $n, n' \geqslant M$，就有 $|q_n - q_{n'}| \leqslant \frac{1}{M}$. 证明：$q_1, q_2, q_3, \cdots$ 是一个柯西序列. 另外，若 $S = \mathrm{LIM}_{n \to \infty} q_n$，证明：$|q_M - S| \leqslant \frac{1}{M}$ 对每个 $M \geqslant 1$ 均成立.（提示：利用推论 5.4.10 或习题 5.4.8.）

5.5.5 构造一个类似于命题 5.4.14 的命题，其中命题 5.4.14 中的"有理数"被替换成"无理数".

5.6　实数的指数运算（第 I 部分）

在 4.3 节中，我们定义了指数运算 x^n，其中 x 是有理数且 n 是自然数，或者 x 是不为零的有理数且 n 是整数. 既然有了实数上的所有算术运算（而且命题 5.4.7 保证了有理数的算术性质对实数仍然成立），那么我们就可以类似地定义实数的指数运算.

定义 5.6.1（**实数的自然数次幂**）设 x 是一个实数，为了把 x 升到 0 次幂，我们定义 $x^0 = 1$. 现在递归地假设对某个自然数 n 已经定义了 x^n，那么我们定义 $x^{n+1} = x^n \times x$.

定义 5.6.2（**实数的整数次幂**）设 x 是一个非零实数，那么对任意的负整数 $-n$，我们定义 $x^{-n} = 1/x^n$.

这些定义显然与前面给出的有理数的指数运算的定义是一致的. 于是我们能够断定：

命题 5.6.3 把命题 4.3.10 和命题 4.3.12 中的有理数 x 和 y 替换成实数 x 和 y 之后，这两个命题中的所有性质依然成立.

我们不给出这个命题的实际证明，而是给出一个元证明（这是一种追求证明自身的本质而非实数和有理数本质的论证）.

元证明　通过观察命题 4.3.10 和命题 4.3.12 的证明过程, 我们能够看到, 它们依赖于有理数的代数定律和序的定律 (命题 4.2.4 和命题 4.2.9). 但是根据命题 5.3.11、命题 5.4.7 及恒等式 $xx^{-1} = x^{-1}x = 1$, 我们了解到所有这些代数定律和序的定律对实数仍然是成立的, 就如同对有理数成立一样. 于是为了使 x 和 y 为实数时结论仍然成立, 我们可以修改命题 4.3.10 和命题 4.3.12 的证明过程. $\Box$

现在我们考虑非整数次幂的指数运算. 我们从 n 次方根的概念开始, 这个概念可以利用上确界来定义.

定义 5.6.4　设 $x \geqslant 0$ 是一个非负实数, 并且 $n \geqslant 1$ 是一个正整数, 我们定义 $x^{1/n}$ (也称作 x 的 n 次方根) 为

$$x^{1/n} = \sup\{y \in \mathbb{R} : y \geqslant 0 \text{ 且 } y^n \leqslant x\}.$$

我们一般把 $x^{1/2}$ 写作 $\sqrt{x}$.

注意, 我们不定义负数的 n 次方根. 实际上, 本书剩余部分也不会定义负数的 n 次方根 (只有定义了复数, 我们才可以定义负数的 n 次方根, 但我们不会涉及这些内容).

引理 5.6.5 (n 次方根的存在性)　设 $x \geqslant 0$ 是一个非负实数, 并且 $n \geqslant 1$ 是一个正整数, 那么集合 $E = \{y \in \mathbb{R} : y \geqslant 0 \text{ 且 } y^n \leqslant x\}$ 是非空的且是有上界的. 特别地, $x^{1/n}$ 是一个实数.

证明　由于集合 E 中包含 0, (为什么?) 因此它确实是非空的. 现在我们证明它存在一个上界, 分成两种情况: $x \leqslant 1$ 和 $x > 1$ 来考虑. 首先考虑 $x \leqslant 1$ 时的情况, 此时我们断定集合 E 是以 1 为上界的. 为了说明这件事, 我们利用反证法, 假设存在一个元素 $y \in E$ 满足 $y > 1$, 那么 $y^n > 1$, (为什么?) 从而 $y^n > x$, 显然这里出现了矛盾. 因此 E 存在一个上界. 现在考虑 $x > 1$ 时的情况, 此时我们断定集合 E 是以 x 为上界的. 为了得出该结论, 我们利用反证法, 假设存在一个元素 $y \in E$ 满足 $y > x$. 因为 $x > 1$, 所以 $y > 1$. 由于 $y > x$ 且 $y > 1$, 因此 $y^n > x$, (为什么?) 显然这里出现了矛盾. 于是在上述两种情况下, E 都是有上界的, 从而 $x^{1/n}$ 是实数. $\Box$

下面我们列出 n 次方根的一些基本性质.

引理 5.6.6　设 $x, y \geqslant 0$ 是非负实数, 并且 $n, m \geqslant 1$ 是正整数.

(a) 如果 $y = x^{1/n}$, 那么 $y^n = x$.

(b) 反过来, 如果 $y^n = x$, 那么 $y = x^{1/n}$.

(c) $x^{1/n}$ 是一个非负实数. $x^{1/n}$ 是正数, 当且仅当 x 是正数.

(d) $x > y$, 当且仅当 $x^{1/n} > y^{1/n}$.

(e) 如果 $x > 1$，那么 $x^{1/k}$ 是一个关于 k 的减函数，其中 k 的取值范围为正整数. 也就是说，当 $k > l$ 时，$x^{1/k} < x^{1/l}$. 如果 $0 < x < 1$，那么 $x^{1/k}$ 是一个关于 k 的增函数（当 $k > l$ 时，$x^{1/k} > x^{1/l}$）. 如果 $x = 1$，那么对所有的 k 均有 $x^{1/k} = 1$.

(f) $(xy)^{1/n} = x^{1/n} y^{1/n}$.

(g) $(x^{1/n})^{1/m} = x^{1/nm}$.

证明　参见习题 5.6.1.　　　　　　　　　　　　　　　　　　　　　$\square$

善于观察的读者可能会注意到，当 $x = 1$ 时，这里 $x^{1/n}$ 的定义与我们前面给出的 x^n 的概念可能不一致，但容易证明 $x^{1/1} = x = x^1$，（为什么?）所以并不存在不一致的情况.

从引理 5.6.6(b) 中推导出的一个结论可以证明命题 4.3.12(c) 和命题 5.6.3 中的消去律：如果 y 和 z 是正的且 $y^n = z^n$，那么 $y = z$. （为什么这个结论是从引理 5.6.6(b) 中推导出的?）注意，这个消去律仅当 y 和 z 都为正数时才成立. 例如，$(-3)^2 = 3^2$，但我们不能由此推断 $-3 = 3$.

现在我们定义如何把一个正数 x 升到有理数 q 次幂.

定义 5.6.7　设 $x > 0$ 是一个正实数，q 是一个有理数，为了定义 x^q，我们记 $q = a/b$，其中 a 是整数且 b 是正整数，并定义

$$x^q = (x^{1/b})^a.$$

注意，每个有理数 q 不管是正的、负的还是零，都可以写成一个整数 a 和一个正整数 b 之比的形式 a/b. （为什么?）但是形式为 a/b 的有理数 q 的表达式不止一种，如 $1/2$ 也可以写成 $2/4$ 或 $3/6$. 于是为了保证这个定义是明确的，我们需要证明不同的表达式 a/b 给出的 x^q 的公式是相同的.

引理 5.6.8　设 a 和 a' 是整数，b 和 b' 是正整数，并且满足 $a/b = a'/b'$，设 x 是一个正实数，那么我们有 $(x^{1/b'})^{a'} = (x^{1/b})^a$.

证明　存在三种情况：$a = 0$、$a > 0$ 和 $a < 0$. 如果 $a = 0$，那么一定有 $a' = 0$，（为什么?）从而 $(x^{1/b'})^{a'}$ 和 $(x^{1/b})^a$ 都等于 1，于是结论得证.

现在假设 $a > 0$，那么 $a' > 0$（为什么?）且 $ab' = ba'$. 记 $y = x^{1/(ab')} = x^{1/(ba')}$，根据引理 5.6.6(g)，我们有 $y = (x^{1/b'})^{1/a}$ 和 $y = (x^{1/b})^{1/a'}$. 由引理 5.6.6(a) 得 $y^a = x^{1/b'}$ 和 $y^{a'} = x^{1/b}$. 于是我们有

$$(x^{1/b'})^{a'} = (y^a)^{a'} = y^{aa'} = (y^{a'})^a = (x^{1/b})^a,$$

这就是要证明的结论.

　　最后假设 $a < 0$，那么我们有 $(-a)/b = (-a')/b$. 而 $-a$ 是正的，于是利用前面 $a > 0$ 时的情况，我们有 $(x^{1/b'})^{-a'} = (x^{1/b})^{-a}$. 对该等式两端同时取倒数就得到了要证明的结论.　　　　　　　　　　　　　　　　　　　　　□

　　因此，对任意的有理数 q，x^q 都是定义明确的. 注意，这个新定义与我们给出的 $x^{1/n}$ 的旧定义是一致的，（为什么？）而且它与我们给出的 x^n 的旧定义也是一致的.（为什么？）

　　有理数次幂的一些基本事实如下.

　　引理 5.6.9　设 $x, y > 0$ 是正实数，且 q 和 r 是有理数.

(a) x^q 是一个正实数.

(b) $x^{q+r} = x^q x^r$ 且 $(x^q)^r = x^{qr}$.

(c) $x^{-q} = 1/x^q$.

(d) 如果 $q > 0$，那么 $x > y$，当且仅当 $x^q > y^q$.

(e) 如果 $x > 1$，那么 $x^q > x^r$，当且仅当 $q > r$. 如果 $x < 1$，那么 $x^q > x^r$，当且仅当 $q < r$.

(f) $(xy)^q = x^q y^q$.

　　证明　参见习题 5.6.2.　　　　　　　　　　　　　　　　　　　　　□

　　我们还必须给出实数次幂的指数运算. 换句话说，我们还必须定义 x^y，其中 $x > 0$ 且 y 是一个实数. 但我们把这部分内容推迟到 6.7 节，在我们正式给出极限的概念之后.

　　在本书剩余的部分中，我们假定实数遵守所有常用的代数定律、序的定律及指数运算的定律.

习　　题

5.6.1 证明引理 5.6.6.（提示：回顾命题 5.5.12 的证明过程. 同时你将发现反证法是一个有用的证明工具，特别是把它与命题 5.4.7 中序的三歧性及命题 5.4.12 结合起来的时候. 引理前面的部分可以用来证明引理后面的部分. 对于 (e)，首先证明当 $x > 1$ 时 $x^{1/n} > 1$，以及当 $x < 1$ 时 $x^{1/n} < 1$.）

5.6.2 证明引理 5.6.9.（提示：主要利用引理 5.6.6 和代数定律.）

5.6.3 设 x 是一个实数，n 是一个偶数（因此存在某个自然数 m，使得 $n = 2m$），证明 $x^n \geqslant 0$.

5.6.4 设 x 是一个实数，证明 $|x| = (x^2)^{1/2}$.

5.6.5 设 x 和 y 均为正实数，并且 $q \geqslant 1$ 是一个正有理数，证明：$\max(x^q, y^q) = \max(x, y)^q$ 且 $\min(x^q, y^q) = \min(x, y)^q$，其中 $\min$ 和 $\max$ 在习题 5.4.9 中给出了定义. 如果令 $q < 1$，那么上述结果是否仍然成立？

第 6 章   序列的极限

6.1   收敛和极限定律

在第 5 章中，我们把实数定义为有理数（柯西）序列的形式极限，进而又定义了实数上的各种运算. 但是，与构造整数（最终用实际差代替了形式差）和有理数（最终用实际商代替了形式商）时所做的工作不同，我们还没有真正完成构造实数的任务，因为我们从未用真正的极限 $\lim_{n\to\infty} a_n$ 来代替形式极限 $\mathrm{LIM}_{n\to\infty} a_n$. 事实上，我们根本还不曾定义极限. 现在我们就来修正这件事.

我们从再次重述 ε-接近序列的主要结构开始，但这次我们针对的是实数序列而不是有理数序列. 因此这次讨论将取代第 5 章中所做的相关讨论. 首先，我们定义实数的距离.

定义 6.1.1（**两个实数间的距离**）给定两个实数 x 和 y，我们定义它们的距离 $d(x,y)$ 为 $d(x,y) = |x-y|$.

这个定义显然与定义 4.3.2 是一致的. 另外，命题 4.3.3 对实数仍然成立，就像对有理数成立一样，因为实数遵守所有关于有理数的代数定律.

定义 6.1.2（**ε-接近的实数**）设 $\varepsilon > 0$ 是一个实数，我们称实数 x 和 y 是 ε-接近的，当且仅当 $d(y,x) \leqslant \varepsilon$.

同样，这个 ε-接近的定义显然与定义 4.3.4 是一致的.

现在设 $(a_n)_{n=m}^{\infty}$ 是一个实数序列，即我们对每个整数 $n \geqslant m$ 都指定了一个实数 a_n. 初始指标 m 是一个整数，它通常为 1，但在有些情况下，我们会从某个不为 1 的指标开始（选取什么样的标签作为序列指标并不重要. 例如，我们可以使用 $(a_k)_{k=m}^{\infty}$，它与 $(a_n)_{n=m}^{\infty}$ 代表同一个序列）. 我们可以按照与前面一样的方式来定义柯西序列.

定义 6.1.3（**实数的柯西序列**）设 $\varepsilon > 0$ 是一个实数，从某个整数指标 N 开始的实数序列 $(a_n)_{n=N}^{\infty}$ 是 ε-稳定的，当且仅当对任意的 $j, k \geqslant N$，a_j 和 a_k 都是 ε-接近的. 从某个整数指标 m 开始的序列 $(a_n)_{n=m}^{\infty}$ 是最终 ε-稳定的，当且仅当存在一个 $N \geqslant m$ 使得 $(a_n)_{n=N}^{\infty}$ 是 ε-稳定的. 我们称 $(a_n)_{n=m}^{\infty}$ 是一个柯西序列，当且仅当对每个 $\varepsilon > 0$，该序列都是最终 ε-稳定的.

换句话说，如果对每个实数 $\varepsilon > 0$ 都存在一个 $N \geqslant m$ 使得 $|a_n - a_{n'}| \leqslant \varepsilon$ 对所有的 $n, n' \geqslant N$ 都成立，那么实数序列 $(a_n)_{n=m}^{\infty}$ 是一个柯西序列．这些定义与有理数上的相关定义（定义 5.1.3、定义 5.1.6 和定义 5.1.8）是一致的，尽管在证明柯西序列一致性的时候需要更小心些．

命题 6.1.4　设 $(a_n)_{n=m}^{\infty}$ 是从某个整数指标 m 开始的有理数序列，那么 $(a_n)_{n=m}^{\infty}$ 是定义 5.1.8 意义下的柯西序列，当且仅当它是定义 6.1.3 意义下的柯西序列．

证明　首先假设 $(a_n)_{n=m}^{\infty}$ 是定义 6.1.3 意义下的柯西序列，那么对每个实数 $\varepsilon > 0$，该序列都是最终 ε-稳定的．特别地，对每个有理数 $\varepsilon > 0$，它都是最终 ε-稳定的，这使得 $(a_n)_{n=m}^{\infty}$ 是定义 5.1.8 意义下的柯西序列．

现在假设 $(a_n)_{n=m}^{\infty}$ 是定义 5.1.8 意义下的柯西序列，那么对每个有理数 $\varepsilon > 0$，该序列都是最终 ε-稳定的．如果 $\varepsilon > 0$ 是一个实数，那么根据命题 5.4.12 知，存在一个比 ε 小的有理数 $\varepsilon' > 0$．由于 ε' 是有理数，因此 $(a_n)_{n=m}^{\infty}$ 是最终 ε'-稳定的．因为 $\varepsilon' < \varepsilon$，所以 $(a_n)_{n=m}^{\infty}$ 是最终 ε-稳定的．又因为 ε 是一个任意的正实数，所以我们有 $(a_n)_{n=m}^{\infty}$ 是定义 6.1.3 意义下的柯西序列．　□

正是因为有了这个命题，我们不再考虑定义 5.1.8 和定义 6.1.3 之间的区别，而且我们把柯西序列看作一个统一的概念．

现在我们讨论实数序列收敛于某个极限 L 是什么意思．

定义 6.1.5（序列的收敛）　设 $\varepsilon > 0$ 是一个实数，并且 L 也是一个实数，实数序列 $(a_n)_{n=N}^{\infty}$ 是 ε-接近于 L 的，当且仅当对任意的 $n \geqslant N$，a_n 都是 ε-接近于 L 的，即 $|a_n - L| \leqslant \varepsilon$ 对任意的 $n \geqslant N$ 均成立．我们称序列 $(a_n)_{n=m}^{\infty}$ 是最终 ε-接近于 L 的，当且仅当存在一个 $N \geqslant m$ 使得 $(a_n)_{n=N}^{\infty}$ 是 ε-接近于 L 的．我们称序列 $(a_n)_{n=m}^{\infty}$ 收敛于 L，当且仅当对每个实数 $\varepsilon > 0$，该序列都是最终 ε-接近于 L 的．

我们可以把这里所有的定义都展开，并且更直接地写出收敛的概念，参见习题 6.1.2．

例 6.1.6　序列

$$0.9,\ 0.99,\ 0.999,\ 0.9999,\ \cdots$$

是 0.1-接近于 1 的，但不是 0.01-接近于 1 的，原因在于序列中的第一个数 0.9．然而这个序列是最终 0.01-接近于 1 的．事实上，对每个实数 $\varepsilon > 0$，该序列都是最终 ε-接近于 1 的，从而该序列收敛于 1．

命题 6.1.7（极限的唯一性）　设 $(a_n)_{n=m}^{\infty}$ 是从某个整数指标 m 开始的实数序列，并设 L 和 L' 是两个不同的实数，那么 $(a_n)_{n=m}^{\infty}$ 不可能同时收敛于 L 和 L'．

证明 为了推导出矛盾, 我们假设 $(a_n)_{n=m}^\infty$ 同时收敛于 L 和 L', 设 $\varepsilon = |L - L'|/3$. 注意, 因为 $L \neq L'$, 所以 ε 是正的. 由 $(a_n)_{n=m}^\infty$ 收敛于 L 知 $(a_n)_{n=m}^\infty$ 是最终 ε-接近于 L 的, 于是存在一个 $N \geqslant m$ 使得 $d(a_n, L) \leqslant \varepsilon$ 对所有的 $n \geqslant N$ 均成立. 类似地, 存在一个 $M \geqslant m$ 使得 $d(a_n, L') \leqslant \varepsilon$ 对所有的 $n \geqslant M$ 均成立. 特别地, 如果令 $n = \max(N, M)$, 那么有 $d(a_n, L) \leqslant \varepsilon$ 和 $d(a_n, L') \leqslant \varepsilon$, 于是根据三角不等式得 $d(L, L') \leqslant 2\varepsilon = 2|L - L'|/3$. 我们有 $|L - L'| \leqslant 2|L - L'|/3$, 这与 $|L - L'| > 0$ 相矛盾. 因此, 该序列不可能同时收敛于 L 和 L'. □

既然极限是唯一的, 那么我们可以给出一个符号来指定它.

定义 6.1.8 (序列的极限) 如果序列 $(a_n)_{n=m}^\infty$ 收敛于某个实数 L, 那么我们称 $(a_n)_{n=m}^\infty$ 是收敛的, 并且它的极限是 L. 我们用下式来表述这个事实:

$$L = \lim_{n \to \infty} a_n.$$

如果序列 $(a_n)_{n=m}^\infty$ 不收敛于任何实数 L, 那么我们称序列 $(a_n)_{n=m}^\infty$ 是发散的, 并且 $\lim_{n \to \infty} a_n$ 是无定义的.

注意, 命题 6.1.7 保证了一个序列最多有一个极限. 于是, 如果极限存在, 那么它就是唯一的实数, 否则它就是无定义的.

注 6.1.9 符号 $\lim_{n \to \infty} a_n$ 没有给出任何有关序列的初始指标 m 的信息, 而初始指标与极限是毫无关系的 (习题 6.1.3). 于是在剩下的讨论中, 我们不会过多关心这些序列是从哪里开始的, 我们将把大部分注意力集中在它们的极限上.

有时我们用 "当 $n \to \infty$ 时, $a_n \to x$" 代替 "$(a_n)_{n=m}^\infty$ 收敛于 x". 记住, 单独说 "$n \to \infty$" 和 "$a \to x$" 是没有任何严格意义的. 这只是一种习惯记法, 不过非常具有启发作用.

注 6.1.10 具体选取什么样的字母来表示指标 (在我们的情况下, 字母为 n) 是无关紧要的. 譬如, $\lim_{n \to \infty} a_n$ 与 $\lim_{k \to \infty} a_k$ 具有相同的含义. 有时更换代表指标的字母可以很方便地避免记号产生冲突. 例如, 我们或许希望把 n 更换为 k, 原因在于此时 n 被用于其他某种目的了, 并且我们希望减少混淆状况的发生, 参见习题 6.1.4.

作为极限的一个例子, 我们给出:

命题 6.1.11 我们有 $\lim_{n \to \infty} 1/n = 0$.

证明 我们必须证明序列 $(a_n)_{n=1}^\infty$ 收敛于 0, 其中 $a_n = 1/n$. 换言之, 对每个 $\varepsilon > 0$, 我们需要证明序列 $(a_n)_{n=1}^\infty$ 是最终 ε-接近于 0 的. 于是设 $\varepsilon > 0$ 是一个任意的实数, 我们必须找到一个 N 使得 $|a_n - 0| \leqslant \varepsilon$ 对任意的 $n \geqslant N$ 均成立.

如果 $n \geqslant N$，那么

$$|a_n - 0| = |1/n - 0| = 1/n \leqslant 1/N.$$

于是，如果我们取 $N > 1/\varepsilon$（这个结果可以利用阿基米德性质得到），那么 $1/N < \varepsilon$，从而 $(a_n)_{n=N}^{\infty}$ 是 ε-接近于 0 的，因此 $(a_n)_{n=1}^{\infty}$ 是最终 ε-接近于 0 的. 由于 ε 是任意取的，因此 $(a_n)_{n=1}^{\infty}$ 收敛于 0.   □

命题 6.1.12（收敛序列是柯西序列） 假设 $(a_n)_{n=m}^{\infty}$ 是一个收敛的实数序列，那么 $(a_n)_{n=m}^{\infty}$ 也是一个柯西序列.

证明 参见习题 6.1.5.   □

例 6.1.13 序列 $1, -1, 1, -1, 1, -1, \cdots$ 不是柯西序列（因为它不是最终 1-稳定的），从而根据命题 6.1.12 知它不是收敛序列.

注 6.1.14 命题 6.1.12 的逆命题参见定理 6.4.18.

现在我们证明形式极限能够被真正的极限取代，正如当构造出整数时形式差被真正的差取代，当构造出有理数时形式商被真正的商取代.

命题 6.1.15（形式极限是真正的极限） 假设 $(a_n)_{n=1}^{\infty}$ 是有理数的一个柯西序列，那么 $(a_n)_{n=1}^{\infty}$ 收敛于 $\mathrm{LIM}_{n\to\infty} a_n$，即

$$\mathrm{LIM}_{n\to\infty} a_n = \lim_{n\to\infty} a_n.$$

证明 参见习题 6.1.6.   □

定义 6.1.16（有界序列） 实数序列 $(a_n)_{n=m}^{\infty}$ 以实数 M 为界，当且仅当 $|a_n| \leqslant M$ 对所有的 $n \geqslant m$ 均成立. 我们称 $(a_n)_{n=m}^{\infty}$ 是有界的，当且仅当存在某个实数 $M > 0$ 使得该序列以 M 为界.

这个定义与定义 5.1.12 是一致的，参见习题 6.1.7.

回顾引理 5.1.15 知，每个有理数的柯西序列都是有界的. 通过观察引理 5.1.15 的证明过程知，对实数也有同样的结论：每个实数的柯西序列都是有界的. 特别地，从命题 6.1.12 中我们得到如下推论.

推论 6.1.17 每个收敛的实数序列都是有界的.

例 6.1.18 序列 $1, 2, 3, 4, 5, \cdots$ 是无界的，从而它是不收敛的.

现在我们可以证明常用的极限定律.

定理 6.1.19（极限定律） 设 $(a_n)_{n=m}^{\infty}$ 和 $(b_n)_{n=m}^{\infty}$ 都是收敛的实数序列，并设 x 和 y 分别为实数 $x = \lim_{n\to\infty} a_n$ 和 $y = \lim_{n\to\infty} b_n$.

(a) 序列 $(a_n + b_n)_{n=m}^{\infty}$ 收敛于 $x + y$, 即

$$\lim_{n \to \infty}(a_n + b_n) = \lim_{n \to \infty} a_n + \lim_{n \to \infty} b_n.$$

(b) 序列 $(a_n b_n)_{n=m}^{\infty}$ 收敛于 xy, 即

$$\lim_{n \to \infty}(a_n b_n) = (\lim_{n \to \infty} a_n)(\lim_{n \to \infty} b_n).$$

(c) 对任意的实数 c, 序列 $(ca_n)_{n=m}^{\infty}$ 收敛于 cx, 即

$$\lim_{n \to \infty}(ca_n) = c \lim_{n \to \infty} a_n.$$

(d) 序列 $(a_n - b_n)_{n=m}^{\infty}$ 收敛于 $x - y$, 即

$$\lim_{n \to \infty}(a_n - b_n) = \lim_{n \to \infty} a_n - \lim_{n \to \infty} b_n.$$

(e) 假设 $y \neq 0$, 并且对所有的 $n \geqslant m$ 都有 $b_n \neq 0$, 那么序列 $(b_n^{-1})_{n=m}^{\infty}$ 收敛于 y^{-1}, 即

$$\lim_{n \to \infty} b_n^{-1} = (\lim_{n \to \infty} b_n)^{-1}.$$

(f) 假设 $y \neq 0$, 并且对所有的 $n \geqslant m$ 都有 $b_n \neq 0$, 那么序列 $(a_n/b_n)_{n=m}^{\infty}$ 收敛于 x/y, 即

$$\lim_{n \to \infty} \frac{a_n}{b_n} = \frac{\lim_{n \to \infty} a_n}{\lim_{n \to \infty} b_n}.$$

(g) 序列[①]$(\max(a_n, b_n))_{n=m}^{\infty}$ 收敛于 $\max(x, y)$, 即

$$\lim_{n \to \infty} \max(a_n, b_n) = \max(\lim_{n \to \infty} a_n, \lim_{n \to \infty} b_n).$$

(h) 序列 $(\min(a_n, b_n))_{n=m}^{\infty}$ 收敛于 $\min(x, y)$, 即

$$\lim_{n \to \infty} \min(a_n, b_n) = \min(\lim_{n \to \infty} a_n, \lim_{n \to \infty} b_n).$$

证明 参见习题 6.1.8. □

习 题

6.1.1 设 $(a_n)_{n=0}^{\infty}$ 是一个实数序列, 并且满足 $a_{n+1} > a_n$ 对每个自然数 n 均成立, 证明: 只要 n 和 m 都是自然数且满足 $m > n$, 就有 $a_m > a_n$ (我们把这种序列记作严格递增序列).

6.1.2 设 $(a_n)_{n=m}^{\infty}$ 是一个实数序列, 并且 L 是一个实数, 证明: $(a_n)_{n=m}^{\infty}$ 收敛于 L, 当且仅当对任意给定的实数 $\varepsilon > 0$, 我们都可以找到一个 $N \geqslant m$ 使得 $|a_n - L| \leqslant \varepsilon$ 对所有的 $n \geqslant N$ 均成立.

6.1.3 设 $(a_n)_{n=m}^{\infty}$ 是一个实数序列, c 是一个实数, 并且 $m' \geqslant m$ 是一个整数, 证明: $(a_n)_{n=m}^{\infty}$ 收敛于 c, 当且仅当 $(a_n)_{n=m'}^{\infty}$ 收敛于 c.

6.1.4 设 $(a_n)_{n=m}^{\infty}$ 是一个实数序列, c 是一个实数, 并且 $k \geqslant 0$ 是一个非负整数, 证明: $(a_n)_{n=m}^{\infty}$ 收敛于 c, 当且仅当 $(a_{n+k})_{n=m}^{\infty}$ 收敛于 c.

---

① min 和 max 的定义在习题 5.4.9 中给出.

6.1.5 证明命题 6.1.12.（提示：利用三角不等式或者命题 4.3.7.）

6.1.6 利用下述框架证明命题 6.1.15：设 $(a_n)_{n=1}^\infty$ 是一个有理数的柯西序列，并记 $L = \mathrm{LIM}_{n\to\infty} a_n$，我们必须证明 $(a_n)_{n=1}^\infty$ 收敛于 L. 设 $\varepsilon > 0$，利用反证法，假设序列 $(a_n)_{n=1}^\infty$ 不是最终 ε-接近于 L 的. 利用这一点及 $(a_n)_{n=1}^\infty$ 是柯西序列的事实，证明存在一个 $N \geqslant m$ 使得 $a_n > L + \varepsilon/2$ 对所有的 $n \geqslant N$ 均成立，或者 $a_n < L - \varepsilon/2$ 对所有的 $n \geqslant N$ 均成立，然后利用习题 5.4.8.

6.1.7 证明定义 6.1.16 与定义 5.1.12 是一致的（证明一个与命题 6.1.4 类似的结论，其中命题 6.1.4 中的柯西序列被替换成了有界序列）.

6.1.8 证明定理 6.1.19.（提示：你可以利用定理中的某些部分证明其他部分，例如，(b) 可以用来证明 (c)；(a) 和 (c) 可以用来证明 (d)；(b) 和 (e) 可以用来证明 (f). 其证明类似于引理 5.3.6、命题 5.3.10 及引理 5.3.15 的证明. 对于 (e)，你可能首先需要证明一个辅助的结果：如果一个序列的所有元素都不为零，并且该序列收敛于一个非零极限，那么这个序列是远离 0 的.）

6.1.9 解释为什么当分母的极限为 0 时，定理 6.1.19(f) 不成立（为了解决这个问题，需要用到洛必达法则，参见 10.5 节）.

6.1.10 证明：当把定义 5.2.6 中的 ε 由正有理数替换成正实数时，等价的柯西序列这一概念不发生任何改变. 更准确地说，如果 $(a_n)_{n=0}^\infty$ 和 $(b_n)_{n=0}^\infty$ 都是实数序列，证明：对每个有理数 $\varepsilon > 0$，$(a_n)_{n=0}^\infty$ 和 $(b_n)_{n=0}^\infty$ 都是最终 ε-接近的，当且仅当对每个实数 $\varepsilon > 0$ 它们都是最终 ε-接近的.（提示：修改命题 6.1.4 的证明过程.）

6.2 广义实数系

存在这样一些序列，它们不收敛于任何实数但趋向收敛于 ∞ 或 $-\infty$. 例如，从直观上看，序列

$$1, 2, 3, 4, 5, \cdots$$

好像应该收敛于 ∞，序列

$$-1, -2, -3, -4, -5, \cdots$$

应收敛于 $-\infty$. 同时，序列

$$1, -1, 1, -1, 1, -1, \cdots$$

貌似不会收敛于任何数（尽管我们稍后将看到，这个序列的确有 $+1$ 和 -1 两个"极限点"，参见下文）. 类似地，序列

$$1, -2, 3, -4, 5, -6, \cdots$$

不收敛于任何实数，而且它也不会收敛于 ∞ 和 $-\infty$. 为了更准确地阐述这件事，我们需要讨论广义实数系.

定义 6.2.1（广义实数系） 附加上两个元素 ∞ 和 $-\infty$ 的实直线 $\mathbb{R}$ 就是广义实数系 $\mathbb{R}^*$，其中 ∞ 和 $-\infty$ 彼此不相同，并且它们与每个实数都不相同. 广义实数 x 是有限的，当且仅当它是一个实数；广义实数 x 是无限的，当且仅当它等于 ∞ 或 $-\infty$（这个定义与 3.6 节中的有限集和无限集的概念没有直接关系，尽管它们在内涵上是相似的）.

目前 ∞ 和 $-\infty$ 这两个新符号没有多少意义，因为我们还没有给出它们的运算（除了等于 "$=$" 和不等于 "$\neq$"）. 与这里考虑的其他数学概念一样，∞ 和 $-\infty$ 的精确构造并不重要，但若有需要我们可以（根据习题 3.2.2）令 $\infty = \{\mathbb{R}\}$ 且 $-\infty = \{\mathbb{R} \cup \{\infty\}\}$. 现在我们给出广义实数系上的一些运算.

定义 6.2.2（广义实数的负运算） 现在我们通过定义 $-(\infty) = -\infty$ 和 $-(-\infty) = \infty$ 把 $\mathbb{R}$ 上的负运算 $x \mapsto -x$ 推广到 $\mathbb{R}^*$ 上.

每个广义实数 x 都有一个负数，并且 $-(-x)$ 总是等于 x.

定义 6.2.3（广义实数的序） 设 x 和 y 是广义实数，我们称 $x \leqslant y$，即 x 小于或等于 y，当且仅当下列三个命题恰好有一个为真.

(a) x 和 y 都是实数，并且满足 $x \leqslant y$.

(b) $y = \infty$.

(c) $x = -\infty$.

如果 $x \leqslant y$ 且 $x \neq y$，那么我们称 $x < y$. 有时我们把 $x < y$ 写成 $y > x$，并把 $x \leqslant y$ 写成 $y \geqslant x$.

例 6.2.4 $3 \leqslant 5$、$3 < \infty$ 且 $-\infty < \infty$，但 $3 \not\leqslant -\infty$.

广义实数系的序和负运算的一些基本性质如下.

命题 6.2.5 设 x, y, z 是广义实数，那么下列命题为真.

(a)（自反性）$x \leqslant x$.

(b)（三歧性）命题 $x < y$、$x = y$ 和 $x > y$ 中恰好有一个为真.

(c)（传递性）如果 $x \leqslant y$ 且 $y \leqslant z$，那么 $x \leqslant z$.

(d)（负运算使序改变）如果 $x \leqslant y$，那么 $-y \leqslant -x$.

证明 参见习题 6.2.1. □

我们还可以引入广义实数系上的其他运算，比如加法运算和乘法运算等. 但是这样做存在一定的风险，因为几乎能够肯定这些运算是不遵守我们熟知的那些代数定律的. 例如，为了定义加法运算，我们令 $\infty + 5 = \infty$ 及 $\infty + 3 = \infty$ 看起来是合理的（根据我们对无限的直观概念），但这隐含 $\infty + 5 = \infty + 3$，可是

$5 \neq 3$. 因此对于像消去律这样的运算规则，一旦把无限包含到运算中，它们就不再成立. 为了避免这些问题，我们不去定义广义实数系上的任何算术运算，除了负运算和序.

记得我们定义了实数集 E 的上确界或最小上界的概念，它曾给出一个有限或无限的广义实数 $\sup(E)$. 现在我们对这个概念稍作推广.

定义 6.2.6（广义实数集的上确界）设 E 是 $\mathbb{R}^*$ 的一个子集，那么我们根据下列法则来定义 E 的上确界或最小上界 $\sup(E)$.

(a) 如果 E 包含在 $\mathbb{R}$ 中（∞ 和 $-\infty$ 都不是 E 的元素），那么我们按照定义 5.5.10 来确定 $\sup(E)$.

(b) 如果 E 包含 ∞，那么我们令 $\sup(E) = \infty$.

(c) 如果 E 不包含 ∞ 但包含 $-\infty$，那么我们令 $\sup(E) = \sup(E \setminus \{-\infty\})$（$E \setminus \{-\infty\}$ 是 $\mathbb{R}$ 的子集，从而被归入情形 (a)）.

我们还可以定义 E 的下确界 $\inf(E)$（又称为 E 的最大下界）为

$$\inf(E) = -\sup(-E),$$

其中 $-E$ 是集合 $-E = \{-x : x \in E\}$.

例 6.2.7 设 E 是由全体负整数及 $-\infty$ 构成的集合：

$$E = \{-1, -2, -3, -4, \cdots\} \cup \{-\infty\},$$

那么 $\sup(E) = \sup(E \setminus \{-\infty\}) = -1$，而

$$\inf(E) = -\sup(-E) = -(\infty) = -\infty.$$

例 6.2.8 集合 $\{0.9, 0.99, 0.999, 0.9999, \cdots\}$ 有下确界 0.9 和上确界 1. 注意，在本例中，上确界并不属于这个集合，但从某种意义上来说，上确界从右侧"触及"了该集合.

例 6.2.9 集合 $\{1, 2, 3, 4, 5, \cdots\}$ 有下确界 1 和上确界 ∞.

例 6.2.10 设 E 为空集，那么 $\sup(E) = -\infty$ 且 $\inf(E) = \infty$.（为什么？）这是上确界能够小于下确界的唯一情形.（为什么？）

我们可以像下面这样直观地考虑 E 的上确界. 想象这样一条实直线，∞ 以某种方式位于直线的最右端，而 $-\infty$ 以某种方式位于直线的最左端. 想象一下，在 ∞ 处有一个不断向左侧移动的活塞，并且直到遇见集合 E 时它才停止移动，那么这个活塞停下来的地方就是 E 的上确界. 类似地，如果我们想象在 $-\infty$ 处也有一个不断向右侧移动的活塞，并且当它遇见集合 E 时就停止移动，那么这个

活塞停下来的地方就是 E 的下确界. 当 E 为空集时, 上述两个活塞将经过彼此, 从而上确界落在了 $-\infty$ 处, 下确界落在了 ∞ 处.

下面的定理证明了术语 "最小上界" 和 "最大下界" 的合理性.

定理 6.2.11 设 E 是 $\mathbb{R}^*$ 的一个子集, 那么下列命题均为真.

(a) 对每个 $x \in E$ 都有 $x \leqslant \sup(E)$ 和 $x \geqslant \inf(E)$.

(b) 假设 $M \in \mathbb{R}^*$ 是 E 的一个上界, 即 $x \leqslant M$ 对所有的 $x \in E$ 均成立, 那么我们有 $\sup(E) \leqslant M$.

(c) 假设 $M \in \mathbb{R}^*$ 是 E 的一个下界, 即 $x \geqslant M$ 对所有的 $x \in E$ 均成立, 那么我们有 $\inf(E) \geqslant M$.

证明 参见习题 6.2.2. □

习　　题

6.2.1 证明命题 6.2.5.（提示: 你可能会用到命题 5.4.7.）

6.2.2 证明定理 6.2.11.（提示: 你可能要根据 ∞ 和 $-\infty$ 是否属于 E 来分情况考虑. 如果 E 中只包含实数, 那么你当然可以利用定义 5.5.10.）

6.3　序列的上确界和下确界

在定义了实数集的上确界和下确界之后, 现在我们来讨论一下序列的上确界和下确界.

定义 6.3.1（序列的上确界和下确界）设 $(a_n)_{n=m}^{\infty}$ 是一个实数序列, 那么我们定义 $\sup(a_n)_{n=m}^{\infty}$ 为集合 $\{a_n : n \geqslant m\}$ 的上确界, 并定义 $\inf(a_n)_{n=m}^{\infty}$ 为集合 $\{a_n : n \geqslant m\}$ 的下确界.

注 6.3.2 $\sup(a_n)_{n=m}^{\infty}$ 和 $\inf(a_n)_{n=m}^{\infty}$ 有时分别记作 $\sup_{n \geqslant m} a_n$ 和 $\inf_{n \geqslant m} a_n$.

例 6.3.3 设 $a_n = (-1)^n$, 于是 $(a_n)_{n=1}^{\infty}$ 为序列 $-1, 1, -1, 1, \cdots$. 因此集合 $\{a_n : n \geqslant 1\}$ 恰好是双元素集 $\{-1, 1\}$, 从而 $\sup(a_n)_{n=1}^{\infty}$ 等于 1. 类似地, $\inf(a_n)_{n=1}^{\infty}$ 等于 -1.

例 6.3.4 设 $a_n = 1/n$, 于是 $(a_n)_{n=1}^{\infty}$ 是序列 $1, 1/2, 1/3, \cdots$. 因此集合 $\{a_n : n \geqslant 1\}$ 是一个可数集 $\{1, 1/2, 1/3, 1/4, \cdots\}$, 于是 $\sup(a_n)_{n=1}^{\infty} = 1$ 且 $\inf(a_n)_{n=1}^{\infty} = 0$（习题 6.3.1）. 注意, 该序列的下确界事实上并不是序列中的元素, 尽管最终这个下确界与序列非常接近.（所以把上确界和下确界分别看作 "序列中的最大元素" 和 "序列中的最小元素" 是不太准确的.）

例 6.3.5 设 $a_n = n$, 于是 $(a_n)_{n=1}^{\infty}$ 是序列 $1, 2, 3, 4, \cdots$. 因此集合 $\{a_n : n \geqslant 1\}$ 恰好是正整数集 $\{1, 2, 3, 4, \cdots\}$, 于是 $\sup(a_n)_{n=1}^{\infty} = \infty$ 且 $\inf(a_n)_{n=1}^{\infty} = 1$.

正如例 6.3.5 显示的那样, 一个序列的上确界或下确界有可能是 ∞ 或 $-\infty$. 但是如果一个序列 $(a_n)_{n=m}^{\infty}$ 是有界的, 比如说以 M 为界, 那么序列中的任意一个元素 a_n 都介于 $-M$ 和 M 之间, 从而集合 $\{a_n : n \geqslant m\}$ 有上界 M 和下界 $-M$. 由于这个集合明显是非空的, 因此我们能够推导出有界序列的上确界和下确界都是实数 (不是 ∞ 也不是 $-\infty$).

命题 6.3.6（**最小上界性质**） 设 $(a_n)_{n=m}^{\infty}$ 是一个实数序列, 并设 x 是广义实数 $x = \sup(a_n)_{n=m}^{\infty}$, 那么 $a_n \leqslant x$ 对所有的 $n \geqslant m$ 均成立. 只要 $M \in \mathbb{R}^*$ 是 $(a_n)_{n=m}^{\infty}$ 的一个上界 (对所有的 $n \geqslant m$ 均有 $a_n \leqslant M$), 我们就有 $x \leqslant M$. 最后, 对每个满足 $y < x$ 的广义实数 y, 至少存在一个 $n \geqslant m$ 使得 $y < a_n \leqslant x$.

证明 参见习题 6.3.2. □

注 6.3.7 关于下确界存在对应的命题, 但所有的序关系都要颠倒过来. 例如, 所有的上界现在都应改为下界, 等等. 证明过程完全相同.

现在我们给出有关上确界和下确界的一个应用. 在 6.2 节中, 我们看到, 所有收敛序列都是有界的. 我们会很自然地问其逆命题是否也为真: 所有的有界序列都是收敛的吗? 答案是否定的. 例如, 序列 $1, -1, 1, -1, \cdots$ 是有界的, 但它不是柯西序列, 从而也不是收敛序列. 然而, 如果我们给出一个序列, 它既是有界的又是单调的 (递增的或递减的), 那么该序列一定是收敛的.

命题 6.3.8（**单调有界序列收敛**） 设 $(a_n)_{n=m}^{\infty}$ 是一个实数序列, 它存在一个有限的上界 $M \in \mathbb{R}$, 并且它还是单调递增的 (对所有的 $n \geqslant m$ 均有 $a_n \geqslant a_m$), 那么 $(a_n)_{n=m}^{\infty}$ 是收敛的, 并且

$$\lim_{n \to \infty} a_n = \sup(a_n)_{n=m}^{\infty} \leqslant M.$$

证明 参见习题 6.3.3. □

我们可以类似地证明, 如果一个序列 $(a_n)_{n=m}^{\infty}$ 有下界且是单调递减的 ($a_{n+1} \leqslant a_n$), 那么该序列是收敛的, 并且极限值就等于下确界.

对于一个序列, 若它是递增的或者是递减的, 则称该序列是单调的. 从命题 6.3.8 和推论 6.1.17 中可以得出一个单调序列是收敛的, 当且仅当该序列是有界的.

例 6.3.9 序列 $3, 3.1, 3.14, 3.141, 3.1415, \cdots$ 是单调递增的, 并且以 4 为上界, 于是根据命题 6.3.8 知, 它必定存在一个小于或等于 4 的实数极限.

命题 6.3.8 断定了单调序列的极限是存在的，但并没有直接指出这个极限是什么. 然而一旦确定极限是存在的，我们一般就能通过少量额外的工作找到这个极限. 例如，

命题 6.3.10 设 $0 < x < 1$，那么 $\lim_{n \to \infty} x^n = 0$.

证明 因为 $0 < x < 1$，所以我们可以证明序列 $(x^n)_{n=1}^{\infty}$ 是单调递减的.（为什么？）另外，序列 $(x^n)_{n=1}^{\infty}$ 有一个下界 0，于是根据命题 6.3.8（用下确界代替上确界）知，序列 $(x^n)_{n=1}^{\infty}$ 收敛于某个极限 L. 由于 $x^{n+1} = x \times x^n$，因此根据极限定律（定理 6.1.19）知 $(x^{n+1})_{n=1}^{\infty}$ 收敛于 xL. 但是序列 $(x^{n+1})_{n=1}^{\infty}$ 就是序列 $(x^n)_{n=2}^{\infty}$，从而它们一定有相同的极限.（为什么？）因此 $xL = L$. 又因为 $x \neq 1$，所以 $L = 0$，于是 $(x^n)_{n=1}^{\infty}$ 收敛于 0. □

注意，当 $x > 1$ 时，这个证明就不再适用了（习题 6.3.4）.

习 题

6.3.1 证明例 6.3.4 中的结论.

6.3.2 证明命题 6.3.6.（提示：利用定理 6.2.11.）

6.3.3 证明命题 6.3.8.（提示：利用命题 6.3.6 及 $(a_n)_{n=m}^{\infty}$ 是递增序列的假设去证明 $(a_n)_{n=m}^{\infty}$ 收敛于 $\sup(a_n)_{n=m}^{\infty}$.）

6.3.4 解释为什么当 $x > 1$ 时命题 6.3.10 不成立. 实际上就是证明：当 $x > 1$ 时，序列 $(x^n)_{n=1}^{\infty}$ 发散.（提示：利用反证法、恒等式 $(1/x)^n x^n = 1$ 和定理 6.1.19 中的极限定律.）将本结论与例 1.2.3 中的论述进行比较，现在你能解释例 1.2.3 的推理过程中存在缺陷的原因吗？

6.4 上极限、下极限和极限点

考虑序列

$$1.1,\ -1.01,\ 1.001,\ -1.0001,\ 1.00001,\ \cdots$$

如果把这个序列的图像画出来，那么我们会发现（当然是非正式的）这个序列是不收敛的. 序列中有一半元素不断接近 1，另一半元素则不断接近 -1，但就这个序列来说，它既不收敛于 1 也不收敛于 -1. 例如，它不可能是最终 $1/2$-接近于 1 的，也不可能是最终 $1/2$-接近于 -1 的. 尽管 -1 和 $+1$ 不是这个序列的极限，但它们的确像是在以某种不确定的方式"想要"成为该序列的极限. 为了更准确地阐述这个概念，我们引入极限点的概念.

定义 6.4.1（极限点） 设 $(a_n)_{n=m}^{\infty}$ 是一个实数序列，x 是一个实数，并设 $\varepsilon > 0$ 是一个实数，我们称 x 是 ε-附着于 $(a_n)_{n=m}^{\infty}$ 的，当且仅当存在一个 $n \geqslant m$

使得 a_n 是 ε-接近于 x 的. 我们称 x 是持续 ε-附着于 $(a_n)_{n=m}^{\infty}$ 的, 当且仅当对每个 $N \geqslant m$, x 都是 ε-附着于 $(a_n)_{n=N}^{\infty}$ 的. 我们称 x 是 $(a_n)_{n=m}^{\infty}$ 的极限点或附着点, 当且仅当对任意的 $\varepsilon > 0$, x 都是持续 ε-附着于 $(a_n)_{n=m}^{\infty}$ 的.

注 6.4.2　动词 "附着于 (adherent to)" 的意思与 "粘贴 (stick to)" 大致相同, 从而术语 "附着的 (adhesive)" 也是如此.

把所有的定义进一步展开, 我们将看到, 如果对任意的 $\varepsilon > 0$ 和任意的 $N \geqslant m$ 都存在一个 $n \geqslant N$ 使得 $|a_n - x| \leqslant \varepsilon$, 那么 x 就是 $(a_n)_{n=m}^{\infty}$ 的一个极限点. (为什么这与前面的定义相同?) 注意下面两种表述的区别, 即 "一个序列是 ε-接近于 L 的 (这意味着序列中所有的元素与 L 的距离均保持在 ε 之内)" 与 "L 是 ε-附着于该序列的 (这只需让序列中某一个元素与 L 的距离保持在 ε 之内就可以了)" 之间的区别. 同样, 如果 "L 是持续 ε-附着于 $(a_n)_{n=m}^{\infty}$ 的", 那么对所有的 $N \geqslant m$, L 都必须是 ε-附着于 $(a_n)_{n=N}^{\infty}$ 的. 而对于 "$(a_n)_{n=m}^{\infty}$ 是最终 ε-接近于 L 的", 我们只要能够找到某个 $N \geqslant m$ 使得 $(a_n)_{n=N}^{\infty}$ 是 ε-接近于 L 的即可. 因此在量词的使用方面, 极限和极限点之间存在一些微妙的区别.

注意, 极限点的定义仅限于有限实数范围内. 严格地定义 ∞ 或 $-\infty$ 为极限点也是有可能的, 参见习题 6.4.8.

例 6.4.3　设 $(a_n)_{n=1}^{\infty}$ 表示序列

$$0.9,\ 0.99,\ 0.999,\ 0.9999,\ 0.99999,\ \cdots.$$

0.8 是 0.1-附着于该序列的, 因为 0.8 是 0.1-接近于该序列的元素 0.9 的, 但 0.8 不是持续 0.1-附着于该序列的, 原因在于一旦我们删除该序列的第一个元素, 序列中就没有元素与 0.8 是 0.1-接近的了. 特别地, 0.8 不是该序列的极限点. 另外, 1 是 0.1-附着于该序列的, 并且它实际上是持续 0.1-附着于该序列的, 因为无论删除该序列开头多少个元素, 序列中依然存在某个元素与 1 是 0.1-接近的. 事实上, 对任意的 ε, 1 都是持续 ε-附着于该序列的, 从而它是这个序列的极限点.

例 6.4.4　现在考虑序列

$$1.1,\ -1.01,\ 1.001,\ -1.0001,\ 1.00001,\ \cdots.$$

1 是 0.1-附着于该序列的. 事实上, 1 是持续 0.1-附着于该序列的, 因为无论删除序列中多少个元素, 总存在序列中的某个元素与 1 是 0.1-接近的. (就像前面讨论的那样, 我们没必要让所有的元素都 0.1-接近于 1, 只需让其中的某些元素是 0.1-接近于 1 的就可以了. 所以 "0.1-附着于" 要比 "0.1-接近于" 更弱, 并且 "持续 0.1-附着于" 是不同于 "最终 0.1-接近于" 的.) 实际上对任意的 $\varepsilon > 0$, 1 都是持续 ε-附着于该序列的, 从而 1 是这个序列的极限点. 类似地, -1 也是这个序列的一个极限点. 但 0 不是该序列的极限点, 因为 0 不是持续 0.1-附着于这个序列的.

极限显然是极限点的一种特殊情形.

命题 6.4.5（极限是极限点）设 $(a_n)_{n=m}^\infty$ 是一个收敛于实数 c 的序列, 那么 c 是 $(a_n)_{n=m}^\infty$ 的极限点, 并且实际上它是 $(a_n)_{n=m}^\infty$ 的唯一一个极限点.

证明 参见习题 6.4.1. □

现在我们看一下两种特殊类型的极限点: 上极限和下极限.

定义 6.4.6（上极限和下极限）设 $(a_n)_{n=m}^\infty$ 是一个序列, 我们定义一个新序列 $(a_N^+)_{N=m}^\infty$, 其中

$$a_N^+ = \sup(a_n)_{n=N}^\infty.$$

更通俗地说, a_N^+ 是序列中从 a_N 开始继续往下数所有元素构成的集合的上确界. 于是我们定义序列 $(a_n)_{n=m}^\infty$ 的上极限, 记作 $\limsup_{n\to\infty} a_n$, 为

$$\limsup_{n\to\infty} a_n = \inf(a_N^+)_{N=m}^\infty.$$

类似地, 我们可以定义

$$a_N^- = \inf(a_n)_{n=N}^\infty,$$

以及定义序列 $(a_n)_{n=m}^\infty$ 的下极限, 记作 $\liminf_{n\to\infty} a_n$, 为

$$\liminf_{n\to\infty} a_n = \sup(a_N^-)_{N=m}^\infty.$$

例 6.4.7 设 $a_1, a_2, a_3, \cdots$ 表示序列

$$1.1, -1.01, 1.001, -1.0001, 1.00001, \cdots,$$

那么 $a_1^+, a_2^+, a_3^+, \cdots$ 为序列

$$1.1, 1.001, 1.001, 1.00001, 1.00001, \cdots,$$

（为什么?）并且该序列的下确界是 1, 于是原序列的上极限为 1. 类似地, $a_1^-, a_2^-, a_3^-, \cdots$ 为序列

$$-1.01, -1.01, -1.0001, -1.0001, -1.000001, \cdots,$$

（为什么?）并且该序列的上确界是 -1, 于是原序列的下极限为 -1. 我们应把上述结果与原序列的上确界 1.1 和下确界 -1.01 进行比较.

例 6.4.8 设 $a_1, a_2, a_3, \cdots$ 表示序列

$$1, -2, 3, -4, 5, -6, 7, -8, \cdots,$$

那么 $a_1^+, a_2^+, a_3^+, \cdots$ 为序列

$$\infty, \infty, \infty, \infty, \cdots,$$

（为什么？）从而原序列的上极限是 ∞. 类似地，a_1^-, a_2^-, a_3^-, $\cdots$ 为序列

$$-\infty, -\infty, -\infty, -\infty, \cdots,$$

从而原序列的下极限是 $-\infty$.

例 6.4.9 设 a_1, a_2, a_3, $\cdots$ 表示序列

$$1, -1/2, 1/3, -1/4, 1/5, -1/6, \cdots,$$

那么 a_1^+, a_2^+, a_3^+, $\cdots$ 为序列

$$1, 1/3, 1/3, 1/5, 1/5, 1/7, \cdots,$$

并且该序列的下确界是 0,（为什么？）于是原序列的上极限也是 0. 类似地，a_1^-, a_2^-, a_3^-, $\cdots$ 为序列

$$-1/2, -1/2, -1/4, -1/4, -1/6, -1/6, \cdots,$$

并且该序列的上确界是 0, 于是原序列的下极限也是 0.

例 6.4.10 设 a_1, a_2, a_3, $\cdots$ 表示序列

$$1, 2, 3, 4, 5, 6, \cdots,$$

那么 a_1^+, a_2^+, a_3^+, $\cdots$ 为序列

$$\infty, \infty, \infty, \infty, \cdots,$$

于是原序列的上极限是 ∞. 类似地，a_1^-, a_2^-, a_3^-, $\cdots$ 为序列

$$1, 2, 3, 4, 5, \cdots,$$

并且该序列的上确界是 ∞, 于是原序列的下极限也是 ∞.

注 6.4.11 有些作者用符号 $\overline{\lim}_{n\to\infty} a_n$ 来代替 $\limsup_{n\to\infty} a_n$，并用符号 $\underline{\lim}_{n\to\infty} a_n$ 来代替 $\liminf_{n\to\infty} a_n$. 注意，序列的初始指标 m 是无关紧要的（见习题 6.4.2）.

回到活塞模拟，想象在 ∞ 处的活塞持续向左侧移动，并且直到遇见序列 a_1, a_2, a_3, $\cdots$ 时它才停下来，那么活塞停下来的地方就是 a_1, a_2, a_3, $\cdots$ 的上确界，记作 a_1^+. 现在我们从序列中删除第一个元素 a_1，这可能会导致上述已经停下来的活塞滑向左侧，从而停在了一个新的位置 a_2^+ 上（尽管在许多情况下，活塞将不发生滑动且 a_2^+ 就是 a_1^+）. 接下来我们删除序列中的第二个元素 a_2，这可能会导致活塞又滑动了一点. 如果我们持续不断地依次删除序列中的元素，那么活塞也会持续滑动. 但是存在某个点使得活塞到达此处后就不再移动了，这个点就是该序列的上极限. 可以通过类似的模拟来描述序列的下极限.

现在我们来给出上极限和下极限的一些基本性质.

命题 6.4.12 设 $(a_n)_{n=m}^\infty$ 是一个实数序列，L^+ 是该序列的上极限，L^- 是该序列的下极限（于是 L^+ 和 L^- 都是广义实数）.

(a) 对任意的 $x > L^+$，存在一个 $N \geq m$ 使得 $a_n < x$ 对所有的 $n \geq N$ 均成立（换言之，对任意的 $x > L^+$，序列 $(a_n)_{n=m}^\infty$ 的元素最终会小于 x）. 类似地，对任意的 $y < L^-$，存在一个 $N \geq m$ 使得 $a_n > y$ 对所有的 $n \geq N$ 均成立.

(b) 对任意的 $x < L^+$ 和任意的 $N \geq m$，存在一个 $n \geq N$ 使得 $a_n > x$（换言之，对任意的 $x < L^+$，序列 $(a_n)_{n=m}^\infty$ 的元素无限多次超过 x）. 类似地，对任意的 $y > L^-$ 和任意的 $N \geq m$，存在一个 $n \geq N$ 使得 $a_n < y$.

(c) $\inf(a_n)_{n=m}^\infty \leq L^- \leq L^+ \leq \sup(a_n)_{n=m}^\infty$.

(d) 如果 c 是 $(a_n)_{n=m}^\infty$ 的一个极限点，那么 $L^- \leq c \leq L^+$.

(e) 如果 L^+ 是有限的，那么 L^+ 是 $(a_n)_{n=m}^\infty$ 的极限点. 类似地，如果 L^- 是有限的，那么 L^- 是 $(a_n)_{n=m}^\infty$ 的极限点.

(f) 设 c 是一个实数，如果 $(a_n)_{n=m}^\infty$ 收敛于 c，那么一定有 $L^+ = L^- = c$. 反过来，如果 $L^+ = L^- = c$，那么 $(a_n)_{n=m}^\infty$ 收敛于 c.

证明 我们只证明 (a) 和 (b)，其余部分的证明留作习题. 首先假设 $x > L^+$，那么根据 L^+ 的定义知 $x > \inf(a_N^+)_{N=m}^\infty$. 利用命题 6.3.6 得，一定存在一个整数 $N \geq m$ 使得 $x > a_N^+$. 根据 a_N^+ 的定义，$x > a_N^+$ 意味着 $x > \sup(a_n)_{n=N}^\infty$. 于是再次利用命题 6.3.6 得 $x > a_n$ 对所有的 $n \geq N$ 均成立，这就是要证明的结论. 这证明了 (a) 的第一部分，(a) 的第二部分可以类似地证明.

现在我们证明 (b). 假设 $x < L^+$，那么我们有 $x < \inf(a_N^+)_{N=m}^\infty$. 如果固定任意的 $N \geq m$，那么由命题 6.3.6 得 $x < a_N^+$. 根据 a_N^+ 的定义，$x < a_N^+$ 意味着 $x < \sup(a_n)_{n=N}^\infty$. 再次利用命题 6.3.6 得一定存在 $n \geq N$ 使得 $a_n > x$，这就是要证明的结论. 这证明了 (b) 的第一部分，(b) 的第二部分可以类似地证明.

(c)、(d)、(e)、(f) 的证明留作习题 6.4.3. □

特别地，命题 6.4.12 的 (d) 和 (e) 说明，L^+ 和 L^- 分别是 $(a_n)_{n=m}^\infty$ 的最大极限点和最小极限点（只要 L^+ 和 L^- 是有限的）. 命题 6.4.12 的 (f) 则说明，如果 L^+ 和 L^- 是重合（从而只有唯一的极限点）且有限的，那么序列实际上是收敛的. 这给出了一种判断序列是否收敛的方法：计算序列的上极限和下极限，然后看它们是否相等.

现在我们给出上极限和下极限的一个基本比较性质.

引理 6.4.13（比较原理） 假设 $(a_n)_{n=m}^\infty$ 和 $(b_n)_{n=m}^\infty$ 是两个实数序列，$a_n \leq$

b_n 对所有的 $n \geqslant m$ 均成立, 那么我们有不等式

$$\sup(a_n)_{n=m}^{\infty} \leqslant \sup(b_n)_{n=m}^{\infty},$$
$$\inf(a_n)_{n=m}^{\infty} \leqslant \inf(b_n)_{n=m}^{\infty},$$
$$\limsup_{n \to \infty} a_n \leqslant \limsup_{n \to \infty} b_n,$$
$$\liminf_{n \to \infty} a_n \leqslant \liminf_{n \to \infty} b_n.$$

证明　参见习题 6.4.4.　　　　　　　　　　　　　　　　　　　　　　□

推论 6.4.14（夹逼定理）　设 $(a_n)_{n=m}^{\infty}$、$(b_n)_{n=m}^{\infty}$ 和 $(c_n)_{n=m}^{\infty}$ 都是实数序列, 并且满足对所有的 $n \geqslant m$ 均有

$$a_n \leqslant b_n \leqslant c_n.$$

如果 $(a_n)_{n=m}^{\infty}$ 和 $(c_n)_{n=m}^{\infty}$ 收敛于同一个极限 L, 那么 $(b_n)_{n=m}^{\infty}$ 也收敛于 L.

证明　参见习题 6.4.5.　　　　　　　　　　　　　　　　　　　　　　□

例 6.4.15　我们已经知道（见命题 6.1.11）$\lim_{n\to\infty} 1/n = 0$. 根据极限定律（定理 6.1.19）知, 这还隐含 $\lim_{n\to\infty} 2/n = 0$ 和 $\lim_{n\to\infty} -2/n = 0$. 于是根据夹逼定理知, 对任意一个序列 $(b_n)_{n=1}^{\infty}$, 如果它满足

$$-2/n \leqslant b_n \leqslant 2/n \text{ 对所有的 } n \geqslant 1 \text{ 均成立},$$

那么 $(b_n)_{n=1}^{\infty}$ 收敛于 0. 例如, 我们可以利用这个结论来证明序列 $((-1)^n/n + 1/n^2)_{n=1}^{\infty}$ 收敛于 0, 或者序列 $(2^{-n})_{n=1}^{\infty}$ 收敛于 0. 注意, 我们可以利用归纳法证明 $0 \leqslant 2^{-n} \leqslant 1/n$ 对所有的 $n \geqslant 1$ 均成立.

注 6.4.16　把夹逼定理、极限定律及单调有界序列必收敛的性质结合在一起使用, 我们能够计算出大量的极限. 在第 7 章中, 我们将给出一些例子.

下面是由夹逼定理推导出的一个常用结论.

推论 6.4.17（序列的零判别法）　设 $(a_n)_{n=M}^{\infty}$ 是一个实数序列, 那么极限 $\lim_{n\to\infty} a_n$ 存在且等于 0, 当且仅当极限 $\lim_{n\to\infty} |a_n|$ 存在且等于 0.

证明　参见习题 6.4.7.　　　　　　　　　　　　　　　　　　　　　　□

在本节的最后, 我们给出下述改进后的命题 6.1.12.

定理 6.4.18（实数的完备性）　实数序列 $(a_n)_{n=1}^{\infty}$ 是柯西序列, 当且仅当它是收敛的.

注 6.4.19　注意, 虽然这个定理与命题 6.1.15 在本质上非常相似, 但该定理更一般, 因为命题 6.1.15 只涉及了有理数的柯西序列而没有涉及实数的柯西序列.

证明 命题 6.1.12 表明，任意的收敛序列都是柯西序列，因此我们只需证明每个柯西序列都是收敛的就行了.

设 $(a_n)_{n=1}^\infty$ 是一个柯西序列，利用引理 5.1.15（或者更准确地说，利用推广到实数上的引理 5.1.15，其中推广后的引理采用与原引理完全相同的方式来证明）知，序列 $(a_n)_{n=1}^\infty$ 是有界的. 又利用引理 6.4.13（或命题 6.4.12(c)）知，$(a_n)_{n=1}^\infty$ 是有界的，所以该序列的 $L^- = \liminf_{n\to\infty} a_n$ 及 $L^+ = \limsup_{n\to\infty} a_n$ 均有限. 为证明这个序列是收敛的，根据命题 6.4.12(f)，我们只需证明 $L^- = L^+$ 即可.

现在设 $\varepsilon > 0$ 是任意一个实数，因为 $(a_n)_{n=1}^\infty$ 是柯西序列，所以它一定是最终 ε-稳定的，进而存在一个 $N \geqslant 1$ 使得序列 $(a_n)_{n=N}^\infty$ 是 ε-稳定的. 特别地，对所有的 $n \geqslant N$ 均有 $a_N - \varepsilon \leqslant a_n \leqslant a_N + \varepsilon$，又根据命题 6.3.6（或引理 6.4.13）知，

$$a_N - \varepsilon \leqslant \inf(a_n)_{n=N}^\infty \leqslant \sup(a_n)_{n=N}^\infty \leqslant a_N + \varepsilon,$$

从而由 L^- 和 L^+ 的定义（再次利用命题 6.3.6）得

$$a_N - \varepsilon \leqslant L^- \leqslant L^+ \leqslant a_N + \varepsilon,$$

于是我们有

$$0 \leqslant L^+ - L^- \leqslant 2\varepsilon.$$

上式对所有的 $\varepsilon > 0$ 都为真，并且 L^+ 和 L^- 的取值不依赖于 ε，于是我们必然有 $L^+ = L^-$.（如果 $L^+ > L^-$，那么令 $\varepsilon = (L^+ - L^-)/3$，从而推导出矛盾.）利用命题 6.4.12(f)，我们得到这个序列是收敛的. □

注 6.4.20 用度量空间（见第 12 章）的语言来说，定理 6.4.18 断定了实数集是一个完备的度量空间，即实数集不像有理数集那样包含"洞"（当然，有理数上有大量柯西序列并不收敛于任何有理数. 例如，序列 1, 1.4, 1.41, 1.414, 1.4142, $\cdots$ 收敛于无理数 $\sqrt{2}$）. 这种性质与最小上界的性质（定理 5.5.9）有密切的联系. 而且在分析理论研究方面（取极限、求导数和积分、找函数的零点及其他类似的运算），完备性是实数优于有理数的基本特征之一，我们将在后面几章中看到这一点.

习 题

6.4.1 证明命题 6.4.5.

6.4.2 对于极限点、上极限和下极限，叙述并证明与习题 6.1.3 和习题 6.1.4 类似的结论.

6.4.3 证明命题 6.4.12 的 (c)、(d)、(e)、(f) 四个部分.（提示：你可以利用该命题前面的结论证明后面的结论.）

6.4.4 证明引理 6.4.13.

6.4.5 利用引理 6.4.13 证明推论 6.4.14.

6.4.6 给出有界序列 $(a_n)_{n=1}^\infty$ 和 $(b_n)_{n=1}^\infty$ 的一个例子, 其中 $a_n < b_n$ 对所有的 $n \geqslant 1$ 均成立, 但 $\sup(a_n)_{n=1}^\infty \not< \sup(b_n)_{n=1}^\infty$. 解释为什么这与引理 6.4.13 不矛盾.

6.4.7 证明推论 6.4.17. 如果我们把该推论中的零换成其他某个数, 那么这个推论是否依然成立?

6.4.8 我们称实数序列 $(a_n)_{n=M}^\infty$ 以 ∞ 为极限点, 当且仅当该序列不存在有限的上界; 称该序列以 $-\infty$ 为极限点, 当且仅当它不存在有限的下界. 利用这个定义证明: $\limsup_{n\to\infty} a_n$ 是 $(a_n)_{n=M}^\infty$ 的一个极限点, 并且它比 $(a_n)_{n=M}^\infty$ 的其他任何极限点都大. 换言之, 上极限是序列的最大极限点. 类似地证明: 下极限是序列的最小极限点. (在证明过程中, 我们可以利用命题 6.4.12.)

6.4.9 利用习题 6.4.8 中的定义, 构造一个序列 $(a_n)_{n=1}^\infty$ 使得该序列恰有 $-\infty$、0 和 ∞ 这三个极限点.

6.4.10 设 $(a_n)_{n=N}^\infty$ 是一个实数序列, $(b_m)_{m=M}^\infty$ 是另一个实数序列, 其中每个 b_m 均是 $(a_n)_{n=N}^\infty$ 的极限点, 设 c 是 $(b_m)_{m=M}^\infty$ 的一个极限点, 证明: c 也是 $(a_n)_{n=N}^\infty$ 的极限点 (换言之, 极限点的极限点还是原序列的极限点).

6.5 一些基本的极限

以极限定律和夹逼定理为工具, 现在我们能够计算出大量的极限.

一个特别简单的极限是常数序列 $c, c, c, c, \cdots$ 的极限, 我们显然有

$$\lim_{n\to\infty} c = c$$

对任意的常数 c 均成立. (为什么?)

另外在命题 6.1.11 中, 我们证明了 $\lim_{n\to\infty} 1/n = 0$, 它隐含

推论 6.5.1 对任意的整数 $k \geqslant 1$ 均有 $\lim_{n\to\infty} 1/n^{1/k} = 0$ 成立.

证明 根据引理 5.6.6 得, $1/n^{1/k}$ 是一个关于 n 的减函数, 并且它以 0 为下界. 根据命题 6.3.8 (用递减序列替换递增序列) 知, 这个序列收敛于某个极限 $L \geqslant 0$:

$$L = \lim_{n\to\infty} 1/n^{1/k}.$$

把上式升到 k 次幂并利用极限定律 (或者更准确地说, 利用定理 6.1.19(b) 及归纳法), 我们有

$$L^k = \lim_{n\to\infty} 1/n.$$

由命题 6.1.11 得 $L^k = 0$, 这意味着 L 不能是正的 (否则 L^k 就是正的), 于是 $L = 0$, 结论得证. □

下面是一些其他的基本极限.

引理 6.5.2 设 x 是一个实数, 当 $|x| < 1$ 时, 极限 $\lim_{n \to \infty} x^n$ 存在且等于 0; 当 $x = 1$ 时, 极限 $\lim_{n \to \infty} x^n$ 存在且等于 1; 当 $x = -1$ 或 $|x| > 1$ 时, 极限 $\lim_{n \to \infty} x^n$ 不存在.

证明 参见习题 6.5.2.   □

引理 6.5.3 对任意的 $x > 0$ 均有 $\lim_{n \to \infty} x^{1/n} = 1$ 成立.

证明 参见习题 6.5.3.   □

一旦建立了关于级数和序列的根值判别法和比值判别法, 稍后我们就能推导出更多的基本极限.

<h1 align="center">习   题</h1>

6.5.1 证明: 对任意的有理数 $q > 0$ 均有 $\lim_{n \to \infty} 1/n^q = 0$ 成立. (提示: 利用推论 6.5.1、极限定律及定理 6.1.19.) 推导出极限 $\lim_{n \to \infty} n^q$ 不存在. (提示: 采用反证法并利用定理 6.1.19(e).)

6.5.2 证明引理 6.5.2. (提示: 利用命题 6.3.10、习题 6.3.4 及夹逼定理.)

6.5.3 证明引理 6.5.3. (提示: 你可能要对 $x \geqslant 1$ 和 $x < 1$ 两种情形分别进行处理. 你或许愿意先利用引理 6.5.2 证明这样一个预备结论: 对任意的 $\varepsilon > 0$ 及任意的实数 $M > 0$, 存在一个 n 使得 $M^{1/n} \leqslant 1 + \varepsilon$.)

<h1 align="center">6.6 子序列</h1>

本章致力于研究实数序列 $(a_n)_{n=m}^{\infty}$ 及它的极限. 某些序列收敛于单个极限, 另外一些序列则有多个极限点. 例如, 序列

$$1.1, \, 0.1, \, 1.01, \, 0.01, \, 1.001, \, 0.001, \, 1.0001, \cdots$$

有两个极限点 0 和 1 (它们恰巧分别是下极限和上极限), 但该序列实际上并不收敛 (因为上极限和下极限不相等). 尽管这个序列不收敛, 但它似乎含有收敛的成分. 它似乎是由两个收敛的子序列, 即

$$1.1, \, 1.01, \, 1.001, \cdots$$

和

$$0.1, \, 0.01, \, 0.001, \cdots$$

混合而成. 为使这个概念更确切, 我们需要子序列的概念.

定义 6.6.1 (子序列) 设 $(a_n)_{n=0}^{\infty}$ 和 $(b_n)_{n=0}^{\infty}$ 是实数序列, 我们称 $(b_n)_{n=0}^{\infty}$ 是 $(a_n)_{n=0}^{\infty}$ 的一个子序列, 当且仅当存在一个严格递增 (对所有的 $n \in \mathbb{N}$ 均有

$f(n+1) > f(n)$ ）的函数 $f : \mathbb{N} \to \mathbb{N}$ 使得

$$b_n = a_{f(n)} \text{ 对所有的 } n \in \mathbb{N} \text{ 均成立.}$$

一般情况下，如果存在一个严格单调递增的函数 $f : \{n \in \mathbb{N} : n \geqslant m'\} \to \{n \in \mathbb{N} : n \geqslant m\}$ 使得 $b_n = a_{f(n)}$ 对满足 $n \geqslant m'$ 的所有 $n \in \mathbb{N}$ 均成立，那么我们称 $(b_n)_{n=m'}^{\infty}$ 是 $(a_n)_{n=m}^{\infty}$ 的一个子序列.

例 6.6.2 如果 $(a_n)_{n=0}^{\infty}$ 是一个序列，那么 $(a_{2n})_{n=0}^{\infty}$ 是 $(a_n)_{n=0}^{\infty}$ 的一个子序列，因为定义为 $f(n) = 2n$ 的函数 $f : \mathbb{N} \to \mathbb{N}$ 是从 $\mathbb{N}$ 到 $\mathbb{N}$ 的严格增函数. 注意，我们不假设 f 是双射，尽管它必须是单射.（为什么？）更通俗地说，序列

$$a_0, a_2, a_4, a_6, \cdots$$

是序列

$$a_0, a_1, a_2, a_3, a_4, \cdots$$

的一个子序列.

例 6.6.3 前面提到的两个序列

$$1.1, 1.01, 1.001, \cdots$$

和

$$0.1, 0.01, 0.001, \cdots$$

都是

$$1.1, 0.1, 1.01, 0.01, 1.001, 0.001, 1.0001, \cdots$$

的子序列.

子序列具有自反性的和传递性，但是它不具有对称性.

引理 6.6.4 设 $(a_n)_{n=0}^{\infty}$、$(b_n)_{n=0}^{\infty}$ 和 $(c_n)_{n=0}^{\infty}$ 是实数序列，那么 $(a_n)_{n=0}^{\infty}$ 是 $(a_n)_{n=0}^{\infty}$ 的子序列. 更进一步，如果 $(b_n)_{n=0}^{\infty}$ 是 $(a_n)_{n=0}^{\infty}$ 的一个子序列，并且 $(c_n)_{n=0}^{\infty}$ 是 $(b_n)_{n=0}^{\infty}$ 的一个子序列，那么 $(c_n)_{n=0}^{\infty}$ 是 $(a_n)_{n=0}^{\infty}$ 的一个子序列.

证明 参见习题 6.6.1.   □

现在我们把子序列与极限及极限点联系起来.

命题 6.6.5（与极限关联的子序列） 设 $(a_n)_{n=0}^{\infty}$ 是一个实数序列，并设 L 是一个实数，那么下面两个命题在逻辑上是等价的（每个都隐含另一个）：

(a) 序列 $(a_n)_{n=0}^{\infty}$ 收敛于 L；

(b) $(a_n)_{n=0}^{\infty}$ 的每个子序列都收敛于 L.

证明 参见习题 6.6.4.   □

命题 6.6.6（与极限点关联的子序列） 设 $(a_n)_{n=0}^{\infty}$ 是一个实数序列，并设 L 是一个实数，那么下面两个命题在逻辑上是等价的：

(a) L 是 $(a_n)_{n=0}^{\infty}$ 的极限点；

(b) 存在 $(a_n)_{n=0}^{\infty}$ 的一个子序列收敛于 L.

证明 参见习题 6.6.5. □

注 6.6.7 上面两个命题给出了极限和极限点之间的一个鲜明对比. 如果一个序列有极限 L，那么该序列的所有子序列都收敛于 L. 但是如果一个序列有极限点 L，那么只有某些子序列是收敛于 L 的.

现在我们能够证明实分析中的一个重要定理：每个有界序列都有一个收敛的子序列，它是由伯纳德·博尔扎诺（1781—1848）和卡尔·魏尔斯特拉斯（1815—1897）建立的.

定理 6.6.8（博尔扎诺–魏尔斯特拉斯定理） 设 $(a_n)_{n=0}^{\infty}$ 是一个有界序列（存在一个实数 $M > 0$ 使得 $|a_n| \leqslant M$ 对所有的 $n \in \mathbb{N}$ 均成立），那么 $(a_n)_{n=0}^{\infty}$ 至少有一个收敛的子序列.

证明 设 L 是序列 $(a_n)_{n=0}^{\infty}$ 的上极限，因为对所有的自然数 n 都有 $-M \leqslant a_n \leqslant M$，所以根据比较原理（引理 6.4.13）知 $-M \leqslant L \leqslant M$. 特别地，$L$ 是一个实数（既不是 ∞ 也不是 $-\infty$）. 又根据命题 6.4.12(e) 知，L 是 $(a_n)_{n=0}^{\infty}$ 的一个极限点. 于是利用命题 6.6.6 知，$(a_n)_{n=0}^{\infty}$ 有一个收敛的子序列（实际上，这个子序列收敛于 L）. □

注意，在上述论证过程中，我们可以把上极限替换成下极限.

注 6.6.9 博尔扎诺–魏尔斯特拉斯定理说明，如果一个序列是有界的，那么它最终必然会收敛于某个数，它无法分布到广阔的"空间"中，也无法阻止自身捕获极限点. 对于无界序列，这个定理是不成立的. 例如，序列 $1, 2, 3, \cdots$ 在任何情况下都没有收敛的子序列.（为什么？）用拓扑学的语言来说，这意味着区间 $\{x \in \mathbb{R} : -M \leqslant x \leqslant M\}$ 是紧的，而一个无界的集合，如实直线 $\mathbb{R}$，不是紧的. 在后面几章中，紧集和非紧集之间的区别是非常重要的，如同有限集和无限集之间区别的重要性那样.

习　　题

6.6.1 证明引理 6.6.4.

6.6.2 你能否找到两个不同的序列 $(a_n)_{n=0}^{\infty}$ 和 $(b_n)_{n=0}^{\infty}$ 使得每个序列都是另一个序列的子序列？

6.6.3（这道习题可以考虑利用命题 8.1.4：良序原理．）设 $(a_n)_{n=0}^\infty$ 是一个无界序列，证明：$(a_n)_{n=0}^\infty$ 有一个子序列 $(b_n)_{n=0}^\infty$ 使得 $\lim_{n\to\infty} 1/b_n$ 存在且等于 0．［提示：对每个自然数 j，递归地引入 $n_j = \min\{n \in \mathbb{N}: |a_n| \geqslant j; n > n_{j-1}\}$（当 $j = 0$ 时，忽略条件 $n > n_{j-1}$），首先解释为什么集合 $\{n \in \mathbb{N}: |a_n| \geqslant j; n > n_{j-1}\}$ 是非空的，然后令 $b_j = a_{n_j}$．为了确保最小值的存在性和唯一性，这里要用到良序原理（命题 8.1.4 给出了该原理，但其证明不涉及任何尚未给出的理论），或者利用最小上界原理（定理 5.5.9）．］

6.6.4 证明命题 6.6.5．（注意，两个隐含关系中有一个的证明是非常简短的．）

6.6.5 证明命题 6.6.6．（提示：为了证明 (a) 隐含 (b)，对每个自然数 j，定义数 $n_j = \min\{n > n_{j-1}: |a_n - L| \leqslant 1/j\}$，其中令 $n_0 = 0$．解释为什么集合 $\{n > n_{j-1}: |a_n - L| \leqslant 1/j\}$ 是非空的，然后考虑序列 $(a_{n_j})_{j=0}^\infty$．）

6.7 实数的指数运算（第 II 部分）

最后我们回到实数的指数运算这个主题，我们在 5.6 节中首次提到实数的指数运算．在那一节中，我们对任意的有理数 q 和任意的正实数 x 定义了 x^q，但当 α 为实数时，我们还没有定义 x^α．现在我们利用极限来修正这种状况（这与我们定义实数上其他所有基本运算时采用的方法类似）．首先我们需要一个引理．

引理 6.7.1（指数运算的连续性）设 $x > 0$，并设 α 是一个实数，令 $(q_n)_{n=1}^\infty$ 是任意一个收敛于 α 的有理数序列，那么 $(x^{q_n})_{n=1}^\infty$ 也是一个收敛的序列．更进一步，如果 $(q'_n)_{n=1}^\infty$ 是另外任意一个收敛于 α 的有理数序列，那么 $(x^{q'_n})_{n=1}^\infty$ 与 $(x^{q_n})_{n=1}^\infty$ 有相同的极限：

$$\lim_{n\to\infty} x^{q_n} = \lim_{n\to\infty} x^{q'_n}.$$

证明 存在三种情形：$x < 1$、$x = 1$ 和 $x > 1$．$x = 1$ 的情形非常简单（因为对一切有理数 q 都有 $x^q = 1$）．我们只证明 $x > 1$ 的情形，并把 $x < 1$ 的情形（与 $x > 1$ 的情形非常类似）留给读者．

我们首先证明 $(x^{q_n})_{n=1}^\infty$ 是收敛的．根据定理 6.4.18 知，我们只需证明 $(x^{q_n})_{n=1}^\infty$ 是柯西序列就行了．

为此，我们需要估算 x^{q_n} 和 x^{q_m} 之间的距离．现在不妨设 $q_n \geqslant q_m$，于是 $x^{q_n} \geqslant x^{q_m}$（因为 $x > 1$），所以

$$d(x^{q_n}, x^{q_m}) = x^{q_n} - x^{q_m} = x^{q_m}(x^{q_n - q_m} - 1).$$

由于 $(q_n)_{n=1}^\infty$ 是收敛序列，因此它存在某个上界 M．因为 $x > 1$，所以 $x^{q_m} \leqslant x^M$，因此

$$d(x^{q_n}, x^{q_m}) = |x^{q_n} - x^{q_m}| \leqslant x^M(x^{q_n - q_m} - 1).$$

现在设 $\varepsilon > 0$，根据引理 6.5.3 知，序列 $(x^{1/k})_{k=1}^{\infty}$ 是最终 εx^{-M}-接近于 1 的. 于是存在某个 $K \geqslant 1$ 使得

$$|x^{1/K} - 1| \leqslant \varepsilon x^{-M}.$$

又因为 $(q_n)_{n=1}^{\infty}$ 是收敛的，所以它是柯西序列，从而存在一个 $N \geqslant 1$ 使得对所有的 $n, m \geqslant N$ 都有 q_n 和 q_m 是 $1/K$-接近的. 因此对任意使得 $q_n \geqslant q_m$ 的 $n, m \geqslant N$ 都有

$$d(x^{q_n}, x^{q_m}) \leqslant x^M(x^{q_n - q_m} - 1) \leqslant x^M(x^{1/K} - 1) \leqslant x^M \varepsilon x^{-M} = \varepsilon.$$

根据对称性，当 $n, m \geqslant N$ 且 $q_n \leqslant q_m$ 时，我们同样有这个上界. 于是，序列 $(x^{q_n})_{n=N}^{\infty}$ 是 ε-稳定的. 因此对任意的 $\varepsilon > 0$，序列 $(x^{q_n})_{n=1}^{\infty}$ 都是最终 ε-稳定的，从而它是柯西序列，这就是要证明的结论. 这就证明了 $(x^{q_n})_{n=1}^{\infty}$ 的收敛性.

现在我们证明第二个结论. 只需证明

$$\lim_{n \to \infty} x^{q_n - q'_n} = 1$$

即可，因为对上述结果使用极限定律（由于 $x^{q_n} = x^{q_n - q'_n} x^{q'_n}$）就可以得到第二个结论.

记 $r_n = q_n - q'_n$，根据极限定律知，$(r_n)_{n=1}^{\infty}$ 收敛于 0. 我们要证明的是对任意的 $\varepsilon > 0$，序列 $(x^{r_n})_{n=1}^{\infty}$ 是最终 ε-接近于 1 的. 而根据引理 6.5.3 知，序列 $(x^{1/k})_{k=1}^{\infty}$ 是最终 ε-接近于 1 的. 由引理 6.5.3 得 $\lim_{k \to \infty} x^{-1/k}$ 等于 1，所以 $(x^{-1/k})_{k=1}^{\infty}$ 也是最终 ε-接近于 1 的. 因此，我们能够找到一个 K 使得 $x^{1/K}$ 和 $x^{-1/K}$ 都是 ε-接近于 1 的. 由于 $(r_n)_{n=1}^{\infty}$ 收敛于 0，因此它是最终 $1/K$-接近于 0 的，从而 $-1/K \leqslant r_n \leqslant 1/K$，进而 $x^{-1/K} \leqslant x^{r_n} \leqslant x^{1/K}$. 特别地，$(x^{r_n})_{n=1}^{\infty}$ 也是最终 ε-接近于 1 的（见命题 4.3.7(f)），结论得证. $\qquad\square$

现在我们给出下述定义.

定义 6.7.2（**实数次幂的指数运算**）设 $x > 0$ 是一个实数，并设 α 是一个实数，我们定义 x^{α} 为 $x^{\alpha} = \lim_{n \to \infty} x^{q_n}$，其中 $(q_n)_{n=1}^{\infty}$ 是任意一个收敛于 α 的有理数序列.

现在我们来证明上述定义是定义明确的. 首先，给定任意一个实数 α，根据实数的定义（以及命题 6.1.15），我们至少能够找到一个收敛于 α 的有理数序列 $(q_n)_{n=1}^{\infty}$. 其次，给定任意的上述序列 $(q_n)_{n=1}^{\infty}$，由引理 6.7.1 知极限 $\lim_{n \to \infty} x^{q_n}$ 存在. 最后，尽管序列 $(q_n)_{n=1}^{\infty}$ 可能有多种选择，但根据引理 6.7.1 知，所有这些选择都具有相同的极限. 因此，这个定义是定义明确的.

如果 α 不只是实数还是有理数，即存在某个有理数 q 使得 $\alpha = q$，那么从原

则上来说，这里的定义与 5.6 节中指数运算的定义是不一致的. 但是在这种情况下，α 显然是序列 $(q)_{n=1}^{\infty}$ 的极限，于是根据定义有 $x^{\alpha} = \lim_{n \to \infty} x^q = x^q$. 因此，指数运算的新定义与旧定义是一致的.

命题 6.7.3 引理 5.6.9 中对有理数 q 和 r 成立的全部结论对实数 q 和 r 依然成立.

证明 我们对等式 $x^{q+r} = x^q x^r$（引理 5.6.9(b) 的第一部分）进行证明，剩余部分可以类似地证明，并留作习题 6.7.1. 证明的思路是从关于有理数的引理 5.6.9 出发，然后通过取极限得到关于实数的相应结果.

设 q 和 r 是实数，根据实数定义（以及命题 6.1.15），我们可以记 $q = \lim_{n \to \infty} q_n$ 和 $r = \lim_{n \to \infty} r_n$，其中 $(q_n)_{n=1}^{\infty}$ 和 $(r_n)_{n=1}^{\infty}$ 是有理数序列. 那么根据极限定律知，$q + r$ 是 $(q_n + r_n)_{n=1}^{\infty}$ 的极限. 又根据实数次幂指数运算的定义，我们有

$$x^{q+r} = \lim_{n \to \infty} x^{q_n+r_n}, \ x^q = \lim_{n \to \infty} x^{q_n}, \ x^r = \lim_{n \to \infty} x^{r_n}.$$

而由引理 5.6.9(b)（应用到有理数次幂的情形）知 $x^{q_n+r_n} = x^{q_n} x^{r_n}$. 因此根据极限定律，我们有 $x^{q+r} = x^q x^r$，这就是要证明的结论. □

习　　题

6.7.1 证明命题 6.7.3 中剩余的部分.

第 7 章　级数

既然已经建立了关于序列极限的一个合理理论，那么我们就可以利用这个理论来建立无穷级数的理论

$$\sum_{n=m}^{\infty} a_n = a_m + a_{m+1} + a_{m+2} + \cdots.$$

但是在建立无穷级数之前，我们必须首先建立有限级数的理论.

7.1　有限级数

定义 7.1.1（**有限级数**）设 m 和 n 是整数，并设 $(a_i)_{i=m}^{n}$ 是一个有限实数序列，其中，对 m 和 n 之间的每个整数 i（$m \leqslant i \leqslant n$）都指定了一个实数 a_i，那么我们根据下述递归公式来定义有限和（或者有限级数）$\sum_{i=m}^{n} a_i$：

$$\sum_{i=m}^{n} a_i = 0, \ 若 \ n < m,$$

$$\sum_{i=m}^{n+1} a_i = \left(\sum_{i=m}^{n} a_i \right) + a_{n+1}, \ 若 \ n \geqslant m - 1.$$

作为例子，我们有下面这些等式：

$$\sum_{i=m}^{m-2} a_i = 0, \quad \sum_{i=m}^{m-1} a_i = 0, \quad \sum_{i=m}^{m} a_i = a_m,$$

$$\sum_{i=m}^{m+1} a_i = a_m + a_{m+1}, \quad \sum_{i=m}^{m+2} a_i = a_m + a_{m+1} + a_{m+2}.$$

（为什么？）我们有时把 $\sum_{i=m}^{n} a_i$ 不太正式地写成

$$\sum_{i=m}^{n} a_i = a_m + a_{m+1} + \cdots + a_n.$$

注 7.1.2 "和" 与 "级数" 之间的区别是一个微妙的语言学问题. 严格地说，级数是一个形如 $\sum_{i=m}^{n} a_i$ 的表达式. 在数学上（而非语义上）该级数等于一个实数，并且这个实数就是该级数的和. 例如，$1 + 2 + 3 + 4 + 5$ 是一个和为 15 的级数. 如果在语义上过于挑剔，那么我们就不会把 15 看作一个级数，也不会把 $1 + 2 + 3 + 4 + 5$ 看作一个和，尽管这两个表达式的值是相同的. 但是我们

不会特别在意这种区别, 因为这种区别是纯语言学方面的, 与数学无关. 表达式 $1+2+3+4+5$ 与 15 是同一个数, 基于替换公理 (见附录 A.7), 它们在数学上是可以互换的, 虽然两者在语义上不能互换.

注 7.1.3 注意, 变量 i (有时被称作求和指标) 是一个约束变量 (有时被称作虚拟变量), 表达式 $\sum_{i=m}^{n} a_i$ 实际上不依赖任何被称作 i 的量. 特别地, 我们可以用其他任何符号来代替求和指标 i 并得到相同的和:

$$\sum_{i=m}^{n} a_i = \sum_{j=m}^{n} a_j.$$

下面我们给出求和的一些基本性质.

引理 7.1.4

(a) 设 $m \leqslant n \leqslant p$ 都是整数, 并且对每个整数 $m \leqslant i \leqslant p$ 都指定了一个实数 a_i, 那么我们有

$$\sum_{i=m}^{n} a_i + \sum_{i=n+1}^{p} a_i = \sum_{i=m}^{p} a_i.$$

(b) 设 $m \leqslant n$ 都是整数, k 是另一个整数, 并且对每个整数 $m \leqslant i \leqslant n$ 都指定了一个实数 a_i, 那么我们有

$$\sum_{i=m}^{n} a_i = \sum_{j=m+k}^{n+k} a_{j-k}.$$

(c) 设 $m \leqslant n$ 都是整数, 并且对每个整数 $m \leqslant i \leqslant n$ 都指定了实数 a_i 和 b_i, 那么我们有

$$\sum_{i=m}^{n} (a_i + b_i) = \left(\sum_{i=m}^{n} a_i \right) + \left(\sum_{i=m}^{n} b_i \right).$$

(d) 设 $m \leqslant n$ 都是整数, 并且对每个整数 $m \leqslant i \leqslant n$ 都指定了一个实数 a_i, 并设 c 是另一个实数, 那么我们有

$$\sum_{i=m}^{n} (c a_i) = c \left(\sum_{i=m}^{n} a_i \right).$$

(e) (有限级数的三角不等式) 设 $m \leqslant n$ 都是整数, 并且对每个整数 $m \leqslant i \leqslant n$ 都指定了一个实数 a_i, 那么我们有

$$\left| \sum_{i=m}^{n} a_i \right| \leqslant \sum_{i=m}^{n} |a_i|.$$

(f) (有限级数的比较判别法) 设 $m \leqslant n$ 都是整数, 并且对每个整数 $m \leqslant i \leqslant n$ 都指定了实数 a_i 和 b_i, 假设对所有的 $m \leqslant i \leqslant n$ 都有 $a_i \leqslant b_i$,

那么我们有

$$\sum_{i=m}^{n} a_i \leqslant \sum_{i=m}^{n} b_i.$$

证明 参见习题 7.1.1. □

注 7.1.5 将来我们会省略级数表达式中的一些括号，例如，我们可以把 $\sum_{i=m}^{n}(a_i+b_i)$ 简记为 $\sum_{i=m}^{n} a_i+b_i$. 这不会造成误解，因为另一种解释 $(\sum_{i=m}^{n} a_i)+b_i$ 没有任何意义（b_i 中的指标 i 放在求和符号之外是无意义的，因为 i 只是一个虚拟变量）.

我们还可以利用有限级数定义有限集上的求和运算.

定义 7.1.6（有限集上的求和运算） 设 X 是含有 n 个元素的有限集（其中 $n \in \mathbb{N}$），并设 $f : X \to \mathbb{R}$ 是一个从 X 到实数集的函数（f 对 X 中的每个元素 x 都指定了一个实数 $f(x)$），于是我们可以像下面这样来定义有限和 $\sum_{x \in X} f(x)$. 首先任意选取一个从 $\{i \in \mathbb{N} : 1 \leqslant i \leqslant n\}$ 到 X 的双射 g，由于假定了 X 中有 n 个元素，因此这样的双射是存在的. 我们定义

$$\sum_{x \in X} f(x) = \sum_{i=1}^{n} f(g(i)).$$

当 f 定义在比 X 更大的集合 Y 上时，上述对 $\sum_{x \in X} f(x)$ 的定义仍然成立.

例 7.1.7 设 X 是含有三个元素的集合 $X = \{a, b, c\}$，其中 a, b, c 是不同的对象，设 $f : X \to \mathbb{R}$ 是函数 $f(a) = 2$, $f(b) = 5$, $f(c) = -1$. 为了计算 $\sum_{x \in X} f(x)$，我们选取一个双射 $g : \{1, 2, 3\} \to X$，例如，$g(1) = a$, $g(2) = b$, $g(3) = c$，于是我们有

$$\sum_{x \in X} f(x) = \sum_{i=1}^{3} f(g(i)) = f(a) + f(b) + f(c) = 6.$$

我们也可以选取另一个从 $\{1, 2, 3\}$ 到 X 的双射，例如，$h(1) = c$, $h(2) = b$, $h(3) = a$，但最终的结果是一样的：

$$\sum_{x \in X} f(x) = \sum_{i=1}^{3} f(h(i)) = f(c) + f(b) + f(a) = 6.$$

为了证明这个定义对 $\sum_{x \in X} f(x)$ 确实给出了一个定义明确的值，我们必须证明从 $\{i \in \mathbb{N} : 1 \leqslant i \leqslant n\}$ 到 X 的不同双射 g 给出相同的和. 换句话说，我们必须证明如下命题.

命题 7.1.8（有限求和是定义明确的） 设 X 是含有 n 个元素的有限集（其中 $n \in \mathbb{N}$），$f : X \to \mathbb{R}$ 是一个函数，并设 $g : \{i \in \mathbb{N} : 1 \leqslant i \leqslant n\} \to X$ 和

$h : \{i \in \mathbb{N} : 1 \leqslant i \leqslant n\} \to X$ 都是双射，于是我们有

$$\sum_{i=1}^{n} f(g(i)) = \sum_{i=1}^{n} f(h(i)).$$

注 7.1.9 当在无限集上求和时，情形将变得更复杂，参见 8.2 节．

证明 我们对 n 采用归纳法，更准确地说，令 $P(n)$ 为下面的断言："对任意含有 n 个元素的集合 X，任意的函数 $f : X \to \mathbb{R}$ 及任意两个从 $\{i \in \mathbb{N} : 1 \leqslant i \leqslant n\}$ 到 X 的双射 g 和 h，都有 $\sum_{i=m}^{n} f(g(i)) = \sum_{i=m}^{n} f(h(i))$ ．"（更通俗地说，$P(n)$ 断定了命题 7.1.8 对所有的自然数 n 都成立．）我们要证明的是 $P(n)$ 对所有的自然数 n 都为真．

首先证明最基本的情况 $P(0)$．在这种情况下，根据有限级数的定义，$\sum_{i=1}^{0} f(g(i))$ 和 $\sum_{i=1}^{0} f(h(i))$ 都等于 0，结论得证．

现在归纳性地假设 $P(n)$ 为真，我们证明 $P(n+1)$ 为真．设 X 是含有 $n+1$ 个元素的集合，$f : X \to \mathbb{R}$ 是一个函数，并设 g 和 h 都是从 $\{i \in \mathbb{N} : 1 \leqslant i \leqslant n+1\}$ 到 X 的双射，我们要证明的是

$$\sum_{i=1}^{n+1} f(g(i)) = \sum_{i=1}^{n+1} f(h(i)). \tag{7.1}$$

设 $x = g(n+1)$，于是 x 是 X 中的元素．根据有限级数的定义，我们可以把式 (7.1) 左侧展开成如下形式：

$$\sum_{i=1}^{n+1} f(g(i)) = \left(\sum_{i=1}^{n} f(g(i)) \right) + f(x).$$

现在我们来看一下式 (7.1) 的右侧．在理想的情况下，我们希望 $h(n+1)$ 也等于 x，因为这让我们能更容易地利用归纳假设 $P(n)$，但我们不能这样假设．然而，由于 h 是一个双射，因此我们知道存在某个指标 j 满足 $1 \leqslant j \leqslant n+1$ 且 $h(j) = x$．现在我们利用引理 7.1.4 及有限级数的定义写出

$$\begin{aligned}
\sum_{i=1}^{n+1} f(h(i)) &= \left(\sum_{i=1}^{j} f(h(i)) \right) + \left(\sum_{i=j+1}^{n+1} f(h(i)) \right) \\
&= \left(\sum_{i=1}^{j-1} f(h(i)) \right) + f(h(j)) + \left(\sum_{i=j+1}^{n+1} f(h(i)) \right) \\
&= \left(\sum_{i=1}^{j-1} f(h(i)) \right) + f(x) + \left(\sum_{i=j}^{n} f(h(i+1)) \right).
\end{aligned}$$

现在定义函数 $\tilde{h} : \{i \in \mathbb{N} : 1 \leqslant i \leqslant n\} \to X - \{x\}$ 如下：当 $i < j$ 时，令

$\tilde{h}(i) = h(i)$; 当 $i \geqslant j$ 时, 令 $\tilde{h}(i) = h(i+1)$. 于是我们可以把式 (7.1) 的右侧写成

$$\left(\sum_{i=1}^{j-1} f(\tilde{h}(i))\right) + f(x) + \left(\sum_{i=j}^{n} f(\tilde{h}(i))\right) = \left(\sum_{i=1}^{n} f(\tilde{h}(i))\right) + f(x),$$

其中我们再次利用了引理 7.1.4. 于是为了完成对式 (7.1) 的证明, 我们必须证明

$$\sum_{i=1}^{n} f(g(i)) = \sum_{i=1}^{n} f(\tilde{h}(i)). \tag{7.2}$$

函数 g（被限制在 $\{i \in \mathbb{N} : 1 \leqslant i \leqslant n\}$ 上）是一个从 $\{i \in \mathbb{N} : 1 \leqslant i \leqslant n\}$ 到 $X - \{x\}$ 的双射.（为什么?）函数 $\tilde{h}$ 也是一个从 $\{i \in \mathbb{N} : 1 \leqslant i \leqslant n\}$ 到 $X - \{x\}$ 的双射.（为什么? 见引理 3.6.9.）因为 $X - \{x\}$ 中有 n 个元素（根据引理 3.6.9）, 所以式 (7.2) 可以从归纳假设 $P(n)$ 中直接推导出. $\square$

注 7.1.10 设 X 是一个集合, $P(x)$ 是关于 X 中元素 x 的性质, 并且 $f : \{y \in X : P(y)为真\} \to \mathbb{R}$ 是一个函数, 于是我们常把

$$\sum_{x \in \{y \in X : P(y)为真\}} f(x)$$

简写成 $\sum_{x \in X : P(x)为真} f(x)$, 甚至在不造成混淆的情况下简写成 $\sum_{P(x)为真} f(x)$. 例如, $\sum_{n \in \mathbb{N} : 2 \leqslant n \leqslant 4} f(n)$ 和 $\sum_{2 \leqslant n \leqslant 4} f(n)$ 都是 $\sum_{n \in \{2,3,4\}} f(n) = f(2) + f(3) + f(4)$ 的简写形式.（这种简写形式目前仅限于 $\{y \in X : P(y)为真\}$ 是有限的情况. 在之后的章节中, 我们还将定义无限集上的和, 到那时这里的简写将做相应的扩展.）

下列关于有限集上求和运算的性质是很显然的, 但仍需要严格地证明.

命题 7.1.11（有限集上求和运算的基本性质）

(a) 如果 X 是空集, 并且 $f : X \to \mathbb{R}$ 是一个函数（f 是一个空函数）, 那么我们有

$$\sum_{x \in X} f(x) = 0.$$

(b) 如果 X 是由一个元素构成的集合, 即 $X = \{x_0\}$, 并且 $f : X \to \mathbb{R}$ 是一个函数, 那么我们有

$$\sum_{x \in X} f(x) = f(x_0).$$

(c)（替换法 I）如果 X 是一个有限集, $f : X \to \mathbb{R}$ 是一个函数, 并且 $g : Y \to X$ 是一个双射, 那么我们有

$$\sum_{x \in X} f(x) = \sum_{y \in Y} f(g(y)).$$

(d) （替换法 II）设 $n \leqslant m$ 都是整数，并且 X 为集合 $X = \{i \in \mathbb{Z} : n \leqslant i \leqslant m\}$，如果对每个整数 $i \in X$ 都指定了一个实数 a_i，那么我们有

$$\sum_{i=n}^{m} a_i = \sum_{i \in X} a_i.$$

(e) 设 X 和 Y 是两个不相交的有限集（于是 $X \cap Y = \varnothing$），并且 $f : X \cup Y \to \mathbb{R}$ 是一个函数，那么我们有

$$\sum_{z \in X \cup Y} f(z) = \left(\sum_{x \in X} f(x) \right) + \left(\sum_{y \in Y} f(y) \right).$$

(f) （线性性质 I）设 X 是一个有限集，并设 $f : X \to \mathbb{R}$ 和 $g : X \to \mathbb{R}$ 都是函数，那么我们有

$$\sum_{x \in X} (f(x) + g(x)) = \sum_{x \in X} f(x) + \sum_{x \in X} g(x).$$

(g) （线性性质 II）设 X 是一个有限集，$f : X \to \mathbb{R}$ 是一个函数，并设 c 是一个实数，那么我们有

$$\sum_{x \in X} cf(x) = c \sum_{x \in X} f(x).$$

(h) （单调性）设 X 是一个有限集，并设 $f : X \to \mathbb{R}$ 和 $g : X \to \mathbb{R}$ 是使 $f(x) \leqslant g(x)$ 对所有的 $x \in X$ 均成立的两个函数，那么我们有

$$\sum_{x \in X} f(x) \leqslant \sum_{x \in X} g(x).$$

(i) （三角不等式）设 X 是一个有限集，并设 $f : X \to \mathbb{R}$ 是一个函数，那么我们有

$$\left| \sum_{x \in X} f(x) \right| \leqslant \sum_{x \in X} |f(x)|.$$

证明 参见习题 7.1.2. □

注 7.1.12 命题 7.1.11(c) 中的替换法可以看作做了替换 $x = g(y)$（以此得名）. 注意，假设 g 是一个双射是很有必要的. 你能否看出当 g 不是一对一的或者不是映上的时，为什么替换法就失效了呢？根据命题 7.1.11 的 (c) 和 (d) 得，

$$\sum_{i=n}^{m} a_i = \sum_{i=n}^{m} a_{f(i)}$$

对任意一个从集合 $\{i \in \mathbb{Z} : n \leqslant i \leqslant m\}$ 到其自身的双射 f 都成立. 通俗地说，这意味着我们可以对一个有限序列中的元素进行随意的排列，并且所有这些排列得到同一个和.

现在我们来研究双重有限级数——有限级数的有限级数——及它们是如何与笛卡儿积联系的.

引理 7.1.13 设 X 和 Y 是有限集, 并设 $f : X \times Y \to \mathbb{R}$ 是一个函数, 那么

$$\sum_{x \in X} \left(\sum_{y \in Y} f(x, y) \right) = \sum_{(x, y) \in X \times Y} f(x, y).$$

证明 设 n 是 X 中元素的个数, 我们对 n 采用归纳法 (见命题 7.1.8). 也就是说, 设 $P(n)$ 为如下断言: "对任意含有 n 个元素的集合 X、任意的有限集 Y 及任意的函数 $f : X \times Y \to \mathbb{R}$, 引理 7.1.13 均成立." 我们要证明 $P(n)$ 对所有的自然数 n 均为真.

最基本的情形 $P(0)$ 是容易证明的, 它可以从命题 7.1.11(a) 中推导出. (为什么?) 现在假设 $P(n)$ 为真, 我们来证明 $P(n+1)$ 也为真. 设 X 是含有 $n+1$ 个元素的集合, 特别地, 根据引理 3.6.9, 我们可以记 $X = X' \cup \{x_0\}$, 其中 x_0 是 X 中的元素且 $X' = X - \{x_0\}$ 中有 n 个元素. 于是根据命题 7.1.11(e) 得

$$\sum_{x \in X} \left(\sum_{y \in Y} f(x, y) \right) = \sum_{x \in X'} \left(\sum_{y \in Y} f(x, y) \right) + \left(\sum_{y \in Y} f(x_0, y) \right).$$

根据归纳假设, 上式等于

$$\sum_{(x, y) \in X' \times Y} f(x, y) + \left(\sum_{y \in Y} f(x_0, y) \right).$$

根据命题 7.1.11(c) 知, 上式还等于

$$\sum_{(x, y) \in X' \times Y} f(x, y) + \left(\sum_{(x, y) \in \{x_0\} \times Y} f(x, y) \right).$$

又根据命题 7.1.11(e) 知, 上式等于

$$\sum_{(x, y) \in X \times Y} f(x, y).$$

(为什么?) 这就是要证明的结论. □

推论 7.1.14 (有限级数的富比尼定理) 设 X 和 Y 是有限集, 并设 $f : X \times Y \to \mathbb{R}$ 是一个函数, 那么

$$\sum_{x \in X} \left(\sum_{y \in Y} f(x, y) \right) = \sum_{(x, y) \in X \times Y} f(x, y)$$
$$= \sum_{(y, x) \in Y \times X} f(x, y)$$

$$= \sum_{y \in Y} \left(\sum_{x \in X} f(x, y) \right).$$

证明　根据引理 7.1.13 知，只需证明

$$\sum_{(x,y) \in X \times Y} f(x, y) = \sum_{(y,x) \in Y \times X} f(x, y)$$

就可以了. 通过利用定义为 $h(y, x) = (x, y)$ 的双射 $h : Y \times X \to X \times Y$，上面的等式能够从命题 7.1.11(c) 中推导出.（为什么 h 是双射？为什么命题 7.1.11(c) 给出了我们想要的结论？）　　　　　　　　　　　　　　　　　　　　□

注 7.1.15　应该将这个结论与例 1.2.5 进行对比，那么我们预料，当从有限和转向无限和时，会发生一些有趣的事情. 不管怎样，参见定理 8.2.2.

习　　题

7.1.1 证明引理 7.1.4.（提示：利用归纳法，但最基本的情形并不一定在 0 处.）

7.1.2 证明命题 7.1.11.（提示：证明过程并不冗长，关键在于选择恰当的双射把这些集合上的和转化为有限级数，然后利用引理 7.1.4.）

7.1.3 构造有限乘积 $\prod_{i=1}^{n} a_i$ 和 $\prod_{x \in X} f(x)$ 的定义. 在上述关于有限级数的结论中，哪些对有限乘积有类似的结论？（注意，使用对数是有风险的，因为某些 a_i 或 $f(x)$ 可能是 0 或负数. 另外，我们还没有定义对数.）

7.1.4 利用递归定义来定义关于自然数 n 的阶乘函数 $n!$：$0! = 1$ 且 $(n+1)! = n! \times (n+1)$. 如果 x 和 y 是实数，证明：二项式公式

$$(x + y)^n = \sum_{j=0}^{n} \frac{n!}{j!(n-j)!} x^j y^{n-j}$$

对所有的自然数 n 均成立.（提示：对 n 使用归纳法.）

7.1.5 设 X 是一个有限集，m 是一个整数，并且对每个 $x \in X$，设 $(a_n(x))_{n=m}^{\infty}$ 是一个收敛的实数序列，证明：序列 $\left(\sum_{x \in X} a_n(x) \right)_{n=m}^{\infty}$ 是收敛的，且

$$\lim_{n \to \infty} \sum_{x \in X} a_n(x) = \sum_{x \in X} \lim_{n \to \infty} a_n(x).$$

（提示：对 X 的基数使用归纳法，并利用定理 6.1.19(a).）于是我们总是可以交换有限和与收敛极限的次序. 但对于无限和，情况将更复杂，参见推论 19.2.11.

7.1.6 设 I 是一个有限集，对任意的 $i \in I$，E_i 均为有限集. 设 E_i 是两两不相交的，即当 $i \ne j \in I$ 时，$E_i \cap E_j = \varnothing$. 对任意的 $x \in \bigcup_{i \in I} E_i$，$f(x)$ 均为实数，证明：$\sum_{x \in \cup_{i \in I} E_i} f(x) = \sum_{i \in I} \sum_{x \in E_i} f(x)$.

7.1.7 设 n 和 m 为自然数，对任意的 $1 \leqslant i \leqslant n$，设 a_i 为满足 $a_i \leqslant m$ 的自然数. 证明下列恒等式

$$\sum_{i=1}^{n} a_i = \sum_{j=1}^{m} \#(\{1 \leqslant i \leqslant n : a_i \geqslant j\}).$$

（提示：利用推论 7.1.14，通过两种不同的方法计算 $\sum_{i=1}^{n}\sum_{j=1}^{m} c_{i,j}$，对被求和数 $c_{i,j}$ 做巧妙的选择.）上述这种恒等式的应用被称为双重计数法，在组合数学中经常使用.

7.2 无穷级数

现在我们将对无穷级数求和.

定义 7.2.1（形式无穷级数）（形式）无穷级数是形如

$$\sum_{n=m}^{\infty} a_n$$

的表达式，其中 m 是整数且对任意的整数 $n \geqslant m$，a_n 是一个实数. 有时我们把这个级数写成

$$a_m + a_{m+1} + a_{m+2} + \cdots.$$

目前，这个级数只是被形式地定义了，我们还没有让这个和等于任何实数. 记号 $a_m + a_{m+1} + a_{m+2} + \cdots$ 看上去非常像一个和，但它实际上并不是一个有限和，因为它包含符号"$\cdots$". 为了严格地定义这个级数的和到底是什么，我们需要另一个定义.

定义 7.2.2（级数的收敛） 设 $\sum_{n=m}^{\infty} a_n$ 是一个形式无穷级数，对任意的整数 $N \geqslant m$，我们定义这个级数的第 N 个部分和 S_N 为 $S_N = \sum_{n=m}^{N} a_n$，显然 S_N 是一个实数. 如果当 $N \to \infty$ 时，序列 $(S_N)_{N=m}^{\infty}$ 收敛于某个极限 L，那么我们称无穷级数 $\sum_{n=m}^{\infty} a_n$ 是收敛的，并且收敛于 L. 我们也记 $L = \sum_{n=m}^{\infty} a_n$，并称 L 是无穷级数 $\sum_{n=m}^{\infty} a_n$ 的和. 如果部分和序列 $(S_N)_{N=m}^{\infty}$ 是发散的，那么我们称无穷级数 $\sum_{n=m}^{\infty} a_n$ 是发散的，并且不对这个级数指定任何实数值.

注 7.2.3 注意，命题 6.1.7 表明，如果一个级数收敛，那么它有唯一的和，于是我们可以放心地讨论一个收敛级数的和 $L = \sum_{n=m}^{\infty} a_n$.

例 7.2.4 考虑形式无穷级数

$$\sum_{n=1}^{\infty} 2^{-n} = 2^{-1} + 2^{-2} + 2^{-3} + \cdots.$$

通过简单的归纳论证（或者利用后面的引理 7.3.3），我们可以证明部分和

$$S_N = \sum_{n=1}^{N} 2^{-n} = 1 - 2^{-N}.$$

当 $N \to \infty$ 时，序列 $(1 - 2^{-N})_{N=1}^{\infty}$ 收敛于 1，从而

$$\sum_{n=1}^{\infty} 2^{-n} = 1.$$

特别地，这个级数是收敛的. 另外，如果我们考虑级数

$$\sum_{n=1}^{\infty} 2^n = 2^1 + 2^2 + 2^3 + \cdots,$$

那么部分和

$$S_N = \sum_{n=1}^{N} 2^n = 2^{N+1} - 2.$$

容易证明 $(S_N)_{N=1}^{\infty}$ 是一个无界序列，从而它是发散的. 因此级数 $\sum_{n=1}^{\infty} 2^n$ 是发散的.

现在我们考察一个级数何时收敛. 下面这个命题说明，一个级数收敛，当且仅当对任意的 $\varepsilon > 0$，这个序列的"尾部"最终将小于 ε.

命题 7.2.5 设 $\sum_{n=m}^{\infty} a_n$ 是一个实数的形式级数，那么 $\sum_{n=m}^{\infty} a_n$ 收敛，当且仅当对每个实数 $\varepsilon > 0$，都存在一个整数 $N \geqslant m$ 使得

$$\left| \sum_{n=p}^{q} a_n \right| \leqslant \varepsilon \text{ 对所有的 } p, q \geqslant N \text{ 均成立.}$$

证明 参见习题 7.2.2.   □

就这个命题本身来说，它用起来不是很方便，因为在实际操作中，计算部分和 $\sum_{n=p}^{q} a_n$ 并不容易. 但这个命题有大量实用的推论. 例如，

推论 7.2.6（零判别法） 设 $\sum_{n=m}^{\infty} a_n$ 是一个收敛的实数级数，那么我们一定有 $\lim_{n \to \infty} a_n = 0$. 换句话说，如果 $\lim_{n \to \infty} a_n$ 是非零的或是发散的，那么级数 $\sum_{n=m}^{\infty} a_n$ 是发散的.

证明 参见习题 7.2.3.   □

例 7.2.7 当 $n \to \infty$ 时，序列 $a_n = 1$ 不收敛于 0，所以 $\sum_{n=1}^{\infty} 1$ 是一个发散级数（但注意，$1, 1, 1, 1, \cdots$ 是一个收敛序列. 级数的收敛与序列的收敛是不同的概念）. 类似地，序列 $a_n = (-1)^n$ 发散，它当然也不收敛于 0，所以级数 $\sum_{n=1}^{\infty} (-1)^n$ 也是发散的.

如果序列 $(a_n)_{n=m}^{\infty}$ 确实收敛于 0，那么级数 $\sum_{n=m}^{\infty} a_n$ 可能收敛，也可能不收敛，这取决于级数本身. 例如，不久我们会看到级数 $\sum_{n=1}^{\infty} 1/n$ 是发散的，尽管当 $n \to \infty$ 时，$(1/n)_{n=1}^{\infty}$ 实际上收敛于 0.

定义 7.2.8（绝对收敛） 设 $\sum_{n=m}^{\infty} a_n$ 是一个实数的形式级数,我们称这个级数是绝对收敛的,当且仅当级数 $\sum_{n=m}^{\infty} |a_n|$ 是收敛的.

命题 7.2.9（绝对收敛判别法） 设 $\sum_{n=m}^{\infty} a_n$ 是一个实数的形式级数,如果这个级数是绝对收敛的,那么它也是收敛的.另外,在这种情形下,我们有三角不等式

$$\left| \sum_{n=m}^{\infty} a_n \right| \leqslant \sum_{n=m}^{\infty} |a_n|.$$

证明 参见习题 7.2.4. □

注 7.2.10 这个命题的逆命题不成立,存在收敛但不绝对收敛的级数,参见例 7.2.12. 收敛但不绝对收敛的级数也被称为条件收敛级数.

命题 7.2.11（交错级数判别法） 设 $(a_n)_{n=m}^{\infty}$ 是一个非负的且递减的实数序列,于是对任意的 $n \geqslant m$ 均有 $a_n \geqslant 0$ 和 $a_n \geqslant a_{n+1}$,那么级数 $\sum_{n=m}^{\infty} (-1)^n a_n$ 是收敛的,当且仅当 $n \to \infty$ 时,序列 $(a_n)_{n=m}^{\infty}$ 收敛于 0.

证明 根据零判别法知,如果 $\sum_{n=m}^{\infty} (-1)^n a_n$ 是收敛级数,那么序列 $((-1)^n a_n)_{n=m}^{\infty}$ 收敛于 0,这隐含 $(a_n)_{n=m}^{\infty}$ 也收敛于 0,因为 $(-1)^n a_n$, a_n 与 0 的距离相等.

反过来,现在假设 $(a_n)_{n=m}^{\infty}$ 收敛于 0. 对每个 $N \geqslant m$,设 S_N 为部分和 $S_N = \sum_{n=m}^{N} (-1)^n a_n$,我们的任务是证明 $(S_N)_{N=m}^{\infty}$ 收敛. 观察到

$$S_{N+2} = S_N + (-1)^{N+1} a_{N+1} + (-1)^{N+2} a_{N+2}$$
$$= S_N + (-1)^{N+1} (a_{N+1} - a_{N+2}).$$

根据假设知 $(a_{N+1} - a_{N+2})$ 是非负的,于是当 N 是奇数时,$S_{N+2} \geqslant S_N$;当 N 是偶数时,$S_{N+2} \leqslant S_N$.

现在假设 N 是偶数. 根据上面的讨论和归纳法知,对所有的自然数 k 都有 $S_{N+2k} \leqslant S_N$.（为什么?）我们还有 $S_{N+2k+1} \geqslant S_{N+1} = S_N - a_{N+1}$.（为什么?）最后我们得到 $S_{N+2k+1} = S_{N+2k} - a_{N+2k+1} \leqslant S_{N+2k}$.（为什么?）于是

$$S_N - a_{N+1} \leqslant S_{N+2k+1} \leqslant S_{N+2k} \leqslant S_N$$

对所有的 k 均成立. 特别地,我们有

$$S_N - a_{N+1} \leqslant S_n \leqslant S_N \text{ 对所有的 } n \geqslant N \text{ 均成立.}$$

（为什么?）特别地,序列 S_n 是最终 a_{N+1}-稳定的. 而当 $N \to \infty$ 时,序列 $(a_N)_{N=m}^{\infty}$ 收敛于 0,这意味着对任意的 $\varepsilon > 0$, $(S_n)_{n=m}^{\infty}$ 都是最终 ε-稳定的.（为什么?）因此 $(S_n)_{n=m}^{\infty}$ 收敛,从而级数 $\sum_{n=m}^{\infty} (-1)^n a_n$ 是收敛的. □

例 7.2.12　序列 $(1/n)_{n=1}^{\infty}$ 是非负且递减的，并且它收敛于 0，于是 $\sum_{n=1}^{\infty}(-1)^{n}/n$ 是收敛的（但它不是绝对收敛的，因为 $\sum_{n=1}^{\infty}1/n$ 发散，见推论 7.3.7）. 因此，不绝对收敛并不意味着也不条件收敛，尽管绝对收敛意味着条件收敛.

下面给出收敛级数的一些基本恒等式.

命题 7.2.13（级数定律）

(a) 如果 $\sum_{n=m}^{\infty}a_{n}$ 是一个收敛于 x 的实数级数，并且 $\sum_{n=m}^{\infty}b_{n}$ 是一个收敛于 y 的实数级数，那么 $\sum_{n=m}^{\infty}(a_{n}+b_{n})$ 也是一个收敛级数，并且它收敛于 $x+y$. 特别地，我们有

$$\sum_{n=m}^{\infty}(a_{n}+b_{n})=\sum_{n=m}^{\infty}a_{n}+\sum_{n=m}^{\infty}b_{n}.$$

(b) 如果 $\sum_{n=m}^{\infty}a_{n}$ 是一个收敛于 x 的实数级数，并且 c 是一个实数，那么 $\sum_{n=m}^{\infty}(ca_{n})$ 也是一个收敛级数，并且它收敛于 cx. 特别地，我们有

$$\sum_{n=m}^{\infty}(ca_{n})=c\sum_{n=m}^{\infty}a_{n}.$$

(c) 设 $\sum_{n=m}^{\infty}a_{n}$ 是一个实数级数，并设 $k\geqslant 0$ 是一个整数，如果级数 $\sum_{n=m}^{\infty}a_{n}$ 和级数 $\sum_{n=m+k}^{\infty}a_{n}$ 中有一个是收敛的，那么另一个也是收敛的，并且我们有恒等式

$$\sum_{n=m}^{\infty}a_{n}=\sum_{n=m}^{m+k-1}a_{n}+\sum_{n=m+k}^{\infty}a_{n}.$$

(d) 设 $\sum_{n=m}^{\infty}a_{n}$ 是一个收敛于 x 的实数级数，并设 k 是一个整数，那么 $\sum_{n=m+k}^{\infty}a_{n-k}$ 也收敛于 x.

证明　参见习题 7.2.5.　　　　　　　　　　　　　　　　　　　　　□

从命题 7.2.13(c) 中我们看出，一个级数的收敛性并不依赖于该级数的前几项（尽管这些项会影响级数收敛于哪个值）. 因此，我们通常不会过多地关注级数的初始指标 m 是多少.

有一种级数被称作嵌套级数（telescoping series），对它求和很容易.

引理 7.2.14（嵌套级数）　设 $(a_{n})_{n=0}^{\infty}$ 是一个收敛于 0 的实数序列，即 $\lim_{n\to\infty}a_{n}=0$，那么级数 $\sum_{n=0}^{\infty}(a_{n}-a_{n+1})$ 收敛于 a_{0}.

证明　参见习题 7.2.6.　　　　　　　　　　　　　　　　　　　　　□

习　　题

7.2.1 级数 $\sum_{n=1}^{\infty}(-1)^{n}$ 是收敛的还是发散的？证明你的结论. 你现在能否解决例 1.2.2 中的难题？

7.2.2 证明命题 7.2.5. （提示：利用命题 6.1.12 和定理 6.4.18. ）

7.2.3 利用命题 7.2.5 证明推论 7.2.6.

7.2.4 证明命题 7.2.9. （提示：利用命题 7.2.5 和引理 7.1.4(e). ）

7.2.5 证明命题 7.2.13. （提示：利用定理 6.1.19. ）

7.2.6 证明引理 7.2.14. （提示：首先算出部分和 $\sum_{n=0}^{N}(a_n - a_{n+1})$ 是什么，并利用归纳法证明你的判断. ）如果我们假设 $(a_n)_{n=0}^{\infty}$ 不收敛于 0 而是收敛于另外某个实数 L，那么这个引理该如何变动？

7.3 非负数的和

为了考察每一项 a_n 都是非负数的级数 $\sum_{n=m}^{\infty} a_n$，现在我们对前面的讨论进行详细说明. 例如，这种情形可以来源于绝对收敛判别法，因为实数 a_n 的绝对值 $|a_n|$ 始终是非负的. 注意，当一个级数的所有项都是非负数时，条件收敛和绝对收敛之间没有任何区别.

设 $\sum_{n=m}^{\infty} a_n$ 是一个非负数级数，那么部分和 $S_N = \sum_{n=m}^{N} a_n$ 是递增的，即对所有的 $N \geqslant m$ 均有 $S_{N+1} \geqslant S_N$. （为什么？）根据命题 6.3.8 和推论 6.1.17 知，序列 $(S_N)_{N=m}^{\infty}$ 是收敛的，当且仅当它有上界 M. 换言之，我们恰好证明了：

命题 7.3.1 设 $\sum_{n=m}^{\infty} a_n$ 是一个非负实数的形式级数，那么这个级数是收敛的，当且仅当存在一个实数 M 使得

$$\sum_{n=m}^{N} a_n \leqslant M \text{ 对所有的整数 } N \geqslant m \text{ 均成立}.$$

该命题的一个简单推论如下.

推论 7.3.2（比较判别法） 设 $\sum_{n=m}^{\infty} a_n$ 和 $\sum_{n=m}^{\infty} b_n$ 都是实数的形式级数，并且对任意的 $n \geqslant m$ 均有 $|a_n| \leqslant b_n$，于是，如果 $\sum_{n=m}^{\infty} b_n$ 是收敛的，那么 $\sum_{n=m}^{\infty} a_n$ 是绝对收敛的，并且

$$\left| \sum_{n=m}^{\infty} a_n \right| \leqslant \sum_{n=m}^{\infty} |a_n| \leqslant \sum_{n=m}^{\infty} b_n.$$

证明 参见习题 7.3.1. □

我们也可以用该结论的逆否命题来叙述比较判别法：如果对任意的 $n \geqslant m$ 均有 $|a_n| \leqslant b_n$，并且 $\sum_{n=m}^{\infty} a_n$ 不是绝对收敛的，那么 $\sum_{n=m}^{\infty} b_n$ 不是条件收敛的. （为什么这可以从推论 7.3.2 中直接推导出？）

在比较判别法中，一个实用的级数是几何级数

$$\sum_{n=0}^{\infty} x^n,$$

其中，x 是实数.

引理 7.3.3（几何级数）设 x 是实数，如果 $|x| \geqslant 1$，那么级数 $\sum_{n=0}^{\infty} x^n$ 是发散的. 但如果 $|x| < 1$，那么这个级数是绝对收敛的且

$$\sum_{n=0}^{\infty} x^n = 1/(1-x).$$

证明　参见习题 7.3.2.　　　　　　　　　　　　　　　　　　　　　　　　　□

现在我们给出一个有用的准则，它被称为柯西准则. 该准则可以用来判断一个非负且递减的级数是否收敛.

命题 7.3.4（柯西准则）设 $(a_n)_{n=1}^{\infty}$ 是一个递减的非负实数序列（于是对所有的 $n \geqslant 1$ 均有 $a_n \geqslant 0$ 和 $a_{n+1} \leqslant a_n$），那么级数 $\sum_{n=1}^{\infty} a_n$ 是收敛的，当且仅当级数

$$\sum_{k=0}^{\infty} 2^k a_{2^k} = a_1 + 2a_2 + 4a_4 + 8a_8 + \cdots$$

是收敛的.

注 7.3.5　该准则有一个有趣的特点：它仅仅用了序列 $(a_n)_{n=1}^{\infty}$ 中一小部分项（那些指标 n 为 2 的幂 $n = 2^k$ 的项）就判定了整个级数是否收敛.

证明　设 $S_N = \sum_{n=1}^{N} a_n$ 是 $\sum_{n=1}^{\infty} a_n$ 的部分和，并设 $T_K = \sum_{k=0}^{K} 2^k a_{2^k}$ 是 $\sum_{k=0}^{\infty} 2^k a_{2^k}$ 的部分和，根据命题 7.3.1 知，我们的任务是证明序列 $(S_N)_{N=1}^{\infty}$ 是有界的，当且仅当序列 $(T_K)_{K=0}^{\infty}$ 是有界的. 为此，我们需要下述结论.

引理 7.3.6　对任意的自然数 K，我们有 $S_{2^{K+1}-1} \leqslant T_K \leqslant 2S_{2^K}$.

证明　对 K 使用归纳法. 首先证明 $K = 0$ 时的结论，即

$$S_1 \leqslant T_0 \leqslant 2S_1,$$

也就是

$$a_1 \leqslant a_1 \leqslant 2a_1.$$

上式显然成立，因为 a_1 是非负的.

假设已经证明了结论对 K 是成立的，现在我们试图证明它对 $K+1$ 也成立，

$$S_{2^{K+2}-1} \leqslant T_{K+1} \leqslant 2S_{2^{K+1}}.$$

我们显然有

$$T_{K+1} = T_K + 2^{K+1} a_{2^{K+1}}.$$

另外，我们还有（利用引理 7.1.4 的 (a) 和 (f) 及 $(a_n)_{n=1}^{\infty}$ 是递减的假设）

$$S_{2^{K+1}} = S_{2^K} + \sum_{n=2^K+1}^{2^{K+1}} a_n \geqslant S_{2^K} + \sum_{n=2^K+1}^{2^{K+1}} a_{2^{K+1}} = S_{2^K} + 2^K a_{2^{K+1}},$$

从而

$$2S_{2^{K+1}} \geqslant 2S_{2^K} + 2^{K+1}a_{2^{K+1}}.$$

类似地，我们有

$$S_{2^{K+2}-1} = S_{2^{K+1}-1} + \sum_{n=2^{K+1}}^{2^{K+2}-1} a_n$$

$$\leqslant S_{2^{K+1}-1} + \sum_{n=2^{K+1}}^{2^{K+2}-1} a_{2^{K+1}}$$

$$= S_{2^{K+1}-1} + 2^{K+1}a_{2^{K+1}}.$$

把这些不等式与归纳假设

$$S_{2^{K+1}-1} \leqslant T_K \leqslant 2S_{2^K}$$

结合起来就得到了要证明的结论

$$S_{2^{K+2}-1} \leqslant T_{K+1} \leqslant 2S_{2^{K+1}}.$$

这就完成了引理的证明. □

从这个结论中我们看到，如果 $(S_N)_{N=1}^{\infty}$ 是有界的，那么 $(S_{2^K})_{K=0}^{\infty}$ 也是有界的，从而 $(T_K)_{K=0}^{\infty}$ 是有界的. 反过来，如果 $(T_K)_{K=0}^{\infty}$ 是有界的，那么上述结论隐含 $(S_{2^{K+1}-1})_{K=0}^{\infty}$ 是有界的，即存在一个 M 使得 $S_{2^{K+1}-1} \leqslant M$ 对所有的自然数 K 均成立. 我们容易证出（利用归纳法）$2^{K+1}-1 \geqslant K+1$，从而对所有的自然数 K 均有 $S_{K+1} \leqslant M$，于是 $(S_N)_{N=1}^{\infty}$ 是有界的. □

推论 7.3.7 设 $q > 0$ 是一个实数，那么当 $q > 1$ 时，级数 $\sum_{n=1}^{\infty} 1/n^q$ 是收敛的；当 $q \leqslant 1$ 时，该级数是发散的.

证明 序列 $(1/n^q)_{n=1}^{\infty}$ 是非负且递减的（根据引理 5.6.9(d) 和命题 6.7.3），从而可以对它使用柯西准则. 因此这个级数是收敛的，当且仅当

$$\sum_{k=0}^{\infty} 2^k \frac{1}{(2^k)^q}$$

是收敛的. 根据指数运算定律（引理 5.6.9 和命题 6.7.3），我们可以把上述级数改写成几何级数

$$\sum_{k=0}^{\infty} (2^{1-q})^k.$$

正如前面提到的，几何级数 $\sum_{k=0}^{\infty} x^k$ 收敛，当且仅当 $|x| < 1$. 于是级数 $\sum_{n=1}^{\infty} 1/n^q$ 收敛，当且仅当 $|2^{1-q}| < 1$，并且仅当 $q > 1$ 时才有 $|2^{1-q}| < 1$（为什么? 试着利用引理 5.6.9 和命题 6.7.3 来证明这一点，而且不要使用对数）. □

特别地，如前文所述，级数 $\sum_{n=1}^{\infty} 1/n$（也被称作调和级数）是发散的，但级数 $\sum_{n=1}^{\infty} 1/n^2$ 是收敛的.

注 7.3.8　当 $\sum_{n=1}^{\infty} 1/n^q$ 收敛时，它的和记作 $\zeta(q)$，并被称为 q 的黎曼 ζ 函数. 这个函数在数论中非常重要，特别是在素数分布的研究中尤为重要. 关于这个函数，有一个非常著名的未解决的难题叫作黎曼假设，但对这个问题的进一步讨论远远超出了本书的范围.

<h2 style="text-align:center">习　题</h2>

7.3.1　利用命题 7.3.1 证明推论 7.3.2.

7.3.2　证明引理 7.3.3.（提示：对第一部分使用零判别法. 对于第二部分，首先利用归纳法建立一个几何级数公式
$$\sum_{n=0}^{N} x^n = \left(1 - x^{N+1}\right)\big/ (1-x),$$
然后使用引理 6.5.2.）

7.3.3　设 $\sum_{n=0}^{\infty} a_n$ 是一个绝对收敛的实数级数，并且满足 $\sum_{n=0}^{\infty} |a_n| = 0$，证明：对每个自然数 n 都有 $a_n = 0$.

7.4　级数的重排列

有限级数的一个特征是：不管我们怎样重新排列序列中的项，有限级数的总和始终保持不变. 例如，
$$a_1 + a_2 + a_3 + a_4 + a_5 = a_4 + a_3 + a_5 + a_1 + a_2.$$
在前文中，我们已经严格地叙述了这个特征，其中还用到了双射，参见注 7.1.12.

或许有人会问，对于无穷级数是否有同样的结论？如果无穷级数的所有项都是非负的，那么答案是肯定的.

命题 7.4.1　设 $\sum_{n=0}^{\infty} a_n$ 是一个收敛的非负实数级数，并设 $f: \mathbb{N} \to \mathbb{N}$ 是一个双射，那么 $\sum_{m=0}^{\infty} a_{f(m)}$ 也是收敛的，并且与原级数有相同的和：
$$\sum_{n=0}^{\infty} a_n = \sum_{m=0}^{\infty} a_{f(m)}.$$

证明　我们引入部分和 $S_N = \sum_{n=0}^{N} a_n$ 和 $T_M = \sum_{m=0}^{M} a_{f(m)}$. 我们知道序列 $(S_N)_{N=0}^{\infty}$ 和 $(T_M)_{M=0}^{\infty}$ 都是递增的，记 $L = \sup(S_N)_{N=0}^{\infty}$, $L' = \sup(T_M)_{M=0}^{\infty}$. 由命题 6.3.8 知 L 是有限的，而且实际上 $L = \sum_{n=0}^{\infty} a_n$. 再次利用命题 6.3.8 知，只要能够证明 $L = L'$，我们就完成了证明.

固定 M, 设 Y 为集合 $Y = \{m \in \mathbb{N} : m \leqslant M\}$. 注意, f 是从 Y 到 $f(Y)$ 的一个双射, 根据命题 7.1.11, 我们有

$$T_M = \sum_{m=0}^{M} a_{f(m)} = \sum_{m \in Y} a_{f(m)} = \sum_{n \in f(Y)} a_n.$$

序列 $(f(m))_{m=0}^{M}$ 是有限的, 从而它是有界的, 即存在一个 N 使得 $f(m) \leqslant N$ 对所有的 $m \leqslant M$ 均成立. 特别地, $f(Y)$ 是 $\{n \in \mathbb{N} : n \leqslant N\}$ 的一个子集, 从而再次利用命题 7.1.11（以及所有的 a_n 都是非负的假设）得

$$T_M = \sum_{n \in f(Y)} a_n \leqslant \sum_{n \in \{n \in \mathbb{N} : n \leqslant N\}} a_n = \sum_{n=0}^{N} a_n = S_N.$$

由于 $(S_N)_{N=0}^{\infty}$ 有上确界 L, 因此 $S_N \leqslant L$, 从而对所有的 M 都有 $T_M \leqslant L$. 因为 L' 是 $(T_M)_{M=0}^{\infty}$ 的最小上界, 所以 $L' \leqslant L$.

按照类似的论证方法（用反函数 f^{-1} 替换 f）可以证明每个 S_N 都以 L' 为上界, 从而 $L \leqslant L'$. 把这两个不等式结合在一起, 我们就得到了想要的结论 $L = L'$.□

例 7.4.2　由推论 7.3.7 知级数

$$\sum_{n=1}^{\infty} 1/n^2 = 1 + 1/4 + 1/9 + 1/16 + 1/25 + 1/36 + \cdots$$

是收敛的. 于是, 如果我们成对地交换相邻两项的位置, 就得到了

$$1/4 + 1 + 1/16 + 1/9 + 1/36 + 1/25 + \cdots,$$

那么这个级数也是收敛的, 并且与原级数有相同的和（这个和的值是 $\zeta(2) = \pi^2/6$, 我们将在习题 16.5.2 中对这个事实进行证明）.

现在我们问, 如果级数并非每一项都是非负的, 那么会有什么状况发生? 只要级数是绝对收敛的, 我们就依然可以对它进行重排列.

命题 7.4.3（级数的重排列）　设 $\sum_{n=0}^{\infty} a_n$ 是一个绝对收敛的实数级数, 并设 $f : \mathbb{N} \to \mathbb{N}$ 是一个双射, 那么 $\sum_{m=0}^{\infty} a_{f(m)}$ 也是绝对收敛的, 并且它与原级数有相同的和:

$$\sum_{n=0}^{\infty} a_n = \sum_{m=0}^{\infty} a_{f(m)}.$$

证明　（选学）我们把命题 7.4.1 应用到无穷级数 $\sum_{n=0}^{\infty} |a_n|$ 上, 由假设知 $\sum_{n=0}^{\infty} |a_n|$ 是一个收敛的非负级数. 如果我们记 $L = \sum_{n=0}^{\infty} |a_n|$, 那么根据命题 7.4.1 知 $\sum_{m=0}^{\infty} |a_{f(m)}|$ 也收敛于 L.

现在记 $L' = \sum_{n=0}^{\infty} a_n$, 我们必须证明 $\sum_{m=0}^{\infty} a_{f(m)}$ 也收敛于 L'. 换言之, 给定任意的 $\varepsilon > 0$, 我们必须找到一个 M 使得对每个 $M' \geqslant M$ 都有 $\sum_{m=0}^{M'} a_{f(m)}$

是 ε-接近于 L' 的.

因为 $\sum_{n=0}^{\infty}|a_n|$ 是收敛的, 所以我们可以利用命题 7.2.5 找到一个 N_1, 使得对所有的 $p,q \geqslant N_1$ 都有 $\sum_{n=p}^{q}|a_n| \leqslant \varepsilon/2$. 因为 $\sum_{n=0}^{\infty}a_n$ 收敛于 L', 所以部分和 $\sum_{n=0}^{N}a_n$ 也收敛于 L', 从而存在一个 $N \geqslant N_1$ 使得 $\sum_{n=0}^{N}a_n$ 是 $\varepsilon/2$-接近于 L' 的.

现在序列 $(f^{-1}(n))_{n=0}^{N}$ 是有限的, 从而是有界的, 于是存在一个 M 使得对所有的 $0 \leqslant n \leqslant N$ 都有 $f^{-1}(n) \leqslant M$. 特别地, 对任意的 $M' \geqslant M$, 集合 $\{f(m) : m \in \mathbb{N}; m \leqslant M'\}$ 包含 $\{n \in \mathbb{N} : n \leqslant N\}$. (为什么?) 于是根据命题 7.1.11, 对任意的 $M' \geqslant M$ 都有

$$\sum_{m=0}^{M'} a_{f(m)} = \sum_{n \in \{f(m):m\in\mathbb{N};m\leqslant M'\}} a_n = \sum_{n=0}^{N} a_n + \sum_{n \in X} a_n,$$

其中 X 是集合

$$X = \{f(m) : m \in \mathbb{N}; m \leqslant M'\} \setminus \{n \in \mathbb{N} : n \leqslant N\}.$$

集合 X 是有限的, 从而它以某个自然数 q 为上界, 于是我们一定有

$$X \subseteq \{n \in \mathbb{N} : N+1 \leqslant n \leqslant q\}.$$

(为什么?) 所以根据 N 的选取, 有

$$\left| \sum_{n \in X} a_n \right| \leqslant \sum_{n \in X} |a_n| \leqslant \sum_{n=N+1}^{q} |a_n| \leqslant \varepsilon/2.$$

因此 $\sum_{m=0}^{M'} a_{f(m)}$ 是 $\varepsilon/2$-接近于 $\sum_{n=0}^{N}a_n$ 的, 其中 $\sum_{n=0}^{N}a_n$ 如前文所述是 $\varepsilon/2$-接近于 L' 的. 于是对所有的 $M' \geqslant M$, $\sum_{m=0}^{M'} a_{f(m)}$ 都是 ε-接近于 L' 的, 这就是要证明的结论. $\qquad\qquad\square$

出人意料的是, 当一个级数不绝对收敛时, 对它进行重排列会引发非常不好的状况.

例 7.4.4 考虑级数

$$1/3 - 1/4 + 1/5 - 1/6 + 1/7 - 1/8 + \cdots.$$

这个级数不是绝对收敛的, (为什么?) 但由交错级数判别法知它是条件收敛的. 事实上, 可以看出这个级数收敛于一个正数 (实际上, 它收敛于 $\ln 2 - 1/2 = 0.193147\cdots$, 见例 15.5.7). 从根本上说, 该级数的和是正数的原因在于 $(1/3 - 1/4), (1/5 - 1/6), (1/7 - 1/8)$ 全都是正的, 这可以用来证明每个部分和都是正的 (为什么? 你必须分两种情形来考虑, 即部分和是由偶数项组成的及部分和是由奇数项组成的).

但是，如果我们对这个级数进行重排列，使得每个正项之后有两个负项，那么有

$$1/3 - 1/4 - 1/6 + 1/5 - 1/8 - 1/10 + 1/7 - 1/12 - 1/14 + \cdots,$$

于是部分和将很快变成负的（因为 $(1/3 - 1/4 - 1/6)$, $(1/5 - 1/8 - 1/10)$ 及更一般的 $(1/(2n+1) - 1/4n - 1/(4n+2))$ 都是负的），从而这个级数收敛于一个负数. 事实上，它收敛于

$$(\ln 2 - 1)/2 = -0.153426 \cdots.$$

实际上，有一个令人惊讶的黎曼结果，它表明对一个条件收敛（收敛但不绝对收敛）的级数适当地重排列，可以使排列后的级数收敛于任何值（或者发散，见习题 8.2.6），参见定理 8.2.8.

总之，当一个级数绝对收敛时，对它进行重排列是安全的；当级数不绝对收敛时，对它进行重排列会存在一定的危险. ［这并不是说对一个不绝对收敛的级数进行重排列就必然会给出错误的结果. 例如，在理论物理学中，人们经常采用类似的策略但最后仍然（常常）得到一个正确的结果. 但这样做是有风险的，除非它有一个像命题 7.4.3 那样严格的结论作为依据.］

习　题

7.4.1 设 $\sum_{n=0}^{\infty} a_n$ 是一个绝对收敛的实数级数，$f : \mathbb{N} \to \mathbb{N}$ 是一个增函数（对所有的 $n \in \mathbb{N}$ 都有 $f(n+1) > f(n)$），证明：$\sum_{n=0}^{\infty} a_{f(n)}$ 也是绝对收敛的级数. ［提示：试着把 $\sum_{n=0}^{\infty} a_{f(n)}$ 的每个部分和与 $\sum_{n=0}^{\infty} a_n$（略有不同）的部分和进行比较.］如果假设 f 是一对一的但不是递增的，那么上述结论是否仍然成立？

7.4.2 利用命题 7.4.1、命题 7.2.13，并将 a_n 表示为 $a_n + |a_n|$ 与 $|a_n|$ 的差，给出命题 7.4.3 的另一种证明（这个思路是由威尔·巴拉德提出的）.

7.5　根值判别法和比值判别法

现在我们叙述并证明级数收敛的根值判别法和比值判别法.

定理 7.5.1（**根值判别法**）　设 $\sum_{n=m}^{\infty} a_n$ 是一个实数级数，并设 $\alpha = \limsup_{n\to\infty} |a_n|^{1/n}$.

(a) 如果 $\alpha < 1$，那么级数 $\sum_{n=m}^{\infty} a_n$ 是绝对收敛的（从而是收敛的）.

(b) 如果 $\alpha > 1$，那么级数 $\sum_{n=m}^{\infty} a_n$ 不是收敛的（从而不可能是绝对收敛的）.

(c) 如果 $\alpha = 1$，我们不能给出任何断言.

证明　根据命题 7.2.13(c)，不失一般性地设 $m \geqslant 1$，特别是 $|a_n|^{1/n}$ 对任意的 $n \geqslant m$ 都是明确定义的.

首先假设 $\alpha < 1$. 注意，我们一定有 $\alpha \geqslant 0$，因为对任意的 n 都有 $|a_n|^{1/n} \geqslant 0$. 于是我们能够找到一个 $\varepsilon > 0$ 使得 $0 < \alpha + \varepsilon < 1$（例如，我们可以令 $\varepsilon = (1 - \alpha)/2$）. 根据命题 6.4.12(a) 知，存在一个 $N \geqslant m$ 使得 $|a_n|^{1/n} \leqslant \alpha + \varepsilon$ 对所有的 $n \geqslant N$ 均成立. 换言之，$|a_n| \leqslant (\alpha + \varepsilon)^n$ 对所有的 $n \geqslant N$ 均成立. 由几何级数知 $\sum_{n=N}^{\infty} (\alpha + \varepsilon)^n$ 是绝对收敛的，因为 $0 < \alpha + \varepsilon < 1$（注意，根据命题 7.2.13(c) 知，我们让级数的指标从 N 开始是没什么问题的）. 于是利用比较判别法，$\sum_{n=N}^{\infty} a_n$ 是绝对收敛的，从而再次利用命题 7.2.13(c) 知 $\sum_{n=m}^{\infty} a_n$ 是绝对收敛的.

现在假设 $\alpha > 1$，于是根据命题 6.4.12(b)，我们看到对每个 $N \geqslant m$ 都存在一个 $n \geqslant N$ 使得 $|a_n|^{1/n} > 1$，从而 $|a_n| > 1$. 特别地，对任意的 N，$(a_n)_{n=N}^{\infty}$ 都不是 1-接近于 0 的，从而 $(a_n)_{n=m}^{\infty}$ 不是最终 1-接近于 0 的，$(a_n)_{n=m}^{\infty}$ 当然不收敛于 0. 因此根据零判别法，$\sum_{n=m}^{\infty} a_n$ 不是收敛的.

对于 $\alpha = 1$ 的情形，参见习题 7.5.3.　　　　　　　　　　　　　　　□

根值判别法是用上极限的语言来描述的，但如果 $\lim_{n \to \infty} |a_n|^{1/n}$ 是收敛的，那么极限与上极限当然就是同一个值. 因此，我们可以用极限代替上极限来描述根值判别法，但仅当极限存在时才行.

在某些情况下，根值判别法用起来比较困难，而利用下面这个引理我们就可以用比值来代替根值.

引理 7.5.2　设 $(c_n)_{n=m}^{\infty}$ 是一个正数序列，那么我们有

$$\liminf_{n \to \infty} \frac{c_{n+1}}{c_n} \leqslant \liminf_{n \to \infty} c_n^{1/n} \leqslant \limsup_{n \to \infty} c_n^{1/n} \leqslant \limsup_{n \to \infty} \frac{c_{n+1}}{c_n}.$$

证明　这里有三个不等式需要证明. 根据命题 6.4.12(c) 可以得到中间的不等式. 我们将给出最后一个不等式的证明，并把第一个不等式的证明留作习题 7.5.1.

记 $L = \limsup_{n \to \infty} \frac{c_{n+1}}{c_n}$，如果 $L = \infty$，那么不需要证明任何事情（因为对每个广义实数 x 都有 $x \leqslant \infty$），于是我们可以假设 L 是一个有限实数.（注意，L 不可能是 $-\infty$，为什么?）由于 $\frac{c_{n+1}}{c_n}$ 总是正的，因此 $L \geqslant 0$.

设 $\varepsilon > 0$，由命题 6.4.12(a) 知存在一个 $N \geqslant m$ 使得 $\frac{c_{n+1}}{c_n} \leqslant L + \varepsilon$ 对所有的 $n \geqslant N$ 均成立. 我们可以不失一般性地假设 $N \geqslant 1$，这意味着 $c_{n+1} \leqslant c_n(L + \varepsilon)$ 对所有的 $n \geqslant N$ 均成立. 根据归纳法，这隐含

$$c_n \leqslant c_N(L + \varepsilon)^{n-N} \text{ 对所有的 } n \geqslant N \text{ 均成立}.$$

（为什么？）如果我们记 $A = c_N(L+\varepsilon)^{-N}$，那么

$$c_n \leqslant A(L+\varepsilon)^n,$$

从而

$$c_n^{1/n} \leqslant A^{1/n}(L+\varepsilon)$$

对所有的 $n \geqslant N$ 均成立. 而根据极限定律（定理 6.1.19）和引理 6.5.3，我们有

$$\lim_{n\to\infty} A^{1/n}(L+\varepsilon) = L+\varepsilon.$$

于是由比较原理（引理 6.4.13）知

$$\limsup_{n\to\infty} c_n^{1/n} \leqslant L+\varepsilon.$$

上式对任意的 $\varepsilon > 0$ 都成立，因此

$$\limsup_{n\to\infty} c_n^{1/n} \leqslant L.$$

（为什么？利用反证法证明.）这就是要证明的结论. □

根据定理 7.5.1 和引理 7.5.2（以及习题 7.5.3），我们有

推论 7.5.3（**比值判别法**）设 $\sum_{n=m}^{\infty} a_n$ 是一个所有项都不为零的级数（不为零的假设是为了保证下文中的比值 $|a_{n+1}|/|a_n|$ 是有意义的）.

(a) 如果 $\limsup_{n\to\infty} \frac{|a_{n+1}|}{|a_n|} < 1$，那么级数 $\sum_{n=m}^{\infty} a_n$ 是绝对收敛的（从而是收敛的）.

(b) 如果 $\liminf_{n\to\infty} \frac{|a_{n+1}|}{|a_n|} > 1$，那么级数 $\sum_{n=m}^{\infty} a_n$ 不是收敛的（从而不可能是绝对收敛的）.

(c) 在其余情况下，我们无法给出任何断言.

从引理 7.5.2 中推导出的另一个结论是下面的极限.

命题 7.5.4 $\lim_{n\to\infty} n^{1/n} = 1$.

证明 根据引理 7.5.2、命题 6.1.11 及极限定律（定理 6.1.19），我们有

$$\limsup_{n\to\infty} n^{1/n} \leqslant \limsup_{n\to\infty} (n+1)/n = \limsup_{n\to\infty} (1+1/n) = 1.$$

类似地，有

$$\liminf_{n\to\infty} n^{1/n} \geqslant \liminf_{n\to\infty} (n+1)/n = \liminf_{n\to\infty} (1+1/n) = 1.$$

于是利用命题 6.4.12 的 (c) 和 (f) 就得到了要证明的结论. □

注 7.5.5 除了比值判别法和根值判别法，另一种非常有用的收敛判别法是积分判别法，我们将在命题 11.6.4 中予以介绍.

习   题

7.5.1 证明引理 7.5.2 中的第一个不等式.

7.5.2 设 x 是一个满足 $|x| < 1$ 的实数，并设 q 是实数，证明：级数 $\sum_{n=1}^{\infty} n^q x^n$ 是绝对收敛的，并且 $\lim_{n \to \infty} n^q x^n = 0$.

7.5.3 给出一个发散级数 $\sum_{n=1}^{\infty} a_n$ 的例子，其中每一项 a_n 都是正数且使得 $\lim_{n \to \infty} a_{n+1}/a_n = \lim_{n \to \infty} a_n^{1/n} = 1$. 另外给出一个收敛级数 $\sum_{n=1}^{\infty} b_n$ 的例子，其中每一项 b_n 都是正数且使得 $\lim_{n \to \infty} b_{n+1}/b_n = \lim_{n \to \infty} b_n^{1/n} = 1$.（提示：利用推论 7.3.7.）这表明，即使级数的所有项都是正的且上述极限也都收敛，比值判别法和根值判别法也可能无法判定级数是否收敛.

第 8 章　无限集

现在我们回过头来研究集合论，特别要对无限集（任何自然数 n 都不是其基数的集合）的基数进行研究. 在 3.6 节中，我们首次提到了无限集.

8.1　可数性

根据命题 3.6.14(c) 知，如果 X 是有限集且 Y 是 X 的真子集，那么 Y 与 X 的基数不相等. 但对于无限集，情况就不是这样的了. 例如，由定理 3.6.12 知自然数集 $\mathbb{N}$ 是无限集. 由命题 3.6.14(a) 知集合 $\mathbb{N} - \{0\}$ 也是无限集，（为什么？）并且它还是 $\mathbb{N}$ 的真子集. 然而，尽管集合 $\mathbb{N} - \{0\}$ 比 $\mathbb{N}$ "更小"，但它与 $\mathbb{N}$ 仍有相同的基数，其原因在于定义为 $f(n) = n + 1$ 的函数 $f : \mathbb{N} \to \mathbb{N} - \{0\}$ 是一个从 $\mathbb{N}$ 到 $\mathbb{N} - \{0\}$ 的双射.（为什么？）这是无限集的一个特点，参见习题 8.1.1.

现在我们来区分两种类型的无限集：可数集和不可数集.

定义 8.1.1（可数集） 集合 X 是可数无限的（或者简称为可数的），当且仅当 X 与自然数集 $\mathbb{N}$ 的基数相等. 集合 X 是至多可数的，当且仅当 X 是可数的或 X 是有限的. 如果一个集合是无限的且不是可数的，那么我们称该集合是不可数的.

注 8.1.2 可数无限集也被称作可列集.

例 8.1.3 从前面的讨论中我们得到 $\mathbb{N}$ 是可数的，从而 $\mathbb{N} - \{0\}$ 也是可数的. 另一个可数集的例子是偶自然数集 $\{2n : n \in \mathbb{N}\}$，因为函数 $f(n) = 2n$ 构成了 $\mathbb{N}$ 与偶自然数集之间的一个双射.（为什么？）

设 X 是一个可数集，那么由定义知存在一个双射 $f : \mathbb{N} \to X$，于是 X 中的每个元素都恰由一个自然数 n 来决定并能够写成 $f(n)$ 的形式. 通俗地说，我们有

$$X = \{f(0), f(1), f(2), f(3), \cdots\}.$$

因此可数集能够被排成一个序列，从而我们有第零个元素 $f(0)$，其后紧跟着第一个元素 $f(1)$，然后紧跟着第二个元素 $f(2)$，以此类推. 这种方式使得所有的元素 $f(0), f(1), f(2), \cdots$ 是互不相同的，并且它们共同填满了整个集合 X.（这就是为什么这些集合被称作可数的，因为我们可以逐个地去数它们，从 $f(0)$ 开始，然后是 $f(1)$，依次进行下去.）

如此看来，为什么自然数集

$$\mathbb{N} = \{0, 1, 2, 3, \cdots\},$$

正整数集

$$\mathbb{N} - \{0\} = \{1, 2, 3, \cdots\},$$

以及偶自然数集

$$\{0, 2, 4, 6, 8, \cdots\}$$

都是可数的就很显然了. 然而，整数集

$$\mathbb{Z} = \{\cdots, -3, -2, -1, 0, 1, 2, 3, \cdots\},$$

有理数集

$$\mathbb{Q} = \{0, 1/4, -2/3, \cdots\},$$

以及实数集

$$\mathbb{R} = \{0, \sqrt{2}, -\pi, 2.5, \cdots\}$$

是否可数就不那么明显了. 例如，目前我们还不清楚能否把实数集排成一个序列 $f(0), f(1), f(2), \cdots$. 稍后我们会给出这些问题的答案.

根据命题 3.6.4 和定理 3.6.12，我们知道可数集是无限集. 然而是否所有的无限集都是可数的，我们尚不清楚. 稍后我们同样会回答这些问题. 首先，我们需要下面这个重要的原理.

命题 8.1.4（良序原理） 设 X 是自然数集 $\mathbb{N}$ 的一个非空子集，那么恰好存在一个元素 $n \in X$，使得对所有的 $m \in X$ 都有 $n \leqslant m$. 换言之，任意一个元素为自然数的非空集合都有一个最小元素.

证明 参见习题 8.1.2.   □

我们把由良序原理给出的元素 n 称作 X 的最小值，记作 $\min(X)$. 作为例子，集合 $\{2, 4, 6, 8, \cdots\}$ 的最小值是 2. 这里的最小值显然与定义 5.5.10 中的 X 的下确界是同一个值.（为什么？）

命题 8.1.5 设 X 是自然数集 $\mathbb{N}$ 的一个无限子集，那么存在唯一一个递增的双射 $f : \mathbb{N} \to X$，这里的递增指的是对所有的 $n \in \mathbb{N}$ 都有 $f(n+1) > f(n)$. 特别地，X 与 $\mathbb{N}$ 有相等的基数，从而 X 是可数的.

证明 我们给出这个证明的不完整框架，其中留下一些待补充的细节用问号（?）来标记. 这些细节将在习题 8.1.3 中补充完整.

现在我们根据下述公式递归地定义一个自然数序列 $a_0, a_1, a_2, \cdots$,

$$a_n = \min\{x \in X: \text{对所有的 } m < n \text{ 均有 } x \neq a_m\}.$$

直观地说, a_0 是 X 的最小元素; a_1 是 X 的第二小元素, 即只要把 a_0 删除, a_1 就是 X 的最小元素; a_2 是 X 的第三小元素; 以此类推. 注意, 为了定义 a_n, 对一切 $m < n$ 我们只需知道 a_m 的值就可以了, 因此这个定义是递归的. 另外, 因为 X 是无限集, 所以集合 $\{x \in X: \text{对所有的 } m < n \text{ 均有 } x \neq a_m\}$ 也是无限集, (?) 从而是非空的. 因此根据良序原理, 最小值 $\min\{x \in X: \text{对所有的 } m < n \text{ 均有 } x \neq a_m\}$ 总是有意义的.

我们可以证明 (?) $(a_n)_{n=0}^{\infty}$ 是一个递增序列, 即

$$a_0 < a_1 < a_2 < \cdots,$$

并且对所有的 $n \neq m$ 均有 $a_n \neq a_m$. (?) 此外, 对每个自然数 n, 均有 (?) $a_n \in X$.

现在定义函数 $f: \mathbb{N} \to X$ 为 $f(n) = a_n$. 从上一段中我们知道 f 是一对一的. 现在我们证明 f 是映上的. 换言之, 我们要证明对每个 $x \in X$ 都存在一个 n 使得 $a_n = x$.

令 $x \in X$, 利用反证法, 假设对每个自然数 n 都有 $a_n \neq x$, 那么这隐含 (?) 对所有的 n, x 都是集合 $\{x \in X: \text{对所有的 } m < n \text{ 均有 } x \neq a_m\}$ 中的元素. 根据 a_n 的定义知, 这表明对每个自然数 n 都有 $x \geqslant a_n$. 然而, 因为 $(a_n)_{n=0}^{\infty}$ 是一个递增序列, 所以 $a_n \geqslant n$, (?) 从而 $x \geqslant n$ 对每个自然数 n 均成立. 特别地, 我们有 $x \geqslant x + 1$, 显然这里出现了矛盾. 因此, 一定存在某个自然数 n 使得 $a_n = x$, 从而 f 是映上的.

因为 $f: \mathbb{N} \to X$ 既是一对一的又是映上的, 所以它是一个双射. 因此, 我们至少能够找到一个从 $\mathbb{N}$ 到 X 的递增双射. 现在利用反证法, 假设存在另一个从 $\mathbb{N}$ 到 X 的递增双射 g, 并且 g 不等于 f, 于是集合 $\{n \in \mathbb{N}: g(n) \neq f(n)\}$ 是非空的. 定义 $m = \min\{n \in \mathbb{N}: g(n) \neq f(n)\}$, 那么 $g(m) \neq f(m) = a_m$, 并且对所有的 $n < m$ 均有 $g(n) = f(n) = a_n$. 但由此可知必然有 (?)

$$g(m) = \min\{x \in X: \text{对所有的 } t < m \text{ 均有 } x \neq a_t\} = a_m.$$

显然这里出现了矛盾, 因此除了 f, 不存在其他从 $\mathbb{N}$ 到 X 的递增双射. □

由定义知有限集是至多可数的, 于是我们有下述推论.

推论 8.1.6 自然数集的所有子集都是至多可数的.

推论 8.1.7 如果 X 是一个至多可数的集合, 并且 Y 是 X 的一个子集, 那么 Y 也是至多可数的.

证明　如果 X 是有限集，那么根据命题 3.6.14(c) 可以得到结论. 假设 X 是可数的，那么在 X 和 $\mathbb{N}$ 之间存在一个双射 $f : X \to \mathbb{N}$. 因为 Y 是 X 的子集且 f 是从 X 到 $\mathbb{N}$ 的双射，所以把 f 限制在 Y 上就得到了 Y 和 $f(Y)$ 之间的一个双射.（为什么是双射？）于是 $f(Y)$ 与 Y 有相同的基数，而 $f(Y)$ 是 $\mathbb{N}$ 的一个子集，从而根据推论 8.1.6 知，$f(Y)$ 是至多可数的. 因此 Y 也是至多可数的.　□

命题 8.1.8　设 Y 是一个集合，并设 $f : \mathbb{N} \to Y$ 是一个函数，那么 $f(\mathbb{N})$ 是至多可数的.

证明　参见习题 8.1.4.　　　　　　　　　　　　　　　　　　　　　　　□

推论 8.1.9　设 X 是一个可数集，并设 $f : X \to Y$ 是一个函数，那么 $f(X)$ 是至多可数的.

证明　参见习题 8.1.5.　　　　　　　　　　　　　　　　　　　　　　　□

命题 8.1.10　设 X 是一个可数集，并设 Y 也是一个可数集，那么 $X \cup Y$ 是可数集.

证明　参见习题 8.1.7.　　　　　　　　　　　　　　　　　　　　　　　□

总之，一个可数集的任何子集及象集都是至多可数的，并且有限个可数集的并集仍然是可数集. 现在我们可以建立整数集的可数性.

推论 8.1.11　整数集 $\mathbb{Z}$ 是可数集.

证明　我们已经知道自然数集 $\mathbb{N} = \{0, 1, 2, 3, \cdots\}$ 是可数集，那么集合

$$-\mathbb{N} = \{-n : n \in \mathbb{N}\} = \{0, -1, -2, -3, \cdots\}$$

也是可数集，因为映射 $f(n) = -n$ 是一个从 $\mathbb{N}$ 到 $-\mathbb{N}$ 的双射. 由于整数集是 $\mathbb{N}$ 和 $-\mathbb{N}$ 的并集，因此根据命题 8.1.10 可以推导出要证明的结论.　　□

为了建立有理数集的可数性，我们需要把可数性与笛卡儿积联系起来. 特别地，我们要证明集合 $\mathbb{N} \times \mathbb{N}$ 是可数的. 首先，我们需要一个预备引理.

引理 8.1.12　集合

$$A = \{(n, m) \in \mathbb{N} \times \mathbb{N} : 0 \leqslant m \leqslant n\}$$

是可数集.

证明　递归地定义序列 $a_0, a_1, a_2, \cdots$，其中 $a_0 = 0$ 且对一切自然数 n 有 $a_{n+1} = a_n + n + 1$. 于是

$$a_0 = 0,\ a_1 = 0 + 1,\ a_2 = 0 + 1 + 2,\ a_3 = 0 + 1 + 2 + 3,\ \cdots.$$

利用归纳法，我们可以证明 $(a_n)_{n=0}^{\infty}$ 是递增的，即只要 $n > m$，就有 $a_n > a_m$.（为什么？）

现在定义函数 $f : A \to \mathbb{N}$ 为

$$f(n, m) = a_n + m.$$

我们要证明 f 是一对一的. 换言之，如果 (n, m) 和 (n', m') 是 A 中任意两个不同的元素，那么我们要证明 $f(n, m) \neq f(n', m')$.

为了证明上述结论，设 (n, m) 和 (n', m') 是 A 中两个不同的元素，那么存在三种情形：$n' = n$、$n' > n$ 及 $n' < n$. 首先假设 $n' = n$，那么一定有 $m \neq m'$，否则 (n, m) 与 (n', m') 就是相同的，于是 $a_n + m \neq a_n + m'$，从而 $f(n, m) \neq f(n', m')$，这就是要证明的结论.

现在假设 $n' > n$，于是 $n' \geqslant n + 1$，从而

$$f(n', m') = a_{n'} + m' \geqslant a_{n'} \geqslant a_{n+1} = a_n + n + 1.$$

根据 $(n, m) \in A$ 知 $m \leqslant n < n + 1$，从而

$$f(n', m') \geqslant a_n + n + 1 > a_n + m = f(n, m).$$

因此 $f(n', m') \neq f(n, m)$.

$n' < n$ 的情形可以类似地证明，只需把上述论证过程中的 n 和 n' 对换即可. 于是我们证明了 f 是一对一的，所以 f 是从 A 到 $f(A)$ 的双射，从而 A 和 $f(A)$ 有相同的基数. $f(A)$ 是 $\mathbb{N}$ 的一个子集，进而根据推论 8.1.6 知，$f(A)$ 是至多可数的. 因此 A 是至多可数的. 但 A 显然不是有限集（为什么？提示：如果 A 是有限集，那么 A 的任意一个子集都是有限集，从而 $\{(n, 0) : n \in \mathbb{N}\}$ 是有限集，但这个集合明显是可数无限的，这就出现了矛盾），因此 A 必定是可数集. $\quad\square$

推论 8.1.13 集合 $\mathbb{N} \times \mathbb{N}$ 是可数集.

证明 我们已经知道集合

$$A = \{(n, m) \in \mathbb{N} \times \mathbb{N} : 0 \leqslant m \leqslant n\}$$

是可数集. 这隐含集合

$$B = \{(n, m) \in \mathbb{N} \times \mathbb{N} : 0 \leqslant n \leqslant m\}$$

也是一个可数集，因为定义为 $f(n, m) = (m, n)$ 的映射 $f : A \to B$ 是一个从 A 到 B 的双射.（为什么？）由 $\mathbb{N} \times \mathbb{N}$ 是 A 和 B 的并集（为什么？）知，从命题 8.1.10 中可以推导出要证明的结论. $\quad\square$

推论 8.1.14 如果 X 和 Y 都是可数集，那么 $X \times Y$ 也是可数集.

证明 参见习题 8.1.8. □

推论 8.1.15 有理数集 $\mathbb{Q}$ 是可数集.

证明 我们已经知道整数集 $\mathbb{Z}$ 是可数集,那么非零整数集 $\mathbb{Z} - \{0\}$ 也是可数集.(为什么?)于是根据推论 8.1.14 知,集合

$$\mathbb{Z} \times (\mathbb{Z} - \{0\}) = \{(a,b) : a,b \in \mathbb{Z}, b \neq 0\}$$

是可数集. 如果我们设 $f : \mathbb{Z} \times (\mathbb{Z} - \{0\}) \to \mathbb{Q}$ 为函数 $f(a,b) = a/b$(注意,f 是有意义的,因为 b 不等于零),那么从推论 8.1.9 可以看出 $f(\mathbb{Z} \times (\mathbb{Z} - \{0\}))$ 是至多可数的. 我们有 $f(\mathbb{Z} \times (\mathbb{Z} - \{0\})) = \mathbb{Q}$(为什么?这基本上就是有理数集 $\mathbb{Q}$ 的定义),于是 $\mathbb{Q}$ 是至多可数的. 但 $\mathbb{Q}$ 不可能是有限集,因为它包含了无限集 $\mathbb{N}$. 因此,$\mathbb{Q}$ 是可数集. □

注 8.1.16 因为有理数集是可数集,所以从原则上说可以把有理数集排成一个序列:

$$\mathbb{Q} = \{a_0, a_1, a_2, a_3, \cdots\},$$

其中,序列中的每一项与其他任意一项都不相同,并且该序列用尽了 $\mathbb{Q}$ 中的所有元素(每个有理数都成为序列中的某一项 a_n). 但是尝试真正地找到这样一个具体的序列 $a_0, a_1, \cdots$ 是非常困难的(尽管这是有可能的),参见习题 8.1.10.

习 题

8.1.1 设 X 是一个集合,证明:X 是无限集,当且仅当存在 X 的一个真子集 $Y \subsetneqq X$ 与 X 有相同的基数(本题要用到选择公理).

8.1.2 证明命题 8.1.4.[提示:可以利用归纳法或无穷递降原理,或利用最小上界(或最大下界)原理.]如果把良序原理中的自然数替换成整数,那么该原理还成立吗?如果把自然数替换成正有理数,结果又如何?请给出解释.

8.1.3 把命题 8.1.5 中标记(?)的细节补充完整.

8.1.4 证明命题 8.1.8.(提示:这里基本的问题是没有假设 f 是一对一的. 定义 A 为集合
$$A = \{n \in \mathbb{N} : f(m) \neq f(n) \text{ 对所有的 } 0 \leqslant m < n \text{ 均成立}\}.$$
通俗地说,A 是由满足如下条件的自然数 n 构成的集合:n 所对应的 $f(n)$ 不出现在序列 $f(0), f(1), \cdots, f(n-1)$ 中. 证明如果把 f 限制在 A 上,那么 f 就成为从 A 到 $f(A)$ 的双射,然后利用推论 8.1.6.)

8.1.5 利用命题 8.1.8 证明推论 8.1.9.

8.1.6 设 A 是集合,证明:A 是至多可数的,当且仅当存在从 A 到 $\mathbb{N}$ 的单射 $f : A \to \mathbb{N}$.

8.1.7 证明命题 8.1.10.(提示:根据假设,我们有双射 $f : \mathbb{N} \to X$ 和双射 $g : \mathbb{N} \to Y$. 现在定义 $h : \mathbb{N} \to X \cup Y$ 如下:对每个自然数 n,令 $h(2n) = f(n)$ 且 $h(2n+1) = g(n)$,证明 $h(\mathbb{N}) = X \cup Y$. 然后利用推论 8.1.9 并证明 $X \cup Y$ 不可能是有限集.)

8.1.8 利用推论 8.1.13 证明推论 8.1.14.

8.1.9 设 I 是一个至多可数的集合，并且对每个 $\alpha \in I$，令 A_α 为一个至多可数的集合，证明：集合 $\bigcup_{\alpha \in I} A_\alpha$ 也是至多可数的. 特别地，可数个可数集的并集是可数集（本题要用到选择公理，见 8.4 节）.

8.1.10 找到一个从自然数集到有理数集的双射 $f : \mathbb{N} \to \mathbb{Q}$.（警告：真正找到一个具体的 f 需要非常高超的技巧，使得 f 同时是单射和满射是很困难的.）

8.2 在无限集上求和

现在我们引入在可数集上求和的概念，只要和是绝对收敛的，这个概念就是定义明确的.

定义 8.2.1（可数集上的级数）设 X 是一个可数集，并设 $f : X \to \mathbb{R}$ 是一个函数，我们称级数 $\sum_{x \in X} f(x)$ 是绝对收敛的，当且仅当存在某个双射 $g : \mathbb{N} \to X$ 使得级数 $\sum_{n=0}^{\infty} f(g(n))$ 是绝对收敛的. 此时我们定义

$$\sum_{x \in X} f(x) = \sum_{n=0}^{\infty} f(g(n)).$$

根据命题 7.4.3，我们可以证明这些定义与 g 的选取无关，从而它们是定义明确的.

现在我们给出一个关于二重求和的重要定理.

定理 8.2.2（无限和的富比尼定理）设 $f : \mathbb{N} \times \mathbb{N} \to \mathbb{R}$ 是一个使得 $\sum_{(n,m) \in \mathbb{N} \times \mathbb{N}} f(n,m)$ 绝对收敛的函数，那么

$$
\begin{aligned}
\sum_{n=0}^{\infty} \left(\sum_{m=0}^{\infty} f(n,m) \right) &= \sum_{(n,m) \in \mathbb{N} \times \mathbb{N}} f(n,m) \\
&= \sum_{(m,n) \in \mathbb{N} \times \mathbb{N}} f(n,m) \\
&= \sum_{m=0}^{\infty} \left(\sum_{n=0}^{\infty} f(n,m) \right).
\end{aligned}
$$

换句话说，只要整个级数的和是绝对收敛的，我们就可以交换无限和的次序. 你应该把这个结论与例 1.2.5 进行比较.

证明（只给出一个证明的框架，这个证明比其他证明要复杂得多，所以把它作为选学内容）第二个等式能够很容易从命题 7.4.3（和命题 3.6.4）中推导出. 由于第三个等式的证明与第一个等式的证明非常相似（基本上只需交换 n 和 m 即可），因此我们只证明第一个等式.

首先我们考虑 $f(n,m)$ 始终是非负数的情形（稍后我们会对一般的情形进行处理）. 记

$$L = \sum_{(n,m) \in \mathbb{N} \times \mathbb{N}} f(n,m).$$

我们的任务是证明级数 $\sum_{n=0}^{\infty} (\sum_{m=0}^{\infty} f(n,m))$ 收敛于 L.

很容易证明，对所有的有限集 $X \subseteq \mathbb{N} \times \mathbb{N}$ 都有 $\sum_{(n,m) \in X} f(n,m) \leqslant L$（为什么? 使用 $\mathbb{N} \times \mathbb{N}$ 和 $\mathbb{N}$ 之间的一个双射 g, 然后利用 $g(X)$ 是有限集从而是有界的这一事实）. 特别地，对每个 $n \in \mathbb{N}$ 和 $M \in \mathbb{N}$ 都有 $\sum_{m=0}^{M} f(n,m) \leqslant L$, 那么根据命题 6.3.8 知，这意味着对每个 m, $\sum_{m=0}^{\infty} f(n,m)$ 都是收敛的. 类似地，对任意的 $N \in \mathbb{N}$ 和 $M \in \mathbb{N}$ 都有（利用推论 7.1.14）

$$\sum_{n=0}^{N} \sum_{m=0}^{M} f(n,m) \leqslant \sum_{(n,m) \in X} f(n,m) \leqslant L,$$

其中 X 是集合 $\{(n,m) \in \mathbb{N} \times \mathbb{N} : n \leqslant N, \, m \leqslant M\}$, 并且由命题 3.6.14 知 X 是有限集. 当 $M \to \infty$ 时，对上面的式子取上确界得（利用极限定律并对 N 使用归纳法）

$$\sum_{n=0}^{N} \sum_{m=0}^{\infty} f(n,m) \leqslant L.$$

由命题 6.3.8 知这隐含 $\sum_{n=0}^{\infty} \sum_{m=0}^{\infty} f(n,m)$ 收敛及

$$\sum_{n=0}^{\infty} \sum_{m=0}^{\infty} f(n,m) \leqslant L.$$

为了完成这个证明，只需证明对每个 $\varepsilon > 0$ 都有

$$\sum_{n=0}^{\infty} \sum_{m=0}^{\infty} f(n,m) \geqslant L - \varepsilon$$

即可（为什么只需证明这个就足够了? 利用反证法证明）. 于是，设 $\varepsilon > 0$, 根据 L 的定义，我们能够找到一个有限集 $X \subseteq \mathbb{N} \times \mathbb{N}$ 使得 $\sum_{(n,m) \in X} f(n,m) \geqslant L - \varepsilon$.（为什么?）集合 X 作为有限集必定包含在某个形如 $Y = \{(n,m) \in \mathbb{N} \times \mathbb{N} : n \leqslant N, \, m \leqslant M\}$ 的集合中（为什么? 利用归纳法）. 于是根据推论 7.1.14 有

$$\sum_{n=0}^{N} \sum_{m=0}^{M} f(n,m) = \sum_{(n,m) \in Y} f(n,m) \geqslant \sum_{(n,m) \in X} f(n,m) \geqslant L - \varepsilon,$$

从而

$$\sum_{n=0}^{\infty} \sum_{m=0}^{\infty} f(n,m) \geqslant \sum_{n=0}^{N} \sum_{m=0}^{\infty} f(n,m) \geqslant \sum_{n=0}^{N} \sum_{m=0}^{M} f(n,m) \geqslant L - \varepsilon.$$

这就是我们要证明的结论.

这就证明了当全体 $f(n, m)$ 都是非负数时的结论. 通过类似的论证过程可以证明全体 $f(n, m)$ 都是非正数时的结论. （事实上, 我们可以把刚刚得到的结果简单地应用到函数 $-f(n, m)$ 上, 然后利用极限定律去掉负号. ）对于一般的情形, 我们注意到, 任意的函数 $f(n, m)$ 都可以写成（为什么?）$f_+(n, m) + f_-(n, m)$, 其中 $f_+(n, m)$ 是 $f(n, m)$ 的正数部分（当 $f(n, m)$ 为正数时, $f_+(n, m)$ 等于 $f(n, m)$, 否则 $f_+(n, m)$ 就等于 0）, $f_-(n, m)$ 是 $f(n, m)$ 的负数部分（当 $f(n, m)$ 为负数时, $f_-(n, m)$ 等于 $f(n, m)$, 否则 $f_-(n, m)$ 就等于 0）. 容易证明, 如果 $\sum_{(n,m)\in\mathbb{N}\times\mathbb{N}} f(n, m)$ 是绝对收敛的, 那么 $\sum_{(n,m)\in\mathbb{N}\times\mathbb{N}} f_+(n, m)$ 和 $\sum_{(n,m)\in\mathbb{N}\times\mathbb{N}} f_-(n, m)$ 也都是绝对收敛的. 于是我们把刚刚得到的结果应用到 f_+ 和 f_- 上, 并用极限定律把它们加起来, 从而得到了关于一般的 f 的结论.   □

绝对收敛的级数还有另一个特征.

引理 8.2.3 设 X 是一个可数集, 并设 $f : X \to \mathbb{R}$ 是一个函数, 那么级数 $\sum_{x\in X} f(x)$ 是绝对收敛的, 当且仅当

$$\sup\left\{\sum_{x\in A} |f(x)| : A \subseteq X, A \text{ 是有限集}\right\} < \infty.$$

证明 参见习题 8.2.1.   □

受这个引理的启发, 我们现在可以定义绝对收敛级数, 而且即便集合 X 是不可数集也适用于该定义（在下一节中, 我们会给出一些不可数集的例子）.

定义 8.2.4 设 X 是一个集合（可以是不可数集）, 并设 $f : X \to \mathbb{R}$ 是一个函数, 级数 $\sum_{x\in X} f(x)$ 是绝对收敛的, 当且仅当

$$\sup\left\{\sum_{x\in A} |f(x)| : A \subseteq X, A \text{ 是有限集}\right\} < \infty.$$

注意, 我们还没有说级数 $\sum_{x\in X} f(x)$ 等于什么. 利用下面这个引理就可以得到答案.

引理 8.2.5 设 X 是一个集合（可以是不可数集）, 并设 $f : X \to \mathbb{R}$ 是一个使得级数 $\sum_{x\in X} f(x)$ 绝对收敛的函数, 那么集合 $\{x \in X : f(x) \neq 0\}$ 是至多可数的（这个结论要用到选择公理, 见 8.4 节）.

证明 参见习题 8.2.2.   □

因此, 对于不可数集 X 上任意一个绝对收敛的级数 $\sum_{x\in X} f(x)$, 我们可以定义它的值为

$$\sum_{x\in X} f(x) = \sum_{x\in X : f(x)\neq 0} f(x).$$

因为我们已经用至多可数集 $\{x \in X : f(x) \neq 0\}$ 上的和替代了不可数集 X 上的和（注意，如果 $\sum_{x \in X} f(x)$ 是绝对收敛的，那么 $\sum_{x \in X : f(x) \neq 0} f(x)$ 也是绝对收敛的）. 还要注意，这个定义与我们已有的那些关于可数集上级数的定义是一致的.

我们给出一些任意集合上绝对收敛级数的定律.

命题 8.2.6（绝对收敛级数的定律）设 X 是任意一个集合（可以是不可数集），$f : X \to \mathbb{R}$ 和 $g : X \to \mathbb{R}$ 是使得 $\sum_{x \in X} f(x)$ 和 $\sum_{x \in X} g(x)$ 都绝对收敛的两个函数.

(a) 级数 $\sum_{x \in X}(f(x) + g(x))$ 是绝对收敛的，并且

$$\sum_{x \in X}(f(x) + g(x)) = \sum_{x \in X} f(x) + \sum_{x \in X} g(x).$$

(b) 如果 c 是一个实数，那么 $\sum_{x \in X} cf(x)$ 是绝对收敛的，并且

$$\sum_{x \in X} cf(x) = c \sum_{x \in X} f(x).$$

(c) 如果存在两个不相交的集合 X_1 和 X_2 使得 $X = X_1 \cup X_2$，那么 $\sum_{x \in X_1} f(x)$ 和 $\sum_{x \in X_2} f(x)$ 都是绝对收敛的，并且

$$\sum_{x \in X_1 \cup X_2} f(x) = \sum_{x \in X_1} f(x) + \sum_{x \in X_2} f(x).$$

反过来，如果 $h : X \to \mathbb{R}$ 使得 $\sum_{x \in X_1} h(x)$ 和 $\sum_{x \in X_2} h(x)$ 都是绝对收敛的，那么 $\sum_{x \in X_1 \cup X_2} h(x)$ 也是绝对收敛的，并且

$$\sum_{x \in X_1 \cup X_2} h(x) = \sum_{x \in X_1} h(x) + \sum_{x \in X_2} h(x).$$

(d) 如果 Y 是另一个集合，并且 $\phi : Y \to X$ 是一个双射，那么 $\sum_{y \in Y} f(\phi(y))$ 是绝对收敛的，并且

$$\sum_{y \in Y} f(\phi(y)) = \sum_{x \in X} f(x).$$

（当 X 是不可数集时，本结论要用到选择公理，见 8.4 节.）

证明　参见习题 8.2.3.　　　　　　　　　　　　　　　　　　　　　□

回忆例 7.4.4，如果一个级数条件收敛，那么对它进行重排列会产生不好的结果. 现在我们进一步分析这一现象.

引理 8.2.7　设 $\sum_{n=0}^{\infty} a_n$ 是一个条件收敛（收敛但不绝对收敛）的实数级数，定义集合 $A_+ = \{n \in \mathbb{N} : a_n \geqslant 0\}$ 和 $A_- = \{n \in \mathbb{N} : a_n < 0\}$，于是 $A_+ \cup A_- = \mathbb{N}$ 且 $A_+ \cap A_- = \varnothing$，那么级数 $\sum_{n \in A_+} a_n$ 和 $\sum_{n \in A_-} a_n$ 都不是绝对收敛的.

证明　参见习题 8.2.4.

现在我们给出格奥尔格·黎曼（1826—1866）的一个非常著名的定理. 该定理断言, 对一个条件收敛但不绝对收敛的级数进行适当的重排列可以使它收敛于任何值.

定理 8.2.8 设 $\sum_{n=0}^{\infty} a_n$ 是一个条件收敛（收敛但不绝对收敛）的级数, 并设 L 是任意一个实数, 那么存在一个双射 $f : \mathbb{N} \to \mathbb{N}$ 使得 $\sum_{m=0}^{\infty} a_{f(m)}$ 条件收敛于 L.

证明 （选学）我们给出证明的框架, 其中的细节将留到习题 8.2.5 中补充完整. 设 A_+ 和 A_- 是引理 8.2.7 中定义的集合, 从该引理中我们得到 $\sum_{n \in A_+} a_n$ 和 $\sum_{n \in A_-} a_n$ 都不是绝对收敛的. 特别地, A_+ 和 A_- 都是无限集.（为什么?）根据命题 8.1.5, 我们能够找到递增的双射 $f_+ : \mathbb{N} \to A_+$ 和 $f_- : \mathbb{N} \to A_-$, 于是级数 $\sum_{m=0}^{\infty} a_{f_+(m)}$ 和 $\sum_{m=0}^{\infty} a_{f_-(m)}$ 都不是绝对收敛的.（为什么?）我们的计划是, 按照某种适当的顺序从发散级数 $\sum_{m=0}^{\infty} a_{f_+(m)}$ 和 $\sum_{m=0}^{\infty} a_{f_-(m)}$ 中选取一些元素, 使它们的和收敛于 L.

按照下面的方式递归地定义自然数序列 $n_0, n_1, n_2, \cdots$, 设 j 是一个自然数, 对所有的 $i < j$ 假设已经定义了 n_i（若 $j = 0$, 这就是一个空虚的真）. 然后按照下列法则定义 n_j.

(a) 如果 $\sum_{0 \leqslant i < j} a_{n_i} < L$, 那么令
$$n_j = \min\{n \in A_+ : \text{对所有的 } i < j \text{ 均有 } n \neq n_i\}.$$

(b) 如果 $\sum_{0 \leqslant i < j} a_{n_i} \geqslant L$, 那么令
$$n_j = \min\{n \in A_- : \text{对所有的 } i < j \text{ 均有 } n \neq n_i\}.$$

注意, 这个递归的定义是有意义的, 因为 A_+ 和 A_- 是无限集, 所以集合 $\{n \in A_+ : \text{对所有的 } i < j \text{ 均有 } n \neq n_i\}$ 和 $\{n \in A_- : \text{对所有的 } i < j \text{ 均有 } n \neq n_i\}$ 永远都不可能为空集（直观地说, 只要部分和太小, 我们就把一个非负数加到这个级数上. 当部分和太大时, 我们就把一个负数加到这个级数上）. 接下来我们可以证明下面这些结论.

- 映射 $j \mapsto n_j$ 是单射.（为什么?）
- 情形 (a) 出现了无限多次, 并且情形 (b) 也出现了无限多次（为什么? 利用反证法证明）.
- 映射 $j \mapsto n_j$ 是满射.（为什么?）
- $\lim_{j \to \infty} a_{n_j} = 0$（为什么? 注意, 利用推论 7.2.6 得 $\lim_{n \to \infty} a_n = 0$）.
- $\lim_{j \to \infty} \sum_{0 \leqslant i < j} a_{n_i} = L$.（为什么?）

于是对所有的 i 令 $f(i) = n_i$, 就得到了结论. $\qquad\square$

习　　题

8.2.1 证明引理 8.2.3.（提示：习题 3.6.3 或许有用.）

8.2.2 证明引理 8.2.5.［提示：首先证明如果 M 是

$$M = \sup\left\{\sum_{x \in A} |f(x)| : A \subseteq X, A \text{ 是有限集}\right\},$$

那么对每个正整数 n，集合 $\{x \in X : |f(x)| > 1/n\}$ 都是有限集且基数至多为 Mn. 然后利用习题 8.1.9（其中会用到选择公理，见 8.4 节）.］

8.2.3 证明命题 8.2.6.（提示：你当然可以使用第 7 章中的所有结论.）

8.2.4 证明引理 8.2.7.（提示：利用反证法，并使用极限定律.）

8.2.5 解释定理 8.2.8 的证明过程中标注（为什么？）的地方.

8.2.6 设 $\sum_{n=0}^{\infty} a_n$ 是一个条件收敛（收敛但不绝对收敛）的级数，证明：存在一个双射 $f : \mathbb{N} \to \mathbb{N}$ 使得 $\sum_{m=0}^{\infty} a_{f(m)}$ 发散到 ∞，或者更准确地说，

$$\liminf_{N \to \infty} \sum_{m=0}^{N} a_{f(m)} = \limsup_{N \to \infty} \sum_{m=0}^{N} a_{f(m)} = \infty.$$

（当然，把 ∞ 替换成 $-\infty$ 得到的类似结论依然成立.）

8.3　不可数集

我们已经证明了大量无限集是可数的，即便像有理数集这样不能明显地看出如何排成一个序列的集合，也是可数集. 给出这些例子之后，我们或许还希望其他的无限集，如实数集，也是可数集. 毕竟实数只不过是有理数的（形式）极限，而且我们已经证明了有理数集是可数的，所以实数集貌似也应该是可数集.

于是，当格奥尔格·康托尔（1845—1918）在 1873 年证明了某些集合（包括实数集 $\mathbb{R}$）事实上是不可数集时，的确引起了很大的轰动. 无论你进行怎样的尝试，都无法把实数集 $\mathbb{R}$ 排成一个序列 $a_0, a_1, a_2, \cdots$（当然，实数集 $\mathbb{R}$ 中包含许多无限序列，例如，序列 $0, 1, 2, 3, 4, \cdots$. 但是康托尔证明，没有哪个序列可以填满整个实数集. 不管你选取什么样的实数序列，总存在某些实数不包含在这个序列中）.

回忆注 3.4.11，如果 X 是一个集合，那么 X 的幂集 $2^X = \{A : A \subseteq X\}$ 是 X 的全体子集构成的集合. 例如，$2^{\{1,2\}} = \{\varnothing, \{1\}, \{2,\}, \{1,2\}\}$. 用 2^X 表示 X 的幂集的原因在习题 8.3.1 中给出.

定理 8.3.1（康托尔定理）　设 X 是任意一个集合（可以是有限集，也可以是无限集），那么 X 和 2^X 不可能有相同的基数.

证明　利用反证法，假设集合 X 和 2^X 有相同的基数，那么存在一个 X 和 2^X 之间的双射 $f : X \to 2^X$. 现在考虑集合

$$A = \{x \in X : x \notin f(x)\}.$$

注意, 这个集合是有意义的, 因为 $f(x)$ 是 2^X 中的元素, 所以它是 X 的一个子集. 显然, A 是 X 的子集, 于是 A 是 2^X 中的元素. 因为 f 是一个双射, 所以一定存在 $x \in X$ 使得 $f(x) = A$. 这里存在两种情形: $x \in A$ 和 $x \notin A$. 如果 $x \in A$, 那么由 A 的定义知 $x \notin f(x)$, 从而 $x \notin A$, 显然这里出现了矛盾. 但如果 $x \notin A$, 那么 $x \notin f(x)$, 从而根据 A 的定义有 $x \in A$, 显然这里出现了矛盾. 因此, 无论是哪种情形, 都存在矛盾. $\qquad\square$

注 8.3.2 读者应当把康托尔定理的证明与罗素悖论 (见 3.2 节) 的叙述进行对比. 关键在于, X 与 2^X 之间的双射将危险地接近于 "包含自身" 的集合 X 这样一个概念.

推论 8.3.3 $2^{\mathbb{N}}$ 是不可数集.

证明 根据定理 8.3.1 知, $2^{\mathbb{N}}$ 与 $\mathbb{N}$ 不可能有相同的基数, 因此 $2^{\mathbb{N}}$ 要么是不可数集, 要么是有限集. 但 $2^{\mathbb{N}}$ 中包含由单元素集构成的集合, 如 $\{\{n\} : n \in \mathbb{N}\}$, 其中 $\{\{n\} : n \in \mathbb{N}\}$ 与 $\mathbb{N}$ 之间显然存在双射, 从而 $\{\{n\} : n \in \mathbb{N}\}$ 是可数无限的. 于是 $2^{\mathbb{N}}$ 不可能是有限集 (根据命题 3.6.14), 从而它是不可数集. $\qquad\square$

康托尔定理有下面这个重要的 (但不直观的) 推论.

推论 8.3.4 $\mathbb{R}$ 是不可数集.

证明 定义映射 $f : 2^{\mathbb{N}} \to \mathbb{R}$ 为

$$f(A) = \sum_{n \in A} 10^{-n}.$$

因为 $\sum_{n=0}^{\infty} 10^{-n}$ 是一个绝对收敛的级数 (根据引理 7.3.3), 所以级数 $\sum_{n \in A} 10^{-n}$ 也是绝对收敛的 (利用命题 8.2.6(c)), 于是映射 f 是定义明确的. 现在我们证明 f 是单射. 利用反证法, 假设存在两个不同的集合 $A, B \in 2^{\mathbb{N}}$ 满足 $f(A) = f(B)$. 由 $A \neq B$ 知集合 $(A \setminus B) \cup (B \setminus A)$ 是 $\mathbb{N}$ 的一个非空子集. 根据良序原理 (命题 8.1.4) 知, 我们可以定义这个集合的最小值, 即 $n_0 = \min(A \setminus B) \cup (B \setminus A)$. 于是 n_0 要么属于 $A \setminus B$, 要么属于 $B \setminus A$. 根据对称性, 我们不妨设 n_0 属于 $A \setminus B$, 于是 $n_0 \in A$ 且 $n_0 \notin B$, 并且对所有的 $n < n_0$, 我们有 n 属于 A 和 B 或 n 不属于 A 和 B. 因此,

$$
\begin{aligned}
0 &= f(A) - f(B) \\
&= \sum_{n \in A} 10^{-n} - \sum_{n \in B} 10^{-n} \\
&= \left(\sum_{n < n_0 : n \in A} 10^{-n} + 10^{-n_0} + \sum_{n > n_0 : n \in A} 10^{-n} \right) - \left(\sum_{n < n_0 : n \in B} 10^{-n} + \sum_{n > n_0 : n \in B} 10^{-n} \right)
\end{aligned}
$$

$$= 10^{-n_0} + \sum_{n > n_0 : n \in A} 10^{-n} - \sum_{n > n_0 : n \in B} 10^{-n}$$

$$\geq 10^{-n_0} + 0 - \sum_{n > n_0} 10^{-n}$$

$$\geq 10^{-n_0} - \frac{1}{9} 10^{-n_0}$$

$$> 0.$$

显然这里出现了矛盾，其中我们使用了几何级数引理（引理 7.3.3）来求和

$$\sum_{n > n_0} 10^{-n} = \sum_{m=0}^{\infty} 10^{-(n_0+1+m)} = 10^{-n_0-1} \sum_{m=0}^{\infty} 10^{-m} = \frac{1}{9} 10^{-n_0}.$$

于是 f 是一个单射，这意味着 $f(2^{\mathbb{N}})$ 与 $2^{\mathbb{N}}$ 的基数相同，从而 $f(2^{\mathbb{N}})$ 是不可数集.
由于 $f(2^{\mathbb{N}})$ 是 $\mathbb{R}$ 的一个子集，因此 $\mathbb{R}$ 也是不可数集（否则，这就与推论 8.1.7 矛
盾了），到这里就完成了证明.　　　　　　　　　　　　　　　　　　　　　　　□

注 8.3.5　在习题 18.2.6 中，我们将利用测度论给出上述结果的另一种证明.

注 8.3.6　推论 8.3.4 表明，实数集的基数严格大于自然数集的基数（根据习
题 3.6.7）. 人们也许会问，是否存在某个集合使得该集合的基数严格大于自然数
集的基数，同时又严格小于实数集的基数. 连续统假设断言不存在这样的集合. 有
趣的是，库尔特·哥德尔（1906—1978）和保罗·科恩（1934—2007）各自独立地
证明了这个假设是独立于集合论的其他公理的. 它既不能用那些公理来证明，也
无法被那些公理否定（除非那些公理是不一致的，而这不太可能）.

习　　题

8.3.1　设 X 是一个基数为 n 的有限集，证明：2^X 是一个基数为 2^n 的有限集.（提示：对 n
使用归纳法.）

8.3.2　设 A、B、C 是满足 $A \subseteq B \subseteq C$ 的集合，并假设存在一个单射 $f : C \to A$，如下递归地
定义集合 $D_0, D_1, D_2, \cdots$：令 $D_0 = B \setminus A$，并且对所有的自然数 n 令 $D_{n+1} = f(D_n)$.
证明：集合 $D_0, D_1, \cdots$ 是互不相交的集合（只要 $n \neq m$，就有 $D_n \cap D_m = \varnothing$）. 同时
证明，如果 $g : A \to B$ 定义为如下函数：当 $x \in \bigcup_{n=0}^{\infty} D_n$ 时，令 $g(x) = f^{-1}(x)$；当
$x \notin \bigcup_{n=0}^{\infty} D_n$ 时，令 $g(x) = x$，那么 g 的确是把 A 映射到 B 的一个双射. 特别地，A
和 B 有相同的基数.

8.3.3　回顾习题 3.6.7，称集合 A 的基数小于或等于集合 B 的基数，当且仅当存在一个从 A
到 B 的单射 $f : A \to B$. 利用习题 8.3.2 证明：如果集合 A 的基数小于或等于集合 B
的基数，并且集合 B 的基数也小于或等于集合 A 的基数，那么 A 和 B 有相同的基数
（这被称作施罗德–伯恩斯坦定理，该定理以恩斯特·施罗德（1841—1902）和费利克
斯·伯恩斯坦（1878—1956）的姓氏来命名）.

8.3.4 如果集合 A 的基数小于或等于集合 B 的基数（根据习题 3.6.7），但 A 的基数与 B 的基数不相同，那么我们称集合 A 的基数严格小于集合 B 的基数. 证明：对任意的集合 X，X 的基数都严格小于 2^X 的基数. 同时证明：如果集合 A 的基数严格小于集合 B 的基数，并且集合 B 的基数严格小于集合 C 的基数，那么集合 A 的基数严格小于集合 C 的基数.

8.3.5 证明：不存在可数无限的幂集（集合 X 的幂集就是形如 2^X 的集合）.

8.4 选择公理

现在我们讨论集合论中标准策梅洛–弗兰克尔选择系统的最后一个公理，即选择公理. 我们迟迟没有引入这个公理是为了说明分析理论的大部分基础内容可以不依赖于这个公理而建立起来. 但是，在分析理论更深层次的发展中，使用这个强大的公理是非常方便的（在某些方面甚至是必不可少的）. 另外，从选择公理中可以推导出许多非直观的结论（例如，巴拿赫–塔斯基悖论，我们将在 18.3 节中讨论它的简化形式），也可以推导出在哲学上有点不满足需要的证明. 而且，这个公理差不多被全世界的数学家所接受. 如此被信任的原因之一在于，由伟大的逻辑学家库尔特·哥德尔给出的一个定理表明，利用选择公理证明的结论永远不会与不利用选择公理证明的结论产生矛盾（除非集合论的其他公理本身就是不一致的，但这不太可能）. 更准确地说，哥德尔阐述了选择公理是不可判定的，如果集合论的其他公理本身是一致的，那么选择公理既不能用这些公理来证明，也无法被这些公理否定（利用一簇不一致的公理，我们可以证明每个命题既是真的又是假的）. 特别地，这意味着分析理论在"现实生活中"的任何应用（更准确地说，是任何关于"可判定的"问题的应用），只要能够被选择公理严格地证明，那么不使用选择公理也可以被严格地证明，尽管在很多情况下，如果不使用选择公理，我们就要做出更复杂且更冗长的论证. 因此，我们可以把选择公理看作分析理论中一个方便、安全且节省劳动力的工具. 在数学的其他领域，特别是在集合论中，许多问题都不是可判定的，是否接受选择公理这件事备受争议，并且还受到了哲学方面的关注，就如同在数学和逻辑学方面受到关注一样. 但在本书中，我们对这些问题不做讨论.

首先，我们把定义 3.5.6 中的有限笛卡儿积推广到无限笛卡儿积.

定义 8.4.1（无限笛卡儿积）设 I 是一个集合（可以是无限集），并且对每个 $\alpha \in I$，设 X_α 是一个集合，那么我们定义笛卡儿积 $\prod_{\alpha \in I} X_\alpha$ 是集合

$$\prod_{\alpha \in I} X_\alpha = \left\{ (x_\alpha)_{\alpha \in I} \in \left(\bigcup_{\beta \in I} X_\beta \right)^I : x_\alpha \in X_\alpha \text{ 对所有的 } \alpha \in I \text{ 均成立} \right\}.$$

（根据公理 3.11）回顾 $\left(\bigcup_{\alpha\in I}X_\alpha\right)^I$ 是由全体函数 $(x_\alpha)_{\alpha\in I}$ 构成的集合，其中函数 $(x_\alpha)_{\alpha\in I}$ 对每个 $\alpha\in I$ 都指定了一个元素 $x_\alpha\in\bigcup_{\beta\in I}X_\beta$. 于是 $\prod_{\alpha\in I}X_\alpha$ 是这个函数集合的子集，它由那些对每个 $\alpha\in I$ 都指定了一个元素 $x_\alpha\in X_\alpha$ 的函数 $(x_\alpha)_{\alpha\in I}$ 组成.

例 8.4.2　对任意的集合 I 和 X，我们有 $\prod_{\alpha\in I}X=X^I$.（为什么？）如果 I 是一个形如 $I=\{i\in\mathbb{N}:1\leqslant i\leqslant n\}$ 的集合，那么从两个集合之间存在双射的角度看，$\prod_{\alpha\in I}X_\alpha$ 与定义 3.5.6 中的集合 $\prod_{1\leqslant i\leqslant n}X_i$ 是同一个集合.（为什么？）

回顾引理 3.5.11 知，如果 $X_1,\cdots,X_n$ 是任意有限个非空集合，那么有限笛卡儿积 $\prod_{1\leqslant i\leqslant n}X_i$ 也是非空的. 选择公理断定了上述结论对无限笛卡儿积同样成立.

公理 8.1（选择公理）　设 I 是一个集合，并且对每个 $\alpha\in I$，设 X_α 是一个非空集合，那么集合 $\prod_{\alpha\in I}X_\alpha$ 也是非空的. 换言之，存在一个函数 $(x_\alpha)_{\alpha\in I}$ 对每个 $\alpha\in I$ 都指定了一个元素 $x_\alpha\in X_\alpha$.

注 8.4.3　隐藏在这个公理背后的直观是，给定一组（可以是无限个）非空集合 X_α，我们应该能够从每个 X_α 中选出一个元素 x_α，从而利用选出的元素构造一个无限组 $(x_\alpha)_{\alpha\in I}$. 一方面，这是一个在直观上非常有吸引力的公理. 在某种意义上，这个公理只是在不断地重复利用引理 3.1.5. 另一方面，事实上这是在进行无限次的任意选取，而且关于如何选取没有明确的规则，这个事实的确有点让人为难. 许多定理的确是用选择公理来证明的，并且它们断定了具有一定性质的某个对象 x 的抽象存在，根本没有说这个对象是什么及如何来构造这个对象. 因此，选择公理可以推导出一些非构造性的证明，仅阐述一个对象的存在性，而没有真正地把这个对象具体地构造出来. 这并非选择公理独有的问题. 例如，这种问题在引理 3.1.5 中就已经出现过，但对于那些利用选择公理来证明其存在性的对象，它们在非构造性水平上更倾向于极端的状况. 然而，只要我们能意识到非构造性的存在性命题与构造的存在性命题之间的区别（后者更受欢迎，但在很多情况下，这并不是严格必要的），这里就不会有什么困难，除非在哲学层面上讨论.

注 8.4.4　选择公理有许多等价的表述. 在下面的习题中，我们会给出其中的一些表述.

在分析理论中，人们往往不需要用到选择公理的全部功能，反而只会用到可数选择公理，它与选择公理相同，只不过把指标集 I 限制为至多可数的. 对此，我们给出如下这个典型的例子.

引理 8.4.5　设 E 是实直线的一个非空子集，并且 $\sup(E)<\infty$（E 是有上界的），那么存在一个所有项 a_n 都在 E 中的序列 $(a_n)_{n=1}^\infty$ 使得 $\lim_{n\to\infty}a_n=\sup(E)$.

证明 对每个正自然数 n, 设 X_n 表示集合

$$X_n = \{x \in E : \sup(E) - 1/n \leqslant x \leqslant \sup(E)\}.$$

因为 $\sup(E)$ 是 E 的最小上界, 所以 $\sup(E) - 1/n$ 不可能是 E 的上界, 于是对每个 n 都有 X_n 是非空的. 利用选择公理 (或者可数选择公理), 我们能够找到一个序列 $(a_n)_{n=1}^{\infty}$ 使得 $a_n \in X_n$ 对所有的 $n \geqslant 1$ 均成立. 特别地, 对所有的 n 均有 $a_n \in E$ 和 $\sup(E) - 1/n \leqslant a_n \leqslant \sup(E)$. 然后根据夹逼定理 (推论 6.4.14) 有 $\lim_{n \to \infty} a_n = \sup(E)$. □

注 8.4.6 在很多特殊情况下, 我们不使用选择公理就能得到这个引理的结论. 例如, 如果 E 是一个闭集 (定义 12.2.12), 那么我们可以不利用选择公理, 而通过公式 $a_n = \inf(X_n)$ 来定义 a_n. E 是一个闭集这个假设保证了 a_n 属于 E.

选择公理的另一种表述如下.

命题 8.4.7 设 X 和 Y 是集合, 并设关于对象 $x \in X$ 和对象 $y \in Y$ 的性质 $P(x, y)$ 满足: 对每个 $x \in X$ 都至少存在一个 $y \in Y$ 使得 $P(x, y)$ 为真, 那么存在一个函数 $f : X \to Y$ 使得 $P(x, f(x))$ 对所有的 $x \in X$ 均为真.

证明 参见习题 8.4.1. □

习 题

8.4.1 证明: 选择公理隐含命题 8.4.7. (提示: 对每个 $x \in X$, 考虑集合 $Y_x = \{y \in Y : P(x, y)$ 为真$\}$.) 反过来, 证明: 如果命题 8.4.7 成立, 那么选择公理也成立.

8.4.2 设 I 是一个集合, 并且对每个 $\alpha \in I$, 设 X_α 是一个非空集合, 假设所有的集合 X_α 彼此互不相交, 即对任意不同的 $\alpha, \beta \in I$ 都有 $X_\alpha \cap X_\beta = \varnothing$. 利用选择公理证明: 存在一个集合 Y 使得 $\#(Y \cap X_\alpha) = 1$ 对所有的 $\alpha \in I$ 均成立 (Y 与每个 X_α 恰有一个共同元素). 反过来, 证明: 如果上述命题对任意选取的集合 I 及非空且彼此不相交的集合簇 X_α 都成立, 那么选择公理成立. (提示: 问题在于, 在公理 8.1 中没有假设集合 X_α 是彼此互不相交的, 但这可以通过采取下面的方法来解决, 即考虑用集合 $\{\alpha\} \times X_\alpha = \{(\alpha, x) : x \in X_\alpha\}$ 来代替 X_α.)

8.4.3 设 A 和 B 是集合且存在一个满射 $g : B \to A$, 利用选择公理证明: 存在一个单射 $f : A \to B$, 其中 $g \circ f : A \to A$ 为恒等映射. 根据习题 3.6.7, A 的基数小于或等于 B 的基数. (提示: 对每个 $a \in A$, 考虑逆象 $g^{-1}(\{a\})$.) 把这个结论与习题 3.6.8 进行对比. 反过来, 证明: 如果上述命题对任意的集合 A、B 及满射 $g : B \to A$ 都成立, 那么选择公理成立. (提示: 利用习题 8.4.2.)

8.5　有序集

选择公理与有序集理论有密切的关系. 事实上, 存在多种类型的有序集, 而我们只关心其中的三种类型: 偏序集、全序集和良序集.

定义 8.5.1（偏序集） 偏序集是一个附加①了关系"$\leqslant_X$"的集合 X（于是对任意两个对象 $x, y \in X$, 命题 $x \leqslant_X y$ 要么是真命题, 要么是假命题）. 此外, 我们设这种关系遵守下面三条性质:

- （自反性）对任意的 $x \in X$, 我们有 $x \leqslant_X x$;
- （反对称性）如果 $x, y \in X$ 满足 $x \leqslant_X y$ 且 $y \leqslant_X x$, 那么 $x = y$;
- （传递性）如果 $x, y, z \in X$ 满足 $x \leqslant_X y$ 且 $y \leqslant_X z$, 那么 $x \leqslant_X z$.

我们称 $\leqslant_X$ 为序关系. 在绝大多数情况下, 我们可以从上下文中了解到集合 X 是什么, 这时我们简单地用 $\leqslant$ 来代替 $\leqslant_X$. 如果 $x \leqslant_X y$ 且 $x \neq y$, 那么我们记作 $x <_X y$（或者简记为 $x < y$）.

例 8.5.2 根据命题 2.2.12, 自然数集 $\mathbb{N}$ 附加上通常的小于或等于关系 $\leqslant$（正如定义 2.2.11 所述）就构成了一个偏序集. 按照类似的论证方法（利用合适的定义和命题）可以证明整数集 $\mathbb{Z}$、有理数集 $\mathbb{Q}$、实数集 $\mathbb{R}$ 及广义实数集 $\mathbb{R}^*$ 都是偏序集. 此外, 如果 X 是由一组集合构成的整体, 把集合的包含关系 $\subseteq$（正如定义 3.1.14 所述）作为 X 上的序关系 $\leqslant_X$, 那么 X 也是一个偏序集（命题 3.1.17）. 注意, 能够确信的一点是, 我们可以对这些集合附加上不同于标准情形的其他偏序关系, 参见习题 8.5.3.

定义 8.5.3（全序集） 设 X 是一个偏序集, 并且 $\leqslant_X$ 是 X 上的序关系, 称 X 的子集 Y 是全序的, 如果对任意给定的 $y, y' \in Y$, 我们有 $y \leqslant_X y'$ 或 $y' \leqslant_X y$（或者两者皆成立）. 如果 X 本身是全序的, 那么我们称 X 是一个附加了序关系 $\leqslant_X$ 的全序集（或链）.

例 8.5.4 自然数集 $\mathbb{N}$、整数集 $\mathbb{Z}$、有理数集 $\mathbb{Q}$、实数集 $\mathbb{R}$ 及广义实数集 $\mathbb{R}^*$ 附加上通常的序关系 $\leqslant$ 之后都是全序的（分别利用命题 2.2.13、引理 4.1.11、命题 4.2.9、命题 5.4.7 及命题 6.2.5）. 全序集的任意一个子集也是全序的. （为什么?）另外, 由集合构成的整体附加上包含关系 $\subseteq$ 之后通常不是全序的. 例如, 如果 X 是集合 $\{\{1,2\}, \{2\}, \{2,3\}, \{2,3,4\}, \{5\}\}$, 并把集合的包含关系 $\subseteq$ 作为 X 上的序关系, 那么 X 的元素 $\{1,2\}$ 和 $\{2,3\}$ 彼此无法比较（$\{1,2\} \not\subseteq \{2,3\}$ 且 $\{2,3\} \not\subseteq \{1,2\}$）.

---

① 严格地说, 偏序集不是集合 X, 而是一个组合 $(X, \leqslant_X)$. 但在许多情况下, 我们可以从上下文中清楚地知道序关系 $\leqslant_X$ 是什么, 因此我们把 X 自身称为偏序集, 尽管从技术层面上来说这是不正确的表述.

定义 8.5.5（**最大元素和最小元素**） 设 X 是一个偏序集，并设 Y 是 X 的一个子集，如果 $y \in Y$ 且不存在元素 $y' \in Y$ 使得 $y' < y$，那么我们称 y 是 Y 的最小元素. 如果 $y \in Y$ 且不存在元素 $y' \in Y$ 使得 $y < y'$，那么我们称 y 是 Y 的最大元素.

例 8.5.6 使用例 8.5.4 中的集合 X，$\{2\}$ 是最小元素，$\{1,2\}$ 和 $\{2,3,4\}$ 是最大元素，$\{5\}$ 既是最小元素又是最大元素，而 $\{2,3\}$ 既不是最小元素也不是最大元素. 这个例子说明，偏序集可以有多个最大元素和多个最小元素，但全序集就不可以（习题 8.5.7）.

例 8.5.7 自然数集 $\mathbb{N}$（以 $\leqslant$ 为序关系）有最小元素，即 0，但没有最大元素. 整数集 $\mathbb{Z}$ 既没有最大元素，也没有最小元素.

定义 8.5.8（**良序集**） 设 X 是一个偏序集，并设 Y 是 X 的一个全序子集，称 Y 是良序的，如果 Y 的每个非空子集 Z 都有最小元素 $\min(Z)$.

例 8.5.9 根据命题 8.1.4，自然数集 $\mathbb{N}$ 是良序的. 但整数集 $\mathbb{Z}$、有理数集 $\mathbb{Q}$ 及实数集 $\mathbb{R}$ 都不是良序的（见习题 8.1.2）. 有限的全序集都是良序的（习题 8.5.8）. 良序集的每个子集也都是良序的.（为什么?）

良序集的一个优点是它们自动地遵守强归纳法原理（见命题 2.2.14）.

命题 8.5.10（**强归纳法原理**） 设 X 是一个以 $<_X$ 为序关系的良序集，并设 $P(n)$ 是关于元素 $n \in X$ 的性质（对每个 $n \in X$，$P(n)$ 要么是真命题，要么是假命题），假设对每个 $n \in X$，我们有如下蕴涵关系：如果 $P(m)$ 对所有满足 $m <_X n$ 的 $m \in X$ 都为真，那么 $P(n)$ 也为真. 于是对所有的 $n \in X$，$P(n)$ 均为真.

注 8.5.11 在强归纳中，没有对应于公理 2.5 中假设 $P(0)$ 的"最基本的情形"，这一点看起来有些奇怪. 然而，这个最基本的情形已经自动地包含在了强归纳假设中. 事实上，如果 0 是 X 的最小元素，那么通过把假设"如果 $P(m)$ 对所有满足 $m <_X n$ 的 $m \in X$ 都为真，那么 $P(n)$ 也为真"具体到 $n = 0$ 时的情形，我们就自动地得到了 $P(0)$ 为真.（为什么?）

证明 参见习题 8.5.10. □

到目前为止，我们还没有看到选择公理发挥任何作用. 一旦我们引入上界和严格上界的概念，选择公理就会发挥其作用了.

定义 8.5.12（**上界和严格上界**） 设 X 是一个以 $\leqslant$ 为序关系的偏序集，并设 Y 是 X 的一个子集，若 $x \in X$，我们称 x 是 Y 的一个上界，当且仅当对所有的 $y \in Y$ 均有 $y \leqslant x$. 此外，如果 x 还满足 $x \notin Y$，那么我们称 x 是 Y 的一个严格上界. 等价的说法是，x 是 Y 的一个严格上界，当且仅当对所有的 $y \in Y$ 均有 $y < x$.（为什么这个说法是等价的？）

例 8.5.13 我们考察具有通常的序关系 $\leqslant$ 的实数系 $\mathbb{R}$, 2 是集合 $\{x \in \mathbb{R} : 1 \leqslant x \leqslant 2\}$ 的一个上界，但不是严格上界. 另外，数 3 则是这个集合的一个严格上界.

引理 8.5.14 设 X 是一个以 $\leqslant$ 为序关系的偏序集，并设 x_0 是 X 的一个元素，那么存在 X 的一个良序子集 Y 使得 x_0 为 Y 的最小元素且 Y 没有严格上界.

证明 这个引理背后的直观是尝试进行下述步骤：首先设 $Y = \{x_0\}$. 如果此时 Y 没有严格上界，那么我们的工作就完成了；否则，我们就选取一个严格上界并把它添加到 Y 中，再看 Y 是否有严格上界. 如果没有，那么工作结束；否则，我们就选取另一个严格上界并将它添加到 Y 中. 我们"无休止地"进行这个过程，直到遍历了 Y 的所有严格上界. 这个过程会用到选择公理，因为这里涉及无限次的选取. 然而这并非严格的证明，因为准确地描述"无休止地"进行这个过程是相当困难的. 代替这种做法，我们要做的是隔离出一簇"部分完备的"集合 Y, 这些集合被称为好的集合，然后对所有这些好的集合取并集，进而得到一个"完备的"对象 Y_∞, 而 Y_∞ 的确没有严格上界.

现在我们开始严格地证明. 利用反证法，假设 X 的每个以 x_0 为最小元素的良序子集 Y 至少有一个严格上界，利用选择公理（以命题 8.4.7 的形式），我们可以对 X 的每个以 x_0 为最小元素的良序子集 Y 指定一个严格上界 $s(Y) \in X$.

因此，这样就确定了一个严格上界函数 s. 接下来定义 X 的一类特殊子集 Y, 称 X 的子集 Y 是好的，当且仅当它是良序的，并且把 x_0 作为其最小元素，还遵守如下性质：

$$x = s(\{y \in Y : y < x\}) \text{ 对全体 } x \in Y \setminus \{x_0\} \text{ 均成立.}$$

注意，如果 $x \in Y \setminus \{x_0\}$, 那么集合 $\{y \in Y : y < x\}$ 就是 X 的一个以 x_0 为最小元素的良序子集. 设 $\Omega = \{Y \subseteq X : Y \text{ 是好的}\}$ 是由 X 的全体好的子集构成的整体，Ω 不是空集，因为 X 的子集 $\{x_0\}$ 显然是好的.（为什么？）

我们进行下述重要的考察：如果 Y 和 Y' 是 X 的两个好的子集，那么 $Y' \setminus Y$ 中的每个元素都是 Y 的严格上界，并且 $Y \setminus Y'$ 中的每个元素也都是 Y' 的严格上界（习题 8.5.13）. 特别地，给定任意两个好的集合 Y 和 Y', 那么 $Y' \setminus Y$ 和 $Y \setminus Y'$ 中至少有一个必为空集（因为它们互为严格上界）. 换言之，Ω 是关于集合包含关系的全序集：给定任意两个好的集合 Y 和 Y', 要么 $Y \subseteq Y'$, 要么 $Y' \subseteq Y$.

设 $Y_\infty = \bigcup \Omega$, 即 Y_∞ 是由那些至少属于 X 的一个好的子集的元素构成的

集合. 显然有 $x_0 \in Y_\infty$. 另外, 由于 X 的每个好的子集都以 x_0 为最小元素, 因此集合 Y_∞ 也以 x_0 作为它的最小元素.（为什么?）

接下来我们证明 Y_∞ 是全序的. 设 x 和 x' 是 Y_∞ 中的两个元素, 根据 Y_∞ 的定义知, x 属于某个好的集合 Y 且 x' 属于某个好的集合 Y'. 因为 Ω 是全序的, 所以其中一个好的集合包含了另一个好的集合. 于是 x 和 x' 被包含在同一个好的集合中（Y 或 Y'）. 由于好的集合是全序的, 因此 $x \leqslant x'$ 或 $x' \leqslant x$, 这就是我们要证明的结论.

下面我们证明 Y_∞ 是良序的. 设 A 是 Y_∞ 的任意一个非空子集, 于是我们可以选取一个元素 $a \in A$, 从而 a 也属于 Y_∞. 因此, 存在一个好的集合 Y 使得 $a \in Y$, 那么 $A \cap Y$ 是 Y 的一个非空子集. 因为 Y 是良序的, 所以集合 $A \cap Y$ 有一个最小元素, 记作 b. 现在回顾一下, 对于其他任意好的集合 Y', $Y' \setminus Y$ 的每个元素都是 Y 的严格上界, 当然就大于 b. 由于 b 是 $A \cap Y$ 的最小元素, 因此对任意满足 $A \cap Y' \neq \varnothing$ 的好的集合 Y', b 也是 $A \cap Y'$ 的最小元素.（为什么?）由 A 中每个元素都属于 Y_∞ 从而至少属于一个好的集合 Y' 知, b 是 A 的最小元素. 于是 Y_∞ 是良序的.

由于 Y_∞ 是以 x_0 为最小元素的良序集, 因此它有一个严格上界 $s(Y_\infty)$. 于是 $Y_\infty \cup \{s(Y_\infty)\}$ 是良序的（为什么? 见习题 8.5.11）且以 x_0 作为它的最小元素.（为什么?）

我们现在证明 $Y_\infty \cup \{s(Y_\infty)\}$ 是好的. 前面的讨论足以证明, 当 $x \in (Y_\infty \cup \{s(Y_\infty)\}) \setminus \{x_0\}$ 时, $x = s(\{y \in Y_\infty \cup \{s(Y_\infty)\} : y < x\})$. 若 $x = s(Y_\infty)$, 由于 $\{y \in Y_\infty \cup \{s(Y_\infty)\} : y < x\} = Y_\infty$, 因此上述结论显然成立. 如果 $x \in Y_\infty$, 那么存在某个好的 Y, 使得 $x \in Y$. 于是, 集合 $\{y \in Y_\infty \cup \{s(Y_\infty)\} : y < x\}$ 等于 $\{y \in Y : y < x\}$（为什么? 根据前面的观察, 对每个好的 Y', $Y' \setminus Y$ 的每个元素都是一个上界）. 因为 Y 是好的, 所以结论成立.

由 Y_∞ 的定义得, 好的集合 $Y_\infty \cup \{s(Y_\infty)\}$ 包含在 Y_∞ 中. 显然这里出现了矛盾, 因为 $s(Y_\infty)$ 是 Y_∞ 的一个严格上界. 因此, 我们根据需要构造了一个没有严格上界的集合. $\qquad\square$

从上述引理中可以推导出下面这个重要的结论.

引理 8.5.15（佐恩引理） 设 X 是一个具有如下性质的非空偏序集, 即 X 的每个非空全序子集 Y 都有一个上界, 那么 X 至少有一个最大元素.

证明 参见习题 8.5.14. $\qquad\square$

在下面的习题中, 我们将给出佐恩引理的一些应用.

习　题

8.5.1 考虑具有空序关系 $\leqslant_\varnothing$ 的空集 $\varnothing$（这个关系是空的, 因为空集中没有任何元素）, 这个集合是偏序的吗? 是全序的吗? 是良序的吗? 请给出解释.

8.5.2 给出集合 X 和满足如下条件的关系 $\leqslant$ 的例子:
(a) 关系 $\leqslant$ 是自反的和反对称的, 但不是可传递的;
(b) 关系 $\leqslant$ 是自反的和可传递的, 但不是反对称的;
(c) 关系 $\leqslant$ 是反对称的和可传递的, 但不是自反的.

8.5.3 给定两个正整数 $n, m \in \mathbb{N} \setminus \{0\}$, 如果存在一个正整数 a 使得 $m = na$, 那么我们称 n 整除 m, 并记作 $n | m$. 证明: 附加上序关系 "|" 的集合 $\mathbb{N} \setminus \{0\}$ 是一个偏序集, 但不是全序集. 注意, 这里的序关系不同于 $\mathbb{N} \setminus \{0\}$ 上通常的序关系 $\leqslant$.

8.5.4 证明: 正实数集 $\mathbb{R}^+ = \{x \in \mathbb{R} : x > 0\}$ 没有最小元素.

8.5.5 设 $f : X \to Y$ 是从集合 X 到集合 Y 的函数, 设 Y 是具有某种序关系 $\leqslant_Y$ 的偏序集, 在 X 上定义一个关系 $\leqslant_X$ 使得 $x \leqslant_X x'$, 当且仅当 $f(x) <_Y f(x')$ 或 $x = x'$. 证明: 关系 $\leqslant_X$ 使 X 成为一个偏序集. 如果关系 $\leqslant_Y$ 使 Y 是全序的, 那么这是否意味着关系 $\leqslant_X$ 也使 X 成为全序? 如果答案是否定的, 那么还需要对 f 附加什么样的假设才能保证 $\leqslant_X$ 使 X 成为全序的?

8.5.6 设 X 是一个偏序集, 对 X 中任意的元素 x, 定义序理想 $(x) \subseteq X$ 为集合 $(x) = \{y \in X : y \leqslant x\}$. 设 $(X) = \{(x) : x \in X\}$ 是由全体序理想构成的集合, 并设 $f : X \to (X)$ 为映射 $f(x) = (x)$, 它把 X 中的每个元素都映射成其序理想, 证明: f 是一个双射, 并且对任意给定的 $x, y \in X$, $x \leqslant_X y$, 当且仅当 $f(x) \subseteq f(y)$. 本题表明, 任何偏序集都能由一个集合簇来表示, 其中该集合簇上的序关系由集合的包含关系给出.

8.5.7 设 X 是一个偏序集, 并设 Y 是 X 的一个全序子集, 证明: Y 至多有一个最大元素, 并且至多有一个最小元素.

8.5.8 证明: 全序集的任意一个有限非空子集都有一个最小元素和一个最大元素.（提示: 利用归纳法.）特别地, 有限的全序集都是良序的.

8.5.9 设 X 是一个全序集, 并且 X 的每个非空子集都既有最小元素又有最大元素, 证明: X 是有限集.（提示: 利用反证法, 假设 X 是无限集, 从 X 的最小元素 x_0 出发, 在 X 中构造一个递增序列 $x_0 < x_1 < \cdots$.）

8.5.10 不利用选择公理证明命题 8.5.10.（提示: 考虑集合

$$Y = \{n \in X : \text{存在某个满足 } m \leqslant_X n \text{ 的 } m \in X \text{ 使得 } P(m) \text{ 为假}\},$$

并证明若 Y 不是空集就会导致矛盾.）

8.5.11 设 X 是一个偏序集, 并设 Y 和 Y' 都是 X 的良序子集, 证明: $Y \cup Y'$ 是良序的, 当且仅当它是全序的.

8.5.12 设 X 和 Y 分别是具有序关系 $\leqslant_X$ 和 $\leqslant_Y$ 的偏序集, 在笛卡儿积 $X \times Y$ 上定义一个关系 $\leqslant_{X \times Y}$ 如下: 若 $x \leqslant_X x'$ 或若 $x = x'$ 且 $y \leqslant_Y y'$, 则定义 $(x, y) \leqslant_{X \times Y} (x', y')$〔这被称作 $X \times Y$ 上的字典序, 它类似于单词的字母顺序. 如果单词 w 的第一个字母

比单词 w' 的第一个字母更早出现在字母表中，或者两个单词的第一个字母相同但 w 的第二个字母比 w' 的第二个字母更早出现的在字母表中（以此类推），那么 w 就比 w' 更早出现在字典中]. 证明：$\leqslant_{X \times Y}$ 定义了 $X \times Y$ 上的一个偏序关系. 进一步证明：如果 X 和 Y 都是全序的，那么 $X \times Y$ 也是全序的；如果 X 和 Y 都是良序的，那么 $X \times Y$ 也是良序的.

8.5.13 证明引理 8.5.14 的证明过程中的结论，即 $Y' \setminus Y$ 的每个元素都是 Y 的上界，反之亦然.（提示：利用命题 8.5.10 证明

$$\{y \in Y : y \leqslant a\} = \{y \in Y' : y \leqslant a\} = \{y \in Y \cap Y' : y \leqslant a\}$$

对所有的 $a \in Y \cap Y'$ 均成立. 推导出 $Y \cap Y'$ 是好的，从而 $s(Y \cap Y')$ 存在. 证明如果 $Y' \setminus Y$ 是非空的，那么 $s(Y \cap Y') = \min(Y' \setminus Y)$. Y 和 Y' 交换之后有类似的结论. 因为 $Y' \setminus Y$ 和 $Y \setminus Y'$ 是不相交的，所以我们可以断定这两个集合中有一个为空集. 基于这一点，结论就容易建立了.）

8.5.14 利用引理 8.5.14 证明引理 8.5.15.（提示：首先证明如果 X 没有最大元素，那么 X 的任意一个有上界的子集也一定有严格上界.）

8.5.15 设 A 和 B 是两个非空集合，其中 A 的基数不小于或等于 B 的基数，利用佐恩引理证明：B 的基数小于或等于 A 的基数.（提示：对任意的子集 $X \subseteq B$，设 $P(X)$ 表示存在一个从 X 到 A 的单射.）本题（结合习题 8.3.3）说明只要选择公理成立，任意两个集合的基数就是可比较的.

8.5.16 设 X 是一个集合，并设 P 是由 X 的所有偏序关系构成的集合（例如，如果 $X = \mathbb{N} \setminus \{0\}$，那么通常的偏序关系 $\leqslant$ 和习题 8.5.3 中的偏序关系都是 P 的元素），我们称一个偏序关系 $\leqslant \in P$ 比另一个偏序关系 $\leqslant' \in P$ 更粗糙，如果对任意的 $x, y \in X$，都有蕴涵关系 $(x \leqslant y) \Longrightarrow (x \leqslant' y)$. 作为例子，习题 8.5.3 中的偏序关系比通常的序关系 $\leqslant$ 更粗糙. 如果 $\leqslant$ 比 $\leqslant'$ 更粗糙，那么我们记 $\leqslant \preceq \leqslant'$. 证明：$\preceq$ 使得 P 成为一个偏序集，因此由 X 上的偏序关系构成的集合其自身就是偏序的. P 恰好有一个最小元素，这个最小元素是什么? 证明：P 的最大元素正是 X 的全序关系. 利用佐恩引理证明：给定 X 的任意一个偏序关系 $\leqslant$，总存在一个全序关系 $\leqslant'$ 使得 $\leqslant$ 比 $\leqslant'$ 更粗糙.

8.5.17 利用佐恩引理给出习题 8.4.2 中结论的另一种证明.（提示：设 Ω 是全体 $Y \subseteq \bigcup_{\alpha \in I} X_\alpha$ 构成的集合，其中对任意的 $\alpha \in I$ 均有 $\#(Y \cap X_\alpha) \leqslant 1$，即那些与每个 X_α 都至多有一个公共元素的集合的全体就是 Ω. 利用佐恩引理找出 Ω 的一个最大元素.）推导出佐恩引理与选择公理在逻辑上确实是等价的（从其中任意一个出发都能推导出另一个）.

8.5.18 利用佐恩引理证明豪斯多夫极大原理：如果 X 是一个偏序集，那么存在一个 X 的全序子集 Y，它关于集合的包含关系是最大的（不存在 X 的其他全序子集 Y' 使得 Y 包含在 Y' 中）. 反过来，证明：如果豪斯多夫极大原理成立，那么佐恩引理也成立. 因此根据习题 8.5.17，这两个命题在逻辑上与选择公理是等价的.

8.5.19 设 X 是一个集合，并设 Ω 是全体序对 $(Y, \leqslant)$ 构成的空间，其中 Y 是 X 的子集且 $\leqslant$ 是 Y 的一个良序关系. 设 $(Y, \leqslant)$ 和 $(Y', \leqslant')$ 都是 Ω 的元素，如果存在一个 $x \in Y'$ 使得 $Y = \{y \in Y' : y <' x\}$（因此特别有 $Y \subsetneq Y'$），并且对任意的 $y, y' \in Y$ 均

有 $y \leqslant y'$，当且仅当 $y \leqslant' y'$，那么我们称 $(Y, \leqslant)$ 是 $(Y', \leqslant')$ 的一个前段. 定义 Ω 上的一个关系 $\preceq$，当 $(Y, \leqslant) = (Y', \leqslant')$ 时或当 $(Y, \leqslant)$ 是 $(Y', \leqslant')$ 的一个前段时，令 $(Y, \leqslant) \preceq (Y', \leqslant')$，证明：$\preceq$ 是 Ω 的一个偏序关系. Ω 恰有一个最小元素，这个最小元素是什么? 证明：Ω 的最大元素正是 X 的良序关系 $(X, \leqslant)$. 利用佐恩引理推导出良序原理：每个集合 X 都至少有一个良序关系. 反过来，利用良序原理证明选择公理，即公理 8.1.（提示：在 $\bigcup_{\alpha \in I} X_\alpha$ 上设置一个良序关系 $\leqslant$，然后考虑每个 X_α 的最小元素.）于是，选择公理、佐恩引理及良序原理在逻辑上是彼此等价的.

8.5.20 设 X 是一个集合，$\Omega \subseteq 2^X$ 是由 X 的子集构成的集合，并设 Ω 中不包含空集 $\varnothing$，利用佐恩引理证明：存在子集 $\Omega' \subseteq \Omega$ 使得 Ω' 中所有的元素互不相交（如果 A 和 B 是 Ω' 中不同的元素，那么 $A \cap B = \varnothing$），而且 Ω 中的每个元素都至少与 Ω' 中的一个元素相交（对任意的 $C \in \Omega$，存在一个 $A \in \Omega'$ 使得 $C \cap A \neq \varnothing$）.（提示：考虑由 Ω 的满足条件"全体元素都互不相交"的所有子集构成的整体，并找到这个整体的一个最大元素.）反过来，如果上述结论成立，证明：它蕴涵习题 8.4.2 的结论，从而这是另一个在逻辑上与选择公理等价的结论.（提示：设 Ω 是由所有形如 $\{(0, \alpha), (1, x_\alpha)\}$ 的序对集构成的集合，其中 $\alpha \in I$ 且 $x_\alpha \in X_\alpha$.）

第 9 章 ℝ 上的连续函数

在前几章中，我们主要研究了序列．序列 $(a_n)_{n=0}^{\infty}$ 可以看作一个从 $\mathbb{N}$ 到 $\mathbb{R}$ 的函数，即对每个自然数 n 都指定了一个实数 a_n 的映射．然后我们对这些从 $\mathbb{N}$ 到 $\mathbb{R}$ 的函数做了许多事情，例如，在无穷远处取它们的极限（当函数收敛时），或者构造上确界和下确界等，又或者计算一个序列的全体元素之和（同样要假设级数是收敛的）．

现在我们要研究的不是定义在"离散的"自然数集 $\mathbb{N}$ 上的函数，而是定义在一个连续统[①]上的函数，例如，定义在实直线 $\mathbb{R}$ 上的函数，或者定义在像 $\{x \in \mathbb{R} : a \leqslant x \leqslant b\}$ 这样的区间上的函数．最终，我们将对这些函数进行大量运算，包括取极限、求导及计算积分值．在本章中，我们主要研究函数的极限及与它密切相关的连续函数．

在讨论函数之前，我们必须先给出关于实直线子集的一些记号．

9.1 实直线的子集

在分析学中，我们通常不会对整个实直线 $\mathbb{R}$ 进行研究，而是研究实直线的某些特定子集，如正实轴 $\{x \in \mathbb{R} : x > 0\}$．另外，我们偶尔也与 6.2 节中定义的广义实直线 $\mathbb{R}^*$ 打交道，或者在它的子集中展开研究．

实直线有无穷多个子集．事实上，康托尔定理（定理 8.3.1，还可以见习题 8.3.4）表明实直线的子集个数甚至比实数的个数还要多．但是实直线（和广义实直线）的一些特殊子集才是我们经常遇到的，其中一类这样的集合是区间．

定义 9.1.1（区间）设 $a, b \in \mathbb{R}^*$ 是广义实数，我们定义闭区间 $[a, b]$ 为

$$[a, b] = \{x \in \mathbb{R}^* : a \leqslant x \leqslant b\},$$

半开区间 $[a, b)$ 和 $(a, b]$ 为

$$[a, b) = \{x \in \mathbb{R}^* : a \leqslant x < b\}, (a, b] = \{x \in \mathbb{R}^* : a < x \leqslant b\},$$

[①] 在本书中，我们不严格定义离散集合及连续统．粗略地说，如果集合中的每个元素与剩余元素之间都有一段非零的距离，那么这个集合就是离散的；如果一个集合是连通的且没有"洞"，那么这个集合就是一个连续统．

开区间 (a, b) 为

$$(a, b) = \{x \in \mathbb{R}^* : a < x < b\}.$$

我们称 a 为这些区间的左端点，b 为这些区间的右端点.

注 9.1.2 这里我们再一次使用了圆括号. 例如，现在我们既可以用 $(2, 3)$ 表示从 2 到 3 的开区间，又可以用它来表示笛卡儿平面 $\mathbb{R}^2 = \mathbb{R} \times \mathbb{R}$ 上的一个有序对. 这或许会有歧义，但你应该能够从上下文中了解圆括号所表达的意思. 在某些教材中，使用反向的方括号代替圆括号来解决这个问题，例如，$[a, b)$ 变成了 $[a, b[$，$(a, b]$ 变成了 $]a, b]$，而 (a, b) 记作 $]a, b[$.

例 9.1.3 如果 a 和 b 是实数（它们既不等于 ∞ 也不等于 $-\infty$），那么上述所有区间都是实直线的子集，例如，$[2, 3) = \{x \in \mathbb{R} : 2 \leqslant x < 3\}$. 正实轴 $\{x \in \mathbb{R} : x > 0\}$ 就是开区间 $(0, \infty)$，非负实轴 $\{x \in \mathbb{R} : x \geqslant 0\}$ 就是半开区间 $[0, \infty)$. 类似地，负实轴 $\{x \in \mathbb{R} : x < 0\}$ 是 $(-\infty, 0)$，非正实轴 $\{x \in \mathbb{R} : x \leqslant 0\}$ 是 $(-\infty, 0]$. 最后，实直线 $\mathbb{R}$ 是开区间 $(-\infty, \infty)$，广义实直线 $\mathbb{R}^*$ 是闭区间 $[-\infty, \infty]$. 有时我们称其中一个端点为无限（∞ 或 $-\infty$）的区间为半无限区间，称两个端点都是无限的区间为双无限区间. 其余所有的区间都称为有界区间. 于是，$[2, 3)$ 是有界区间，正实轴和负实轴都是半无限区间，$\mathbb{R}$ 和 $\mathbb{R}^*$ 都是双无限区间.

例 9.1.4 如果 $a > b$，那么区间 $[a, b]$、$[a, b)$、$(a, b]$ 和 (a, b) 都是空集.（为什么？）如果 $a = b$，那么区间 $[a, b)$、$(a, b]$ 和 (a, b) 都是空集，而 $[a, b]$ 是单元素集 $\{a\}$.（为什么？）基于这个原因，我们称这些区间是退化的. 我们学习的分析理论的绝大部分（但并非全部）内容限制在非退化的区间上.

当然，区间并不是实直线的唯一一个有意义的子集. 其他重要的例子包括自然数集 $\mathbb{N}$、整数集 $\mathbb{Z}$ 及有理数集 $\mathbb{Q}$. 通过使用并集和交集（见 3.1 节）这样的运算，我们还可以构造另外的集合. 例如，我们可以求出两个区间不连通的并集，如 $(1, 2) \cup [3, 4]$，或者考虑 -1 和 1 之间（包含端点在内）的有理数的集合 $[-1, 1] \cap \mathbb{Q}$. 利用这些运算，我们显然可以构造出无限多个集合.

就像实数序列存在极限点一样，实数集有附着点，现在我们来定义附着点.

定义 9.1.5（ε-附着点） 设 X 是 $\mathbb{R}$ 的一个子集，$\varepsilon > 0$，并设 $x \in \mathbb{R}$，我们称 x 是 ε-附着于 X 的，当且仅当存在一个 $y \in X$ 是 ε-接近于 x 的（$|x - y| \leqslant \varepsilon$）.

注 9.1.6 术语"ε-附着于"不是文献中的标准术语，但是我们简单地用它来定义附着点，其中附着点是一个标准术语.

例 9.1.7 点 1.1 是 0.5-附着于开区间 $(0, 1)$ 的，但不是 0.1-附着于这个区间的.（为什么？）点 1.1 是 0.5-附着于有限集 $\{1, 2, 3\}$ 的. 点 1 是 0.5-附着于 $\{1, 2, 3\}$ 的.（为什么？）

定义 9.1.8（附着点） 设 X 是 $\mathbb{R}$ 的一个子集，并设 $x \in \mathbb{R}$，我们称 x 是 X 的一个附着点，当且仅当对任意的 $\varepsilon > 0$，x 都是 ε-附着于 X 的.

例 9.1.9 对任意的 $\varepsilon > 0$，1 都是 ε-附着于开区间 $(0,1)$ 的，（为什么?）从而 1 是 $(0,1)$ 的一个附着点. 类似地，0.5 也是 $(0,1)$ 的一个附着点. 但 2 不是（例如）0.5-附着于 $(0,1)$ 的，因此 2 不是 $(0,1)$ 的附着点.

定义 9.1.10（闭包） 设 X 是 $\mathbb{R}$ 的一个子集，X 的闭包，有时记作 $\overline{X}$，被定义为由 X 的全体附着点构成的集合.

引理 9.1.11（闭包的初等性质） 设 X 和 Y 是 $\mathbb{R}$ 的任意两个子集，那么 $X \subseteq \overline{X}$，$\overline{X \cup Y} = \overline{X} \cup \overline{Y}$，并且 $\overline{X \cap Y} \subseteq \overline{X} \cap \overline{Y}$. 如果 $X \subseteq Y$，那么 $\overline{X} \subseteq \overline{Y}$.

证明 参见习题 9.1.1. □

现在我们来计算一些闭包.

引理 9.1.12（区间的闭包） 设 $a < b$ 是实数，并设 I 是四个区间 (a,b)、$(a,b]$、$[a,b)$ 和 $[a,b]$ 中的任意一个，那么 I 的闭包是 $[a,b]$. 类似地，(a,∞) 或 $[a,\infty)$ 的闭包是 $[a,\infty)$，$(-\infty,a)$ 或 $(-\infty,a]$ 的闭包是 $(-\infty,a]$. 最后，$(-\infty,\infty)$ 的闭包是 $(-\infty,\infty)$.

证明 我们只证明这些结论中的一个，即 (a,b) 的闭包是 $[a,b]$. 其他的结论可以类似地证明（或者利用习题 9.1.6）.

首先我们证明 $[a,b]$ 的每个元素都是附着于 (a,b) 的. 设 $x \in [a,b]$，如果 $x \in (a,b)$，那么它肯定是附着于 (a,b) 的. 如果 $x = b$，那么 x 也是附着于 (a,b) 的.（为什么?）$x = a$ 时有类似的结论. 因此，$[a,b]$ 中的每一点都是附着于 (a,b) 的.

现在我们证明附着于 (a,b) 的每个点 x 都属于 $[a,b]$. 利用反证法，假设 x 不属于 $[a,b]$，于是要么 $x > b$，要么 $x < a$. 如果 $x > b$，那么 x 不是 $(x-b)$-附着于 (a,b) 的，（为什么?）从而 x 不是 (a,b) 的附着点. 类似地，如果 $x < a$，那么 x 不是 $(a-x)$-附着于 (a,b) 的，从而 x 不是 (a,b) 的附着点. 这说明 x 实际上属于 $[a,b]$，结论得证. □

引理 9.1.13 $\mathbb{N}$ 的闭包是 $\mathbb{N}$. $\mathbb{Z}$ 的闭包是 $\mathbb{Z}$. $\mathbb{Q}$ 的闭包是 $\mathbb{R}$. $\mathbb{R}$ 的闭包是 $\mathbb{R}$. 空集 $\varnothing$ 的闭包是 $\varnothing$.

证明 参见习题 9.1.2. □

下面的引理证明了集合 X 的附着点可以作为 X 中元素的极限而得到.

引理 9.1.14 设 X 是 $\mathbb{R}$ 的子集，并设 $x \in \mathbb{R}$，那么 x 是 X 的一个附着点，当且仅当存在一个完全由 X 中的元素构成的序列 $(a_n)_{n=0}^{\infty}$ 收敛于 x.

证明 参见习题 9.1.4.   □

定义 9.1.15 子集 $E \subseteq \mathbb{R}$ 是闭的，如果 $\overline{E} = E$. 换句话说，E 的所有附着点都包含在 E 中.

例 9.1.16 从引理 9.1.12 中我们看到，如果 $a < b$ 是实数，那么 $[a,b]$、$[a,\infty)$、$(-\infty,a]$ 和 $(-\infty,\infty)$ 都是闭的，而 (a,b)、$(a,b]$、$[a,b)$、(a,∞) 和 $(-\infty,a)$ 都不是闭的. 从引理 9.1.13 中我们看到，$\mathbb{N}$、$\mathbb{Z}$、$\mathbb{R}$ 和 $\varnothing$ 都是闭的，但 $\mathbb{Q}$ 不是闭的.

根据引理 9.1.14，我们可以用序列来定义闭包.

推论 9.1.17 设 X 是 $\mathbb{R}$ 的子集，如果 X 是闭的，并且 $(a_n)_{n=0}^{\infty}$ 是一个由 X 中的元素构成的收敛序列，那么 $\lim_{n\to\infty} a_n$ 也属于 X. 反过来，如果每个由 X 中的元素构成的收敛序列 $(a_n)_{n=0}^{\infty}$ 的极限也都属于 X，那么 X 一定是闭的.

在第 10 章中，当学习微分时，我们需要把"附着点"的概念替换成一个与它有密切联系的极限点的概念.

定义 9.1.18（极限点） 设 X 是实直线的一个子集，我们称 x 是 X 的极限点（或聚点），当且仅当 x 是 $X \setminus \{x\}$ 的一个附着点. 如果 $x \in X$，并且存在某个 $\varepsilon > 0$ 使得 $|x-y| > \varepsilon$ 对所有的 $y \in X \setminus \{x\}$ 均成立，那么我们称 x 是 X 的孤立点.

例 9.1.19 设 X 是集合 $X = (1,2) \cup \{3\}$，那么 3 是 X 的附着点，但不是 X 的极限点，因为 3 不附着于 $X \setminus \{3\} = (1,2)$，但 3 是 X 的一个孤立点. 另外，2 是 X 的一个极限点，因为 2 是附着于 $X \setminus \{2\} = X$ 的，但 2 不是孤立点.（为什么？）

注 9.1.20 从引理 9.1.14 中我们看到，x 是 X 的极限点，当且仅当存在一个完全由 X 中不同于 x 的元素构成的序列 $(a_n)_{n=0}^{\infty}$，并且该序列收敛于 x. 这表明附着点组成的集合可以分成两部分：一部分是由极限点组成的集合，另一部分是由孤立点组成的集合（习题 9.1.9）.

引理 9.1.21 设 I 是一个区间（可以是无限的），即 I 是一个形如 (a,b)、$(a,b]$、$[a,b)$、$[a,b]$、(a,∞)、$[a,\infty)$、$(-\infty,a)$ 或 $(-\infty,a]$ 的集合，其中前四种情形均满足 $a < b$，那么 I 的每个元素都是 I 的极限点.

证明 我们对 $I = [a,b]$ 的情形进行证明. 其余结论可以类似地证明，我们把这部分内容留给读者. 设 $x \in I$，我们必须证明 x 是 I 的一个极限点. 这里存在三种情形：$x = a$、$a < x < b$ 及 $x = b$. 如果 $x = a$，那么考虑序列 $(x+\frac{1}{n})_{n=N}^{\infty}$. 该序列收敛于 x，而且如果选择足够大的 N，那么这个序列就落在了 $I \setminus \{a\} = (a,b]$ 中.（为什么？）于是根据注 9.1.20 知，$x = a$ 是 $[a,b]$ 的一个极限点. $a < x < b$ 时有类似的论述. 当 $x = b$ 时，我们改用序列 $(x-\frac{1}{n})_{n=N}^{\infty}$，（为什么？）其他方面的论述与前面一样.   □

接下来我们定义有界集合.

定义 9.1.22（有界集合） 实直线的子集 X 是有界的,如果存在某个实数 $M > 0$ 使得 $X \subseteq [-M, M]$. 如果实直线的子集 X 不是有界的,那么它就是无界的.

例 9.1.23 对任意的实数 a 和 b,区间 $[a, b]$ 都是有界的,因为它被包含在 $[-M, M]$ 中,其中 $M = \max\{|a|, |b|\}$. 然而,半无限区间 $[0, \infty)$ 是无界的.（为什么?）事实上,所有的半无限区间和双无限区间都是无界的. 集合 $\mathbb{N}$、$\mathbb{Z}$、$\mathbb{Q}$ 和 $\mathbb{R}$ 都是无界的.（为什么?）

闭的有界集合的一个基本性质如下.

定理 9.1.24（直线上的海涅–博雷尔定理） 设 X 是 $\mathbb{R}$ 的一个子集,那么下面两个命题是等价的:

(a) X 是闭的且是有界的.

(b) 给定任意一个在 X 中取值（对所有的 n 均有 $a_n \in X$）的实数序列 $(a_n)_{n=0}^{\infty}$,存在它的一个子序列 $(a_{n_j})_{j=0}^{\infty}$ 收敛于 X 中的某个数 L.

证明 参见习题 9.1.13. □

注 9.1.25 这个定理在本章的后面几节中将起到关键作用. 用距离空间拓扑学的语言来说,该定理断定了实直线的任意一个闭的且有界的子集都是紧的,参见 12.5 节. 这个定理更一般的形式是由爱德华·海涅（1821—1881）和埃米尔·博雷尔（1871—1956）给出的,可在定理 12.5.7 中找到.

习　　题

9.1.1 证明引理 9.1.11.

9.1.2 证明引理 9.1.13.（提示:为了计算 $\mathbb{Q}$ 的闭包,你需要用到命题 5.4.14.）

9.1.3 举例说明,实直线的两个子集 X 和 Y 满足 $\overline{X \cap Y} \neq \overline{X} \cap \overline{Y}$.

9.1.4 证明引理 9.1.14.（提示:为了证明两个蕴涵关系中的一个,你需要用到选择公理,就像在引理 8.4.5 中那样.）

9.1.5 设 X 是 $\mathbb{R}$ 的子集,证明:$\overline{X}$ 是闭集（$\overline{\overline{X}} = \overline{X}$）. 另外证明:如果 Y 是任意一个包含 X 的闭集,那么 Y 也包含 $\overline{X}$. 因此 X 的闭包 $\overline{X}$ 是包含 X 的最小闭集.

9.1.6 设 X 是实直线的任意一个子集,并设 Y 是一个满足 $X \subseteq Y \subseteq \overline{X}$ 的集合,证明:$\overline{Y} = \overline{X}$.

9.1.7 设 $n \geqslant 1$ 是一个正整数,并设 $X_1, \cdots, X_n$ 都是 $\mathbb{R}$ 的闭子集,证明:$X_1 \cup X_2 \cup \cdots \cup X_n$ 也是闭集.

9.1.8 设 I 是一个非空集合（可以是无限的）,并且对每个 $\alpha \in I$,设 X_α 为 $\mathbb{R}$ 的闭子集,证明:（在式 (3.3) 中定义的）交集 $\bigcap_{\alpha \in I} X_\alpha$ 也是闭集.

9.1.9 设 X 是实直线的一个子集, 证明: X 的每个附着点要么是 X 的极限点, 要么是 X 的孤立点, 但不可能同时是极限点和孤立点. 反过来, 证明: X 的每个极限点和每个孤立点都是 X 的附着点.

9.1.10 设 X 是 ℝ 的一个非空子集, 证明: X 是有界的, 当且仅当 $\inf(X)$ 和 $\sup(X)$ 都是有限的.

9.1.11 证明: 如果 X 是 ℝ 的一个有界子集, 那么闭包 $\overline{X}$ 也是有界的.

9.1.12 证明: ℝ 的任意有限多个有界子集的并集仍然是一个有界集合. 如果换成 ℝ 的无限多个有界子集, 那么结论还成立吗?

9.1.13 证明定理 9.1.24. [提示: 利用博尔扎诺–魏尔斯特拉斯定理 (定理 6.6.8) 和推论 9.1.17 证明 (a) 蕴涵 (b). 采用反证法证明 (b) 蕴涵 (a), 其中利用推论 9.1.17 证明 X 是闭的. 还要用选择公理证明 X 是有界的, 像在引理 8.4.5 中那样.]

9.1.14 证明: ℝ 的任意一个有限子集既是闭的又是有界的.

9.1.15 设 E 是 ℝ 的一个有界非空子集, 并设 $S = \sup(E)$ 是 E 的最小上界 [注意, 根据最小上界原理 (定理 5.5.9) 知, S 是一个实数], 证明: S 是 E 的附着点, 同时也是 $\mathbb{R} \setminus E$ 的附着点.

9.2   实值函数的代数

你熟悉很多从实直线到实直线的函数 $f : \mathbb{R} \to \mathbb{R}$, 例如, $f(x) = x^2 + 3x + 5$, $f(x) = 2^x/(x^2 + 1)$, $f(x) = \sin x \cdot \exp(x)$ (我们将在第 15 章中正式定义 $\sin x$ 和 $\exp(x)$). 这些都是从 ℝ 到 ℝ 的函数, 因为它们对每个实数 x 都指定了一个实数 $f(x)$. 我们还可以考察一些更独特的函数, 如

$$f(x) = \begin{cases} 1 & \text{若 } x \in \mathbb{Q}, \\ 0 & \text{若 } x \notin \mathbb{Q}. \end{cases}$$

这个函数不是代数的 (它不能单纯地用 $+$、$-$、$\times$、$/$、$\sqrt{}$ 等这些关于 x 的标准代数运算来表达, 本书中我们不需要这个概念), 但它依然是从 ℝ 到 ℝ 的函数, 因为它对每个 $x \in \mathbb{R}$ 都指定了一个实数 $f(x)$.

我们可以从上述定义在 ℝ 上的函数 $f : \mathbb{R} \to \mathbb{R}$ 中任取一个, 并把定义域限制在一个更小的集合 $X \subseteq \mathbb{R}$ 上, 从而构造一个从 X 到 ℝ 的新函数, 有时记作 $f|_X$. 这个新函数与原函数是一样的, 只不过新函数被定义在一个更小的集合上. (于是当 $x \in X$ 时, $f|_X(x) = f(x)$; 当 $x \notin X$ 时, $f|_X(x)$ 无定义.) 例如, 我们可以把最初定义在 ℝ 到 ℝ 上的函数 $f(x) = x^2$ 限制在区间 $[1, 2]$ 上, 于是, 我们构造了一个新函数 $f|_{[1,2]} : [1, 2] \to \mathbb{R}$, 它的定义是, 当 $x \in [1, 2]$ 时, $f|_{[1,2]}(x) = x^2$, 其他情况下则没有定义.

当然, 如果 $f(x)$ 的取值都落在 $\mathbb{R}$ 的某个更小的子集 Y 内, 那么我们也可以把陪域从 $\mathbb{R}$ 限制到 Y 上. 例如, 定义为 $f(x) = x^2$ 的函数 $f : \mathbb{R} \to \mathbb{R}$ 也可以看作从 $\mathbb{R}$ 到 $[0, \infty)$ 的函数, 从而取代了 $\mathbb{R}$ 到 $\mathbb{R}$ 的函数. 正式地说, 这两个函数是不同的函数, 但由于它们之间的区别太小, 因此我们在讨论中通常不怎么注意这个函数的陪域.

严格地说, 函数 f 与该函数在点 x 处的函数值 $f(x)$ 是有区别的. f 是一个函数, 但是 $f(x)$ 是一个数值 (它取决于自变量 x). 两者之间的区别相当微妙, 我们对此不做过多强调, 但有时我们必须对两者进行区分. 例如, 如果 $f : \mathbb{R} \to \mathbb{R}$ 是函数 $f(x) = x^2$, 而 $g = f|_{[1,2]}$ 是通过把 f 限制在区间 $[1, 2]$ 上得到的, 那么 f 和 g 都是求平方的运算, 即 $f(x) = x^2$ 且 $g(x) = x^2$, 但 f 和 g 不能看作同一个函数, 即 $f \neq g$, 因为它们的定义域不同. 尽管存在这样的区别, 但我们常常会忽略这一点, 并用 "考虑函数 $x^2 + 2x + 3$" 来代替正式的说法 "考虑定义为 $f(x) = x^2 + 2x + 3$ 的函数 $f : \mathbb{R} \to \mathbb{R}$". (当我们开始涉及微分之类的内容时, 这种区别将变得更明显. 例如, 如果 $f : \mathbb{R} \to \mathbb{R}$ 是函数 $f(x) = x^2$, 那么显然有 $f(3) = 9$. 但是 f 在 3 处的导数是 6, 9 在 3 处的导数却显然是 0. 因此, 我们不能简单地对 $f(3) = 9$ 的 "两端同时微分" 而断言 $6 = 0$.)

如果 X 是 $\mathbb{R}$ 的一个子集, 并且 $f : X \to \mathbb{R}$ 是一个函数, 那么我们可以构造出函数 f 的图像 $\{(x, f(x)) : x \in X\}$, 它是 $X \times \mathbb{R}$ 的一个子集, 从而是欧几里得平面 $\mathbb{R}^2 = \mathbb{R} \times \mathbb{R}$ 的一个子集. 利用平面 $\mathbb{R}^2$ 的几何 (例如, 利用切线、面积等), 我们当然可以通过图像来研究函数. 但我们更多地采用 "分析的" 方法, 其中包括利用实数的性质分析这些函数. 这两种方法是互补的, 几何方法提供更多的视觉直观, 分析方法则更严格和准确. 当把单变量函数的分析推广到多变量 (甚至是无限多个变量) 函数时, 几何直观与解析形式都将变得很有用.

就像数可以进行算术运算一样, 函数也可以进行算术运算: 两个函数之和是一个函数, 两个函数的乘积也是一个函数, 等等.

定义 9.2.1 (**函数的算术运算**) 给定两个函数 $f : X \to \mathbb{R}$ 和 $g : X \to \mathbb{R}$, 定义它们的和 $f + g : X \to \mathbb{R}$ 为

$$(f + g)(x) = f(x) + g(x),$$

它们的差 $f - g : X \to \mathbb{R}$ 为

$$(f - g)(x) = f(x) - g(x),$$

它们的最大值 $\max(f, g) : X \to \mathbb{R}$ 为

$$\max(f, g)(x) = \max(f(x), g(x)),$$

它们的最小值 $\min(f,g):X\to\mathbb{R}$ 为

$$\min(f,g)(x)=\min(f(x),g(x)),$$

它们的乘积 $fg:X\to\mathbb{R}$（或者 $f\cdot g:X\to\mathbb{R}$）为

$$(fg)(x)=f(x)g(x),$$

以及（若对所有的 $x\in X$ 均有 $g(x)\neq 0$）商 $f/g:X\to\mathbb{R}$ 为

$$(f/g)(x)=f(x)/g(x).$$

最后，如果 c 是一个实数，我们定义函数 $cf:X\to\mathbb{R}$（或者 $c\cdot f:X\to\mathbb{R}$）为

$$(cf)(x)=c\times f(x).$$

例 9.2.2 如果 $f:\mathbb{R}\to\mathbb{R}$ 是函数 $f(x)=x^2$，并且 $g:\mathbb{R}\to\mathbb{R}$ 是函数 $g(x)=2x$，那么 $f+g:\mathbb{R}\to\mathbb{R}$ 是函数 $(f+g)(x)=x^2+2x$，$fg:\mathbb{R}\to\mathbb{R}$ 是函数 $(fg)(x)=2x^3$. 类似地，$f-g:\mathbb{R}\to\mathbb{R}$ 是函数 $(f-g)(x)=x^2-2x$，$6f:\mathbb{R}\to\mathbb{R}$ 是函数 $(6f)(x)=6x^2$. 观察知 fg 与 $f\circ g$ 不是同一个函数，其中 $f\circ g$ 是映射 $x\mapsto 4x^2$. 而且 fg 与 $g\circ f$ 也不是同一个函数，其中 $g\circ f$ 是映射 $x\mapsto 2x^2$.（为什么?）因此，函数的乘法与函数的复合是两种不同的运算.

习　　题

9.2.1 设 $f:\mathbb{R}\to\mathbb{R}$、$g:\mathbb{R}\to\mathbb{R}$、$h:\mathbb{R}\to\mathbb{R}$，下面哪些等式成立? 请给出证明. 哪些等式不成立? 请给出反例.

$$(f+g)\circ h=(f\circ h)+(g\circ h),$$
$$f\circ(g+h)=(f\circ g)+(f\circ h),$$
$$(f+g)\cdot h=(f\cdot h)+(g\cdot h),$$
$$f\cdot(g+h)=(f\cdot g)+(f\cdot h).$$

9.3　函数的极限值

在第 6 章中，我们定义了什么叫作序列 $(a_n)_{n=0}^{\infty}$ 收敛于极限 L. 现在我们定义一个类似的概念，即定义在实直线上或者定义在实直线的某个子集上的函数 f 在一点处收敛于某个值是什么意思. 就像利用 ε-接近性和最终 ε-接近性来处理序列的极限那样，我们需要用 ε-接近性和局部 ε-接近性来处理函数的极限.

定义 9.3.1（ε-接近性）设 X 是 $\mathbb{R}$ 的一个子集，$f:X\to\mathbb{R}$ 是一个函数，L 是一个实数，并设 $\varepsilon>0$ 也是一个实数，我们称函数 f 是 ε-接近于 L 的，当且仅当对每个 $x\in X$，$f(x)$ 都是 ε-接近于 L 的.

例 9.3.2 当函数 $f(x) = x^2$ 被限制在区间 $[1,3]$ 上时, f 是 5-接近于 4 的, 因为当 $x \in [1,3]$ 时, $1 \leqslant f(x) \leqslant 9$, 从而 $|f(x) - 4| \leqslant 5$. 当 f 被限制在更小的区间 $[1.9, 2.1]$ 上时, f 是 0.41-接近于 4 的, 因为若 $x \in [1.9, 2.1]$, 则 $3.61 \leqslant f(x) \leqslant 4.41$, 从而 $|f(x) - 4| \leqslant 0.41$.

定义 9.3.3 (**局部 ε-接近性**) 设 X 是 $\mathbb{R}$ 的一个子集, $f: X \to \mathbb{R}$ 是一个函数, L 是一个实数, x_0 是 X 的一个附着点, 并设 $\varepsilon > 0$ 也是一个实数, 我们称 f 在 x_0 附近是 ε-接近于 L 的, 当且仅当存在一个 $\delta > 0$ 使得当 f 被限制在集合 $\{x \in X : |x - x_0| < \delta\}$ 上时, f 是 ε-接近于 L 的.

例 9.3.4 设 $f: [1,3] \to \mathbb{R}$ 是限制在区间 $[1,3]$ 上的函数 $f(x) = x^2$, 该函数不是 0.1-接近于 4 的, 比如 $f(1)$ 就不是 0.1-接近于 4 的. 但 f 在 2 附近是 0.1-接近于 4 的, 因为当 f 被限制在集合 $\{x \in [1,3] : |x - 2| < 0.01\}$ 上时, 函数 f 的确是 0.1-接近于 4 的. 这是因为当 $|x - 2| < 0.01$ 时, 我们有 $1.99 < x < 2.01$, 从而 $3.9601 < f(x) < 4.0401$. 特别地, $f(x)$ 是 0.1-接近于 4 的.

例 9.3.5 继续考察例 9.3.4 中的函数 f, 我们观察到, f 不是 0.1-接近于 9 的, 比如 $f(1)$ 就不是 0.1-接近于 9 的. 但 f 在 3 附近是 0.1-接近于 9 的, 因为当 f 被限制在集合 $\{x \in [1,3] : |x - 3| < 0.01\}$, 即半开区间 $(2.99, 3]$ (为什么?) 上时, 函数 f 是 0.1-接近于 9 的 (因为若 $2.99 < x \leqslant 3$, 则 $8.9401 < f(x) \leqslant 9$, 从而 $f(x)$ 是 0.1-接近于 9 的).

定义 9.3.6 (**函数在一点处收敛**) 设 X 是 $\mathbb{R}$ 的一个子集, $f: X \to \mathbb{R}$ 是一个函数, E 是 X 的一个子集, x_0 是 E 的一个附着点, 并设 L 是一个实数, 我们称 f 在点 x_0 处沿着 E 收敛于 L, 并记作 $\lim_{x \to x_0; x \in E} f(x) = L$, 当且仅当对任意的 $\varepsilon > 0$, 被限制在 E 上的函数 f 在 x_0 附近都是 ε-接近于 L 的. 如果 f 在 x_0 处不收敛于任何数 L, 那么我们称 f 在 x_0 处发散, 并且 $\lim_{x \to x_0; x \in E} f(x)$ 是无定义的.

换句话说, $\lim_{x \to x_0; x \in E} f(x) = L$, 当且仅当对任意的 $\varepsilon > 0$, 存在一个 $\delta > 0$ 使得 $|f(x) - L| \leqslant \varepsilon$ 对所有满足 $|x - x_0| < \delta$ 的 $x \in E$ 均成立. (为什么这个定义与上面给出的定义是等价的?)

注 9.3.7 在很多情况下, 我们会把上面记号里的集合 E 略去 (我们只说 f 在 x_0 处收敛于 L, 或者 $\lim_{x \to x_0} f(x) = L$), 尽管这样做的确存在一定的风险. 有时 E 是不是真的包含 x_0 是有差别的. 例如, 如果 $f: \mathbb{R} \to \mathbb{R}$ 是如下定义的函数: 当 $x = 0$ 时, 令 $f(x) = 1$; 当 $x \neq 0$ 时, 令 $f(x) = 0$, 那么 $\lim_{x \to 0; x \in \mathbb{R} \setminus \{0\}} f(x) = 0$, 而 $\lim_{x \to 0; x \in \mathbb{R}} f(x)$ 是无定义的. 有些作者只定义 E 不包含 x_0 时 (此时 x_0 是 E

的极限点而不是附着点）的极限 $\lim_{x\to x_0; x\in E} f(x)$，或者用 $\lim_{x\to x_0; x\in E} f(x)$ 来表示我们所说的 $\lim_{x\to x_0; x\in E\setminus\{x_0\}} f(x)$. 但是我们会选取一个更一般的记号，它允许 E 包含 x_0 的情况出现.

例 9.3.8 设 $f:[1,3]\to\mathbb{R}$ 是函数 $f(x)=x^2$，之前我们已经知道 f 在 2 附近是 0.1-接近于 4 的. 通过类似的论述可以证明 f 在 2 附近是 0.01-接近于 4 的（我们只需让 δ 取一个更小的值就可以了）.

定义 9.3.6 相当不实用，我们可以用更熟悉的包含序列极限的语言来改写这个定义.

命题 9.3.9 设 X 是 $\mathbb{R}$ 的一个子集，$f:X\to\mathbb{R}$ 是一个函数，E 是 X 的一个子集，x_0 是 E 的一个附着点，并设 L 是一个实数，那么下面两个命题在逻辑上是等价的:

(a) f 在 x_0 处沿着 E 收敛于 L;

(b) 对任意一个完全由 E 中的元素构成且收敛于 x_0 的序列 $(a_n)_{n=0}^\infty$，序列 $(f(a_n))_{n=0}^\infty$ 都收敛于 L.

证明 参见习题 9.3.1.   □

根据上述命题，我们有时用"当 $x\to x_0$ 时，沿着 E 有 $f(x)\to L$"或"f 在 x_0 处沿着 E 有极限 L"来代替"f 在 x_0 处收敛于 L"或"$\lim_{x\to x_0} f(x)=L$".

注 9.3.10 使用命题 9.3.9 中的记号，我们有如下推论：若 $\lim_{x\to x_0; x\in E} f(x)=L$ 且 $\lim_{n\to\infty} a_n=x_0$，则 $\lim_{n\to\infty} f(a_n)=L$.

注 9.3.11 我们只考虑 x_0 是 E 的附着点时，函数 f 在 x_0 处的极限. 如果 x_0 不是附着点，那么就没必要定义极限了.（你能看出为什么存在问题吗？）

注 9.3.12 用来表示极限的变量 x 是一个虚拟变量，我们可以用其他任何变量来替换它，并且恰好得到同一个极限. 例如，若 $\lim_{x\to x_0; x\in E} f(x)=L$，则 $\lim_{y\to x_0; y\in E} f(y)=L$，反之亦然.（为什么？）

从命题 9.3.9 中可以马上得到一些推论. 例如，现在我们知道一个函数在一点处至多有一个极限.

推论 9.3.13 设 X 是 $\mathbb{R}$ 的一个子集，E 是 X 的一个子集，x_0 是 E 的一个附着点，并设 $f:X\to\mathbb{R}$ 是一个函数，那么 f 在 x_0 处沿着 E 至多有一个极限.

证明 利用反证法，假设存在两个不同的数 L 和 L'，使得 f 在 x_0 处沿着 E 同时有极限 L 和极限 L'. 因为 x_0 是 E 的一个附着点，所以根据引理 9.1.14 知，存在一个由 E 中的元素构成的序列 $(a_n)_{n=0}^\infty$，它是收敛于 x_0 的. 由于 f 在 x_0 处

沿着 E 有极限 L, 因此根据命题 9.3.9 知, $(f(a_n))_{n=0}^{\infty}$ 收敛于 L. 但是, 又因为 f 在 x_0 处沿着 E 还有极限 L', 所以 $(f(a_n))_{n=0}^{\infty}$ 也收敛于 L'. 然而这与序列极限的唯一性 (命题 6.1.7) 相矛盾. □

利用序列的极限定律, 我们现在可以推导出函数的极限定律.

命题 9.3.14 (函数的极限定律) 设 X 是 $\mathbb{R}$ 的一个子集, E 是 X 的一个子集, x_0 是 E 的一个附着点, 并设 $f : X \to \mathbb{R}$ 和 $g : X \to \mathbb{R}$ 都是函数. 假设 f 在 x_0 处沿着 E 有极限 L, 并且 g 在 x_0 处沿着 E 有极限 M, 那么 $f + g$ 在 x_0 处沿着 E 有极限 $L + M$, $f - g$ 在 x_0 处沿着 E 有极限 $L - M$, $\max(f, g)$ 在 x_0 处沿着 E 有极限 $\max(L, M)$, $\min(f, g)$ 在 x_0 处沿着 E 有极限 $\min(L, M)$, fg 在 x_0 处沿着 E 有极限 LM. 如果 c 是一个实数, 那么 cf 在 x_0 处沿着 E 有极限 cL. 最后, 如果 g 在 E 上不为零 (对一切 $x \in E$ 均有 $g(x) \neq 0$) 且 M 不等于 0, 那么 f/g 在 x_0 处沿着 E 有极限 L/M.

证明 我们只证明第一个结论 ($f + g$ 在 x_0 处沿着 E 有极限 $L + M$), 其余结论的证明非常类似, 把这部分留作习题 9.3.2. 设 $(a_n)_{n=0}^{\infty}$ 是由 E 中的元素组成的且收敛于 x_0 的任意序列, 由于 f 在 x_0 处沿着 E 有极限 L, 因此利用命题 9.3.9 知, $(f(a_n))_{n=0}^{\infty}$ 收敛于 L. 类似地, $(g(a_n))_{n=0}^{\infty}$ 收敛于 M. 利用序列的极限定律 (定理 6.1.19), 我们推导出 $((f + g)(a_n))_{n=0}^{\infty}$ 收敛于 $L + M$. 再次利用命题 9.3.9 知, 这蕴涵 $f + g$ 在 x_0 处沿着 E 有极限 $L + M$ (因为 $(a_n)_{n=0}^{\infty}$ 是 E 中任意一个收敛于 x_0 的序列), 这就是要证明的结论. □

注 9.3.15 我们可以像下面这样更通俗地表述命题 9.3.14:

$$\lim_{x \to x_0} (f \pm g)(x) = \lim_{x \to x_0} f(x) \pm \lim_{x \to x_0} g(x),$$
$$\lim_{x \to x_0} \max(f, g)(x) = \max\left(\lim_{x \to x_0} f(x), \lim_{x \to x_0} g(x)\right),$$
$$\lim_{x \to x_0} \min(f, g)(x) = \min\left(\lim_{x \to x_0} f(x), \lim_{x \to x_0} g(x)\right),$$
$$\lim_{x \to x_0} (fg)(x) = \lim_{x \to x_0} f(x) \lim_{x \to x_0} g(x),$$
$$\lim_{x \to x_0} (f/g)(x) = \frac{\lim_{x \to x_0} f(x)}{\lim_{x \to x_0} g(x)}.$$

(为简便我们去掉了 $x \in E$ 的限制). 但我们要清楚地知道, 只有当这些等式右端的表达式有意义时, 等式才成立. 另外, 对于最后一个等式, 我们还要求 g 和 $\lim_{x \to x_0} g(x)$ 都不为零 (见例 1.2.4, 了解极限没有被谨慎处理时会出现什么样的错误).

利用命题 9.3.14 中的极限定律，我们可以推导出一些极限. 首先，容易证明基本极限

$$\lim_{x \to x_0; x \in \mathbb{R}} c = c$$

和

$$\lim_{x \to x_0; x \in \mathbb{R}} x = x_0$$

对任意的实数 x_0 和 c 均成立（为什么？利用命题 9.3.9）. 利用极限定律，我们还能推导出

$$\lim_{x \to x_0; x \in \mathbb{R}} x^2 = x_0^2,$$
$$\lim_{x \to x_0; x \in \mathbb{R}} cx = cx_0,$$
$$\lim_{x \to x_0; x \in \mathbb{R}} x^2 + cx + d = x_0^2 + cx_0 + d,$$

其中 c 和 d 是任意实数.

如果 f 在 x_0 处沿着 X 收敛于 L，Y 是 X 的任意一个子集，并且 x_0 还是 Y 的一个附着点，那么 f 在 x_0 处沿着 Y 也收敛于 L.（为什么？）于是在大的集合上收敛蕴涵在小的集合上也收敛. 但是，反过来就不成立了.

例 9.3.16 考虑符号函数 $\mathrm{sgn} : \mathbb{R} \to \mathbb{R}$,

$$\mathrm{sgn}(x) = \begin{cases} 1 & \text{若 } x > 0, \\ 0 & \text{若 } x = 0, \\ -1 & \text{若 } x < 0. \end{cases}$$

于是 $\lim_{x \to 0; x \in (0, \infty)} \mathrm{sgn}(x) = 1$,（为什么？）而 $\lim_{x \to 0; x \in (-\infty, 0)} \mathrm{sgn}(x) = -1$,（为什么？）且 $\lim_{x \to 0; x \in \mathbb{R}} \mathrm{sgn}(x)$ 无定义.（为什么？）因此，把集合 X 从极限符号中去掉有时是很危险的. 然而在许多情形下，这样做是安全的. 例如，我们知道 $\lim_{x \to x_0; x \in \mathbb{R}} x^2 = x_0^2$，事实上对任意一个以 x_0 为附着点的集合 X 都有 $\lim_{x \to x_0; x \in X} x^2 = x_0^2$,（为什么？）所以写成 $\lim_{x \to x_0} x^2 = x_0^2$ 是安全的.

例 9.3.17 设 $f(x)$ 是函数

$$f(x) = \begin{cases} 1 & \text{若 } x = 0, \\ 0 & \text{若 } x \neq 0, \end{cases}$$

于是 $\lim_{x \to 0; x \in \mathbb{R} \setminus \{0\}} f(x) = 0$,（为什么？）但 $\lim_{x \to 0; x \in \mathbb{R}} f(x)$ 无定义.（为什么？）（在这种情况下，我们说 f 在 0 处有"可去奇点"或"可去间断点". 由于这种奇点的存在，我们有时约定写 $\lim_{x \to x_0} f(x)$ 时就默认把 x_0 排除在集合之外. 例如，在某些教科书中，$\lim_{x \to x_0} f(x)$ 是 $\lim_{x \to x_0; x \in X \setminus \{x_0\}} f(x)$ 的简写形式.）

另外, x_0 处的极限只与 x_0 附近的函数值有关, 远离 x_0 的函数值与该极限无关. 下面的命题就体现了这种直观.

命题 9.3.18 (极限是局部的) 设 X 是 $\mathbb{R}$ 的一个子集, E 是 X 的一个子集, x_0 是 E 的一个附着点, $f : X \to \mathbb{R}$ 是一个函数, 并设 L 是一个实数. 设 $\delta > 0$, 那么我们有

$$\lim_{x \to x_0; x \in E} f(x) = L,$$

当且仅当

$$\lim_{x \to x_0; x \in E \cap (x_0 - \delta, x_0 + \delta)} f(x) = L.$$

证明 参见习题 9.3.3. $\qquad\qquad\square$

通俗地说, 上面的命题断定了

$$\lim_{x \to x_0; x \in E} f(x) = \lim_{x \to x_0; x \in E \cap (x_0 - \delta, x_0 + \delta)} f(x).$$

于是, 如果函数在 x_0 处的极限存在, 那么它只依赖于 x_0 附近函数 f 的值, 较远处的值实际上对该极限没有任何影响.

现在我们再给出几个极限的例子.

例 9.3.19 考虑函数 $f : \mathbb{R} \to \mathbb{R}$ 和 $g : \mathbb{R} \to \mathbb{R}$, 它们分别被定义为 $f(x) = x + 2$ 和 $g(x) = x + 1$, 那么 $\lim_{x \to 2; x \in \mathbb{R}} f(x) = 4$ 且 $\lim_{x \to 2; x \in \mathbb{R}} g(x) = 3$. 我们希望利用极限定律推导出 $\lim_{x \to 2; x \in \mathbb{R}} f(x)/g(x) = 4/3$. 换句话说, $\lim_{x \to 2; x \in \mathbb{R}} \frac{x+2}{x+1} = \frac{4}{3}$. 严格地说, 我们无法使用命题 9.3.14 来保证这一点, 因为 $x + 1$ 在 $x = -1$ 处为 0, 所以 $f(x)/g(x)$ 是无定义的. 但这个问题可以很容易解决, 只需把 f 和 g 的定义域从 $\mathbb{R}$ 限制到更小的区域, 如 $\mathbb{R} \setminus \{-1\}$ 上就可以了. 于是我们就可以使用命题 9.3.14 得到 $\lim_{x \to 2; x \in \mathbb{R} \setminus \{-1\}} \frac{x+2}{x+1} = \frac{4}{3}$.

例 9.3.20 考虑定义为 $f(x) = (x^2 - 1)/(x - 1)$ 的函数 $f : \mathbb{R} \setminus \{1\} \to \mathbb{R}$, 对任意一个不等于 1 的实数, 这个函数都是有意义的, 而 $f(1)$ 是无定义的. 但 1 仍是 $\mathbb{R} \setminus \{1\}$ 的一个附着点, (为什么?) 并且极限 $\lim_{x \to 1; x \in \mathbb{R} \setminus \{1\}} f(x)$ 是有定义的, 因为在定义域 $\mathbb{R} \setminus \{1\}$ 上我们有恒等式 $(x^2 - 1)/(x - 1) = (x + 1)(x - 1)/(x - 1) = x + 1$, 并且 $\lim_{x \to 1; x \in \mathbb{R} \setminus \{1\}} x + 1 = 2$.

例 9.3.21 设 $f : \mathbb{R} \to \mathbb{R}$ 为函数

$$f(x) = \begin{cases} 1 & \text{若 } x \in \mathbb{Q}, \\ 0 & \text{若 } x \notin \mathbb{Q}, \end{cases}$$

我们要证明 $f(x)$ 在 0 处沿着 ℝ 没有极限. 利用反证法, 假设 $f(x)$ 在 0 处沿着 ℝ 有某个极限 L, 那么只要 $(a_n)_{n=1}^{\infty}$ 是由不为零的数构成的一个收敛于 0 的序列, 我们就有 $\lim_{n\to\infty} f(a_n) = L$. 由于 $(1/n)_{n=1}^{\infty}$ 就是这样的序列, 因此我们有

$$L = \lim_{n\to\infty} f(1/n) = \lim_{n\to\infty} 1 = 1.$$

另外, 因为 $(\sqrt{2}/n)_{n=1}^{\infty}$ 是另一个由不为零的数构成的收敛于 0 的序列, 但这些数都是无理数而非有理数, 所以我们有

$$L = \lim_{n\to\infty} f(\sqrt{2}/n) = \lim_{n\to\infty} 0 = 0.$$

又因为 $1 \neq 0$, 所以这就出现了矛盾. 因此这个函数在 0 处没有极限.

习　　题

9.3.1 证明命题 9.3.9.

9.3.2 证明命题 9.3.14 中剩余的结论.

9.3.3 证明命题 9.3.18.

9.3.4 给出关于上极限 $\limsup_{x\to x_0; x\in E} f(x)$ 和下极限 $\liminf_{x\to x_0; x\in E} f(x)$ 的定义. 然后根据你给出的定义, 提出一个类似于命题 9.3.9 的结论 (附加的挑战: 证明这个类似的结论).

9.3.5 (夹逼定理的连续形式) 设 X 是 ℝ 的一个子集, E 是 X 的一个子集, x_0 是 E 的一个附着点, 并设 $f : X \to ℝ$、$g : X \to ℝ$ 和 $h : X \to ℝ$ 都是函数, 并且它们使得 $f(x) \leqslant g(x) \leqslant h(x)$ 对全体 $x \in E$ 均成立. 如果存在某个实数 L 使得 $\lim_{x\to x_0; x\in E} f(x) = \lim_{x\to x_0; x\in E} h(x) = L$, 证明: $\lim_{x\to x_0; x\in E} g(x) = L$.

9.4　连续函数

现在我们引入函数理论中最基本的概念之一——连续.

定义 9.4.1（连续）设 X 是 ℝ 的一个子集, $f : X \to ℝ$ 是一个函数, 并设 x_0 是 X 中的一个元素, 我们称 f 在 x_0 处是连续的, 当且仅当

$$\lim_{x\to x_0; x\in X} f(x) = f(x_0).$$

换句话说, 当 x 沿着 X 收敛于 x_0 时, $f(x)$ 的极限存在且等于 $f(x_0)$. 我们称 f 在 X 上是连续的（或者简单地说连续的）, 当且仅当对任意的 $x_0 \in X$, f 在 x_0 处都是连续的. 我们称 f 在 x_0 处是间断的, 当且仅当 f 在 x_0 处是不连续的.

我们还可以将上述概念扩展到函数 $f : X \to Y$ 上, 其中 Y 是 ℝ 的一个子集. (在不引起混淆的情况下) 令 $\tilde{f} : X \to ℝ$ 与 f 处处相等（因此, 对任意的 $x \in X$ 均有 $\tilde{f}(x) = f(x)$）, 但此时的陪域从 Y 扩大为 ℝ.

例 9.4.2 设 c 是一个实数，并设 $f:\mathbb{R}\to\mathbb{R}$ 是常数函数 $f(x)=c$，那么对任意的实数 $x_0\in\mathbb{R}$，我们有

$$\lim_{x\to x_0;x\in\mathbb{R}}f(x)=\lim_{x\to x_0;x\in\mathbb{R}}c=c=f(x_0).$$

于是 f 在每个点 $x_0\in\mathbb{R}$ 处都连续，或者说 f 在 $\mathbb{R}$ 上是连续的.

例 9.4.3 设 $f:\mathbb{R}\to\mathbb{R}$ 是恒等函数 $f(x)=x$，那么对任意的实数 $x_0\in\mathbb{R}$，我们有

$$\lim_{x\to x_0;x\in\mathbb{R}}f(x)=\lim_{x\to x_0;x\in\mathbb{R}}x=x_0=f(x_0).$$

于是 f 在每个点 $x_0\in\mathbb{R}$ 处都连续，或者说 f 在 $\mathbb{R}$ 上是连续的.

例 9.4.4 设 $\text{sgn}:\mathbb{R}\to\mathbb{R}$ 是例 9.3.16 中定义的符号函数，那么 sgn 在每个非零的 x 处都是连续的. 例如，在 1 处，我们有（利用命题 9.3.18）

$$\begin{aligned}\lim_{x\to1;x\in\mathbb{R}}\text{sgn}(x)&=\lim_{x\to1;x\in(0.9,1.1)}\text{sgn}(x)\\&=\lim_{x\to1;x\in(0.9,1.1)}1\\&=1\\&=\text{sgn}(1).\end{aligned}$$

另外，sgn 在 0 处不连续，因为极限 $\lim_{x\to0;x\in\mathbb{R}}\text{sgn}(x)$ 不存在.

例 9.4.5 设 $f:\mathbb{R}\to\mathbb{R}$ 是函数

$$f(x)=\begin{cases}1&\text{若 }x\in\mathbb{Q},\\0&\text{若 }x\notin\mathbb{Q},\end{cases}$$

那么根据 9.3 节的讨论知，f 在 0 处不连续. 事实上，f 在任意实数 x_0 处都不连续.（你能看出为什么吗?）

例 9.4.6 设 $f:\mathbb{R}\to\mathbb{R}$ 是函数

$$f(x)=\begin{cases}1&\text{若 }x\geqslant0,\\0&\text{若 }x<0,\end{cases}$$

那么 f 在任意的非零实数处都是连续的，（为什么?）但 f 在 0 处不连续. 然而，如果我们把 f 限制在 $[0,\infty)$ 上，那么得到的函数 $f|_{[0,\infty)}$ 在它定义域内的每一点（包含 0）处都是连续的. 于是，通过对函数的定义域进行限制，我们可以把一个间断的函数变成连续的.

有多种方式可以表述"f 在 x_0 处是连续的".

命题 9.4.7（**连续的等价表述**）设 X 是 ℝ 的一个子集，$f: X \to \mathbb{R}$ 是一个函数，并设 x_0 是 X 的元素，那么下面四个命题在逻辑上是等价的：

(a) f 在 x_0 处是连续的；

(b) 对任意一个由 X 中的元素构成的且满足 $\lim_{n \to \infty} a_n = x_0$ 的序列 $(a_n)_{n=0}^{\infty}$，都有 $\lim_{n \to \infty} f(a_n) = f(x_0)$；

(c) 对任意的 $\varepsilon > 0$，都存在一个 $\delta > 0$ 使得 $|f(x) - f(x_0)| < \varepsilon$ 对所有满足 $|x - x_0| < \delta$ 的 $x \in X$ 均成立；

(d) 对任意的 $\varepsilon > 0$，都存在一个 $\delta > 0$ 使得 $|f(x) - f(x_0)| \leqslant \varepsilon$ 对所有满足 $|x - x_0| \leqslant \delta$ 的 $x \in X$ 均成立.

证明 参见习题 9.4.1.   □

注 9.4.8 命题 9.4.7 的一个特别实用的结论如下：如果 f 在 x_0 处是连续的，并且当 $n \to \infty$ 时 $a_n \to x_0$，那么当 $n \to \infty$ 时 $f(a_n) \to f(x_0)$（当然，序列 $(a_n)_{n=0}^{\infty}$ 的所有元素都在 f 的定义域中）. 因此，连续函数在计算极限时是非常有用的.

命题 9.3.14 中的极限定律与定义 9.4.1 中的连续性概念结合在一起就可以推导出下述命题.

命题 9.4.9（**算术运算保持连续性**）设 X 是 ℝ 的一个子集，$f: X \to \mathbb{R}$ 和 $g: X \to \mathbb{R}$ 都是函数，并设 $x_0 \in X$. 如果 f 和 g 在 x_0 处都是连续的，那么函数 $f + g$、$f - g$、$\max(f, g)$、$\min(f, g)$ 和 fg 也都在 x_0 处连续. 如果 g 在 X 上不为零，那么 f/g 在 x_0 处也连续.

于是，连续函数的和、差、最大值、最小值及乘积都是连续的，而且只要分母不为零，两个连续函数的商也是连续的.

我们可以利用命题 9.4.9 来证明大量函数的连续性. 例如，只利用常数函数是连续的及恒等函数 $f(x) = x$ 是连续的（习题 9.4.2），我们就可以证明函数 $g(x) = \max(x^3 + 4x^2 + x + 5, x^4 - x^3)/(x^2 - 4)$ 在 ℝ 中除了 $x = 2$ 和 $x = -2$（在这两点处分母为零）以外的每一点处都是连续的.

下面给出连续函数的一些其他例子.

命题 9.4.10（**指数运算是连续的 I**）设 $a > 0$ 是正实数，那么定义为 $f(x) = a^x$ 的函数 $f: \mathbb{R} \to \mathbb{R}$ 是连续的.

证明 参见习题 9.4.3.   □

命题 9.4.11（**指数运算是连续的 II**）设 p 是实数，那么定义为 $f(x) = x^p$ 的函数 $f: (0, \infty) \to \mathbb{R}$ 是连续的.

证明 参见习题 9.4.4. □

存在一个比命题 9.4.10 和命题 9.4.11 更强的结论，即指数运算关于指数和底数是同时连续的，但这一点证明起来比较困难，参见习题 15.5.10.

命题 9.4.12（绝对值是连续的） 定义为 $f(x) = |x|$ 的函数 $f : \mathbb{R} \to \mathbb{R}$ 是连续的.

证明 因为 $|x| = \max(x, -x)$，并且函数 x 和 $-x$ 都是连续的，结论得证. □

连续函数不仅对加法、减法、乘法及除法是封闭的，它对复合运算也是封闭的.

命题 9.4.13（复合运算保持连续性） 设 X 和 Y 都是 $\mathbb{R}$ 的子集，$f : X \to Y$ 和 $g : Y \to \mathbb{R}$ 都是函数，并设 x_0 是 X 中的点，如果 f 在 x_0 处是连续的，并且 g 在 $f(x_0)$ 处是连续的，那么复合函数 $g \circ f : X \to \mathbb{R}$ 在 x_0 处是连续的.

证明 参见习题 9.4.5. □

例 9.4.14 因为函数 $f(x) = 3x + 1$ 在 $\mathbb{R}$ 的所有点处都连续，并且函数 $g(x) = 5^x$ 在 $\mathbb{R}$ 的所有点处都连续，所以函数 $(g \circ f)(x) = 5^{3x+1}$ 在 $\mathbb{R}$ 的所有点处也都连续. 通过多次使用上面的命题，我们可以证明更复杂的函数，如 $h(x) = |x^2 - 8x + 7|^{\sqrt{2}}/(x^2 + 1)$ 也是连续的.（为什么这个函数是连续的？）还有一些函数尚不容易判断其连续性，如 $k(x) = x^x$，但当我们有了对数这个工具之后，这个函数的就比较容易处理了，我们将在 15.5 节中谈到对数.

习　题

9.4.1 证明命题 9.4.7.（提示：主要利用前面的命题和引理来证明. 注意，为了证明 (a)、(b) 及 (c) 是等价的，没必要证明全部 6 个等价关系，但你至少要证明 3 个. 例如，证明 (a) 蕴涵 (b)，(b) 蕴涵 (c)，(c) 蕴涵 (a) 就足够了，尽管这可能并不是处理这个问题最简短的或者最简单的方法.）

9.4.2 设 X 是 $\mathbb{R}$ 的一个子集，并设 $c \in \mathbb{R}$，证明：定义为 $f(x) = c$ 的常数函数 $f : X \to \mathbb{R}$ 是连续的. 并证明：定义为 $g(x) = x$ 的恒等函数 $g : X \to \mathbb{R}$ 也是连续的.

9.4.3 证明命题 9.4.10. [提示：你可以把引理 6.5.3、夹逼定理（推论 6.4.14）及命题 6.7.3 联合起来使用.]

9.4.4 证明命题 9.4.11. [提示：利用极限定律（命题 9.3.14）可以证明 $\lim_{x \to 1} x^n = 1$ 对所有的整数 n 均成立. 根据这个结论和夹逼定理（推论 6.4.14）推导出 $\lim_{x \to 1} x^p = 1$ 对所有的实数 p 均成立. 最后，使用命题 6.7.3.]

9.4.5 证明命题 9.4.13.

9.4.6 设 X 是 $\mathbb{R}$ 的一个子集，并设 $f : X \to \mathbb{R}$ 是一个连续函数，如果 Y 是 X 的一个子集，证明：f 在 Y 上的限制函数 $f|_Y : Y \to \mathbb{R}$ 也是一个连续函数.（提示：这是一个简单的结果，但要求你仔细遵循定义.）

9.4.7 设 $n \geqslant 0$ 是一个整数，并且对每个 $0 \leqslant i \leqslant n$，$c_i$ 是一个实数. 设 $P : \mathbb{R} \to \mathbb{R}$ 是函数

$$P(x) = \sum_{i=0}^{n} c_i x^i,$$

这个函数被称作单变量多项式函数，一个典型的例子是 $P(x) = 6x^4 - 3x^2 + 4$，证明：P 是连续的.

9.5   左极限和右极限

现在我们引入左极限和右极限的概念，它们可以看作一个完整极限 $\lim_{x \to x_0; x \in X} f(x)$ 的两个分离的"半边".

定义 9.5.1（左极限和右极限） 设 X 是 $\mathbb{R}$ 的一个子集，$f : X \to \mathbb{R}$ 是一个函数，并设 x_0 是一个实数，如果 x_0 是 $X \cap (x_0, \infty)$ 的一个附着点，那么我们定义 f 在 x_0 处的右极限 $f(x_0^+)$ 为

$$f(x_0^+) = \lim_{x \to x_0; x \in X \cap (x_0, \infty)} f(x),$$

当然前提是这个极限是存在的. 类似地，如果 x_0 是 $X \cap (-\infty, x_0)$ 的一个附着点，那么我们定义 f 在 x_0 处的左极限 $f(x_0^-)$ 为

$$f(x_0^-) = \lim_{x \to x_0; x \in X \cap (-\infty, x_0)} f(x),$$

当然前提也是这个极限是存在的.（因此，在很多情形下，$f(x_0^+)$ 和 $f(x_0^-)$ 是无定义的.）

我们有时会采用下面这些简化的记号：

$$\lim_{x \to x_0^+} f(x) = \lim_{x \to x_0; x \in X \cap (x_0, \infty)} f(x),$$
$$\lim_{x \to x_0^-} f(x) = \lim_{x \to x_0; x \in X \cap (-\infty, x_0)} f(x).$$

此时，我们必须能从上下文中清楚地了解 f 的定义域 X 是什么.

例 9.5.2 考虑例 9.3.16 中的符号函数 $\mathrm{sgn} : \mathbb{R} \to \mathbb{R}$，我们有

$$\mathrm{sgn}(0^+) = \lim_{x \to 0; x \in \mathbb{R} \cap (0, \infty)} \mathrm{sgn}(x) = \lim_{x \to 0; x \in \mathbb{R} \cap (0, \infty)} 1 = 1$$

和

$$\mathrm{sgn}(0^-) = \lim_{x \to 0; x \in \mathbb{R} \cap (-\infty, 0)} \mathrm{sgn}(x) = \lim_{x \to 0; x \in \mathbb{R} \cap (-\infty, 0)} -1 = -1.$$

根据定义有 $\mathrm{sgn}(0) = 0$.

注意，为了使 $f(x_0^+)$ 或 $f(x_0^-)$ 有定义，f 没必要在 x_0 处必须有定义. 例如，若 $f : \mathbb{R} \setminus \{0\} \to \mathbb{R}$ 是函数 $f(x) = x/|x|$，那么 $f(0^+) = 1$ 且 $f(0^-) = -1$，（为什么?）尽管 $f(0)$ 是无定义的.

从命题 9.3.9 中我们看到，如果右极限 $f(x_0^+)$ 存在，并且 $(a_n)_{n=0}^\infty$ 是 X 中的一个从右侧收敛于 x_0 的序列（对所有的 $n \in \mathbb{N}$ 均有 $a_n > x_0$），那么 $\lim_{n\to\infty} f(a_n) = f(x_0^+)$. 类似地，如果 $(b_n)_{n=0}^\infty$ 是一个从左侧收敛于 x_0 的序列（对所有的 $n \in \mathbb{N}$ 均有 $b_n < x_0$），那么 $\lim_{n\to\infty} f(b_n) = f(x_0^-)$.

设 x_0 同时是 $X \cap (x_0, \infty)$ 和 $X \cap (-\infty, x_0)$ 的附着点，如果 f 在 x_0 处连续，那么根据命题 9.4.7 可以清楚地知道 $f(x_0^+)$ 和 $f(x_0^-)$ 都存在且都等于 $f(x_0)$.（你能看出为什么吗？）反过来也成立（将此与命题 6.4.12(f) 进行对比）.

命题 9.5.3 设 X 是 $\mathbb{R}$ 的一个包含实数 x_0 的子集，并设 x_0 同时是 $X \cap (x_0, \infty)$ 和 $X \cap (-\infty, x_0)$ 的附着点，设 $f : X \to \mathbb{R}$ 是一个函数，如果 $f(x_0^+)$ 和 $f(x_0^-)$ 都存在且都等于 $f(x_0)$，那么 f 在 x_0 处是连续的.

证明 记 $L = f(x_0)$，根据假设，我们有

$$\lim_{x\to x_0; x\in X\cap(x_0,\infty)} f(x) = L, \tag{9.1}$$

以及

$$\lim_{x\to x_0; x\in X\cap(-\infty,x_0)} f(x) = L. \tag{9.2}$$

设 $\varepsilon > 0$ 是给定的，根据式 (9.1)、定义 9.3.6 和定义 9.3.3（应用于 f 在 $X\cap(x_0,\infty)$ 上的限制函数）知，存在一个 $\delta_+ > 0$ 使得 $|f(x) - L| < \varepsilon$ 对所有满足 $|x-x_0| < \delta_+$ 的 $x \in X \cap (x_0, \infty)$ 均成立. 类似地，根据式 (9.2) 知，存在一个 $\delta_- > 0$ 使得 $|f(x) - L| < \varepsilon$ 对所有满足 $|x-x_0| < \delta_-$ 的 $x \in X \cap (-\infty, x_0)$ 均成立. 现在设 $\delta = \min(\delta_-, \delta_+)$，那么 $\delta > 0$.（为什么？）假设 $x \in X$ 满足 $|x-x_0| < \delta$，于是存在三种情形：$x > x_0$、$x = x_0$ 和 $x < x_0$，但在这三种情形下都有 $|f(x) - L| < \varepsilon$（为什么？每种情形的原因是不同的）. 于是根据命题 9.4.7 知，f 在 x_0 处是连续的，这就是要证明的结论. $\qquad\square$

正如我们在例 9.3.16 中看到的符号函数那样，函数 f 在点 x_0 处的左极限 $f(x_0^-)$ 和右极限 $f(x_0^+)$ 有可能同时存在但不相等. 此时，我们称 f 在 x_0 处有一个跳跃间断点. 例如，符号函数在 0 处有一个跳跃间断点. 另外，左极限 $f(x_0^-)$ 和右极限 $f(x_0^+)$ 也有可能同时存在且相等，但都不等于 $f(x_0)$. 此时，我们称 f 在 x_0 处有一个可去间断点（或可去奇点）. 例如，若取 $f : \mathbb{R} \to \mathbb{R}$ 为函数

$$f(x) = \begin{cases} 1 & \text{若 } x = 0, \\ 0 & \text{若 } x \neq 0, \end{cases}$$

那么 $f(0^+)$ 和 $f(0^-)$ 都存在且都等于 0，（为什么？）但是 $f(0)$ 等于 1，所以 f 在 0 处有一个可去间断点.

注 9.5.4　跳跃间断点和可去间断点并不是函数间断点仅有的两种类型. 另一种类型是函数在间断点处趋于无穷的情形. 例如, 定义为 $f(x) = 1/x$ 的函数 $f : \mathbb{R} \setminus \{0\} \to \mathbb{R}$ 在 0 处有一个间断点, 但它既不是跳跃间断点也不是可去奇点. 通俗地说, 当 x 从右侧趋于 0 时, $f(x)$ 收敛于 ∞, 而当 x 从左侧趋于 0 时, $f(x)$ 收敛于 $-\infty$. 这种类型的奇点有时被称作渐近间断点. 还有一种间断点叫作振荡间断点, 其中函数 f 在 x_0 附近有界但没有极限. 例如, 定义为

$$f(x) = \begin{cases} 1 & 若 x \in \mathbb{Q}, \\ 0 & 若 x \notin \mathbb{Q} \end{cases}$$

的函数 $f : \mathbb{R} \to \mathbb{R}$ 在 0 处有一个振荡间断点（事实上, 在任意其他的实数处都有振荡间断点）, 因为函数在 0 处既没有左极限也没有右极限, 尽管该函数是有界的.

间断性（也叫作奇异性）的研究不断发展, 但这超出了本书范围. 例如, 奇异性在复分析中发挥关键作用.

习　　题

9.5.1　设 E 是 $\mathbb{R}$ 的一个子集, $f : E \to \mathbb{R}$ 是一个函数, 并设 x_0 是 E 的一个附着点, 给出极限 $\lim_{x \to x_0; x \in E} f(x)$ 存在且等于 ∞ 或 $-\infty$ 的定义. 如果 $f : \mathbb{R} \setminus \{0\} \to \mathbb{R}$ 是函数 $f(x) = 1/x$, 那么利用你给出的定义推导出 $f(0^+) = \infty$ 和 $f(0^-) = -\infty$. 另外, 陈述并证明当 $L = \infty$ 或 $L = -\infty$ 时, 类似于命题 9.3.9 的结论.

9.6　最大值原理

从前面两节中我们看到, 大量的函数是连续的, 但并非所有的函数都是连续的. 现在我们证明连续函数具有许多其他有用的性质, 尤其当它们的定义域为闭区间时. 现在, 我们开始利用海涅–博雷尔定理（定理 9.1.24）所具有的强大力量.

定义 9.6.1　设 X 是 $\mathbb{R}$ 的一个子集, 并设 $f : X \to \mathbb{R}$ 是一个函数, 如果存在一个实数 M 使得对所有的 $x \in X$ 均有 $f(x) \leqslant M$, 那么我们称 f 是有上界的. 如果存在一个实数 M 使得对所有的 $x \in X$ 均有 $f(x) \geqslant -M$, 那么我们称 f 是有下界的. 如果存在一个实数 M 使得对所有的 $x \in X$ 均有 $|f(x)| \leqslant M$, 那么我们称 f 是有界的.

注 9.6.2　一个函数是有界的, 当且仅当它既有上界又有下界（为什么? 注意, "当且仅当" 其中一部分的技巧性比另一部分要稍强一些）. 另外, 函数 $f : X \to \mathbb{R}$ 是有界的, 当且仅当它的象 $f(X)$ 在定义 9.1.22 的意义下是一个有界集合.（为什么?）

并非所有的连续函数都是有界的. 例如, 定义域为 $\mathbb{R}$ 的函数 $f(x) = x$ 是连续的, 但它是无界的,（为什么?）尽管它在某个更小的定义域（如 $[1,2]$）上是有界的. 函数 $f(x) = 1/x$ 在 $(0,1)$ 上是连续的, 但它是无界的,（为什么?）虽然它在 $[1,2]$ 上既是连续的又是有界的.（为什么?）然而, 如果连续函数的定义域是一个有界的闭区间, 那么它必定是有界的.

引理 9.6.3 设 $a < b$ 都是实数, 并设 $f : [a,b] \to \mathbb{R}$ 是 $[a,b]$ 上的连续函数, 那么 f 是一个有界函数.

证明 利用反证法, 假设 f 是无界的, 那么对任意的实数 M 都存在一个元素 $x \in [a,b]$ 使得 $|f(x)| \geqslant M$.

特别地, 对每个自然数 n, 集合 $\{x \in [a,b] : |f(x)| \geqslant n\}$ 都是非空的. 于是我们可以选取①$[a,b]$ 中的一个序列 $(x_n)_{n=0}^{\infty}$ 使得 $|f(x_n)| \geqslant n$ 对所有的 n 均成立. 由于这个序列属于 $[a,b]$, 因此利用定理 9.1.24 知, 存在一个收敛于某个极限 $L \in [a,b]$ 的子序列 $(x_{n_j})_{j=0}^{\infty}$, 其中 $n_0 < n_1 < n_2 < \cdots$ 是一个递增的自然数序列. 特别地, 对所有的 $j \in \mathbb{N}$ 均有 $n_j \geqslant j$（为什么? 利用归纳法）.

因为 f 在 $[a,b]$ 上连续, 所以它在 L 处是连续的, 并且我们有
$$\lim_{j \to \infty} f(x_{n_j}) = f(L).$$
于是序列 $(f(x_{n_j}))_{j=0}^{\infty}$ 是收敛的, 从而是有界的. 另外, 我们从序列的构造过程中看出 $|f(x_{n_j})| \geqslant n_j \geqslant j$ 对所有的 j 均成立, 从而序列 $(f(x_{n_j}))_{j=0}^{\infty}$ 是无界的, 显然这里出现了矛盾. $\square$

注 9.6.4 关于这个证明, 有两点值得我们注意. 第一点, 它表明海涅-博雷尔定理（定理 9.1.24）多么有用. 第二点, 它是一个间接的证明. 它没有说该如何找到 f 的界, 而是证明函数 f 无界将导致矛盾.

现在我们通过加强引理 9.6.3 来谈论更多的事情.

定义 9.6.5（最大值和最小值） 设 X 是一个集合, $f : X \to \mathbb{R}$ 是一个函数, 并设 $x_0 \in X$, 如果对所有的 $x \in X$ 均有 $f(x_0) \geqslant f(x)$（f 在 x_0 处的值大于或等于 f 在 X 中其他任意一点处的值）, 那么我们称 f 在 x_0 处达到它的最大值. 如果 $f(x_0) \leqslant f(x)$, 那么我们称 f 在 x_0 处达到它的最小值.

注 9.6.6 如果一个函数在某一点处达到最大值, 那么该函数一定有上界.（为什么?）类似地, 如果它在某一点处达到最小值, 那么它一定有下界. 最大值和最小值这些概念都是全局性的, 局部性的形式将在定义 10.2.1 中给出.

---

① 严格地说, 这需要用到选择公理, 就像在引理 8.4.5 中那样. 但是我们也可以不利用选择公理, 而是通过定义 $x_n = \sup\{x \in [a,b] : |f(x)| \geqslant n\}$, 并利用 f 的连续性证明 $|f(x_n)| \geqslant n$, 其中的具体细节留给读者.

命题 9.6.7（最大值原理） 设 $a < b$ 都是实数，并设 $f : [a,b] \to \mathbb{R}$ 是 $[a,b]$ 上的连续函数，那么 f 在某一点 $x_{\max} \in [a,b]$ 处达到最大值，并且在某一点 $x_{\min} \in [a,b]$ 处达到最小值.

注 9.6.8 严格地说，"最大值原理"是一个用词不当的说法，因为这个原理中还涉及最小值. 一个更准确的名称或许应该是"最值原理"，"最值"一词同时表示"最大值"和"最小值".

证明 我们只证明 f 在某点处达到最大值. 关于 f 在某点处达到最小值的证明是类似的，这部分内容留给读者.

根据引理 9.6.3 知，f 是有界的，于是存在一个 M 使得 $-M \leqslant f(x) \leqslant M$ 对每个 $x \in [a,b]$ 均成立. 现在设 E 表示集合

$$E = \{f(x) : x \in [a,b]\}$$

（$E = f([a,b])$），根据上述内容知，这个集合是 $[-M,M]$ 的一个子集. E 还是一个非空集合，因为它含有点 $f(a)$. 于是根据最小上界原理知，它有一个实数上确界 $\sup(E)$.

记 $m = \sup(E)$，根据上确界的定义知，对所有的 $y \in E$ 均有 $y \leqslant m$. 而根据 E 的定义知，这意味着 $f(x) \leqslant m$ 对所有的 $x \in [a,b]$ 均成立. 因此，为了证明 f 在某点处达到最大值，我们只要能够找到一个 $x_{\max} \in [a,b]$ 使得 $f(x_{\max}) = m$ 就可以了.（为什么只要这样就可以了？）

设 $n \geqslant 1$ 是任意一个整数，那么 $m - \frac{1}{n} < m = \sup(E)$. 因为 $\sup(E)$ 是 E 的最小上界，所以 $m - \frac{1}{n}$ 不可能是 E 的上界，从而存在一个 $y \in E$ 使得 $m - \frac{1}{n} < y$. 又由 E 的定义知这蕴涵存在一个 $x \in [a,b]$ 使得 $m - \frac{1}{n} < f(x)$.

现在我们按照下面的方法选取一个序列 $(x_n)_{n=1}^{\infty}$：对每个 n，选取 x_n 为 $[a,b]$ 中使得 $m - \frac{1}{n} < f(x_n)$ 的元素（同样，这需要用到选择公理. 不利用选择公理也可以证明这个原理. 例如，在命题 13.3.2 中，你将会看到一个更好的证明，它使用了紧性概念对这个命题进行证明）. 这是 $[a,b]$ 中的一个序列，于是根据海涅-博雷尔定理（定理 9.1.24），我们可以找到一个收敛于某个极限 $x_{\max} \in [a,b]$ 的子序列 $(x_{n_j})_{j=1}^{\infty}$，其中 $n_1 < n_2 < \cdots$. 因为 $(x_{n_j})_{j=1}^{\infty}$ 收敛于 $x_{\max}$ 且 f 在 $x_{\max}$ 处连续，所以我们像前面那样得到

$$\lim_{j \to \infty} f(x_{n_j}) = f(x_{\max}).$$

另外，根据该序列的构造过程知，

$$f(x_{n_j}) > m - \frac{1}{n_j} \geqslant m - \frac{1}{j}.$$

对上式两端同时取极限得

$$f(x_{\max}) = \lim_{j \to \infty} f(x_{n_j}) \geqslant \lim_{j \to \infty} \left(m - \frac{1}{j} \right) = m.$$

另外，我们有 $f(x) \leqslant m$ 对所有的 $x \in [a, b]$ 均成立，从而 $f(x_{\max}) \leqslant m$. 联立这两个不等式得到 $f(x_{\max}) = m$，这就是要证明的结论. □

注意，最大值原理无法阻止函数在多于一点处达到最大值或最小值. 例如，定义在区间 $[-2, 2]$ 上的函数 $f(x) = x^2$ 在点 -2 和 2 处都达到最大值.

我们把 $\sup\{f(x) : x \in [a, b]\}$ 简写成 $\sup_{x \in [a, b]} f(x)$，并类似地定义 $\inf_{x \in [a, b]} f(x)$. 于是最大值原理断定了 $m = \sup_{x \in [a, b]} f(x)$ 是一个实数，并且它是 f 在 $[a, b]$ 上的最大值，即至少存在一个点 $x_{\max} \in [a, b]$ 使得 $f(x_{\max}) = m$，而且对任意其他的 $x \in [a, b]$，$f(x)$ 都是小于或等于 m 的. 类似地，$\inf_{x \in [a, b]} f(x)$ 是 f 在 $[a, b]$ 上的最小值.

现在我们知道在闭区间上，每个连续的函数都是有界的且至少有一次达到它的最大值，也至少有一次达到它的最小值. 但对开区间和无限区间而言，上述结论就不成立了，参见习题 9.6.1.

注 9.6.9 在复分析或偏微分方程中，你可能会遇到相当不同的"最大值原理"，其中连续函数在复分析和偏微分方程中将分别被替换成解析函数和调和函数. 那里的最大值原理与这里的并没有直接的关联（尽管它们也涉及最大值是否存在及在哪里达到最大值）.

习   题

9.6.1 举例说明：

(a) 函数 $f : (1, 2) \to \mathbb{R}$ 是连续且有界的，并在某一点处达到最小值，但它不存在最大值；

(b) 函数 $f : [0, \infty) \to \mathbb{R}$ 是连续且有界的，并在某一点处达到最大值，但它不存在最小值；

(c) 函数 $f : [-1, 1] \to \mathbb{R}$ 是有界的，但它既不存在最小值也不存在最大值；

(d) 函数 $f : [-1, 1] \to \mathbb{R}$ 既没有上界也没有下界.

解释为什么你构造的例子都不违背最大值原理?（注意，仔细阅读最大值原理的假设条件！）

9.6.2 设 $f, g : X \to \mathbb{R}$ 均是有界函数，证明 $f + g$、$f - g$ 和 $f \cdot g$ 也是有界函数. 如果进一步假设对所有的 $x \in X$ 均有 $g(x) \neq 0$，那么 f/g 是有界的吗? 证明这一点或举一个反例.

9.7 介值定理

我们刚刚证明了一个连续函数达到它的最大值和最小值，现在来证明函数 f 还可以达到最大值和最小值之间的每个值. 为此，我们首先证明一个非常直观的定理.

定理 9.7.1（介值定理） 设 $a < b$，$f : [a,b] \to \mathbb{R}$ 是 $[a,b]$ 上的连续函数，并设 y 是 $f(a)$ 和 $f(b)$ 之间的一个实数，即要么 $f(a) \leqslant y \leqslant f(b)$，要么 $f(a) \geqslant y \geqslant f(b)$，那么存在 $c \in [a,b]$ 使得 $f(c) = y$.

证明 存在两种情形：$f(a) \leqslant y \leqslant f(b)$ 和 $f(a) \geqslant y \geqslant f(b)$. 我们只证明前一种情形，即 $f(a) \leqslant y \leqslant f(b)$. 后一种情形的证明类似，留给读者.

如果 $y = f(a)$ 或 $y = f(b)$，那么结论可以很容易得到，因为我们只需简单地令 $c = a$ 或 $c = b$ 就可以了. 所以我们考虑 $f(a) < y < f(b)$ 的情形，令 E 表示集合

$$E = \{x \in [a,b] : f(x) < y\}.$$

显然 E 是 $[a,b]$ 的子集，从而 E 是有界的. 另外，因为 $f(a) < y$，所以 a 是 E 中的元素，因此 E 是非空的. 于是根据最小上界原理知，上确界

$$c = \sup(E)$$

是有限的. 因为 E 以 b 为上界，所以 $c \leqslant b$. 又因为 E 中包含 a，所以 $c \geqslant a$，于是 $c \in [a,b]$. 为了完成证明，现在我们证明 $f(c) = y$. 思路是从 c 的左侧去证明 $f(c) \leqslant y$，然后从 c 的右侧去证明 $f(c) \geqslant y$.

设 $n \geqslant 1$ 是一个整数，数 $c - \frac{1}{n}$ 小于 $c = \sup(E)$，从而它不可能是 E 的上界，于是存在一个点，记作 x_n，属于 E 且大于 $c - \frac{1}{n}$. 而且根据 c 是 E 的上界知 $x_n \leqslant c$，于是

$$c - \frac{1}{n} \leqslant x_n \leqslant c.$$

根据夹逼定理（推论 6.4.14），我们有 $\lim_{n\to\infty} x_n = c$. 又根据 f 在 c 处连续知，这隐含 $\lim_{n\to\infty} f(x_n) = f(c)$. 因为对每个 n 都有 $x_n \in E$，所以 $f(x_n) < y$ 对所有的 n 均成立. 根据比较原理（引理 6.4.13）知 $f(c) \leqslant y$. 因为 $f(b) > f(c)$，所以 $c \neq b$.

由于 $c \neq b$ 且 $c \in [a,b]$，因此必定有 $c < b$. 特别地，存在一个 $N > 0$ 使得对所有的 $n > N$ 都有 $c + \frac{1}{n} < b$（因为当 $n \to \infty$ 时，$c + \frac{1}{n}$ 收敛于 c）. 因为 c 是 E 的上确界且 $c + \frac{1}{n} > c$，所以 $c + \frac{1}{n} \notin E$ 对所有的 $n > N$ 均成立. 又因为 $c + \frac{1}{n} \in [a,b]$，所以对所有的 $n \geqslant N$ 都有 $f(c + \frac{1}{n}) \geqslant y$. 而 $c + \frac{1}{n}$ 收敛于 c，并且 f 在 c 处连续，于是 $f(c) \geqslant y$. 我们已经知道 $f(c) \leqslant y$，于是 $f(c) = y$，这就是要证明的结论. □

介值定理表明，如果 f 的值能够取到 $f(a)$ 和 $f(b)$，那么它也一定能够取到介于 $f(a)$ 和 $f(b)$ 之间的所有值. 注意，如果没有假设 f 是连续的，那么介值定

理就不能使用了. 例如, 如果 $f : [-1, 1] \to \mathbb{R}$ 是函数

$$f(x) = \begin{cases} -1 & \text{若 } x \leqslant 0, \\ 1 & \text{若 } x > 0, \end{cases}$$

那么 $f(-1) = -1$ 且 $f(1) = 1$, 但是不存在 $c \in [-1, 1]$ 使得 $f(c) = 0$. 因此, 如果函数是间断的, 那么它可能会 "跳过" 中间值, 但连续函数就不会发生这样的情况.

注 9.7.2 一个连续函数有可能会多次取到同一个中间值. 例如, 如果 $f : [-2, 2] \to \mathbb{R}$ 是函数 $f(x) = x^3 - x$, 那么 $f(-2) = -6$ 且 $f(2) = 6$, 于是存在 $c \in [-2, 2]$ 使得 $f(c) = 0$. 事实上, 此时存在三个这样的 c: $f(-1) = f(0) = f(1) = 0$.

注 9.7.3 介值定理给出了另一种方法来证明可以取到一个数的 n 次方根. 例如, 为了构造 2 的平方根, 考虑定义为 $f(x) = x^2$ 的函数 $f : [0, 2] \to \mathbb{R}$. 这是一个连续函数且 $f(0) = 0$, $f(2) = 4$, 于是存在一个 $c \in [0, 2]$ 使得 $f(c) = 2$, 即 $c^2 = 2$ (这种论述没有证明 2 恰有一个平方根, 而是证明了 2 至少有一个平方根).

推论 9.7.4 (**连续函数的象**) 设 $a < b$, $f : [a, b] \to \mathbb{R}$ 是 $[a, b]$ 上的连续函数, 设 $M = \sup_{x \in [a, b]} f(x)$ 是 f 的最大值, $m = \inf_{x \in [a, b]} f(x)$ 是 f 的最小值, 并设 y 是介于 m 和 M 之间的一个实数 ($m \leqslant y \leqslant M$), 那么存在一个 $c \in [a, b]$ 使得 $f(c) = y$. 更进一步, 我们有 $f([a, b]) = [m, M]$.

证明 参见习题 9.7.1. □

习 题

9.7.1 证明推论 9.7.4. (提示: 除了介值定理, 你可能还会用到习题 9.4.6.)

9.7.2 设 $f : [0, 1] \to [0, 1]$ 是一个连续函数, 证明: 在 $[0, 1]$ 中存在一个实数 x 使得 $f(x) = x$. (提示: 对函数 $f(x) - x$ 使用介值定理.) 点 x 被称作 f 的不动点, 这个结果是不动点理论的一个基本例子, 它在一定类型的分析理论中发挥重要作用.

9.8 单调函数

现在我们讨论一类函数, 它与连续函数不同, 但又与连续函数具有某些类似的性质, 即单调函数.

定义 9.8.1 (**单调函数**) 设 X 是 $\mathbb{R}$ 的一个子集, 并设 $f : X \to \mathbb{R}$ 是一个函数, 我们称 f 是单调递增的, 当且仅当只要 $x, y \in X$ 且 $y > x$, 就有 $f(y) \geqslant f(x)$. 我们称 f 是严格单调递增的, 当且仅当只要 $x, y \in X$ 且 $y > x$, 就有 $f(y) > f(x)$. 类似地, 我们称 f 是单调递减的, 当且仅当只要 $x, y \in X$ 且 $y > x$,

就有 $f(y) \leqslant f(x)$，并称 f 是严格单调递减的，当且仅当只要 $x, y \in X$ 且 $y > x$，就有 $f(y) < f(x)$. 如果 f 是单调递增的或单调递减的，那么我们称 f 是单调的. 如果 f 是严格单调递增的或严格单调递减的，那么我们称 f 是严格单调的.

例 9.8.2 如果把函数 $f(x) = x^2$ 限制到区域 $[0, \infty)$ 上，那么此时 f 就是严格单调递增的.（为什么？）但当把 f 限制到区域 $(-\infty, 0]$ 上时，它就是严格单调递减的.（为什么？）于是该函数在 $(-\infty, 0]$ 和 $[0, \infty)$ 上都是严格单调的，但它在整个实直线 $(-\infty, \infty)$ 上不是严格单调的（或不是单调的）. 注意，如果一个函数在某个区域 X 上是严格单调的，那么它在区域 X 上也是单调的. 如果把常数函数 $f(x) = 6$ 限制到任何一个区域 $X \subseteq \mathbb{R}$ 上，那么它既是单调递增的又是单调递减的，但它不是严格单调的.（除非 X 由至多一个点构成，为什么？）

连续函数不一定是单调的（例如，考虑 $\mathbb{R}$ 上的函数 $f(x) = x^2$），单调函数也不一定是连续的. 例如，考虑前面定义的函数 $f : [-1, 1] \to \mathbb{R}$，

$$f(x) = \begin{cases} -1 & \text{若} x \leqslant 0, \\ 1 & \text{若} x > 0. \end{cases}$$

单调函数遵守最大值原理（习题 9.8.1），但不遵守介值定理（习题 9.8.2）. 另外，一个单调函数有可能存在许多间断点（习题 9.8.5）.

如果一个函数既是严格单调的又是连续的，那么它有许多好的性质. 特别地，它是可逆的.

命题 9.8.3 设 $a < b$ 都是实数，并设 $f : [a, b] \to \mathbb{R}$ 是一个既连续又严格单调递增的函数，那么 f 是从 $[a, b]$ 到 $[f(a), f(b)]$ 的双射，并且它的反函数 $f^{-1} : [f(a), f(b)] \to [a, b]$ 也是既连续又严格单调递增的.

证明 参见习题 9.8.4. □

严格单调递减的函数有类似的命题，参见习题 9.8.4.

例 9.8.4 设 n 是一个正整数且 $R > 0$，因为函数 $f(x) = x^n$ 在区间 $[0, R]$ 上是严格单调递增的，所以根据命题 9.8.3 知，该函数是从 $[0, R]$ 到 $[0, R^n]$ 的双射，从而存在一个从 $[0, R^n]$ 到 $[0, R]$ 的反函数. 这可以给出构造数 $x \in [0, R^n]$ 的 n 次方根 $x^{1/n}$ 的另一种方法，从而代替我们在引理 5.6.5 中所做的事情.

习 题

9.8.1 解释为什么把 f 是连续的假设替换成 f 是单调的或 f 是严格单调的时，最大值原理依然成立?（对这两种情形，你可以使用同一个解释.）

9.8.2 举例说明, 如果把 f 是连续的假设替换成 f 是单调的或 f 是严格单调的, 那么介值定理就不成立了.（对这两种情形, 你可以使用同一个反例.）

9.8.3 设 $a < b$ 都是实数, 并设 $f : [a, b] \to \mathbb{R}$ 是既连续又一对一的函数, 证明: f 是严格单调的.（提示: 分成三种情形: $f(a) < f(b)$、$f(a) = f(b)$ 及 $f(a) > f(b)$. 第二种情形会直接导致矛盾. 对于第一种情形, 使用反证法和介值定理证明 f 是严格单调递增的. 对第三种情形采取类似的方法证明 f 是严格单调递减的.）

9.8.4 证明命题 9.8.3.（提示: 为了证明 f^{-1} 是连续的, 最简单的方法是使用连续性的 "ε-δ" 定义, 即命题 9.4.7(c).）如果去掉连续性的假设, 那么命题还成立吗? 如果把严格单调的替换成单调的, 那么命题还成立吗? 如果把严格单调递增的函数替换成严格单调递减的函数, 那么命题应该如何修改?

9.8.5 本题中我们给出这样一个函数的例子: 它在每个有理数点处都是间断的, 但在每个无理数点处都是连续的. 因为有理数集是可数的, 所以可记 $\mathbb{Q} = \{q(0), q(1), q(2), \cdots\}$, 其中 $q : \mathbb{N} \to \mathbb{Q}$ 是从 $\mathbb{N}$ 到 $\mathbb{Q}$ 的双射. 现在定义函数 $g : \mathbb{Q} \to \mathbb{R}$ 为 $g(q(n)) = 2^{-n}$, 其中 n 是任意的自然数, 于是 g 把 $q(0)$ 映射到 1, 把 $q(1)$ 映射到 2^{-1}, 等等. 因为 $\sum_{n=0}^{\infty} 2^{-n}$ 是绝对收敛的, 所以 $\sum_{r \in \mathbb{Q}} g(r)$ 也是绝对收敛的. 现在定义函数 $f : \mathbb{R} \to \mathbb{R}$ 为

$$f(x) = \sum_{r \in \mathbb{Q}; r < x} g(r),$$

由于 $\sum_{r \in \mathbb{Q}} g(r)$ 是绝对收敛的, 因此对每个实数 x, $f(x)$ 都是有意义的.

(a) 证明: f 是严格单调递增的.（提示: 你将会用到命题 5.4.14.）

(b) 证明: 对每个有理数 r, f 在 r 处是间断的.（提示: 根据 r 是有理数知, 存在某个自然数 n 使得 $r = q(n)$. 证明对所有的 $x > r$ 均有 $f(x) \geqslant f(r) + 2^{-n}$.）

(c) 证明: 对每个无理数 x, f 在 x 处是连续的.（提示: 首先阐述函数

$$f_n(x) = \sum_{r \in \mathbb{Q}; r < x; g(r) \geqslant 2^{-n}} g(r)$$

在 x 处是连续的, 并且 $|f(x) - f_n(x)| \leqslant 2^{-n}$.）

9.9 一致连续性

我们知道, 闭区间 $[a, b]$ 上的连续函数是有界的（根据最大值原理知, 该函数实际上达到了它的最大值和最小值）. 但是, 如果我们把闭区间换成开区间, 那么连续函数就不一定是有界的了. 例如, 定义为 $f(x) = 1/x$ 的函数 $f : (0, 2) \to \mathbb{R}$. 这个函数在 $(0, 2)$ 的每一点处都是连续的, 从而它在 $(0, 2)$ 上是连续的, 但它在 $(0, 2)$ 上是无界的. 通俗地说, 这里的问题在于, 尽管函数的确在开区间 $(0, 2)$ 的每一点处都连续, 但当自变量不断靠近端点 0 时, 它就变得 "越来越不" 连续了.

利用连续性的 "ε-δ" 定义, 即命题 9.4.7(c), 我们来进一步分析这种现象. 我们知道, 如果 $f : X \to \mathbb{R}$ 在点 x_0 处是连续的, 那么对任意的 $\varepsilon > 0$ 总存在一个 δ 使得只要 $x \in X$ 是 δ-接近于 x_0 的, $f(x)$ 就是 ε-接近于 $f(x_0)$ 的. 换句

话说, 如果能够保证 x 是充分接近于 x_0 的, 那么我们就可以迫使 $f(x)$ ε-接近于 $f(x_0)$. 关于这件事, 一种思考方式是, 在每个点 x_0 附近都存在一个 "稳定岛" $(x_0 - \delta, x_0 + \delta)$ 使得函数 $f(x)$ 偏离 $f(x_0)$ 的范围不超过 ε.

例 9.9.1　考虑上文提到的函数 $f(x) = 1/x$, 并令 $x_0 = 1$. 为了保证 $f(x)$ 是 0.1-接近于 $f(x_0)$ 的, 我们只需令 x 是 1/11-接近于 x_0 的就可以了, 因为如果 x 是 1/11-接近于 x_0 的, 那么 $10/11 < x < 12/11$, 从而 $11/12 < f(x) < 11/10$, 于是 $f(x)$ 是 0.1-接近于 $f(x_0)$ 的. 因此在点 $x_0 = 1$ 处, 使得 $f(x)$ 是 0.1-接近于 $f(x_0)$ 的 "δ" 的大概取值在 1/11 附近.

现在我们考虑 $x_0 = 0.1$ 的情形. 函数 $f(x) = 1/x$ 在该点处仍是连续的, 但是此处的连续性变弱了. 为了保证 $f(x)$ 是 0.1-接近于 $f(x_0)$ 的, 我们需要让 x 是 1/1010-接近于 x_0 的. 事实上, 如果 x 是 1/1010-接近于 x_0 的, 那么 $10/101 < x < 102/1010$, 从而 $9.901 < f(x) < 10.1$, 于是 $f(x)$ 是 0.1-接近于 $f(x_0)$ 的. 因此, 对同一个 ε, 我们需要一个更小的 "δ", 即 $f(x)$ 在 0.1 附近比在 1 附近更 "不稳定". 也就是说, 在 0.1 附近的 "稳定岛" 比在 1 附近的 "稳定岛" 要更小 (如果我们要保持 $f(x)$ 是 0.1-稳定的).

另外, 还存在其他的连续函数并不具备上述的性质. 考虑定义为 $g(x) = 2x$ 的函数 $g : (0, 2) \to \mathbb{R}$. 就像前面那样, 固定 $\varepsilon = 0.1$ 并考察 $x_0 = 1$ 附近的稳定岛. 显然, 如果 x 是 0.05-接近于 x_0 的, 那么 $g(x)$ 就是 0.1-接近于 $g(x_0)$ 的. 此时, 在 $x_0 = 1$ 处我们可以取 δ 为 0.05. 如果我们变动 x_0, 也就是说, 如果我们令 x_0 为 0.1, 那么 δ 的取值不发生变动. 尽管 x_0 由 1 变为 0.1, 但只要 x 是 0.05-接近于 x_0 的, $g(x)$ 就保持 0.1-接近于 $g(x_0)$. 事实上, 对任意的 x_0, 上述 δ 的取值均适用. 在这种情况下, 我们说函数 g 是一致连续的. 更准确的说法如下.

定义 9.9.2（一致连续）设 X 是 $\mathbb{R}$ 的一个子集, 并设 $f : X \to \mathbb{R}$ 是一个函数, 我们称 f 是一致连续的, 如果对任意的 $\varepsilon > 0$, 都存在一个 $\delta > 0$ 使得只要 $x, x_0 \in X$ 是 X 中 δ-接近的两个点, $f(x)$ 和 $f(x_0)$ 就是 ε-接近的.

注 9.9.3　应该把这个定义与连续的概念进行对比. 从命题 9.4.7(c) 中我们知道, 一个函数 f 是连续的, 指的是对任意的 $\varepsilon > 0$ 和任意的 $x_0 \in X$, 存在一个 $\delta > 0$ 使得只要 $x \in X$ 是 δ-接近于 x_0 的, $f(x)$ 和 $f(x_0)$ 就是 ε-接近的. 一致连续和连续之间的区别在于, 在一致连续中, 我们可以取到单独一个 δ 使得这个 δ 对所有的 $x_0 \in X$ 均适用; 对于一般的连续, 不同的 $x_0 \in X$ 可能使用了不同的 δ. 因此, 每个一致连续的函数都是连续的, 但反过来就不成立了.

例 9.9.4（非正式的）定义为 $f(x) = 1/x$ 的函数 $f : (0, 2) \to \mathbb{R}$ 在 $(0, 2)$ 上

是连续的，但不是一致连续的，因为当 $x \to 0$ 时，连续性（更准确地说，δ 对 ε 的依赖性）变得越来越弱（在例 9.9.10 中，我们将对此进行更准确的阐述）.

回忆一下，附着点和连续函数都有若干种等价的描述，而且两者都存在 "ε-δ" 类型的描述（其中包含 ε-接近性）及 "序列的" 描述（其中包含序列的收敛性），参见引理 9.1.14 和命题 9.3.9. 类似地，一致连续也可以用序列来描述，这里要用到等价序列（见定义 5.2.6，但现在我们把有理数序列推广到实数序列，并且不再要求序列是柯西序列）.

定义 9.9.5（等价序列）设 m 是一个整数，$(a_n)_{n=m}^{\infty}$ 和 $(b_n)_{n=m}^{\infty}$ 是两个实数序列，并设 $\varepsilon > 0$ 是给定的，我们称 $(a_n)_{n=m}^{\infty}$ 是 ε-接近于 $(b_n)_{n=m}^{\infty}$ 的，当且仅当对任意的 $n \geq m$，a_n 都是 ε-接近于 b_n 的. 我们称 $(a_n)_{n=m}^{\infty}$ 是最终 ε-接近于 $(b_n)_{n=m}^{\infty}$ 的，当且仅当存在一个 $N \geq m$ 使得序列 $(a_n)_{n=N}^{\infty}$ 和 $(b_n)_{n=N}^{\infty}$ 是 ε-接近的. 序列 $(a_n)_{n=m}^{\infty}$ 和 $(b_n)_{n=m}^{\infty}$ 是等价的，当且仅当对任意的 $\varepsilon > 0$，序列 $(a_n)_{n=m}^{\infty}$ 和 $(b_n)_{n=m}^{\infty}$ 都是最终 ε-接近的.

注 9.9.6 或许有人会问，是否应该假设 ε 是有理数或实数，对命题 6.1.4 稍作修改就可以证明附加上这种假设后的定义与上述定义没有什么不同.

利用极限的语言可以更简洁地表述等价.

引理 9.9.7 设 $(a_n)_{n=1}^{\infty}$ 和 $(b_n)_{n=1}^{\infty}$ 都是实数序列（不必是有界的或收敛的），那么 $(a_n)_{n=1}^{\infty}$ 和 $(b_n)_{n=1}^{\infty}$ 是等价的，当且仅当 $\lim_{n \to \infty}(a_n - b_n) = 0$.

证明 参见习题 9.9.1. □

同时，一致连续可以用等价序列来描述.

命题 9.9.8 设 X 是 $\mathbb{R}$ 的一个子集，并设 $f: X \to \mathbb{R}$ 是一个函数，那么下列两个命题在逻辑上是等价的：

(a) f 在 X 上是一致连续的；

(b) 如果 $(x_n)_{n=0}^{\infty}$ 和 $(y_n)_{n=0}^{\infty}$ 是由 X 中的元素构成的两个等价序列，那么序列 $(f(x_n))_{n=0}^{\infty}$ 和 $(f(y_n))_{n=0}^{\infty}$ 也是等价的.

证明 参见习题 9.9.2. □

注 9.9.9 读者应该把这个结论与命题 9.3.9 进行对比. 命题 9.3.9 断定了如果 f 是连续的，那么 f 就把收敛序列映射成收敛序列. 相比之下，命题 9.9.8 断定了如果 f 是一致连续的，那么 f 就把等价的序列映射成等价的序列. 为了找出两个命题之间是如何联系的，我们从引理 9.9.7 中观察到，$(x_n)_{n=0}^{\infty}$ 收敛于 x_*，当且仅当序列 $(x_n)_{n=0}^{\infty}$ 和 $(x_*)_{n=0}^{\infty}$ 是等价的.

例 9.9.10   考虑定义为 $f(x) = 1/x$ 的函数 $f : (0,2) \to \mathbb{R}$，根据引理 9.9.7 知，序列 $(1/n)_{n=1}^{\infty}$ 和 $(1/2n)_{n=1}^{\infty}$ 是 $(0,2)$ 中的等价序列. 但是序列 $(f(1/n))_{n=1}^{\infty}$ 和 $(f(1/2n))_{n=1}^{\infty}$ 不是等价的（为什么? 再次使用引理 9.9.7）. 于是根据命题 9.9.8 知，f 不是一致连续的.（这些序列从 1 开始而不是从 0 开始，但读者很容易看出这对上述讨论不产生任何影响.）

例 9.9.11   考虑定义为 $f(x) = x^2$ 的函数 $f : \mathbb{R} \to \mathbb{R}$，这是 $\mathbb{R}$ 上的连续函数，但它不是一致连续的. 当自变量趋于无穷时，连续性在某种意义上变得"越来越弱". 可以通过命题 9.9.8 来定量分析这件事. 考虑序列 $(n)_{n=1}^{\infty}$ 和 $(n + \frac{1}{n})_{n=1}^{\infty}$，根据引理 9.9.7 知，这两个序列是等价的. 但序列 $(f(n))_{n=1}^{\infty}$ 和 $(f(n + \frac{1}{n}))_{n=1}^{\infty}$ 不等价，因为 $f(n + \frac{1}{n}) = n^2 + 2 + \frac{1}{n^2} = f(n) + 2 + \frac{1}{n^2}$ 不是最终 2-接近于 $f(n)$ 的. 于是根据命题 9.9.8 可以推导出 f 不是一致连续的.

一致连续函数的另一个性质是把柯西序列映射成柯西序列.

命题 9.9.12   设 X 是 $\mathbb{R}$ 的一个子集，$f : X \to \mathbb{R}$ 是一致连续函数，并设 $(x_n)_{n=0}^{\infty}$ 是完全由 X 中的元素构成的柯西序列，那么 $(f(x_n))_{n=0}^{\infty}$ 也是一个柯西序列.

证明   参见习题 9.9.3.   □

例 9.9.13   我们再次证明定义为 $f(x) = 1/x$ 的函数 $f : (0,2) \to \mathbb{R}$ 不是一致连续的. 序列 $(1/n)_{n=1}^{\infty}$ 是 $(0,2)$ 中的柯西序列，但是序列 $(f(1/n))_{n=1}^{\infty}$ 不是柯西序列.（为什么?）于是由命题 9.9.12 知 f 不是一致连续的.

推论 9.9.14   设 X 是 $\mathbb{R}$ 的一个子集，$f : X \to \mathbb{R}$ 是一致连续函数，并设 x_0 是 X 的附着点，那么极限 $\lim_{x \to x_0 ; x \in X} f(x)$ 存在（特别地，它是一个实数）.

证明   参见习题 9.9.4.   □

现在我们证明一致连续函数把有界集映射成有界集.

命题 9.9.15   设 X 是 $\mathbb{R}$ 的一个子集，并设 $f : X \to \mathbb{R}$ 是一致连续函数，如果 E 是 X 的一个有界子集，那么 $f(E)$ 也是有界的.

证明   参见习题 9.9.5.   □

就像我们刚才反复看到的那样，并非所有的连续函数都是一致连续的. 但是，如果函数的定义域是一个闭区间，那么连续函数实际上就是一致连续函数.

定理 9.9.16   设 $a < b$ 都是实数，并设 $f : [a,b] \to \mathbb{R}$ 是 $[a,b]$ 上的连续函数，那么 f 也是一致连续的.

证明 利用反证法，假设 f 不是一致连续的，根据命题 9.9.8 知，在 $[a,b]$ 中一定存在两个等价的序列 $(x_n)_{n=0}^\infty$ 和 $(y_n)_{n=0}^\infty$ 使得序列 $(f(x_n))_{n=0}^\infty$ 和 $(f(y_n))_{n=0}^\infty$ 不等价. 特别地，我们可以找到一个 $\varepsilon > 0$ 使得 $(f(x_n))_{n=0}^\infty$ 和 $(f(y_n))_{n=0}^\infty$ 不是最终 ε-接近的.

固定 ε，并设 E 是集合

$$E = \{n \in \mathbb{N} : f(x_n) \text{ 和 } f(y_n) \text{ 不是 } \varepsilon\text{-接近的}\}.$$

E 一定是无限的，因为如果 E 是有限的，那么 $(f(x_n))_{n=0}^\infty$ 和 $(f(y_n))_{n=0}^\infty$ 将是最终 ε-接近的.（为什么？）根据命题 8.1.5 知 E 是可数集. 事实上，从命题 8.1.5 的证明过程中可以看出，我们能够找到一个完全由 E 中的元素构成的无限序列

$$n_0 < n_1 < n_2 < \cdots.$$

特别地，我们有

$$|f(x_{n_j}) - f(y_{n_j})| > \varepsilon \text{ 对所有的 } j \in \mathbb{N} \text{ 均成立.} \tag{9.3}$$

另外，序列 $(x_{n_j})_{j=0}^\infty$ 是 $[a,b]$ 中的序列，从而由海涅–博雷尔定理（定理 9.1.24）知，它必定有一个收敛于某个极限 $L \in [a,b]$ 的子序列 $(x_{n_{j_k}})_{k=0}^\infty$. 特别地，$f$ 在 L 处是连续的，从而根据命题 9.4.7 知

$$\lim_{k \to \infty} f(x_{n_{j_k}}) = f(L). \tag{9.4}$$

注意，由引理 6.6.4 知 $(x_{n_{j_k}})_{k=0}^\infty$ 是 $(x_n)_{n=0}^\infty$ 的一个子序列，并且 $(y_{n_{j_k}})_{k=0}^\infty$ 是 $(y_n)_{n=0}^\infty$ 的一个子序列. 另外，根据引理 9.9.7，我们有

$$\lim_{n \to \infty} (x_n - y_n) = 0.$$

于是利用命题 6.6.5 得

$$\lim_{k \to \infty} (x_{n_{j_k}} - y_{n_{j_k}}) = 0.$$

因为当 $k \to \infty$ 时，$x_{n_{j_k}}$ 收敛于 L，所以根据极限定律，有

$$\lim_{k \to \infty} y_{n_{j_k}} = L,$$

从而根据 f 在 L 处的连续性得

$$\lim_{k \to \infty} f(y_{n_{j_k}}) = f(L).$$

利用极限定律，式 (9.4) 减去上面这个式子得

$$\lim_{k \to \infty} (f(x_{n_{j_k}}) - f(y_{n_{j_k}})) = 0.$$

但这与式 (9.3) 矛盾.（为什么？）因此可以断定 f 实际上是一致连续的. $\square$

注 9.9.17 我们应该把引理 9.6.3、命题 9.9.15 和定理 9.9.16 进行相互比较. 特别要注意的是，引理 9.6.3 可由命题 9.9.15 和定理 9.9.16 共同推导出.

习　题

9.9.1 证明引理 9.9.7.

9.9.2 证明命题 9.9.8.（提示：不使用引理 9.9.7，而应回到定义 9.9.5 中等价序列的定义.）

9.9.3 证明命题 9.9.12.（提示：直接利用定义 9.9.2.）

9.9.4 利用命题 9.9.12 证明推论 9.9.14. 利用这个推论对例 9.9.10 中的结果给出另一种证明.

9.9.5 证明命题 9.9.15.（提示：模仿引理 9.6.3 的证明. 在某些地方你需要用到命题 9.9.12 或推论 9.9.14.）

9.9.6 设 X、Y、Z 都是 $\mathbb{R}$ 的子集，$f: X \to Y$ 是 X 上的一致连续函数，并设 $g: Y \to Z$ 是 Y 上的一致连续函数，证明：函数 $g \circ f: X \to Z$ 是 X 上的一致连续函数.

9.10　在无限处的极限

到目前为止，我们已经讨论了 x_0 是实数的情形下，$x \to x_0$ 时函数 $f: X \to \mathbb{R}$ 有极限是什么意思. 现在我们简单地讨论一下，x_0 等于 ∞ 或 $-\infty$ 时取极限的意思（这是拓扑空间上关于连续函数的更一般的理论中的一部分，见 13.5 节）.

首先，我们需要一个概念，它描述了 ∞ 或 $-\infty$ 附着于一个集合是什么意思.

定义 9.10.1（无限附着点） 设 X 是 $\mathbb{R}$ 的一个子集，我们称 ∞ 是附着于 X 的，当且仅当对任意的 $M \in \mathbb{R}$ 都存在一个 $x \in X$ 使得 $x > M$. 我们称 $-\infty$ 是附着于 X 的，当且仅当对任意的 $M \in \mathbb{R}$ 都存在一个 $x \in X$ 使得 $x < M$.

换句话说，∞ 是附着于 X 的，当且仅当 X 没有上界，或者等价地说，当且仅当 $\sup(X) = \infty$. 类似地，$-\infty$ 是附着于 X 的，当且仅当 X 没有下界，或者当且仅当 $\inf(X) = -\infty$. 于是，一个集合是有界的，当且仅当 ∞ 和 $-\infty$ 都不是它的附着点.

注 9.10.2 这个定义看起来与定义 9.1.8 非常不同，但是利用广义实直线 $\mathbb{R}^*$ 的拓扑结构可以把它们统一起来，对此我们在这里不展开讨论.

定义 9.10.3（在无限处的极限） 设 X 是 $\mathbb{R}$ 的一个子集，并且 ∞ 是 X 的一个附着点，设 $f: X \to \mathbb{R}$ 是一个函数，我们称当 $x \to \infty$ 时 $f(x)$ 沿着 X 收敛于 L，记作 $\lim_{x \to \infty; x \in X} f(x) = L$，当且仅当对任意的 $\varepsilon > 0$ 都存在一个 M 使得 f 在 $X \cap (M, \infty)$ 上是 ε-接近于 L 的（对所有满足 $x > M$ 的 $x \in X$ 均有 $|f(x) - L| \leqslant \varepsilon$）. 类似地，我们称当 $x \to -\infty$ 时 $f(x)$ 收敛于 L，当且仅当对任意的 $\varepsilon > 0$ 都存在一个 M 使得 f 在 $X \cap (-\infty, M)$ 上是 ε-接近于 L 的.

例 9.10.4 设 $f: (0, \infty) \to \mathbb{R}$ 是函数 $f(x) = 1/x$，那么我们有 $\lim_{x \to \infty; x \in (0, \infty)} 1/x = 0$.（你能根据定义看出为什么吗？）

我们可以使用这些在无限处的极限做很多事情, 就像我们使用 x_0 处的极限做的那些事情一样. 例如, 所有的极限定律仍然成立. 然而, 由于在本书中不常使用这些极限, 因此我们不会把过多的精力放在这些事上. 但要注意, 这个定义与序列极限 $\lim_{n\to\infty} a_n$ 的概念是一致的 (习题 9.10.1).

习　题

9.10.1 设 $(a_n)_{n=0}^{\infty}$ 是一个实数序列, 那么 a_n 也可以看作从 $\mathbb{N}$ 到 $\mathbb{R}$ 的函数, 它把每个自然数 n 映射成一个实数 a_n, 证明:
$$\lim_{n\to\infty; n\in\mathbb{N}} a_n = \lim_{n\to\infty} a_n,$$
其中, 等号左侧的极限是由定义 9.10.3 定义的, 等号右侧的极限是由定义 6.1.8 定义的. 更准确地说, 证明: 如果上述两个极限中有一个存在, 那么另一个也一定存在, 并且它们有相同的值. 因此, 这里的两个极限是一致的.

第 10 章　函数的微分

10.1　基本定义

现在我们开始认真地研究微积分，从导数的概念开始．与利用切线给出的导数的几何定义形成对比，现在我们利用极限去分析地定义导数．采用分析的方法进行研究有如下好处：(a) 我们不需要了解几何公理；(b) 通过修改这些定义可以处理多变量函数，或者处理取值为向量而非标量的函数．另外，一旦我们处理的对象超过三维空间，那么依靠几何直观解决问题就会变得困难．（反过来，我们可以利用在分析严格性方面的经验，把几何直观推广到抽象的背景中．正如前文中提到的那样，这两种视角是相互补充的，而不是彼此对立的．）

定义 10.1.1（在一点处的可微性） 设 X 是 $\mathbb{R}$ 的一个子集，$x_0 \in X$ 既是 X 中的元素又是 X 的一个极限点，并设 $f : X \to \mathbb{R}$ 是一个函数，如果极限

$$\lim_{x \to x_0; x \in X \setminus \{x_0\}} \frac{f(x) - f(x_0)}{x - x_0}$$

收敛于某个实数 L，那么我们说 f 在 X 中的 x_0 处是可微的，并且导数为 L，记作 $f'(x_0) = L$．如果极限不存在，或者 x_0 不是 X 中的元素，又或者 x_0 不是 X 的极限点，那么 $f'(x_0)$ 无定义，并且 f 在 X 中的 x_0 处不可微．

注 10.1.2 注意，为了使 x_0 附着于 $X \setminus \{x_0\}$，我们需要让 x_0 成为极限点，否则极限

$$\lim_{x \to x_0; x \in X \setminus \{x_0\}} \frac{f(x) - f(x_0)}{x - x_0}$$

将无定义．特别地，我们不定义一个函数在孤立点处的导数．如果我们把定义为 $f(x) = x^2$ 的函数 $f : \mathbb{R} \to \mathbb{R}$ 限制到定义域 $X = [1, 2] \cup \{3\}$ 上，那么这个限制函数在 3 处不可微（见习题 10.1.1）．实际上，定义域 X 几乎总是一个区间，于是根据引理 9.1.21 知，X 中的每一点 x_0 都将自动地成为极限点，从而我们不必特别在意这些事．

例 10.1.3 设 $f : \mathbb{R} \to \mathbb{R}$ 是函数 $f(x) = x^2$，并设 x_0 是任意的实数，为了考察 f 在 $\mathbb{R}$ 中的 x_0 处是否可微，我们计算极限

$$\lim_{x \to x_0; x \in \mathbb{R} \setminus \{x_0\}} \frac{f(x) - f(x_0)}{x - x_0} = \lim_{x \to x_0; x \in \mathbb{R} \setminus \{x_0\}} \frac{x^2 - x_0^2}{x - x_0}.$$

对分子进行因式分解得 $(x^2 - x_0^2) = (x - x_0)(x + x_0)$，因为 $x \in \mathbb{R} \setminus \{x_0\}$，所以我们能够消去因子 $x - x_0$ 得极限

$$\lim_{x \to x_0; x \in \mathbb{R} \setminus \{x_0\}} x + x_0.$$

利用极限定律知，该极限等于 $2x_0$. 于是函数 $f(x)$ 在 x_0 处是可微的，并且其导数为 $2x_0$.

注 10.1.4 下面要说的这件事很平凡，但它值得一提. 如果 $f : X \to \mathbb{R}$ 在 x_0 处是可微的，并且 $g : X \to \mathbb{R}$ 等于 f（对所有的 $x \in X$ 均有 $g(x) = f(x)$），那么 g 在 x_0 处也是可微的且 $g'(x_0) = f'(x_0)$.（为什么？）然而，如果两个函数 f 和 g 仅在 x_0 处有相同的值，即 $g(x_0) = f(x_0)$，那么无法推导出 $g'(x_0) = f'(x_0)$.（你能举个反例吗？）因此，两个函数在整个定义域上相等与两个函数仅在一点处相等存在巨大的差别.

注 10.1.5 有时我们用 $\frac{\mathrm{d}f}{\mathrm{d}x}$ 来代替 f'. 这个记号显然是非常熟悉和方便的，但我们需要谨慎一些，因为只有当变量 x 是 f 的唯一输入时，这种写法才是安全的. 否则我们可能会陷入各种麻烦中. 例如，定义为 $f(x) = x^2$ 的函数 $f : \mathbb{R} \to \mathbb{R}$ 有导数 $\frac{\mathrm{d}f}{\mathrm{d}x} = 2x$，但对于定义为 $g(y) = y^2$ 的函数 $g : \mathbb{R} \to \mathbb{R}$ 来说，如果 y 和 x 是相互独立的变量，那么 g 的导数 $\frac{\mathrm{d}g}{\mathrm{d}x} = 0$，尽管 g 和 f 实际上是完全相同的函数. 由于存在这种造成混淆的可能性，因此在可能产生混淆的场合我们避免使用记号 $\frac{\mathrm{d}f}{\mathrm{d}x}$.（在多变量微积分中，这种混淆会变得更严重，而且标准记号 $\frac{\partial f}{\partial x}$ 可能会导致存在严重的歧义. 有很多方法来避免歧义产生，最知名的一种方法是引入沿向量场微分的概念，但这超出了本书的范围.）

例 10.1.6 设 $f : \mathbb{R} \to \mathbb{R}$ 为函数 $f(x) = |x|$，并设 $x_0 = 0$，为了考察 f 在 $\mathbb{R}$ 中的 0 处是否可微，我们计算极限

$$\lim_{x \to 0; x \in \mathbb{R} \setminus \{0\}} \frac{f(x) - f(0)}{x - 0} = \lim_{x \to 0; x \in \mathbb{R} \setminus \{0\}} \frac{|x|}{x}.$$

现在分别取左极限和右极限. 右极限为

$$\lim_{x \to 0; x \in (0, \infty)} \frac{|x|}{x} = \lim_{x \to 0; x \in (0, \infty)} \frac{x}{x} = \lim_{x \to 0; x \in (0, \infty)} 1 = 1,$$

左极限为

$$\lim_{x \to 0; x \in (-\infty, 0)} \frac{|x|}{x} = \lim_{x \to 0; x \in (-\infty, 0)} \frac{-x}{x} = \lim_{x \to 0; x \in (-\infty, 0)} -1 = -1.$$

这两个极限不相等. 于是极限 $\lim_{x \to 0; x \in \mathbb{R} \setminus \{0\}} \frac{|x|}{x}$ 不存在，从而 f 在 $\mathbb{R}$ 中的 0 处不可微. 然而，如果我们把 f 限制在 $[0, \infty)$ 上，那么限制函数 $f|_{[0, \infty)}$ 在 $[0, \infty)$

中的 0 处是可微的且导数为 1:
$$\lim_{x\to 0; x\in[0,\infty)\backslash\{0\}} \frac{f(x)-f(0)}{x-0} = \lim_{x\to 0; x\in(0,\infty)} \frac{|x|}{x} = 1.$$

类似地, 当我们把 f 限制在 $(-\infty,0]$ 上时, 限制函数 $f|_{(-\infty,0]}$ 在 $(-\infty,0]$ 中的 0 处是可微的且导数为 -1. 因此, 即便一个函数是不可微的, 但有时通过限制函数的定义域是可以恢复其可微性的.

如果一个函数在 x_0 处是可微的, 那么该函数在 x_0 附近是近似线性的.

命题 10.1.7（**牛顿逼近法**）设 X 是 $\mathbb{R}$ 的一个子集, $x_0 \in X$ 是 X 的一个极限点, $f: X \to \mathbb{R}$ 是一个函数, 并设 L 是实数, 那么下列命题在逻辑上是等价的:

(a) f 在 X 中的 x_0 处是可微的, 并且导数为 L;

(b) 对任意的 $\varepsilon > 0$ 都存在一个 $\delta > 0$, 使得只要 $x \in X$ 是 δ-接近于 x_0 的, $f(x)$ 就是 $\varepsilon|x-x_0|$-接近于 $f(x_0) + L(x-x_0)$ 的, 即只要 $x \in X$ 且 $|x-x_0| \leqslant \delta$, 那么就有
$$|f(x) - (f(x_0) + L(x-x_0))| \leqslant \varepsilon|x-x_0|.$$

注 10.1.8 牛顿逼近法是以伟大的科学家艾萨克·牛顿（1643—1727）的姓氏来命名的, 牛顿是微积分理论的奠基者之一.

证明 参见习题 10.1.2.   □

注 10.1.9 我们可以用一种更通俗的方式来阐述命题 10.1.7: 如果 f 在 x_0 处是可微的, 那么我们有近似式 $f(x) \approx f(x_0) + f'(x_0)(x-x_0)$, 反之亦然.

正如定义为 $f(x) = |x|$ 的函数 $f: \mathbb{R} \to \mathbb{R}$ 所表明的, 在某一点处连续的函数可能在该点处不可微. 反过来的结论也成立.

命题 10.1.10（**可微性蕴涵连续性**）设 X 是 $\mathbb{R}$ 的一个子集, $x_0 \in X$ 是 X 的一个极限点, 并设 $f: X \to \mathbb{R}$ 是一个函数, 如果 f 在 x_0 处是可微的, 那么 f 在 x_0 处也是连续的.

证明 参见习题 10.1.3.   □

定义 10.1.11（**在定义域上的可微性**）设 X 是 $\mathbb{R}$ 的一个子集, 并设 $f: X \to \mathbb{R}$ 是一个函数, 如果对每个极限点 $x_0 \in X$, 函数 f 在 X 中的 x_0 处都是可微的, 那么我们说 f 在 X 上是可微的.

根据命题 10.1.10 和上述定义, 以及函数在其定义域内的每个孤立点处都是连续的, 我们马上得到下面这个推论.

推论 10.1.12 设 X 是 $\mathbb{R}$ 的一个子集, 并设 $f: X \to \mathbb{R}$ 是一个在 X 上可微的函数, 那么 f 在 X 上也是连续的.

现在我们来陈述导数的基本性质.

定理 10.1.13（微分计算）设 X 是 $\mathbb{R}$ 的一个子集, $x_0 \in X$ 是 X 的极限点, 并设 $f : X \to \mathbb{R}$ 和 $g : X \to \mathbb{R}$ 都是函数.

(a) 如果 f 是一个常数函数, 即存在一个实数 c 使得对所有的 $x \in X$ 都有 $f(x) = c$, 那么 f 在 x_0 处是可微的且 $f'(x_0) = 0$.

(b) 如果 f 是一个恒等函数, 即对所有的 $x \in X$ 都有 $f(x) = x$, 那么 f 在 x_0 处是可微的且 $f'(x_0) = 1$.

(c)（和法则）如果 f 和 g 都在 x_0 处可微, 那么 $f + g$ 在 x_0 处也是可微的, 并且 $(f + g)'(x_0) = f'(x_0) + g'(x_0)$.

(d)（乘积法则）如果 f 和 g 都在 x_0 处可微, 那么 fg 在 x_0 处也是可微的, 并且 $(fg)'(x_0) = f'(x_0)g(x_0) + f(x_0)g'(x_0)$.

(e) 如果 f 在 x_0 处是可微的, 并且 c 是一个实数, 那么 cf 在 x_0 处也是可微的, 并且 $(cf)'(x_0) = cf'(x_0)$.

(f)（差法则）如果 f 和 g 都在 x_0 处可微, 那么 $f - g$ 在 x_0 处也是可微的, 并且 $(f - g)'(x_0) = f'(x_0) - g'(x_0)$.

(g) 如果 g 在 x_0 处是可微的, 并且 g 在 X 上不为零（对所有的 $x \in X$ 都有 $g(x) \neq 0$）, 那么 $1/g$ 在 x_0 处也是可微的, 并且 $\left(\frac{1}{g}\right)'(x_0) = -\frac{g'(x_0)}{g(x_0)^2}$.

(h)（商法则）如果 f 和 g 都在 x_0 处可微, 并且 g 在 X 上不为零, 那么 f/g 在 x_0 处也是可微的, 并且

$$\left(\frac{f}{g}\right)'(x_0) = \frac{f'(x_0)g(x_0) - f(x_0)g'(x_0)}{g(x_0)^2}.$$

注 10.1.14 乘积法则也被称作莱布尼茨法则, 是以戈特弗里德·莱布尼茨（1646—1716）的姓氏来命名的. 莱布尼茨是除牛顿外的另一位微积分理论的奠基者.

证明 参见习题 10.1.4. $\qquad\qquad\square$

就像你所知道的那样, 上面这些法则使我们能够容易地计算出很多导数. 如果 $f : \mathbb{R} \setminus \{1\} \to \mathbb{R}$ 是函数 $f(x) = \frac{x-2}{x-1}$, 那么利用这些法则很容易证明 $f'(x_0) = \frac{1}{(x_0-1)^2}$ 对所有的 $x_0 \in \mathbb{R} \setminus \{1\}$ 均成立（为什么? 注意, $\mathbb{R} \setminus \{1\}$ 中的每个点 x_0 都是 $\mathbb{R} \setminus \{1\}$ 的极限点）.

可微函数的另一个基本性质如下.

定理 10.1.15（链式法则）设 X 和 Y 都是 $\mathbb{R}$ 的子集, $x_0 \in X$ 是 X 的极限点, 并设 $y_0 \in Y$ 是 Y 的极限点. 设 $f : X \to Y$ 是在 x_0 处可微的函数, 并且

$f(x_0) = y_0$，如果 $g: Y \to \mathbb{R}$ 是在 y_0 处可微的函数，那么函数 $g \circ f : X \to \mathbb{R}$ 在 x_0 处是可微的，并且

$$(g \circ f)'(x_0) = g'(y_0)f'(x_0).$$

证明 参见习题 10.1.7.   □

例 10.1.16 如果 $f: \mathbb{R} \setminus \{1\} \to \mathbb{R}$ 是函数 $f(x) = \frac{x-2}{x-1}$，并且 $g: \mathbb{R} \to \mathbb{R}$ 是函数 $g(y) = y^2$，那么 $(g \circ f)(x) = \left(\frac{x-2}{x-1}\right)^2$ 且根据链式法则知

$$(g \circ f)'(x_0) = 2\left(\frac{x_0 - 2}{x_0 - 1}\right)\frac{1}{(x_0-1)^2}.$$

注 10.1.17 如果我们把 $f(x)$ 记作 y，并把 $g(y)$ 记作 z，那么链式法则可以写成更具有视觉吸引力的形式 $\frac{dz}{dx} = \frac{dz}{dy}\frac{dy}{dx}$. 但是这种记法可能会造成误解（例如，它使得因变量和自变量之间的区别变得模糊，特别是对于 y），而且还会让我们以为量 dz、dy 和 dx 可以像实数那样来处理. 然而，这些量不是实数（事实上，我们还没有赋予它们任何意义），把它们当作实数来处理将会引发进一步的问题. 如果 f 依赖于 x_1 和 x_2，而 x_1 和 x_2 又依赖于 t，那么多个变量的链式法则断定了 $\frac{df}{dt} = \frac{\partial f}{\partial x_1}\frac{dx_1}{dt} + \frac{\partial f}{\partial x_2}\frac{dx_2}{dt}$，但是若把 df、dt 等当作实数来看待，这个法则就不那么让人信服了. 如果知道自己在做什么，那么我们就可以把 dy、dx 等看作"无限小的实数". 但对于那些刚开始学习分析理论的人来说，我不建议采用这种做法，尤其是当你希望严格地做学问时.（有一种方法可以使这一切都严格起来，即便对于多变量微积分也是适用的. 但这种方法需要用到切向量及导数的几何意义，而这两部分内容超出了本书的范围.）

习　　题

10.1.1 设 X 是 $\mathbb{R}$ 的子集，x_0 是 X 的极限点，$f: X \to \mathbb{R}$ 是在 x_0 处可微的函数，设 $Y \subseteq X$ 且 $x_0 \in Y$ 也是 Y 的极限点，证明：限制在 Y 上的函数 $f|_Y : Y \to \mathbb{R}$ 也在 x_0 处可微，并且其导数与 f 在 x_0 处的导数相同. 解释为什么这与注 10.1.2 中的讨论不矛盾.

10.1.2 证明命题 10.1.7.（提示：对 $x = x_0$ 和 $x \neq x_0$ 的情形要分别讨论.）

10.1.3 证明命题 10.1.10.［提示：利用极限定律（命题 9.3.14）或命题 10.1.7.］

10.1.4 证明定理 10.1.13.（提示：利用命题 9.3.14 中的极限定律，用该定理前面的部分证明后面的部分. 对于乘积法则，利用等式

$$f(x)g(x) - f(x_0)g(x_0) = f(x)g(x) - f(x)g(x_0) + f(x)g(x_0) - f(x_0)g(x_0)$$
$$= f(x)(g(x) - g(x_0)) + (f(x) - f(x_0))g(x_0).$$

这种加上并减去一个中间项的技巧有时被称作"中间人把戏"，而且它在分析理论中非常有用.）

10.1.5 设 n 是一个自然数，并设 $f : \mathbb{R} \to \mathbb{R}$ 是函数 $f(x) = x^n$，证明：f 在 $\mathbb{R}$ 上是可微的，并且对所有的 $x \in \mathbb{R}$ 均有 $f'(x) = nx^{n-1}$。当 $n = 0$ 时，约定 $nx^{n-1} = 0$。（提示：利用定理 10.1.13 和归纳法。）

10.1.6 设 n 是一个负整数，并设 $f : \mathbb{R} \setminus \{0\} \to \mathbb{R}$ 是函数 $f(x) = x^n$，证明：f 在 $\mathbb{R} \setminus \{0\}$ 上是可微的，并且对所有的 $x \in \mathbb{R} \setminus \{0\}$ 均有 $f'(x) = nx^{n-1}$。（提示：利用定理 10.1.13 和习题 10.1.5。）

10.1.7 证明定理 10.1.15。[提示：一种方法是采用牛顿逼近法（命题 10.1.7）。另一种方法是利用命题 9.3.9 和命题 10.1.10，把这个问题转化成关于序列极限的问题。但是使用后面这种方法时，要单独处理 $f'(x_0) = 0$ 的情形，因为在这种情形中可能会出现用零做除数的情况。]

10.2 局部最大值、局部最小值及导数

正如你在基础微积分课程中学到的，导数的一个很常见的应用是确定最大值和最小值出现的位置。现在我们重新介绍这部分内容，这次以严格的方式进行讨论。

在定义 9.6.5 中，我们已经定义了函数 $f : X \to \mathbb{R}$ 在点 $x_0 \in X$ 处达到它的最大值或最小值的概念。现在我们把这个概念局部化。

定义 10.2.1（局部最大值和局部最小值） 设 X 是 $\mathbb{R}$ 的子集，$f : X \to \mathbb{R}$ 是一个函数，并设 $x_0 \in X$，我们称 f 在 x_0 处达到局部最大值，当且仅当存在一个 $\delta > 0$ 使得 f 在 $X \cap (x_0 - \delta, x_0 + \delta)$ 上的限制函数 $f|_{X \cap (x_0 - \delta, x_0 + \delta)}$ 在 x_0 处达到最大值。我们称 f 在 x_0 处达到局部最小值，当且仅当存在一个 $\delta > 0$ 使得 f 在 $X \cap (x_0 - \delta, x_0 + \delta)$ 上的限制函数 $f|_{X \cap (x_0 - \delta, x_0 + \delta)}$ 在 x_0 处达到最小值。

注 10.2.2 如果 f 在 x_0 处达到最大值，那么为了与这里定义的局部最大值进行区分，我们有时称 f 在 x_0 处达到了全局最大值。注意，如果 f 在 x_0 处达到了全局最大值，那么 f 也一定在 x_0 处达到了局部最大值。对最小值有类似的结论。

例 10.2.3 设 $f : \mathbb{R} \to \mathbb{R}$ 表示函数 $f(x) = x^2 - x^4$，这个函数在 0 处没有达到全局最小值，比如 $f(2) = -12 < 0 = f(0)$。但 f 在 0 处达到了局部最小值，因为如果我们选取 $\delta = 1$ 且把 f 限制在区间 $(-1, 1)$ 上，那么对所有的 $x \in (-1, 1)$ 均有 $x^4 \leqslant x^2$，从而 $f(x) = x^2 - x^4 \geqslant 0 = f(0)$，所以 $f|_{(-1,1)}$ 在 0 处有局部最小值。

例 10.2.4 设 $f : \mathbb{Z} \to \mathbb{R}$ 是函数 $f(x) = x$，它仅在整数集上有定义，那么 f 既没有全局最大值也没有全局最小值，（为什么？）但它在每个整数点 n 处都既达到了局部最大值又达到了局部最小值。（为什么？）

注 10.2.5 如果 $f : X \to \mathbb{R}$ 在点 $x_0 \in X$ 处达到了局部最大值，并且 $Y \subseteq X$

是 X 的一个包含 x_0 的子集, 那么限制函数 $f|_Y : Y \to \mathbb{R}$ 也在 x_0 处达到了局部
最大值. (为什么?) 对最小值有类似的结论.

局部最大值、局部最小值及导数之间有如下联系.

命题 10.2.6 (局部最值是稳定的) 设 $a < b$ 都是实数, 并设 $f : (a, b) \to \mathbb{R}$
是一个函数, 如果 $x_0 \in (a, b)$, f 在 x_0 处是可微的, 并且 f 在 x_0 处达到了局部
最大值或局部最小值, 那么 $f'(x_0) = 0$.

证明　参见习题 10.2.1.　　　　　　　　　　　　　　　　　　　　　　□

注意, 为了使该命题成立, f 必须是可微的, 参见习题 10.2.2. 另外, 如果把开
区间 (a, b) 换成闭区间 $[a, b]$, 那么这个命题就不成立了. 例如, 定义为 $f(x) = x$
的函数 $f : [1, 2] \to \mathbb{R}$ 在 $x_0 = 2$ 处有局部最大值, 并且在 $x_0 = 1$ 处有局部最小值
(事实上, 这些局部最值都是全局最值), 但在这两点处导数都是 $f'(x_0) = 1$, 而
不是 $f'(x_0) = 0$. 于是, 在区间的端点处, 即使导数不等于 0, 也有可能取到局部
最大值或局部最小值. 最后, 这个命题的逆命题不成立 (见习题 10.2.3).

联合命题 10.2.6 和最大值原理, 我们得到如下定理.

定理 10.2.7 (罗尔定理) 设 $a < b$ 都是实数, $g : [a, b] \to \mathbb{R}$ 是一个连续函
数, 并且它在 (a, b) 上是可微的, 如果 $g(a) = g(b)$, 那么存在一个 $x \in (a, b)$ 使
得 $g'(x) = 0$.

证明　参见习题 10.2.4.　　　　　　　　　　　　　　　　　　　　　　□

注 10.2.8　注意, 我们只假设 f 在开区间 (a, b) 上是可微的. 如果我们假设
f 在闭区间 $[a, b]$ 上是可微的, 那么定理显然也成立, 因为 $[a, b]$ 是一个比 (a, b)
更大的区间.

罗尔定理有一个重要的推论.

推论 10.2.9 (中值定理) 设 $a < b$ 都是实数, $f : [a, b] \to \mathbb{R}$ 是一个在 $[a, b]$
上连续且在 (a, b) 上可微的函数, 那么存在一个 $x \in (a, b)$ 使得 $f'(x) = \frac{f(b) - f(a)}{b - a}$.

证明　参见习题 10.2.5.　　　　　　　　　　　　　　　　　　　　　　□

习　　题

10.2.1 证明命题 10.2.6.

10.2.2 举例说明, 存在连续函数 $f : (-1, 1) \to \mathbb{R}$ 在 0 处达到全局最大值, 但在 0 处不可微.
　　　　解释为什么这与命题 10.2.6 不矛盾.

10.2.3 举例说明, 存在可微函数 $f : (-1, 1) \to \mathbb{R}$ 在 0 处的导数为 0, 但它在 0 处既达不到
　　　　局部最小值也达不到局部最大值. 解释为什么这与命题 10.2.6 不矛盾.

10.2.4 证明定理 10.2.7. [提示：利用最大值原理（命题 9.6.7），接下来使用命题 10.2.6. 注意，最大值原理并没有告诉你最大值或最小值是在开区间 (a,b) 内达到，还是在端点 a 和 b 处达到，所以要分情况讨论，并使用假设 $g(a)=g(b)$.]

10.2.5 利用定理 10.2.7 证明推论 10.2.9.（提示：对于某个谨慎选定的实数 c，考虑形如 $f(x)-cx$ 的函数.）

10.2.6 设 $M>0$，$f:[a,b]\to\mathbb{R}$ 是一个在 $[a,b]$ 上连续且在 (a,b) 上可微的函数，并且对所有的 $x\in(a,b)$ 均有 $|f'(x)|\leqslant M$（f 的导数是有界的），证明：对任意的 $x,y\in[a,b]$，我们都有不等式 $|f(x)-f(y)|\leqslant M|x-y|$. [提示：对 f 选择一个恰当的限制，然后对这个限制函数使用中值定理（推论 10.2.9）.] 满足 $|f(x)-f(y)|\leqslant M|x-y|$ 的函数被称为利普希茨连续函数，其中 M 是利普希茨常数. 因此，本题说明具有有界导数的函数是利普希茨连续的.

10.2.7 设 $f:\mathbb{R}\to\mathbb{R}$ 是一个可微函数，并且 f' 是有界的，证明：f 是一致连续的.（提示：利用习题 10.2.6.）

10.3 单调函数及其导数

在学过的初等微积分课程中，你或许曾见到过这样的断言：导数是正数代表函数是递增的，导数是负数意味着函数是递减的. 这种说法并不完全准确，但已经很接近了. 现在我们给出这些命题的如下准确表述.

命题 10.3.1 设 X 是 $\mathbb{R}$ 的子集，$x_0\in X$ 是 X 的极限点，并设 $f:X\to\mathbb{R}$ 是一个函数，如果 f 既单调递增又在 x_0 处可微，那么 $f'(x_0)\geqslant 0$. 如果 f 既单调递减又在 x_0 处可微，那么 $f'(x_0)\leqslant 0$.

证明 参见习题 10.3.1. □

注 10.3.2 我们必须假设 f 在 x_0 处是可微的. 有一些单调函数并不总是可微的（见习题 10.3.2），如果 f 在 x_0 处不可微，那么我们当然就不可能推导出 $f'(x_0)\geqslant 0$ 或 $f'(x_0)\leqslant 0$.

或许有人会天真地认为，如果 f 既严格单调递增又在 x_0 处可微，那么导数 $f'(x_0)$ 就是严格正的而不仅仅是非负的. 遗憾的是，情况并非总是如此（见习题 10.3.3）.

另外，我们的确有一个相反的结果：如果一个函数的导数是严格正的，那么该函数一定是严格单调递增的.

命题 10.3.3 设 $a<b$，并设 $f:[a,b]\to\mathbb{R}$ 是可微函数，如果对所有的 $x\in[a,b]$ 均有 $f'(x)>0$，那么 f 就是严格单调递增的. 如果对所有的 $x\in[a,b]$ 均有 $f'(x)<0$，那么 f 就是严格单调递减的. 如果对所有的 $x\in[a,b]$ 均有

$f'(x) = 0$，那么 f 是一个常数函数.

证明　参见习题 10.3.4.　　　　　　　　　　　　　　　　　　　　□

习　　题

10.3.1 证明命题 10.3.1.

10.3.2 举例说明，存在一个连续且单调递增的函数 $f: (-1, 1) \to \mathbb{R}$ 在 0 处不可微. 解释为什么这与命题 10.3.1 不矛盾.

10.3.3 举例说明，存在一个严格单调递增的可微函数 $f: \mathbb{R} \to \mathbb{R}$ 在 0 处的导数等于 0. 解释为什么这与命题 10.3.1 和命题 10.3.3 不矛盾.（提示：参见习题 10.2.3.）

10.3.4 证明命题 10.3.3.（提示：目前你还没有掌握积分和微积分基本定理的知识，所以无法使用这些工具. 但你可以使用中值定理，即推论 10.2.9.）

10.3.5 举例说明，存在一个 $\mathbb{R}$ 的子集 $X \subseteq \mathbb{R}$ 和一个在 X 上可微的函数 $f: X \to \mathbb{R}$，使得对所有的 $x \in X$ 均有 $f'(x) > 0$，并且 f 不是严格单调递增的.（提示：这里的条件与命题 10.3.3 的条件存在一些微妙的区别. 这个区别是什么？我们该如何利用这个区别来得到想要的例子？）

10.4　反函数及其导数

现在我们提出下面这个问题：如果函数 $f: X \to Y$ 是可微的，并且 f 存在反函数 $f^{-1}: Y \to X$，那么关于 f^{-1} 的可微性我们能说些什么？这在很多应用场合是有用的，例如，当我们要对函数 $f(x) = x^{1/n}$ 求微分时，就涉及了这个问题.

我们从一个预备结果开始.

引理 10.4.1　设 X 和 Y 都是 $\mathbb{R}$ 的子集，$f: X \to Y$ 是一个可逆函数，它的反函数是 $f^{-1}: Y \to X$，设 $x_0 \in X$ 和 $y_0 \in Y$ 分别是 X 和 Y 的极限点，并使得 $y_0 = f(x_0)$（这还蕴涵 $x_0 = f^{-1}(y_0)$）. 如果 f 在 x_0 处是可微的，并且 f^{-1} 在 y_0 处可微，那么

$$\left(f^{-1}\right)'(y_0) = \frac{1}{f'(x_0)}.$$

证明　根据链式法则（定理 10.1.15）知

$$\left(f^{-1} \circ f\right)'(x_0) = \left(f^{-1}\right)'(y_0) f'(x_0).$$

而 $f^{-1} \circ f$ 是 X 上的恒等函数，从而由定理 10.1.13(b) 知 $\left(f^{-1} \circ f\right)'(x_0) = 1$. 由此得到要证明的结论.　　　　　　　　　　　　　　□

作为引理 10.4.1 的一个特别推论，我们得到如果 f 在 x_0 处是可微的且 $f'(x_0) = 0$，那么 f^{-1} 不可能在 $y_0 = f(x_0)$ 处可微，因为在这种情形下，$1/f'(x_0)$

无定义. 作为例子,定义为 $g(y) = y^{1/3}$ 的函数 $g : [0, \infty) \to [0, \infty)$ 在 0 处不可微,因为这个函数是 $f : [0, \infty) \to [0, \infty)$ 的反函数 $g = f^{-1}$,其中 f 被定义为 $f(x) = x^3$,并且 f 在 $f^{-1}(0) = 0$ 处的导数是 0.

如果记 $y = f(x)$,从而 $x = f^{-1}(y)$,那么我们可以把引理 10.4.1 的结论写成更具吸引力的形式 $\mathrm{d}x/\mathrm{d}y = 1/(\mathrm{d}y/\mathrm{d}x)$. 然而,就像前面提到过的,虽然这种书写形式非常方便且容易记忆,但是如果不谨慎使用它,就有可能造成误解并导致错误(尤其当我们刚开始接触多变量微积分时).

引理 10.4.1 好像回答了如何对一个函数的反函数求微分,但它存在一个重大缺陷:只有事先假定 f^{-1} 是可微的,该引理才适用. 因此,如果不知道 f^{-1} 是否可微,那么我们就不能使用引理 10.4.1 去计算 f^{-1} 的导数.

但引理 10.4.1 的下述改进形式将弥补这个缺陷,它对 f^{-1} 的要求从可微放宽到连续.

定理 10.4.2(反函数定理) 设 X 和 Y 都是 $\mathbb{R}$ 的子集,$f : X \to Y$ 是一个可逆函数,它的反函数是 $f^{-1} : Y \to X$,设 $x_0 \in X$ 和 $y_0 \in Y$ 分别是 X 和 Y 的极限点,并使得 $f(x_0) = y_0$. 如果 f 在 x_0 处是可微的,f^{-1} 在 y_0 处是连续的,并且 $f'(x_0) \neq 0$,那么 f^{-1} 在 y_0 处可微,并且

$$\left(f^{-1}\right)'(y_0) = \frac{1}{f'(x_0)}.$$

证明 我们必须证明

$$\lim_{y \to y_0; y \in Y \setminus \{y_0\}} \frac{f^{-1}(y) - f^{-1}(y_0)}{y - y_0} = \frac{1}{f'(x_0)}.$$

根据命题 9.3.9 知,我们只需证明:对任意一个由 $Y \setminus \{y_0\}$ 中的元素构成的且收敛于 y_0 的序列 $(y_n)_{n=1}^{\infty}$,都有

$$\lim_{n \to \infty} \frac{f^{-1}(y_n) - f^{-1}(y_0)}{y_n - y_0} = \frac{1}{f'(x_0)}$$

就可以了.

为了证明这一点,设 $x_n = f^{-1}(y_n)$,于是 $(x_n)_{n=1}^{\infty}$ 是由 $X \setminus \{x_0\}$ 中的元素构成的序列(为什么? 注意,f^{-1} 是一个双射). 由假设条件知 f^{-1} 是连续的,因此当 $n \to \infty$ 时,$x_n = f^{-1}(y_n)$ 收敛于 $f^{-1}(y_0) = x_0$. 根据 f 在 x_0 处是可微的,我们有(再次使用命题 9.3.9)

$$\lim_{n \to \infty} \frac{f(x_n) - f(x_0)}{x_n - x_0} = f'(x_0).$$

由于 $x_n \neq x_0$ 且 f 是一个双射,因此分式 $\frac{f(x_n) - f(x_0)}{x_n - x_0}$ 不为零. 另外由假设知

$f'(x_0)$ 也不为零. 因此利用极限定律, 有

$$\lim_{n\to\infty} \frac{x_n - x_0}{f(x_n) - f(x_0)} = \frac{1}{f'(x_0)}.$$

又因为 $x_n = f^{-1}(y_n)$, $x_0 = f^{-1}(y_0)$, 所以我们有

$$\lim_{n\to\infty} \frac{f^{-1}(y_n) - f^{-1}(y_0)}{y_n - y_0} = \frac{1}{f'(x_0)}.$$

这就是要证明的结论.　　　　　　　　　　　　　　　　　　　　　　　　□

　　在下面的习题中, 我们给出了反函数定理的一些应用.

习　　题

10.4.1 设 $n \geqslant 1$ 是一个自然数, 并设 $g : (0,\infty) \to (0,\infty)$ 是函数 $g(x) = x^{1/n}$.

　　(a) 证明: g 在 $(0,\infty)$ 上是连续的.（提示: 利用命题 9.4.11.）

　　(b) 证明: g 在 $(0,\infty)$ 上是可微的, 并且对所有的 $x \in (0,\infty)$ 均有 $g'(x) = \frac{1}{n} x^{\frac{1}{n}-1}$.
（提示: 利用反函数定理和 (a).）

10.4.2 设 q 是一个有理数, 并设 $f : (0,\infty) \to \mathbb{R}$ 是函数 $f(x) = x^q$.

　　(a) 证明: f 在 $(0,\infty)$ 上是可微的, 并且 $f'(x) = qx^{q-1}$.（提示: 利用习题 10.4.1、
定理 10.1.13 中的微分计算定律及定理 10.1.15.）

　　(b) 证明: $\lim_{x\to 1; x\in(0,\infty)\setminus\{1\}} \frac{x^q - 1}{x-1} = q$ 对每个有理数 q 均成立.（提示: 利用 (a) 和
定义 10.1.1. 另一种方法是使用下一节的洛必达法则.）

10.4.3 设 α 是一个实数, 并设 $f : (0,\infty) \to \mathbb{R}$ 是函数 $f(x) = x^\alpha$.

　　(a) 证明: $\lim_{x\to 1; x\in(0,\infty)\setminus\{1\}} \frac{f(x)-f(1)}{x-1} = \alpha$.（提示: 利用习题 10.4.2 和比较原理, 你
可能需要分别考虑右极限和左极限. 命题 5.4.14 也会有帮助.）

　　(b) 证明: f 在 $(0,\infty)$ 上是可微的, 并且 $f'(x) = \alpha x^{\alpha-1}$.［提示: 利用 (a)、指数定
律（命题 6.7.3）及定义 10.1.1.］

10.5　洛必达法则

　　最后, 我们叙述一个大家非常熟悉的法则.

　　命题 10.5.1（洛必达法则 I） 设 X 是 $\mathbb{R}$ 的一个子集, $f : X \to \mathbb{R}$ 和 $g : X \to \mathbb{R}$ 都是函数, 并设 $x_0 \in X$ 是 X 的极限点, 如果 $f(x_0) = g(x_0) = 0$, f 和 g 都在 x_0 处可微, 并且 $g'(x_0) \neq 0$, 那么存在 $\delta > 0$ 使得对所有的 $x \in (X \cap (x_0 - \delta, x_0 + \delta)) \setminus \{x_0\}$ 都有 $g(x) \neq 0$, 并且

$$\lim_{x\to x_0; x\in(X\cap(x_0-\delta,x_0+\delta))\setminus\{x_0\}} \frac{f(x)}{g(x)} = \frac{f'(x_0)}{g'(x_0)}.$$

　　证明　参见习题 10.5.1.　　　　　　　　　　　　　　　　　　　　□

δ 在这里出现好像有些奇怪, 但这是必要的, 因为 $g(x)$ 可能在除了 x_0 以外的某个点处为零, 这就使得商 $\frac{f(x)}{g(x)}$ 未必在 $X \setminus \{x_0\}$ 中的所有点处都有定义.

下面给出更高级的洛必达法则.

命题 10.5.2（**洛必达法则 II**）设 $a < b$ 都是实数, 并设 $f : [a,b] \to \mathbb{R}$ 和 $g : [a,b] \to \mathbb{R}$ 都是在 $[a,b]$ 上连续且在 $(a,b]$ 上可微的函数, 如果 $f(a) = g(a) = 0$, g' 在 $(a,b]$ 上不为零（对所有的 $x \in (a,b]$ 均有 $g'(x) \neq 0$）, 并且极限 $\lim_{x \to a; x \in (a,b]} \frac{f'(x)}{g'(x)}$ 存在并等于 L, 那么对所有的 $x \in (a,b]$ 均有 $g(x) \neq 0$, 并且极限 $\lim_{x \to a; x \in (a,b]} \frac{f(x)}{g(x)}$ 存在并等于 L.

注 10.5.3 这个命题只考虑了 a 右侧的极限. 对于 a 左侧的极限和 a 两侧的极限, 也存在类似的命题, 而且我们很容易对这些命题进行叙述和证明. 通俗地说, 这个命题给出了

$$\lim_{x \to a} \frac{f(x)}{g(x)} = \lim_{x \to a} \frac{f'(x)}{g'(x)}.$$

当然, 在使用洛必达法则之前, 我们必须保证该命题的所有条件都成立（特别是 $f(a) = g(a) = 0$ 及右侧的极限存在）.

证明 （选学）首先证明对所有的 $x \in (a,b]$ 都有 $g(x) \neq 0$. 利用反证法, 假设存在某个 $x \in (a,b]$ 使得 $g(x) = 0$. 因为 $g(a)$ 也等于零, 所以根据罗尔定理知, 存在某个 $a < y < x$ 使得 $g'(y) = 0$. 但这与 g' 在 $[a,b]$ 上不为零的假设相矛盾.

现在我们证明 $\lim_{x \to a; x \in (a,b]} \frac{f(x)}{g(x)} = L$. 根据命题 9.3.9 知, 只需证明: 对任意一个在 $(a,b]$ 中取值且收敛于 a 的序列 $(x_n)_{n=1}^{\infty}$ 都有

$$\lim_{n \to \infty} \frac{f(x_n)}{g(x_n)} = L$$

就可以了.

考虑单独一个 x_n, 并考虑定义为

$$h_n(x) = f(x)g(x_n) - g(x)f(x_n)$$

的函数 $h_n : [a, x_n] \to \mathbb{R}$. 我们观察到, h_n 是 $[a, x_n]$ 上的连续函数, 它在 a 和 x_n 处的值都等于 0. 另外, h_n 在 (a, x_n) 上可微且导函数为 $h_n'(x) = f'(x)g(x_n) - g'(x)f(x_n)$（注意, 对 x 来说, $f(x_n)$ 和 $g(x_n)$ 都是常数）. 利用罗尔定理（定理 10.2.7）可以找到 $y_n \in (a, x_n)$ 使得 $h_n'(y_n) = 0$, 这蕴涵

$$\frac{f(x_n)}{g(x_n)} = \frac{f'(y_n)}{g'(y_n)}.$$

由于对所有的 n 均有 $y_n \in (a, x_n)$, 并且当 $n \to \infty$ 时 x_n 收敛于 a, 因此根据夹逼定理（推论 6.4.14）知, 当 $n \to \infty$ 时 y_n 也收敛于 a. 于是 $\frac{f'(y_n)}{g'(y_n)}$ 收敛于 L,

从而 $\frac{f(x_n)}{g(x_n)}$ 也收敛于 L, 这就是要证明的结论.　　　　　　　　　　　　　□

习　　题

10.5.1 证明命题 10.5.1. [提示: 为了证明在 x_0 附近 $g(x) \neq 0$, 你或许愿意使用牛顿逼近法 (命题 10.1.7). 对于命题中剩下的部分, 利用极限定律 (命题 9.3.14).]

10.5.2 解释为什么例 1.2.12 与本节中的每个命题都不矛盾.

第 11 章　黎曼积分

在第 10 章中，我们回顾了微分学，它是单变量微积分理论的两个支柱之一．另一个支柱是积分学，它是本章集中研究的内容．更准确地说，我们将开始学习定积分，即函数在固定区间上的积分，它与不定积分相对立，不定积分也被称作原函数．定积分和不定积分显然是通过微积分基本定理联系在一起的．关于微积分基本定理，我们会在后面展开更多的讨论．

对我们来说，定积分的研究将从区间 I 和函数 $f: I \to \mathbb{R}$ 开始，其中 I 可以是开区间、闭区间和半开区间．我们会得到一个数 $\int_I f$，这个数（积分）可以写成 $\int_I f(x)\mathrm{d}x$（当然，x 可以被替换成任何其他的虚拟变量）．另外，如果 I 有端点 a 和 b，我们也可以把这个数写成 $\int_a^b f$ 或 $\int_a^b f(x)\mathrm{d}x$．

真正地定义积分 $\int_I f$ 是有些困难的 [尤其是当我们不希望假定任何与几何概念（如面积）有关的公理时]，而且并非所有的函数 f 都是可积的．其实至少有两种方法可以定义积分：黎曼积分和勒贝格积分．黎曼积分是以格奥尔格·黎曼（1826—1866）的姓氏来命名的，我们这里研究的就是黎曼积分，它满足大多数的应用．勒贝格积分是以亨利·勒贝格（1875—1941）的姓氏来命名的，它可以取代黎曼积分且适用于更多类型的函数．勒贝格积分将在第 19 章中介绍．另外还有黎曼–斯蒂尔切斯积分 $\int_I f(x)\mathrm{d}\alpha(x)$，它是托马斯·斯蒂尔切斯（1856—1894）对黎曼积分的推广，我们将在 11.8 节中讨论它．

我们定义黎曼积分的策略如下：首先，我们对一类非常简单的函数——分段常数函数——定义积分．这些函数非常初等，它们的优势在于，对这些函数积分并验证通常的性质是非常容易的．然后我们去处理更一般的函数，采用的方法是用分段常数函数去逼近它们．

11.1　划分

在引入积分的概念之前，我们需要描述一下如何把一个大区间划分成较小的区间．在本章中，所有的区间都是有界区间（这与定义 9.1.1 中给出的更一般的区间有所不同）．

定义 11.1.1　设 X 是 $\mathbb{R}$ 的一个子集，我们称 X 是连通的，当且仅当 X 是

非空的且满足下面这个性质：只要 x 和 y 是 X 中满足 $x < y$ 的元素，有界区间 $[x,y]$ 就是 X 的子集（介于 x 和 y 之间的每个数都属于 X）.

注 11.1.2　稍后，在 13.4 节中，我们将定义更一般的连通性，它适用于任何度量空间.

例 11.1.3　集合 $[1,2]$ 是连通的，因为如果满足 $x < y$ 的 x 和 y 都属于 $[1,2]$，那么就有 $1 \leqslant x < y \leqslant 2$，从而介于 x 和 y 之间的每个元素也都属于 $[1,2]$. 同理，可以证明集合 $(1,2)$ 也是连通的. 但是，集合 $[1,2] \cup [3,4]$ 不是连通的.（为什么？）实直线是连通的.（为什么？）全体单元素集（如 $\{3\}$）都是连通的，但其原因是相当平凡的（这些集合中找不到两个元素 x 和 y 使得 $x < y$）.

引理 11.1.4　设 X 是实直线的一个非空子集，那么下面两个命题在逻辑上是等价的：

(a) X 是有界的且是连通的；

(b) X 是一个有界区间.

证明　参见习题 11.1.1.　　　　　　　　　　　　　　　　　　　　　□

注 11.1.5　回忆一下，区间可以是单元素集（例如，退化的区间 $[2,2] = \{2\}$），甚至可以是空集.

推论 11.1.6　如果 I 和 J 都是有界区间，那么它们的交集 $I \cap J$ 也是一个有界区间.

证明　参见习题 11.1.2.　　　　　　　　　　　　　　　　　　　　　□

例 11.1.7　有界区间 $[2,4]$ 和 $[4,6]$ 的交集 $\{4\}$ 也是一个有界区间. $(2,4)$ 和 $(4,6)$ 的交集是空集.

我们现在给出每个有界区间的长度.

定义 11.1.8（区间的长度）　如果 I 是一个有界区间，那么我们定义 I 的长度，记作 $|I|$，如下所述：如果 I 是区间 $[a,b]$、(a,b)、$[a,b)$ 和 $(a,b]$ 中的任意一个，其中 $a < b$ 都是实数，那么 $|I| = b - a$；否则，若 I 是单元素集或空集，则 $|I| = 0$.

例 11.1.9　例如，$[3,5]$ 和 $(3,5)$ 的长度一样，都是 2. $\{5\}$ 和空集的长度都是 0.

定义 11.1.10（划分）　设 I 是一个有界区间，I 的一个划分是由有限个包含在 I 中的区间构成的一个集合 P，它使得 I 中的每个元素 x 恰好属于 P 中的一个有界区间 J.

注 11.1.11　注意，划分是区间的集合，而每个区间本身就是一个实数集. 因此，划分是由其他集合构成的集合.

例 11.1.12 有界区间的集合 $P = \{\{1\}, (1,3), [3,5), \{5\}, (5,8], \varnothing\}$ 是 $[1,8]$ 的一个划分,因为 P 中所有的区间都包含在 $[1,8]$ 中,而且 $[1,8]$ 中的每个元素都恰好属于 P 中的一个区间. 注意,我们把空集从 P 中删掉后,得到的仍旧是一个划分. 但是,集合 $\{[1,4],[3,5]\}$ 不是 $[1,5]$ 的划分,因为 $[1,5]$ 中的某些元素被包含在不止一个区间中. 集合 $\{(1,3),(3,5)\}$ 不是 $(1,5)$ 的划分,因为 $(1,5)$ 中的某些元素不属于上述集合中的任意一个区间. 集合 $\{(0,3),[3,5)\}$ 也不是 $(1,5)$ 的划分,因为这个集合中存在某些区间不包含在 $(1,5)$ 中.

现在我们给出长度的一个基本性质.

定理 11.1.13(长度是有限可加的) 设 I 是一个有界区间,n 是一个自然数,并设 P 是 I 的一个基数为 n 的划分,那么

$$|I| = \sum_{J \in P} |J|.$$

证明 我们通过对 n 使用归纳法来进行证明. 更准确地说,设 $P(n)$ 具有如下性质:只要 I 是有界区间且 P 是 I 的一个基数为 n 的划分,就有 $|I| = \sum_{J\in P} |J|$.

最基本的情形 $P(0)$ 是平凡的,I 能够被分割成一个空划分的唯一可能是 I 本身就是空集,(为什么?)在这种情形下,结论可以很容易得到. 情形 $P(1)$ 也非常容易,I 能够被划分成一个单元素集 $\{J\}$ 的唯一可能是 $J = I$,(为什么?)此时结论同样可以很容易得到.

现在假设存在某个 $n \geqslant 1$ 使得 $P(n)$ 为真,接下来我们证明 $P(n+1)$ 为真. 设 I 是一个有界区间,并设 P 是 I 的一个基数为 $n+1$ 的划分.

如果 I 是空集或单元素集,那么 P 中的所有区间必定也是空集或单元素集,(为什么?)从而每个区间的长度都为零,此时结论是平凡的. 因此,我们假设 I 是形如 (a,b)、$(a,b]$、$[a,b)$ 或 $[a,b]$ 的区间.

首先假设 $b \in I$,即 I 是 $(a,b]$ 或 $[a,b]$. 由 $b \in I$ 知 P 中存在一个区间 K 包含 b. 由于 K 是包含在 I 中的,因此 K 一定是形如 $(c,b]$、$[c,b]$ 或 $\{b\}$ 的区间,其中 c 是满足 $a \leqslant c \leqslant b$ 的实数(当 $K = \{b\}$ 时,令 $c = b$). 特别地,这意味着当 $c > a$ 时,集合 $I - K$ 是形如 $[a,c]$、(a,c)、$(a,c]$ 或 $[a,c)$ 的区间;当 $c = a$ 时,$I - K$ 就是单元素集或空集. 无论是哪种情形,我们都能得出

$$|I| = |K| + |I - K|.$$

另外,因为 P 构成了 I 的一个划分,所以 $P - \{K\}$ 构成了 $I - K$ 的一个划分.(为什么?)根据归纳假设知

$$|I - K| = \sum_{J \in P - \{K\}} |J|.$$

把上述两个等式结合在一起（并利用有限集的加法定律，见命题 7.1.11）得

$$|I| = \sum_{J \in P} |J|.$$

这就是要证明的结论.

现在假设 $b \notin I$，即 I 是 (a,b) 或 $[a,b)$. 于是同样存在一个形如 (c,b) 或 $[c,b)$ 的区间 K（见习题 11.1.3）. 特别地，这意味着当 $c > a$ 时，集合 $I - K$ 是形如 $[a,c]$、(a,c)、$(a,c]$ 或 $[a,c)$ 的区间；当 $a = c$ 时，$I - K$ 就是单元素集或空集. 接下来的论述与上文一样.   □

关于划分，我们还有两件事要做：一件事是什么时候一个划分比另一个划分更细；另一件事是讨论两个划分的公共加细.

定义 11.1.14（更细和更粗糙的划分） 设 I 是一个有界区间，并设 P 和 P' 是 I 的两个划分，如果对 P' 中的每个 J 都存在 P 中的一个 K 使得 $J \subseteq K$，那么我们称 P' 比 P 更细（或者等价地说，P 比 P' 更粗糙）.

例 11.1.15 划分 $\{[1,2),\{2\},(2,3),[3,4]\}$ 比 $\{[1,2],(2,4]\}$ 更细.（为什么?）这两个划分都比 $\{[1,4]\}$ 更细，$\{[1,4]\}$ 是 $[1,4]$ 所有可能的划分中最粗糙的一个. 注意，不存在 $[1,4]$ 的"最细的"划分这样的说法（为什么? 回忆一下，所有的划分都被假定是有限的）. 我们不对不同区间的划分进行比较，如果 P 是 $[1,4]$ 的一个划分，P' 是 $[2,5]$ 的一个划分，那么我们不能说 P 比 P' 更粗糙或更细.

定义 11.1.16（公共加细） 设 I 是一个有界区间，并设 P 和 P' 是 I 的两个划分，我们定义 P 和 P' 的公共加细 $P\#P'$ 为集合

$$P\#P' = \{K \cap J : K \in P \text{ 且 } J \in P'\}.$$

例 11.1.17 设 $P = \{[1,3),[3,4]\}$ 和 $P' = \{[1,2],(2,4]\}$ 是 $[1,4]$ 的两个划分，那么 $P\#P'$ 是集合 $\{[1,2],(2,3),[3,4],\varnothing\}$.（为什么?）

引理 11.1.18 设 I 是一个有界区间，并设 P 和 P' 是 I 的两个划分，那么 $P\#P'$ 也是 I 的一个划分，并且它既比 P 更细又比 P' 更细.

证明 参见习题 11.1.4.   □

习　题

11.1.1 证明引理 11.1.4.（提示：为了证明 X 不是空集时 (a) 蕴涵 (b)，考虑 X 的上确界和下确界.）

11.1.2 证明推论 11.1.6.（提示：利用引理 11.1.4，并解释为什么两个有界集合的交集是有界的，为什么两个连通集合的交集是连通的.）

11.1.3 设 I 是一个形如 $I = (a, b)$ 或 $I = [a, b)$ 的有界区间，其中 $a < b$ 都是实数，设 $I_1, \cdots, I_n$ 是 I 的一个划分，证明：在这个划分中，存在一个形如 $I_j = (c, b)$ 或 $I_j = [c, b)$ 的区间 I_j，其中 $a \leqslant c \leqslant b$.（提示：用反证法证明. 证明如果对任意的 $a \leqslant c \leqslant b$，$I_j$ 都不是形如 $[c, b)$ 和 (c, b) 的区间，那么 $\sup I_j$ 就严格小于 b.）

11.1.4 证明引理 11.1.18.

11.2 分段常数函数

我们现在描述一类"简单"的函数，对它们积分非常容易.

定义 11.2.1（常数函数） 设 X 是 $\mathbb{R}$ 的一个子集，并设 $f : X \to \mathbb{R}$ 是一个函数，我们称 f 是常数函数，当且仅当存在一个实数 c 使得对所有的 $x \in X$ 均有 $f(x) = c$. 设 E 是 X 的一个子集，如果 f 在 E 上的限制函数 $f|_E$ 是常数函数，换句话说，存在一个实数 c 使得对所有的 $x \in E$ 均有 $f(x) = c$，那么我们称 f 在 E 上是常值的，并把 c 称作 f 在 E 上的常数值.

注 11.2.2 如果 E 是一个非空集合且函数 f 在 E 上是常值的，那么 f 只可能有唯一的常数值. 在 E 上，f 不可能始终等于 3 的同时又始终等于 4. 然而，如果 E 是空集，那么每个实数 c 都是 f 在 E 上的常数值.（为什么?）

定义 11.2.3（分段常数函数 I） 设 I 是一个有界区间，$f : I \to \mathbb{R}$ 是一个函数，并设 P 是 I 的一个划分，如果对每个 $J \in P$，f 在 J 上都是常值的，那么我们称 f 是关于 P 的分段常数函数.

例 11.2.4 定义为

$$
f(x) = \begin{cases} 7 & \text{若 } 1 \leqslant x < 3, \\ 4 & \text{若 } x = 3, \\ 5 & \text{若 } 3 < x < 6, \\ 2 & \text{若 } x = 6 \end{cases}
$$

的函数 $f : [1, 6] \to \mathbb{R}$ 是关于 $[1, 6]$ 的划分 $\{[1, 3), \{3\}, (3, 6), \{6\}\}$ 的分段常数函数. 注意，这个函数也是关于其他某些划分的分段常数函数. 例如，它是关于划分 $\{[1, 2), \{2\}, (2, 3), \{3\}, (3, 5), [5, 6), \{6\}, \varnothing\}$ 的分段常数函数.

定义 11.2.5（分段常数函数 II） 设 I 是一个有界区间，并设 $f : I \to \mathbb{R}$ 是一个函数，如果存在一个 I 的划分 P 使得 f 是关于 P 的分段常数函数，那么我们称 f 是 I 上的分段常数函数.

例 11.2.6　例 11.2.4 中用到的函数是 $[1,6]$ 上的分段常数函数. 另外, 有界区间 I 上的每个常数函数都自动地是分段常数函数. (为什么?)

引理 11.2.7　设 I 是一个有界区间, P 是 I 的一个划分, 并设 $f:I\to\mathbb{R}$ 是关于 P 的分段常数函数, 设 P' 也是 I 的一个划分, 它比 P 更细, 那么 f 也是关于 P' 的分段常数函数.

证明　参见习题 11.2.1.　　　　　　　　　　　　　　　　　　　□

由分段常数函数构成的空间在代数运算下是封闭的.

引理 11.2.8　设 I 是一个有界区间, 并设 $f:I\to\mathbb{R}$ 和 $g:I\to\mathbb{R}$ 都是 I 上的分段常数函数, 那么函数 $f+g$、$f-g$、$\max(f,g)$ 及 fg 也都是 I 上的分段常数函数. 当然, 这里的 $\max(f,g):I\to\mathbb{R}$ 是函数 $\max(f,g)(x)=\max(f(x),g(x))$. 如果 g 在 I 中任何地方都不为零 (对所有的 $x\in I$ 均有 $g(x)\neq 0$), 那么 f/g 也是 I 上的分段常数函数.

证明　参见习题 11.2.2.　　　　　　　　　　　　　　　　　　　□

现在我们准备对分段常数函数求积分. 我们从"关于划分的积分"这个临时定义开始.

定义 11.2.9 (分段常值积分 I)　设 I 是一个有界区间, P 是 I 的一个划分, 并设 $f:I\to\mathbb{R}$ 是关于 P 的分段常数函数, 那么我们定义 f 关于划分 P 的分段常值积分 $p.c.\int_{[P]}f$ 是

$$p.c.\int_{[P]}f=\sum_{J\in P}c_J|J|,$$

其中, 对每个 $J\in P$, 我们令 c_J 表示 f 在 J 上的常数值.

注 11.2.10　这个定义看起来好像有些问题, 因为如果 J 是空集, 那么每个数 c_J 都可以是 f 在 J 上的常数值. 但幸运的是, 此时 $|J|$ 等于零, 从而 c_J 的选取并不重要. 记号 $p.c.\int_{[P]}f$ 是人为规定的, 我们只是暂时使用它, 这是为了引入一个更有用的定义. 注意, 因为 P 是有限的, 所以和 $\sum_{J\in P}c_J|J|$ 总是有意义的 (它绝不可能是发散的或无穷大的).

注 11.2.11　在已知长方形的面积等于长和宽的乘积的前提下, 分段常值积分在直观上对应于面积 (当然, 如果 f 在某处是负的, 那么"面积"$c_J|J|$ 也将是负的).

例 11.2.12 设 $f : [1, 4] \to \mathbb{R}$ 是函数

$$f(x) = \begin{cases} 2 & \text{若 } 1 \leqslant x < 3, \\ 4 & \text{若 } x = 3, \\ 6 & \text{若 } 3 < x \leqslant 4, \end{cases}$$

并设 $P = \{[1, 3), \{3\}, (3, 4]\}$，那么

$$p.c. \int_{[P]} f = c_{[1,3)} |[1, 3)| + c_{\{3\}} |\{3\}| + c_{(3,4]} |(3, 4]|$$
$$= 2 \times 2 + 4 \times 0 + 6 \times 1$$
$$= 10.$$

另外，如果我们设 $P' = \{[1, 2), [2, 3), \{3\}, (3, 4], \varnothing\}$，那么

$$p.c. \int_{[P']} f = c_{[1,2)} |[1, 2)| + c_{[2,3)} |[2, 3)| + c_{\{3\}} |\{3\}| + c_{(3,4]} |(3, 4]| + c_\varnothing |\varnothing|$$
$$= 2 \times 1 + 2 \times 1 + 4 \times 0 + 6 \times 1 + c_\varnothing \times 0$$
$$= 10.$$

例 11.2.12 表明，这个积分与你选取哪个划分无关，只要你的函数是关于这个划分的分段常数函数就可以了. 情况的确是这样的.

命题 11.2.13（分段常值积分是独立于划分的）设 I 是一个有界区间，并设 $f : I \to \mathbb{R}$ 是一个函数，如果 P 和 P' 都是 I 的划分，并且 f 关于 P 和 P' 都是分段常数函数，那么 $p.c. \int_{[P]} f = p.c. \int_{[P']} f$.

证明 参见习题 11.2.3.   □

根据这个命题，现在我们可以给出下面这个定义.

定义 11.2.14（分段常值积分 II）设 I 是一个有界区间，并设 $f : I \to \mathbb{R}$ 是 I 上的分段常数函数，我们定义分段常值积分 $p.c. \int_I f$ 为

$$p.c. \int_I f = p.c. \int_{[P]} f,$$

其中，P 是 I 的任意一个满足如下条件的划分，即 f 是关于 P 的分段常数函数（注意，命题 11.2.13 告诉我们划分的选取是无关紧要的）.

例 11.2.15 如果 f 是例 11.2.12 中给出的函数，那么 $p.c. \int_{[1,4]} f = 10$.

我们现在给出分段常值积分的一些基本性质，这些定律最终将被黎曼积分的相关定律（定理 11.4.1）取代.

定理 11.2.16（积分定律）设 I 是一个有界区间，并设 $f : I \to \mathbb{R}$ 和 $g : I \to \mathbb{R}$ 都是 I 上的分段常数函数.

(a) $p.c. \int_I (f + g) = p.c. \int_I f + p.c. \int_I g$.

(b) 对任意的实数 c 都有 $p.c. \int_I (cf) = c(p.c. \int_I f)$.

(c) $p.c. \int_I (f - g) = p.c. \int_I f - p.c. \int_I g$.

(d) 如果对所有的 $x \in I$ 均有 $f(x) \geqslant 0$，那么 $p.c. \int_I f \geqslant 0$.

(e) 如果对所有的 $x \in I$ 均有 $f(x) \geqslant g(x)$，那么 $p.c. \int_I f \geqslant p.c. \int_I g$.

(f) 如果 f 是常数函数 $f(x) = c$，其中 x 是 I 中的任意元素，那么 $p.c. \int_I f = c|I|$.

(g) 设 J 是一个包含 I 的有界区间（$I \subseteq J$），并设 $F : J \to \mathbb{R}$ 是函数

$$F(x) = \begin{cases} f(x) & \text{若 } x \in I, \\ 0 & \text{若 } x \notin I, \end{cases}$$

那么 F 是 J 上的分段常数函数，并且 $p.c. \int_J F = p.c. \int_I f$.

(h) 如果 $\{J, K\}$ 是 I 的一个划分，它把 I 分成两个区间 J 和 K，那么函数 $f|_J : J \to \mathbb{R}$ 和 $f|_K : K \to \mathbb{R}$ 分别是 J 和 K 上的分段常数函数，并且

$$p.c. \int_I f = p.c. \int_J f|_J + p.c. \int_K f|_K.$$

证明 参见习题 11.2.4. □

至此，关于分段常数函数的积分我们就讨论完了. 我们接下来考虑如何对有界函数求积分.

习　　题

11.2.1 证明引理 11.2.7.

11.2.2 证明引理 11.2.8.（提示：利用引理 11.1.18 和引理 11.2.7，使得 f 和 g 是关于 I 的同一个划分的两个分段常数函数.）

11.2.3 证明命题 11.2.13.（提示：利用定理 11.1.13 证明两个积分都等于 $p.c. \int_{[P\#P']} f$.）

11.2.4 证明定理 11.2.16.（提示：你可以利用定理前面的部分证明定理后面的某些结论. 也可以参考习题 11.2.2 的提示.）

11.3　黎曼上积分和黎曼下积分

设 $f : I \to \mathbb{R}$ 是定义在有界区间 I 上的有界函数，我们想定义黎曼积分 $\int_I f$. 为此，我们首先需要定义黎曼上积分 $\overline{\int}_I f$ 和黎曼下积分 $\underline{\int}_I f$. 这些概念与黎曼积

分有许多联系，就如同序列的上极限和下极限与序列极限之间的联系一样.

定义 11.3.1（函数的控制） 设 $f: I \to \mathbb{R}$ 和 $g: I \to \mathbb{R}$，如果对所有的 $x \in I$ 都有 $g(x) \geqslant f(x)$，那么我们称 g 在 I 上从上方控制 f；如果对所有的 $x \in I$ 都有 $g(x) \leqslant f(x)$，那么我们称 g 在 I 上从下方控制 f.

对一个函数求黎曼积分的思路是，先用一个分段常数函数（我们已经知道如何对分段常数函数求积分）从上方或从下方控制这个函数.

定义 11.3.2（黎曼上积分和黎曼下积分） 设 $f: I \to \mathbb{R}$ 是定义在有界区间 I 上的有界函数，我们定义黎曼上积分 $\overline{\int}_I f$ 为

$$\overline{\int}_I f = \inf\left\{ p.c. \int_I g : g \text{ 是在 } I \text{ 上从上方控制 } f \text{ 的分段常数函数} \right\}.$$

黎曼下积分 $\underline{\int}_I f$ 为

$$\underline{\int}_I f = \sup\left\{ p.c. \int_I g : g \text{ 是在 } I \text{ 上从下方控制 } f \text{ 的分段常数函数} \right\}.$$

我们对下积分和上积分给出一个粗糙但有用的估计.

引理 11.3.3 设 $f: I \to \mathbb{R}$ 是定义在有界区间 I 上的有界函数，它以某个实数 M 为界，即对所有的 $x \in I$ 均有 $-M \leqslant f(x) \leqslant M$，于是我们有

$$-M|I| \leqslant \underline{\int}_I f \leqslant \overline{\int}_I f \leqslant M|I|.$$

特别地，黎曼下积分和黎曼上积分都是实数（它们不是无限的）.

证明 定义为 $g(x) = M$ 的函数 $g: I \to \mathbb{R}$ 是常数函数，从而是分段常数函数，并且它从上方控制 f. 于是根据黎曼上积分的定义知 $\overline{\int}_I f \leqslant p.c. \int_I g = M|I|$. 类似地，有 $-M|I| \leqslant \underline{\int}_I f$. 最后我们要证明的是 $\underline{\int}_I f \leqslant \overline{\int}_I f$. 设 g 是任意一个从上方控制 f 的分段常数函数，并设 h 是任意一个从下方控制 f 的分段常数函数，于是 g 从上方控制 h，从而 $p.c. \int_I h \leqslant p.c. \int_I g$. 对 h 取上确界得 $\underline{\int}_I f \leqslant p.c. \int_I g$. 对 g 取下确界得 $\underline{\int}_I f \leqslant \overline{\int}_I f$，这就是要证明的结论. $\square$

我们现在知道黎曼上积分总不小于黎曼下积分. 如果它们是相等的，那么我们就可以定义黎曼积分.

定义 11.3.4（黎曼积分） 设 $f: I \to \mathbb{R}$ 是定义在有界区间 I 上的有界函数，如果 $\underline{\int}_I f = \overline{\int}_I f$，那么我们称 f 在 I 上是黎曼可积的，并定义

$$\int_I f = \underline{\int}_I f = \overline{\int}_I f.$$

如果黎曼上积分和黎曼下积分不相等，那么我们称 f 不是黎曼可积的.

注 11.3.5　把这个定义与命题 6.4.12(f) 中建立的序列 a_n 的上极限、下极限和极限之间的关系进行比较. 上极限总是大于或等于下极限的, 但仅当序列收敛时, 它们才相等且此时它们都等于序列的极限. 上面给出的这个定义或许与你在微积分课程中所见到的根据黎曼和建立起来的定义不太一样, 但两个定义是等价的, 这是我们在 11.4 节中的研究目标.

注 11.3.6　注意, 我们认为无界函数不是黎曼可积的, 涉及无界函数的积分被称作反常积分. 利用更高级的积分方法（如勒贝格积分）计算这些反常积分的值是有可能的, 我们在第 19 章中做这件事.

黎曼积分与分段常值积分是一致的, 并且黎曼积分可以取代分段常值积分.

引理 11.3.7　设 $f : I \to \mathbb{R}$ 是定义在有界区间 I 上的分段常数函数, 那么 f 是黎曼可积的, 并且 $\int_I f = p.c. \int_I f$.

证明　参见习题 11.3.3.　　　　　　　　　　　　　　　　　　　　　　　□

注 11.3.8　有了这个引理, 我们不再说分段常值积分 $p.c. \int_I$, 而是使用黎曼积分 $\int_I$（直到黎曼积分被第 19 章中的勒贝格积分取代为止）. 注意, 引理 11.3.7 有一种特殊情形: 如果 I 是一个单元素集或空集, 那么对所有的函数 $f : I \to \mathbb{R}$ 都有 $\int_I f = 0$（注意, 这些函数自动是常数函数）.

我们刚刚证明, 分段常数函数都是黎曼可积的. 但黎曼积分更一般, 它可以对更多类型的函数求积分, 我们将很快看到这一点. 现在我们把刚刚定义的黎曼积分与黎曼和联系起来. 你或许在其他讨论黎曼积分的教材中已经看到过黎曼和.

定义 11.3.9（**黎曼和**）　设 $f : I \to \mathbb{R}$ 是定义在有界区间 I 上的有界函数, 并设 P 是 I 的一个划分, 我们把黎曼上和 $U(f, P)$ 与黎曼下和 $L(f, P)$ 分别定义为

$$U(f, P) = \sum_{J \in P; J \neq \varnothing} (\sup_{x \in J} f(x)) |J|$$

和

$$L(f, P) = \sum_{J \in P; J \neq \varnothing} (\inf_{x \in J} f(x)) |J|.$$

注 11.3.10　$J \neq \varnothing$ 的限制是必要的, 因为如果 J 是空集, 那么 $\inf_{x \in J} f(x)$ 和 $\sup_{x \in J} f(x)$ 就是无穷大的（或者负无穷大的）.

现在我们把这些黎曼和与黎曼上积分、黎曼下积分联系起来.

引理 11.3.11　设 $f : I \to \mathbb{R}$ 是定义在有界区间 I 上的有界函数, g 是从上方控制 f 的函数, 并且 g 是关于 I 的某个划分 P 的分段常数函数, 那么

$$p.c. \int_I g \geqslant U(f, P).$$

类似地, 如果 h 是关于 P 的分段常数函数, 并且它从下方控制 f, 那么

$$p.c. \int_I h \leqslant L(f, P).$$

证明 参见习题 11.3.4. □

命题 11.3.12 设 $f : I \to \mathbb{R}$ 是定义在有界区间 I 上的有界函数, 那么

$$\overline{\int_I} f = \inf\{U(f, P) : P \text{ 是 } I \text{ 的划分}\},$$

并且

$$\underline{\int_I} f = \sup\{L(f, P) : P \text{ 是 } I \text{ 的划分}\}.$$

证明 参见习题 11.3.5. □

习　　题

11.3.1 设 $f : I \to \mathbb{R}$、$g : I \to \mathbb{R}$ 和 $h : I \to \mathbb{R}$ 都是函数, 证明: 如果 f 从上方控制 g 且 g 从上方控制 h, 那么 f 从上方控制 h. 证明: 如果 f 和 g 相互从上方控制彼此, 那么它们一定相等.

11.3.2 设 $f : I \to \mathbb{R}$、$g : I \to \mathbb{R}$ 和 $h : I \to \mathbb{R}$ 都是函数, 如果 f 从上方控制 g, 那么 $f + h$ 是否从上方控制 $g + h$? $f \cdot h$ 是否从上方控制 $g \cdot h$? 如果 c 是一个实数, 那么 cf 是否从上方控制 cg?

11.3.3 证明引理 11.3.7.

11.3.4 证明引理 11.3.11.

11.3.5 证明命题 11.3.12.（提示: 要用到引理 11.3.11, 尽管该引理只有助于完成一半工作.）

11.4　黎曼积分的基本性质

就像处理极限、级数和导数时那样, 现在我们给出计算黎曼积分的基本定律. 这些定律最终将被勒贝格积分的相应定律（命题 19.3.3）所取代.

定理 11.4.1（黎曼积分定律） 设 I 是一个有界区间, 并设 $f : I \to \mathbb{R}$ 和 $g : I \to \mathbb{R}$ 是 I 上黎曼可积的函数.

(a) 函数 $f + g$ 是黎曼可积的, 并且 $\int_I (f + g) = \int_I f + \int_I g$.

(b) 对任意的实数 c, 函数 cf 都是黎曼可积的, 并且 $\int_I (cf) = c(\int_I f)$.

(c) 函数 $f - g$ 是黎曼可积的, 并且 $\int_I (f - g) = \int_I f - \int_I g$.

(d) 如果对所有的 $x \in I$ 都有 $f(x) \geqslant 0$, 那么 $\int_I f \geqslant 0$.

(e) 如果对所有的 $x \in I$ 都有 $f(x) \geqslant g(x)$, 那么 $\int_I f \geqslant \int_I g$.

(f) 如果 f 是常数函数 $f(x) = c$, 其中 x 是 I 中任意一个元素, 那么 $\int_I f = c|I|$.

(g) 设 J 是一个包含 I 的有界区间 ($I \subseteq J$), 并设 $F : J \to \mathbb{R}$ 是函数

$$F(x) = \begin{cases} f(x) & \text{若 } x \in I, \\ 0 & \text{若 } x \notin I, \end{cases}$$

那么 F 在 J 上是黎曼可积的, 并且 $\int_J F = \int_I f$.

(h) 设 $\{J, K\}$ 是 I 的一个划分, 并且它把 I 分成两个区间 J 和 K, 那么函数 $f|_J : J \to \mathbb{R}$ 和 $f|_K : K \to \mathbb{R}$ 分别在 J 和 K 上是黎曼可积的, 并且

$$\int_I f = \int_J f|_J + \int_K f|_K.$$

证明　参见习题 11.4.1. □

注 11.4.2　我们常把 $\int_J f|_J$ 简写成 $\int_J f$, 尽管 f 实际上定义在一个比 J 更大的区域上. 另外, 由定理 11.4.1(h) 和注 11.3.8 知, 如果 $f : [a, b] \to \mathbb{R}$ 在闭区间 $[a, b]$ 上是黎曼可积的, 那么 $\int_{[a,b]} f = \int_{(a,b]} f = \int_{[a,b)} f = \int_{(a,b)} f$.

定理 11.4.1 断定, 任意两个黎曼可积函数的和与差都是黎曼可积的, 就像黎曼可积函数 f 的任意数乘积 cf 也是黎曼可积的一样. 现在我们进一步给出构造黎曼可积函数的一些方法.

定理 11.4.3（最大值和最小值保持可积性）　设 I 是一个有界区间, 并设 $f : I \to \mathbb{R}$ 和 $g : I \to \mathbb{R}$ 是黎曼可积的函数, 那么定义为 $\max(f, g)(x) = \max(f(x), g(x))$ 的函数 $\max(f, g) : I \to \mathbb{R}$ 和定义为 $\min(f, g)(x) = \min(f(x), g(x))$ 的函数 $\min(f, g) : I \to \mathbb{R}$ 也都是黎曼可积的.

证明　我们只证明关于 $\max(f, g)$ 的结论, 关于 $\min(f, g)$ 的结论可以类似地证明. 首先注意到, 因为 f 和 g 都是有界的, 所以 $\max(f, g)$ 也是有界的.

设 $\varepsilon > 0$, 由 $\overline{\int_I} f = \underline{\int_I} f$ 知, 存在一个分段常数函数 $\underline{f} : I \to \mathbb{R}$ 在 I 上从下方控制 f, 并且有

$$\int_I \underline{f} \geqslant \int_I f - \varepsilon.$$

类似地, 我们能够找到一个分段常数函数 $\underline{g} : I \to \mathbb{R}$ 在 I 上从下方控制 g, 并且有

$$\int_I \underline{g} \geqslant \int_I g - \varepsilon.$$

我们还能够找到分段常数函数 $\overline{f}$ 和 $\overline{g}$ 在 I 上分别从上方控制 f 和 g, 并且有

$$\int_I \overline{f} \leqslant \int_I f + \varepsilon$$

和

$$\int_I \overline{g} \leqslant \int_I g + \varepsilon.$$

特别地，如果 $h : I \to \mathbb{R}$ 表示函数

$$h = (\overline{f} - \underline{f}) + (\overline{g} - \underline{g}),$$

那么

$$\int_I h \leqslant 4\varepsilon.$$

另外，$\max(\underline{f}, \underline{g})$ 是 I 上从下方控制 $\max(f, g)$ 的分段常数函数.（为什么?）类似地，$\max(\overline{f}, \overline{g})$ 是 I 上从上方控制 $\max(f, g)$ 的分段常数函数. 于是

$$\int_I \max(\underline{f}, \underline{g}) \leqslant \underline{\int}_I \max(f, g) \leqslant \overline{\int}_I \max(f, g) \leqslant \int_I \max(\overline{f}, \overline{g}),$$

从而

$$0 \leqslant \overline{\int}_I \max(f, g) - \underline{\int}_I \max(f, g) \leqslant \int_I \left[\max(\overline{f}, \overline{g}) - \max(\underline{f}, \underline{g}) \right].$$

我们有

$$\overline{f}(x) = \underline{f}(x) + (\overline{f} - \underline{f})(x) \leqslant \underline{f}(x) + h(x).$$

类似地，有

$$\overline{g}(x) = \underline{g}(x) + (\overline{g} - \underline{g})(x) \leqslant \underline{g}(x) + h(x).$$

于是

$$\max(\overline{f}(x), \overline{g}(x)) \leqslant \max(\underline{f}(x), \underline{g}(x)) + h(x).$$

把这个式子代入前面的不等式中，得

$$0 \leqslant \overline{\int}_I \max(f, g) - \underline{\int}_I \max(f, g) \leqslant \int_I h \leqslant 4\varepsilon.$$

综上所述，我们证明了对每个 ε，都有

$$0 \leqslant \overline{\int}_I \max(f, g) - \underline{\int}_I \max(f, g) \leqslant 4\varepsilon.$$

由于 $\overline{\int}_I \max(f, g) - \underline{\int}_I \max(f, g)$ 与 ε 无关，因此我们看到

$$\overline{\int}_I \max(f, g) - \underline{\int}_I \max(f, g) = 0,$$

从而 $\max(f, g)$ 是黎曼可积的. $\quad\square$

推论 11.4.4（绝对值保持黎曼可积性） 设 I 是一个有界区间，如果 $f : I \to \mathbb{R}$ 是黎曼可积的函数，那么正数部分 $f_+ = \max(f, 0)$ 和负数部分 $f_- = \min(f, 0)$ 在 I 上都是黎曼可积的。另外，由 $|f|(x) = |f(x)|$ 定义的绝对值函数 $|f|$ 在 I 上也是黎曼可积的（该结论源于 $|f| = f_+ - f_-$）。

定理 11.4.5（乘积保持黎曼可积性） 设 I 是一个有界区间，如果 $f : I \to \mathbb{R}$ 和 $g : I \to \mathbb{R}$ 都是黎曼可积的，那么 $fg : I \to \mathbb{R}$ 也是黎曼可积的。

证明 这个证明需要一些技巧。我们把 $f = f_+ + f_-$ 和 $g = g_+ + g_-$ 都拆分成正数部分和负数部分。根据推论 11.4.4 知，函数 f_+、f_-、g_+ 和 g_- 都是黎曼可积的。因为

$$fg = f_+ g_+ + f_+ g_- + f_- g_+ + f_- g_-,$$

所以只需证明函数 $f_+ g_+$、$f_+ g_-$、$f_- g_+$ 及 $f_- g_-$ 分别是黎曼可积的就可以了。我们只证明 $f_+ g_+$ 是黎曼可积的，其他三个函数的结论可以类似地证明。

因为 f_+ 和 g_+ 都有界且都是非负的，所以存在 $M_1, M_2 > 0$ 使得对所有的 $x \in I$ 都有

$$0 \leqslant f_+(x) \leqslant M_1 \text{ 且 } 0 \leqslant g_+(x) \leqslant M_2.$$

现在设 $\varepsilon > 0$ 是任意的，像定理 11.4.3 的证明那样，我们能够找到一个在 I 上从下方控制 f_+ 的分段常数函数 $\underline{f_+}$，以及一个在 I 上从上方控制 f_+ 的分段常数函数 $\overline{f_+}$，并且有

$$\int_I \overline{f_+} \leqslant \int_I f_+ + \varepsilon$$

和

$$\int_I \underline{f_+} \geqslant \int_I f_+ - \varepsilon.$$

注意，$\underline{f_+}$ 可能在某些地方是负的，但我们可以通过把 $\underline{f_+}$ 替换成 $\max(\underline{f_+}, 0)$ 来修复这个问题，因为 $\max(\underline{f_+}, 0)$ 仍然从下方控制 f_+，（为什么？）并且还有大于或等于 $\int_I f_+ - \varepsilon$ 的积分。（为什么？）于是，我们不失一般性地假设，对所有的 $x \in I$ 均有 $\underline{f_+}(x) \geqslant 0$。类似地，我们可以假设对所有的 $x \in I$ 均有 $\overline{f_+}(x) \leqslant M_1$。因此，对所有的 $x \in I$ 均有

$$0 \leqslant \underline{f_+}(x) \leqslant f_+(x) \leqslant \overline{f_+}(x) \leqslant M_1.$$

按照类似的推理过程，我们可以找到从下方控制 g_+ 的分段常数函数 $\underline{g_+}$ 及从上方控制 g_+ 的分段常数函数 $\overline{g_+}$，并且有

$$\int_I \overline{g_+} \leqslant \int_I g_+ + \varepsilon$$

和

$$\int_I \underline{g_+} \geqslant \int_I g_+ - \varepsilon,$$

而且对所有的 $x \in I$ 均有

$$0 \leqslant \underline{g_+}(x) \leqslant g_+(x) \leqslant \overline{g_+}(x) \leqslant M_2.$$

注意，$\underline{f_+ g_+}$ 是从下方控制 $f_+ g_+$ 的分段常数函数，$\overline{f_+ g_+}$ 是从上方控制 $f_+ g_+$ 的分段常数函数，于是

$$0 \leqslant \overline{\int}_I f_+ g_+ - \underline{\int}_I f_+ g_+ \leqslant \int_I \left(\overline{f_+ g_+} - \underline{f_+ g_+} \right).$$

然而，对所有的 $x \in I$ 均有

$$\overline{f_+}(x) \overline{g_+}(x) - \underline{f_+}(x) \underline{g_+}(x) = \overline{f_+}(x) \left(\overline{g_+} - \underline{g_+} \right)(x) + \underline{g_+}(x) \left(\overline{f_+} - \underline{f_+} \right)(x)$$
$$\leqslant M_1 \left(\overline{g_+} - \underline{g_+} \right)(x) + M_2 \left(\overline{f_+} - \underline{f_+} \right)(x),$$

从而

$$0 \leqslant \overline{\int}_I f_+ g_+ - \underline{\int}_I f_+ g_+ \leqslant M_1 \int_I \left(\overline{g_+} - \underline{g_+} \right) + M_2 \int_I \left(\overline{f_+} - \underline{f_+} \right)$$
$$\leqslant M_1 (2\varepsilon) + M_2 (2\varepsilon).$$

就像前面那样，因为 ε 是任意的，所以我们能够推导出 $f_+ g_+$ 是黎曼可积的. 同理可以证明 $f_+ g_-$、$f_- g_+$ 和 $f_- g_-$ 都是黎曼可积的. 把这些结论结合在一起，我们得到 fg 是黎曼可积的. □

习　题

11.4.1 证明定理 11.4.1.（提示：定理 11.2.16 是有用的. 关于定理 11.4.1(b)，首先考察 $c > 0$ 的情形，再分别考察 $c = -1$ 和 $c = 0$ 的情形. 利用这些情形推导出 $c < 0$ 的情形. 你可以利用定理前面的部分证明后面的部分.）

11.4.2 设 I 是一个有界区间，$f : I \to \mathbb{R}$ 是一个黎曼可积的函数，并设 P 是 I 的一个划分，证明：

$$\int_I f = \sum_{J \in P} \int_J f.$$

11.4.3 不重复上面证明中的全部运算，简短地解释一下为什么定理 11.4.3 和定理 11.4.5 中剩下的情形都可以从书中已有的情形中自动地推导出. （提示：根据定理 11.4.1 知，如果 f 是黎曼可积的，那么 $-f$ 也是黎曼可积的.）

11.5　连续函数的黎曼可积性

到目前为止，我们已经谈论了很多关于黎曼可积函数的内容. 但是除了分段常数函数，我们尚未真正地构造出任何可积函数. 现在我们来证明存在一大类有用的函数是黎曼可积的. 我们从一致连续函数开始.

定理 11.5.1　设 I 是一个有界区间，并设 f 是定义在 I 上的一致连续函数，那么 f 是黎曼可积的.

证明　根据命题 9.9.15 知 f 是有界的. 现在我们要证明 $\underline{\int}_I f = \overline{\int}_I f$.

如果 I 是一个单元素集或空集，那么定理是平凡的. 现在设 I 是区间 $[a,b]$、(a,b)、$(a,b]$ 和 $[a,b)$ 中的任意一个，其中 $a < b$ 是实数.

设 $\varepsilon > 0$ 是任意的，由一致连续性知存在一个 $\delta > 0$ 使得只要 $x,y \in I$ 满足 $|x-y| < \delta$，就有 $|f(x)-f(y)| < \varepsilon$. 根据阿基米德性质知，存在一个整数 $N > 0$ 使得 $(b-a)/N < \delta$.

注意，我们可以把 I 划分成 N 个区间 $J_1, \cdots, J_N$，其中每个区间的长度都是 $(b-a)/N$（如何划分？$[a,b]$、(a,b)、$(a,b]$ 和 $[a,b)$ 这四种情形略有不同）. 根据命题 11.3.12，我们有

$$\overline{\int}_I f \leqslant \sum_{k=1}^N \left(\sup_{x \in J_k} f(x) \right) |J_k|$$

和

$$\underline{\int}_I f \geqslant \sum_{k=1}^N \left(\inf_{x \in J_k} f(x) \right) |J_k|.$$

特别地，

$$\overline{\int}_I f - \underline{\int}_I f \leqslant \sum_{k=1}^N \left(\sup_{x \in J_k} f(x) - \inf_{x \in J_k} f(x) \right) |J_k|.$$

因为 $|J_k| = (b-a)/N < \delta$，所以对所有的 $x,y \in J_k$ 均有 $|f(x)-f(y)| < \varepsilon$. 特别地，我们有

$$f(x) < f(y) + \varepsilon \text{ 对所有的 } x,y \in J_k \text{ 均成立.}$$

对 x 取上确界得

$$\sup_{x \in J_k} f(x) \leqslant f(y) + \varepsilon \text{ 对所有的 } y \in J_k \text{ 均成立,}$$

再对 y 取下确界得

$$\sup_{x \in J_k} f(x) \leqslant \inf_{y \in J_k} f(y) + \varepsilon.$$

把这个式子代入前面的不等式中得

$$\overline{\int}_I f - \underline{\int}_I f \leqslant \sum_{k=1}^{N} \varepsilon |J_k|.$$

由定理 11.1.13 知

$$\overline{\int}_I f - \underline{\int}_I f \leqslant \varepsilon(b-a).$$

因为 $\varepsilon > 0$ 是任意的，而 $(b-a)$ 是固定的，所以 $\overline{\int}_I f - \underline{\int}_I f$ 不可能是正的．根据引理 11.3.3 和黎曼可积的定义，我们得到 f 是黎曼可积的．　　　　　□

联合定理 11.5.1 和定理 9.9.16，我们得到如下推论．

推论 11.5.2　设 $[a,b]$ 是一个闭区间，并设 $f:[a,b] \to \mathbb{R}$ 是连续的，那么 f 是黎曼可积的．

注意，如果把 $[a,b]$ 换成其他类型的区间，那么这个推论就不成立了，因为把 $[a,b]$ 换成其他类型的区间后，无法保证连续函数是有界的．例如，定义为 $f(x) = 1/x$ 的函数 $f:(0,1) \to \mathbb{R}$ 是连续的但不是黎曼可积的．然而，如果我们假设一个函数既是连续的又是有界的，那么它是黎曼可积的．

命题 11.5.3　设 I 是一个有界区间，并设 $f:I \to \mathbb{R}$ 是一个连续且有界的函数，那么 f 在 I 上是黎曼可积的．

证明　如果 I 是一个单元素集或空集，那么结论是平凡的．如果 I 是一个闭区间，那么根据推论 11.5.2 可以得出结论．现在设 I 是形如 $(a,b]$、(a,b) 或 $[a,b)$ 的区间，其中 $a < b$．

设 M 是 f 的界，于是对所有的 $x \in I$ 均有 $-M \leqslant f(x) \leqslant M$．现在设 $0 < \varepsilon < (b-a)/2$ 是一个很小的数，当 f 被限制在区间 $[a+\varepsilon, b-\varepsilon]$ 上时，f 是连续的，从而根据推论 11.5.2 知它是黎曼可积的．特别地，我们能够找到一个分段常数函数 $h:[a+\varepsilon, b-\varepsilon] \to \mathbb{R}$ 在 $[a+\varepsilon, b-\varepsilon]$ 上从上方控制 f，并且有

$$\int_{[a+\varepsilon, b-\varepsilon]} h \leqslant \int_{[a+\varepsilon, b-\varepsilon]} f + \varepsilon.$$

定义 $\tilde{h}:I \to \mathbb{R}$ 为

$$\tilde{h}(x) = \begin{cases} h(x) & \text{若 } x \in [a+\varepsilon, b-\varepsilon], \\ M & \text{若 } x \in I \setminus [a+\varepsilon, b-\varepsilon]. \end{cases}$$

$\tilde{h}$ 显然是 I 上从上方控制 f 的分段常数函数．根据定理 11.2.16 知

$$\int_I \tilde{h} = \varepsilon M + \int_{[a+\varepsilon, b-\varepsilon]} h + \varepsilon M \leqslant \int_{[a+\varepsilon, b-\varepsilon]} f + (2M+1)\varepsilon.$$

特别地,

$$\overline{\int}_I f \leqslant \int_{[a+\varepsilon,b-\varepsilon]} f + (2M+1)\varepsilon.$$

类似地, 有

$$\underline{\int}_I f \geqslant \int_{[a+\varepsilon,b-\varepsilon]} f - (2M+1)\varepsilon,$$

从而

$$\overline{\int}_I f - \underline{\int}_I f \leqslant (4M+2)\varepsilon.$$

因为 ε 是任意的, 所以我们可以像定理 11.5.1 的证明中那样推导出 f 是黎曼可积的. □

这就给出了一大类黎曼可积函数, 即有界连续函数. 但我们可以让这类函数稍微扩充一下, 从而使有界分段连续函数也包含在其中.

定义 11.5.4 设 I 是一个有界区间, 并设 $f: I \to \mathbb{R}$, 我们称 f 在 I 上是分段连续的, 当且仅当存在一个 I 的划分 P, 使得对所有的 $J \in P$, $f|_J$ 都是 J 上的连续函数.

例 11.5.5 定义为

$$F(x) = \begin{cases} x^2 & \text{若 } 1 \leqslant x < 2, \\ 7 & \text{若 } x = 2, \\ x^3 & \text{若 } 2 < x \leqslant 3 \end{cases}$$

的函数 $F: [1,3] \to \mathbb{R}$ 在 $[1,3]$ 上不连续, 但它在 $[1,3]$ 上是分段连续的（因为当 F 被限制在 $[1,2)$、$\{2\}$ 或 $(2,3]$ 上时, 它都是连续的, 并且这三个区间构成 $[1,3]$ 的一个划分）.

命题 11.5.6 设 I 是一个有界区间, 并设 $f: I \to \mathbb{R}$ 既是分段连续的又是有界的, 那么 f 是黎曼可积的.

证明 参见习题 11.5.1. □

习　题

11.5.1 证明命题 11.5.6.（提示: 利用定理 11.4.1 的 (a) 和 (g).）

11.5.2 设 $a < b$ 均为实数, $f: [a,b] \to \mathbb{R}$ 是非负的连续函数（对任意的 $x \in [a,b]$ 均有 $f(x) \geqslant 0$）, 假设 $\int_{[a,b]} f = 0$, 证明: 对任意的 $x \in [a,b]$ 均有 $f(x) = 0$.（提示: 利用反证法.）

11.6 单调函数的黎曼可积性

除了分段连续函数，还有一大类函数也是黎曼可积的，那就是单调函数．对此我们给出两个例子．

命题 11.6.1 设 $[a,b]$ 是一个有界闭区间，并设 $f:[a,b] \to \mathbb{R}$ 是单调函数，那么 f 在 $[a,b]$ 上是黎曼可积的．

注 11.6.2 根据习题 9.8.5 知，存在一些单调函数不是分段连续的，所以这个命题无法从命题 11.5.6 中推导出．

证明 我们可以不失一般性地令 f 是单调递增的（而非单调递减的），根据习题 9.8.1 知 f 是有界的．现在设 $N > 0$ 是一个整数，并把 $[a,b]$ 划分成 N 个半开区间 $\left\{ \left[a + \frac{b-a}{N}j, a + \frac{b-a}{N}(j+1) \right) : 0 \leqslant j \leqslant N-1 \right\}$ 及一个单元素集 $\{b\}$，其中每个区间的长度都是 $(b-a)/N$．根据命题 11.3.12 得

$$\overline{\int_I} f \leqslant \sum_{j=0}^{N-1} \left(\sup_{x \in [a+\frac{b-a}{N}j, \, a+\frac{b-a}{N}(j+1))} f(x) \right) \frac{b-a}{N}$$

（单元素集 $\{b\}$ 给出一个等于零的项）．因为 f 是单调递增的，所以

$$\overline{\int_I} f \leqslant \sum_{j=0}^{N-1} f\left(a + \frac{b-a}{N}(j+1) \right) \frac{b-a}{N}.$$

类似地，有

$$\underline{\int_I} f \geqslant \sum_{j=0}^{N-1} f\left(a + \frac{b-a}{N}j \right) \frac{b-a}{N}.$$

于是

$$\overline{\int_I} f - \underline{\int_I} f \leqslant \sum_{j=0}^{N-1} \left[f\left(a + \frac{b-a}{N}(j+1) \right) - f\left(a + \frac{b-a}{N}j \right) \right] \frac{b-a}{N}.$$

因此，根据嵌套级数（引理 7.2.14）得

$$\overline{\int_I} f - \underline{\int_I} f \leqslant \left[f\left(a + \frac{b-a}{N}N \right) - f\left(a + \frac{b-a}{N}0 \right) \right] \frac{b-a}{N}$$
$$= (f(b) - f(a)) \frac{b-a}{N}.$$

因为 N 是任意的，所以我们可以像定理 11.5.1 的证明中那样推导出 f 是黎曼可积的．   □

推论 11.6.3 设 I 是一个有界区间，并设 $f:I \to \mathbb{R}$ 既是单调的又是有界的，那么 f 在 I 上是黎曼可积的．

证明 参见习题 11.6.1．   □

现在，我们给出著名的积分判别法，它可以用来判定单调递减级数的收敛性.

命题 11.6.4（**积分判别法**）　设 $f : [0, \infty) \to \mathbb{R}$ 是一个单调递减的函数，并且它是非负的（对所有的 $x \geqslant 0$ 均有 $f(x) \geqslant 0$），那么级数 $\sum_{n=0}^{\infty} f(n)$ 是收敛的，当且仅当 $\sup_{N > 0} \int_{[0,N]} f$ 是有限的.

证明　参见习题 11.6.3.　　　　　　　　　　　　　　　　　　　　　　　□

推论 11.6.5　设 p 是一个实数，那么当 $p > 1$ 时，级数 $\sum_{n=1}^{\infty} \frac{1}{n^p}$ 是绝对收敛的；当 $p \leqslant 1$ 时，它是发散的.

证明　参见习题 11.6.5.　　　　　　　　　　　　　　　　　　　　　　　□

习　　题

11.6.1 利用命题 11.6.1 证明推论 11.6.3.（提示：改写命题 11.5.3 的证明.）

11.6.2 给出分段单调函数的一个合理的概念，然后证明：所有的有界分段单调函数都是黎曼可积的.

11.6.3 证明命题 11.6.4.（提示：$\sum_{n=1}^{N} f(n)$、$\sum_{n=0}^{N-1} f(n)$ 及积分 $\int_{[0,N]} f$ 之间有什么联系？）

11.6.4 举例说明，如果没有假定 f 是单调递减的，那么积分判别法的充分性和必要性都不成立.

11.6.5 利用命题 11.6.4 证明推论 11.6.5.［在这道习题中，你可以使用微积分第二基本定理（定理 11.9.4）. 这不会导致循环论证，因为推论 11.6.5 没有用于该定理的证明.］

11.7　非黎曼可积的函数

我们已经证明了存在一大类有界函数是黎曼可积的. 遗憾的是，的确存在一些有界函数不是黎曼可积的.

命题 11.7.1　设 $f : [0,1] \to \mathbb{R}$ 是例 9.3.21 中考察过的不连续函数

$$f(x) = \begin{cases} 1 & \text{若 } x \in \mathbb{Q}, \\ 0 & \text{若 } x \notin \mathbb{Q}, \end{cases}$$

那么 f 是有界的，但不是黎曼可积的.

证明　f 显然是有界的，所以我们来证明它不是黎曼可积的.

设 P 是 $[0,1]$ 的任意一个划分，观察知对任意的 $J \in P$，如果 J 既不是单元素集也不是空集，那么

$$\sup_{x \in J} f(x) = 1$$

（根据命题 5.4.14）. 特别地，

$$\left(\sup_{x \in J} f(x) \right) |J| = |J|.$$

（注意，当 J 是一个单元素集时，上式仍然成立，因为此时等号两端都等于零.）
根据定理 11.1.13，我们得到

$$U(f,P) = \sum_{J \in P; J \neq \varnothing} |J| = |[0,1]| = 1.$$

注意，空集对上式的总长度没有任何影响. 特别地，由命题 11.3.12 知 $\overline{\int}_{[0,1]} f = 1$.

类似地，对所有的 J（除了单元素集和空集）有

$$\inf_{x \in J} f(x) = 0.$$

于是

$$L(f,P) = \sum_{J \in P; J \neq \varnothing} 0 = 0.$$

根据命题 11.3.12 知 $\underline{\int}_{[0,1]} f = 0$. 由于黎曼上积分和黎曼下积分不相等，因此这个函数不是黎曼可积的. $\square$

注 11.7.2 正如你看到的那样，非黎曼可积的函数只是那些"人为地"给定上界的函数. 因此，黎曼积分在绝大多数情况下是足够好的. 当然，存在一些方法来推广和改进这种积分. 一种方法是我们将在第 19 章中定义的勒贝格积分. 另一种方法则是在 11.8 节中定义的黎曼–斯蒂尔切斯积分 $\int_I f d\alpha$，其中 $\alpha : I \to \mathbb{R}$ 是一个单调递增的函数.

11.8 黎曼–斯蒂尔切斯积分

设 I 是一个有界区间，$\alpha : I \to \mathbb{R}$ 是一个单调递增的函数，并设 $f : I \to \mathbb{R}$ 是函数，那么存在黎曼积分的一个推广，被称为黎曼–斯蒂尔切斯积分. 这种积分像黎曼积分那样定义，但其中做一点改变：不取区间 J 的长度 $|J|$，而是取 J 的 α-长度 $\alpha[J]$，其定义如下.

定义 11.8.1（α-长度） 设 I 是一个有界区间，X 是包含 I 的闭区间（定义 9.1.15），并设 $\alpha : X \to \mathbb{R}$ 是单调递增函数（当 $x, y \in X$ 时，若 $y \geqslant x$，则 $\alpha(y) \geqslant \alpha(x)$），那么我们利用下列规则来定义 I 的 α-长度 $\alpha[I]$.

(a) 若 I 是空集，则 $\alpha[I] = 0$.

(b) 若 $I = \{a\}$ 是单元素集，则 $\alpha[I] = \lim_{x \to a+; x \in X} \alpha(x) - \lim_{x \to a-; x \in X} \alpha(x)$. 约定当 a 为 X 的右端点（左端点）时，$\lim_{x \to a+; x \in X} \alpha(x)$（$\lim_{x \to a-; x \in X} \alpha(x)$）等于 $\alpha(a)$.

(c) 若 $I = (a,b)$，则 $\alpha[I] = \lim_{x \to b-; x \in X} \alpha(x) - \lim_{x \to b+; x \in X} \alpha(x)$.

(d) 若 I 等于 $(a,b]$、$[a,b)$ 或 $[a,b]$，则 $\alpha[I]$ 分别等于 $\alpha((a,b)) + \alpha(\{b\})$、$\alpha(\{a\}) + \alpha((a,b))$、$\alpha(\{a\}) + \alpha((a,b)) + \alpha(\{b\})$.

这个定义很复杂, 但注意, 在 α 连续的特殊情况下, 如果 $a \leqslant b$ 且 I 等于 (a,b)、$(a,b]$、$[a,b)$ 或 $[a,b]$, 那么我们有一个更简单的公式

$$\alpha[I] = \alpha(b) - \alpha(a). \tag{11.1}$$

利用这个简化公式, $\alpha[I]$ 还可以被定义为不一定单调递增的其他连续函数.

例 11.8.2　设 $\alpha : [0,\infty) \to \mathbb{R}$ 是函数 $\alpha(x) = x^2$, 那么 $\alpha[[2,3]] = \alpha(3) - \alpha(2) = 9 - 4 = 5$, $\alpha[\{2\}] = 0$ 且 $\alpha[\varnothing] = 0$.

例 11.8.3　设 $\alpha : \mathbb{R} \to \mathbb{R}$ 是恒等函数 $\alpha(x) = x$, 那么对所有的有界区间 I 均有 $\alpha[I] = |I|$. （为什么?) 于是, 长度是 α-长度的一种特殊情形.

我们有时用 $\alpha\big|_a^b$ 或 $\alpha(x)\big|_{x=a}^{x=b}$ 来代替 $\alpha[[a,b]]$.

黎曼积分理论中的一个关键定理是定理 11.1.13, 该定理涉及长度和划分, 而且它还表明, 只要 P 是 I 的一个划分, 就有 $|I| = \sum_{J \in P} |J|$. 我们现在对这个结论稍作推广.

引理 11.8.4　设 I 是一个有界区间, $\alpha : X \to \mathbb{R}$ 是定义在某个包含 I 的闭区间 X 上的单调递增或连续的函数, 并设 P 是 I 的一个划分, 那么我们有

$$\alpha[I] = \sum_{J \in P} \alpha[J].$$

证明　参见习题 11.8.1.　　　　　　　　　　　　　　　　　　　　　□

我们现在可以给出定义 11.2.9 的一个推广形式.

定义 11.8.5（分段常值黎曼–斯蒂尔切斯积分）设 I 是一个有界区间, P 是 I 的一个划分, $\alpha : X \to \mathbb{R}$ 是定义在某个包含 I 的闭区间 X 上的单调递增或连续的函数, 并设 $f : I \to \mathbb{R}$ 是关于 P 的分段常数函数, 那么我们定义

$$p.c. \int_{[P]} f \mathrm{d}\alpha = \sum_{J \in P} c_J \alpha[J],$$

其中 c_J 是 f 在 J 上的常数值.

例 11.8.6　设 $f : [1,3] \to \mathbb{R}$ 是函数

$$f(x) = \begin{cases} 4 & \text{若 } x \in [1,2), \\ 2 & \text{若 } x \in [2,3], \end{cases}$$

$\alpha : [0,\infty) \to \mathbb{R}$ 是函数 $\alpha(x) = x^2$, 并设 P 是划分 $P = \{[1,2),[2,3]\}$, 那么

$$\begin{aligned} p.c. \int_{[P]} f \mathrm{d}\alpha &= c_{[1,2)} \alpha[[1,2)] + c_{[2,3]} \alpha[[2,3]] \\ &= 4(\alpha(2) - \alpha(1)) + 2(\alpha(3) - \alpha(2)) \\ &= 4 \times 3 + 2 \times 5 = 22. \end{aligned}$$

例 11.8.7 设 $\alpha : \mathbb{R} \to \mathbb{R}$ 是恒等函数 $\alpha(x) = x$，那么对任意的有界区间 I，I 的任意划分 P 及关于 P 的任意分段常数函数 f，我们有 $p.c. \int_{[P]} f \mathrm{d}\alpha = p.c. \int_{[P]} f.$（为什么？）

把命题 11.2.13 中所有的积分 $p.c. \int_{[P]} f$ 都替换成 $p.c. \int_{[P]} f \mathrm{d}\alpha$，就可以得到一个类似于该命题的结论（习题 11.8.2）. 于是，对任意的分段常数函数 $f : I \to \mathbb{R}$ 及任意的函数 $\alpha : X \to \mathbb{R}$，其中 X 是某个包含 I 的闭区间，我们都可以按照与前面类似的方式把 $p.c. \int_I f \mathrm{d}\alpha$ 定义为

$$p.c. \int_I f \mathrm{d}\alpha = p.c. \int_{[P]} f \mathrm{d}\alpha,$$

其中，P 是 I 的任意一个使得 f 是关于它的分段常数函数的划分.

现在假设 α 是单调递增的，这蕴涵对 X 中的每个区间 I 都有 $\alpha(I) \geqslant 0$.（为什么？）据此我们很容易证明，当积分 $p.c. \int_I f$ 被替换成 $p.c. \int_I f \mathrm{d}\alpha$ 且长度 $|I|$ 被替换成 α-长度 $\alpha[I]$ 时，定理 11.2.16 中的全部结论仍然成立，参见习题 11.8.3.

于是，只要 $f : I \to \mathbb{R}$ 是有界的且 α 定义在某个包含 I 的闭区间上，我们就可以把黎曼–斯蒂尔切斯上积分 $\overline{\int}_I f \mathrm{d}\alpha$ 和黎曼–斯蒂尔切斯下积分 $\underline{\int}_I f \mathrm{d}\alpha$ 分别定义为

$$\overline{\int}_I f \mathrm{d}\alpha = \inf \left\{ p.c. \int_I g \mathrm{d}\alpha : g \text{ 是定义在 } I \text{ 上的分段常数函数，并且它从上方控制 } f \right\}$$

和

$$\underline{\int}_I f \mathrm{d}\alpha = \sup \left\{ p.c. \int_I g \mathrm{d}\alpha : g \text{ 是定义在 } I \text{ 上的分段常数函数，并且它从下方控制 } f \right\}.$$

因此，如果黎曼–斯蒂尔切斯上积分和黎曼–斯蒂尔切斯下积分相等，那么我们称 f 在 I 上关于 α 是黎曼–斯蒂尔切斯可积的，此时令

$$\int_I f \mathrm{d}\alpha = \overline{\int}_I f \mathrm{d}\alpha = \underline{\int}_I f \mathrm{d}\alpha.$$

如前所述，当 α 是恒等函数 $\alpha(x) = x$ 时，黎曼–斯蒂尔切斯积分就等于黎曼积分，所以黎曼–斯蒂尔切斯积分是黎曼积分的一个推广（稍后在推论 11.10.3 中，我们将对这两种积分做另外的比较）. 基于这个原因，我们有时把 $\int_I f$ 写作 $\int_I f \mathrm{d}x$ 或 $\int_I f(x) \mathrm{d}x$.

于是，剩下的绝大部分（并非全部）黎曼积分理论可以毫无困难地推广到黎曼–斯蒂尔切斯积分中去，只需把黎曼积分替换成黎曼–斯蒂尔切斯积分，并把长度替换成 α-长度就可以了. 但有些结论在黎曼–斯蒂尔切斯积分中是不成立的. 当 α 在某些关键的地方间断时，定理 11.4.1(g)、命题 11.5.3 及命题 11.5.6 不一定成

立（如果 f 和 α 都在同一点处间断，那么 $\int_I f\,\mathrm{d}\alpha$ 可能没有定义）. 但定理 11.5.1 依然成立（习题 11.8.4）.

习　　题

11.8.1 证明引理 11.8.4.（提示：修改定理 11.1.13 的证明.）

11.8.2 叙述并证明关于黎曼–斯蒂尔切斯积分的命题 11.2.13.

11.8.3 叙述并证明关于黎曼–斯蒂尔切斯积分的定理 11.2.16.

11.8.4 叙述并证明关于黎曼–斯蒂尔切斯积分的定理 11.5.1.

11.8.5 设 $\mathrm{sgn}:\mathbb{R}\to\mathbb{R}$ 是符号函数

$$\mathrm{sgn}(x)=\begin{cases}1 & \text{若 } x>0,\\ 0 & \text{若 } x=0,\\ -1 & \text{若 } x<0,\end{cases}$$

$f:[-1,1]\to\mathbb{R}$ 是一个连续函数，证明：f 关于 sgn 是黎曼–斯蒂尔切斯可积的，并且

$$\int_{[-1,1]} f\,\mathrm{d}\,\mathrm{sgn}=2f(0).$$

（提示：对每个 $\varepsilon>0$，找到从上方控制 f 和从下方控制 f 的分段常数函数，使得它们的黎曼–斯蒂尔切斯积分是 ε-接近于 $2f(0)$ 的.）

11.9　微积分的两个基本定理

我们现在已有足够的工具把积分学和微分学通过熟悉的微积分基本定理联系起来. 事实上，这样的定理有两个：一个涉及积分的导数，另一个涉及导数的积分.

定理 11.9.1（微积分第一基本定理）　设 $a<b$ 都是实数，$f:[a,b]\to\mathbb{R}$ 是黎曼可积的函数，并设 $F:[a,b]\to\mathbb{R}$ 是函数

$$F(x)=\int_{[a,x]} f,$$

那么 F 是连续的. 另外，如果 $x_0\in[a,b]$ 且 f 在 x_0 处连续，那么 F 在 x_0 处可微且 $F'(x_0)=f(x_0)$.

证明　因为 f 是黎曼可积的，所以它是有界的（根据定义 11.3.4），于是存在某个实数 M 使得对所有的 $x\in[a,b]$ 均有 $-M\leqslant f(x)\leqslant M$.

现在设 $x<y$ 是 $[a,b]$ 中的两个元素，那么由定理 11.4.1(h) 知

$$F(y)-F(x)=\int_{[a,y]} f-\int_{[a,x]} f=\int_{[x,y]} f.$$

根据定理 11.4.1(e)，我们有

$$\int_{[x,y]} f \leqslant \int_{[x,y]} M = p.c. \int_{[x,y]} M = M(y-x)$$

和

$$\int_{[x,y]} f \geqslant \int_{[x,y]} -M = p.c. \int_{[x,y]} -M = -M(y-x),$$

从而当 $y > x$ 时，有

$$|F(y) - F(x)| \leqslant M(y-x).$$

通过交换 x 和 y 的位置，我们得到当 $x > y$ 时，有

$$|F(y) - F(x)| \leqslant M(x-y).$$

另外，当 $x = y$ 时，我们有 $F(y) - F(x) = 0$. 因此在上述三种情形下，均有

$$|F(y) - F(x)| \leqslant M|x - y|.$$

这意味着 F 是一致连续的（实际上它是利普希茨连续的，见习题 10.2.6），因此是连续的.

现在设 $x_0 \in [a, b]$ 且 f 在 x_0 处连续，任意选取一个 $\varepsilon > 0$，那么由连续性知，我们能找到一个 $\delta > 0$ 使得 $|f(x) - f(x_0)| \leqslant \varepsilon$ 对区间 $I = [x_0 - \delta, x_0 + \delta] \cap [a, b]$ 中的所有元素 x 均成立. 换言之，

$$f(x_0) - \varepsilon \leqslant f(x) \leqslant f(x_0) + \varepsilon \ \text{对所有的} \ x \in I \ \text{均成立}.$$

现在我们证明，对所有的 $y \in I$ 都有

$$|F(y) - F(x_0) - f(x_0)(y - x_0)| \leqslant \varepsilon |y - x_0|.$$

在证明了这个不等式之后，我们进一步利用命题 10.1.7 可以推导出 F 在 x_0 处是可微的，并且导数为 $F'(x_0) = f(x_0)$，这就是要证明的结论.

现在固定 $y \in I$，此时存在三种可能的情形. 如果 $y = x_0$，那么 $F(y) - F(x_0) - f(x_0)(y - x_0) = 0$，从而结论显然成立. 如果 $y > x_0$，那么

$$F(y) - F(x_0) = \int_{[x_0, y]} f.$$

由于 $x_0, y \in I$ 且 I 是一个连通集，因此 $[x_0, y]$ 是 I 的子集，从而我们有

$$f(x_0) - \varepsilon \leqslant f(x) \leqslant f(x_0) + \varepsilon \ \text{对所有的} \ x \in [x_0, y] \ \text{均成立},$$

于是

$$(f(x_0) - \varepsilon)(y - x_0) \leqslant \int_{[x_0, y]} f \leqslant (f(x_0) + \varepsilon)(y - x_0).$$

特别地,

$$|F(y) - F(x_0) - f(x_0)(y - x_0)| \leqslant \varepsilon|y - x_0|.$$

结论得证. $y < x_0$ 的情形是类似的, 这部分内容的证明留给读者.　　　　□

例 11.9.2　回顾我们在习题 9.8.5 中构造的单调函数 $f : \mathbb{R} \to \mathbb{R}$, 它在每个有理数点处是间断的, 而在其他任何地方都是连续的. 由命题 11.6.1 知这个单调函数在 $[0,1]$ 上是黎曼可积的. 如果我们把 $F : [0,1] \to \mathbb{R}$ 定义为 $F(x) = \int_{[0,x]} f$, 那么 F 是一个连续函数且它在每个无理数点处都可微. 另外, F 在每个有理数点处都不可微, 参见习题 11.9.1.

通俗地说, 微积分第一基本定理断定, 在给定了关于 f 的某些特定假设前提下,

$$\left(\int_{[a,x]} f\right)'(x) = f(x).$$

粗略地说, 这意味着积分的导数变回了原来的函数. 现在我们证明反过来的命题, 即导数的积分变回了原来的函数.

定义 11.9.3（原函数）　设 I 是一个有界区间, 并设 $f : I \to \mathbb{R}$ 是一个函数, 如果函数 $F : I \to \mathbb{R}$ 在 I 上可微, 并且对 I 的所有极限点 x 均有 $F'(x) = f(x)$, 那么我们称 F 是 f 的原函数.

定理 11.9.4（微积分第二基本定理）　设 $a \leqslant b$ 是实数, 并设 $f : [a,b] \to \mathbb{R}$ 是一个黎曼可积的函数, 如果 $F : [a,b] \to \mathbb{R}$ 是 f 的原函数, 那么

$$\int_{[a,b]} f = F(b) - F(a).$$

证明　当 $a = b$ 时, 这个结论是平凡的. 不妨设 $a < b$, 此时 $[a,b]$ 中的每个点都是极限点.

我们将使用黎曼和. 思路是证明对 $[a,b]$ 的每个划分 P 都有

$$U(f,P) \geqslant F(b) - F(a) \geqslant L(f,P).$$

第一个不等式断定了 $F(b) - F(a)$ 是 $\{U(f,P) : P \text{ 是 } [a,b] \text{ 的划分}\}$ 的一个下界; 第二个不等式断定了 $F(b) - F(a)$ 是 $\{L(f,P) : P \text{ 是 } [a,b] \text{ 的划分}\}$ 的一个上界. 根据命题 11.3.12 知, 这意味着

$$\overline{\int}_{[a,b]} f \geqslant F(b) - F(a) \geqslant \underline{\int}_{[a,b]} f.$$

因为 f 被假定是黎曼可积的, 所以黎曼上积分和黎曼下积分都等于 $\int_{[a,b]} f$, 据此得到了要证明的结论.

我们要证 $U(f,P) \geqslant F(b) - F(a) \geqslant L(f,P)$. 我们只证明第一个不等式 $U(f,P) \geqslant F(b) - F(a)$，另一个不等式的证明与之类似.

设 P 是 $[a,b]$ 的一个划分，根据引理 11.8.4 得（由命题 10.1.10 知 F 是连续的）

$$F(b) - F(a) = \sum_{J \in P} F[J] = \sum_{J \in P; J \neq \varnothing} F[J].$$

根据定义，我们有

$$U(f,P) = \sum_{J \in P; J \neq \varnothing} \sup_{x \in J} f(x)|J|.$$

因此，只需证明对所有的 $J \in P$（除了空集）都有

$$F[J] \leqslant \sup_{x \in J} f(x)|J|$$

就可以了.

当 J 是单元素集时，结论显然成立，因为上式两端都等于零. 现在假设 $J = [c,d]$、$(c,d]$、$[c,d)$ 或 (c,d)，其中 $c < d$，于是上式左端等于 $F[J] = F(d) - F(c)$（注意，由于 F 是连续的，因此我们可以使用 $F[J]$ 的简化公式 (11.1)）. 而根据中值定理知，存在某个 $e \in J$ 使得 $F(d) - F(c) = (d-c)F'(e)$. 因为 $F'(e) = f(e)$，所以

$$F[J] = (d-c)f(e) = f(e)|J| \leqslant \sup_{x \in J} f(x)|J|.$$

这就是要证明的结论. $\qquad\square$

当然，正如你所察觉到的那样，只要能找到被积函数 f 的一个原函数，你就可以利用微积分第二基本定理相对容易地计算积分. 注意，微积分第一基本定理保证了每个黎曼可积的连续函数都有一个原函数. 关于不连续的函数，情况会变得更复杂. 这是研究生水平的实分析课题，我们在此不对它进行讨论. 另外，并不是每个存在原函数的函数都是黎曼可积的. 例如，考虑具有如下定义的函数 $F : [-1,1] \to \mathbb{R}$，当 $x \neq 0$ 时 $F(x) = x^2 \sin(1/x^3)$，当 $x = 0$ 时 $F(0) = 0$. 由于 F 在区间的任何地方都可微，（为什么？）因此 F' 有原函数. 但 F' 是无界的，（为什么？）从而 F' 不是黎曼可积的.

现在我们停下来说一下原函数中的 "$+C$" 叙述.

引理 11.9.5 设 I 是一个有界区间，$f : I \to \mathbb{R}$ 是一个函数，并设 $F : I \to \mathbb{R}$ 和 $G : I \to \mathbb{R}$ 是 f 的两个原函数，那么存在一个实数 C，使得对所有的 $x \in I$ 均有 $F(x) = G(x) + C$.

证明 参见习题 11.9.2. $\qquad\square$

习　题

11.9.1 设 $f: [0,1] \to \mathbb{R}$ 是习题 9.8.5 中的函数，证明：对任意的有理数 $q \in \mathbb{Q} \cap (0,1)$，定义为 $F(x) = \int_0^x f(y)\,\mathrm{d}y$ 的函数 $F: [0,1] \to \mathbb{R}$ 在 q 处不可微.

11.9.2 证明引理 11.9.5.［提示：对函数 $F - G$ 使用中值定理（推论 10.2.9）或命题 10.3.3. 你也可以利用微积分第二基本定理来证明该引理，（如何证？）但你必须注意，我们没有假定 f 是黎曼可积的.］

11.9.3 设 $a < b$ 是实数，$f: [a,b] \to \mathbb{R}$ 是单调递增的函数，$F: [a,b] \to \mathbb{R}$ 是函数 $F(x) = \int_{[a,x]} f$，并设 x_0 是 (a,b) 中的元素，证明：F 在 x_0 处可微，当且仅当 f 在 x_0 处连续.（提示：在充分性和必要性中，有一个可以使用微积分基本定理来证明. 对于另一个，考虑 f 的左极限和右极限，并使用反证法.）

11.10　基本定理的推论

我们现在可以给出微积分基本定理的一些有用推论（除了知道原函数时我们可以计算积分这一明显的应用）. 第一个应用是我们熟悉的分部积分法.

命题 11.10.1（分部积分法） 设 $I = [a,b]$，$F: [a,b] \to \mathbb{R}$ 和 $G: [a,b] \to \mathbb{R}$ 都是 $[a,b]$ 上的可微函数，并且 F' 和 G' 在 I 上都黎曼可积，那么我们有

$$\int_{[a,b]} FG' = F(b)G(b) - F(a)G(a) - \int_{[a,b]} F'G.$$

证明　参见习题 11.10.1.　　　　　　　　　　　　　　　　　　　□

接下来证明，在某些特定的条件下，我们可以把一个黎曼–斯蒂尔切斯积分写成黎曼积分. 我们从分段常数函数开始.

定理 11.10.2 设 $\alpha: [a,b] \to \mathbb{R}$ 是一个在 $[a,b]$ 上单调递增的可微函数，并且 α' 是黎曼可积的，并设 $f: [a,b] \to \mathbb{R}$ 是 $[a,b]$ 上的分段常数函数，那么 $f\alpha'$ 在 $[a,b]$ 上黎曼可积，并且

$$\int_{[a,b]} f\,\mathrm{d}\alpha = \int_{[a,b]} f\alpha'.$$

证明　由 f 是分段常数函数知 f 是黎曼可积的. 因为 α' 也是黎曼可积的，所以根据定理 11.4.5 知，$f\alpha'$ 是黎曼可积的.

假设 f 是关于 $[a,b]$ 的某个划分 P 的分段常数函数，那么我们可以假定 P 不包含空集，于是

$$\int_{[a,b]} f\,\mathrm{d}\alpha = p.c. \int_{[P]} f\,\mathrm{d}\alpha = \sum_{J \in P} c_J \alpha[J],$$

其中，c_J 是 f 在 J 上的常数值. 另外，由定理 11.4.1(h)（把它推广到任意长度

的划分上，为什么这种推广可以成立？）得

$$\int_{[a,b]} f\alpha' = \sum_{J \in P} \int_J f\alpha' = \sum_{J \in P} \int_J c_J \alpha' = \sum_{J \in P} c_J \int_J \alpha'.$$

根据微积分第二基本定理（定理 11.9.4）得 $\int_J \alpha' = \alpha[J]$，结论得证。　　□

推论 11.10.3 设 $\alpha : [a,b] \to \mathbb{R}$ 是一个在 $[a,b]$ 上单调递增的可微函数，并且 α' 是黎曼可积的，并设 $f : [a,b] \to \mathbb{R}$ 是 $[a,b]$ 上关于 α 黎曼-斯蒂尔切斯可积的函数，那么 $f\alpha'$ 在 $[a,b]$ 上是黎曼可积的，并且

$$\int_{[a,b]} f\,\mathrm{d}\alpha = \int_{[a,b]} f\alpha'.$$

证明 注意，因为 f 和 α' 都是有界的，所以 $f\alpha'$ 也一定是有界的。另外，由于 α 既单调递增又可微，因此 α' 是非负的。

设 $\varepsilon > 0$，那么我们能够找到一个在 $[a,b]$ 上从上方控制 f 的分段常数函数 $\overline{f}$ 和一个在 $[a,b]$ 上从下方控制 f 的分段常数函数 $\underline{f}$，它们使得

$$\int_{[a,b]} f\,\mathrm{d}\alpha - \varepsilon \leqslant \int_{[a,b]} \underline{f}\,\mathrm{d}\alpha \leqslant \int_{[a,b]} \overline{f}\,\mathrm{d}\alpha \leqslant \int_{[a,b]} f\,\mathrm{d}\alpha + \varepsilon.$$

根据定理 11.10.2 得

$$\int_{[a,b]} f\,\mathrm{d}\alpha - \varepsilon \leqslant \int_{[a,b]} \underline{f}\alpha' \leqslant \int_{[a,b]} \overline{f}\alpha' \leqslant \int_{[a,b]} f\,\mathrm{d}\alpha + \varepsilon.$$

因为 α' 是非负的且 $\underline{f}$ 从下方控制 f，所以 $\underline{f}\alpha'$ 从下方控制 $f\alpha'$，于是 $\underline{\int}_{[a,b]} \underline{f}\alpha' \leqslant \underline{\int}_{[a,b]} f\alpha'$.（为什么？）因此

$$\int_{[a,b]} f\,\mathrm{d}\alpha - \varepsilon \leqslant \underline{\int}_{[a,b]} f\alpha'.$$

类似地，有

$$\overline{\int}_{[a,b]} f\alpha' \leqslant \int_{[a,b]} f\,\mathrm{d}\alpha + \varepsilon.$$

由于对任意的 $\varepsilon > 0$，这些不等式都成立，因此一定有

$$\int_{[a,b]} f\,\mathrm{d}\alpha \leqslant \underline{\int}_{[a,b]} f\alpha' \leqslant \overline{\int}_{[a,b]} f\alpha' \leqslant \int_{[a,b]} f\,\mathrm{d}\alpha.$$

据此可以得出结论。　　□

注 11.10.4 通俗地说，推论 11.10.3 断定当 α 可微时，$f\,\mathrm{d}\alpha$ 与 $f\frac{\mathrm{d}\alpha}{\mathrm{d}x}\mathrm{d}x$ 在本质上是等价的。但黎曼-斯蒂尔切斯积分的优点在于，当 α 不可微时，积分也是有意义的。

现在我们来建立熟知的变量替换公式。首先我们需要一个预备引理。

引理 11.10.5（**变量替换公式 I**）设 $[a, b]$ 是一个闭区间，并设 $\phi : [a, b] \to [\phi(a), \phi(b)]$ 是一个单调递增的连续函数，$f : [\phi(a), \phi(b)] \to \mathbb{R}$ 是 $[\phi(a), \phi(b)]$ 上的分段常数函数，那么 $f \circ \phi : [a, b] \to \mathbb{R}$ 是 $[a, b]$ 上的分段常数函数，并且

$$\int_{[a,b]} f \circ \phi \, \mathrm{d}\phi = \int_{[\phi(a), \phi(b)]} f.$$

证明　我们给出证明的框架，其中的细节留到习题 11.10.2 中补充完整. 设 P 是 $[\phi(a), \phi(b)]$ 的一个使得 f 是关于 P 的分段常数函数的划分，我们不妨假设 P 不包含空集，对每个 $J \in P$，令 c_J 表示 f 在 J 上的常数值，于是

$$\int_{[\phi(a), \phi(b)]} f = \sum_{J \in P} c_J |J|.$$

对每个区间 J，设 $\phi^{-1}(J)$ 表示集合 $\phi^{-1}(J) = \{x \in [a, b] : \phi(x) \in J\}$，那么 $\phi^{-1}(J)$ 是连通的，（为什么？）从而它是一个区间. 此外，c_J 还是 $f \circ \phi$ 在 $\phi^{-1}(J)$ 上的常数值.（为什么？）于是如果我们定义 $Q = \{\phi^{-1}(J) : J \in P\}$，那么 Q 是 $[a, b]$ 的一个划分，（为什么？）并且 $f \circ \phi$ 是关于 Q 的分段常数函数.（为什么？）因此

$$\int_{[a,b]} f \circ \phi \, \mathrm{d}\phi = \int_{[Q]} f \circ \phi \, \mathrm{d}\phi = \sum_{J \in P} c_J \phi[\phi^{-1}(J)].$$

而 $\phi[\phi^{-1}(J)] = |J|$，（为什么？）结论得证.　　　　　　　　　　□

命题 11.10.6（**变量替换公式 II**）设 $[a, b]$ 是一个闭区间，并设 $\phi : [a, b] \to [\phi(a), \phi(b)]$ 是一个单调递增的连续函数，$f : [\phi(a), \phi(b)] \to \mathbb{R}$ 是 $[\phi(a), \phi(b)]$ 上的黎曼可积函数，那么 $f \circ \phi : [a, b] \to \mathbb{R}$ 在 $[a, b]$ 上关于 ϕ 是黎曼–斯蒂尔切斯可积的，并且

$$\int_{[a,b]} f \circ \phi \, \mathrm{d}\phi = \int_{[\phi(a), \phi(b)]} f.$$

证明　就像由定理 11.10.2 推导出推论 11.10.3 那样，本结论可以按照类似的方法从引理 11.10.5 中推导出. 首先注意，因为 f 是黎曼可积的，所以它是有界的，从而 $f \circ \phi$ 也一定是有界的.（为什么？）

设 $\varepsilon > 0$，那么我们能找到一个在 $[\phi(a), \phi(b)]$ 上从上方控制 f 的分段常数函数 $\overline{f}$ 和一个在 $[\phi(a), \phi(b)]$ 上从下方控制 f 的分段常数函数 $\underline{f}$，它们使得

$$\int_{[\phi(a), \phi(b)]} f - \varepsilon \leqslant \int_{[\phi(a), \phi(b)]} \underline{f} \leqslant \int_{[\phi(a), \phi(b)]} \overline{f} \leqslant \int_{[\phi(a), \phi(b)]} f + \varepsilon.$$

根据引理 11.10.5 得

$$\int_{[\phi(a), \phi(b)]} f - \varepsilon \leqslant \int_{[a,b]} \underline{f} \circ \phi \, \mathrm{d}\phi \leqslant \int_{[a,b]} \overline{f} \circ \phi \, \mathrm{d}\phi \leqslant \int_{[\phi(a), \phi(b)]} f + \varepsilon.$$

因为 $\underline{f} \circ \phi$ 是从下方控制 $f \circ \phi$ 的分段常数函数, 所以

$$\int_{[a,b]} \underline{f} \circ \phi \, \mathrm{d}\phi \leqslant \underline{\int}_{[a,b]} f \circ \phi \, \mathrm{d}\phi.$$

类似地, 有

$$\int_{[a,b]} \overline{f} \circ \phi \, \mathrm{d}\phi \geqslant \overline{\int}_{[a,b]} f \circ \phi \, \mathrm{d}\phi.$$

因此

$$\int_{[\phi(a),\phi(b)]} f - \varepsilon \leqslant \underline{\int}_{[a,b]} f \circ \phi \, \mathrm{d}\phi \leqslant \overline{\int}_{[a,b]} f \circ \phi \, \mathrm{d}\phi \leqslant \int_{[\phi(a),\phi(b)]} f + \varepsilon.$$

因为 $\varepsilon > 0$ 是任意的, 所以上式蕴涵

$$\int_{[\phi(a),\phi(b)]} f \leqslant \underline{\int}_{[a,b]} f \circ \phi \, \mathrm{d}\phi \leqslant \overline{\int}_{[a,b]} f \circ \phi \, \mathrm{d}\phi \leqslant \int_{[\phi(a),\phi(b)]} f.$$

据此可以得出结论. $\qquad\square$

把这个公式与推论 11.10.3 结合在一起, 我们马上就能得到下面这个熟悉的公式.

命题 11.10.7（变量替换公式 III） 设 $[a,b]$ 是一个闭区间, 并设 $\phi : [a,b] \to [\phi(a),\phi(b)]$ 是一个单调递增的可微函数, 并且它使得 ϕ' 是黎曼可积的, $f : [\phi(a), \phi(b)] \to \mathbb{R}$ 是 $[\phi(a),\phi(b)]$ 上的黎曼可积函数, 那么 $(f \circ \phi)\phi' : [a,b] \to \mathbb{R}$ 在 $[a,b]$ 上是黎曼可积的, 并且

$$\int_{[a,b]} (f \circ \phi)\phi' = \int_{[\phi(a),\phi(b)]} f.$$

习 题

11.10.1 证明命题 11.10.1.［提示：首先利用推论 11.5.2 和定理 11.4.5 证明 FG' 和 $F'G$ 都是黎曼可积的. 再使用乘积法则（定理 10.1.13(d)）.］

11.10.2 把引理 11.10.5 的证明中标注了（为什么?）的细节补充完整.

11.10.3 设 $a < b$ 是实数, $f : [a,b] \to \mathbb{R}$ 是黎曼可积的函数, 并设 $g : [-b, -a] \to \mathbb{R}$ 被定义为 $g(x) = f(-x)$, 证明: g 也是黎曼可积的且 $\int_{[-b,-a]} g = \int_{[a,b]} f$.

11.10.4 如果把命题 11.10.7 中单调递增的 ϕ 替换成单调递减的 ϕ, 那么该命题将变成什么样?（当 ϕ 既不单调递增也不单调递减时, 情况将会明显复杂很多.）

第 二 部 分

第 12 章　度量空间

12.1　定义和例子

在定义 6.1.5 中，我们定义了实数序列 $(x_n)_{n=m}^{\infty}$ 收敛于某个实数 x. 实际上，这意味着对任意的 $\varepsilon > 0$，存在一个 $N \geqslant m$ 使得 $|x - x_n| \leqslant \varepsilon$ 对所有的 $n \geqslant N$ 均成立. 此时，我们记 $\lim_{n \to \infty} x_n = x$.

从直观上看，当序列 $(x_n)_{n=m}^{\infty}$ 收敛于某个极限 x 时，意味着序列中的元素 x_n 最终将以某种方式无限接近 x. 对此事更精确的表述方法是，引入关于两个实数 x 和 y 的距离函数 $d(x, y) = |x - y|$（例如，$d(3, 5) = 2$，$d(5, 3) = 2$ 和 $d(3, 3) = 0$）. 于是，我们有如下引理.

引理 12.1.1　设 $(x_n)_{n=m}^{\infty}$ 是一个实数序列，并设 x 是一个实数，那么 $(x_n)_{n=m}^{\infty}$ 收敛于 x，当且仅当 $\lim_{n \to \infty} d(x_n, x) = 0$.

证明　参见习题 12.1.1.　　　　　　　　　　　　　　　　　　　　　□

现在，我们来推广收敛的概念. 这样我们不仅能对实数序列取极限，还可以对复数序列、向量序列、矩阵序列、函数序列，甚至是序列的序列取极限. 一种可行的方法是，每处理一类新的对象时，我们重新定义一次收敛的概念. 但不难想到，这种做法会让人很快感到枯燥乏味. 一种更高效的方法是，抽象地定义一类更一般化的空间——它包含实数空间、复数空间及向量空间等标准空间——并对这些空间一次性定义收敛的概念.（空间是指由某种特定类型的对象全体构成的集合，比如，全体实数的空间、全体 3×3 矩阵的空间等. 从数学角度来说，空间和集合之间没有太大的区别，但与随机的集合相比，空间会包含更多的结构. 例如，实数空间包含加法、乘法这样的运算，但普通的集合就没有这些运算.）

实际上，存在两类非常有用的空间：第一类是我们将要研究的度量空间；另一类是更一般的拓扑空间. 虽然拓扑空间也是非常重要的，但我们只在 13.5 节中对它进行简单的介绍.

粗略地说，度量空间就是任意一个包含距离 $d(x, y)$ 的空间 X，并且这个距离还应满足某些合理的性质. 更准确地说，我们有

定义 12.1.2（度量空间）　度量空间 (X, d) 是一个空间 X（X 中的元素被称

作点），并且 X 还包含了一个距离函数或度量 $d: X \times X \to [0, \infty)$，它把 X 中的每对点 (x, y) 对应到一个非负实数 $d(x, y) \geqslant 0$ 上．此外，这个度量还必须满足下面四条公理：

(a) 对任意的 $x \in X$，我们有 $d(x, x) = 0$；

(b) （正性）对任意两个不同的 $x, y \in X$，我们有 $d(x, y) > 0$；

(c) （对称性）对任意的 $x, y \in X$，我们有 $d(x, y) = d(y, x)$；

(d) （三角不等式）对任意的 $x, y, z \in X$，我们有 $d(x, z) \leqslant d(x, y) + d(y, z)$.

在很多情况下，我们能清楚地知道度量 d 是什么，从而可以把 (X, d) 简写成 X.

注 12.1.3 上面的条件 (a) 和 (b) 可以写成如下形式：对任意的 $x, y \in X$，我们有 $d(x, y) = 0$，当且仅当 $x = y$．（这种说法为什么等价于 (a) 和 (b)？）

例 12.1.4（实直线）设 $\mathbb{R}$ 是实数集，并设 $d: \mathbb{R} \times \mathbb{R} \to [0, \infty)$ 是前面所说的度量 $d(x, y) = |x - y|$，那么 $(\mathbb{R}, d)$ 是一个度量空间（习题 12.1.2）．我们把 d 称作 $\mathbb{R}$ 上的标准度量．在没有特殊说明的前提下，只要我们提到度量空间 $\mathbb{R}$，其度量指的就是标准度量 d.

例 12.1.5（导出的度量空间）设 (X, d) 是任意一个度量空间，并设 Y 是 X 的一个子集，那么我们可以把度量函数 $d: X \times X \to [0, \infty)$ 限制到 $X \times X$ 的子集 $Y \times Y$ 上，从而构造出一个限制在 Y 上的度量函数 $d|_{Y \times Y}: Y \times Y \to [0, \infty)$，它被称作由 X 上的度量 d 导出的 Y 上的度量．$(Y, d|_{Y \times Y})$ 是一个度量空间（习题 12.1.4），被称作由 Y 导出的 (X, d) 的子空间．譬如，在例 12.1.4 中，对任意一个实数子集（比如整数集 $\mathbb{Z}$ 或区间 $[a, b]$ 等），实直线上的度量都能导出该子集上的一个度量空间结构.

例 12.1.6（欧几里得空间）设 $n \geqslant 1$ 是一个自然数，并设 $\mathbb{R}^n$ 是 n 元有序实数组空间

$$\mathbb{R}^n = \{(x_1, x_2, \cdots, x_n) : x_1, \cdots, x_n \in \mathbb{R}\}.$$

我们定义欧几里得度量（也称 l^2 度量）$d_{l^2}: \mathbb{R}^n \times \mathbb{R}^n \to \mathbb{R}$ 为

$$d_{l^2}((x_1, \cdots, x_n), (y_1, \cdots, y_n)) = \sqrt{(x_1 - y_1)^2 + \cdots + (x_n - y_n)^2}$$
$$= \left(\sum_{i=1}^{n} (x_i - y_i)^2 \right)^{1/2}.$$

那么，当 $n = 2$ 时，有 $d_{l^2}((1, 6), (4, 2)) = \sqrt{(-3)^2 + 4^2} = 5$．这个度量等于由勾股定理给出的两点 $(x_1, x_2, \cdots, x_n)$ 和 $(y_1, y_2, \cdots, y_n)$ 之间的几何距离．（我们还要注意，尽管几何的确给出一些非常重要的度量空间实例，但仍有可能存在一些几

何特征不明显的度量空间. 下面就给出一些这样的例子.) 证明 "$(\mathbb{R}^n, d)$ 确实是一个度量空间" 可以看作一个几何过程 (例如, 三角不等式断言在三角形中, 任意一条边的长度总是小于或等于另外两条边的长度之和), 也可以利用代数方法证明 (见习题 12.1.6). 我们称 $(\mathbb{R}^n, d_{l^2})$ 是一个 n 维欧几里得空间. 延续例 12.1.4 的说法, 在没有特殊说明的前提下, 只要我们提到度量空间 $\mathbb{R}^n$, 其度量指的就是欧几里得度量.

例 12.1.7 (出租车度量) 同样, 设 $n \geqslant 1$, 并且 $\mathbb{R}^n$ 仍像例 12.1.6 那样定义. 但现在我们使用另一个不同的度量 d_{l^1}, 它被称作出租车度量 (或者 l^1 度量), 其定义为

$$d_{l^1}((x_1, x_2, \cdots, x_n), (y_1, y_2, \cdots, y_n)) = |x_1 - y_1| + \cdots + |x_n - y_n|$$
$$= \sum_{i=1}^n |x_i - y_i|.$$

于是, 当 $n = 2$ 时, 有 $d_{l^1}((1,6),(4,2)) = 3 + 4 = 7$. 这个度量之所以被称为出租车度量, 是因为倘若出租车只能沿着坐标方向 (北、南、东、西) 行驶而不允许走对角线, 那么出租车从一点驶向另一点所经过的距离就是 d_{l^1}. 由此可知, 这个度量至少与欧几里得度量一样大, 其中欧几里得度量测量的是 "直线" 距离. 我们可以断言空间 $(\mathbb{R}^n, d_{l^1})$ 也是一个度量空间 (见习题 12.1.7). 虽然这些度量并不完全相同, 但对所有的 $\boldsymbol{x}$ 和 $\boldsymbol{y}$ 均有下列不等式成立 (见习题 12.1.8)

$$d_{l^2}(\boldsymbol{x}, \boldsymbol{y}) \leqslant d_{l^1}(\boldsymbol{x}, \boldsymbol{y}) \leqslant \sqrt{n} d_{l^2}(\boldsymbol{x}, \boldsymbol{y}). \tag{12.1}$$

注 12.1.8 出租车度量可以在很多领域发挥作用, 比如在纠错码理论中. 由 n 个二进制数组成的一个数串可以看作 $\mathbb{R}^n$ 中的一个元素, 比如二进制数串 10010 可以看作 $\mathbb{R}^5$ 中的点 $(1,0,0,1,0)$. 于是, 两个二进制数串之间的出租车距离就等于这两个数串中不相同的比特个数, 例如 $d_{l^1}(10010, 10101) = 3$. 纠错码的目标是把每条信息 (例如, 一个字母) 都编码成一个二进制数串, 并使各个二进制数串彼此之间的出租车距离尽可能远. 这样大大降低了由于二进制数串的改变所造成的误传机率, 而二进制数串发生改变又是由随机干扰导致的. 同时, 这也使能够发现这种误传并予以修复的概率达到最大.

例 12.1.9 (上确界范数度量) 设 $n \geqslant 1$, 并且 $\mathbb{R}^n$ 的定义如前所述. 现在我们使用一个全新的度量 d_{l^∞}, 它被称作上确界范数度量 (或者 l^∞ 度量), 其定义为

$$d_{l^\infty}((x_1, x_2, \cdots, x_n), (y_1, y_2, \cdots, y_n)) = \sup\{|x_i - y_i| : 1 \leqslant i \leqslant n\}.$$

若 $n = 2$, 则 $d_{l^\infty}((1,6),(4,2)) = \sup(3,4) = 4$. 空间 $(\mathbb{R}^n, d_{l^\infty})$ 也是一个度量空

间（习题 12.1.9）. l^∞ 度量与 l^2 度量之间的关系可以这样表述：对所有的 $\boldsymbol{x}$ 和 $\boldsymbol{y}$ 均有（见习题 12.1.10）

$$\frac{1}{\sqrt{n}}d_{l^2}(\boldsymbol{x},\boldsymbol{y}) \leqslant d_{l^\infty}(\boldsymbol{x},\boldsymbol{y}) \leqslant d_{l^2}(\boldsymbol{x},\boldsymbol{y}). \tag{12.2}$$

注 12.1.10 l^1 度量、l^2 度量和 l^∞ 度量都是更一般的 l^p 度量的特殊情形，其中 $p \in [1,\infty]$. 但本书不讨论这些更一般的度量.

例 12.1.11（离散度量） 设 X 是任意一个集合（可以是有限集，也可以是无限集），并给出离散度量 d_{disc} 的如下定义：当 $x = y$ 时，$d_{\mathrm{disc}}(x,y) = 0$；当 $x \neq y$ 时，$d_{\mathrm{disc}}(x,y) = 1$. 按照这个度量，所有点之间的距离都是一样的. 空间 (X, d_{disc}) 是一个度量空间（习题 12.1.11）. 因此，每个集合 X 上都至少有一个度量.

例 12.1.12（测地距离）（非正式的）设 X 是球面 $\{(x,y,z) \in \mathbb{R}^3 : x^2+y^2+z^2 = 1\}$，并设 $d((x,y,z),(x',y',z'))$ 是从点 (x,y,z) 沿球面 X 到点 (x',y',z') 的最短曲线长度（这条曲线实际上是大圆的一段弧. 在这里我们不对它进行证明，因为证明将会用到多元微积分的知识，而这些知识超过了本书的范围），这让 X 成为一个度量空间. 读者应该不难证明（不使用任何关于球面的几何知识）根据这个定义几乎可以直接推导出三角不等式.

例 12.1.13（最短路径）（非正式的）在现实生活中，度量空间的例子比比皆是. 例如，X 可以是当前连接互联网的所有计算机组成的集合，$d(x,y)$ 是从计算机 x 传输数据到计算机 y 所需连接的最小个数. 比如，当 x 和 y 不直接连接而是同时连接到计算机 z 上时，那么 $d(x,y) = 2$. 假如互联网中的所有计算机最终都能连接到其他全体计算机上（从而 $d(x,y)$ 总是有限的），那么 (X,d) 就是一个度量空间.（为什么？）像"六度分离"这样的游戏也是发生在类似的度量空间中的.（这里的空间是什么？度量是什么？）又或者，X 可以是一个大城市，而 $d(x,y)$ 表示驾车从 x 到 y 需要花费的最短时间.（尽管这个空间在现实中可能并不满足定义 12.1.2(c).）

既然有了度量空间，那么我们就可以在这些空间上定义收敛.

定义 12.1.14（度量空间中序列的收敛） 设 m 是一个整数，(X,d) 是一个度量空间，并设 $(x^{(n)})_{n=m}^{\infty}$ 是 X 中的点列（对任意的自然数 $n \geqslant m$，我们假设 $x^{(n)}$ 是 X 中的元素）. 设 x 是 X 中的一个点，我们称 $(x^{(n)})_{n=m}^{\infty}$ 依度量 d 收敛于 x，当且仅当极限 $\lim_{n\to\infty} d(x^{(n)},x)$ 存在且等于 0. 换句话说，$(x^{(n)})_{n=m}^{\infty}$ 依度量 d 收敛于 x，当且仅当对任意的 $\varepsilon > 0$，存在一个 $N \geqslant m$ 使得 $d(x^{(n)},x) \leqslant \varepsilon$

对所有的 $n \geqslant N$ 均成立. (这两个定义为什么是等价的?)

注 12.1.15 根据引理 12.1.1 知, 这个定义推广了已有的实数序列收敛的概念. 在很多情况下, 我们能清楚地知道度量 d 是什么. 在不引起混淆的前提下, 我们通常只说 "$(x^{(n)})_{n=m}^{\infty}$ 收敛于 x", 而不是 "$(x^{(n)})_{n=m}^{\infty}$ 依度量 d 收敛于 x". 有时我们也把这个过程记作 "当 $n \to \infty$ 时, $x^{(n)} \to x$".

注 12.1.16 上述定义中的上标 n 没有什么特殊的含义, 它只不过是一个虚拟变量. 例如, "$(x^{(n)})_{n=m}^{\infty}$ 收敛于 x" 与 "$(x^{(k)})_{k=m}^{\infty}$ 收敛于 x" 意思相同. 为了方便, 我们有时会更改上标. 比如, 当变量 n 已经被用在其他地方时, 上标就会改用其他的记号来表示. 类似地, 序列 $x^{(n)}$ 也不一定非要用上标 (n) 来表示. 上述定义同样适用于序列 x_n 或函数 $f(n)$. 实际上, 这个定义适用于任何依赖 n 且在 X 中取值的表达式. 最后, 从习题 6.1.3 和习题 6.1.4 中可以看出, 序列的起点 m 对于取极限是无关紧要的. 如果 $(x^{(n)})_{n=m}^{\infty}$ 收敛于 x, 那么对任意的 $m' \geqslant m$, $(x^{(n)})_{n=m'}^{\infty}$ 也收敛于 x.

例 12.1.17 我们来考察具有标准欧几里得度量 d_{l^2} 的欧几里得空间 $\mathbb{R}^2$. 设 $(\boldsymbol{x}^{(n)})_{n=1}^{\infty}$ 是 $\mathbb{R}^2$ 中的序列 $\boldsymbol{x}^{(n)} = (1/n, 1/n)$, 也就是说, 我们要考察的序列是 $(1, 1), (1/2, 1/2), (1/3, 1/3), \cdots$, 那么这个序列依欧几里得度量 d_{l^2} 收敛于 $(0, 0)$, 因为

$$\lim_{n \to \infty} d_{l^2}(\boldsymbol{x}^{(n)}, (0,0)) = \lim_{n \to \infty} \sqrt{\frac{1}{n^2} + \frac{1}{n^2}} = \lim_{n \to \infty} \frac{\sqrt{2}}{n} = 0.$$

又因为

$$\lim_{n \to \infty} d_{l^1}(\boldsymbol{x}^{(n)}, (0,0)) = \lim_{n \to \infty} \frac{1}{n} + \frac{1}{n} = \lim_{n \to \infty} \frac{2}{n} = 0,$$

所以序列 $(\boldsymbol{x}^{(n)})_{n=1}^{\infty}$ 也依出租车度量 d_{l^1} 收敛于 $(0, 0)$. 类似地, 这个序列还依上确界范数度量 d_{l^∞} 收敛于 $(0, 0)$. (为什么?) 但是, 由于

$$\lim_{n \to \infty} d_{\text{disc}}(\boldsymbol{x}^{(n)}, (0,0)) = \lim_{n \to \infty} 1 = 1 \neq 0,$$

因此依离散度量 d_{disc} 序列 $(\boldsymbol{x}^{(n)})_{n=1}^{\infty}$ 不收敛于 $(0, 0)$. 所以, 序列的收敛性与所使用的度量有关[①].

在上面这四种度量——欧几里得度量、出租车度量、上确界范数度量及离散度量——中, 判别收敛性其实是相当容易的.

---

① 引入一个有点古怪的生活实例. 我们可以给城市设定一个 "汽车度量" $d(x, y)$, 其中 $d(x, y)$ 表示驾车从 x 到 y 需要花费的时间. 我们还可以给城市设定一个 "步行度量" $d(x, y)$, 这里的 $d(x, y)$ 指的是从 x 步行到 y 需要花费的时间. (为了方便论述, 我们假设这些度量都是对称的, 尽管在现实生活中并不总是如此.) 我们容易想到下面这样的例子: 依其中一个度量, 两点间的距离很近; 但依另一个度量, 两点间的距离就变得很远.

命题 12.1.18（l^1, l^2, l^∞ 的等价性） 设 $\mathbb{R}^n$ 是一个欧几里得空间，并设 $(\boldsymbol{x}^{(k)})_{k=m}^\infty$ 是 $\mathbb{R}^n$ 中的一个点列，我们记 $\boldsymbol{x}^{(k)} = (x_1^{(k)}, x_2^{(k)}, \cdots, x_n^{(k)})$. 也就是说，当 $j = 1, 2, \cdots, n$ 时，$x_j^{(k)} \in \mathbb{R}$ 是 $\boldsymbol{x}^{(k)} \in \mathbb{R}^n$ 的第 j 个坐标分量. 设 $\boldsymbol{x} = (x_1, \cdots, x_n)$ 是 $\mathbb{R}^n$ 中的一个点，那么下面四个命题是等价的：

(a) $(\boldsymbol{x}^{(k)})_{k=m}^\infty$ 依欧几里得度量 d_{l^2} 收敛于 $\boldsymbol{x}$；

(b) $(\boldsymbol{x}^{(k)})_{k=m}^\infty$ 依出租车度量 d_{l^1} 收敛于 $\boldsymbol{x}$；

(c) $(\boldsymbol{x}^{(k)})_{k=m}^\infty$ 依上确界范数度量 d_{l^∞} 收敛于 $\boldsymbol{x}$；

(d) 对每个 $1 \leqslant j \leqslant n$，序列 $(\boldsymbol{x}^{(k)})_{k=m}^\infty$ 收敛于 x_j. （注意，这是一个实数序列，而不是 $\mathbb{R}^n$ 中的点列.）

证明 参见习题 12.1.12. □

换句话说，序列依欧几里得度量、出租车度量及上确界范数度量收敛，当且仅当该序列的每个坐标分量所构成的序列都各自收敛. 因为命题 12.1.18 中的 (a)、(b) 和 (c) 是等价的，所以 $\mathbb{R}^n$ 上的欧几里得度量、出租车度量及上确界范数度量是等价的.（欧几里得度量、出租车度量及上确界范数度量可以推广到无限维的情况，但那时三者并不等价，见习题 12.1.15.）

就离散度量而言，序列收敛的情况是非常罕见的：如果序列能够收敛，那么该序列最终必定会变成一个常数.

命题 12.1.19（依离散度量收敛） 设 X 是任意一个集合，d_{disc} 是 X 上的离散度量，并设 $(x^{(n)})_{n=m}^\infty$ 是 X 中的一个点列，x 是 X 中的一个点，那么 $(x^{(n)})_{n=m}^\infty$ 依离散度量 d_{disc} 收敛于 x，当且仅当存在一个 $N \geqslant m$ 使得对所有的 $n \geqslant N$ 均有 $x^{(n)} = x$.

证明 参见习题 12.1.13. □

现在我们来证明收敛序列的一个基本事实：序列最多只能收敛于一个点.

命题 12.1.20（极限的唯一性） 设 (X, d) 是一个度量空间，并设 $(x^{(n)})_{n=m}^\infty$ 是 X 中的一个序列，如果存在两个点 $x, x' \in X$ 使得 $(x^{(n)})_{n=m}^\infty$ 依度量 d 收敛于 x，并且 $(x^{(n)})_{n=m}^\infty$ 还依度量 d 收敛于 x'，那么 $x = x'$.

证明 参见习题 12.1.14. □

根据上述命题，我们可以放心地引入下列符号：如果 $(x^{(n)})_{n=m}^\infty$ 依度量 d 收敛于 x，那么记 $d - \lim_{n \to \infty} x^{(n)} = x$，或者在不引起混淆的前提下，简记为 $\lim_{n \to \infty} x^{(n)} = x$. 例如，在 $(\frac{1}{n}, \frac{1}{n})$ 的例子中，我们有

$$d_{l^2} - \lim_{n \to \infty} \left(\frac{1}{n}, \frac{1}{n} \right) = d_{l^1} - \lim_{n \to \infty} \left(\frac{1}{n}, \frac{1}{n} \right) = (0, 0),$$

但是 $d_{\mathrm{disc}} - \lim_{n\to\infty}(\frac{1}{n}, \frac{1}{n})$ 是无定义的. 可见, $d - \lim_{n\to\infty} x^{(n)}$ 的含义与 d 是什么有关. 但命题 12.1.20 告诉我们, 一旦 d 被固定下来, $d - \lim_{n\to\infty} x^{(n)}$ 最多只能有一个值.（当然还有极限不存在的情况, 有些序列是不收敛的.）根据引理 12.1.1, 我们注意到这里极限的定义推广了定义 6.1.8 中的极限概念.

注 12.1.21 对于一个序列, 可能会有这样的状况发生：该序列依某个度量收敛于某一点, 但它又依另一个度量收敛于另一点. 当然, 这样的例子通常都是人们刻意造出来的. 例如, 设 $X = [0, 1]$, 其中 $[0, 1]$ 是从 0 到 1 的闭区间, 使用通常的度量 d, 我们能得到 $d - \lim_{n\to\infty} \frac{1}{n} = 0$. 现在我们按照以下方式"交换" 0 和 1. 设 $f : [0, 1] \to [0, 1]$ 是一个函数, 它使得 $f(0) = 1, f(1) = 0$, 并且对任意的 $x \in (0, 1)$ 均有 $f(x) = x$. 接下来定义 $d'(x, y) = d(f(x), f(y))$, 那么 (X, d') 仍是一个度量空间,（为什么?）但此时有 $d' - \lim_{n\to\infty} \frac{1}{n} = 1$. 所以, 改变空间上的度量能够极大地影响空间上的收敛性（也称作拓扑）. 关于拓扑的进一步讨论, 参见 13.5 节.

习 题

12.1.1 证明引理 12.1.1.

12.1.2 证明：具有度量 $d(x, y) = |x - y|$ 的实直线的确是一个度量空间.（提示：你可以回顾一下命题 4.3.3 的证明.）

12.1.3 设 X 是一个集合, 并设 $d : X \times X \to [0, \infty)$ 是一个函数.

(a) 给出一个 (X, d) 的例子, 使其满足定义 12.1.2 中的 (b)、(c)、(d), 但不满足 (a).（提示：修改离散度量.）

(b) 给出一个 (X, d) 的例子, 使其满足定义 12.1.2 中的 (a)、(c)、(d), 但不满足 (b).

(c) 给出一个 (X, d) 的例子, 使其满足定义 12.1.2 中的 (a)、(b)、(d), 但不满足 (c).

(d) 给出一个 (X, d) 的例子, 使其满足定义 12.1.2 中的 (a)、(b)、(c), 但不满足 (d).（提示：试着使用 X 是有限集的例子.）

12.1.4 证明：例 12.1.5 中定义的 $(Y, d|_{Y \times Y})$ 确实是一个度量空间.

12.1.5 设 $n \geqslant 1$, 并设 $a_1, a_2, \cdots, a_n$ 和 $b_1, b_2, \cdots, b_n$ 都是实数, 证明：恒等式

$$\left(\sum_{i=1}^{n} a_i b_i\right)^2 + \frac{1}{2} \sum_{i=1}^{n} \sum_{j=1}^{n} (a_i b_j - a_j b_i)^2 = \left(\sum_{i=1}^{n} a_i^2\right) \left(\sum_{j=1}^{n} b_j^2\right),$$

并推导出柯西–施瓦茨不等式

$$\left|\sum_{i=1}^{n} a_i b_i\right| \leqslant \left(\sum_{i=1}^{n} a_i\right)^{1/2} \left(\sum_{j=1}^{n} b_j^2\right)^{1/2}. \tag{12.3}$$

然后利用柯西–施瓦茨不等式证明三角不等式

$$\left(\sum_{i=1}^{n} (a_i + b_i)^2\right)^{1/2} \leqslant \left(\sum_{i=1}^{n} a_i^2\right)^{1/2} + \left(\sum_{j=1}^{n} b_j^2\right)^{1/2}.$$

12.1.6 证明：例 12.1.6 中的 $(\mathbb{R}^n, d_{l2})$ 确实是一个度量空间.（提示：利用习题 12.1.5.）

12.1.7 证明：例 12.1.7 中的 $(\mathbb{R}^n, d_{l1})$ 确实是一个度量空间.

12.1.8 证明式 (12.1) 中的两个不等式.（提示：对于第一个不等式，不等式两端同时取平方. 对于第二个不等式，利用习题 12.1.5.）

12.1.9 证明：例 12.1.9 中的 $(\mathbb{R}^n, d_{l\infty})$ 确实是一个度量空间.

12.1.10 证明式 (12.2) 中的两个不等式.

12.1.11 证明：例 12.1.11 中的 (X, d_{disc}) 确实是一个度量空间.

12.1.12 证明命题 12.1.18.

12.1.13 证明命题 12.1.19.

12.1.14 证明命题 12.1.20.（提示：修改命题 6.1.7 的证明.）

12.1.15 设

$$X = \left\{ (a_n)_{n=0}^{\infty} : \sum_{n=0}^{\infty} |a_n| < \infty \right\}$$

是绝对收敛序列的空间，在这个空间上，定义 l^1 度量和 l^{∞} 度量分别为

$$d_{l1}((a_n)_{n=0}^{\infty}, (b_n)_{n=0}^{\infty}) = \sum_{n=0}^{\infty} |a_n - b_n|,$$

$$d_{l\infty}((a_n)_{n=0}^{\infty}, (b_n)_{n=0}^{\infty}) = \sup_{n \in \mathbb{N}} |a_n - b_n|.$$

证明：两者皆为 X 上的度量，并且存在一个由 X 中的元素构成的序列 $x^{(1)}, x^{(2)}, \ldots$（序列的序列），它依度量 $d_{l\infty}$ 收敛但不依度量 d_{l1} 收敛. 反过来，证明：任何一个依度量 d_{l1} 收敛的序列必定依度量 $d_{l\infty}$ 收敛.

12.1.16 设 $(x_n)_{n=1}^{\infty}$ 和 $(y_n)_{n=1}^{\infty}$ 是度量空间 (X, d) 中的两个序列，如果 $(x_n)_{n=1}^{\infty}$ 收敛于点 $x \in X$，并且 $(y_n)_{n=1}^{\infty}$ 收敛于点 $y \in X$，证明：$\lim_{n \to \infty} d(x_n, y_n) = d(x, y)$.（提示：多次使用三角不等式.）

12.2　度量空间中的一些点集拓扑知识

定义了度量空间上的收敛运算之后，现在我们来定义一些其他的相关概念，包括开集、闭集、内部、外部、边界及附着点. 对这些概念的研究被称作点集拓扑，我们将在 13.5 节中再次谈到这部分内容.

首先，我们需要引入度量球（或者简称为球）的概念.

定义 12.2.1（球） 设 (X, d) 是一个度量空间，x_0 是 X 中的一点，并设 $r > 0$，我们把 X 中依度量 d 以 x_0 为中心、半径等于 r 的球 $B_{(X,d)}(x_0, r)$ 定义为集合

$$B_{(X,d)}(x_0, r) = \{x \in X : d(x, x_0) < r\}.$$

如果我们清楚地知道度量空间 (X, d) 是什么，那么 $B_{(X,d)}(x_0, r)$ 可以简记为 $B(x_0, r)$.

例 12.2.2 在具有欧几里得度量 d_{l^2} 的空间 $\mathbb{R}^2$ 中，球 $B_{(\mathbb{R}^2, d_{l^2})}((0,0), 1)$ 是一个开的圆盘：

$$B_{(\mathbb{R}^2, d_{l^2})}((0,0), 1) = \{(x,y) \in \mathbb{R}^2 : x^2 + y^2 < 1\}.$$

但是，如果使用出租车度量 d_{l^1}，那么我们会得到一个菱形：

$$B_{(\mathbb{R}^2, d_{l^1})}((0,0), 1) = \{(x,y) \in \mathbb{R}^2 : |x| + |y| < 1\}.$$

倘若使用离散度量，那么这个球会退化成单独一个点：

$$B_{(\mathbb{R}^2, d_{\text{disc}})}((0,0), 1) = \{(0,0)\}.$$

但如果把球的半径增加到大于 1，那么它就是整个 $\mathbb{R}^2$.（为什么？）

例 12.2.3 在具有通常度量 d 的空间 $\mathbb{R}$ 中，开区间 $(3,7)$ 就是度量球 $B_{(\mathbb{R}, d)}(5, 2)$.

注 12.2.4 注意，半径 r 越小，球 $B(x_0, r)$ 就越小. 然而，根据定义 12.1.2(a) 知，只要 r 是正数，球 $B(x_0, r)$ 就至少包含一个点，即中心 x_0.（我们不考虑半径为 0 或负数的球，因为它们都是空集.）

利用度量球，我们可以在度量空间 X 中取一个集合 E，并把 X 中的点划分成三类：E 的内点、E 的外点和 E 的边界点.

定义 12.2.5（内点、外点和边界点） 设 (X, d) 是一个度量空间，E 是 X 的子集，并设 x_0 是 X 中的一点，如果能找到一个半径 $r > 0$ 使得 $B(x_0, r) \subseteq E$，那么我们称 x_0 是 E 的内点. 如果能找到一个半径 $r > 0$ 使得 $B(x_0, r) \cap E = \varnothing$，那么我们称 x_0 是 E 的外点. 如果 x_0 既不是 E 的内点也不是 E 的外点，那么我们称 x_0 是 E 的边界点.

E 的所有内点构成的集合叫作 E 的内部，有时记作 $\text{int}(E)$. E 的所有外点构成的集合叫作 E 的外部，有时记作 $\text{ext}(E)$. E 的所有边界点构成的集合叫作 E 的边界，有时记作 $\partial(E)$.

注 12.2.6 如果 x_0 是 E 的内点，那么 x_0 实际上就是 E 中的元素，因为球 $B(x_0, r)$ 总是包含其中心 x_0 的. 反过来，如果 x_0 是 E 的外点，那么 x_0 不可能是 E 中的元素. 特别地，x_0 不可能同时既是 E 的内点，又是 E 的外点. 如果 x_0 是 E 的边界点，那么它有可能是 E 中的元素，也有可能不在 E 中. 下面给出一些例子.

例 12.2.7 我们考察具有标准度量 d 的实直线 $\mathbb{R}$. 设 E 是半开区间 $E = [1, 2)$，点 1.5 是 E 的内点，因为我们可以在 E 中找到一个以 1.5 为中心的球（例如 $B(1.5, 0.1)$）. 点 3 是 E 的外点，因为我们能找到一个以 3 为中心且与 E 不相交的球（例如 $B(3, 0.1)$）. 但点 1 和 2 既不是 E 的内点也不是 E 的外点, 因此它们是 E 的边界点. 由此可见, $\text{int}(E) = (1, 2), \text{ext}(E) = (-\infty, 1) \cup (2, \infty)$, 并且 $\partial E = \{1, 2\}$. 注意, 有一个边界点是 E 中的元素, 另一个则不是.

例 12.2.8　如果集合 X 具有离散度量 d_{disc}, 设 E 是 X 的任意一个子集, 那么 E 的每个元素都是 E 的内点, 任何不包含在 E 中的点都是 E 的外点, 而且 E 没有边界点, 参见习题 12.2.1.

定义 12.2.9（闭包）　设 (X, d) 是一个度量空间, E 是 X 的一个子集, 并设 x_0 是 X 中的一点, 如果对任意的半径 $r > 0$, 球 $B(x_0, r)$ 与 E 的交集总是非空的, 那么我们称 x_0 是 E 的附着点. E 的所有附着点构成的集合叫作 E 的闭包, 记作 $\overline{E}$.

注意, 这些概念与定义 9.1.8 和定义 9.1.10 中给出的实直线上的相应概念是一致的.（为什么?）

下列命题把附着点与内点、边界点及收敛联系了起来.

命题 12.2.10　设 (X, d) 是一个度量空间, E 是 X 的一个子集, 并设 x_0 是 X 中的一点, 那么下述命题在逻辑上是等价的:

(a) x_0 是 E 的附着点;

(b) x_0 要么是 E 的内点, 要么是 E 的边界点;

(c) 在 E 中能够找到一个依度量 d 收敛于点 x_0 的序列 $(x_n)_{n=1}^{\infty}$.

证明　参见习题 12.2.2.　　　　　　　　　　　　　　　　　　　　□

根据命题 12.2.10 中的 (a) 等价于 (b), 我们可以得到一个直接推论.

推论 12.2.11　设 (X, d) 是一个度量空间, 并设 E 是 X 的一个子集, 那么 $\overline{E} = \text{int}(E) \cup \partial E = X \setminus \text{ext}(E)$.

就像之前注释的那样, 集合 E 的边界点可能属于 E, 也可能不属于 E. 根据边界点的具体位置, 我们可以称一个集合是开的、闭的, 或者既不是开的也不是闭的.

定义 12.2.12（开集和闭集）　设 (X, d) 是一个度量空间, 并设 E 是 X 的一个子集, 如果 E 包含了它的所有边界点, 即 $\partial E \subseteq E$, 那么我们称 E 是闭的. 如果 E 不包含它的任何边界点, 即 $\partial E \cap E = \varnothing$, 那么我们称 E 是开的. 如果 E 只包含了它的一部分边界点, 而不包含其他边界点, 那么 E 既不是开的也不是闭的.

例 12.2.13　我们来考察具有标准度量 d 的实直线 $\mathbb{R}$ 上的集合. 由于集合 $(1, 2)$ 不包含其边界点 1 和 2 中的任何一个, 因此它是开的. 集合 $[1, 2]$ 包含了它的所有边界点 1 和 2, 所以 $[1,2]$ 是闭的. 集合 $[1,2)$ 包含了它的一个边界点 1, 但不包含另一个边界点 2, 因此 $[1,2)$ 既不是开的也不是闭的.

注 12.2.14 如果一个集合没有边界, 那么它既是开的又是闭的. 例如, 在度量空间 (X,d) 中, 整个空间 X 是没有边界的, (X 中的每个点都是 X 的内点, 为什么?) 因此 X 既是开的又是闭的. 空集 $\varnothing$ 也没有边界, ($\varnothing$ 中的每个点都是它的外点, 为什么?), 所以 $\varnothing$ 既是开的又是闭的. 在很多情形中, 这两个集合是仅有的既开又闭的集合, 但也会有例外. 譬如, 当使用离散度量 d_{disc} 时, 所有集合都既是开的又是闭的. (为什么?)

从注释中我们可以看出, "开的" 和 "闭的" 这两个概念并不是互相否定的. 有些集合是既开又闭的, 但有些集合既不是开的也不是闭的. 由此可见, 如果我们知道 E 不是开集, 那么据此断言 E 是闭集就错了. 类似地, 由 E 不是闭集也推不出 E 是开集. 命题 12.2.15(e) 给出了开集和闭集之间的正确关系.

现在, 我们再给出一些有关开集和闭集的性质.

命题 12.2.15 (开集和闭集的基本性质) 设 (X,d) 是一个度量空间.

(a) 设 E 是 X 的一个子集, 那么 E 是开的, 当且仅当 $E = \mathrm{int}(E)$. 换句话说, E 是开的, 当且仅当对任意的 $x \in E$, 存在一个 $r > 0$ 使得 $B(x,r) \subseteq E$.

(b) 设 E 是 X 的一个子集, 那么 E 是闭的, 当且仅当 E 包含了它的所有附着点. 换句话说, E 是闭的, 当且仅当对 E 中的任意一个收敛序列 $(x_n)_{n=m}^{\infty}$, 都有 $\lim_{n\to\infty} x_n$ 的极限值属于 E.

(c) 对任意的 $x_0 \in X$ 和 $r > 0$, 球 $B(x_0, r)$ 都是开集. 集合 $\{x \in X : d(x,x_0) \leqslant r\}$ 是一个闭集 (这个集合有时被称作以 x_0 为中心、半径为 r 的闭球).

(d) 任何一个单元素集 $\{x_0\}$, 其中 $x_0 \in X$, 都是闭的.

(e) 如果 E 是 X 的一个子集, 那么 E 是开的, 当且仅当它的补集 $X \setminus E = \{x \in X : x \notin E\}$ 是闭的.

(f) 如果 $E_1, \cdots, E_n$ 是 X 中有限个开集, 那么 $E_1 \cap E_2 \cap \cdots \cap E_n$ 也是开的. 如果 $F_1, \cdots, F_n$ 是 X 中有限个闭集, 那么 $F_1 \cup F_2 \cup \cdots \cup F_n$ 也是闭的.

(g) 如果 $\{E_\alpha\}_{\alpha \in I}$ 是 X 中的一簇开集 (这里的指标集 I 可以是有限的、可数的或不可数的), 那么并集 $\bigcup_{\alpha \in I} E_\alpha = \{x \in X :$ 存在某个 $\alpha \in I$ 使得 $x \in E_\alpha\}$ 也是开的. 如果 $\{F_\alpha\}_{\alpha \in I}$ 是 X 中的一簇闭集, 那么交集 $\bigcap_{\alpha \in I} F_\alpha = \{x \in X :$ 对所有的 $\alpha \in I$ 均有 $x \in F_\alpha\}$ 也是闭的.

(h) 如果 E 是 X 的任意一个子集,那么 int(E) 是包含在 E 中的最大开集. 换句话说,int(E) 是开集,并且对任意给定的其他开集 $V \subseteq E$ 均有 $V \subseteq$ int(E). 类似地,$\overline{E}$ 是包含 E 的最小闭集. 换句话说,$\overline{E}$ 是闭集,并且对任意给定的其他闭集 $K \supseteq E$ 均有 $K \supseteq \overline{E}$.

证明 参见习题 12.2.3. □

习　　题

12.2.1 证明例 12.2.8 中的结论.

12.2.2 证明命题 12.2.10.(提示:对某些蕴涵关系的证明需要用到选择公理,就像在引理 8.4.5 中那样.)

12.2.3 证明命题 12.2.15.(提示:你可以使用命题前面的部分证明后面的部分.)

12.2.4 设 (X, d) 是一个度量空间,x_0 是 X 中的一点,并设 $r > 0$. 设 B 是开球 $B = B(x_0, r) = \{x \in X : d(x, x_0) < r\}$,并设 C 是闭球 $C = \{x \in X : d(x, x_0) \leqslant r\}$.
(a) 证明:$\overline{B} \subseteq C$.
(b) 举例说明,存在度量空间 (X, d)、点 x_0 及半径 $r > 0$ 使得 $\overline{B}$ 不等于 C.

12.3　相对拓扑

当定义像开集和闭集这样的概念时,我们曾提到这些概念都依赖于所使用的度量. 例如,在实直线 $\mathbb{R}$ 上,如果我们使用通常的度量 $d(x, y) = |x - y|$,那么集合 $\{1\}$ 就不是开集. 但若使用离散度量 d_{disc},那么 $\{1\}$ 就是一个开集.(为什么?)

然而,度量并不是决定集合是开集还是闭集的唯一要素,环绕空间 X 同样可以决定集合是开的还是闭的. 下面给出一些例子.

例 12.3.1 考虑具有欧几里得度量 d_{l^2} 的平面 $\mathbb{R}^2$,在这个平面内,我们取 x 轴为 $X = \{(x, 0) : x \in \mathbb{R}\}$. 度量 d_{l^2} 可以限制在 X 上,这样就构造出 $(\mathbb{R}^2, d_{l^2})$ 的一个子空间 $(X, d_{l^2}|_{X \times X})$(从本质上来说,这个子空间就是具有通常度量的实直线 $(\mathbb{R}, d)$. 用更精确的语言来描述就是,$(X, d_{l^2}|_{X \times X})$ 等距同构于 $(\mathbb{R}, d)$,但本书不对这个概念做进一步的阐释). 现在考虑集合

$$E = \{(x, 0) : -1 < x < 1\},$$

它既是 X 的子集也是 $\mathbb{R}^2$ 的子集. 当被看作 $\mathbb{R}^2$ 的子集时,它不是开集,因为点 $(0, 0)$ 属于 E 但又不是 E 的内点.(任意一个球 $B_{(\mathbb{R}^2, d_{l^2})}(0, r)$ 都至少包含一个 x 轴以外的点,那么该点也在 E 之外.)另外,如果把 E 看作 X 的子集,那么 E 就是一个开集. E 中的每个点都是 E 关于度量空间 $(X, d_{l^2}|_{X \times X})$ 的内点. 例

如，点 $(0,0)$ 此时就是 E 的内点，因为球 $B_{(X,d_{l^2}|_{X \times X})}(0,1)$ 包含在 E 内（这个球实际上就是 E）。

例 12.3.2 考虑具有标准度量 d 的实直线 $\mathbb{R}$，设 X 是包含在 $\mathbb{R}$ 内的区间 $X = (-1,1)$，我们可以通过把度量 d 限制在 X 上来构造一个 $(\mathbb{R}, d)$ 的子空间 $(X, d|_{X \times X})$。现在我们考察集合 $[0,1)$。它不是 $\mathbb{R}$ 中的闭集，因为点 1 是 $[0,1)$ 的附着点，但又不包含在 $[0,1)$ 中。但如果把 $[0,1)$ 看作 X 的子集，那么 $[0,1)$ 就变成了闭集。点 1 不是 X 中的元素，从而它也就不再是 $[0,1)$ 的附着点，那么此时 $[0,1)$ 包含了它的所有附着点。

为了弄清楚这种区别，我们给出一个定义。

定义 12.3.3（**相对拓扑**）设 (X, d) 是一个度量空间，Y 是 X 的一个子集，并设 E 是 Y 的一个子集，如果 E 在度量子空间 $(Y, d|_{Y \times Y})$ 中是开的，那么我们称 E 是关于 Y 相对开的。类似地，如果 E 在度量子空间 $(Y, d|_{Y \times Y})$ 中是闭的，那么我们称 E 是关于 Y 相对闭的。

X 中的开集（或闭集）与 Y 中的相对开集（或相对闭集）具有如下关系。

命题 12.3.4 设 (X, d) 是一个度量空间，Y 是 X 的一个子集，并设 E 是 Y 的一个子集。

(a) E 是关于 Y 相对开的，当且仅当存在 X 中的开集 $V \subseteq X$ 使得 $E = V \cap Y$。

(b) E 是关于 Y 相对闭的，当且仅当存在 X 中的闭集 $K \subseteq X$ 使得 $E = K \cap Y$。

证明 我们只证明 (a)，并把 (b) 的证明留作习题 12.3.1。首先，假设 E 是关于 Y 相对开的，从而 E 是度量空间 $(Y, d|_{Y \times Y})$ 中的开集。于是，对任意的 $x \in E$，存在一个半径 $r > 0$ 使得球 $B_{(Y, d|_{Y \times Y})}(x, r)$ 包含在 E 中，这里的半径 r 与 x 有关。为了强调这一点，我们用 r_x 来代替 r。于是，对任意的 $x \in E$，球 $B_{(Y, d|_{Y \times Y})}(x, r_x)$ 包含在 E 中。（注意，这里我们使用了选择公理，即命题 8.4.7。）

接下来，我们考察集合
$$V = \bigcup_{x \in E} B_{(X,d)}(x, r_x),$$
它是 X 的一个子集。由命题 12.2.15 中的 (c) 和 (g) 知，V 是一个开集。现在我们来证明 $E = V \cap Y$。显然，E 中的任意一点 x 都属于 $V \cap Y$，因为 x 同时属于集合 Y 和球 $B_{(X,d)}(x, r_x)$，从而也属于 V。现在假设 y 是 $V \cap Y$ 中的一点，那么由 $y \in V$ 可以推导出，存在一个 $x \in E$ 使得 $y \in B_{(X,d)}(x, r_x)$。因为 y 也属于

Y, 所以 $y \in B_{(Y,d|_{Y\times Y})}(x, r_x)$. 根据 r_x 的定义知 $y \in E$. 因此, 我们找到了一个开集 V 使得 $E = V \cap Y$.

现在我们反过来证明. 假设存在某个开集 V 使得 $E = V \cap Y$, 那么我们要证明的是 E 是关于 Y 相对开的. 设 x 是 E 中的任意一点, 那么我们必须证明在度量空间 $(Y, d|_{Y\times Y})$ 中, x 是 E 的内点. 由 $x \in E$ 知 $x \in V$. 因为 V 是 X 中的开集, 所以存在一个半径 $r > 0$ 使得 $B_{(X,d)}(x, r)$ 包含在 V 中. 严格地说, 由于 r 与 x 有关, 因此我们应当把 r 记作 r_x. 但在本段论述中, 我们只使用单独一个 x (这与上一段论述刚好相反), 所以这里没必要给 r 添加下标. 由 $E = V \cap Y$ 知 $B_{(X,d)}(x, r) \cap Y$ 包含在 E 中, 但 $B_{(X,d)}(x, r) \cap Y$ 与 $B_{(Y,d|_{Y\times Y})}(x, r)$ 恰好是一样的, (为什么?) 因此 $B_{(Y,d|_{Y\times Y})}(x, r)$ 包含在 E 中. 于是在度量空间 $(Y, d|_{Y\times Y})$ 中, x 是 E 的内点. 结论得证. □

习　题

12.3.1 证明命题 12.3.4(b).

12.4　柯西序列和完备度量空间

现在, 我们把第 6 章中有关序列极限的绝大多数理论推广到一般的度量空间中. 我们先来推广定义 6.6.1 中子序列的概念.

定义 12.4.1 (子序列) 设 $(x^{(n)})_{n=m}^{\infty}$ 是度量空间 (X, d) 中的一个点列, 并设 $n_1, n_2, n_3, \cdots$ 是一个单调递增的整数序列, 并且每一项都大于或等于 m, 即

$$m \leqslant n_1 < n_2 < n_3 < \cdots,$$

我们称序列 $(x^{(n_j)})_{j=1}^{\infty}$ 是序列 $(x^{(n)})_{n=m}^{\infty}$ 的子序列.

例 12.4.2 在 $\mathbb{R}^2$ 中, 序列 $((\frac{1}{j^2}, \frac{1}{j^2}))_{j=1}^{\infty}$ 是序列 $((\frac{1}{n}, \frac{1}{n}))_{n=1}^{\infty}$ 的子序列 (其中 $n_j = j^2$). 序列 $1, 1, 1, 1, \cdots$ 是 $1, 0, 1, 0, 1, \cdots$ 的子序列.

如果一个序列是收敛的, 那么它的任意一个子序列也是收敛的.

引理 12.4.3 设 $(x^{(n)})_{n=m}^{\infty}$ 是 (X, d) 中收敛于极限 x_0 的序列, 那么它的每个子序列 $(x^{(n_j)})_{j=1}^{\infty}$ 也收敛于 x_0.

证明 参见习题 12.4.1. □

另外, 当一个序列不收敛时, 它的子序列仍有可能收敛. 例如, 序列 $1, 0, 1, 0, 1, \cdots$ 不收敛, 但它的某些子序列 (比如 $1, 1, 1, \cdots$) 是收敛的. 为了定量地描述此事, 我们对定义 6.4.1 做如下推广.

定义 12.4.4（极限点）设 $(x^{(n)})_{n=m}^{\infty}$ 是度量空间 (X, d) 中的一个点列，并设 $L \in X$，我们称 L 是 $(x^{(n)})_{n=m}^{\infty}$ 的一个极限点，当且仅当对任意的 $N \geqslant m$ 和 $\varepsilon > 0$，存在一个 $n \geqslant N$ 使得 $d(x^{(n)}, L) \leqslant \varepsilon$.

命题 12.4.5 设 $(x^{(n)})_{n=m}^{\infty}$ 是度量空间 (X, d) 中的一个点列，并设 $L \in X$，那么下列说法是等价的：

- L 是 $(x^{(n)})_{n=m}^{\infty}$ 的一个极限点；
- 在序列 $(x^{(n)})_{n=m}^{\infty}$ 中，存在一个收敛于 L 的子序列 $(x^{(n_j)})_{j=1}^{\infty}$.

证明 参见习题 12.4.2. □

接下来，我们回顾一下定义 6.1.3（亦可参见定义 5.1.8）中柯西序列的概念.

定义 12.4.6（柯西序列）设 $(x^{(n)})_{n=m}^{\infty}$ 是度量空间 (X, d) 中的一个点列，我们称该序列是一个柯西序列，当且仅当对任意的 $\varepsilon > 0$，存在一个 $N \geqslant m$ 使得 $d(x^{(j)}, x^{(k)}) < \varepsilon$ 对所有的 $j, k \geqslant N$ 均成立.

引理 12.4.7（收敛序列是柯西序列）设 $(x^{(n)})_{n=m}^{\infty}$ 是 (X, d) 中收敛于极限 x_0 的序列，那么 $(x^{(n)})_{n=m}^{\infty}$ 是一个柯西序列.

证明 参见习题 12.4.3. □

容易证明，柯西序列的子序列仍然是柯西序列.（为什么？）然而，并非每个柯西序列都是收敛的.

例 12.4.8（非正式的）考虑度量空间 $(\mathbb{Q}, d)$ 中的序列（$\mathbb{Q}$ 是具有通常度量 $d(x, y) = |x - y|$ 的有理数集）

$$3, 3.1, 3.14, 3.141, 3.1415, \cdots,$$

虽然该序列在 $\mathbb{R}$ 中是收敛的（收敛于 π），但它在 $\mathbb{Q}$ 中并不收敛（因为 $\pi \notin \mathbb{Q}$，而且一个序列不可能收敛于两个不同的极限）.

因此，在某些度量空间中，柯西序列不一定收敛. 但是，如果柯西序列存在一个收敛的子序列，那么这个柯西序列一定收敛（收敛于同一个极限）.

引理 12.4.9 设 $(x^{(n)})_{n=m}^{\infty}$ 是 (X, d) 中的柯西序列，如果该序列在 X 中存在一个收敛于极限 x_0 的子序列 $(x^{(n_j)})_{j=1}^{\infty}$，那么序列 $(x^{(n)})_{n=m}^{\infty}$ 也收敛于 x_0.

证明 参见习题 12.4.4. □

在例 12.4.8 中，我们看到这样一个度量空间的例子：该空间含有不收敛的柯西序列. 但在定理 6.4.18 中，度量空间 $(\mathbb{R}, d)$ 中的每个柯西序列都有极限. 由此引入下面这个定义.

定义 12.4.10（完备度量空间） 称度量空间 (X,d) 是完备的，当且仅当 (X,d) 中的每个柯西序列在 (X,d) 中都收敛.

例 12.4.11 根据定理 6.4.18 知，实数空间 $(\mathbb{R},d)$ 是完备的. 另外，由例 12.4.8 知有理数空间 $(\mathbb{Q},d)$ 不是完备的.

完备度量空间具有一些非常好的性质. 例如，完备度量空间总是闭的，不管把它放在什么样的空间中，它总是一个闭集. 更准确地说：

命题 12.4.12

(a) 设 (X,d) 是一个度量空间，并设 $(Y,d|_{Y\times Y})$ 是 (X,d) 的一个子空间，如果 $(Y,d|_{Y\times Y})$ 是完备的，那么 Y 一定是 X 中的闭集.

(b) 反过来，如果 (X,d) 是一个完备度量空间，并且 Y 是 X 的一个闭子集，那么子空间 $(Y,d|_{Y\times Y})$ 也是完备的.

证明 参见习题 12.4.7.   □

相比之下，像 $(\mathbb{Q},d)$ 这样的不完备度量空间可能在某些空间中是闭的（例如，$\mathbb{Q}$ 在 $\mathbb{Q}$ 中是闭的），但在另一些空间中不是闭的（例如，$\mathbb{Q}$ 在 $\mathbb{R}$ 中不是闭的）. 事实上，对任意一个不完备度量空间 (X,d)，我们都能把它完备化成一个更大的空间 $(\overline{X},\overline{d})$. 这里的 $(\overline{X},\overline{d})$ 是一个包含 (X,d) 的完备度量空间，而且 X 在 $\overline{X}$ 中不是闭的（实际上 X 在 $(\overline{X},\overline{d})$ 中的闭包就是 $\overline{X}$）. 参见习题 12.4.8，比如，$\mathbb{Q}$ 的一个可能的完备化就是 $\mathbb{R}$.

习　　题

12.4.1 证明引理 12.4.3.（提示：回顾命题 6.6.5 的证明.）

12.4.2 证明命题 12.4.5.（提示：回顾命题 6.6.6 的证明.）

12.4.3 证明引理 12.4.7.（提示：回顾命题 6.1.12 的证明.）

12.4.4 证明引理 12.4.9.

12.4.5 设 $(x^{(n)})_{n=m}^{\infty}$ 是度量空间 (X,d) 中的一个点列，并设 $L \in X$，证明：如果 L 是序列 $(x^{(n)})_{n=m}^{\infty}$ 的极限点，那么 L 就是集合 $\{x^{(n)} : n \geqslant m\}$ 的附着点. 逆命题成立吗？

12.4.6 证明：每个柯西序列最多有一个极限点.

12.4.7 证明命题 12.4.12.

12.4.8 下列结构推广了第 5 章中利用有理数构造实数的思想，这样我们就能把每个度量空间都看成一个完备度量空间的子空间. 下面设 (X,d) 是一个度量空间.

(a) 给定 X 中任意一个柯西序列 $(x_n)_{n=1}^{\infty}$，我们引入形式极限 $\mathrm{LIM}_{n\to\infty} x_n$. 如果两个形式极限 $\mathrm{LIM}_{n\to\infty} x_n$ 和 $\mathrm{LIM}_{n\to\infty} y_n$ 满足 $\lim_{n\to\infty} d(x_n, y_n) = 0$，那么我们称这两个形式极限是相等的. 证明：这种相等关系遵守自反性、对称性和传递性公理.

(b) 设 $\overline{X}$ 是由 X 中所有柯西序列的形式极限构成的空间，而且 $\overline{X}$ 具有上述相等关系．定义度量 $d_{\overline{X}} : \overline{X} \times \overline{X} \to [0, \infty)$ 为

$$d_{\overline{X}}\left(\operatorname*{LIM}_{n \to \infty} x_n, \operatorname*{LIM}_{n \to \infty} y_n\right) = \lim_{n \to \infty} d(x_n, y_n).$$

证明：这个函数是定义明确的（这不仅意味着极限 $\lim_{n \to \infty} d(x_n, y_n)$ 存在，还意味着该函数要满足替换公理，见引理 5.3.7），并给出 $\overline{X}$ 的度量空间结构．

(c) 证明：度量空间 $(\overline{X}, d_{\overline{X}})$ 是完备的．

(d) 我们把元素 $x \in X$ 与 $\overline{X}$ 中 x 所对应的形式极限 $\operatorname*{LIM}_{n \to \infty} x$ 等同起来．通过验证 $x = y \Longleftrightarrow \operatorname*{LIM}_{n \to \infty} x = \operatorname*{LIM}_{n \to \infty} y$ 来证明这样的做法是合理的．利用这种等同关系证明 $d(x, y) = d_{\overline{X}}(x, y)$，从而 (X, d) 可以看作 $(\overline{X}, d_{\overline{X}})$ 的子空间．

(e) 证明：X 在 $\overline{X}$ 中的闭包就是 $\overline{X}$（这解释了为什么选用记号 $\overline{X}$）．

(f) 证明：形式极限与真正的极限是一致的．因此，如果 $(x_n)_{n=1}^{\infty}$ 是 X 中任意一个柯西序列，那么在 $\overline{X}$ 中有 $\lim_{n \to \infty} x_n = \operatorname*{LIM}_{n \to \infty} x_n$．

12.5 紧度量空间

现在我们来考察点集拓扑中最有用的概念之一，即紧性．回顾海涅–博雷尔定理（定理 9.1.24）知，该定理断言实直线 $\mathbb{R}$ 的有界闭子集 X 中的每个序列都有一个收敛的子序列，并且该子序列的极限也在 X 中．反过来，只有当集合是有界闭集时，才具有这样的性质．这条性质很有用，我们给它一个名字．

定义 12.5.1（紧性） 称度量空间 (X, d) 是紧的，当且仅当 (X, d) 中的每个序列都至少有一个收敛的子序列．如果 (X, d) 的子空间 $(Y, d|_{Y \times Y})$ 是紧的，那么称 X 的子集 Y 是紧的．

注 12.5.2 集合 Y 的紧性是其内在属性，也就是说，它只与限制在 Y 上的度量函数 $d|_{Y \times Y}$ 有关，而与环绕空间 X 无关．定义 12.4.10 中的完备性概念及定义 12.5.3 中的有界性概念也都是内在的，但"开的"和"闭的"概念则不是内在属性（见 12.3 节中的讨论）．

因此，定理 9.1.24 表明，在具有通常度量的实直线 $\mathbb{R}$ 中，每个有界闭集都是紧的．反过来，每个紧集都是闭的且有界的．

现在我们来考察如何把海涅–博雷尔定理推广到其他度量空间上．

定义 12.5.3（有界集合） 设 (X, d) 是一个度量空间，并设 Y 是 X 的子集，我们称 Y 是有界的，当且仅当对每个 $x \in X$，X 中存在一个半径为 r 的球 $B(x, r)$ 包含 Y．如果 X 是有界的，那么我们称度量空间 (X, d) 是有界的．

注 12.5.4 上述定义与定义 9.1.22 中的有界集合是一致的（习题 12.5.1）．

命题 12.5.5 设 (X,d) 是一个紧度量空间，那么 (X,d) 既是完备的又是有界的.

证明 参见习题 12.5.2. □

我们从这个命题和命题 12.4.12(a) 中可以看出，对于一般的度量空间，海涅–博雷尔定理有一半是成立的.

推论 12.5.6（紧集是闭的且有界的） 设 (X,d) 是一个度量空间，并设 Y 是 X 的一个紧子集，那么 Y 是闭的且有界的.

海涅–博雷尔定理的另一半在欧几里得空间中是成立的.

定理 12.5.7（海涅–博雷尔定理） 设 $(\mathbb{R}^n,d)$ 是一个欧几里得空间，它的度量是欧几里得度量、出租车度量、上确界范数度量，并设 E 是 $\mathbb{R}^n$ 的子集，那么 E 是紧的，当且仅当 E 是一个有界闭集.

证明 参见习题 12.5.3. □

但对于更一般的度量，海涅–博雷尔定理并不成立. 例如，具有离散度量的整数集 $\mathbb{Z}$ 是一个有界闭集（实际上它是完备的），但 $\mathbb{Z}$ 不是紧的，因为 $1,2,3,4,\cdots$ 是 $\mathbb{Z}$ 中的序列，但它没有收敛的子序列.（为什么？）另一个例子参见习题 12.5.8. 然而，如果我们把闭性换成更强的完备性，并把有界性换成更强的完全有界性，那么修改后的海涅–博雷尔定理就是成立的，参见习题 12.5.10.

我们用拓扑学的语言来刻画紧性：紧集的每个开覆盖都有一个有限子覆盖.

定理 12.5.8 设 (X,d) 是一个度量空间，Y 是 X 的一个紧子集，并设 $(V_\alpha)_{\alpha\in I}$ 是 X 中的一簇开集，如果

$$Y \subseteq \bigcup_{\alpha\in I} V_\alpha$$

（集簇 $(V_\alpha)_{\alpha\in I}$ 覆盖了 Y），那么存在 I 的一个有限子集 F 使得

$$Y \subseteq \bigcup_{\alpha\in F} V_\alpha.$$

证明 利用反证法，假设不存在 I 的有限子集 F 使得 $Y \subseteq \bigcup_{\alpha\in F} V_\alpha$.

设 y 是 Y 中的任意一个元素，那么 y 至少属于一个 V_α. 因为每个 V_α 都是开的，所以必定存在一个 $r>0$ 使得 $B_{(X,d)}(y,r) \subseteq V_\alpha$. 此时，令 $r(y)$ 表示量

$$r(y) = \sup\{r\in(0,\infty): \text{存在某个 } \alpha\in I \text{ 使得 } B_{(X,d)}(y,r) \subseteq V_\alpha\},$$

那么由上述讨论知，对所有的 $y\in Y$ 都有 $r(y)>0$. 现在让 r_0 表示量

$$r_0 = \inf\{r(y): y\in Y\},$$

由于对所有的 $y \in Y$ 都有 $r(y) > 0$，因此 $r_0 \geqslant 0$. 这样就得到三种情形：$r_0 = 0$、$0 < r_0 < \infty$ 和 $r_0 = \infty$.

情形一 $r_0 = 0$. 对任意一个整数 $n \geqslant 1$，Y 中至少存在一个点 y 使得 $r(y) < 1/n$.（为什么？）于是对每个 $n \geqslant 1$，我们在 Y 中选取使得 $r(y^{(n)}) < 1/n$ 的点 $y^{(n)}$（我们能够这样做的原因是利用了选择公理，见命题 8.4.7）. 特别地，根据夹逼定理知 $\lim_{n \to \infty} r(y^{(n)}) = 0$. 由于 $(y^{(n)})_{n=1}^{\infty}$ 是 Y 中的序列，并且 Y 是紧的，因此我们能够找到一个收敛于某个点 $y_0 \in Y$ 的子序列 $(y^{(n_j)})_{j=1}^{\infty}$.

如前所述，我们知道存在某个 $\alpha \in I$ 使得 $y_0 \in V_\alpha$，从而（根据 V_α 是开集）存在一个 $\varepsilon > 0$ 使得 $B(y_0, \varepsilon) \subseteq V_\alpha$. 根据 $y^{(n_j)}$ 收敛于 y_0 知，一定存在 $N \geqslant 1$ 使得 $y^{(n_j)} \in B(y_0, \varepsilon/2)$ 对所有的 $j \geqslant N$ 均成立. 特别地，根据三角不等式知 $B(y^{(n_j)}, \varepsilon/2) \subseteq B(y_0, \varepsilon)$，进而有 $B(y^{(n_j)}, \varepsilon/2) \subseteq V_\alpha$. 由 $r(y^{(n_j)})$ 的定义知，这意味着 $r(y^{(n_j)}) \geqslant \varepsilon/2$ 对所有的 $j \geqslant N$ 均成立. 但这与 $\lim_{n \to \infty} r(y^{(n)}) = 0$ 这一事实相矛盾.

情形二 $0 < r_0 < \infty$. 此时，对所有的 $y \in Y$ 均有 $r(y) > r_0/2$，这意味着对每个 $y \in Y$ 都存在一个 $\alpha \in I$ 使得 $B(y, r_0/2) \subseteq V_\alpha$.（为什么？）

现在我们按照下列方法递归地构造一个序列 $y^{(1)}, y^{(2)}, \ldots$. 令 $y^{(1)}$ 为 Y 中的任意一点，球 $B(y^{(1)}, r_0/2)$ 被包含在某个 V_α 中，而这个 V_α 不可能覆盖住 Y；否则，我们将得到一个有限覆盖，这与假设相矛盾. 因此，在球 $B(y^{(1)}, r_0/2)$ 之外存在一点 $y^{(2)}$，使得 $d(y^{(2)}, y^{(1)}) \geqslant r_0/2$. 选定点 $y^{(2)}$ 之后，集合 $B(y^{(1)}, r_0/2) \cup B(y^{(2)}, r_0/2)$ 也不可能覆盖住 Y，因为这样就会得到两个能够覆盖 Y 的集合 V_{α_1} 和 V_{α_2}，而这同样与假设相矛盾. 于是，我们能够在 $B(y^{(1)}, r_0/2) \cup B(y^{(2)}, r_0/2)$ 之外找到一点 $y^{(3)}$，有 $d(y^{(3)}, y^{(1)}) \geqslant r_0/2$ 和 $d(y^{(3)}, y^{(2)}) \geqslant r_0/2$. 按照这样的方式不断进行下去，我们得到了 Y 中的一个序列 $(y^{(n)})_{n=1}^{\infty}$，并且该序列还具有如下性质：对所有的 $k > j$ 均有 $d(y^{(k)}, y^{(j)}) \geqslant r_0/2$. 显然，序列 $(y^{(n)})_{n=1}^{\infty}$ 不是柯西序列. 实际上，它的任何子序列都不是柯西序列. 但这与 Y 是紧的假设相矛盾（根据引理 12.4.7）.

情形三 $r_0 = \infty$. 对于这种情形，我们可以做与情形二类似的讨论，但此时要用（例如）1 替换 $r_0/2$. □

定理 12.5.8 的逆命题也成立：如果 Y 具有性质"每个开覆盖都有一个有限子覆盖"，那么 Y 是紧的（习题 12.5.11）. 实际上，与基于序列的紧性概念相比，这个性质常被看作更基本的紧性概念.（对于度量空间，用覆盖来描述的紧性概念和用序列来描述的紧性概念是等价的. 但是，对于更一般的拓扑空间，这两种概念就有些不同了，这里不做进一步讨论. ）

定理 12.5.8 有个重要的推论: 任意一个由非空紧集组成的嵌套序列都是非空的.

推论 12.5.9 设 (X, d) 是一个度量空间, 并设 $K_1, K_2, K_3, \cdots$ 是由 X 的非空紧子集组成的序列, 并且

$$K_1 \supseteq K_2 \supseteq K_3 \supseteq \cdots,$$

那么交集 $\bigcap_{n=1}^{\infty} K_n$ 是非空的.

证明 参见习题 12.5.6.   □

在本节的最后, 我们列出紧集的一些其他性质.

定理 12.5.10 设 (X, d) 是一个度量空间.

(a) 如果 Y 是 X 的紧子集, 并且 $Z \subseteq Y$, 那么 Z 是紧的, 当且仅当 Z 是闭的.

(b) 如果 $Y_1, \cdots, Y_n$ 是由 X 的紧子集组成的一个有限集簇, 那么它们的并集 $Y_1 \cup \cdots \cup Y_n$ 也是紧的.

(c) X 的任意一个有限子集 (包括空集) 都是紧的.

证明 参见习题 12.5.7.   □

习　题

12.5.1 证明: 在谈论具有标准度量的实直线的子集时, 定义 9.1.22 和定义 12.5.3 是等价的.

12.5.2 证明命题 12.5.5. (提示: 分别证明完备性和有界性. 对这两部分的证明都使用反证法. 就像在引理 8.4.5 中那样, 你需要使用选择公理.)

12.5.3 证明定理 12.5.7. (提示: 利用命题 12.1.18 和定理 9.1.24.)

12.5.4 设 $(\mathbb{R}, d)$ 是具有标准度量的实直线, 举例说明, 存在连续函数 $f : \mathbb{R} \to \mathbb{R}$ 和开集 $V \subseteq \mathbb{R}$, 使得 V 的象 $f(V) = \{f(x) : x \in V\}$ 不是开的.

12.5.5 设 $(\mathbb{R}, d)$ 是具有标准度量的实直线, 举例说明, 存在连续函数 $f : \mathbb{R} \to \mathbb{R}$ 和闭集 $F \subseteq \mathbb{R}$, 使得 $f(F)$ 不是闭的.

12.5.6 证明推论 12.5.9. (提示: 在紧度量空间 $(K_1, d|_{K_1 \times K_1})$ 中考察集合 $V_n = K_1 \setminus K_n$, 它们都是 K_1 上的开集. 利用反证法, 假设 $\bigcap_{n=1}^{\infty} K_n = \varnothing$, 然后使用定理 12.5.8.)

12.5.7 证明定理 12.5.10. (提示: 利用 (b) 证明 (c). 先证明每个单元素集都是紧的.)

12.5.8 设 (X, d_{l^1}) 是习题 12.1.15 中的度量空间, 对每个自然数 n, 设 $e^{(n)} = (e_j^{(n)})_{j=0}^{\infty}$ 是 X 中的序列, 并且当 $n = j$ 时, $e_j^{(n)} = 1$; 当 $n \neq j$ 时, $e_j^{(n)} = 0$. 证明: 集合 $\{e^{(n)} : n \in \mathbb{N}\}$ 是 X 的一个有界闭子集, 但它不是紧的. (尽管 (X, d_{l^1}) 是一个完备度量空间, 但上述结论仍然成立, 此处不对 (X, d_{l^1}) 的完备性展开证明. 问题不在于 X 的完备性, 而在于 X 是 "无限维的", 对此我们也不进行讨论.)

12.5.9 证明: 度量空间 (X, d) 是紧的, 当且仅当 X 中的每个序列都至少有一个极限点.

12.5.10 称度量空间 (X, d) 是完全有界的,如果对任意的 $\varepsilon > 0$,都存在一个自然数 n 和有限个球 $B(x^{(1)}, \varepsilon), \cdots, B(x^{(n)}, \varepsilon)$ 使得 X 被这些球覆盖($X = \bigcup_{i=1}^{n} B(x^{(i)}, \varepsilon)$).

(a) 证明:每个完全有界的空间都是有界的.

(b) 证明下述加强形式的命题 12.5.5:如果 (X, d) 是紧的,那么 X 既是完备的又是完全有界的.(提示:如果 X 不是完全有界的,那么存在某个 $\varepsilon > 0$ 使得 X 无法被有限多个 ε-球覆盖.利用习题 8.5.20 找到一个由球 $B(x^{(n)}, \varepsilon/2)$ 组成的无限序列,并使这些球两两不相交.接下来,据此构造一个序列,使其没有收敛的子序列.)

(c) 反过来证明:如果 X 既是完备的又是完全有界的,那么 X 是紧的.(提示:如果 $(x^{(n)})_{n=1}^{\infty}$ 是 X 中的序列,那么利用完全有界的假设,对每个正整数 j,递归地构造它的一个子序列 $(x^{(n;j)})_{n=1}^{\infty}$,使得对每个 j,序列 $(x^{(n;j)})_{n=1}^{\infty}$ 中的元素都包含在单独一个半径为 $1/j$ 的球中.同时,还要使得每个序列 $(x^{(n;j+1)})_{n=1}^{\infty}$ 都是前一个序列 $(x^{(n;j)})_{n=1}^{\infty}$ 的子序列.然后证明"对角线"序列 $(x^{(n;n)})_{n=1}^{\infty}$ 是柯西序列.接下来再使用完备性的假设.)

12.5.11 设 (X, d) 具有如下性质:X 的每个开覆盖都有一个有限子覆盖.证明 X 是紧的.(提示:如果 X 不是紧的,那么由习题 12.5.9 知存在一个序列 $(x^{(n)})_{n=1}^{\infty}$,它没有极限点.于是,对每个 $x \in X$,都存在一个包含 x 的球 $B(x, \varepsilon)$,它最多包含序列中有限多个元素.然后使用假设条件.)

12.5.12 设 (X, d_{disc}) 是具有离散度量 d_{disc} 的度量空间.

(a) 证明:X 是完备的.

(b) X 什么时候是紧的?什么时候不是紧的?证明你的结论.(提示:海涅–博雷尔定理在这里派不上用场,因为它只适用于欧几里得空间.)

12.5.13 设 E 和 F 是 $\mathbb{R}$(具有标准度量 $d(x, y) = |x - y|$)的两个紧子集,证明:笛卡儿积 $E \times F = \{(x, y) : x \in E, y \in F\}$ 是 $\mathbb{R}^2$(具有欧几里得度量 d_{l^2})的紧子集.

12.5.14 设 (X, d) 是一个度量空间,E 是 X 的非空紧子集,并设 x_0 是 X 中的一点,证明:存在点 $x \in E$ 使得

$$d(x_0, x) = \inf\{d(x_0, y) : y \in E\},$$

也就是说,x 是 E 中距离 x_0 最近的点.(提示:设 R 为量 $R = \inf\{d(x_0, y) : y \in E\}$.构造 E 中的序列 $(x^{(n)})_{n=1}^{\infty}$,使得 $d(x_0, x^{(n)}) \leqslant R + \frac{1}{n}$.然后利用 E 的紧性.)

12.5.15 设 (X, d) 是一个紧度量空间,$(K_\alpha)_{\alpha \in I}$ 是 X 中的一簇闭集,它具有如下性质:其中任意有限多个集合的交集都是非空的,即对任意的有限集 $F \subseteq I$ 均有 $\bigcap_{\alpha \in F} K_\alpha \neq \varnothing$(这条性质被称作有限交性质).证明该集簇中所有集合的交集是非空的,即 $\bigcap_{\alpha \in I} K_\alpha \neq \varnothing$.举反例说明,若 X 不是紧的,上述结论则不成立.

第 13 章　度量空间上的连续函数

13.1　连续函数

在第 12 章中，我们研究了度量空间 (X, d) 及该空间中各种类型的集合. 虽然上述内容涉及的知识非常丰富，但是如果我们不仅考察单独一个度量空间，还去研究成对的度量空间 (X, d_X) 和 (Y, d_Y)，以及它们之间的连续函数 $f : X \to Y$，那么度量空间的理论知识将会变得更丰富，它对分析学也更重要. 为了定义连续函数，我们对定义 9.4.1 做如下推广.

定义 13.1.1（连续函数） 设 (X, d_X) 是一个度量空间，(Y, d_Y) 是另一个度量空间，并设 $f : X \to Y$ 是一个函数. 设 $x_0 \in X$，我们称 f 在点 x_0 处是连续的，当且仅当对任意的 $\varepsilon > 0$，存在一个 $\delta > 0$ 使得只要 $d_X(x, x_0) < \delta$，就有 $d_Y(f(x), f(x_0)) < \varepsilon$. 我们称 f 是连续的，当且仅当 f 在每个点 $x \in X$ 处都是连续的.

注 13.1.2 连续函数有时也被称作连续映射. 这两个术语在数学上没有任何区别.

注 13.1.3 如果 $f : X \to Y$ 是连续的，并且 K 是 X 的任意一个子集，那么 f 在 K 上的限制函数 $f|_K : K \to Y$ 也是连续的.（为什么?）

现在我们来推广第 9 章中的大部分内容. 首先，我们观察到连续函数保持收敛性.

定理 13.1.4（连续函数保持收敛性） 设 (X, d_X) 和 (Y, d_Y) 是两个度量空间，$f : X \to Y$ 是一个函数，并设 $x_0 \in X$ 是 X 中的一点，那么下面三个命题在逻辑上是等价的:

(a) f 在 x_0 处是连续的;

(b) 若 $(x^{(n)})_{n=1}^{\infty}$ 是 X 中依度量 d_X 收敛于 x_0 的序列，那么序列 $(f(x^{(n)}))_{n=1}^{\infty}$ 依度量 d_Y 收敛于 $f(x_0)$;

(c) 对任意一个包含 $f(x_0)$ 的开集 $V \subseteq Y$，都存在一个包含 x_0 的开集 $U \subseteq X$，使得 $f(U) \subseteq V$.

证明 参见习题 13.1.1. □

连续函数的另一个重要性质涉及开集.

定理 13.1.5 设 (X, d_X) 是一个度量空间, (Y, d_Y) 是另一个度量空间, 并设 $f: X \to Y$ 是一个函数, 那么下面四个命题是等价的:

(a) f 是连续的;

(b) 只要 $(x^{(n)})_{n=1}^{\infty}$ 是 X 中依度量 d_X 收敛于某个点 $x_0 \in X$ 的序列, 那么序列 $(f(x^{(n)}))_{n=1}^{\infty}$ 就依度量 d_Y 收敛于 $f(x_0)$;

(c) 如果 V 是 Y 中的开集, 那么集合 $f^{-1}(V) = \{x \in X : f(x) \in V\}$ 就是 X 中的开集;

(d) 如果 F 是 Y 中的闭集, 那么集合 $f^{-1}(F) = \{x \in X : f(x) \in F\}$ 就是 X 中的闭集.

证明 参见习题 13.1.2. □

注 13.1.6 连续性保证了开集的逆象仍是开集, 这看起来好像有些奇怪. 我们可能会认为反过来的结论是成立的, 即开集的前象是开集, 但这其实是不对的, 参见习题 12.5.4 和习题 12.5.5.

接下来给出上述两个定理的直接推论.

推论 13.1.7(**复合运算保持连续性**) 设 (X, d_X)、(Y, d_Y) 和 (Z, d_Z) 是三个度量空间.

(a) 如果 $f: X \to Y$ 在点 $x_0 \in X$ 处是连续的, 并且 $g: Y \to Z$ 在点 $f(x_0)$ 处是连续的, 那么定义为 $g \circ f(x) = g(f(x))$ 的复合函数 $g \circ f: X \to Z$ 在 x_0 处是连续的.

(b) 如果 $f: X \to Y$ 是连续的, 并且 $g: Y \to Z$ 也是连续的, 那么 $g \circ f: X \to Z$ 就是连续的.

证明 参见习题 13.1.3. □

例 13.1.8 如果 $f: X \to \mathbb{R}$ 是一个连续函数, 那么定义为 $f^2(x) = f(x)^2$ 的函数 $f^2: X \to \mathbb{R}$ 也是一个连续函数, 因为 $f^2 = g \circ f$, 而这里的 $g: \mathbb{R} \to \mathbb{R}$ 是平方函数 $g(x) = x^2$, g 显然是一个连续函数.

习　题

13.1.1 证明定理 13.1.4.（提示: 回顾命题 9.4.7 的证明. ）

13.1.2 证明定理 13.1.5.（提示: 定理 13.1.4 已经表明 (a) 和 (b) 是等价的. ）

13.1.3 利用定理 13.1.4 和定理 13.1.5 证明推论 13.1.7.

13.1.4 举例说明，存在函数 $f : \mathbb{R} \to \mathbb{R}$ 和 $g : \mathbb{R} \to \mathbb{R}$ 满足：

　　(a) f 不连续，但 g 和 $g \circ f$ 都连续；

　　(b) g 不连续，但 f 和 $g \circ f$ 都连续；

　　(c) f 和 g 都不连续，但 $g \circ f$ 连续.

　　简要说明这些例子为什么不与推论 13.1.7 相矛盾.

13.1.5 设 (X, d) 是一个度量空间，$(E, d|_{E \times E})$ 是 (X, d) 的子空间，并设 $\iota_{E \to X} : E \to X$ 是一个包含映射，对任意的 $x \in E$，均有 $\iota_{E \to X}(x) = x$，证明：$\iota_{E \to X}$ 是连续的.

13.1.6 设 $f : X \to Y$ 是从度量空间 (X, d_X) 到另一个度量空间 (Y, d_Y) 的函数，E 是 X 的子集（它具有导出度量 $d_X|_{E \times E}$），并设 $f|_E : E \to Y$ 是 f 在 E 上的限制函数，那么当 $x \in E$ 时，$f|_E(x) = f(x)$. 如果 $x_0 \in E$，并且 f 在 x_0 处是连续的，证明：$f|_E$ 也在 x_0 处连续（该命题的逆命题是否成立？请给出解释）. 由此进一步推导出如果 f 是连续的，那么 $f|_E$ 就是连续的. 因此，对函数定义域的限制不会破坏连续性.（提示：利用习题 13.1.5.）

13.1.7 设 $f : X \to Y$ 是从度量空间 (X, d_X) 到另一个度量空间 (Y, d_Y) 的函数，X 的象 $f(X)$ 包含在 Y 的某个子集 $E \subseteq Y$ 中，并设 $g : X \to E$ 是与 f 一样的函数，但陪域由 Y 变成了 E. 因此，对所有的 $x \in X$，均有 $g(x) = f(x)$. E 的度量是由 Y 导出的度量 $d_Y|_{E \times E}$. 证明：对任意的 $x_0 \in X$，f 在 x_0 处是连续的，当且仅当 g 在 x_0 处是连续的. 由此进一步推导出 f 是连续的，当且仅当 g 是连续的（于是，限制函数的陪域不会影响函数的连续性）.

13.2　连续性和积空间

　　给定两个函数 $f : X \to Y$ 和 $g : X \to Z$，我们可以把配对函数 $(f, g) : X \to Y \times Z$ 定义为 $(f, g)(x) = (f(x), g(x))$. 也就是说，这个函数在笛卡儿积 $Y \times Z$ 中取值，它的第一个坐标分量是 $f(x)$，第二个坐标分量是 $g(x)$（见习题 3.5.7）. 如果 $f : \mathbb{R} \to \mathbb{R}$ 是函数 $f(x) = x^2 + 3$，并且 $g : \mathbb{R} \to \mathbb{R}$ 是函数 $g(x) = 4x$，那么 $(f, g) : \mathbb{R} \to \mathbb{R}^2$ 是函数 $(f, g)(x) = (x^2 + 3, 4x)$. 配对运算保持连续性.

　　引理 13.2.1　设 $f : X \to \mathbb{R}$ 和 $g : X \to \mathbb{R}$ 是两个函数，$(f, g) : X \to \mathbb{R}^2$ 是它们的配对，并设 $\mathbb{R}^2$ 具有欧几里得度量.

　　(a) 设 $x_0 \in X$，那么 f 和 g 都在 x_0 处连续，当且仅当 (f, g) 在 x_0 处是连续的.

　　(b) f 和 g 都是连续的，当且仅当 (f, g) 是连续的.

　　证明　参见习题 13.2.1.　　　　　　　　　　　　　　　　　　　　　□

　　为了使用这个引理，我们还需要另外一个关于连续性的结论.

　　引理 13.2.2　加法函数 $(x, y) \mapsto x + y$、减法函数 $(x, y) \mapsto x - y$、乘法函

数 $(x,y) \mapsto xy$、最大值函数 $(x,y) \mapsto \max(x,y)$ 及最小值函数 $(x,y) \mapsto \min(x,y)$ 都是从 $\mathbb{R}^2$ 到 $\mathbb{R}$ 的连续函数. 除法函数 $(x,y) \mapsto x/y$ 是从 $\mathbb{R} \times (\mathbb{R} \setminus \{0\}) = \{(x,y) \in \mathbb{R}^2 : y \neq 0\}$ 到 $\mathbb{R}$ 的连续函数. 对任意的实数 c, 函数 $x \mapsto cx$ 是从 $\mathbb{R}$ 到 $\mathbb{R}$ 的连续函数.

证明 参见习题 13.2.2. $\qquad\square$

把上面这些引理结合起来, 我们得到如下推论.

推论 13.2.3 设 (X,d) 是一个度量空间, $f : X \to \mathbb{R}$ 和 $g : X \to \mathbb{R}$ 是函数, 并设 c 是一个实数.

(a) 如果 $x_0 \in X$, 并且 f 和 g 都在 x_0 处连续, 那么函数 $f + g : X \to \mathbb{R}$、$f - g : X \to \mathbb{R}$、$fg : X \to \mathbb{R}$、$\max(f,g) : X \to \mathbb{R}$、$\min(f,g) : X \to \mathbb{R}$ 及 $cf : X \to \mathbb{R}$（上述定义见定义 9.2.1）也都在 x_0 处连续. 如果对所有的 $x \in X$ 都有 $g(x) \neq 0$, 那么 $f/g : X \to \mathbb{R}$ 也在 x_0 处连续.

(b) 如果 f 和 g 都是连续的, 那么函数 $f + g : X \to \mathbb{R}$、$f - g : X \to \mathbb{R}$、$fg : X \to \mathbb{R}$、$\max(f,g) : X \to \mathbb{R}$、$\min(f,g) : X \to \mathbb{R}$ 及 $cf : X \to \mathbb{R}$ 也都是连续的. 如果对所有的 $x \in X$ 都有 $g(x) \neq 0$, 那么 $f/g : X \to \mathbb{R}$ 也是连续的.

证明 我们先证明 (a). 因为 f 和 g 都在 x_0 处连续, 所以根据引理 13.2.1 知, $(f,g) : X \to \mathbb{R}^2$ 也在 x_0 处连续. 另外, 由引理 13.2.2 知, 函数 $(x,y) \mapsto x+y$ 在 $\mathbb{R}^2$ 中的每一点处都连续, 所以它在 $(f,g)(x_0)$ 处也是连续的. 如果我们把这两个函数复合在一起, 那么根据推论 13.1.7 可以得到 $f + g : X \to \mathbb{R}$ 是连续的. 类似的论述可以给出 $f - g$、fg、$\max(f,g)$、$\min(f,g)$ 及 cf 的连续性. 为了证明 f/g 的连续性, 我们先利用习题 13.1.7 把 g 的陪域由 $\mathbb{R}$ 变成 $\mathbb{R} \setminus \{0\}$, 然后按照前面的方法进行论述. 结论 (b) 可以由 (a) 直接推导出. $\qquad\square$

这个推论让我们能够证明一大类函数的连续性. 下面我们给出一些例子.

习　题

13.2.1 证明引理 13.2.1.（提示：利用命题 12.1.18 和定理 13.1.4.）

13.2.2 证明引理 13.2.2.［提示：利用定理 13.1.5 和极限定律（定理 6.1.19）.］

13.2.3 证明：如果 $f : X \to \mathbb{R}$ 是一个连续函数, 那么定义为 $|f|(x) = |f(x)|$ 的函数 $|f| : X \to \mathbb{R}$ 也是连续函数.

13.2.4 设函数 $\pi_1 : \mathbb{R}^2 \to \mathbb{R}$ 和 $\pi_2 : \mathbb{R}^2 \to \mathbb{R}$ 分别是函数 $\pi_1(x,y) = x$ 和 $\pi_2(x,y) = y$（这两个函数有时被称作 $\mathbb{R}^2$ 上的坐标函数）, 证明：π_1 和 π_2 都是连续的. 由此进一步

推导出如果 $f:\mathbb{R}\to X$ 是映射到度量空间 (X,d) 的任意一个连续函数，那么定义为 $g_1(x,y)=f(x)$ 和 $g_2(x,y)=f(y)$ 的函数 $g_1:\mathbb{R}^2\to X$ 和 $g_2:\mathbb{R}^2\to X$ 也都连续.

13.2.5 设 $n,m\geqslant 0$ 都是整数，假设对每个 $0\leqslant i\leqslant n$ 和 $0\leqslant j\leqslant m$，都有一个实数 c_{ij}. 构造函数 $P:\mathbb{R}^2\to\mathbb{R}$ 为

$$P(x,y)=\sum_{i=0}^{n}\sum_{j=0}^{m}c_{ij}x^iy^j$$

（这样的函数被称作二元多项式，一个典型的例子是 $P(x,y)=x^3+2xy^2-x^2+3y+6$），证明：$P$ 是连续的.（提示：利用习题 13.2.4 和推论 13.2.3.）进一步推导出如果 $f:X\to\mathbb{R}$ 和 $g:X\to\mathbb{R}$ 都是连续函数，那么定义为 $P(f,g)(x)=P(f(x),g(x))$ 的函数 $P(f,g):X\to\mathbb{R}$ 也是连续的.

13.2.6 设 $\mathbb{R}^m$ 和 $\mathbb{R}^n$ 是欧几里得空间，如果 $f:X\to\mathbb{R}^m$ 和 $g:X\to\mathbb{R}^n$ 都是连续函数，证明：$(f,g):X\to\mathbb{R}^{m+n}$ 也是连续的，其中 $\mathbb{R}^m\times\mathbb{R}^n$ 被看作与 $\mathbb{R}^{m+n}$ 等价. 逆命题是否成立呢?

13.2.7 设 $k\geqslant 1$，I 是 $\mathbb{N}^k$ 的一个有限子集，并设 $c:I\to\mathbb{R}$ 是一个函数. 构造函数 $P:\mathbb{R}^k\to\mathbb{R}$ 为

$$P(x_1,\cdots,x_k)=\sum_{(i_1,\cdots,i_k)\in I}c(i_1,\cdots,i_k)x_1^{i_1}\cdots x_k^{i_k}$$

（这样的函数被称作 k 元多项式，一个典型的例子是 $P(x_1,x_2,x_3)=3x_1^3x_2x_3^2-x_2x_3^2+x_1+5$），证明：$P$ 是连续的.（提示：对 k 使用归纳法，利用习题 13.2.6，以及习题 13.2.5 或引理 13.2.2.）

13.2.8 设 (X,d_X) 和 (Y,d_Y) 都是度量空间，定义度量 $d_{X\times Y}:(X\times Y)\times(X\times Y)\to[0,\infty)$ 为
$$d_{X\times Y}((x,y),(x',y'))=d_X(x,x')+d_Y(y,y').$$

证明：$(X\times Y,d_{X\times Y})$ 是度量空间，并推导出与命题 12.1.18 和引理 13.2.1 类似的结论.

13.2.9 设 $f:\mathbb{R}^2\to\mathbb{R}$ 是从 $\mathbb{R}^2$ 到 $\mathbb{R}$ 的函数，并设 (x_0,y_0) 是 $\mathbb{R}^2$ 中的点，如果 f 在 (x_0,y_0) 处是连续的，证明：

$$\lim_{x\to x_0}\limsup_{y\to y_0}f(x,y)=\lim_{y\to y_0}\limsup_{x\to x_0}f(x,y)=f(x_0,y_0)$$

和

$$\lim_{x\to x_0}\liminf_{y\to y_0}f(x,y)=\lim_{y\to y_0}\liminf_{x\to x_0}f(x,y)=f(x_0,y_0).$$

（回顾 $\limsup_{x\to x_0}f(x)=\inf_{r>0}\sup_{|x-x_0|<r}f(x)$ 和 $\liminf_{x\to x_0}f(x)=\sup_{r>0}\inf_{|x-x_0|<r}f(x)$.）特别地，我们有

$$\lim_{x\to x_0}\lim_{y\to y_0}f(x,y)=\lim_{y\to y_0}\lim_{x\to x_0}f(x,y),$$

上式成立的前提是等号两端的极限都存在.（注意，一般情况下，极限并不一定存在. 例如，考察函数 $f:\mathbb{R}^2\to\mathbb{R}$，当 $xy\neq 0$ 时 $f(x,y)=y\sin\frac{1}{x}$，当 $xy=0$ 时 $f(x,y)=0$.）将此结果与例 12.2.7 进行比较.

13.2.10 设 $f:\mathbb{R}^2\to\mathbb{R}$ 是一个连续函数，证明：对每个 $x\in\mathbb{R}$，函数 $y\mapsto f(x,y)$ 都在 $\mathbb{R}$ 上连续；对每个 $y\in\mathbb{R}$，函数 $x\mapsto f(x,y)$ 也在 $\mathbb{R}$ 上连续. 因此，关于 (x,y) 联合连续的函数 $f(x,y)$ 分别关于每个变量 x 和 y 连续.

13.2.11 设 $f : \mathbb{R}^2 \to \mathbb{R}$ 是一个函数，它的定义如下：当 $(x,y) \neq (0,0)$ 时，$f(x,y) = \frac{xy}{x^2+y^2}$；当 $(x,y) = (0,0)$ 时，$f(x,y) = 0$. 证明：对每个固定的 $x \in \mathbb{R}$，函数 $y \mapsto f(x,y)$ 在 $\mathbb{R}$ 上是连续的；对每个固定的 $y \in \mathbb{R}$，函数 $x \mapsto f(x,y)$ 在 $\mathbb{R}$ 上也是连续的. 但是，函数 $f : \mathbb{R}^2 \to \mathbb{R}$ 在 $\mathbb{R}^2$ 上不连续. 这表明习题 13.2.10 的逆命题不成立. 关于两个变量不联合连续的函数有可能分别关于每个变量连续.

13.2.12 设函数 $f : \mathbb{R}^2 \mapsto \mathbb{R}$ 的定义如下：当 $y \neq 0$ 时，$f(x,y) = x^2/y$；当 $y = 0$ 时，$f(x,y) = 0$. 证明：对任意的 $(x,y) \in \mathbb{R}^2$，$\lim_{t \to 0} f(tx, ty) = f(0,0)$，但 f 在原点处不连续. 因此，在过原点的每条直线上的连续性不足以保证在原点处连续.

13.3 连续性和紧性

连续函数与定义 12.5.1 中紧集的概念有密切的联系.

定理 13.3.1（连续映射保持紧性） 设 $f : X \to Y$ 是从度量空间 (X, d_X) 到另一个度量空间 (Y, d_Y) 的连续映射，并设 $K \subseteq X$ 是 X 的任意一个紧子集，那么 K 的象 $f(K) = \{f(x) : x \in K\}$ 也是紧的.

证明 参见习题 13.3.1. □

由该定理可以推导出一个重要的结论. 回顾定义 9.6.5 给出的函数 $f : X \to \mathbb{R}$ 在一点处取得最大值或最小值，我们可以把命题 9.6.7 推广成如下形式.

命题 13.3.2（最大值原理） 设 (X, d) 是一个紧度量空间，并设 $f : X \to \mathbb{R}$ 是一个连续函数，那么 f 是有界的. 更进一步，如果 X 是非空的，那么 f 在某个点 $x_{\max} \in X$ 处取到最大值，并且在某个点 $x_{\min} \in X$ 处取到最小值.

证明 参见习题 13.3.2. □

注 13.3.3 就像我们在习题 9.6.1 中观察到的那样，如果 X 不是紧的，那么上述原理就不成立了. 我们应当把该命题与引理 9.6.3 和命题 9.6.7 进行对比.

紧集上的连续函数还具有另一个优点：它们是一致连续的. 我们把定义 9.9.2 推广成如下形式.

定义 13.3.4（一致连续性） 设 $f : X \to Y$ 是从度量空间 (X, d_X) 到另一个度量空间 (Y, d_Y) 的映射，如果对任意的 $\varepsilon > 0$，都存在一个 $\delta > 0$ 使得只要 $x, x' \in X$ 满足 $d_X(x, x') < \delta$，就有 $d_Y(f(x), f(x')) < \varepsilon$，那么我们称 f 是一致连续的.

每个一致连续的函数都是连续的，反之不成立（习题 13.3.3）. 不过，如果定义域 X 是紧的，那么这两个概念是等价的.

定理 13.3.5　设 (X, d_X) 和 (Y, d_Y) 是两个度量空间，并设 (X, d_X) 是紧的，如果 $f: X \to Y$ 是一个函数，那么 f 是连续的，当且仅当 f 是一致连续的.

证明　如果 f 是一致连续的，那么根据习题 13.3.3 知，f 也是连续的. 现在假设 f 是连续的，固定 $\varepsilon > 0$，对每个 $x_0 \in X$，函数 f 在 x_0 处都是连续的. 于是，存在一个与 x_0 有关的 $\delta(x_0) > 0$，使得只要 $d_X(x, x_0) < \delta(x_0)$，就有 $d_Y(f(x), f(x_0)) < \varepsilon/2$. 由三角不等式知，这意味着只要 $x \in B_{(X,d_X)}(x_0, \delta(x_0)/2)$ 且 $d_X(x', x_0) < \delta(x_0)/2$，就有 $d_Y(f(x), f(x')) < \varepsilon$.（为什么？）

现在考察一簇（可以是无限多个）球

$$\{B_{(X,d_X)}(x_0, \delta(x_0)/2) : x_0 \in X\},$$

其中，每个球都是开的，并且所有这些球的并集覆盖了 X，因为 X 中的每个点 x_0 都包含在以它自己为中心的球 $B_{(X,d_X)}(x_0, \delta(x_0)/2)$ 中. 那么根据定理 12.5.8 知，存在有限个点 $x_1, \cdots, x_n$ 使得有限个球 $B_{(X,d_X)}(x_j, \delta(x_j)/2)$（$j=1, \cdots, n$）覆盖 X：

$$X \subseteq \bigcup_{j=1}^{n} B_{(X,d_X)}(x_j, \delta(x_j)/2).$$

此时令 $\delta = \min_{j=1}^{n} \delta(x_j)/2$. 因为每个 $\delta(x_j)$ 都是正的，并且只存在有限个 j，所以 $\delta > 0$. 现在设 x 和 x' 是 X 中满足 $d_X(x, x') < \delta$ 的任意两点，由于有限个球 $B_{(X,d_X)}(x_j, \delta(x_j)/2)$ 覆盖 X，因此其中必定存在一个 $1 \leqslant j \leqslant n$ 使得 $x \in B_{(X,d_X)}(x_j, \delta(x_j)/2)$. 由 $d_X(x, x') < \delta$ 知 $d_X(x, x') < \delta(x_j)/2$. 那么根据前面的讨论得 $d_Y(f(x), f(x')) < \varepsilon$. 于是我们找到了一个 δ 使得只要 $d_X(x, x') < \delta$，就有 $d_Y(f(x), f(x')) < \varepsilon$. 这样就完成了对一致连续性的证明.　□

习　　题

13.3.1 证明定理 13.3.1.

13.3.2 证明命题 13.3.2.（提示：修改命题 9.6.7 的证明过程.）

13.3.3 证明：每个一致连续的函数都是连续的. 举例说明并非每个连续的函数都是一致连续的.

13.3.4 设 (X, d_X)、(Y, d_Y) 和 (Z, d_Z) 都是度量空间，并设 $f: X \to Y$ 和 $g: Y \to Z$ 是两个一致连续的函数，证明：$g \circ f: X \to Z$ 也是一致连续的.

13.3.5 设 (X, d_X) 是一个度量空间，并设 $f: X \to \mathbb{R}$ 和 $g: X \to \mathbb{R}$ 都是一致连续的函数，证明：定义为 $(f, g)(x) = (f(x), g(x))$ 的配对函数 $(f, g): X \to \mathbb{R}^2$ 是一致连续的.

13.3.6 证明：加法函数 $(x, y) \mapsto x + y$ 和减法函数 $(x, y) \mapsto x - y$ 都是从 $\mathbb{R}^2$ 到 $\mathbb{R}$ 的一致连续函数，但乘法函数 $(x, y) \mapsto xy$ 不是一致连续的. 进一步推导出如果 $f: X \to \mathbb{R}$ 和 $g: X \to \mathbb{R}$ 是度量空间 (X, d) 上的一致连续函数，那么 $f + g: X \to \mathbb{R}$ 和 $f - g: X \to \mathbb{R}$ 也是一致连续的. 举例说明，$fg: X \to \mathbb{R}$ 不一定是一致连续的. 对于 $\max(f, g)$、$\min(f, g)$、f/g 和 cf（其中 c 是一个实数），情况又如何呢？

13.4 连续性和连通性

现在，我们来介绍度量空间中另一个重要的概念，即连通性.

定义 13.4.1（**连通空间**）设 (X, d) 是一个度量空间，我们称 X 是不连通的，当且仅当 X 中存在两个不相交的非空开集 V 和 W 使得 $V \cup W = X$.（等价地说，X 是不连通的，当且仅当 X 包含一个既闭又开的非空真子集.）我们称 X 是连通的，当且仅当 X 非空且不是不连通的.

需要注意的是，空集 $\varnothing$ 是一种特殊情况. 它既不是连通的，也不是不连通的. 我们可以认为空集是"无连通性的".

例 13.4.2 考虑具有通常度量的集合 $X = [1, 2] \cup [3, 4]$，这个集合是不连通的，因为集合 $[1, 2]$ 和 $[3, 4]$ 是 X 中的开集.（为什么？）

从直观上看，一个不连通的集合可以划分成两个不相交的开集，一个连通的集合则无法进行这样的划分. 我们定义了"一个度量空间是连通的"的概念，还可以定义"一个集合是连通的"的概念.

定义 13.4.3（**连通集**）设 (X, d) 是一个度量空间，并设 Y 是 X 的子集，我们称 Y 是连通的，当且仅当度量空间 $(Y, d|_{Y \times Y})$ 是连通的. 我们称 Y 是不连通的，当且仅当度量空间 $(Y, d|_{Y \times Y})$ 是不连通的.

注 13.4.4 这个定义是内在的，集合 Y 是不是连通的只取决于 Y 上的度量，而与 Y 所在的环绕空间 X 无关.

描述实直线上的连通集是比较容易的.

定理 13.4.5 设 X 是实直线 $\mathbb{R}$ 的非空子集，那么下列叙述是等价的：

(a) X 是连通的；

(b) 只要 $x, y \in X$ 且 $x < y$，那么区间 $[x, y]$ 就包含在 X 中；

(c) X 是一个区间（在定义 9.1.1 的意义之下）.

证明 我们首先证明 (a) 蕴涵 (b). 设 X 是连通的，利用反证法，假设我们可以在 X 中找到两点 $x < y$ 使得 $[x, y]$ 不包含在 X 中. 于是，我们能够找到一个实数 $x < z < y$ 使得 $z \notin X$. 因此，集合 $(-\infty, z) \cap X$ 和 $(z, \infty) \cap X$ 覆盖 X. 但由于这两个集合都是非空的（因为它们分别包含了 x 和 y），而且它们都是 X 中的开集，因此 X 是不连通的，这就产生了矛盾.

现在，我们证明 (b) 蕴涵 (a). 设 X 是一个满足性质 (b) 的集合，利用反证法，假设 X 是不连通的. 于是，我们能够在 X 中找到两个不相交的非空开集 V 和 W 使得 $V \cup W = X$. 因为 V 和 W 都是非空的，所以我们可以选取 $x \in V$

和 $y \in W$. 又因为 V 和 W 是不相交的，所以 $x \neq y$. 不失一般性，我们不妨设 $x < y$，那么根据性质 (b) 知，整个区间 $[x,y]$ 被包含在 X 中.

下面考察集合 $[x,y] \cap V$. 这是一个非空的（因为它含有 x）有界集，于是，它有上确界

$$z = \sup([x,y] \cap V).$$

显然有 $z \in [x,y]$，从而有 $z \in X$. 因此，要么 $z \in V$，要么 $z \in W$. 先假设 $z \in V$，那么 $z \neq y$（因为 $y \in W$，并且 V 和 W 是不相交的）. 但由于 V 是 X 中的开集，而 X 又包含 $[x,y]$，因此 V 中存在一个球 $B_{([x,y],d)}(z,r)$. 这与 z 是 $[x,y] \cap V$ 的上确界相矛盾. 现在假设 $z \in W$，那么 $z \neq x$（因为 $x \in V$，并且 V 与 W 是不相交的）. 但由于 W 是 X 中的开集，而 X 又包含 $[x,y]$，因此 W 中存在一个球 $B_{([x,y],d)}(z,r)$. 这同样与 z 是 $[x,y] \cap V$ 的上确界相矛盾. 于是，我们在每一种情形下都得出了矛盾，这意味着 X 不可能是不连通的，所以 X 一定是连通的.

我们还需要证明 (b) 和 (c) 是等价的，对这部分的证明留作习题 13.4.3. □

连续函数把连通集映射成连通集.

定理 13.4.6（**连续性保持连通性**） 设 $f : X \to Y$ 是从度量空间 (X, d_X) 到度量空间 (Y, d_Y) 的连续映射，并设 E 是 X 的任意一个连通子集，那么 $f(E)$ 也是连通的.

证明 参见习题 13.4.4. □

由上述结论可以推导出一个重要的结果，那就是介值定理，它推广了定理 9.7.1.

推论 13.4.7（**介值定理**） 设 $f : X \to \mathbb{R}$ 是从度量空间 (X, d_X) 到实直线 $\mathbb{R}$ 的连续映射，E 是 X 的任意一个连通子集，a 和 b 是 E 中任意两个元素，并设 y 是介于 $f(a)$ 和 $f(b)$ 之间的实数，也就是说 $f(a) \leqslant y \leqslant f(b)$ 或 $f(a) \geqslant y \geqslant f(b)$，那么存在 $c \in E$ 使得 $f(c) = y$.

证明 参见习题 13.4.5. □

习　　题

13.4.1 设 (X, d_{disc}) 是具有离散度量的度量空间，E 是 X 的子集，并且 E 中至少含有两个元素，证明：E 是不连通的.

13.4.2 设 $f : X \to Y$ 是从度量空间 (X, d) 到度量空间 (Y, d_{disc}) 的函数，其中 (X, d) 是连通空间，(Y, d_{disc}) 具有离散度量，证明：f 是连续的，当且仅当 f 是常数函数.（提示：利用习题 13.4.1.）

13.4.3 证明：定理 13.4.5 中的 (b) 和 (c) 是等价的.

13.4.4 证明定理 13.4.6.（提示：定理 13.1.5(c) 中对连续性的表述是最便于使用的.）

13.4.5 利用定理 13.4.6 证明推论 13.4.7.

13.4.6 设 (X,d) 是一个度量空间，$(E_\alpha)_{\alpha \in I}$ 是 X 中的一簇连通集且 I 是非空的，并设 $\bigcap_{\alpha \in I} E_\alpha$ 是非空的，证明：$\bigcup_{\alpha \in I} E_\alpha$ 是连通的.

13.4.7 设 (X,d) 是一个度量空间，并设 E 是 X 的子集，我们称 E 是道路连通的，当且仅当对任意的 $x,y \in E$，存在一个从单位区间 $[0,1]$ 到 E 的连续函数 $\gamma : [0,1] \to E$ 使得 $\gamma(0) = x, \gamma(1) = y$. 证明：每个道路连通的非空集合都是连通的.（逆命题不成立，证明这一点需要一些技巧，此处不再详述.）

13.4.8 设 (X,d) 是一个度量空间，并设 E 是 X 的子集，证明：如果 E 是连通的，那么 E 的闭包 $\overline{E}$ 也是连通的. 逆命题是否成立？

13.4.9 设 (X,d) 是一个度量空间，我们定义一个 X 上的关系 $x \sim y$，称 $x \sim y$，当且仅当 X 中存在一个同时包含 x 和 y 的连通子集. 证明：这是一个等价关系（它满足自反性、对称性和传递性公理）. 另外，证明：这种关系的等价类（形如 $\{y \in X : y \sim x\}$ 的集合，其中 $x \in X$）全是连通的闭集.（提示：利用习题 13.4.6 和习题 13.4.8.）这些集合被称作 X 的连通分支.

13.4.10 结合命题 13.3.2 和推论 13.4.7，推导出关于紧连通区域上的连续函数的定理，它推广了推论 9.7.4.

13.5 拓扑空间（选学）

度量空间的概念可以推广为拓扑空间的概念. 这种推广并没有把度量 d 看作基础对象. 事实上，一般的拓扑空间中根本不存在度量，而是把开集簇当作基本概念. 尽管我们在度量空间中首先引入了度量 d，然后利用度量依次定义了开球和开集，但在拓扑空间中，我们是从开集的概念入手的. 事实证明，如果从开集入手，那么我们就没有必要重新构造球和度量这些概念了（因此，并非所有的拓扑空间都是度量空间）. 不过值得注意的是，我们仍然可以定义前几节中的许多概念.

在本书中，我们用不到拓扑空间，所以在这里只对它进行简单介绍. 当然，对拓扑空间更全面的研究可以参阅任何一本拓扑学教材或更高等的分析学教材.

定义 13.5.1（拓扑空间）一个拓扑空间就是一个有序对 $(X, \mathcal{F})$，其中 X 是一个集合，$\mathcal{F} \subseteq 2^X$ 是 X 的一个子集簇，该集簇中的元素叫作开集. 此外，集簇 $\mathcal{F}$ 还必须满足如下性质.

- 空集 $\varnothing$ 和整个集合 X 都是开集. 换句话说，$\varnothing \in \mathcal{F}$ 且 $X \in \mathcal{F}$.
- 任意有限多个开集的交集都是开集. 换句话说，如果 $V_1, \cdots, V_n$ 都是 $\mathcal{F}$ 中的元素，那么 $V_1 \cap \cdots \cap V_n$ 也属于 $\mathcal{F}$.
- 任意多个开集的并集都是开集（包括无限并的情况）. 换句话说，如果

$(V_\alpha)_{\alpha \in I}$ 是 $\mathcal{F}$ 中的一簇集合, 那么 $\bigcup_{\alpha \in I} V_\alpha$ 也属于 $\mathcal{F}$.
在很多情况下, 开集簇 $\mathcal{F}$ 能够由上下文推导出, 所以我们常把拓扑空间 $(X, \mathcal{F})$ 简记为 X.

由命题 12.2.15 可以看出, 每个度量空间 (X, d) 都是一个拓扑空间（倘若我们让 $\mathcal{F}$ 等于 (X, d) 中全体开集构成的集簇）. 然而, 的确存在一些拓扑空间, 它们是无法由度量空间产生的（见习题 13.5.1 和习题 13.5.6）.

现在, 我们在拓扑空间中建立一些概念, 这些概念是通过对本章及第 12 章中各种概念的类比推导而来的, 其中, 球的概念必须用邻域的概念来替换.

定义 13.5.2（**邻域**）设 $(X, \mathcal{F})$ 是一个拓扑空间, 并设 $x \in X$, x 的邻域被定义为 $\mathcal{F}$ 中包含 x 的开集.

例 13.5.3　如果 (X, d) 是一个度量空间, $x \in X$ 且 $r > 0$, 那么 $B(x, r)$ 就是 x 的邻域.

定义 13.5.4（**拓扑收敛**）设 m 是一个整数, $(X, \mathcal{F})$ 是一个拓扑空间, $(x^{(n)})_{n=m}^\infty$ 是 X 中的点列, 并设 x 是 X 中的点, 我们称 $(x^{(n)})_{n=m}^\infty$ 收敛于 x, 当且仅当对 x 的每个邻域 V, 都存在一个 $N \geqslant m$ 使得对所有的 $n \geqslant N$ 均有 $x^{(n)} \in V$.

这个概念与度量空间中收敛的概念是一致的（习题 13.5.2）. 于是, 我们可以问该极限是否具有唯一性这个基本性质（命题 12.1.20）. 如果拓扑空间满足另一个被称为豪斯多夫特性的性质, 那么对这个问题的回答通常就是肯定的. 然而, 对于其他的拓扑, 回答可能是否定的, 参见习题 13.5.4.

定义 13.5.5（**内点、外点和边界点**）设 $(X, \mathcal{F})$ 是一个拓扑空间, E 是 X 的子集, 并设 x_0 是 X 中的点, 如果存在 x_0 的一个邻域 V 使得 $V \subseteq E$, 那么我们称 x_0 是 E 的内点. 如果存在 x_0 的一个邻域 V 使得 $V \cap E = \varnothing$, 那么我们称 x_0 是 E 的外点. 如果 x_0 既不是 E 的内点也不是 E 的外点, 那么我们称 x_0 是 E 的边界点.

这个定义与度量空间中相应的概念是一致的（习题 13.5.3）.

定义 13.5.6（**闭包**）设 $(X, \mathcal{F})$ 是一个拓扑空间, E 是 X 的子集, 并设 x_0 是 X 中的点, 如果 x_0 的每个邻域 V 都与 E 有非空的交集, 那么我们称 x_0 是 E 的附着点. 由 E 的全体附着点构成的集合称为 E 的闭包, 记作 $\overline{E}$.

对命题 12.2.10 有一个部分类比, 参见习题 13.5.9.

在拓扑空间 $(X, \mathcal{F})$ 中, 我们定义集合 K 是闭的, 当且仅当它的补集 $X \setminus K$ 是开的. 由命题 12.2.15(e) 知, 这与度量空间的定义是一致的. 对命题 12.2.15 的某些类比也是成立的（见习题 13.5.10）.

为了定义相对拓扑，我们不能使用定义 12.3.3，因为它会用到度量函数. 但我们可以把命题 12.3.4 作为出发点.

定义 13.5.7（**相对拓扑**）设 $(X, \mathcal{F})$ 是一个拓扑空间，并设 Y 是 X 的子集，我们定义 $\mathcal{F}_Y = \{V \cap Y : V \in \mathcal{F}\}$，并把它称作由 $(X, \mathcal{F})$ 导出的 Y 上的拓扑. 我们称 $(Y, \mathcal{F}_Y)$ 是 $(X, \mathcal{F})$ 的拓扑子空间. 实际上，$(Y, \mathcal{F}_Y)$ 就是一个拓扑空间，参见习题 13.5.11.

由命题 12.3.4 可以看出，这个概念与度量空间中相应的概念是一致的.

接下来，我们定义连续性.

定义 13.5.8（**连续函数**）设 $(X, \mathcal{F}_X)$ 和 $(Y, \mathcal{F}_Y)$ 都是拓扑空间，$f : X \to Y$ 是一个函数，并设 $x_0 \in X$，我们称 f 在 x_0 处是连续的，当且仅当对 $f(x_0)$ 的每个邻域 V，都存在一个 x_0 的邻域 U 使得 $f(U) \subseteq V$. 我们称 f 是连续的，当且仅当 f 在每一点 $x \in X$ 处都连续.

该定义与定义 13.1.1 是一致的（习题 13.5.14）. 对定理 13.1.4 和定理 13.1.5 的部分类比是成立的（习题 13.5.15）. 特别地，一个函数是连续的，当且仅当每个开集的前象都是开集.

遗憾的是，在拓扑空间中，不存在柯西序列、完备空间和有界空间的概念. 但是，拓扑空间中一定有紧空间的概念，我们可以从定理 12.5.8 出发来考察这部分内容.

定义 13.5.9（**紧拓扑空间**）设 $(X, \mathcal{F})$ 是一个拓扑空间，如果 X 的每个开覆盖都有一个有限子覆盖，那么我们称空间 $(X, \mathcal{F})$ 是紧的. 设 Y 是 X 的子集，如果由 $(X, \mathcal{F})$ 导出的 Y 上的拓扑空间是紧的，那么我们称 Y 是紧的.

紧度量空间中的许多基本事实在紧拓扑空间中仍然成立，尤其是定理 13.3.1 和命题 13.3.2（习题 13.5.16）. 但拓扑空间中没有一致连续的概念，从而我们无法对定理 13.3.5 进行类比.

通过逐字地重复定义 13.4.1 和定义 13.4.3（但要用定义 13.5.7 来代替定义 12.3.3），我们还可以定义连通性. 13.4 节中的许多结论和习题在拓扑空间中仍然成立（其中的证明几乎不需要做任何改变）.

习　题

13.5.1 设 X 是一个集合，并设 $\mathcal{F} = \{\varnothing, X\}$，证明：$(X, \mathcal{F})$ 是一个拓扑空间（$\mathcal{F}$ 被称为 X 上的平凡拓扑）. 如果 X 中包含不止一个元素，证明：平凡拓扑无法由在 X 上定义一个度量 d 来得到. 证明：这个拓扑空间既是紧的又是连通的.

13.5.2 设 (X,d) 是一个度量空间（从而是一个拓扑空间），证明: 定义 12.1.14 和定义 13.5.4 中的序列收敛概念是一致的.

13.5.3 设 (X,d) 是一个度量空间（从而是一个拓扑空间），证明: 定义 12.2.5 和定义 13.5.5 中的内点、外点和边界点的概念是一致的.

13.5.4 设 $(X,\mathcal{F})$ 是一个拓扑空间，如果对任意两个不同的点 $x,y \in X$，都存在 x 的邻域 V 和 y 的邻域 W 使得 $V \cap W = \varnothing$，那么 $(X,\mathcal{F})$ 被称为豪斯多夫空间. 证明: 每个由度量空间生成的拓扑空间都是豪斯多夫空间. 证明: 平凡拓扑空间不是豪斯多夫空间. 证明: 对于豪斯多夫空间，命题 12.1.20 的类比成立. 举一个非豪斯多夫空间的例子，使得命题 12.1.20 不成立.（实际上，我们遇到的绝大多数拓扑空间是豪斯多夫空间. 非豪斯多夫拓扑空间有一些病态倾向，所以研究它们没有多大价值.）

13.5.5 设 X 是任意给定的一个全序集，它具有序关系"$\leqslant$". 称集合 $V \subseteq X$ 是开的，如果对任意的 $x \in V$，总能在 V 中找到一个集合 $\{y \in X : a < y < b\}$（其中 $a,b \in X$），或者 $\{y \in X : a < y\}$（其中 $a \in X$），或者 $\{y \in X : y < b\}$（其中 $b \in X$），或者整个空间 X，使得 x 被包含在其中. 设 $\mathcal{F}$ 是由 X 中全体开集构成的集合，证明: $(X,\mathcal{F})$ 是一个拓扑空间（$\mathcal{F}$ 被称为全序集 $(X,\leqslant)$ 上的序拓扑），并且该空间是习题 13.5.4 意义下的豪斯多夫空间. 证明: 在实直线 $\mathbb{R}$ 上（具有标准的序"$\leqslant$"），序拓扑与标准拓扑（由标准度量生成的拓扑）是一致的. 如果把这个拓扑应用到广义实直线 $\mathbb{R}^*$ 上，证明: $\mathbb{R}$ 是具有边界 $\{-\infty, \infty\}$ 的开集. 设 $(x_n)_{n=1}^{\infty}$ 是 $\mathbb{R}$ 中的数列（从而也是 $\mathbb{R}^*$ 中的数列），证明: x_n 收敛于 ∞，当且仅当 $\liminf_{n \to \infty} x_n = \infty$；$x_n$ 收敛于 $-\infty$，当且仅当 $\limsup_{n \to \infty} x_n = -\infty$.

13.5.6 设 X 是一个不可数集，并设 $\mathcal{F}$ 是由 X 中所有满足下列条件的子集 E 构成的集簇: E 或是空集或是余有限的（$X \setminus E$ 是有限的）. 证明: $(X,\mathcal{F})$ 是一个拓扑空间（$\mathcal{F}$ 被称作 X 上的余有限拓扑），它不是习题 13.5.4 意义下的豪斯多夫空间，但它是紧的连通空间. 此外，证明: 如果 $x \in X$ 且 $(V_n)_{n=1}^{\infty}$ 是由可数个包含 x 的开集构成的集簇，那么 $\bigcap_{n=1}^{\infty} V_n \neq \{x\}$. 据此证明: 余有限拓扑空间无法由在 X 上定义一个度量 d 来得到.（提示: 在度量空间中，集合 $\bigcap_{n=1}^{\infty} B(x, 1/n)$ 等于什么?）

13.5.7 设 X 是一个不可数集，并设 $\mathcal{F}$ 是由 X 中所有满足下列条件的子集 E 构成的集簇: E 或是空集或是余可数的（$X \setminus E$ 是至多可数的）. 证明: $(X,\mathcal{F})$ 是一个拓扑空间（$\mathcal{F}$ 被称为 X 上的余可数拓扑），它不是习题 13.5.4 意义下的豪斯多夫空间，它是一个连通空间，但它不能由度量空间生成，而且它也不是紧的.

13.5.8 设 $(X,\mathcal{F})$ 是一个紧的拓扑空间，假设这个空间是第一可数的，也就是说，对每个 $x \in X$，存在由 x 的可数个邻域 $V_1, V_2, \cdots$ 构成的邻域簇，使得 x 的任意一个邻域都包含该邻域簇中的一个 V_n，证明: X 中的每个序列都有一个收敛的子序列（修改习题 12.5.11）.

13.5.9 证明命题 12.2.10 在拓扑空间中的下述部分类比: (c) 蕴涵 (a) 和 (b)，而 (a) 和 (b) 是等价的. 证明: 在习题 13.5.7 的余可数拓扑空间中，(a) 和 (b) 同时成立，但 (c) 不成立的情况是有可能发生的.

13.5.10 设 E 是拓扑空间 $(X,\mathcal{F})$ 的子集，证明: E 是开的，当且仅当 E 中的每个元素都是

E 的内点. E 是闭的，当且仅当 E 包含其全体附着点. 证明：命题 12.2.15(e) ~ (h) 的类比成立（其中某些结论可以由定义直接推导出）. 如果假设 X 是一个豪斯多夫空间，证明：命题 12.2.15(d) 的类比也成立. 举例说明，当 X 不是豪斯多夫空间时，(d) 是不成立的.

13.5.11 证明：定义 13.5.7 中的序对 $(Y, \mathcal{F}_Y)$ 的确是一个拓扑空间.

13.5.12 把推论 12.5.9 推广到豪斯多夫拓扑空间中的紧集上.

13.5.13 把定理 12.5.10 推广到豪斯多夫拓扑空间中的紧集上.

13.5.14 设 (X, d_X) 和 (Y, d_Y) 是两个度量空间（从而也是拓扑空间），证明：定义 13.1.1 和定义 13.5.8 中函数 $f : X \to Y$ 的连续性概念（在一点处的连续概念及在整个定义域上的连续概念）是一致的.

13.5.15 证明：如果把定理 13.1.4 推广到拓扑空间中，那么 (a) 蕴涵 (b)（逆命题不成立，但构造一个反例并不容易）. 证明：如果把定理 13.1.5 推广到拓扑空间中，那么 (a)、(c)、(d) 是两两等价的，它们都蕴涵 (b)（同样，逆向的蕴涵关系不成立，要证明这一点比较困难）.

13.5.16 把定理 13.3.1 和命题 13.3.2 推广到拓扑空间中的紧集上.

第 14 章 一致收敛

在第 12 章和第 13 章中，我们已经介绍了度量空间 (X, d_X) 中的点列 $(x^{(n)})_{n=1}^{\infty}$ 收敛于极限 x 的含义. 它指的是 $\lim_{n \to \infty} d_X(x^{(n)}, x) = 0$，或者等价地说，对任意的 $\varepsilon > 0$，存在一个 $N > 0$ 使得对所有的 $n > N$ 都有 $d_X(x^{(n)}, x) < \varepsilon$. （我们还把收敛的概念推广到了拓扑空间 $(X, \mathcal{F})$ 中，但是本章我们将把注意力集中在度量空间上. ）

在本章中，我们将考察从一个度量空间 (X, d_X) 到另一个度量空间 (Y, d_Y) 的函数序列 $(f^{(n)})_{n=1}^{\infty}$ 收敛的含义. 换句话说，我们有一个函数序列 $f^{(1)}, f^{(2)}, \dots$，其中每个 $f^{(n)} : X \to Y$ 都是从 X 到 Y 的函数. 我们要问的是，该函数序列收敛于某个极限函数 f 是什么意思.

实际上，函数序列收敛有若干个概念. 我们在这里介绍两个重要的概念：逐点收敛和一致收敛（还存在一些其他类型的收敛，比如 L^1 收敛、L^2 收敛、依测度收敛、几乎处处收敛等，但这些内容超出了本书的范围）. 这两个概念是相互关联的，但并不完全相同. 它们之间的关系有点类似于连续性和一致连续性之间的关系.

只要能弄清楚函数序列收敛的含义，我们就知道了像 $\lim_{n \to \infty} f^{(n)} = f$ 这样的表达式的意思，进而可以问这些极限是如何与其他概念相互作用的. 例如，我们已经有了函数极限值的概念：$\lim_{x \to x_0; x \in X} f(x)$. 我们能否交换下面两个极限运算的次序呢？

$$\lim_{n \to \infty} \lim_{x \to x_0; x \in X} f^{(n)}(x) = \lim_{x \to x_0; x \in X} \lim_{n \to \infty} f^{(n)}(x)?$$

我们将看到，答案取决于函数序列 $f^{(n)}$ 的收敛类型. 我们还会遇到类似的问题，包括交换极限运算与积分运算的次序，交换极限运算与求和运算的次序，以及交换求和运算与积分运算的次序.

14.1 函数的极限值

在讨论函数序列的极限之前，我们先来看一个与之类似但又不同的概念，即函数的极限值. 我们只在度量空间中讨论这件事，但拓扑空间中也有类似的概念（习题 14.1.3）.

定义 14.1.1（函数的极限值）设 (X, d_X) 和 (Y, d_Y) 是两个度量空间，E 是 X 的子集，并设 $f : E \to Y$ 是一个函数。设 $x_0 \in X$ 是 E 的附着点，并且 $L \in Y$，如果对任意的 $\varepsilon > 0$，都存在一个 $\delta > 0$ 使得只要 $x \in E$ 满足 $d_X(x, x_0) < \delta$，就有 $d_Y(f(x), L) < \varepsilon$，那么我们称当 x 沿着 E 收敛于 x_0 时 $f(x)$ 沿着 Y 收敛于 L，并记作 $\lim_{x \to x_0; x \in E} f(x) = L$.

注 14.1.2 在上述定义中，有些作者会把 $x = x_0$ 的情形排除在外，这样就要求 $0 < d_X(x, x_0) < \delta$. 依照我们当前使用的记号，这相当于把 x_0 从 E 中移除，于是我们要考察的是 $\lim_{x \to x_0; x \in E \setminus \{x_0\}} f(x)$，而不是 $\lim_{x \to x_0; x \in E} f(x)$. 对这两个概念的比较，参见习题 14.1.1.

把这个定义与定义 13.1.1 进行比较，我们发现 f 在 x_0 处连续，当且仅当
$$\lim_{x \to x_0; x \in X} f(x) = f(x_0).$$
于是，f 在 X 上连续，当且仅当
$$\text{对所有的 } x_0 \in X \text{ 都有 } \lim_{x \to x_0; x \in X} f(x) = f(x_0).$$

例 14.1.3 如果 $f : \mathbb{R} \to \mathbb{R}$ 是函数 $f(x) = x^2 - 4$，那么
$$\lim_{x \to 1} f(x) = f(1) = 1 - 4 = -3,$$
因为 f 是连续的。

注 14.1.4 当清楚地知道 x 在空间 X 中变动时，我们通常会忽略条件 $x \in X$，并把 $\lim_{x \to x_0; x \in X} f(x)$ 简记为 $\lim_{x \to x_0} f(x)$.

我们可以用序列来重新表述定义 14.1.1.

命题 14.1.5 设 (X, d_X) 和 (Y, d_Y) 都是度量空间，E 是 X 的子集，并设 $f : E \to Y$ 是一个函数。设 $x_0 \in X$ 是 E 的附着点，并且 $L \in Y$，那么下面四个命题在逻辑上是等价的：

(a) $\lim_{x \to x_0; x \in E} f(x) = L$；

(b) 对 E 中任意一个依度量 d_X 收敛于 x_0 的序列 $(x^{(n)})_{n=1}^{\infty}$，序列 $(f(x^{(n)}))_{n=1}^{\infty}$ 都依度量 d_Y 收敛于 L；

(c) 对任意一个包含 L 的开集 $V \subseteq Y$，都存在一个包含 x_0 的开集 $U \subseteq X$ 使得 $f(U \cap E) \subseteq V$；

(d) 如果把函数 $g : E \cup \{x_0\} \to Y$ 定义为 $g(x_0) = L$，并且当 $x \in E \setminus \{x_0\}$ 时，$g(x) = f(x)$，那么 g 在 x_0 处是连续的。此外，如果 $x_0 \in E$，那么 $f(x_0) = L$.

证明 参见习题 14.1.2. $\qquad\square$

注 14.1.6 根据命题 14.1.5(b) 和命题 12.1.20 知，当 x 收敛于 x_0 时，函数 $f(x)$ 最多只能收敛于一个极限 L. 换句话说，如果极限

$$\lim_{x \to x_0; x \in E} f(x)$$

存在，那么它只能取一个值.

注 14.1.7 为了保证极限值这个概念是有用的，x_0 是 E 的附着点这一要求必不可少. 如果 x_0 不是 E 的附着点，那么 x_0 就落在了 E 的外部，当 x 沿着 E 收敛于 x_0 时，$f(x)$ 收敛于 L 是空虚的（对足够小的 $\delta > 0$，不存在点 $x \in E$ 使得 $d(x, x_0) < \delta$）.

注 14.1.8 严格地说，我们应该写

$$d_Y - \lim_{x \to x_0; x \in E} f(x) \quad \text{而不是} \quad \lim_{x \to x_0; x \in E} f(x),$$

因为收敛性与度量 d_Y 有关. 然而，在现实中，度量 d_Y 是明确的，所以我们常略掉记号中的前缀 d_Y.

习　题

14.1.1 设 (X, d_X) 和 (Y, d_Y) 都是度量空间，E 是 X 的子集，$f : E \to Y$ 是一个函数，并设 x_0 是 E 中的元素. 假设 x_0 是 $E \setminus \{x_0\}$ 的一个附着点（或者说，x_0 不是 E 的孤立点），证明：极限 $\lim_{x \to x_0; x \in E} f(x)$ 存在，当且仅当极限 $\lim_{x \to x_0; x \in E \setminus \{x_0\}} f(x)$ 存在且等于 $f(x_0)$. 另外，证明：如果极限 $\lim_{x \to x_0; x \in E} f(x)$ 存在，那么它一定等于 $f(x_0)$.

14.1.2 证明命题 14.1.5.（提示：回顾定理 13.1.4 的证明.）

14.1.3 根据命题 14.1.5(c)，定义从一个拓扑空间 $(X, \mathcal{F}_X)$ 到另一个拓扑空间 $(Y, \mathcal{F}_Y)$ 的函数 $f : E \to Y$ 的极限值，其中 E 是 X 的一个子集. 如果 X 是一个拓扑空间，并且 Y 是一个豪斯多夫拓扑空间（见习题 13.5.4），证明：命题 14.1.5(c) 和命题 14.1.5(d) 是等价的，并类似地证明注 14.1.6. 如果 Y 不是豪斯多夫空间，那么上述结论还成立吗？

14.1.4 回顾习题 13.5.5 知，广义实直线 $\mathbb{R}^*$ 具有一个标准拓扑（序拓扑）. 我们把自然数集 $\mathbb{N}$ 看作这个拓扑空间的子空间，并把 ∞ 看作 $\mathbb{N}$ 在 $\mathbb{R}^*$ 中的附着点. 设 $(a_n)_{n=0}^{\infty}$ 是在拓扑空间 $(Y, \mathcal{F}_Y)$ 中取值的序列，并设 $L \in Y$，证明：$\lim_{n \to \infty; n \in \mathbb{N}} a_n = L$（在习题 14.1.3 的意义下），当且仅当 $\lim_{n \to \infty} a_n = L$（在定义 13.5.4 的意义下）. 这表明，序列的极限值和函数的极限值是一致的.

14.1.5 设 (X, d_X)、(Y, d_Y) 和 (Z, d_Z) 都是度量空间，E 是 X 的一个子集，并设 $x_0 \in X$，$y_0 \in Y, z_0 \in Z$，并且 $f : E \to Y$ 和 $g : Y \to Z$ 都是函数，E 是一个集合. 如果已知 $\lim_{x \to x_0; x \in E} f(x) = y_0$ 和 $\lim_{y \to y_0; y \in f(E)} g(y) = z_0$，那么证明 $\lim_{x \to x_0, x \in E} g \circ f(x) = z_0$ 成立.

14.1.6 当 X 是一个度量空间，而不是 $\mathbb{R}$ 的子集时，叙述并证明命题 9.3.14 中极限定律的类比.（提示：利用推论 13.2.3.）

14.2 逐点收敛和一致收敛

最显著的一个函数序列收敛概念是逐点收敛，或者说在定义域中的每一点处都收敛.

定义 14.2.1（**逐点收敛**） 设 $(f^{(n)})_{n=1}^{\infty}$ 是从度量空间 (X, d_X) 到另一个度量空间 (Y, d_Y) 的函数序列，并设 $f : X \to Y$ 是一个函数，如果对所有的 $x \in X$ 都有

$$\lim_{n\to\infty} f^{(n)}(x) = f(x),$$

即

$$\lim_{n\to\infty} d_Y(f^{(n)}(x), f(x)) = 0,$$

那么我们称 $(f^{(n)})_{n=1}^{\infty}$ 在 X 上逐点收敛于 f. 换句话说，对每个 x 和任意的 $\varepsilon > 0$，都存在一个 $N > 0$ 使得对所有的 $n > N$ 都有 $d_Y(f^{(n)}(x), f(x)) < \varepsilon$. 我们把 f 叫作函数序列 $f^{(n)}$ 的逐点极限.

注 14.2.2 注意，$f^{(n)}(x)$ 和 $f(x)$ 都是 Y 中的点，而不是函数，所以我们是用先前已有的度量空间中点列收敛的概念来定义函数序列的收敛. 还要注意的是，我们实际上并没有用到 (X, d_X) 是一个度量空间这一事实（我们没有使用度量 d_X）. 就这个定义而言，X 只要是一个纯粹的集合就足够了，而不需要附加任何度量结构. 但是，稍后考察从 X 到 Y 的连续函数时，我们需要 X 上的（以及 Y 上的）度量，或者起码需要一个拓扑结构. 此外，在引入一致收敛的概念时，我们肯定需要 X 上和 Y 上的度量结构. 拓扑空间中并不存在这些相应的概念.

例 14.2.3 考察定义为 $f^{(n)}(x) = x/n$ 的函数 $f^{(n)} : \mathbb{R} \to \mathbb{R}$，以及定义为 $f(x) = 0$ 的零函数 $f : \mathbb{R} \to \mathbb{R}$. 那么 $f^{(n)}$ 逐点收敛于 f，因为对每个固定的实数 x，都有 $\lim_{n\to\infty} f^{(n)}(x) = \lim_{n\to\infty} x/n = 0 = f(x)$.

从命题 12.1.20 中可以看出，从度量空间 (X, d_X) 到另一个度量空间 (Y, d_Y) 的函数序列 $(f^{(n)})_{n=1}^{\infty}$ 最多只能有一个逐点极限 f（这解释了为什么 f 可以被称作逐点极限）. 但是，函数序列也可能没有逐点极限，（你能给出一个例子吗？）就像度量空间中的点列不一定有极限一样.

逐点收敛是一个很自然的概念，但它存在一些缺陷：它不能保持连续性、导数运算、极限运算及积分运算. 下面三个例子说明了此事.

例 14.2.4 考察定义为 $f^{(n)}(x) = x^n$ 的函数 $f^{(n)} : [0,1] \to \mathbb{R}$，并设函数 $f : [0,1] \to \mathbb{R}$ 的定义如下：当 $x = 1$ 时，$f(x) = 1$；当 $0 \leqslant x < 1$ 时，$f(x) = 0$. 那么每个 $f^{(n)}$ 都是连续的，并且函数序列 $f^{(n)}$ 在 $[0,1]$ 上逐点收敛于 f（为什么？分别考察 $x = 1$ 和 $0 \leqslant x < 1$ 这两种情形），但极限函数 f 是不连续的. 注

意，这个例子表明逐点收敛不保持可微性．

例 14.2.5 设对每个 n 都有 $\lim_{x \to x_0; x \in E} f^{(n)}(x) = L$，并且 $f^{(n)}$ 逐点收敛于 f，但我们无法断定 $\lim_{x \to x_0; x \in E} f(x) = L$ 一定成立．例 14.2.4 就是一个反例：对每个 n 都有 $\lim_{x \to 1; x \in [0,1)} x^n = 1$，并且 x^n 逐点收敛于例 14.2.4 定义的函数 f，但 $\lim_{x \to 1; x \in [0,1)} f(x) = 0$．这样，我们得到

$$\lim_{n \to \infty} \lim_{x \to x_0; x \in X} f^{(n)}(x) \neq \lim_{x \to x_0; x \in X} \lim_{n \to \infty} f^{(n)}(x)$$

（见例 1.2.8）．因此，逐点收敛不保持极限运算．

例 14.2.6 设 $f^{(n)} : [a, b] \to \mathbb{R}$ 是区间 $[a, b]$ 上的黎曼可积函数序列，如果对每个 n 都有 $\int_{[a,b]} f^{(n)} = L$，并且 $f^{(n)}$ 逐点收敛于某个新函数 f，那么据此无法推导出 $\int_{[a,b]} f = L$．下面给出一个反例．令 $[a, b] = [0, 1]$，并设 $f^{(n)}$ 是如下函数：当 $x \in [1/2n, 1/n]$ 时，$f^{(n)}(x) = 2n$；否则，$f^{(n)}(x) = 0$．那么，$f^{(n)}$ 逐点收敛于零函数 $f(x) = 0$．（为什么？）另外，对每个 n 都有 $\int_{[0,1]} f^{(n)} = 1$，但 $\int_{[0,1]} f = 0$．于是，我们得到一个使得

$$\lim_{n \to \infty} \int_{[a,b]} f^{(n)} \neq \int_{[a,b]} \lim_{n \to \infty} f^{(n)}$$

的例子．或许有人会觉得这个反例中的"函数 $f^{(n)}$ 是不连续的"起到了一些作用，但这里的 $f^{(n)}$ 可以很容易地被修改成连续函数．（你知道该如何修改吗？）

另一个具有相同思想的例子是"移动颠簸"的例子．设函数 $f^{(n)} : \mathbb{R} \to \mathbb{R}$ 具有如下定义：当 $x \in [n, n+1]$ 时，$f^{(n)}(x) = 1$；否则，$f^{(n)}(x) = 0$．那么，对每个 n 都有 $\int_{\mathbb{R}} f^{(n)} = 1$（这里的 $\int_{\mathbb{R}} f$ 被定义为当 N 趋于 ∞ 时 $\int_{[-N,N]} f$ 的极限）．另外，$f^{(n)}$ 逐点收敛于零函数 0，（为什么？）并且 $\int_{\mathbb{R}} 0 = 0$．在这两个例子中，面积为 1 的函数在取极限的过程中以某种方式"消失了"，从而产生了面积为 0 的函数．参见例 1.2.9．

这些例子表明逐点收敛是一个较弱的概念．这里的问题在于，虽然对每个 x，$f^{(n)}(x)$ 都能收敛于 $f(x)$，但是收敛的速度会因为 x 的不同而发生巨大的变化．例如，考虑例 14.2.4，函数 $f^{(n)} : [0, 1] \to \mathbb{R}$ 被定义为 $f^{(n)}(x) = x^n$，而 $f : [0, 1] \to \mathbb{R}$ 的定义是：当 $x = 1$ 时，$f(x) = 1$；否则，$f(x) = 0$．那么，对每个 x，当 $n \to \infty$ 时，$f^{(n)}(x)$ 都收敛于 $f(x)$．这等价于说，当 $0 \leqslant x < 1$ 时，$\lim_{n \to \infty} x^n = 0$；当 $x = 1$ 时，$\lim_{n \to \infty} x^n = 1$．但 x 在 1 附近时的收敛速度要比 x 远离 1 时的收敛速度慢很多．例如，考虑命题：对所有的 $0 \leqslant x < 1$ 都有 $\lim_{n \to \infty} x^n = 0$．这意味着对每个 $0 \leqslant x < 1$ 和任意的 $\varepsilon > 0$，都存在一个 $N \geqslant 1$ 使得对所有的 $n \geqslant N$ 都有 $|x^n| < \varepsilon$．换言之，序列 $1, x, x^2, x^3, \cdots$ 在经过前 N 个元素之后最终会小于 ε．但是，经过的元素个数 N 与 x 的选取有密切的关系．比如，令 $\varepsilon = 0.1$，如果

$x = 0.1$, 那么对所有的 $n \geqslant 2$ 都有 $|x^n| < \varepsilon$. 在经过两个元素之后, 序列就小于 ε 了. 然而, 如果 $x = 0.5$, 那么仅当 $n \geqslant 4$ 时, 才有 $|x^n| < \varepsilon$. 此时, 你必须等到第四项之后才能使每一项都小于 ε. 如果 $x = 0.9$, 那么当 $n \geqslant 22$ 时, $|x^n| < \varepsilon$ 才能成立. 显然, x 与 1 的距离越近, 使得 $f^{(n)}(x)$ 与 $f(x)$ 的距离小于 ε 的等待时间就会越久, 但终究能够做到这一点. (奇怪的是, 虽然序列的收敛性会随着 x 不断趋于 1 而变得越来越弱, 但当 $x = 1$ 时, 收敛性突然变得非常完美了.)

换句话说, $f^{(n)}$ 收敛于 f 关于 x 不是一致的. 使 $f^{(n)}(x)$ 与 $f(x)$ 的距离小于 ε 的 N 既依赖于 ε 又依赖于 x. 这启发我们引入一个更强的收敛概念.

定义 14.2.7(**一致收敛**) 设 $(f^{(n)})_{n=1}^\infty$ 是从一个度量空间 (X, d_X) 到另一个度量空间 (Y, d_Y) 的函数序列, 并设 $f : X \to Y$ 是一个函数, 如果对任意的 $\varepsilon > 0$, 存在一个 $N > 0$ 使得对所有的 $n \geqslant N$ 和所有的 $x \in X$ 都有 $d_Y(f^{(n)}(x), f(x)) < \varepsilon$, 那么我们称 $(f^{(n)})_{n=1}^\infty$ 在 X 上一致收敛于 f, 并把函数 f 称作函数序列 $f^{(n)}$ 的一致极限.

注 14.2.8 注意, 这个定义与定义 14.2.1 中逐点收敛的概念存在一些微妙的区别. 在逐点收敛的定义中, N 的取值可以依赖 x, 但在一致收敛中就不行了. 读者应当把这种区别与连续性和一致连续性之间的区别(定义 13.1.1 和定义 13.3.4 的区别)进行比较. 习题 14.2.1 更精确地描述了这种类比.

不难看出, 如果 $f^{(n)}$ 在 X 上一致收敛于 f, 那么 $f^{(n)}$ 也一定逐点收敛于这个 f(见习题 14.2.2). 因此, 如果一致极限和逐点极限同时存在, 那么两者一定相等. 但是, 反之不成立. 例如, 之前定义为 $f^{(n)}(x) = x^n$ 的函数 $f^{(n)} : [0,1] \to \mathbb{R}$ 是逐点收敛的, 但它并不一致收敛(见习题 14.2.2).

例 14.2.9 设 $f^{(n)} : [0,1] \to \mathbb{R}$ 是函数 $f^{(n)}(x) = x/n$, 并设 $f : [0,1] \to \mathbb{R}$ 是零函数 $f(x) = 0$, 那么 $f^{(n)}$ 显然逐点收敛于 f. 现在我们来证明 $f^{(n)}$ 实际上一致收敛于 f. 我们要证明的是: 对任意的 $\varepsilon > 0$, 存在一个 N 使得对所有的 $x \in [0,1]$ 和所有的 $n \geqslant N$ 都有 $|f^{(n)}(x) - f(x)| < \varepsilon$. 因此, 固定 $\varepsilon > 0$, 于是对任意的 $x \in [0,1]$ 和 $n \geqslant N$, 有

$$|f^{(n)}(x) - f(x)| = |x/n - 0| = x/n \leqslant 1/n \leqslant 1/N.$$

如果我们选取一个使得 $N > 1/\varepsilon$ 的 N(注意, 这里对 N 的选取与 x 无关), 那么对所有的 $n \geqslant N$ 和所有的 $x \in [0,1]$ 都有 $|f^{(n)}(x) - f(x)| < \varepsilon$, 这正是我们想要的.

在这里, 我们给出一个平凡的注释: 如果函数序列 $f^{(n)} : X \to Y$ 逐点收敛(或者一致收敛)于函数 $f : X \to Y$, 那么 $f^{(n)}$ 在 X 的子集 E 上的限制函数序列 $f^{(n)}|_E : E \to Y$ 也将逐点收敛(或者一致收敛)于 $f|_E$. (为什么?)

习　题

14.2.1 本题的目的是阐述连续性和逐点收敛之间的具体联系，以及一致连续性和一致收敛性之间的具体联系. 设 $f : \mathbb{R} \to \mathbb{R}$ 是一个函数，对任意的 $a \in \mathbb{R}$，设 $f_a : \mathbb{R} \to \mathbb{R}$ 是平移函数 $f_a(x) = f(x - a)$.

    (a) 证明：f 是连续的，当且仅当只要 $(a_n)_{n=0}^{\infty}$ 是收敛于 0 的实数列，平移函数序列 f_{a_n} 就逐点收敛于 f.

    (b) 证明：f 是一致连续的，当且仅当只要 $(a_n)_{n=0}^{\infty}$ 是收敛于 0 的实数列，平移函数序列 f_{a_n} 就一致收敛于 f.

14.2.2 (a) 设 $(f^{(n)})_{n=1}^{\infty}$ 是从度量空间 (X, d_X) 到另一个度量空间 (Y, d_Y) 的函数序列，并设 $f : X \to Y$ 是从 X 到 Y 的函数，证明：如果 $f^{(n)}$ 一致收敛于 f，那么 $f^{(n)}$ 也逐点收敛于 f.

    (b) 对每个整数 $n \geqslant 1$，设 $f^{(n)} : (-1, 1) \to \mathbb{R}$ 为函数 $f^{(n)}(x) = x^n$，证明：$f^{(n)}$ 逐点收敛于零函数 0，但不一致收敛于任何函数 $f : (-1, 1) \to \mathbb{R}$.

    (c) 设 $g : (-1, 1) \to \mathbb{R}$ 是函数 $g(x) = x/(1 - x)$，保持 (b) 中的记号，证明：当 $N \to \infty$ 时，部分和 $\sum_{n=1}^{N} f^{(n)}$ 在开区间 $(-1, 1)$ 上逐点收敛于 g，但不一致收敛于 g.（提示：利用引理 7.3.3.）如果把开区间 $(-1, 1)$ 换成闭区间 $[-1, 1]$，情况又如何？

14.2.3 设 (X, d_X) 是一个度量空间，对每个整数 $n \geqslant 1$，设 $f_n : X \to \mathbb{R}$ 是一个实值函数. 设 f_n 在 X 上逐点收敛于另一个函数 $f : X \to \mathbb{R}$（在本题中，$\mathbb{R}$ 具有标准度量 $d(x, y) = |x - y|$），并设 $h : \mathbb{R} \to \mathbb{R}$ 是一个连续函数，证明：函数 $h \circ f_n$ 在 X 上逐点收敛于 $h \circ f$，其中 $h \circ f_n : X \to \mathbb{R}$ 是函数 $h \circ f_n(x) = h(f_n(x))$，$h \circ f$ 是函数 $h \circ f(x) = h(f(x))$.

14.2.4 设 $f_n : X \to Y$ 是从度量空间 (X, d_X) 到另一个度量空间 (Y, d_Y) 的有界函数序列，f_n 一致收敛于函数 $f : X \to Y$，并设 f 是一个有界函数，即 Y 中存在一个球 $B_{(Y, d_Y)}(y_0, R)$ 使得对所有的 $x \in X$ 都有 $f(x) \in B_{(Y, d_Y)}(y_0, R)$，证明：函数序列 f_n 是一致有界的. 也就是说，Y 中存在一个球 $B(Y, d_Y)(y_0, R)$ 使得对所有的 $x \in X$ 和所有的正整数 n 都有 $f_n(x) \in B_{(Y, d_Y)}(y_0, R)$.

14.3　一致收敛性和连续性

现在，我们给出一致收敛优于逐点收敛的第一个证明. 特别地，我们要证明连续函数序列的一致极限也是连续的.

定理 14.3.1（一致极限保持连续性 I） 设 $(f^{(n)})_{n=1}^{\infty}$ 是从度量空间 (X, d_X) 到度量空间 (Y, d_Y) 的函数序列，并且该序列一致收敛于函数 $f : X \to Y$. 设 x_0 是 X 中的点，如果对每个 n，函数 $f^{(n)}$ 都在 x_0 处连续，那么极限函数 f 也在 x_0 处连续.

证明　参见习题 14.3.1.　　　　　　　　　　　　　　　　　　　　　　　　□

据此可以得到一个直接推论.

推论 14.3.2（**一致极限保持连续性 II**）设 $(f^{(n)})_{n=1}^{\infty}$ 是从度量空间 (X, d_X) 到度量空间 (Y, d_Y) 的函数序列，并且该序列一致收敛于函数 $f : X \to Y$. 如果对每个 n，函数 $f^{(n)}$ 都在 X 上连续，那么极限函数 f 也在 X 上连续.

我们应当把这个结论与例 14.2.4 进行对比. 对定理 14.3.1 做一些小的变动，我们仍然可以得到一个有用的结论.

命题 14.3.3（**交换极限和一致极限的次序**）设 (X, d_X) 和 (Y, d_Y) 都是度量空间，其中 Y 是一个完备空间，并设 E 是 X 的子集. 设 $(f^{(n)})_{n=1}^{\infty}$ 是从 E 到 Y 的函数序列，并且该序列在 E 上一致收敛于某个函数 $f : E \to Y$. 设 $x_0 \in E$ 是 E 的附着点，并且对每个 n，极限 $\lim_{x \to x_0; x \in E} f^{(n)}(x)$ 都存在，那么极限 $\lim_{x \to x_0; x \in E} f(x)$ 也存在，并且等于序列 $(\lim_{x \to x_0; x \in E} f^{(n)}(x))_{n=1}^{\infty}$ 的极限. 换句话说，下面两个极限运算的次序可以交换，

$$\lim_{n \to \infty} \lim_{x \to x_0; x \in E} f^{(n)}(x) = \lim_{x \to x_0; x \in E} \lim_{n \to \infty} f^{(n)}(x).$$

证明 参见习题 14.3.2. □

我们应当把这个结论与例 14.2.5 进行对比. 最后，我们给出这些定理的序列形式.

命题 14.3.4 设 $(f^{(n)})_{n=1}^{\infty}$ 是从度量空间 (X, d_X) 到度量空间 (Y, d_Y) 的连续函数序列，并且该序列一致收敛于函数 $f : X \to Y$. 设 $x^{(n)}$ 是 X 中收敛于某个极限 x 的点列，那么 $f^{(n)}(x^{(n)})$（在 Y 中）收敛于 $f(x)$.

证明 参见习题 14.3.4. □

对于有界函数，存在一个类似的结论.

定义 14.3.5（**有界函数**）设 $f : X \to Y$ 是从度量空间 (X, d_X) 到另一个度量空间 (Y, d_Y) 的函数，如果 $f(X)$ 是一个有界集合，即 Y 中存在一个球 $B_{(Y, d_Y)}(y_0, R)$ 使得对所有的 $x \in X$ 都有 $f(x) \in B_{(Y, d_Y)}(y_0, R)$，那么我们称函数 $f : X \to Y$ 是有界的.

命题 14.3.6（**一致极限保持有界性**）设 $(f^{(n)})_{n=1}^{\infty}$ 是从度量空间 (X, d_X) 到另一个度量空间 (Y, d_Y) 的函数序列，并且该序列一致收敛于函数 $f : X \to Y$，如果对每个 n，函数 $f^{(n)}$ 在 X 上都是有界的，那么极限函数 f 在 X 上也是有界的.

证明 参见习题 14.3.6. □

注 14.3.7 上面这些命题听上去都非常合理，但是我们要注意，这些结论只有在一致收敛的前提下才能成立，逐点收敛是不够的.（见习题 14.3.3、习题 14.3.5 和习题 14.3.7.）

习　题

14.3.1 证明定理 14.3.1. 简单解释一下为什么你的证明需要使用一致收敛, 为什么逐点收敛不足以得到这个结论?（提示: 最容易的方法是利用定义 13.1.1 中连续性的 "ε-δ" 定义来证明这个结论. 你可能会用到三角不等式

$$d_Y(f(x), f(x_0)) \leqslant d_Y(f(x), f^{(n)}(x)) + d_Y(f^{(n)}(x), f^{(n)}(x_0)) + d_Y(f^{(n)}(x_0), f(x_0)).$$

另外, 你还需要把 ε 写成 $\varepsilon/3 + \varepsilon/3 + \varepsilon/3$ 的形式. 最后, 命题 14.3.3 也可以证明定理 14.3.1, 但你可能会发现利用定义证明定理 14.3.1 会更容易些.）

14.3.2 证明命题 14.3.3.（提示: 这很像定理 14.3.1. 定理 14.3.1 无法用来证明命题 14.3.3, 但命题 14.3.3 可以用来证明定理 14.3.1.）

14.3.3 比较命题 14.3.3 和例 1.2.8, 你能不能解释一下, 为什么在例 1.2.8 中交换极限运算的次序会推导出一个错误的结论, 但在命题 14.3.3 中交换极限运算的次序是正确的?

14.3.4 证明命题 14.3.4.（提示: 尽管叙述稍有不同, 但这也与定理 14.3.1 和命题 14.3.3 类似, 而且这个结论无法从那两个结论中直接推导出.）

14.3.5 举例说明, 如果把 "一致收敛" 替换成 "逐点收敛", 那么命题 14.3.4 就不成立了.（提示: 之前给出的某些例子能说明此事.）

14.3.6 证明命题 14.3.6. 讨论这个命题与习题 14.2.4 的不同之处在哪.

14.3.7 举例说明, 如果把 "一致收敛" 替换成 "逐点收敛", 那么命题 14.3.6 就不成立了.（提示: 之前给出的某些例子能说明此事.）

14.3.8 设 (X, d) 是一个度量空间, 对每个正整数 n, 设 $f_n : X \to \mathbb{R}$ 和 $g_n : X \to \mathbb{R}$ 都是函数, 并设 $(f_n)_{n=1}^{\infty}$ 一致收敛于函数 $f : X \to \mathbb{R}$, $(g_n)_{n=1}^{\infty}$ 一致收敛于函数 $g : X \to \mathbb{R}$. 设函数序列 $(f_n)_{n=1}^{\infty}$ 和 $(g_n)_{n=1}^{\infty}$ 是一致有界的, 即存在一个 $M > 0$ 使得对所有的 $n \geqslant 1$ 和所有的 $x \in X$ 都有 $|f_n(x)| \leqslant M$ 和 $|g_n(x)| \leqslant M$, 证明: 函数序列 $f_n g_n : X \to \mathbb{R}$ 一致收敛于 $fg : X \to \mathbb{R}$.

14.4　一致收敛的度量

在本书中, 我们已经建立了至少四种具有明显区别的极限概念.

(a) 度量空间中点列的极限 $\lim_{n \to \infty} x^{(n)}$（定义 12.1.14, 还可参见定义 13.5.4）.

(b) 函数在一点处的极限值 $\lim_{x \to x_0; x \in E} f(x)$（定义 14.1.1）.

(c) 函数序列 $f^{(n)}$ 的逐点极限 f（定义 14.2.1）.

(d) 函数序列 $f^{(n)}$ 的一致极限 f（定义 14.2.7）.

这么多的极限概念看起来非常复杂. 但是, 如果把 (d) 看作 (a) 的一种特殊情形, 那么复杂度可以稍微降低一些. 不过, 我们要注意, 由于现在处理的是函数而不是点, 因此我们考察的并不是 X 或 Y 中的收敛性, 而是一个新空间中的收敛性, 这个新空间就是从 X 到 Y 的函数空间.

注 14.4.1 如果我们要考察的是拓扑空间, 而不是度量空间, 那么 (a) 也可以看作 (b) 的一种特殊情形, 参见习题 14.1.4. (c) 也是 (a) 的一种特殊情形, 参见习题 14.4.4. 因此, 拓扑空间中的收敛概念可以用来统一我们所遇到的全部极限概念.

定义 14.4.2 (有界函数的度量空间) 设 (X, d_X) 和 (Y, d_Y) 都是度量空间, 我们用 $B(X \to Y)$ 表示从 X 到 Y 的有界函数空间[①]:

$$B(X \to Y) = \{f | f : X \to Y \text{ 是有界函数}\}.$$

如果 X 是非空的, 那么我们把度量 $d_\infty : B(X \to Y) \times B(X \to Y) \to [0, \infty)$ 定义为: 对所有的 $f, g \in B(X \to Y)$ 均有

$$d_\infty(f, g) = \sup_{x \in X} d_Y(f(x), g(x)) = \sup\{d_Y(f(x), g(x)) : x \in X\}.$$

这个度量有时被称作一致度量、上确界范数度量或 L^∞ 度量. 我们也用 $d_{B(X \to Y)}$ 来表示 d_∞. 若 X 为空集, 则定义 $d_\infty(f, g) = 0$.

注意, 因为我们假设 f 和 g 都在 X 上有界, 所以距离 $d_\infty(f, g)$ 总是有限的.

例 14.4.3 设 $X = [0, 1]$ 且 $Y = \mathbb{R}$, 并设 $f : [0, 1] \to \mathbb{R}$ 和 $g : [0, 1] \to \mathbb{R}$ 分别是函数 $f(x) = 2x$ 和 $g(x) = 3x$, 那么 f 和 g 都是有界函数, 从而它们都属于 $B([0, 1] \to \mathbb{R})$. 两者之间的距离为

$$d_\infty(f, g) = \sup_{x \in [0,1]} |2x - 3x| = \sup_{x \in [0,1]} |x| = 1.$$

这个空间实际上是一个度量空间 (习题 14.4.1). 该度量下的收敛性就是一致收敛性.

命题 14.4.4 设 (X, d_X) 和 (Y, d_Y) 都是度量空间, $(f^{(n)})_{n=1}^\infty$ 是 $B(X \to Y)$ 中的一个函数序列, 并设 f 是 $B(X \to Y)$ 中的函数, 那么 $(f^{(n)})_{n=1}^\infty$ 依度量 $d_{B(X \to Y)}$ 收敛于 f, 当且仅当 $(f^{(n)})_{n=1}^\infty$ 一致收敛于 f.

证明 参见习题 14.4.2. □

现在令 $C(X \to Y)$ 表示从 X 到 Y 的有界连续函数空间:

$$C(X \to Y) = \{f \in B(X \to Y) | f \text{ 是连续的}\}.$$

集合 $C(X \to Y)$ 显然是 $B(X \to Y)$ 的子集. 推论 14.3.2 断定了空间 $C(X \to Y)$ 在 $B(X \to Y)$ 中是闭的. (为什么?) 实际上, 我们还可以说更多.

定理 14.4.5 (连续函数空间是完备的) 设 (X, d_X) 是一个度量空间, 并设 (Y, d_Y) 是一个完备度量空间, 那么空间 $(C(X \to Y), d_{B(X \to Y)}|_{C(X \to Y) \times C(X \to Y)})$

[①] 注意, 由幂集公理 (公理 3.11) 和分类公理 (公理 3.6) 知, 这是一个集合.

是 $(B(X \to Y), d_{B(X \to Y)})$ 的完备子空间. 换句话说, $C(X \to Y)$ 中的每个柯西函数序列都收敛于 $C(X \to Y)$ 中的一个函数.

证明 参见习题 14.4.3. □

习 题

14.4.1 设 (X, d_X) 和 (Y, d_Y) 都是度量空间, 证明: 定义 14.4.2 中的具有度量 $d_{B(X \to Y)}$ 的空间 $B(X \to Y)$ 实际上是一个度量空间.

14.4.2 证明命题 14.4.4.

14.4.3 证明定理 14.4.5. (提示: 证明过程与定理 14.3.1 的证明过程相似, 但又不完全相同.)

14.4.4 设 (X, d_X) 和 (Y, d_Y) 都是度量空间, 并设 $Y^X = \{f | f : X \to Y\}$ 是从 X 到 Y 的全体函数的空间 (见公理 3.11). 设 $x_0 \in X$, V 是 Y 中的开集, 并设 $V^{(x_0)} \subseteq Y^X$ 是集合

$$V^{(x_0)} = \{f \in Y^X : f(x_0) \in V\}.$$

设 E 是 Y^X 的子集, 如果对每个 $f \in E$, 都存在有限个点 $x_1, \cdots, x_n \in X$ 和有限个开集 $V_1, \cdots, V_n \subseteq Y$ 使得

$$f \in V_1^{(x_1)} \cap \cdots \cap V_n^{(x_n)} \subseteq E,$$

那么我们称 E 是开的.

(a) 证明: 如果 $\mathcal{F}$ 是 Y^X 的开集簇, 那么 $(Y^X, \mathcal{F})$ 是一个拓扑空间.

(b) 对每个自然数 n, 设 $f^{(n)} : X \to Y$ 是从 X 到 Y 的函数, 并设 $f : X \to Y$ 是从 X 到 Y 的函数, 证明: $f^{(n)}$ 依拓扑 $\mathcal{F}$ 收敛于 f (在定义 13.5.4 的意义下), 当且仅当 $f^{(n)}$ 逐点收敛于 f (在定义 14.2.1 的意义下).

这里的拓扑 $\mathcal{F}$ 被称为逐点收敛拓扑, 其理由很明显. 它也被称作乘积拓扑. 这表明, 逐点收敛可以看作拓扑空间中更一般的收敛的特殊情形.

14.5 函数级数和魏尔斯特拉斯判别法

在讨论了函数序列之后, 我们现在来讨论函数的无穷级数 $\sum_{n=1}^{\infty} f_n$. 我们将集中精力考察从度量空间 (X, d_X) 到实直线 $\mathbb{R}$ 的函数 $f : X \to \mathbb{R}$ ($\mathbb{R}$ 显然具有标准度量). 这样做的原因是, 我们知道如何把两个实数加起来, 但不一定了解如何把一般度量空间 Y 中的两个点加起来. 陪域为 $\mathbb{R}$ 的函数有时被称作实值函数.

显然, 有限和是很简单的. 给定任意有限多个从 X 到 $\mathbb{R}$ 的函数 $f^{(1)}, \cdots, f^{(N)}$, 它们的有限和 $\sum_{i=1}^{N} f^{(i)} : X \to \mathbb{R}$ 可以定义为

$$\left(\sum_{i=1}^{N} f^{(i)} \right)(x) = \sum_{i=1}^{N} f^{(i)}(x).$$

例 14.5.1 如果 $f^{(1)} : \mathbb{R} \to \mathbb{R}$ 是函数 $f^{(1)}(x) = x$, $f^{(2)} : \mathbb{R} \to \mathbb{R}$ 是函数 $f^{(2)}(x) = x^2$, $f^{(3)} : \mathbb{R} \to \mathbb{R}$ 是函数 $f^{(3)}(x) = x^3$, 那么 $f = \sum_{i=1}^{3} f^{(i)}$ 就是定义为 $f(x) = x + x^2 + x^3$ 的函数 $f : \mathbb{R} \to \mathbb{R}$.

容易证明, 有界函数的有限和是有界的, 连续函数的有限和是连续的 (习题 14.5.1).

现在考虑无穷级数.

定义 14.5.2 (无穷级数) 设 (X, d_X) 是一个度量空间, $(f^{(n)})_{n=1}^{\infty}$ 是从 X 到 $\mathbb{R}$ 的函数序列, 并设 f 是从 X 到 $\mathbb{R}$ 的函数. 当 $N \to \infty$ 时, 如果部分和 $\sum_{n=1}^{N} f^{(n)}$ 沿着 X 逐点收敛于 f, 那么我们称无穷级数 $\sum_{n=1}^{\infty} f^{(n)}$ 逐点收敛于 f, 并记作 $f = \sum_{n=1}^{\infty} f^{(n)}$. 当 $N \to \infty$ 时, 如果部分和 $\sum_{n=1}^{N} f^{(n)}$ 沿着 X 一致收敛于 f, 那么我们称无穷级数 $\sum_{n=1}^{\infty} f^{(n)}$ 一致收敛于 f, 并仍记作 $f = \sum_{n=1}^{\infty} f^{(n)}$. (因此, 当看到像 $f = \sum_{n=1}^{\infty} f^{(n)}$ 这样的表达式时, 我们应当从上下文中看出这个无穷级数是依据哪种意义收敛的.)

注 14.5.3 级数 $\sum_{n=1}^{\infty} f^{(n)}$ 沿着 X 逐点收敛于 f, 当且仅当对每个 $x \in X$, $\sum_{n=1}^{\infty} f^{(n)}(x)$ 都收敛于 $f(x)$. (因此, 如果 $\sum_{n=1}^{\infty} f^{(n)}$ 不逐点收敛于 f, 那么这并不意味着它是逐点发散的. 它可能在某些点 x 处收敛, 但在另一些点 x 处发散.)

如果级数 $\sum_{n=1}^{\infty} f^{(n)}$ 一致收敛于 f, 那么它也逐点收敛于 f. 反之不然, 比如下面这个例子.

例 14.5.4 设 $f^{(n)} : (-1, 1) \to \mathbb{R}$ 是函数 $f^{(n)}(x) = x^n$, 那么 $\sum_{n=1}^{\infty} f^{(n)}$ 逐点收敛于函数 $x/(1-x)$, 但不一致收敛于该函数 (见习题 14.2.2 和例 14.5.8).

一个级数 $\sum_{n=1}^{\infty} f^{(n)}$ 何时收敛或不收敛, 并不总是明显的. 但是, 存在一种非常有用的判别法, 它至少可以用来判别一致收敛.

定义 14.5.5 (上确界范数) 如果 $f : X \to \mathbb{R}$ 是一个有界实值函数且 X 是非空的, 那么我们定义 f 的上确界范数 $\|f\|_{\infty}$ 为

$$\|f\|_{\infty} = \sup\{|f(x)| : x \in X\}.$$

换句话说, $\|f\|_{\infty} = d_{\infty}(f, 0)$, 其中 $0 : X \to \mathbb{R}$ 是零函数 $0(x) = 0$, 而 d_{∞} 是定义 14.4.2 中的度量. (为什么可以这样定义?) 若 X 为空集, 则定义 $\|f\|_{\infty} = 0$.

例 14.5.6 如果 $f : (-2, 1) \to \mathbb{R}$ 是函数 $f(x) = 2x$, 那么 $\|f\|_{\infty} = \sup\{|2x| : x \in (-2, 1)\} = 4$. (为什么?) 注意, 如果 f 有界, 那么 $\|f\|_{\infty}$ 始终是一个非负实数.

定理 14.5.7 (魏尔斯特拉斯判别法) 设 (X, d) 是一个度量空间, 并设 $(f^{(n)})_{n=1}^{\infty}$ 是 X 上使级数 $\sum_{n=1}^{\infty} \|f^{(n)}\|_{\infty}$ (注意, 这是一个普通的实数级数, 而不

是函数级数）收敛的有界实值连续函数序列，那么级数 $\sum_{n=1}^{\infty} f^{(n)}$ 沿着 X 一致收敛于某个连续函数 f.

证明　参见习题 14.5.2.　　　　　　　　　　　　　　　　　　　　　　□

魏尔斯特拉斯判别法可以简单地叙述为：上确界范数级数的绝对收敛蕴涵函数级数的一致收敛.

例 14.5.8　设 $0 < r < 1$ 是一个实数，并设 $f^{(n)} : [-r, r] \to \mathbb{R}$ 是函数 $f^{(n)}(x) = x^n$，那么每个 $f^{(n)}$ 都是连续且有界的，并且 $\|f^{(n)}\|_{\infty} = r^n$.（为什么？）因为级数 $\sum_{n=1}^{\infty} r^n$ 是绝对收敛的（例如，利用根值判别法，即定理 7.5.1），所以 $\sum_{n=1}^{\infty} f^{(n)}$ 在 $[-r, r]$ 中一致收敛于某个连续函数. 在习题 14.2.2(c) 中，这个函数一定是定义为 $f(x) = x/(1-x)$ 的函数 $f : [-r, r] \to \mathbb{R}$. 换句话说，级数 $\sum_{n=1}^{\infty} x^n$ 在 $(-1, 1)$ 中是逐点收敛的，而不是一致收敛的，但该级数在更小的区间 $[-r, r]$ 上是一致收敛的，其中 r 是任意一个满足 $0 < r < 1$ 的实数.

魏尔斯特拉斯判别法在处理幂级数时特别有用，我们将在第 15 章中遇到幂级数.

习　　题

14.5.1　设 $f^{(1)}, \cdots, f^{(N)}$ 是从度量空间 (X, d_X) 到 $\mathbb{R}$ 的有界函数的有限序列，证明：$\sum_{i=1}^{N} f^{(i)}$ 也是有界的. 证明把"有界"替换成"连续"之后的类似结论. 如果把"连续"替换成"一致连续"，情况又如何？

14.5.2　证明定理 14.5.7.（提示：首先证明序列 $\sum_{i=1}^{N} f^{(i)}$ 是 $C(X \to \mathbb{R})$ 中的柯西序列，然后利用定理 14.4.5.）

14.6　一致收敛和积分

我们将要证明的是，一致极限可以放心地与积分运算交换次序，这样就把一致收敛和黎曼积分（在第 11 章中曾讨论过）联系了起来.

定理 14.6.1　设 $[a, b]$ 是一个区间，对每个整数 $n \geqslant 1$，设 $f^{(n)} : [a, b] \to \mathbb{R}$ 是一个黎曼可积的函数，并设 $f^{(n)}$ 在 $[a, b]$ 上一致收敛于函数 $f : [a, b] \to \mathbb{R}$，那么 f 也是黎曼可积的，并且

$$\lim_{n \to \infty} \int_{[a,b]} f^{(n)} = \int_{[a,b]} f.$$

证明　我们首先证明 f 在 $[a, b]$ 上是黎曼可积的. 也就是说，要证明 f 的黎曼上积分和黎曼下积分是相等的，即 $\underline{\int}_{[a,b]} f = \overline{\int}_{[a,b]} f$.

设 $\varepsilon > 0$, 由于 $f^{(n)}$ 一致收敛于 f, 因此存在一个 $N > 0$ 使得对所有的 $n > N$ 和所有的 $x \in [a,b]$ 都有 $|f^{(n)}(x) - f(x)| < \varepsilon$. 于是, 对所有的 $x \in [a,b]$ 都有

$$f^{(n)}(x) - \varepsilon < f(x) < f^{(n)}(x) + \varepsilon.$$

上式两端在 $[a,b]$ 上同时积分得

$$\underline{\int}_{[a,b]} (f^{(n)} - \varepsilon) \leqslant \underline{\int}_{[a,b]} f \leqslant \overline{\int}_{[a,b]} f \leqslant \overline{\int}_{[a,b]} (f^{(n)} + \varepsilon).$$

因为我们假定了 $f^{(n)}$ 是黎曼可积的, 所以

$$\left(\int_{[a,b]} f^{(n)} \right) - \varepsilon(b-a) \leqslant \underline{\int}_{[a,b]} f \leqslant \overline{\int}_{[a,b]} f \leqslant \left(\int_{[a,b]} f^{(n)} \right) + \varepsilon(b-a).$$

于是

$$0 \leqslant \overline{\int}_{[a,b]} f - \underline{\int}_{[a,b]} f \leqslant 2\varepsilon(b-a).$$

由于上式对每个 $\varepsilon > 0$ 均成立, 因此 $\underline{\int}_{[a,b]} f = \overline{\int}_{[a,b]} f$.

上面的论述还证明了对任意的 $\varepsilon > 0$, 存在一个 $N > 0$ 使得对所有的 $n \geqslant N$ 都有

$$\left| \int_{[a,b]} f^{(n)} - \int_{[a,b]} f \right| \leqslant \varepsilon(b-a).$$

由于 ε 是任意的, 因此 $\int_{[a,b]} f^{(n)}$ 收敛于 $\int_{[a,b]} f$, 结论得证. □

定理 14.6.1 还可以表述为: 如果收敛是一致的, 那么我们可以交换极限运算和积分运算 (在紧区间 $[a,b]$ 上的积分) 的次序,

$$\lim_{n \to \infty} \int_{[a,b]} f^{(n)} = \int_{[a,b]} \lim_{n \to \infty} f^{(n)}.$$

我们应当把这个结论与例 14.2.5 和例 1.2.9 进行对比.

该定理存在一个关于级数的类比结论.

推论 14.6.2 设 $[a,b]$ 是一个区间, 并设 $(f^{(n)})_{n=1}^{\infty}$ 是 $[a,b]$ 上黎曼可积函数的序列, 如果级数 $\sum_{n=1}^{\infty} f^{(n)}$ 一致收敛, 那么

$$\sum_{n=1}^{\infty} \int_{[a,b]} f^{(n)} = \int_{[a,b]} \sum_{n=1}^{\infty} f^{(n)}.$$

证明 参见习题 14.6.1. □

这个推论与魏尔斯特拉斯判别法 (定理 14.5.7) 结合在一起使用会有更好的效果.

例 14.6.3（非正式的） 根据引理 7.3.3，我们得到了几何级数恒等式

$$\sum_{n=1}^{\infty} x^n = \frac{x}{1-x},$$

其中 $x \in (-1,1)$. 对任意的 $0 < r < 1$，该级数在 $[-r, r]$ 上的收敛都是一致收敛（根据魏尔斯特拉斯判别法）. 上式两端同时加 1 得

$$\sum_{n=0}^{\infty} x^n = \frac{1}{1-x},$$

此时的收敛仍是一致收敛. 于是，我们可以对上式在 $[0, r]$ 上进行积分，并使用推论 14.6.2 得到

$$\sum_{n=0}^{\infty} \int_{[0,r]} x^n \mathrm{d}x = \int_{[0,r]} \frac{1}{1-x} \mathrm{d}x.$$

等号左端等于 $\sum_{n=0}^{\infty} r^{n+1}/(n+1)$. 如果现在可以使用对数（我们将在 15.5 节中验证这一点），那么 $1/(1-x)$ 的原函数就是 $-\log(1-x)$. 于是，上式等号右端就是 $-\log(1-r)$. 这样，我们就得到了对所有的 $0 < r < 1$ 均成立的公式

$$-\log(1-r) = \sum_{n=0}^{\infty} r^{n+1}/(n+1).$$

习　　题

14.6.1 利用定理 14.6.1 证明推论 14.6.2.

14.7　一致收敛和导数

我们已经看到一致收敛可以很好地与连续性、极限及积分相互作用. 现在我们来考察一致收敛与导数是如何相互作用的.

我们首先要问的是：如果 f_n 一致收敛于 f，并且 f_n 都是可微的，那么这是否意味着 f 也是可微的呢？f_n' 是否也收敛于 f'？

非常遗憾，第二个问题的答案是否定的. 为了给出一个反例，我们将不加证明地使用一些与三角函数有关的基本事实（这些事实将在 15.7 节中严格证明）. 考虑定义为 $f_n(x) = n^{-1/2} \sin(nx)$ 的函数 $f_n : [0, 2\pi] \to \mathbb{R}$，并设 $f : [0, 2\pi] \to \mathbb{R}$ 是零函数 $f(x) = 0$，由于 $\sin x$ 在 -1 和 1 之间取值，因此有 $d_\infty(f_n, f) \leqslant n^{-1/2}$，这里我们使用定义 14.4.2 中引入的一致度量 $d_\infty(f, g) = \sup_{x \in [0, 2\pi]} |f(x) - g(x)|$. 因为 $n^{-1/2}$ 收敛于 0，所以由夹逼定理知 f_n 一致收敛于 f. 另外，由 $f_n'(x) = n^{1/2} \cos(nx)$ 得 $|f_n'(0) - f'(0)| = n^{1/2}$. 于是，$f_n'$ 不逐点收敛于 f'，从而也不一致收敛于 f'.

这样就得到了

$$\frac{\mathrm{d}}{\mathrm{d}x} \lim_{n\to\infty} f_n(x) \neq \lim_{n\to\infty} \frac{\mathrm{d}}{\mathrm{d}x} f_n(x).$$

对第一个问题的回答也是否定的. 例如, 定义为 $f_n(x) = \sqrt{\frac{1}{n^2} + x^2}$ 的函数 $f_n : [-1,1] \to \mathbb{R}$ 的序列. 这个序列中的函数都是可微的. (为什么?) 另外不难验证, 对所有的 $x \in [-1,1]$ 都有

$$|x| \leqslant f_n(x) \leqslant |x| + \frac{1}{n}$$

(为什么?对两端同时平方). 那么由夹逼定理知, f_n 一致收敛于绝对值函数 $f(x) = |x|$. 但该函数在 0 处不可微. (为什么?) 因此, 可微函数的一致极限不一定是可微的 (见例 1.2.10).

总之, 函数序列 f_n 的一致收敛提供不了任何有关导函数序列 f'_n 收敛的信息. 但是, 只要 f_n 在至少一点处收敛, 反过来的结论就是成立的.

定理 14.7.1 设 $[a,b]$ 是一个区间, 对每个整数 $n \geqslant 1$, 设 $f_n : [a,b] \to \mathbb{R}$ 是一个可微函数, 并且其导函数 $f'_n : [a,b] \to \mathbb{R}$ 是连续的, 如果导函数序列 f'_n 一致收敛于函数 $g : [a,b] \to \mathbb{R}$, 并且存在一点 x_0 使得极限 $\lim_{n\to\infty} f_n(x_0)$ 存在, 那么函数序列 f_n 一致收敛于一个可微函数 f, 并且 f 的导函数等于 g.

通俗地讲, 上面这个定理说的是, 如果 f'_n 是一致收敛的, 并且对于某个 x_0, $f_n(x_0)$ 收敛, 那么 f_n 也是一致收敛的, 并且 $\frac{\mathrm{d}}{\mathrm{d}x} \lim_{n\to\infty} f_n(x) = \lim_{n\to\infty} \frac{\mathrm{d}}{\mathrm{d}x} f_n(x)$.

证明 我们在这里只给出证明的开头, 余下的证明留作习题 (习题 14.7.1).

因为 f'_n 是连续的, 所以由微积分基本定理 (定理 11.9.4) 知, 当 $x \in [x_0, b]$ 时, 有

$$f_n(x) - f_n(x_0) = \int_{[x_0,x]} f'_n;$$

当 $x \in [a, x_0]$ 时, 有

$$f_n(x) - f_n(x_0) = -\int_{[x,x_0]} f'_n.$$

设 L 是 $n \to \infty$ 时 $f_n(x_0)$ 的极限:

$$L = \lim_{n\to\infty} f_n(x_0).$$

由假设知 L 是存在的. 由于每个 f'_n 都在 $[a,b]$ 上连续, 并且 f'_n 一致收敛于 g, 因此根据推论 14.3.2 知, g 也是连续的. 现在定义函数 $f : [a,b] \to \mathbb{R}$ 为

$$f(x) = L - \int_{[a,x_0]} g + \int_{[a,x]} g, \quad \text{其中 } x \in [a,b].$$

为了完成证明, 我们必须证明 f_n 一致收敛于 f, 并且 f 是可微的, 它的导函数是 g. 这些内容在习题 14.7.1 中完成. $\quad\square$

注 14.7.2　实际上, 当我们不假定函数 f_n' 是连续函数时, 定理 14.7.1 仍然成立, 但其证明会变得更困难, 参见习题 14.7.2.

把该定理与魏尔斯特拉斯判别法结合起来, 我们得到了如下推论.

推论 14.7.3　设 $[a,b]$ 是一个区间, 对每个整数 $n \geqslant 1$, 设 $f_n : [a,b] \to \mathbb{R}$ 是一个可微函数, 它的导函数 $f_n' : [a,b] \to \mathbb{R}$ 是连续的, 如果级数 $\sum_{n=1}^{\infty} \|f_n'\|_\infty$ 绝对收敛, 其中

$$\|f_n'\|_\infty = \sup_{x \in [a,b]} |f_n'(x)|$$

是 f_n' 的由定义 14.5.5 定义的上确界范数, 并且存在某个 $x_0 \in [a,b]$ 使得级数 $\sum_{n=1}^{\infty} f_n(x_0)$ 收敛, 那么级数 $\sum_{n=1}^{\infty} f_n$ 在 $[a,b]$ 上一致收敛于一个可微函数, 并且对所有的 $x \in [a,b]$, 实际上都有

$$\frac{\mathrm{d}}{\mathrm{d}x} \sum_{n=1}^{\infty} f_n(x) = \sum_{n=1}^{\infty} \frac{\mathrm{d}}{\mathrm{d}x} f_n(x).$$

证明　参见习题 14.7.3. $\quad\square$

现在我们给出一个函数的例子, 该函数处处连续, 但处处不可微（这个特别的例子是由魏尔斯特拉斯发现的）. 同样, 我们预先假定已经具备了三角函数的相关知识, 对这些知识的严格论证将在 15.7 节中进行.

例 14.7.4　设 $f : \mathbb{R} \to \mathbb{R}$ 是函数

$$f(x) = \sum_{n=1}^{\infty} 4^{-n} \cos(32^n \pi x).$$

由魏尔斯特拉斯判别法知, 该级数是一致收敛的. 因为每个函数 $4^{-n} \cos(32^n \pi x)$ 都是连续的, 所以函数 f 也是连续的. 但 f 是不可微的（习题 15.7.10）. 实际上, f 是一个处处不可微的函数, 也就是说, 它在任意一点处都不可微, 虽然它是处处连续的.

习　　题

14.7.1 完成定理 14.7.1 的证明. 把这个定理与例 1.2.10 进行比较, 并解释这个例子为什么不与定理相矛盾.

14.7.2 当不假定 f_n' 是连续函数时, 证明定理 14.7.1. [这意味着你无法使用微积分基本定理, 但中值定理（推论 10.2.9）仍然可以使用. 利用该定理证明如果 $d_\infty(f_n', f_m') \leqslant \varepsilon$, 那

么对所有的 $x \in [a,b]$ 都有 $|(f_n(x) - f_m(x)) - (f_n(x_0) - f_m(x_0))| \leqslant \varepsilon |x - x_0|$. 然后利用这个结论完成定理 14.7.1 的证明.]

14.7.3 证明推论 14.7.3.

14.8 用多项式一致逼近

正如我们看到的那样,连续函数会有一些不好的性质,比如它们可能处处不可微(例 14.7.4). 另外,像多项式这样的函数,性质却总是好的,尤其他们总是可微的. 幸运的是,虽然大部分连续函数的性质不像多项式那么好,但它们总可以用多项式来一致逼近. 这个重要(但困难)的结论被称作魏尔斯特拉斯逼近定理,这就是我们本节要讨论的内容.

定义 14.8.1 设 $[a,b]$ 是一个区间,$[a,b]$ 上的多项式是形如 $f(x) = \sum_{j=0}^{n} c_j x^j$ 的函数 $f : [a,b] \to \mathbb{R}$,其中 $n \geqslant 0$ 是一个整数,$c_0, \cdots, c_n$ 都是实数,如果 $c_n \neq 0$,那么 n 就叫作 f 的次数.

例 14.8.2 定义为 $f(x) = 3x^4 + 2x^3 - 4x + 5$ 的函数 $f : [1,2] \to \mathbb{R}$ 是 $[1,2]$ 上次数为 4 的多项式.

定理 14.8.3(魏尔斯特拉斯逼近定理) 如果 $[a,b]$ 是一个区间,$f : [a,b] \to \mathbb{R}$ 是一个连续函数,并且 $\varepsilon > 0$,那么存在 $[a,b]$ 上的多项式 P 使得 $d_\infty(P, f) \leqslant \varepsilon$(对所有的 $x \in [a,b]$ 都有 $|P(x) - f(x)| \leqslant \varepsilon$).

这个定理还可以按照下面的方式来叙述. 回忆一下,$C([a,b] \to \mathbb{R})$ 是从 $[a,b]$ 到 $\mathbb{R}$ 的连续函数空间,它具有一致度量 d_∞. 设 $P([a,b] \to \mathbb{R})$ 是 $[a,b]$ 上全体多项式的空间,因为每个多项式都是连续的(习题 9.4.7),所以 $P([a,b] \to \mathbb{R})$ 是 $C([a,b] \to \mathbb{R})$ 的子空间. 于是,魏尔斯特拉斯逼近定理断定了每个连续函数都是 $P([a,b] \to \mathbb{R})$ 的一个附着点. 换句话说,多项式空间的闭包就是连续函数空间:

$$\overline{P([a,b] \to \mathbb{R})} = C([a,b] \to \mathbb{R}),$$

那么 $[a,b]$ 上的每个连续函数都是多项式序列的一致极限. 这就是说,多项式空间在连续函数空间中依一致拓扑稠密.

魏尔斯特拉斯逼近定理的证明有些复杂,将分成几个步骤来完成. 首先,我们需要恒等逼近的概念.

定义 14.8.4(紧支撑函数) 设 $[a,b]$ 是一个区间,我们称函数 $f : \mathbb{R} \to \mathbb{R}$ 支撑在 $[a,b]$ 上,当且仅当对所有的 $x \notin [a,b]$ 都有 $f(x) = 0$. 我们称 f 是紧支撑的,当且仅当它支撑在某个区间 $[a,b]$ 上. 如果 f 是连续的且支撑在 $[a,b]$ 上,那么我们定义反常积分 $\int_{-\infty}^{\infty} f$ 为 $\int_{-\infty}^{\infty} f = \int_{[a,b]} f$.

注意，一个函数可以支撑在不止一个区间上. 例如，支撑在 $[3,4]$ 上的函数也一定支撑在 $[2,5]$ 上.（为什么？）从原则上来说，这可能意味着我们对 $\int_{-\infty}^{\infty} f$ 的定义是不确定的，然而情况并非如此.

引理 14.8.5 设 $f : \mathbb{R} \to \mathbb{R}$ 是一个连续函数，如果 f 不仅支撑在区间 $[a,b]$ 上，还支撑在另一个区间 $[c,d]$ 上，那么 $\int_{[a,b]} f = \int_{[c,d]} f$.

证明 参见习题 14.8.1.   □

定义 14.8.6（恒等逼近） 设 $\varepsilon > 0$ 且 $0 < \delta < 1$，我们称函数 $f : \mathbb{R} \to \mathbb{R}$ 是一个 (ε, δ)-恒等逼近，倘若它满足下面三条性质：

(a) f 支撑在 $[-1,1]$ 上，并且对所有的 $-1 \leqslant x \leqslant 1$ 都有 $f(x) \geqslant 0$；

(b) f 是连续的，并且 $\int_{-\infty}^{\infty} f = 1$；

(c) 对所有的 $\delta \leqslant |x| \leqslant 1$ 均有 $|f(x)| \leqslant \varepsilon$.

注 14.8.7 对那些熟悉狄拉克 δ 函数的人来说，恒等逼近是用（较容易分析的）连续函数来逼近这个（间断性非常强的）δ 函数的一种方法. 但在本书中，我们不讨论狄拉克 δ 函数.

我们对魏尔斯特拉斯逼近定理的证明依赖三个关键的事实. 第一个事实是多项式可以用作恒等逼近.

引理 14.8.8（多项式可以用作恒等逼近） 对每个 $\varepsilon > 0$ 和 $0 < \delta < 1$，都存在一个 $[-1,1]$ 上的多项式 P，它是一个 (ε, δ)-恒等逼近.

证明 参见习题 14.8.2.   □

根据多项式的恒等逼近，我们用多项式来逼近连续函数. 我们将会用到卷积这个重要的概念.

定义 14.8.9（卷积） 设 $f : \mathbb{R} \to \mathbb{R}$ 和 $g : \mathbb{R} \to \mathbb{R}$ 都是连续的紧支撑函数，我们把 f 和 g 的卷积 $f * g : \mathbb{R} \to \mathbb{R}$ 定义为函数

$$(f * g)(x) = \int_{-\infty}^{\infty} f(y)g(x - y)\mathrm{d}y.$$

注意，如果 f 和 g 都是连续且紧支撑的，那么对每个 x，函数 $f(y)g(x - y)$（关于 y 的函数）也是连续且紧支撑的，因此上述定义是有意义的.

注 14.8.10 卷积不仅在傅里叶分析和偏微分方程中发挥重要的作用，它在物理学、工程学和信号处理理论中也相当重要. 对卷积更深层次的研究超出了本书的范围，在这里，我们只对它进行简单的介绍.

命题 14.8.11（**卷积的基本性质**） 设 $f : \mathbb{R} \to \mathbb{R}$、$g : \mathbb{R} \to \mathbb{R}$ 和 $h : \mathbb{R} \to \mathbb{R}$ 都是连续的紧支撑函数，那么下列命题成立.

(a) 卷积 $f * g$ 也是连续的紧支撑函数.

(b) （卷积是可交换的）我们有 $f * g = g * f$.

(c) （卷积是线性的）我们有 $f * (g + h) = f * g + f * h$. 另外，对任意的实数 c，都有 $f * (cg) = (cf) * g = c(f * g)$.

证明 参见习题 14.8.4. □

注 14.8.12 卷积还有另外一些重要性质. 例如，卷积是可结合的：$(f*g)*h = f*(g*h)$. 卷积与导数可交换，也就是说，当 f 和 g 都可微时，$(f*g)' = f'*g = f*g'$. 前面提到的狄拉克 δ 函数是关于卷积运算的恒等式：$f * \delta = \delta * f = f$. 证明这些结论要比证明命题 14.8.11 更困难，但本书中我们用不到这些内容.

前面曾提到，魏尔斯特拉斯逼近定理的证明依赖三个关键的事实. 第二个关键的事实是，与多项式进行卷积运算将会产生另一个多项式.

引理 14.8.13 设 $f : \mathbb{R} \to \mathbb{R}$ 是支撑在 $[0, 1]$ 上的连续函数，并设 $g : \mathbb{R} \to \mathbb{R}$ 是支撑在 $[-1, 1]$ 上的连续函数，并且 g 是 $[-1, 1]$ 上的多项式，那么 $f * g$ 是 $[0, 1]$ 上的多项式.（注意，$f * g$ 在 $[0, 1]$ 之外可能就不是多项式了.）

证明 因为 g 是 $[-1, 1]$ 上的多项式，所以我们可以找到整数 $n \geqslant 0$ 和实数 $c_0, c_1, \cdots, c_n$ 使得

$$g(x) = \sum_{j=0}^{n} c_j x^j, \text{ 其中 } x \in [-1, 1].$$

另外，由于 f 支撑在 $[0, 1]$ 上，因此对所有的 $x \in [0, 1]$ 都有

$$f * g(x) = \int_{-\infty}^{\infty} f(y)g(x - y)\mathrm{d}y = \int_{[0,1]} f(y)g(x - y)\mathrm{d}y.$$

因为 $x \in [0, 1]$，并且积分变量 y 也属于 $[0, 1]$，所以 $x - y \in [-1, 1]$. 于是，我们把 g 的表达式代入得

$$f * g(x) = \int_{[0,1]} f(y) \sum_{j=0}^{n} c_j (x - y)^j \mathrm{d}y.$$

利用二项式公式（习题 7.1.4）把上式展开得到

$$f * g(x) = \int_{[0,1]} f(y) \sum_{j=0}^{n} c_j \sum_{k=0}^{j} \frac{j!}{k!(j-k)!} x^k (-y)^{j-k} \mathrm{d}y.$$

通过交换求和次序（利用推论 7.1.14），我们有

$$f * g(x) = \int_{[0,1]} f(y) \sum_{k=0}^{n} \sum_{j=k}^{n} c_j \frac{j!}{k!(j-k)!} x^k (-y)^{j-k} \mathrm{d}y.$$

（为什么要改变求和上下限？绘制一张关于 j 和 k 的图或许能有助于思考．）现在我们把关于 k 的求和运算与积分运算进行交换，又观察到 x^k 是不依赖 y 的，于是有

$$f * g(x) = \sum_{k=0}^{n} x^k \int_{[0,1]} f(y) \sum_{j=k}^{n} c_j \frac{j!}{k!(j-k)!} (-y)^{j-k} \mathrm{d}y.$$

如果对每个 $k = 0, \cdots, n$，我们都定义

$$C_k = \int_{[0,1]} f(y) \sum_{j=k}^{n} c_j \frac{j!}{k!(j-k)!} (-y)^{j-k} \mathrm{d}y,$$

那么 C_k 就是一个与 x 无关的数，并且对所有的 $x \in [0,1]$ 都有

$$f * g(x) = \sum_{k=0}^{n} C_k x^k.$$

因此 $f * g$ 是 $[0,1]$ 上的多项式．　　　　　　　　　　　　　　　□

第三个关键的事实是，如果让一个一致连续的函数与一个恒等逼近进行卷积运算，那么我们得到的新函数将接近于原来的函数（这就解释了"恒等逼近"这个术语）．

引理 14.8.14　设 $f : \mathbb{R} \to \mathbb{R}$ 是支撑在 $[0,1]$ 上的连续函数，它以某个 $M > 0$ 为界（对所有的 $x \in \mathbb{R}$ 都有 $|f(x)| \leqslant M$）．设 $\varepsilon > 0$ 且 $0 < \delta < 1$，它们使得只要 $x, y \in \mathbb{R}$ 且 $|x - y| < \delta$，就有 $|f(x) - f(y)| < \varepsilon$，并设 g 是任意一个 (ε, δ)-恒等逼近，那么对所有的 $x \in [0,1]$ 都有

$$|f * g(x) - f(x)| \leqslant (1 + 4M)\varepsilon.$$

证明　参见习题 14.8.6.　　　　　　　　　　　　　　　　　□

把这些结论结合起来，就得到了魏尔斯特拉斯逼近定理的一个预备形式．

推论 14.8.15（**魏尔斯特拉斯逼近定理 I**）　设 $f : \mathbb{R} \to \mathbb{R}$ 是支撑在 $[0,1]$ 上的连续函数，那么对任意的 $\varepsilon > 0$，存在一个函数 $P : \mathbb{R} \to \mathbb{R}$，它是 $[0,1]$ 上的多项式，并使得 $|P(x) - f(x)| \leqslant \varepsilon$ 对所有的 $x \in [0,1]$ 都成立．

证明　参见习题 14.8.7.　　　　　　　　　　　　　　　　　□

现在我们进行一系列修正，把推论 14.8.15 转化成真正的魏尔斯特拉斯逼近定理．首先，我们需要一个简单的引理．

引理 14.8.16 设 $f : [0,1] \to \mathbb{R}$ 是一个连续函数，它在 $[0,1]$ 的边界上取值为 0. 也就是说，$f(0) = f(1) = 0$. 设 $F : \mathbb{R} \to \mathbb{R}$ 是具有如下定义的函数：当 $x \in [0,1]$ 时，$F(x) = f(x)$；当 $x \notin [0,1]$ 时，$F(x) = 0$. 那么 F 也是连续的.

证明 参见习题 14.8.9. □

注 14.8.17 引理 14.8.16 中的函数 F 有时被称作 f 的零延拓.

根据推论 14.8.15 和引理 14.8.16，我们能得到如下推论.

推论 14.8.18（**魏尔斯特拉斯逼近定理 II**）设 $f : [0,1] \to \mathbb{R}$ 是一个连续函数，它满足 $f(0) = f(1) = 0$，那么对任意的 $\varepsilon > 0$，存在一个多项式 $P : [0,1] \to \mathbb{R}$ 使得对所有的 $x \in [0,1]$ 都有 $|P(x) - f(x)| \leqslant \varepsilon$.

现在我们去掉推论 14.8.18 中的假设条件 $f(0) = f(1) = 0$，从而让结论变得更强.

推论 14.8.19（**魏尔斯特拉斯逼近定理 III**）设 $f : [0,1] \to \mathbb{R}$ 是一个连续函数，那么对任意的 $\varepsilon > 0$，存在一个多项式 $P : [0,1] \to \mathbb{R}$ 使得对所有的 $x \in [0,1]$ 都有 $|P(x) - f(x)| \leqslant \varepsilon$.

证明 设 $F : [0,1] \to \mathbb{R}$ 表示函数

$$F(x) = f(x) - f(0) - x(f(1) - f(0)),$$

我们观察到 F 也是连续的，（为什么？）并且 $F(0) = F(1) = 0$. 根据推论 14.8.18，我们能够找到一个多项式 $Q : [0,1] \to \mathbb{R}$，它使得对所有的 $x \in [0,1]$ 都有 $|Q(x) - F(x)| \leqslant \varepsilon$. 因为

$$Q(x) - F(x) = Q(x) + f(0) + x(f(1) - f(0)) - f(x),$$

所以只要令 P 为多项式 $P(x) = Q(x) + f(0) + x(f(1) - f(0))$，就得到了想要的结论. □

最后我们来证明完整的魏尔斯特拉斯逼近定理.

定理 14.8.3 的证明 设 $f : [a,b] \to \mathbb{R}$ 是 $[a,b]$ 上的连续函数，并设 $g : [0,1] \to \mathbb{R}$ 是函数

$$g(x) = f(a + (b-a)x), \quad \text{其中 } x \in [0,1].$$

我们观察到，对所有的 $y \in [a,b]$，

$$f(y) = g((y-a)/(b-a)).$$

函数 g 在 $[0,1]$ 上是连续的，（为什么？）那么根据推论 14.8.19，我们可以找到一个多项式 $Q : [0,1] \to \mathbb{R}$，使得对所有的 $x \in [0,1]$ 都有 $|Q(x) - g(x)| \leqslant \varepsilon$. 于是，

对任意的 $y \in [a, b]$, 我们有

$$|Q((y - a)/(b - a)) - g((y - a)/(b - a))| \leqslant \varepsilon.$$

如果令 $P(y) = Q((y - a)/(b - a))$, 那么 P 也是一个多项式. (为什么?) 因此, 对所有的 $y \in [a, b]$ 都有 $|P(y) - f(y)| \leqslant \varepsilon$, 结论得证.　　　　□

注 14.8.20 注意, 魏尔斯特拉斯逼近定理只能用在有界区间 $[a, b]$ 上, $\mathbb{R}$ 上的连续函数无法用多项式来一致逼近. 例如, 定义为 $f(x) = e^x$ 的指数函数 $f : \mathbb{R} \to \mathbb{R}$ (我们将在 15.5 节中严格地研究这个函数) 不能用任何多项式来逼近, 因为指数函数递增的速度要比任何多项式都快 (习题 15.5.9), 所以我们根本无法保证 f 和多项式之间的度量的上确界是有限的.

注 14.8.21 魏尔斯特拉斯逼近定理可以推广到更高维的情形: 如果 K 是 $\mathbb{R}^n$ (具有欧几里得度量 d_{l^2}) 的任意一个紧子集, $f : K \to \mathbb{R}$ 是一个连续函数, 那么对任意的 $\varepsilon > 0$, 都存在一个具有 n 个变元 $x_1, \cdots, x_n$ 的多项式 $P : K \to \mathbb{R}$, 使得 $d_\infty(f, P) \leqslant \varepsilon$. 这个一般的定理可以通过对上面论述进行更复杂的变动来得到证明, 但我们不会这样做. (事实上, 该定理还有一个更一般的形式, 被称为斯通-魏尔斯特拉斯定理, 这个定理适用于任何度量空间, 但这部分内容超出了本书的范围.)

习　　题

14.8.1 证明引理 14.8.5.

14.8.2 (a) 证明: 对任意的实数 $0 \leqslant y \leqslant 1$ 和任意的自然数 $n \geqslant 0$, 有 $(1 - y)^n \geqslant 1 - ny$. (提示: 对 n 使用归纳法, 或者对 y 求导.)

(b) 证明: $\int_{-1}^{1} (1 - x^2)^n \mathrm{d}x \geqslant \frac{1}{\sqrt{n}}$. (提示: 当 $|x| \leqslant 1/\sqrt{n}$ 时, 利用部分 (a); 当 $|x| \geqslant 1/\sqrt{n}$ 时, 只需利用 $(1 - x^2)$ 是正的这一事实就可以了. 本题还可以利用三角替换求解, 但在你清楚自己在做什么之前, 我不推荐使用这种方法.)

(c) 证明引理 14.8.8. (提示: 当 $x \in [-1, 1]$ 时, 令 $f(x)$ 等于 $c(1 - x^2)^N$; 当 $x \notin [-1, 1]$ 时, 令 $f(x)$ 等于 0, 其中 N 是一个较大的数, 而 c 使得 f 的积分为 1, 并利用 (b).)

14.8.3 设 $f : \mathbb{R} \to \mathbb{R}$ 是一个连续的紧支撑函数, 证明: f 是有界的, 并且是一致连续的. (提示: 利用命题 13.3.2 和定理 13.3.5, 但我们必须先处理 f 的定义域 $\mathbb{R}$ 不是紧的这件事.)

14.8.4 证明命题 14.8.11. (提示: 利用习题 14.8.3 证明 $f * g$ 是连续的.)

14.8.5 设 $f : \mathbb{R} \to \mathbb{R}$ 和 $g : \mathbb{R} \to \mathbb{R}$ 都是连续的紧支撑函数, f 支撑在区间 $[0, 1]$ 上, 并设 g 在区间 $[0, 2]$ 上是常数 (存在实数 c, 使得对所有的 $x \in [0, 2]$ 都有 $g(x) = c$), 证明: 卷积 $f * g$ 在区间 $[1, 2]$ 上是常数.

14.8.6 (a) 设 g 是一个 (ε, δ)-恒等逼近, 证明: $1 - 2\varepsilon \leqslant \int_{[-\delta, \delta]} g \leqslant 1$.

(b) 证明引理 14.8.14. (提示: 从下面这个恒等式入手

$$f * g(x) = \int f(x-y)g(y)\mathrm{d}y$$
$$= \int_{[-\delta,\delta]} f(x-y)g(y)\mathrm{d}y + \int_{[\delta,1]} f(x-y)g(y)\mathrm{d}y + \int_{[-1,-\delta]} f(x-y)g(y)\mathrm{d}y.$$

解题思路是证明第一个积分接近于 $f(x)$, 而第二个和第三个积分都非常小. 为了完成前一个任务, 利用 (a)、$f(x)$ 和 $f(x-y)$ 之间的距离不超过 ε 这个事实. 为了完成后面的任务, 利用恒等逼近的性质 (c) 及 f 是有界的这一事实.)

14.8.7 证明推论 14.8.15. (提示: 结合使用习题 14.8.3、引理 14.8.8、引理 14.8.13 及引理 14.8.14.)

14.8.8 设 $f : [0,1] \to \mathbb{R}$ 是一个连续函数, 并设对所有的非负整数 $n = 0,1,2,\cdots$ 都有 $\int_{[0,1]} f(x)x^n\mathrm{d}x = 0$, 证明: f 一定是零函数 $f \equiv 0$. (提示: 首先证明对所有的多项式 P 都有 $\int_{[0,1]} f(x)P(x)\mathrm{d}x = 0$. 然后, 利用魏尔斯特拉斯逼近定理证明 $\int_{[0,1]} f(x)f(x)\mathrm{d}x = 0$.)

14.8.9 证明引理 14.8.16.

第 15 章 幂级数

15.1 形式幂级数

现在我们来讨论一类重要的函数级数, 即幂级数. 我们首先引入形式幂级数的概念, 然后在后面几节中, 集中研究级数何时收敛于一个有意义的函数, 以及该函数具有什么样的特征.

定义 15.1.1（形式幂级数） 设 a 是一个实数, 任何形如

$$\sum_{n=0}^{\infty} c_n(x-a)^n$$

的级数都叫作以 a 为中心的形式幂级数, 其中 $c_0, c_1, \cdots$ 是一个（与 x 无关的）实数序列. 我们把 c_n 称为级数的第 n 个系数. 注意, 级数中的每一项 $c_n(x-a)^n$ 都是关于实变量 x 的函数.

例 15.1.2 级数 $\sum_{n=0}^{\infty} n!(x-2)^n$ 是以 2 为中心的形式幂级数. 级数 $\sum_{n=0}^{\infty} 2^x(x-3)^n$ 不是形式幂级数, 因为系数 2^x 与 x 有关.

之所以说这些幂级数是形式的, 是因为我们还未曾假设这些级数收敛于任何 x. 但当 $x = a$ 时, 这些级数一定是收敛的.（为什么?）在通常情况下, x 与 a 的距离越近, 这个级数就越容易收敛. 为了更精确地描述此事, 我们需要下面这个定义.

定义 15.1.3（收敛半径） 设 $\sum_{n=0}^{\infty} c_n(x-a)^n$ 是一个形式幂级数, 我们把该级数的收敛半径 R 定义为

$$R = \frac{1}{\limsup\limits_{n \to \infty} |c_n|^{1/n}}.$$

在这里, 我们约定 $\frac{1}{0} = \infty$ 和 $\frac{1}{\infty} = 0$.

注 15.1.4 因为每个 $|c_n|^{1/n}$ 都是非负的, 所以极限 $\limsup_{n \to \infty} |c_n|^{1/n}$ 可以取 0 和 ∞ 之间（包括 0 和 ∞ 在内）的任何一个值. 因此, R 也可以取 0 和 ∞ 之间（包括 0 和 ∞ 在内）的任何一个值（显然, R 不一定是一个实数）. 注意, 即使序列 $|c_n|^{1/n}$ 不收敛, 收敛半径也始终存在, 因为任何一个序列都存在上极限（虽然这个上极限可能是 ∞ 或 $-\infty$）.

例 15.1.5 级数 $\sum_{n=0}^{\infty} n(-2)^n (x-3)^n$ 的收敛半径是

$$\frac{1}{\limsup\limits_{n \to \infty} |n(-2)^n|^{1/n}} = \frac{1}{\limsup\limits_{n \to \infty} 2n^{1/n}} = \frac{1}{2}.$$

级数 $\sum_{n=0}^{\infty} 2^{n^2} (x+2)^n$ 的收敛半径是

$$\frac{1}{\limsup\limits_{n \to \infty} |2^{n^2}|^{1/n}} = \frac{1}{\limsup\limits_{n \to \infty} 2^n} = \frac{1}{\infty} = 0.$$

级数 $\sum_{n=0}^{\infty} 2^{-n^2} (x+2)^n$ 的收敛半径是

$$\frac{1}{\limsup\limits_{n \to \infty} |2^{-n^2}|^{1/n}} = \frac{1}{\limsup\limits_{n \to \infty} 2^{-n}} = \frac{1}{0} = \infty.$$

收敛半径的重要性如下.

定理 15.1.6 设 $\sum_{n=0}^{\infty} c_n (x-a)^n$ 是一个形式幂级数, 并设 R 是该级数的收敛半径.

(a) (在收敛半径外发散) 如果 $x \in \mathbb{R}$ 满足 $|x-a| > R$, 那么对于这个 x 值, 级数 $\sum_{n=0}^{\infty} c_n (x-a)^n$ 是发散的.

(b) (在收敛半径内收敛) 如果 $x \in \mathbb{R}$ 满足 $|x-a| < R$, 那么对于这个 x 值, 级数 $\sum_{n=0}^{\infty} c_n (x-a)^n$ 是绝对收敛的.

对于下面的 (c)~(e), 我们假定 $R > 0$ (级数至少在除 $x = a$ 之外的一点处收敛). 设 $f : (a-R, a+R) \to \mathbb{R}$ 是函数 $f(x) = \sum_{n=0}^{\infty} c_n (x-a)^n$, 由 (b) 知该函数一定存在.

(c) (在紧集上一致收敛) 对任意的 $0 < r < R$, 级数 $\sum_{n=0}^{\infty} c_n (x-a)^n$ 在紧区间 $[a-r, a+r]$ 上一致收敛于 f. 于是, f 在 $(a-R, a+R)$ 上连续.

(d) (幂级数的微分) 函数 f 在 $(a-R, a+R)$ 上可微. 对任意的 $0 < r < R$, 级数 $\sum_{n=1}^{\infty} nc_n (x-a)^{n-1}$ 在区间 $[a-r, a+r]$ 上一致收敛于 f'.

(e) (幂级数的积分) 对任意一个包含在 $(a-R, a+R)$ 内的闭区间 $[y, z]$, 有

$$\int_{[y,z]} f = \sum_{n=0}^{\infty} c_n \frac{(z-a)^{n+1} - (y-a)^{n+1}}{n+1}.$$

证明 参见习题 15.1.1. □

定理 15.1.6 中的 (a) 和 (b) 给出了另一种求收敛半径的方法, 那就是利用你熟悉的收敛判别法求出使幂级数收敛的 x 的取值范围.

例 15.1.7 考虑幂级数 $\sum_{n=0}^{\infty} n(x-1)^n$, 根据比值判别法知, 当 $|x-1| < 1$ 时, 该级数收敛; 当 $|x-1| > 1$ 时, 该级数发散. (为什么?) 因此, 收敛半径

唯一的可能取值就是 $R = 1$（如果 $R < 1$，那么就会与定理 15.1.6(a) 矛盾；如果 $R > 1$，那么就会与定理 15.1.6(b) 矛盾）.

注 15.1.8 当 $|x - a| = R$，即考虑点 $a - R$ 和 $a + R$ 处的情形时，定理 15.1.6 没有给出任何信息. 事实上，在这些点处收敛和发散都有可能发生，参见习题 15.1.2.

注 15.1.9 注意，虽然定理 15.1.6(b) 保证了幂级数 $\sum_{n=0}^{\infty} c_n(x - a)^n$ 在区间 $(a - R, a + R)$ 上是逐点收敛的，但它不一定在该区间上一致收敛（见习题 15.1.2(e)）. 另外，定理 15.1.6(c) 保证了这个幂级数在任何更小的区间 $[a - r, a + r]$ 上都是收敛的. 因此，幂级数在 $(a - R, a + R)$ 的每个闭子区间上一致收敛不足以保证该级数在整个 $(a - R, a + R)$ 上一致收敛.

习　题

15.1.1 证明定理 15.1.6.［提示：对 (a) 和 (b) 使用根值判别法（定理 7.5.1）. 对 (c) 使用魏尔斯特拉斯判别法（定理 14.5.7）. 对 (d) 使用定理 14.7.1. 对 (e) 使用推论 14.6.2.］

15.1.2 给出以 0 为中心、收敛半径为 1 的形式幂级数 $\sum_{n=0}^{\infty} c_n x^n$ 的例子，使得该级数

(a) 在 $x = 1$ 和 $x = -1$ 处都发散.

(b) 在 $x = 1$ 处发散，但在 $x = -1$ 处收敛.

(c) 在 $x = 1$ 处收敛，但在 $x = -1$ 处发散.

(d) 在 $x = 1$ 和 $x = -1$ 处都收敛.

(e) 在 $(-1, 1)$ 上逐点收敛，但在 $(-1, 1)$ 上不一致收敛.

15.2　实解析函数

能够表示成幂级数的函数 $f(x)$ 有一个特殊的名字，叫作实解析函数.

定义 15.2.1（实解析函数） 设 E 是 $\mathbb{R}$ 的子集，并设 $f: E \to \mathbb{R}$ 是一个函数. 设 a 是 E 的内点，如果 E 中存在一个开区间 $(a - r, a + r)$（其中 $r > 0$），使得某个以 a 为中心的幂级数 $\sum_{n=0}^{\infty} c_n(x - a)^n$ 的收敛半径大于或等于 r，并且该级数在 $(a - r, a + r)$ 上收敛于 f，那么我们称 f 在 a 处是实解析的. 如果 E 是一个开集，并且 f 在 E 中的每一点处都是实解析的，那么我们称 f 在 E 上是实解析的.

例 15.2.2 考虑定义为 $f(x) = 1/(1 - x)$ 的函数 $f: \mathbb{R} \setminus \{1\} \to \mathbb{R}$，这个函数在 0 处是实解析的，因为存在一个以 0 为中心的幂级数 $\sum_{n=0}^{\infty} x^n$，它在区间 $(-1, 1)$ 上收敛于 $1/(1 - x) = f(x)$. 该函数在 2 处也是实解析的，因为存在一个幂级数 $\sum_{n=0}^{\infty} (-1)^{n+1}(x - 2)^n$，它在区间 $(1, 3)$ 上收敛于 $\frac{-1}{1 - (-(x - 2))} = \frac{1}{1 - x} = f(x)$

（为什么？利用引理 7.3.3）. 实际上，这个函数在整个 $\mathbb{R} \setminus \{1\}$ 上是实解析的，参见习题 15.2.2.

注 15.2.3 实解析与另一个概念有密切的联系，即复解析. 但复解析是复分析研究的课题，我们在此不对它展开讨论.

现在我们来讨论什么样的函数是实解析的. 根据定理 15.1.6 的 (c) 和 (d) 知，如果 f 在点 a 处是实解析的，那么存在某个 $r > 0$，使得 f 在区间 $(a-r, a+r)$ 上既是连续的又是可微的. 实际上，我们还可以说：

定义 15.2.4（k 次可微性） 设 E 是 $\mathbb{R}$ 的子集，并且 E 的每个元素都是 E 的极限点，我们称函数 $f : E \to \mathbb{R}$ 在 E 上是一次可微的，当且仅当 f 是可微的（特别地，$f' : E \mapsto \mathbb{R}$ 也是 E 上的函数）. 更一般地，对任意的 $k \geqslant 2$，我们称 $f : E \to \mathbb{R}$ 在 E 上是 k 次可微的，或者说 f 是 k 次可微的，当且仅当 f 是可微的且 f' 是 $k-1$ 次可微的. 如果 f 是 k 次可微的，那么我们可以利用递归法则 $f^{(1)} = f'$ 及对所有的 $k \geqslant 2$ 都有 $f^{(k)} = (f^{(k-1)})'$ 来定义 k 次导函数 $f^{(k)} : E \to \mathbb{R}$. 另外，我们定义 $f^{(0)} = f$（f 的 0 次导函数），并且让每个函数都是零次可微的（因为对每个 f，$f^{(0)}$ 显然都存在）. 称一个函数是无限可微的（或光滑的），当且仅当对每个 $k \geqslant 0$，该函数都是 k 次可微的.

例 15.2.5 函数 $f(x) = |x|^3$ 在 $\mathbb{R}$ 上是二次可微的，但不是三次可微的.（为什么？）实际上，$f^{(2)} = f'' = 6|x|$，而且 $f^{(2)}$ 在 0 处是不可微的.

命题 15.2.6（实解析函数是 k 次可微的） 设 E 是 $\mathbb{R}$ 的子集，a 是 E 的内点，并设 f 是在 a 处实解析的函数，那么存在一个 $r > 0$ 使得对所有的 $x \in (a-r, a+r)$，都有幂级数展开式

$$f(x) = \sum_{n=0}^{\infty} c_n (x-a)^n.$$

于是，对每个 $k \geqslant 0$，函数 f 在 $(a-r, a+r)$ 上都是 k 次可微的，并且 k 次导函数由下式给出

$$f^{(k)}(x) = \sum_{n=0}^{\infty} c_{n+k} (n+1)(n+2) \cdots (n+k)(x-a)^n$$
$$= \sum_{n=0}^{\infty} c_{n+k} \frac{(n+k)!}{n!} (x-a)^n,$$

其中 $x \in (a-r, a+r)$.

证明 参见习题 15.2.3. □

推论 15.2.7（实解析函数是无限可微的） 设 E 是 $\mathbb{R}$ 的开子集，并设 $f : E \to \mathbb{R}$ 是 E 上的实解析函数，那么 f 在 E 上是无限可微的，并且 f 的所有导

函数也都是 E 上的实解析函数.

证明　对于每个点 $a \in E$ 和每个 $k \geqslant 0$, 由命题 15.2.6 知, f 在 a 处是 k 次可微的.（这里我们必须对习题 10.1.1 使用 k 次, 为什么?）那么对每个 $k \geqslant 0$, f 在 E 上都是 k 次可微的, 从而 f 是无限可微的. 同样, 根据命题 15.2.6, 我们看到 f 的每个导函数 $f^{(k)}$ 在每一点 $x \in E$ 处都有一个收敛的幂级数展开式. 因此, $f^{(k)}$ 是实解析的.　□

例 15.2.8　考虑定义为 $f(x) = |x|$ 的函数 $f: \mathbb{R} \to \mathbb{R}$, 这个函数在 $x = 0$ 处是不可微的, 从而它在 $x = 0$ 处不可能是实解析的. 但是, 该函数在其他任意一点 $x \in \mathbb{R} \setminus \{0\}$ 处都是实解析的.（为什么?）

注 15.2.9　推论 15.2.7 的逆命题不成立. 有一些函数是无限可微的, 但并不是实解析的, 参见习题 15.5.4.

命题 15.2.6 有一个重要的推论, 它是由布鲁克·泰勒（1685—1731）提出的.

推论 15.2.10（泰勒公式）　设 E 是 $\mathbb{R}$ 的子集, a 是 E 的内点, 并设 $f: E \to \mathbb{R}$ 是在 a 处实解析的函数. 存在某个 $r > 0$, 使得对所有的 $x \in (a-r, a+r)$, f 都有幂级数展开式

$$f(x) = \sum_{n=0}^{\infty} c_n (x-a)^n,$$

那么, 对任意的整数 $k \geqslant 0$, 有

$$f^{(k)}(a) = k! c_k,$$

其中 $k! = 1 \times 2 \times \cdots \times k$（我们约定 $0! = 1$）. 于是, 我们有泰勒公式

$$f(x) = \sum_{n=0}^{\infty} \frac{f^{(n)}(a)}{n!} (x-a)^n, \quad \text{其中 } x \in (a-r, a+r).$$

证明　参见习题 15.2.4.　□

幂级数 $\sum_{n=0}^{\infty} \frac{f^{(n)}(a)}{n!} (x-a)^n$ 有时被称作 f 在 a 附近的泰勒级数. 因此泰勒公式断言, 如果一个函数是实解析的, 那么它就等于自身的泰勒级数.

注 15.2.11　注意, 泰勒公式仅适用于实解析函数. 有一些函数是无限可微的, 但泰勒公式对它不成立（见习题 15.5.4）.

泰勒公式的另一个重要推论是, 一个实解析函数在一点处最多只能有一个幂级数.

推论 15.2.12（幂级数的唯一性）　设 E 是 $\mathbb{R}$ 的子集, a 是 E 的内点, 并设

$f : E \to \mathbb{R}$ 是在 a 处实解析的函数, 如果 f 有两个以 a 为中心的幂级数展开式

$$f(x) = \sum_{n=0}^{\infty} c_n (x-a)^n$$

和

$$f(x) = \sum_{n=0}^{\infty} d_n (x-a)^n,$$

而且每个级数都有一个非零的收敛半径, 那么对所有的 $n \geqslant 0$ 都有 $c_n = d_n$.

证明 由推论 15.2.10 知, 对所有的 $k \geqslant 0$ 都有 $f^{(k)}(a) = k!c_k$. 基于类似的原因, 我们还有 $f^{(k)}(a) = k!d_k$. 因为 $k!$ 不可能为 0, 所以我们可以把它消掉, 从而得到对所有的 $k \geqslant 0$ 都有 $c_k = d_k$, 结论得证. □

注 15.2.13 一个实解析函数在任意一个给定的点附近只有唯一一个幂级数, 但它在不同的点附近一定会有不同的幂级数. 例如, 定义在 $\mathbb{R} - \{1\}$ 上的函数 $f(x) = \frac{1}{1-x}$ 在 0 附近, 即在区间 $(-1, 1)$ 上, 有幂级数

$$f(x) = \sum_{n=0}^{\infty} x^n.$$

但它在 $1/2$ 附近, 即在区间 $(0, 1)$ 上, 还有幂级数

$$f(x) = \frac{1}{1-x} = \frac{2}{1 - 2(x - \frac{1}{2})} = \sum_{n=0}^{\infty} 2 \left(2 \left(x - \frac{1}{2} \right) \right)^n = \sum_{n=0}^{\infty} 2^{n+1} \left(x - \frac{1}{2} \right)^n.$$

（注意, 由根值判别法知, 上面这个幂级数的收敛半径是 $1/2$, 亦可参见习题 15.2.8.）

习 题

15.2.1 设 $n \geqslant 0$ 是一个整数, c 和 a 都是实数, 并设 f 是函数 $f(x) = c(x-a)^n$, 证明: f 是无限可微的, 并且对所有的整数 $0 \leqslant k \leqslant n$, 都有 $f^{(k)}(x) = c \frac{n!}{(n-k)!} (x-a)^{n-k}$. 当 $k > n$ 时, 情况又如何?

15.2.2 证明: 例 15.2.2 中定义的函数 f 在整个 $\mathbb{R} \setminus \{1\}$ 上是实解析的.

15.2.3 证明命题 15.2.6.（提示: 对 k 使用归纳法, 并利用定理 15.1.6(d).）

15.2.4 利用命题 15.2.6 和习题 15.2.1 证明推论 15.2.10.

15.2.5 设 a 和 b 是实数, 并设 $n \geqslant 0$ 是一个整数, 证明: 恒等式

$$(x-a)^n = \sum_{m=0}^{n} \frac{n!}{m!(n-m)!} (b-a)^{n-m} (x-b)^m$$

对任意的实数 x 均成立.（提示: 使用二项式公式, 即习题 7.1.4.）解释这个恒等式为什么与泰勒公式及习题 15.2.1 是一致的.（注意, 在证明习题 15.2.6 之前, 对泰勒公式的使用都是不严格的.）

15.2.6 利用习题 15.2.5，证明：每个一元多项式 $P(x)$ 在 $\mathbb{R}$ 上都是实解析的.

15.2.7 设 $m \geqslant 0$ 是一个正整数，并设 $0 < x < r$ 是一个实数，利用引理 7.3.3 建立恒等式

$$\frac{r}{r-x} = \sum_{n=0}^{\infty} x^n r^{-n}, \text{ 其中 } x \in (-r, r).$$

利用命题 15.2.6，推导出恒等式

$$\frac{r}{(r-x)^{m+1}} = \sum_{n=m}^{\infty} \frac{n!}{m!(n-m)!} x^{n-m} r^{-n}$$

对所有的整数 $m \geqslant 0$ 和所有的 $x \in (-r, r)$ 均成立. 另外，解释上式等号右端的级数为什么是绝对收敛的.

15.2.8 设 E 是 $\mathbb{R}$ 的子集，a 是 E 的内点，并设 $f : E \to \mathbb{R}$ 是在 a 处实解析的函数，它在 a 处有幂级数展开式

$$f(x) = \sum_{n=0}^{\infty} c_n (x-a)^n,$$

此幂级数在区间 $(a-r, a+r)$ 上收敛. 设 $(b-s, b+s)$ 是 $(a-r, a+r)$ 的任意一个子区间，其中 $s > 0$.

(a) 证明：$|a-b| \leqslant r-s$，从而 $|a-b| < r$.

(b) 证明：对每个 $0 < \varepsilon < r$，都存在一个 $C > 0$，使得对所有的整数 $n \geqslant 0$ 都有 $|c_n| \leqslant C(r-\varepsilon)^{-n}$.（提示：关于级数 $\sum_{n=0}^{\infty} c_n (x-a)^n$ 的收敛半径，我们都知道些什么？）

(c) 证明：如果级数 $\sum_{n=m}^{\infty} \frac{n!}{m!(n-m)!} (b-a)^{n-m} c_n$ 是绝对收敛的，那么由公式

$$d_m = \sum_{n=m}^{\infty} \frac{n!}{m!(n-m)!} (b-a)^{n-m} c_n, \text{ 其中 } m \geqslant 0$$

定义的数 $d_0, d_1, \cdots$ 是有意义的.［提示：使用 (b)、比较判别法（推论 7.3.2）及习题 15.2.7.］

(d) 证明：对每个 $0 < \varepsilon < s$，都存在一个 $C > 0$ 使得对所有的整数 $m \geqslant 0$ 都有

$$|d_m| \leqslant C(s-\varepsilon)^{-m}.$$

（提示：使用比较判别法和习题 15.2.7.）

(e) 证明：对所有的 $x \in (b-s, b+s)$，幂级数 $\sum_{m=0}^{\infty} d_m (x-b)^m$ 都是绝对收敛的，并且它收敛于 $f(x)$.（你可能需要使用无穷级数的富比尼定理，即定理 8.2.2，以及习题 15.2.5. 我们可能还需要研究 d_m 的另一种变形，其中 c_n 被替换成 $|c_n|$.）

(f) 推导出 f 在 $(a-r, a+r)$ 中的每一点处都是实解析的.

15.3　阿贝尔定理

设 $f(x) = \sum_{n=0}^{\infty} c_n (x-a)^n$ 是以 a 为中心、收敛半径 $0 < R < \infty$ 严格介于 0 和 ∞ 之间的幂级数. 根据定理 15.1.6 知，当 $|x-a| < R$ 时，该幂级数绝对收敛；当 $|x-a| > R$ 时，该幂级数发散. 但在边界 $|x-a| = R$ 处，情况就比较复

杂了，这个级数有可能收敛，也有可能发散（见习题 15.1.2）. 然而，如果级数在边界点处收敛，那么它会具有很好的性质，尤其是该级数在边界点处是连续的.

定理 15.3.1（阿贝尔定理） 设 $f(x) = \sum_{n=0}^{\infty} c_n(x-a)^n$ 是以 a 为中心、收敛半径为 $0 < R < \infty$ 的幂级数，如果该级数在 $a+R$ 处收敛，那么 f 在 $a+R$ 处是连续的. 也就是说，

$$\lim_{x \to a+R; x \in (a-R, a+R)} \sum_{n=0}^{\infty} c_n(x-a)^n = \sum_{n=0}^{\infty} c_n R^n.$$

类似地，如果幂级数在 $a-R$ 处收敛，那么 f 在 $a-R$ 处连续，即

$$\lim_{x \to a-R; x \in (a-R, a+R)} \sum_{n=0}^{\infty} c_n(x-a)^n = \sum_{n=0}^{\infty} c_n(-R)^n.$$

在证明阿贝尔定理之前，我们需要下面这个引理.

引理 15.3.2（分部求和公式） 设 $(a_n)_{n=0}^{\infty}$ 和 $(b_n)_{n=0}^{\infty}$ 是分别收敛于极限 A 和 B 的实数序列，即 $\lim_{n\to\infty} a_n = A$ 和 $\lim_{n\to\infty} b_n = B$，如果级数 $\sum_{n=0}^{\infty}(a_{n+1} - a_n)b_n$ 收敛，那么级数 $\sum_{n=0}^{\infty} a_{n+1}(b_{n+1} - b_n)$ 也收敛，并且

$$\sum_{n=0}^{\infty}(a_{n+1} - a_n)b_n = AB - a_0 b_0 - \sum_{n=0}^{\infty} a_{n+1}(b_{n+1} - b_n).$$

证明 参见习题 15.3.1. $\qquad\square$

注 15.3.3 我们应当把这个公式与著名的分部积分公式

$$\int_0^{\infty} f'(x)g(x)\mathrm{d}x = f(x)g(x)\big|_0^{\infty} - \int_0^{\infty} f(x)g'(x)\mathrm{d}x$$

进行比较，参见命题 11.10.1.

阿贝尔定理的证明 我们只需证明第一个结论即可，即只要级数 $\sum_{n=0}^{\infty} c_n R^n$ 收敛，就有

$$\lim_{x \to a+R; x \in (a-R, a+R)} \sum_{n=0}^{\infty} c_n(x-a)^n = \sum_{n=0}^{\infty} c_n R^n.$$

通过把上述结论中的 c_n 替换成 $(-1)^n c_n$，我们就能得到第二个结论.（为什么?）如果我们令 $d_n = c_n R^n, y = \frac{x-a}{R}$，那么只要级数 $\sum_{n=0}^{\infty} d_n$ 收敛，上述结论就可以改写成

$$\lim_{y \to 1; y \in (-1,1)} \sum_{n=0}^{\infty} d_n y^n = \sum_{n=0}^{\infty} d_n.$$

（这个式子为什么与前面的结论等价?）

令 $D = \sum_{n=0}^{\infty} d_n$，并且对每个 $N \geqslant 0$，记

$$S_N = \left(\sum_{n=0}^{N-1} d_n\right) - D,$$

于是有 $S_0 = -D$. 我们观察到 $\lim_{N\to\infty} S_N = 0$ 和 $d_n = S_{n+1} - S_n$. 因此，对任意的 $y \in (-1,1)$，我们有

$$\sum_{n=0}^{\infty} d_n y^n = \sum_{n=0}^{\infty} (S_{n+1} - S_n) y^n.$$

运用分部求和公式（引理 15.3.2）和 $\lim_{n\to\infty} y^n = 0$，我们得到

$$\sum_{n=0}^{\infty} d_n y^n = -S_0 y^0 - \sum_{n=0}^{\infty} S_{n+1}(y^{n+1} - y^n).$$

又观察到 $-S_0 y^0 = +D$. 于是，为了完成阿贝尔定理的证明，我们只需证明

$$\lim_{y\to 1; y\in(-1,1)} \sum_{n=0}^{\infty} S_{n+1}(y^{n+1} - y^n) = 0$$

即可. 因为 y 收敛于 1，所以我们还可以把 y 限制在 $[0,1)$ 上，而不是 $(-1,1)$ 上. 这样我们就可以让 y 为正数.

根据级数的三角不等式（命题 7.2.9），我们有

$$\left|\sum_{n=0}^{\infty} S_{n+1}(y^{n+1} - y^n)\right| \leqslant \sum_{n=0}^{\infty} |S_{n+1}(y^{n+1} - y^n)| = \sum_{n=0}^{\infty} |S_{n+1}|(y^n - y^{n+1}),$$

那么由夹逼定理（推论 6.4.14）知，只需证明

$$\lim_{y\to 1; y\in[0,1)} \sum_{n=0}^{\infty} |S_{n+1}|(y^n - y^{n+1}) = 0$$

就行了. 又因为表达式 $\sum_{n=0}^{\infty} |S_{n+1}|(y^n - y^{n+1})$ 显然是非负的，所以我们只需证明

$$\limsup_{y\to 1; y\in[0,1)} \sum_{n=0}^{\infty} |S_{n+1}|(y^n - y^{n+1}) = 0.$$

令 $\varepsilon > 0$，由 S_n 收敛于 0 知存在一个 N，使得对所有的 $n > N$ 都有 $|S_n| \leqslant \varepsilon$. 于是

$$\sum_{n=0}^{\infty} |S_{n+1}|(y^n - y^{n+1}) \leqslant \sum_{n=0}^{N} |S_{n+1}|(y^n - y^{n+1}) + \sum_{n=N+1}^{\infty} \varepsilon(y^n - y^{n+1}),$$

最后一个级数是和为 εy^{N+1} 的嵌套级数（见引理 7.2.14. 回忆一下，在引理 6.5.2 中，当 $n \to \infty$ 时，$y^n \to 0$），从而有

$$\sum_{n=0}^{\infty} |S_{n+1}|(y^n - y^{n+1}) \leqslant \sum_{n=0}^{N} |S_{n+1}|(y^n - y^{n+1}) + \varepsilon y^{N+1}.$$

现在取极限 $y \to 1$. 我们观察到, 当 $y \to 1$ 时, 对每个 $n = 0, 1, \cdots, N$ 都有 $y^n - y^{n+1} \to 0$. 因为我们可以交换极限运算与有限和运算的次序（习题 7.1.5）, 所以

$$\limsup_{y \to 1; y \in [0,1)} \sum_{n=0}^{\infty} |S_{n+1}| (y^n - y^{n+1}) \leqslant \varepsilon.$$

又因为 $\varepsilon > 0$ 是任意的, 而且不等号左端是非负的, 所以一定有

$$\limsup_{y \to 1; y \in [0,1)} \sum_{n=0}^{\infty} |S_{n+1}| (y^n - y^{n+1}) = 0.$$

结论得证. $\qquad\qquad\qquad\qquad\qquad\qquad\qquad\qquad\qquad\qquad\qquad\qquad$ □

习　　题

15.3.1 证明引理 15.3.2. （提示: 先找出部分和 $\sum_{n=0}^{N}(a_{n+1}-a_n)b_n$ 及 $\sum_{n=0}^{N} a_{n+1}(b_{n+1}-b_n)$ 之间的关系. ）

15.4　幂级数的乘法

现在我们来证明两个实解析函数的乘积仍然是实解析的.

定理 15.4.1　设 $f : (a-r, a+r) \to \mathbb{R}$ 和 $g : (a-r, a+r) \to \mathbb{R}$ 都是 $(a-r, a+r)$ 上的解析函数, 它们的幂级数展开式分别是

$$f(x) = \sum_{n=0}^{\infty} c_n (x-a)^n$$

和

$$g(x) = \sum_{n=0}^{\infty} d_n (x-a)^n,$$

那么 $fg : (a-r, a+r) \to \mathbb{R}$ 在 $(a-r, a+r)$ 上也是解析的, 其幂级数展开式为

$$f(x)g(x) = \sum_{n=0}^{\infty} e_n (x-a)^n,$$

其中 $e_n = \sum_{m=0}^{n} c_m d_{n-m}$.

注 15.4.2　序列 $(e_n)_{n=0}^{\infty}$ 有时被称作序列 $(c_n)_{n=0}^{\infty}$ 和 $(d_n)_{n=0}^{\infty}$ 的卷积. 它与定义 14.8.9 中引入的卷积概念有密切的联系（但不完全相同）.

证明　我们要证明对所有的 $x \in (a-r, a+r)$, 级数 $\sum_{n=0}^{\infty} e_n (x-a)^n$ 都收敛于 $f(x)g(x)$. 现在设 x 是 $(a-r, a+r)$ 中任意一个固定点, 由定理 15.1.6 知 f 和 g 的收敛半径都至少为 r. 于是, 级数 $\sum_{n=0}^{\infty} c_n (x-a)^n$ 和 $\sum_{n=0}^{\infty} d_n (x-a)^n$

都是绝对收敛的. 因此, 如果我们定义

$$C = \sum_{n=0}^{\infty} |c_n(x-a)^n|$$

和

$$D = \sum_{n=0}^{\infty} |d_n(x-a)^n|,$$

那么 C 和 D 都是有限的.

对任意的 $N \geqslant 0$, 考虑部分和

$$\sum_{n=0}^{N} \sum_{m=0}^{\infty} |c_m(x-a)^m d_n(x-a)^n|,$$

我们可以把上式改写成

$$\sum_{n=0}^{N} |d_n(x-a)^n| \sum_{m=0}^{\infty} |c_m(x-a)^m|.$$

由 C 的定义知这个式子等于

$$\sum_{n=0}^{N} |d_n(x-a)^n| C.$$

由 D 的定义知这个式子小于或等于 DC. 于是, 对每个 N, 上述部分和都以 DC 为界. 因此, 级数

$$\sum_{n=0}^{\infty} \sum_{m=0}^{\infty} |c_m(x-a)^m d_n(x-a)^n|$$

是收敛的. 这意味着级数

$$\sum_{n=0}^{\infty} \sum_{m=0}^{\infty} c_m(x-a)^m d_n(x-a)^n$$

是绝对收敛的.

现在我们用两种方法来计算这个级数的和. 首先, 我们可以把因式 $d_n(x-a)^n$ 从和式 $\sum_{m=0}^{\infty}$ 中提出来, 这样就得到了

$$\sum_{n=0}^{\infty} d_n(x-a)^n \sum_{m=0}^{\infty} c_m(x-a)^m.$$

由 $f(x)$ 的展开式知上式等于

$$\sum_{n=0}^{\infty} d_n(x-a)^n f(x).$$

由 $g(x)$ 的展开式知这又等于 $f(x)g(x)$. 于是

$$f(x)g(x) = \sum_{n=0}^{\infty} \sum_{m=0}^{\infty} c_m (x-a)^m d_n (x-a)^n.$$

现在我们用另一种方法来计算这个和. 我们把它改写成

$$f(x)g(x) = \sum_{n=0}^{\infty} \sum_{m=0}^{\infty} c_m d_n (x-a)^{n+m}.$$

由级数的富比尼定理（定理 8.2.2）知, 因为该级数是绝对收敛的, 所以我们可以把它写成

$$f(x)g(x) = \sum_{m=0}^{\infty} \sum_{n=0}^{\infty} c_m d_n (x-a)^{n+m}.$$

现在做替换 $n' = n + m$, 那么

$$f(x)g(x) = \sum_{m=0}^{\infty} \sum_{n'=m}^{\infty} c_m d_{n'-m} (x-a)^{n'}.$$

如果对所有的负数 j, 我们令 $d_j = 0$, 那么

$$f(x)g(x) = \sum_{m=0}^{\infty} \sum_{n'=0}^{\infty} c_m d_{n'-m} (x-a)^{n'}.$$

再次使用富比尼定理得

$$f(x)g(x) = \sum_{n'=0}^{\infty} \sum_{m=0}^{\infty} c_m d_{n'-m} (x-a)^{n'},$$

它可以被改写成

$$f(x)g(x) = \sum_{n'=0}^{\infty} (x-a)^{n'} \sum_{m=0}^{\infty} c_m d_{n'-m}.$$

因为当 j 为负数时, d_j 等于 0, 所以我们还可以把上式写成

$$f(x)g(x) = \sum_{n'=0}^{\infty} (x-a)^{n'} \sum_{m=0}^{n'} c_m d_{n'-m}.$$

由 e 的定义知该式就是我们想要的

$$f(x)g(x) = \sum_{n'=0}^{\infty} e_{n'} (x-a)^{n'}.$$

$\square$

15.5 指数函数和对数函数

利用前几节中建立的工具, 我们现在为数学中的许多标准函数奠定一个严格的基础. 我们先来考察指数函数.

定义 15.5.1（**指数函数**）　对任意的实数 x，我们把指数函数 $\exp(x)$ 定义为下面这个实数：

$$\exp(x) = \sum_{n=0}^{\infty} \frac{x^n}{n!}.$$

定理 15.5.2（**指数函数的基本性质**）

(a) 对任意的实数 x，级数 $\sum_{n=0}^{\infty} \frac{x^n}{n!}$ 是绝对收敛的. 于是，对任意的 $x \in \mathbb{R}$，$\exp(x)$ 存在且是一个实数. 幂级数 $\sum_{n=0}^{\infty} \frac{x^n}{n!}$ 的收敛半径是 ∞，并且 $\exp(x)$ 是 $(-\infty, \infty)$ 上的实解析函数.

(b) $\exp(x)$ 在 $\mathbb{R}$ 上是可微的，并且对任意的 $x \in \mathbb{R}$，$\exp'(x) = \exp(x)$.

(c) $\exp(x)$ 在 $\mathbb{R}$ 上是连续的，并且对任意的区间 $[a, b]$，都有 $\int_{[a,b]} \exp(x)\mathrm{d}x = \exp(b) - \exp(a)$.

(d) 对任意的 $x, y \in \mathbb{R}$，都有 $\exp(x + y) = \exp(x)\exp(y)$.

(e) 我们有 $\exp(0) = 1$. 此外，对任意的 $x \in \mathbb{R}$，$\exp(x)$ 都是正的，并且 $\exp(-x) = 1/\exp(x)$.

(f) $\exp(x)$ 是严格单调递增的. 换句话说，如果 x 和 y 都是实数，那么 $\exp(y) > \exp(x)$，当且仅当 $y > x$.

证明　参见习题 15.5.1. □

通过引入著名的欧拉数 $\mathrm{e} = 2.7182818\cdots$（它也被称作自然对数的底数），我们可以把指数函数写成更紧凑的形式.

定义 15.5.3（**欧拉数**）　数 e 被定义为

$$\mathrm{e} = \exp(1) = \sum_{n=0}^{\infty} \frac{1}{n!} = \frac{1}{0!} + \frac{1}{1!} + \frac{1}{2!} + \frac{1}{3!} \cdots.$$

命题 15.5.4　对任意的实数 x，我们有 $\exp(x) = \mathrm{e}^x$.

证明　参见习题 15.5.3. □

根据这个命题，我们可以交互地使用 e^x 和 $\exp(x)$.

因为 $\mathrm{e} > 1$，（为什么？）所以当 $x \to \infty$ 时，$\mathrm{e}^x \to \infty$；当 $x \to -\infty$ 时，$\mathrm{e}^x \to 0$. 利用这个结论和介值定理（定理 9.7.1），我们得到函数 $\exp(x)$ 的值域是 $(0, \infty)$. 又因为 $\exp(x)$ 是严格单调递增的，所以它是一个单射，因此 $\exp(x)$ 是从 $\mathbb{R}$ 到 $(0, \infty)$ 的双射. 那么它的反函数就是从 $(0, \infty)$ 到 $\mathbb{R}$ 的函数. 这个反函数有一个名字.

定义 15.5.5（**自然对数函数**）　我们把自然对数函数 $\log : (0, \infty) \to \mathbb{R}$（也叫作 $\ln$）定义为指数函数的反函数. 因此，$\exp(\log x) = x$ 且 $\log(\exp(x)) = x$.

由于 $\exp(x)$ 是连续且严格单调递增的, 因此 $\ln x$ 也是连续且严格单调递增的 (见命题 9.8.3). 因为 $\exp(x)$ 还是可微的, 并且导函数不可能为 0, 所以由反函数定理 (定理 10.4.2) 知 $\ln x$ 也是可微的. 下面我们给出自然对数的一些其他性质.

定理 15.5.6（**自然对数的性质**）

(a) 对任意的 $x \in (0, \infty)$, 都有 $(\ln x)' = \frac{1}{x}$. 于是由微积分基本定理知, 对于 $(0, \infty)$ 内的任意一个区间 $[a, b]$, 都有 $\int_{[a,b]} \frac{1}{x} \mathrm{d}x = \ln b - \ln a$.

(b) 对任意的 $x, y \in (0, \infty)$, 都有 $\ln(xy) = \ln x + \ln y$.

(c) 对任意的 $x \in (0, \infty)$, 都有 $\ln 1 = 0$ 和 $\ln(1/x) = -\ln x$.

(d) 对任意的 $x \in (0, \infty)$ 和任意的 $y \in \mathbb{R}$, 都有 $\ln x^y = y \ln x$.

(e) 对任意的 $x \in (-1, 1)$, 有

$$\ln(1 - x) = -\sum_{n=1}^{\infty} \frac{x^n}{n}.$$

于是, $\ln x$ 在 1 处是解析的, 并且有幂级数展开式

$$\ln x = \sum_{n=1}^{\infty} \frac{(-1)^{n+1}}{n} (x-1)^n, \ \text{其中} \ x \in (0, 2),$$

该级数的收敛半径是 1.

证明 参见习题 15.5.5. □

例 15.5.7 现在, 我们给出阿贝尔定理 (定理 15.3.1) 的一个朴素应用: 由交错级数判别法知 $\sum_{n=1}^{\infty} \frac{(-1)^{n+1}}{n}$ 是收敛的. 于是, 根据阿贝尔定理得

$$\sum_{n=1}^{\infty} \frac{(-1)^{n+1}}{n} = \lim_{x \to 2} \sum_{n=1}^{\infty} \frac{(-1)^{n+1}}{n}(x-1)^n = \lim_{x \to 2} \ln x = \ln 2,$$

因此我们得到式子

$$\ln 2 = 1 - \frac{1}{2} + \frac{1}{3} - \frac{1}{4} + \frac{1}{5} - \cdots.$$

习 题

15.5.1 证明定理 15.5.2. (提示: 对于 (a), 利用比值判别法. 对于 (b) 和 (c), 利用定理 15.1.6. 对于 (d), 利用定理 15.4.1. 对于 (e), 利用 (d). 对于 (f), 利用 (d) 并证明当 x 是正数时, $\exp(x) > 1$. 你会发现习题 7.1.4 中的二项式公式可能会很有用.)

15.5.2 证明: 对任意的整数 $n \geqslant 3$, 都有

$$0 < \frac{1}{(n+1)!} + \frac{1}{(n+2)!} + \cdots < \frac{1}{n!}.$$

(提示: 首先证明对所有的 $k = 1, 2, 3, \cdots$, 都有 $(n+k)! > 2^k n!$.) 推导出对任意的 $n \geqslant 3$, $n! \mathrm{e}$ 都不是整数. 由此进一步推导出 e 是一个无理数. (提示: 利用反证法.)

15.5.3 证明命题 15.5.4. [提示：首先证明 x 是自然数时的结论. 其次证明 x 为整数时的结论. 然后证明 x 是有理数时的结论. 接下来利用"实数是有理数的极限"这一事实证明关于实数的结论. 你会发现指数定律（命题 6.7.3）可能会很有用.]

15.5.4 设函数 $f: \mathbb{R} \to \mathbb{R}$ 定义为：当 $x > 0$ 时，$f(x) = \exp(-1/x)$；当 $x \leqslant 0$ 时，$f(x) = 0$. 证明：f 是无限可微的，并且对任意的整数 $k \geqslant 0$ 都有 $f^{(k)}(0) = 0$，但 f 在 0 处不是实解析的.

15.5.5 证明定理 15.5.6. [提示：对于 (a)，利用反函数定理（定理 10.4.2）或链式法则（定理 10.1.15）. 对于 (b)、(c)、(d)，利用定理 15.5.2 和指数定律（命题 6.7.3）. 对于 (e)，从几何级数公式（引理 7.3.3）入手，并利用定理 15.1.6 来计算积分.]

15.5.6 证明：自然对数函数在 $(0, \infty)$ 上是实解析的.

15.5.7 设 $f: \mathbb{R} \to (0, \infty)$ 是正的实解析函数，它使得对所有的 $x \in \mathbb{R}$ 都有 $f'(x) = f(x)$. 证明：存在一个正的常数 C，使得 $f(x) = C e^x$，并说明理由. （提示：主要有三种证明方法. 第一种方法是利用对数函数，第二种方法是利用函数 e^{-x}，第三种方法是利用幂级数. 当然，你只需给出一种证明方法即可. ）

15.5.8 设 $m > 0$ 是一个整数，证明：
$$\lim_{x \to \infty} \frac{e^x}{x^m} = \infty.$$
（提示：当 $x \to \infty$ 时，$e^{x+1}/(x+1)^m$ 和 e^x/x^m 的比值会如何变化？）

15.5.9 设 $P(x)$ 是一个多项式，并设 $c > 0$，证明：存在一个实数 $N > 0$，使得对所有的 $x > N$ 都有 $e^{cx} > |P(x)|$. 因此，一个指数型增长的函数，无论其增长速度 c 有多小，最终它都将超过任意一个给定的多项式 $P(x)$（不管这个 $P(x)$ 有多大）. （提示：利用习题 15.5.8. ）

15.5.10 设 $f: (0, \infty) \times \mathbb{R} \to \mathbb{R}$ 是指数函数 $f(x, y) = x^y$，证明：f 是连续的. （提示：注意，命题 9.4.10 和命题 9.4.11 只表明 f 关于每个变元是连续的，但这是不够的，就像习题 13.2.11 那样. 最容易的解题方法是把 f 写成 $f(x, y) = \exp(y \ln x)$，并利用 $\exp(x)$ 和 $\ln x$ 的连续性. 作为一个额外的挑战，试着在不使用对数函数的前提下，完成对这个习题的证明. ）

15.6　说一说复数

为了更深入地学习，我们还要用到复数系 $\mathbb{C}$，它是实数系 $\mathbb{R}$ 的延拓. 对这个重要数系的全面讨论（它是一个专门的数学分支，叫作复分析）超出了本书的范围. 在这里，我们需要对这个数系有一些基本了解，因为它涉及一个非常有用的数学运算，即复指数函数 $z \mapsto \exp(z)$. 该运算推广了 15.5 节中引入的实指数函数 $x \mapsto \exp(x)$.

通俗地说，我们把复数定义如下.

定义 15.6.1（复数的非正式定义） 复数系 $\mathbb{C}$ 是全体形如 $a + bi$ 的数构成的

集合, 其中 a 和 b 都是实数, i 是 -1 的平方根, 即 $i^2 = -1$.

然而, 这个定义并不十分令人满意, 因为它没有解释如何进行加法运算、乘法运算, 以及如何比较两个复数的大小. 为了严格地构造出复数系, 我们首先引入复数 $a + bi$ 的形式化概念, 并把它暂时记作 (a, b). 这类似于我们在第 4 章中构造整数系 $\mathbb{Z}$ 时所做的事情. 在引入真正的减法 $a - b$ 之前, 我们需要减法的形式化概念 a—b. 这也像在构造有理数时, 先引入形式除法 $a//b$, 再用真正的除法 a/b 来代替它. 这还类似于我们构造实数系时所采用的方法, 在定义真正的极限 $\lim_{n\to\infty} a_n$ 之前, 首先定义形式极限 $\mathrm{LIM}_{n\to\infty} a_n$.

定义 15.6.2 (**复数的正式定义**) 复数是形如 (a, b) 的有序对, 其中 a 和 b 都是实数. 例如, $(2, 4)$ 是一个复数. 称两个复数 (a, b) 和 (c, d) 是相等的, 当且仅当 $a = c$ 且 $b = d$. 例如, $(2 + 1, 3 + 4) = (3, 7)$, 但 $(2, 1) \neq (1, 2)$ 且 $(2, 4) \neq (2, -4)$. 全体复数的集合记作 $\mathbb{C}$.

此时, 复数系 $\mathbb{C}$ 和笛卡儿积 $\mathbb{R}^2 = \mathbb{R} \times \mathbb{R}$ (也称作笛卡儿平面) 还没区分开. 但是, 我们将在复数系中引入大量的运算, 特别是复数的乘法运算, 而笛卡儿平面 $\mathbb{R}^2$ 中没有这些运算. 因此, 我们可以把复数系 $\mathbb{C}$ 看作配备了大量附加结构的笛卡儿平面 $\mathbb{R}^2$. 我们先来考虑加法运算和负运算. 根据复数的非正式定义, 我们希望有

$$(a, b) + (c, d) = (a + bi) + (c + di) = (a + c) + (b + d)i = (a + c, b + d).$$

类似地, 有

$$-(a, b) = -(a + bi) = (-a) + (-b)i = (-a, -b).$$

因为这里的推导使用了复数的非正式定义, 所以这些等式尚未被严格证明. 然而, 我们可以利用上述法则来定义加法运算和负运算, 从而就能把这些等式简单地编排进复数系中.

定义 15.6.3 (**复数的加法运算、负运算及零**) 如果 $z = (a, b)$ 和 $w = (c, d)$ 是两个复数, 那么它们的和 $z + w$ 被定义为复数 $z + w = (a + c, b + d)$. 例如, $(2, 4) + (3, -1) = (5, 3)$. 此外, z 的负数 $-z$ 被定义为复数 $-z = (-a, -b)$. 例如, $-(3, -1) = (-3, 1)$. 我们还把复数零 $0_{\mathbb{C}}$ 定义为复数 $0_{\mathbb{C}} = (0, 0)$.

如果 $z = z'$ 且 $w = w'$, 那么 $z + w = z' + w'$. 容易看出, 在这个意义下, 加法运算是有意义的. 负运算有类似的结论. 复数的加法运算、负运算及复数零都满足通常的运算定律.

引理 15.6.4 (**复数系是一个加法群**) 如果 z_1, z_2, z_3 都是复数, 那么它们具

有交换性 $z_1 + z_2 = z_2 + z_1$，结合性 $(z_1 + z_2) + z_3 = z_1 + (z_2 + z_3)$，恒等性 $z_1 + 0_{\mathbb{C}} = 0_{\mathbb{C}} + z_1 = z_1$ 及逆元性 $z_1 + (-z_1) = (-z_1) + z_1 = 0_{\mathbb{C}}$.

证明 参见习题 15.6.1.   □

接下来，我们定义复数的乘法运算和倒数运算. 对复数的乘法运算法则进行如下非正式的验证：

$$
\begin{aligned}
(a,b) \cdot (c,d) &= (a + bi)(c + di) \\
&= ac + adi + bic + bidi \\
&= (ac - bd) + (ad + bc)i \\
&= (ac - bd, ad + bc),
\end{aligned}
$$

其中，i^2 等于 -1. 于是，我们有如下定义.

定义 15.6.5（复数的乘法运算） 如果 $z = (a,b)$ 和 $w = (c,d)$ 都是复数，那么两者的乘积 zw 被定义为复数 $zw = (ac - bd, ad + bc)$. 此外，我们还引入复数的单位元 $1_{\mathbb{C}} = (1,0)$.

容易看出这个运算的定义是有意义的，它也满足通常的运算定律.

引理 15.6.6 如果 z_1, z_2, z_3 都是复数，那么它们具有交换性 $z_1 z_2 = z_2 z_1$，结合性 $(z_1 z_2) z_3 = z_1 (z_2 z_3)$，恒等性 $z_1 1_{\mathbb{C}} = 1_{\mathbb{C}} z_1 = z_1$，以及分配性 $z_1 (z_2 + z_3) = z_1 z_2 + z_1 z_3$ 和 $(z_2 + z_3) z_1 = z_2 z_1 + z_3 z_1$.

证明 参见习题 15.6.2.   □

上述引理还可以叙述成更简洁的形式，即 $\mathbb{C}$ 是一个交换环. 我们通常把 $z + (-w)$ 简写成 $z - w$.

现在我们把实数系 $\mathbb{R}$ 等同于复数系 $\mathbb{C}$ 的一个子集，让每个实数 x 都等同于一个复数 $(x, 0)$，于是 $x \equiv (x, 0)$. 注意，这里的等同关系与相等是一致的（因此 $x = y$，当且仅当 $(x, 0) = (y, 0)$），其中加法运算满足 $x_1 + x_2 = x_3$，当且仅当 $(x_1, 0) + (x_2, 0) = (x_3, 0)$；负运算满足 $x = -y$，当且仅当 $(x, 0) = -(y, 0)$；乘法运算满足 $x_1 x_2 = x_3$，当且仅当 $(x_1, 0)(x_2, 0) = (x_3, 0)$. 因此我们不必再区分"实数加法运算"和"复数加法运算". 类似地，也不必区分实数和复数的相等、负运算及乘法运算. 例如，为了计算 $3(2,4)$，我们可以让实数 3 等同于复数 $(3, 0)$，然后计算出 $(3, 0)(2, 4) = (3 \times 2 - 0 \times 4, 3 \times 4 + 0 \times 2) = (6, 12)$. 还要注意，$0 \equiv 0_{\mathbb{C}}$ 和 $1 \equiv 1_{\mathbb{C}}$，于是我们可以把 $0_{\mathbb{C}}$ 的下标 $\mathbb{C}$ 删除只写 0，把单位元 $1_{\mathbb{C}}$ 的下标 $\mathbb{C}$ 删除只写 1.

现在我们定义 i 为复数 $i = (0, 1)$. 这样我们就可以把复数的非正式定义重新写成下面这个引理.

引理 15.6.7 每个复数 $z \in \mathbb{C}$ 都可以写成 $z = a + bi$, 其中 a 和 b 是唯一确定的一对实数. 另外, $i^2 = -1, -z = (-1)z$.

证明 参见习题 15.6.3. ☐

根据这个引理, 我们现在可以把复数写成更常用的 $a + bi$, 并从此丢弃形式符号 (a, b).

定义 15.6.8 (**实部和虚部**) 如果 $z = a + bi$ 是一个复数, 其中 a 和 b 都是实数, 那么我们把 a 称作 z 的实部, 并记作 $\Re(z) = a$; 把 b 称作 z 的虚部, 并记作 $\Im(z) = b$. 例如, $\Re(3 + 4i) = 3$ 且 $\Im(3 + 4i) = 4$. 一般地, $z = \Re(z) + i\Im(z)$. 注意, z 是实数, 当且仅当 $\Im(z) = 0$. 我们称 z 是虚数, 当且仅当 $\Re(z) = 0$. 例如, $4i$ 是一个虚数, 但 $3 + 4i$ 既不是实数也不是虚数, 而 0 既是实数又是虚数. 我们把 z 的共轭复数 $\bar{z}$ 定义为复数 $z = \Re(z) - i\Im(z)$. 例如, $\overline{3 + 4i} = 3 - 4i, \bar{i} = -i$ 及 $\bar{3} = 3$.

复共轭运算具有一些很好的性质.

引理 15.6.9 (**复共轭是一种对合**) 设 z 和 w 都是复数, 那么 $\overline{z + w} = \bar{z} + \bar{w}, \overline{-z} = -\bar{z}$ 且 $\overline{zw} = \bar{z}\bar{w}$. 此外, $\bar{\bar{z}} = z$. 最后, 我们有 $\bar{z} = \bar{w}$, 当且仅当 $z = w$; $\bar{z} = z$, 当且仅当 z 是一个实数.

证明 参见习题 15.6.4. ☐

在定义 4.3.1 中, 我们定义了有理数 x 的绝对值 $|x|$, 并把该定义以明确的方式推广到了实数上. 但是, 绝对值的概念无法直接推广到复数上, 因为绝大部分复数既不是正的也不是负的. (例如, 我们既不能把 i 看作正数, 也不能把 i 看作负数, 其中的部分原因参见习题 15.6.11.) 不过, 我们仍然可以对复数定义绝对值, 方法是把习题 5.6.4 中的公式 $|x| = \sqrt{x^2}$ 进行推广.

定义 15.6.10 (**复数的绝对值**) 如果 $z = a + bi$ 是一个复数, 那么 z 的绝对值 $|z|$ 被定义为实数 $|z| = \sqrt{a^2 + b^2} = (a^2 + b^2)^{1/2}$.

由习题 5.6.4 知这个绝对值的概念推广了实数绝对值的概念. 绝对值还有其他一些好的性质.

引理 15.6.11 (**复数绝对值的性质**) 设 z 和 w 都是复数, 那么 $|z|$ 是一个非负实数, 并且 $|z| = 0$, 当且仅当 $z = 0$. 另外, 还有恒等式 $z\bar{z} = |z|^2$, 从而有 $|z| = \sqrt{z\bar{z}}$. 于是 $|zw| = |z||w|$ 且 $|\bar{z}| = |z|$. 最后, 我们有不等式

$$-|z| \leqslant \Re(z) \leqslant |z|, \quad -|z| \leqslant \Im(z) \leqslant |z|, \quad |z| \leqslant |\Re(z)| + |\Im(z)|$$

和三角不等式 $|z + w| \leqslant |z| + |w|$.

证明 参见习题 15.6.6. ☐

我们可以利用绝对值的概念来定义倒数.

定义 15.6.12（复数的倒数） 如果 z 是一个非零的复数，那么 z 的倒数 z^{-1} 被定义为复数 $z^{-1} = |z|^{-2}\bar{z}$（注意，根据引理 15.6.11，因为 $|z|$ 是一个正实数，所以 $|z|^{-2}$ 被定义为一个正实数是有意义的）. 例如，$(1+2\mathrm{i})^{-1} = |1+2\mathrm{i}|^{-2}(1-2\mathrm{i}) = (1^2+2^2)^{-1}(1-2\mathrm{i}) = \frac{1}{5} - \frac{2}{5}\mathrm{i}$. 当 z 为零，即 $z = 0$ 时，我们不定义 0^{-1}.

从这个定义和引理 15.6.11 中可以看出

$$zz^{-1} = z^{-1}z = |z|^{-2}\bar{z}z = |z|^{-2}|z|^2 = 1,$$

因此，z^{-1} 的确是 z 的倒数. 于是，对任意两个复数 z 和 w（其中 $w \neq 0$），我们可以按照通常的方式，把它们的商 z/w 定义为 $z/w = zw^{-1}$.

两个复数 z 和 w 之间的距离可以定义为 $d(z,w) = |z-w|$.

引理 15.6.13 具有距离 d 的复数系 $\mathbb{C}$ 构成了一个度量空间. 如果 $(z_n)_{n=1}^\infty$ 是一个复数序列，并且 z 是一个复数，那么在这个度量空间中，$\lim_{n\to\infty} z_n = z$，当且仅当 $\lim_{n\to\infty} \Re(z_n) = \Re(z)$ 且 $\lim_{n\to\infty} \Im(z_n) = \Im(z)$.

证明 参见习题 15.6.9.　　　　　　　　　　　　　　　　　　　　□

从定义中不难看出，复数空间 $\mathbb{C}$（作为度量空间）与欧几里得平面 $\mathbb{R}^2$ 是相同的，因为两个复数 (a,b) 和 (a',b') 之间的复距离与两点间的欧几里得距离 $\sqrt{(a-a')^2 + (b-b')^2}$ 完全相同. 因此，对于 $\mathbb{R}^2$ 满足的每个度量性质，$\mathbb{C}$ 都满足. 例如，$\mathbb{C}$ 既是完备的又是连通的，但它不是紧的.

另外，$\mathbb{C}$ 还满足通常的极限定律.

引理 15.6.14（复数的极限定律） 设 $(z_n)_{n=1}^\infty$ 和 $(w_n)_{n=1}^\infty$ 都是收敛的复数序列，并设 c 是一个复数，那么序列 $(z_n+w_n)_{n=1}^\infty, (z_n-w_n)_{n=1}^\infty, (cz_n)_{n=1}^\infty, (z_nw_n)_{n=1}^\infty$ 和 $(\overline{z_n})_{n=1}^\infty$ 也都是收敛的，并且

$$\lim_{n\to\infty} (z_n + w_n) = \lim_{n\to\infty} z_n + \lim_{n\to\infty} w_n,$$

$$\lim_{n\to\infty} (z_n - w_n) = \lim_{n\to\infty} z_n - \lim_{n\to\infty} w_n,$$

$$\lim_{n\to\infty} (cz_n) = c \lim_{n\to\infty} z_n,$$

$$\lim_{n\to\infty} (z_nw_n) = \left(\lim_{n\to\infty} z_n\right)\left(\lim_{n\to\infty} w_n\right),$$

$$\lim_{n\to\infty} \overline{z_n} = \overline{\lim_{n\to\infty} z_n}.$$

此外，如果全体 w_n 都是非零的，并且 $\lim_{n\to\infty} w_n$ 也是非零的，那么 $(z_n/w_n)_{n=1}^\infty$ 是一个收敛序列，并且

$$\lim_{n\to\infty} z_n/w_n = \left(\lim_{n\to\infty} z_n\right) \Big/ \left(\lim_{n\to\infty} w_n\right).$$

证明 参见习题 15.6.10. □

我们观察到, 实数系和复数系实际上是非常相似的. 它们都遵守类似的运算定律, 并有相似的度量空间结构. 事实上, 我们在本书中已经证明的有关实值函数的很多结论也适用于复值函数. 我们只需把证明中的"实数"简单地替换成"复数", 并保持其余的证明不变就可以了. 换句话说, 我们总能把一个复值函数 f 划分成实部 $\Re(f)$ 和虚部 $\Im(f)$, 于是 $f = \Re(f) + i\Im(f)$. 这样就可以从相应的实值函数 $\Re(f)$ 和 $\Im(f)$ 的结论中推导出关于复值函数 f 的结论. 例如, 第 14 章中的逐点收敛和一致收敛理论, 以及本章中的幂级数理论都可以毫无困难地推广到复值函数上. 因此, 我们完全可以按照定义实指数函数的方法来定义复指数函数.

定义 15.6.15（复指数函数） 如果 z 是一个复数, 那么我们把函数 $\exp(z)$ 定义为

$$\exp(z) = \sum_{n=0}^{\infty} \frac{z^n}{n!}.$$

受命题 15.5.4 的启发, 我们将交替使用 $\exp(z)$ 和 e^z. 对于复数 z 和实数 $a > 0$, 我们也可以定义 a^z, 但本书中不再展开论述.

我们可以叙述并证明关于复数级数的比值判别法, 并利用它来证明对任意的 z, $\exp(z)$ 都是收敛的. 实际上, 定理 15.5.2 中的许多性质仍然成立. 例如, $\exp(z + w) = \exp(z)\exp(w)$, 参见习题 15.6.12.（其他性质将要用到复微分和复积分, 但这些内容超出了本书的范围.）另外一个有用的结论是 $\overline{\exp(z)} = \exp(\bar{z})$, 它可以通过对部分和 $\sum_{n=0}^{N} \frac{z^n}{n!}$ 取共轭, 然后取 $N \to \infty$ 时的极限而得到.

复对数函数事实上会更微妙一些, 主要是因为 $\exp(z)$ 不再是可逆的, 同时还因为对数函数的各种幂级数都只有一个有限的收敛半径（它不像 $\exp(x)$ 那样, 有一个无限的收敛半径）. 这种相当微妙的情形超出了本书的范围, 我们对此不再进行讨论.

习 题

15.6.1 证明引理 15.6.4.

15.6.2 证明引理 15.6.6.

15.6.3 证明引理 15.6.7.

15.6.4 证明引理 15.6.9.

15.6.5 设 z 是一个复数, 证明: $\Re(z) = \frac{z+\bar{z}}{2}$ 和 $\Im(z) = \frac{z-\bar{z}}{2i}$.

15.6.6 证明引理 15.6.11. [提示: 为了证明三角不等式, 首先证明 $\Re(z\bar{w}) \leqslant |z||w|$, 从而有（利用习题 15.6.5）$z\bar{w} + \bar{z}w \leqslant 2|z||w|$. 然后把 $|z|^2 + |w|^2$ 加到这个不等式的两端.]

15.6.7 证明：如果 z 和 w 都是复数，并且 $w \neq 0$，那么 $|z/w| = |z|/|w|$.

15.6.8 设 z 和 w 都是非零复数，证明：$|z+w| = |z| + |w|$，当且仅当存在一个正实数 $c > 0$，使得 $z = cw$.

15.6.9 证明引理 15.6.13.

15.6.10 证明引理 15.6.14. ［提示：分别把 z_n 和 w_n 划分成实部和虚部，然后使用通常的极限定律（定理 6.1.19）和引理 15.6.13.］

15.6.11 本题是为了解释为什么不把复数划分成正的和负的. 假设存在"正复数"和"负复数"，并且它们遵守下列合理的公理（见命题 4.2.9）.

- （三歧性）对每个复数 z，下列命题中恰好有一个成立：z 是正的、z 是负的、z 等于 0.

- （负运算）如果 z 是一个正复数，那么 $-z$ 就是负的. 如果 z 是负复数，那么 $-z$ 就是正的.

- （可加性）如果 z 和 w 都是正复数，那么 $z+w$ 也是正的.

- （可乘性）如果 z 和 w 都是正复数，那么 zw 也是正的.

  证明：这四条公理是不一致的，也就是说，我们可以用这些公理推导出矛盾.（提示：首先，利用公理推导出 1 是正的，从而 -1 就是负的. 然后，对 $z = i$ 使用三歧性公理，并对三种情形中的任何一种都推导出矛盾.）

15.6.12 证明关于复数级数的比值判别法，并利用它来证明：用来定义复指数函数的级数是绝对收敛的. 然后证明：$\exp(z+w) = \exp(z)\exp(w)$ 对所有的复数 z 和 w 都成立.

15.7　三角函数

在说完指数函数和对数函数之后，现在我们来讨论接下来最重要的一类特殊函数，即三角函数.（数学中还有其他一些有用的特殊函数，比如双曲三角函数、超几何函数，γ 函数、ζ 函数，以及椭圆函数，但这些函数很少出现，所以我们在此不展开讨论.）

三角函数通常是由几何概念来定义的，主要的几何概念有圆形、三角形和角. 然而，三角函数还可以用更解析的概念来定义，尤其是可以利用（复）指数函数来定义它们.

定义 15.7.1（三角函数）如果 z 是一个复数，那么我们定义

$$\cos z = \frac{e^{iz} + e^{-iz}}{2}$$

和

$$\sin z = \frac{e^{iz} - e^{-iz}}{2i}.$$

我们把 $\cos z$ 和 $\sin z$ 分别称为余弦函数和正弦函数.

这些公式是莱昂哈德·欧拉（1707—1783）在 1748 年发现的，他认识到了复指数函数和三角函数之间的关联. 注意，因为我们定义了复数 z 的正弦函数和余弦函数，所以自然也就定义了实数 x 的正弦函数和余弦函数. 实际上，在绝大多数应用中，我们只关心三角函数在实数上的应用.

由 $\exp(z)$ 的幂级数定义知，

$$\mathrm{e}^{\mathrm{i}z} = 1 + \mathrm{i}z - \frac{z^2}{2!} - \frac{\mathrm{i}z^3}{3!} + \frac{z^4}{4!} + \cdots$$

和

$$\mathrm{e}^{-\mathrm{i}z} = 1 - \mathrm{i}z - \frac{z^2}{2!} + \frac{\mathrm{i}z^3}{3!} + \frac{z^4}{4!} - \cdots,$$

那么由上面这些公式得

$$\cos z = 1 - \frac{z^2}{2!} + \frac{z^4}{4!} - \cdots = \sum_{n=0}^{\infty} \frac{(-1)^n z^{2n}}{(2n)!}$$

和

$$\sin z = z - \frac{z^3}{3!} + \frac{z^5}{5!} - \cdots = \sum_{n=0}^{\infty} \frac{(-1)^n z^{2n+1}}{(2n+1)!}.$$

因此，只要 x 是实数，$\cos x$ 和 $\sin x$ 就一定是实数. 由比值判别法知对任意的 x，幂级数 $\sum_{n=0}^{\infty} \frac{(-1)^n x^{2n}}{(2n)!}$ 和 $\sum_{n=0}^{\infty} \frac{(-1)^n x^{2n+1}}{(2n+1)!}$ 都是绝对收敛的. 于是，$\sin x$ 和 $\cos x$ 在 0 处都是实解析的，并且都有一个无限的收敛半径. 那么由习题 15.2.8 知，正弦函数和余弦函数在整个 $\mathbb{R}$ 上都是实解析的.（它们在整个 $\mathbb{C}$ 上都是复解析的，但本书对这部分内容不展开论述.）因此，正弦函数和余弦函数都是连续且可微的.

接下来，我们列出正弦函数和余弦函数的一些基本性质.

定理 15.7.2（三角恒等式）设 x 和 y 都是实数.

(a) $\sin^2 x + \cos^2 x = 1$. 于是，对所有的 $x \in \mathbb{R}$，都有 $\sin x \in [-1, 1]$ 和 $\cos x \in [-1, 1]$.

(b) $(\sin x)' = \cos x$ 且 $(\cos x)' = -\sin x$.

(c) $\sin(-x) = -\sin x$ 且 $\cos(-x) = \cos x$.

(d) $\cos(x+y) = \cos x \cos y - \sin x \sin y$ 且 $\sin(x+y) = \sin x \cos y + \cos x \sin y$.

(e) $\sin 0 = 0$ 且 $\cos 0 = 1$.

(f) $\mathrm{e}^{\mathrm{i}x} = \cos x + \mathrm{i}\sin x$ 且 $\mathrm{e}^{-\mathrm{i}x} = \cos x - \mathrm{i}\sin x$. 于是，$\cos x = \Re(\mathrm{e}^{\mathrm{i}x})$ 且 $\sin x = \Im(\mathrm{e}^{\mathrm{i}x})$.

证明 参见习题 15.7.1. $\qquad\qquad\qquad\qquad\qquad\qquad\qquad\qquad\qquad\qquad\square$

现在我们来给出正弦函数和余弦函数的一些其他性质.

引理 15.7.3　*存在一个正数 x 使得 $\sin x$ 等于 0.*

证明　利用反证法，假设对所有的 $x \in (0, \infty)$，有 $\sin x \neq 0$. 注意，这还意味着对所有的 $x \in (0, \infty)$，有 $\cos x \neq 0$，因为如果 $\cos x = 0$，那么由定理 15.7.2(d) 知 $\sin(2x) = 0$.（为什么？）因为 $\cos 0 = 1$，所以由介值定理（定理 9.7.1）知，这意味着对所有的 $x > 0$，有 $\cos x > 0$.（为什么？）此外，由 $\sin 0 = 0$ 和 $\sin x$ 在 0 处的导数等于 $1 > 0$ 知，$\sin x$ 在 0 附近是递增的，从而它在 0 的右端是正的. 再次使用介值定理得对所有的 $x > 0$，有 $\sin x > 0$（否则，$\sin x$ 在 $(0, \infty)$ 上就会有零点）.

因此，如果我们把余切函数定义为 $\cot x = \cos x / \sin x$，那么 $\cot x$ 在整个 $(0, \infty)$ 上都是正的且可微的. 根据商法则（定理 10.1.13(h)）和定理 15.7.2，我们知道 $\cot x$ 的导函数是 $-1/\sin^2 x$.（为什么？）于是，对所有的 $x > 0$，有 $(\cot x)' \leqslant -1$. 由微积分基本定理（定理 11.9.1）知，这意味着对所有的 $x > 0$ 和 $s > 0$，有 $\cot(x + s) \leqslant \cot x - s$. 但当 $s \to \infty$ 时，我们发现这与断言"$\cot x$ 在 $(0, \infty)$ 上是正的"相矛盾.（为什么？）　　　　　□

设 E 是集合 $E = \{x \in (0, \infty) : \sin x = 0\}$，即 E 是正弦函数在 $(0, \infty)$ 上的全体根的集合. 由引理 15.7.3 知 E 是非空的. 因为 $\sin x$ 在 0 处的导数大于 0，所以存在一个 $c > 0$，使得 $E \subseteq [c, \infty)$（见习题 15.7.2）. 又因为 $\sin x$ 在 $[c, \infty)$ 上是连续的，所以 E 在 $[c, \infty)$ 上是闭的（为什么？利用定理 13.1.5(d)）. 由于 $[c, \infty)$ 在 $\mathbb{R}$ 上是闭的，因此我们断定 E 在 $\mathbb{R}$ 上也是闭的. 于是，E 包含了它的全体附着点，从而包含了 $\inf(E)$. 我们给出下面这个定义.

定义 15.7.4　我们把 π 定义为

$$\pi = \inf\{x \in (0, \infty) : \sin x = 0\}.$$

那么就有 $\pi \in E \subseteq [c, \infty)$（于是 $\pi > 0$）和 $\sin \pi = 0$. 根据 π 的定义，$\sin x$ 在 $(0, \pi)$ 上不可能有零点，那么它在 $(0, \pi)$ 上一定是正的（见引理 15.7.3 中使用介值定理的论述）. 因为 $(\cos x)' = -\sin x$，所以我们断定 $\cos x$ 在 $(0, \pi)$ 上是严格递减的. 由 $\cos 0 = 1$ 知，这意味着 $\cos \pi < 1$. 又因为 $\sin^2 \pi + \cos^2 \pi = 1$ 且 $\sin \pi = 0$，所以我们得到 $\cos \pi = -1$.

这样，我们就得到了著名的欧拉公式：

$$\mathrm{e}^{\pi \mathrm{i}} = \cos \pi + \mathrm{i} \sin \pi = -1.$$

现在我们给出正弦函数和余弦函数的一些其他性质.

定理 15.7.5（三角函数的周期性）　设 x 是一个实数.

(a) $\cos(x+\pi) = -\cos x$ 且 $\sin(x+\pi) = -\sin x$. 特别地, 有 $\cos(x+2\pi) = \cos x$ 和 $\sin(x+2\pi) = \sin x$. 也就是说, 正弦函数 $\sin x$ 和余弦函数 $\cos x$ 都是以 2π 为周期的周期函数.

(b) $\sin x = 0$, 当且仅当 x/π 是一个整数.

(c) $\cos x = 0$, 当且仅当 x/π 等于一个整数加上 $1/2$.

证明　参见习题 15.7.3.　　　　　　　　　　　　　　　　　□

当然, 我们还可以定义其他三角函数: 正切函数、余切函数、正割函数及余割函数, 并建立我们熟知的全部三角恒等式, 习题中将给出一些这样的例子.

习　　题

15.7.1 证明定理 15.7.2. (提示: 尽可能用指数函数的语言写出所有的内容.)

15.7.2 设 $f : \mathbb{R} \to \mathbb{R}$ 是在 x_0 处可微的函数, $f(x_0) = 0$ 且 $f'(x_0) \neq 0$, 证明: 存在一个 $c > 0$ 使得只要 $0 < |x_0 - y| < c$, $f(y)$ 就不为零. 然后判定存在一个 $c > 0$, 使得对所有的 $0 < x < c$ 都有 $\sin x \neq 0$.

15.7.3 证明定理 15.7.5. (提示: 对于 (c), 首先计算 $\sin(\pi/2)$ 和 $\cos(\pi/2)$, 再把 $\cos x$ 和 $\sin(x + \pi/2)$ 联系起来.)

15.7.4 设 x 和 y 都是实数, 它们满足 $x^2 + y^2 = 1$, 证明: 恰好存在一个实数 $\theta \in (-\pi, \pi]$, 使得 $x = \sin\theta$ 且 $y = \cos\theta$. (提示: 你要分别对 x 和 y 是正的、负的或零的情况进行讨论.)

15.7.5 证明: 如果 $r, s > 0$ 都是正实数, θ, α 是使得 $re^{i\theta} = se^{i\alpha}$ 成立的实数, 那么 $r = s$, 并且存在一个整数 k 使得 $\theta = \alpha + 2\pi k$.

15.7.6 设 z 是一个非零复数, 利用习题 15.7.4 证明: 恰好存在一对实数 r 和 θ 使得 $r > 0$, $\theta \in (-\pi, \pi]$ 且 $z = re^{i\theta}$. (这个式子有时被称作 z 的标准极坐标表达式.)

15.7.7 对任意的实数 θ 和整数 n, 证明: 棣莫弗恒等式

$$\cos(n\theta) = \Re((\cos\theta + i\sin\theta)^n),\ \sin(n\theta) = \Im((\cos\theta + i\sin\theta)^n).$$

15.7.8 设 $\tan : (-\pi/2, \pi/2) \to \mathbb{R}$ 是正切函数 $\tan x = \sin x / \cos x$, 证明: $\tan x$ 可微且单调递增, 并且有 $\frac{d}{dx}\tan x = 1 + \tan^2 x, \lim_{x\to\pi/2}\tan x = \infty$ 和 $\lim_{x\to-\pi/2}\tan x = -\infty$. 推导出 $\tan x$ 实际上是 $(-\pi/2, \pi/2) \to \mathbb{R}$ 的双射, 从而有反函数 $\arctan : \mathbb{R} \to (-\pi/2, \pi/2)$ (该函数被称为反正切函数). 证明: $\arctan x$ 是可微的, 并且有 $\frac{d}{dx}\arctan x = \frac{1}{1+x^2}$.

15.7.9 回顾习题 15.7.8 中的反正切函数 $\arctan x$. 通过修改定理 15.5.6(e) 的证明来建立下面这个恒等式:

$$\arctan x = \sum_{n=0}^{\infty} \frac{(-1)^n x^{2n+1}}{2n+1},\ \text{其中 } x \in (-1, 1).$$

利用阿贝尔定理 (定理 15.3.1), 把这个恒等式推广到 $x = 1$ 的情形, 进而推导出恒

等式

$$\pi = 4 - \frac{4}{3} + \frac{4}{5} - \frac{4}{7} + \cdots = 4\sum_{n=0}^{\infty} \frac{(-1)^n}{2n+1}.$$

（注意，由交错级数判别法，即命题 7.2.11 知，上面这个级数是收敛的.）然后推导出 $4 - \frac{4}{3} < \pi < 4$.（当然，我们可以通过计算 $\pi = 3.1415926\cdots$ 使其达到更高的精度. 但如果可以，我们最好使用另外的公式，因为上面的级数收敛得太慢了.）

15.7.10 设 $f : \mathbb{R} \to \mathbb{R}$ 是函数

$$f(x) = \sum_{n=1}^{\infty} 4^{-n} \cos(32^n \pi x).$$

(a) 证明：这个级数是一致收敛的，并且 f 是连续的.

(b) 证明：对每个整数 j 和每个整数 $m \geqslant 1$，都有

$$\left| f\left(\frac{j+1}{32^m}\right) - f\left(\frac{j}{32^m}\right) \right| \geqslant 4^{-m}.$$

[提示：对于特定的序列 a_n，使用恒等式

$$\sum_{n=1}^{\infty} a_n = \left(\sum_{n=1}^{m-1} a_n\right) + a_m + \sum_{n=m+1}^{\infty} a_n.$$

另外，利用余弦函数以 2π 为周期这一事实，以及对任意的 $|r| < 1$ 都有几何级数公式 $\sum_{n=0}^{\infty} r^n = \frac{1}{1-r}$. 最后还要用到，对任意的实数 x 和 y，有不等式 $|\cos x - \cos y| \leqslant |x - y|$. 这个不等式可以利用中值定理（推论 10.2.9）或微积分基本定理（定理 11.9.4）来证明.]

(c) 利用 (b) 证明：对任意的实数 x_0，函数 f 在 x_0 处不可微.（提示：根据习题 5.4.3，对任意的 x_0 和任意的 $m \geqslant 1$，存在一个整数 j 使得 $j \leqslant 32^m x_0 \leqslant j+1$. ）

(d) 简单地解释一下，(c) 的结论为什么不与推论 14.7.3 相矛盾.

第 16 章　傅里叶级数

我们已经讨论了某些函数（例如，连续的紧支撑函数）是如何用多项式来逼近的. 此外，我们证明了如何把另一类不同的函数（实解析函数）精确地写成（而不是逼近）一个无限多项式，或者更准确地说，写成一个幂级数.

幂级数具有很大的用处，尤其是在处理前面讨论过的指数函数和三角函数这些特殊函数时. 但在某些场合下，幂级数并不能发挥太大的作用，因为我们需要处理一些非实解析函数（比如 $\sqrt{x}$），而这些函数无法写成幂级数的形式.

幸运的是，还有另一类被称为傅里叶级数的级数展开式. 在分析学中，这类级数也是非常有用的一个工具（尽管其使用目的稍有不同）. 傅里叶级数处理的不是紧支撑函数，而是周期函数. 它不把函数分解成代数多项式，而是分解成三角多项式. 粗略地说，傅里叶级数的理论断定，每个周期函数都可以分解成正弦函数和余弦函数的（无限）和.

注 16.0.1　让·巴蒂斯特·傅里叶（1768—1830）在拿破仑时代曾当过埃及总督，后来又在法国当过地方行政长官. 在拿破仑战争之后，他又回归了数学界. 他在 1807 年的一篇重要论文中介绍了傅里叶级数，并用这个级数解决了众所周知的热传导方程. 在那个时期，每个周期函数都可以写成正弦函数和余弦函数之和的说法具有相当大的争议，即便像欧拉这样的顶尖数学家也声称这是不可能的. 但是，傅里叶仍设法去证明这的确是成立的，虽然他的证明并不是绝对严格的，而且在之后差不多一百年的时间里，他的证明都没有被完全接受.

尽管傅里叶级数理论与幂级数理论存在一些相似的地方，但两者之间仍然存在一些重要的区别. 例如，傅里叶级数的收敛一般都不是一致的（它不依 L^∞ 度量收敛），但它依另一种不同的度量——L^2 度量——收敛. 另外，在该理论中，我们将会大量使用复数，但在幂级数中，复数只是稍微涉及了一点而已.

傅里叶级数理论（以及相关的课题，比如傅里叶积分和拉普拉斯变换）的内容非常多，它自身就应当成为一门课程. 傅里叶级数有相当多的应用，主要是直接应用在微分方程、信号处理、电气工程、物理学及分析学中，但它也会用在代数和数论中. 在这里，我们只给出该理论的基本内容，几乎不会涉及任何相关应用.

16.1　周期函数

傅里叶级数理论研究的是周期函数，现在我们来定义周期函数. 实际上，用复值函数讨论要比用实值函数更方便.

定义 16.1.1　设 $L > 0$ 是一个实数，如果对每个实数 x 都有 $f(x+L) = f(x)$，那么函数 $f : \mathbb{R} \to \mathbb{C}$ 以 L 为周期，或者说是 L 周期的.

例 16.1.2　实值函数 $f(x) = \sin x$ 和 $f(x) = \cos x$ 都是 2π 周期的，就像复值函数 $f(x) = \mathrm{e}^{\mathrm{i}x}$ 是 2π 周期的那样. 这些函数也都是 4π 周期的、6π 周期的，等等.（为什么?）但是函数 $f(x) = x$ 不是周期函数. 对任意的 L，常数函数 $f(x) = 1$ 总是 L 周期的.

注 16.1.3　如果函数 f 是 L 周期的，那么对任意的整数 k 都有 $f(x+kL) = f(x)$（为什么? 对正数 k 使用归纳法，然后利用代换，把关于正 k 的结果变成一个关于负 k 的结果. 当然，$k = 0$ 的情形是平凡的）. 因此，如果函数 f 是 1 周期的，那么对任意的 $k \in \mathbb{Z}$ 都有 $f(x+k) = f(x)$. 于是，1 周期的函数有时也被称作 $\mathbb{Z}$ 周期的（而且 L 周期的函数被称为是 $L\mathbb{Z}$ 周期的）.

例 16.1.4　对任意的整数 n，函数 $\cos(2\pi n x)$、$\sin(2\pi n x)$ 和 $\mathrm{e}^{2\pi \mathrm{i}n x}$ 都是 $\mathbb{Z}$ 周期的.（当 n 不是整数时，情况又如何?）另一个 $\mathbb{Z}$ 周期函数的例子是具有如下定义的函数 $f : \mathbb{R} \to \mathbb{C}$：当 $x \in [n, n+\frac{1}{2})$ 时（其中 n 是整数），$f(x) = 1$；当 $x \in [n+\frac{1}{2}, n+1)$ 时（其中 n 是整数），$f(x) = 0$. 这个函数也是方波的例子.

为简单起见，从现在开始我们只研究 $\mathbb{Z}$ 周期函数（关于 L 周期函数的傅里叶理论，参见习题 16.5.6）. 注意，为了能彻底了解 $\mathbb{Z}$ 周期函数 $f : \mathbb{R} \to \mathbb{C}$，我们只需了解它在区间 $[0, 1)$ 上的取值就行了，因为这将确定 f 在任意一点处的取值. 其原因在于每个实数 x 都可以写成 $x = k + y$ 的形式，其中 k 是一个整数（被称作 x 的整数部分，有时记作 $[x]$），并且 $y \in [0, 1)$（被称作 x 的小数部分，有时记作 $\{x\}$），参见习题 16.1.1. 因此，如果想描述一个 $\mathbb{Z}$ 周期函数 f，那么我们只需写出它在区间 $[0, 1)$ 上的取值，然后说这可以周期性地推广到整个 $\mathbb{R}$ 上就行了. 这意味着对任意的实数 x，我们都把 $f(x)$ 定义为 $f(x) = f(y)$，其中 $x = k + y$ 按照上述讨论进行分解.（实际上，我们可以把区间 $[0, 1)$ 替换成另外任意一个长度为 1 的半开区间，但这里我们不做这件事.）

连续的 $\mathbb{Z}$ 周期复值函数的空间记作 $C(\mathbb{R}/\mathbb{Z}; \mathbb{C})$.（记号 $\mathbb{R}/\mathbb{Z}$ 来源于代数学，它表示加法群 $\mathbb{R}$ 关于加法群 $\mathbb{Z}$ 的商群，有关商群的更多知识可以参阅任意一本代数学教材.）这里的“连续”是指在 $\mathbb{R}$ 中的任意一点处都连续. 只在某个区间，

如 $[0,1]$ 上连续是不够的, 因为点 1 (或者其他任意一个整数点) 处的左极限和右极限可能不同而产生间断. 例如, 函数 $\sin(2\pi nx)$、$\cos(2\pi nx)$ 和 $e^{2\pi inx}$ 都是 $C(\mathbb{R}/\mathbb{Z};\mathbb{C})$ 中的元素, 正如常数函数也属于 $C(\mathbb{R}/\mathbb{Z};\mathbb{C})$, 但前面提到的方波函数就不属于 $C(\mathbb{R}/\mathbb{Z};\mathbb{C})$, 因为它不是连续函数. 另外, 由于函数 $\sin x$ 不是 $\mathbb{Z}$ 周期的函数, 因此它也不在 $C(\mathbb{R}/\mathbb{Z};\mathbb{C})$ 中.

引理 16.1.5($C(\mathbb{R}/\mathbb{Z};\mathbb{C})$ 的基本性质)

(a)(有界性)如果 $f \in C(\mathbb{R}/\mathbb{Z};\mathbb{C})$, 那么 f 是有界的(存在一个实数 $M > 0$, 使得对所有的 $x \in \mathbb{R}$ 都有 $|f(x)| \leqslant M$).

(b)(向量空间和代数性质)如果 $f,g \in C(\mathbb{R}/\mathbb{Z};\mathbb{C})$, 那么函数 $f+g$、$f-g$ 和 fg 也都属于 $C(\mathbb{R}/\mathbb{Z};\mathbb{C})$. 另外, 如果 c 是任意一个复数, 那么函数 cf 也在 $C(\mathbb{R}/\mathbb{Z};\mathbb{C})$ 中.

(c)(一致极限下的封闭性)设 $(f_n)_{n=1}^{\infty}$ 是 $C(\mathbb{R}/\mathbb{Z};\mathbb{C})$ 中的函数序列, 如果该序列一致收敛于函数 $f:\mathbb{R} \to \mathbb{C}$, 那么 f 也属于 $C(\mathbb{R}/\mathbb{Z};\mathbb{C})$.

证明 参见习题 16.1.2. □

现在, 我们再次引入熟悉的一致收敛的上确界范数度量

$$d_{\infty}(f,g) = \sup_{x \in \mathbb{R}} |f(x) - g(x)| = \sup_{x \in [0,1)} |f(x) - g(x)|.$$

这样就可以把 $C(\mathbb{R}/\mathbb{Z};\mathbb{C})$ 变成一个度量空间,(第一个上确界为什么等于第二个上确界?)参见习题 16.1.3.

习 题

16.1.1 证明: 每个实数 x 都恰好能用一种方式写成 $x = k + y$ 的形式, 其中 k 是一个整数且 $y \in [0,1)$.(提示: 为了证明这种形式的存在性, 令 $k = \sup\{l \in \mathbb{Z} : l \leqslant x\}$.)

16.1.2 证明引理 16.1.5.(提示: 对于 (a), 首先证明 f 在 $[0,1]$ 上有界.)

16.1.3 证明: 具有上确界范数度量 d_{∞} 的 $C(\mathbb{R}/\mathbb{Z};\mathbb{C})$ 是一个度量空间. 进一步证明: 这个度量空间是完备的.

16.2 周期函数的内积

由引理 16.1.5 知, 我们可以对连续的周期函数进行加法、减法、乘法及取极限的运算. 但是, 我们还需要空间 $C(\mathbb{R}/\mathbb{Z};\mathbb{C})$ 上更多的运算. 第一个就是内积运算.

定义 16.2.1(内积)如果 $f,g \in C(\mathbb{R}/\mathbb{Z};\mathbb{C})$, 那么我们把内积 $\langle f,g \rangle$ 定义为

$$\langle f,g \rangle = \int_{[0,1]} f(x)\overline{g(x)}\mathrm{d}x.$$

注 16.2.2　为了求复值函数 $f(x) = g(x) + \mathrm{i}h(x)$ 的积分，我们定义 $\int_{[a,b]} f = \int_{[a,b]} g + \mathrm{i} \int_{[a,b]} h$. 也就是说，我们分别对函数的实数部分和虚数部分求积分. 例如，$\int_{[1,2]}(1+\mathrm{i}x)\mathrm{d}x = \int_{[1,2]} 1\mathrm{d}x + \mathrm{i}\int_{[1,2]} x\mathrm{d}x = 1 + \frac{3}{2}\mathrm{i}$. 容易验证，实值函数的全体微积分基本法则（分部积分法、微积分基本定理、变量替换法等）对复值函数仍然成立.

例 16.2.3　设 f 是常数函数 $f(x) = 1$，并设 $g(x)$ 为函数 $g(x) = \mathrm{e}^{2\pi\mathrm{i}x}$，那么

$$
\begin{aligned}
\langle f, g \rangle &= \int_{[0,1]} 1\overline{\mathrm{e}^{2\pi\mathrm{i}x}}\mathrm{d}x \\
&= \int_{[0,1]} \mathrm{e}^{-2\pi\mathrm{i}x}\mathrm{d}x \\
&= \left.\frac{\mathrm{e}^{-2\pi\mathrm{i}x}}{-2\pi\mathrm{i}}\right|_{x=0}^{x=1} \\
&= \frac{\mathrm{e}^{-2\pi\mathrm{i}} - \mathrm{e}^0}{-2\pi\mathrm{i}} \\
&= \frac{1-1}{-2\pi\mathrm{i}} \\
&= 0.
\end{aligned}
$$

注 16.2.4　一般情况下，内积 $\langle f, g \rangle$ 是一个复数.（注意，$f(x)\overline{g(x)}$ 是黎曼可积的，因为这两个函数都是连续且有界的.）

粗略地说，空间 $C(\mathbb{R}/\mathbb{Z}; \mathbb{C})$ 上的内积 $\langle f, g \rangle$，就像欧几里得空间（如 $\mathbb{R}^n$）上的点积 $\boldsymbol{x} \cdot \boldsymbol{y}$ 一样. 接下来，我们给出内积的一些基本性质. 对向量空间上内积的进一步研究可以参阅任何一本线性代数教材，但这部分内容超出了本书的范围.

引理 16.2.5　设 $f, g, h \in C(\mathbb{R}/\mathbb{Z}; \mathbb{C})$.

(a)（埃尔米特性质）$\langle g, f \rangle = \overline{\langle f, g \rangle}$.

(b)（正性）$\langle f, f \rangle \geqslant 0$. 更进一步，$\langle f, f \rangle = 0$，当且仅当 $f = 0$（对所有的 $x \in \mathbb{R}$，都有 $f(x) = 0$）.

(c)（关于第一个变量的线性性质）$\langle f + g, h \rangle = \langle f, h \rangle + \langle g, h \rangle$. 对任意的复数 c，有 $\langle cf, g \rangle = c\langle f, g \rangle$.

(d)（关于第二个变量的反线性性质）$\langle f, g + h \rangle = \langle f, g \rangle + \langle f, h \rangle$. 对任意的复数 c，有 $\langle f, cg \rangle = \overline{c}\langle f, g \rangle$.

证明　参见习题 16.2.1.　　　　　　　　　　　　　　　　　　　　　　$\square$

由正性知，把函数 $f \in C(\mathbb{R}/\mathbb{Z}; \mathbb{C})$ 的 L^2 范数 $\|f\|_2$ 定义为

$$
\|f\|_2 = \sqrt{\langle f, f \rangle} = \left(\int_{[0,1]} f(x)\overline{f(x)}\mathrm{d}x\right)^{1/2} = \left(\int_{[0,1]} |f(x)|^2\mathrm{d}x\right)^{1/2}
$$

是有意义的. 因此，对所有的 f 均有 $\|f\|_2 \geqslant 0$. 范数 $\|f\|_2$ 有时被称为 f 的均方根.

例 16.2.6 如果 $f(x)$ 是函数 $e^{2\pi i x}$，那么

$$\|f\|_2 = \left(\int_{[0,1]} e^{2\pi i x} e^{-2\pi i x} dx \right)^{1/2} = \left(\int_{[0,1]} 1 dx \right)^{1/2} = 1^{1/2} = 1.$$

这里的 L^2 范数与 L^∞ 范数（$\|f\|_\infty = \sup_{x \in \mathbb{R}} |f(x)|$）是有关系的，但它们又不完全相同. 例如，如果 $f(x) = \sin(2\pi x)$，那么 $\|f\|_\infty = 1$ 但 $\|f\|_2 = \frac{1}{\sqrt{2}}$. 一般情况下，两者的关系通常表述为 $0 \leqslant \|f\|_2 \leqslant \|f\|_\infty$，参见习题 16.2.3.

下面给出 L^2 范数的一些基本性质.

引理 16.2.7 设 $f, g \in C(\mathbb{R}/\mathbb{Z}; \mathbb{C})$.

(a)（非退化性）$\|f\|_2 = 0$，当且仅当 $f = 0$.

(b)（柯西-施瓦茨不等式）$|\langle f, g \rangle| \leqslant \|f\|_2 \|g\|_2$.

(c)（三角不等式）$\|f + g\|_2 \leqslant \|f\|_2 + \|g\|_2$.

(d)（勾股定理）如果 $\langle f, g \rangle = 0$，那么 $\|f + g\|_2^2 = \|f\|_2^2 + \|g\|_2^2$.

(e)（齐次性）对所有的 $c \in \mathbb{C}$，有 $\|cf\|_2 = |c| \|f\|_2$.

证明 参见习题 16.2.2. □

根据勾股定理，我们有时把 f 与 g 正交等价于 $\langle f, g \rangle = 0$.

现在，我们可以把 $C(\mathbb{R}/\mathbb{Z}; \mathbb{C})$ 上的 L^2 度量 d_{L^2} 定义为

$$d_{L^2}(f, g) = \|f - g\|_2 = \left(\int_{[0,1]} |f(x) - g(x)|^2 dx \right)^{1/2}.$$

注 16.2.8 我们能够验证 d_{L^2} 的确是一个度量（习题 16.2.4）. 事实上，L^2 度量与欧几里得空间 $\mathbb{R}^n$ 上的 l^2 度量非常类似，这也解释了两者的记号为什么如此相似. 你应该对这两个度量进行比较，并从中找出相似之处.

注意，当 $n \to \infty$ 时，如果 $d_{L^2}(f_n, f) \to 0$，这里的 f_n 是 $C(\mathbb{R}/\mathbb{Z}; \mathbb{C})$ 中的函数序列，那么 f_n 就会依 L^2 度量收敛于 $f \in C(\mathbb{R}/\mathbb{Z}; \mathbb{C})$. 换句话说，

$$\lim_{n \to \infty} \int_{[0,1]} |f_n(x) - f(x)|^2 dx = 0.$$

注 16.2.9 依 L^2 度量收敛不同于一致收敛和逐点收敛，参见习题 16.2.6.

注 16.2.10 L^2 度量的性质不如 L^∞ 度量的好. 例如，在 L^2 度量下的空间 $C(\mathbb{R}/\mathbb{Z}; \mathbb{C})$ 并不是完备的，但该空间在 L^∞ 度量下是完备的，参见习题 16.2.5.

习 题

16.2.1 证明引理 16.2.5.（提示：(b) 的最后一部分有些棘手. 你需要使用反证法，假设 f 不是零函数，然后证明 $\int_{[0,1]} |f(x)|^2 dx$ 是严格正的. 你要利用"f 是连续的，从而 $|f|$ 也是连续的"这个事实.）

16.2.2 证明引理 16.2.7.（提示：反复利用引理 16.2.5. 对于柯西–施瓦茨不等式，从正性 $\langle f,f\rangle \geqslant 0$ 入手，但其中的 f 要替换成函数 $f\|g\|_2^2 - \langle f,g\rangle g$，然后利用引理 16.2.5 进行简化. 你必须单独考察 $\|g\|_2 = 0$ 的情形. 利用柯西–施瓦茨不等式证明三角不等式.）

16.2.3 设 $f \in C(\mathbb{R}/\mathbb{Z};\mathbb{C})$ 是一个非零函数，证明：$0 < \|f\|_2 \leqslant \|f\|_{L^\infty}$. 反过来，设 $0 < A \leqslant B$ 都是实数，证明：存在一个非零函数 $f \in C(\mathbb{R}/\mathbb{Z};\mathbb{C})$，使得 $\|f\|_2 = A$ 且 $\|f\|_\infty = B$.（提示：设 g 是 $C(\mathbb{R}/\mathbb{Z};\mathbb{C})$ 中的一个非负实值函数，并且 g 不是常数函数. 然后考察形如 $f = (c+dg)^{1/2}$ 的函数 f，其中 $c,d > 0$ 是实值常数.）

16.2.4 证明：$C(\mathbb{R}/\mathbb{Z};\mathbb{C})$ 上的 L^2 度量 d_{L^2} 的确使 $C(\mathbb{R}/\mathbb{Z};\mathbb{C})$ 成为一个度量空间（见习题 12.1.6）.

16.2.5 找出一个连续周期函数的序列，使得该序列依 L^2 度量收敛于一个不连续的周期函数.（提示：试一试收敛于方波函数.）

16.2.6 设 $f \in C(\mathbb{R}/\mathbb{Z};\mathbb{C})$，并设 $(f_n)_{n=1}^\infty$ 是 $C(\mathbb{R}/\mathbb{Z};\mathbb{C})$ 中的函数序列.

    (a) 证明：如果 f_n 一致收敛于 f，那么 f_n 也依 L^2 度量收敛于 f.

    (b) 给出一个例子，使得 f_n 依 L^2 度量收敛于 f，但不一致收敛于 f.（提示：取 $f = 0$，并试着让函数列 f_n 具有较大的上确界范数.）

    (c) 给出一个例子，使得 f_n 依 L^2 度量收敛于 f，但不逐点收敛于 f.（提示：取 $f = 0$，并试着让函数列 f_n 在某一点处较大.）

    (d) 给出一个例子，使得 f_n 逐点收敛于 f，但不依 L^2 度量收敛于 f.（提示：取 $f = 0$，并试着让函数列 f_n 具有较大的 L^2 范数.）

16.3 三角多项式

现在我们来定义三角多项式. 就像多项式是由函数 x^n（有时被称作单项式）组成的那样，三角多项式是由函数 $e^{2\pi i n x}$（有时被称作特征）组成的.

定义 16.3.1（特征） 对每个整数 n，令 $e_n \in C(\mathbb{R}/\mathbb{Z};\mathbb{C})$ 表示函数

$$e_n(x) = e^{2\pi i n x},$$

该函数有时被称作频率为 n 的特征.

定义 16.3.2（三角多项式） 设 f 是 $C(\mathbb{R}/\mathbb{Z};\mathbb{C})$ 中的函数，如果存在一个整数 $N \geqslant 0$ 和一个复数序列 $(c_n)_{n=-N}^N$ 使得 $f = \sum_{n=-N}^N c_n e_n$，那么我们称函数 f 是一个三角多项式.

例 16.3.3 函数 $f = 4e_{-2} + ie_{-1} - 2e_0 + 0e_1 - 3e_2$ 是一个三角多项式，它可以更精确地写成

$$f(x) = 4e^{-4\pi i x} + ie^{-2\pi i x} - 2 - 3e^{4\pi i x}.$$

例 16.3.4 对任意的整数 n, 函数 $\cos(2\pi nx)$ 是一个三角多项式, 因为

$$\cos(2\pi nx) = \frac{e^{2\pi inx} + e^{-2\pi inx}}{2} = \frac{1}{2}e_{-n} + \frac{1}{2}e_n.$$

类似地, 函数 $\sin(2\pi nx) = \frac{-1}{2i}e_{-n} + \frac{1}{2i}e_n$ 也是一个三角多项式. 实际上, 正弦函数和余弦函数的任意一个线性组合都是三角多项式. 例如, $3 + i\cos(2\pi x) + 4i\sin(4\pi x)$ 是一个三角多项式.

根据傅里叶定理, 我们可以把 $C(\mathbb{R}/\mathbb{Z};\mathbb{C})$ 中的任意一个函数写成傅里叶级数的形式. 傅里叶级数与三角多项式的关系, 就像幂级数与多项式的关系那样. 为了把函数写成傅里叶级数的形式, 我们将使用前一节中介绍的内积结构. 这里的核心计算如下.

引理 16.3.5 (**全体特征构成一个标准正交系**) 对任意的整数 n 和 m, 当 $n = m$ 时, $\langle e_n, e_m \rangle = 1$; 当 $n \neq m$ 时, $\langle e_n, e_m \rangle = 0$. 同时, $\|e_n\| = 1$.

证明 参见习题 16.3.2. □

因此, 我们得到一个关于三角多项式的系数的公式.

推论 16.3.6 设 $f = \sum_{n=-N}^{N} c_n e_n$ 是一个三角多项式, 那么对所有的整数 $-N \leqslant n \leqslant N$, 有

$$c_n = \langle f, e_n \rangle.$$

另外, 只要 $n > N$ 或 $n < -N$, 我们就有 $0 = \langle f, e_n \rangle$. 最后, 我们还有恒等式

$$\|f\|_2^2 = \sum_{n=-N}^{N} |c_n|^2.$$

证明 参见习题 16.3.3. □

我们用另一种方式来改写这个推论.

定义 16.3.7 (**傅里叶变换**) 对任意的函数 $f \in C(\mathbb{R}/\mathbb{Z};\mathbb{C})$ 和任意的整数 $n \in \mathbb{Z}$, 我们把 f 的第 n 个傅里叶系数, 记作 $\hat{f}(n)$, 定义为

$$\hat{f}(n) = \langle f, e_n \rangle = \int_{[0,1]} f(x)e^{-2\pi inx}dx.$$

函数 $\hat{f}: \mathbb{Z} \to \mathbb{C}$ 被称为 f 的傅里叶变换.

由推论 16.3.6 知, 只要 $f = \sum_{n=-N}^{N} c_n e_n$ 是一个三角多项式, 那么就有

$$f = \sum_{n=-N}^{N} \langle f, e_n \rangle e_n = \sum_{n=-\infty}^{\infty} \langle f, e_n \rangle e_n.$$

于是我们得到傅里叶反演公式

$$f = \sum_{n=-\infty}^{\infty} \hat{f}(n)e_n.$$

也就是说，

$$f(x) = \sum_{n=-\infty}^{\infty} \hat{f}(n)e^{2\pi i n x}.$$

上式等号右端的式子被称为 f 的傅里叶级数. 另外，根据推论 16.3.6 的第二个恒等式，我们有普朗歇尔公式

$$\|f\|_2^2 = \sum_{n=-\infty}^{\infty} |\hat{f}(n)|^2.$$

注 16.3.8 需要强调的是，我们目前只证明了 f 是三角多项式时的傅里叶反演公式和普朗歇尔公式. 注意，在这种情形下，绝大多数傅里叶系数 $\hat{f}(n)$ 是零（事实上，仅当 $-N \leqslant n \leqslant N$ 时，傅里叶系数才不为零），因此这里的无限和实际上就是有限和. 这样也就不存在关于上述级数在什么意义下收敛的讨论. 因为级数是有限和，所以它既是逐点收敛和一致收敛的，又是依 L^2 度量收敛的.

在接下来的几节中，我们将把傅里叶反演公式和普朗歇尔公式推广到 $C(\mathbb{R}/\mathbb{Z};\mathbb{C})$ 中的一般函数上，而不仅仅是三角多项式上.（上述公式也可以推广到像方波这样的间断函数上，但我们不讨论这部分内容.）为此，我们将会用到魏尔斯特拉斯逼近定理，但这次我们要用三角多项式来一致逼近连续的周期函数. 正如在多项式的魏尔斯特拉斯逼近定理的证明中用到了卷积一样，我们也要为周期函数定义一个卷积.

习　题

16.3.1 证明：任意两个三角多项式的和及乘积也都是三角多项式.

16.3.2 证明引理 16.3.5.

16.3.3 证明推论 16.3.6.（提示：利用引理 16.3.5. 对于第二个恒等式，既可以利用勾股定理和归纳法，又可以代入 $f = \sum_{n=-N}^{N} c_n e_n$ 并展开所有的表达式.）

16.4　周期卷积

这一节的目的是证明关于三角多项式的魏尔斯特拉斯逼近定理.

定理 16.4.1 设 $f \in C(\mathbb{R}/\mathbb{Z};\mathbb{C})$，并设 $\varepsilon > 0$，那么存在一个三角多项式 P 使得 $\|f - P\|_\infty \leqslant \varepsilon$.

该定理断定, 任意一个连续的周期函数都可以用三角多项式来一致逼近. 换句话说, 如果设 $P(\mathbb{R}/\mathbb{Z};\mathbb{C})$ 表示全体三角多项式的空间, 那么 $P(\mathbb{R}/\mathbb{Z};\mathbb{C})$ 在 L^{∞} 度量下的闭包就是 $C(\mathbb{R}/\mathbb{Z};\mathbb{C})$.

这个定理可以直接用多项式的魏尔斯特拉斯逼近定理 (定理 14.8.3) 来证明, 这两个定理都是更一般的斯通-魏尔斯特拉斯定理的特殊情形, 在这里我们不讨论斯通-魏尔斯特拉斯定理. 我们要做的是从头开始证明上述定理. 这样做是为了引入一些有趣的概念, 特别是周期卷积的概念. 不过, 此处的证明应该能强烈地唤起你对定理 14.8.3 证明中所用的论述的记忆.

定义 16.4.2 (**周期卷积**) 设 $f, g \in C(\mathbb{R}/\mathbb{Z};\mathbb{C})$, 那么 f 和 g 的周期卷积 $f * g : \mathbb{R} \to \mathbb{C}$ 被定义为

$$f * g(x) = \int_{[0,1]} f(y)g(x-y)\mathrm{d}y.$$

注 16.4.3 注意, 上面这个式子与定义 14.8.9 中的紧支撑函数的卷积概念稍有不同, 因为我们只在 $[0,1]$ 上求积分, 而不是在整个 $\mathbb{R}$ 上求积分. 因此从原则上来说, 我们为符号 $f * g$ 赋予了两个不同的含义. 但在实践中, 这并不会造成混淆, 因为一个非零的函数不可能既是周期函数又是紧支撑函数 (习题 16.4.1).

引理 16.4.4 (**周期卷积的基本性质**) 设 $f, g, h \in C(\mathbb{R}/\mathbb{Z};\mathbb{C})$.

(a) (封闭性) 卷积 $f * g$ 是连续的, 并且是 $\mathbb{Z}$ 周期的. 换言之, $f * g \in C(\mathbb{R}/\mathbb{Z};\mathbb{C})$.

(b) (交换性) $f * g = g * f$.

(c) (双线性性质) $f * (g+h) = f * g + f * h$ 且 $(f+g) * h = f * h + g * h$. 对任意的复数 c, 有 $c(f * g) = (cf) * g = f * (cg)$.

证明 参见习题 16.4.2. □

现在, 我们来考察一个有趣的恒等式: 对任意的 $f \in C(\mathbb{R}/\mathbb{Z};\mathbb{C})$ 和任意的整数 n, 有

$$f * e_n = \hat{f}(n)e_n.$$

为了证明这个式子, 我们来计算

$$\begin{aligned}
f * e_n(x) &= \int_{[0,1]} f(y)\mathrm{e}^{2\pi\mathrm{i}n(x-y)}\mathrm{d}y \\
&= \mathrm{e}^{2\pi\mathrm{i}nx} \int_{[0,1]} f(y)\mathrm{e}^{-2\pi\mathrm{i}ny}\mathrm{d}y \\
&= \hat{f}(n)\mathrm{e}^{2\pi\mathrm{i}nx} \\
&= \hat{f}(n)e_n.
\end{aligned}$$

这样就完成了证明.

更一般地，由引理 16.4.4(c) 知，对任意一个三角多项式 $P = \sum_{n=-N}^{N} c_n e_n$，我们有

$$f * P = \sum_{n=-N}^{N} c_n(f * e_n) = \sum_{n=-N}^{N} \hat{f}(n)c_n e_n.$$

因此，$C(\mathbb{R}/\mathbb{Z};\mathbb{C})$ 中任意一个函数与三角多项式的周期卷积都仍是一个三角多项式.（与引理 14.8.13 进行比较.）

接下来，我们引入恒等逼近的周期类比.

定义 16.4.5（周期恒等逼近） 设 $\varepsilon > 0$ 且 $0 < \delta < 1/2$，如果函数 $f \in C(\mathbb{R}/\mathbb{Z};\mathbb{C})$ 满足下列性质，那么 f 被称为周期 (ε,δ) 恒等逼近.

(a) 对所有的 $x \in \mathbb{R}$，都有 $f(x) \geqslant 0$，并且 $\int_{[0,1]} f = 1$.

(b) 对所有的 $\delta \leqslant |x| \leqslant 1-\delta$，都有 $f(x) < \varepsilon$.

现在我们得到引理 14.8.8 的一个类比.

引理 16.4.6 对每个 $\varepsilon > 0$ 和 $0 < \delta < 1/2$，都存在一个三角多项式 P，它是一个 (ε,δ) 恒等逼近.

证明 在这里，我们只给出这个引理的证明框架，剩余的部分将在习题 16.4.3 中补充完整. 设 $N \geqslant 1$ 是一个整数，我们把费耶核 F_N 定义为函数

$$F_N = \sum_{n=-N}^{N} \left(1 - \frac{|n|}{N}\right) e_n.$$

显然，F_N 是一个三角多项式. 我们注意到恒等式

$$F_N = \frac{1}{N} \left| \sum_{n=0}^{N-1} e_n \right|^2.$$

（为什么？）由几何级数公式（引理 7.3.3）知，如果 x 不是整数，那么

$$\sum_{n=0}^{N-1} e_n(x) = \frac{e_N - e_0}{e_1 - e_0} = \frac{e^{\pi i(N-1)x} \sin(\pi N x)}{\sin(\pi x)},$$

（为什么？）从而有公式

$$F_N(x) = \frac{\sin(\pi N x)^2}{N \sin(\pi x)^2}.$$

如果 x 是一个整数，那么几何级数公式就不再适用了. 但此时，我们可以通过直接计算得到 $F_N(x) = N$. 在任何情况下，对任意的 x 都有 $F_N(x) \geqslant 0$. 另外，还有

$$\int_{[0,1]} F_N(x)\mathrm{d}x = \sum_{n=-N}^{N} \left(1 - \frac{|n|}{N}\right) \int_{[0,1]} e_n = \left(1 - \frac{|0|}{N}\right) 1 = 1.$$

（为什么？）最后，由 $\sin(\pi N x) \leqslant 1$ 得只要 $\delta < |x| < 1-\delta$，就有

$$F_N(x) \leqslant \frac{1}{N \sin(\pi x)^2} \leqslant \frac{1}{N \sin(\pi \delta)^2}$$

（这是因为 $\sin x$ 在 $[0,\pi/2]$ 上单调递增，并且在 $[\pi/2,\pi]$ 上单调递减）. 因此，通过选取足够大的 N，我们可以让 $F_N(x) \leqslant \varepsilon$ 对所有的 $\delta < |x| < 1-\delta$ 均成立. □

定理 16.4.1 的证明　设 f 是 $C(\mathbb{R}/\mathbb{Z};\mathbb{C})$ 中的任意一个元素，因为我们知道 f 是有界的，所以存在一个 $M > 0$，使得对所有的 $x \in \mathbb{R}$ 都有 $|f(x)| \leqslant M$.

设 $\varepsilon > 0$ 是任意的，因为 f 是一致连续的，所以存在一个 $\delta > 0$，使得只要 $|x-y| \leqslant \delta$ 就有 $|f(x) - f(y)| \leqslant \varepsilon$. 现在利用引理 16.4.6 找到一个三角多项式 P，使得 P 是一个 (ε,δ) 恒等逼近，那么 $f*P$ 也是一个三角多项式. 现在我们来估算 $\|f - f*P\|_\infty$.

设 x 是任意一个实数，我们有

$$
\begin{aligned}
\bigl|f(x) - f*P(x)\bigr| &= \bigl|f(x) - P*f(x)\bigr| \\
&= \left|f(x) - \int_{[0,1]} f(x-y)P(y)\mathrm{d}y\right| \\
&= \left|\int_{[0,1]} f(x)P(y)\mathrm{d}y - \int_{[0,1]} f(x-y)P(y)\mathrm{d}y\right| \\
&= \left|\int_{[0,1]} (f(x) - f(x-y))P(y)\mathrm{d}y\right| \\
&\leqslant \int_{[0,1]} |f(x) - f(x-y)|P(y)\mathrm{d}y.
\end{aligned}
$$

上式不等号右端的式子可以分成

$$
\int_{[0,\delta]} |f(x) - f(x-y)|P(y)\mathrm{d}y + \int_{[\delta,1-\delta]} |f(x) - f(x-y)|P(y)\mathrm{d}y \\
+ \int_{[1-\delta,1]} |f(x) - f(x-y)|P(y)\mathrm{d}y,
$$

而这个式子有上界

$$
\begin{aligned}
&\leqslant \int_{[0,\delta]} \varepsilon P(y)\mathrm{d}y + \int_{[\delta,1-\delta]} 2M\varepsilon\,\mathrm{d}y \\
&\quad + \int_{[1-\delta,1]} |f(x-1) - f(x-y)|P(y)\mathrm{d}y \\
&\leqslant \int_{[0,\delta]} \varepsilon P(y)\mathrm{d}y + \int_{[\delta,1-\delta]} 2M\varepsilon\,\mathrm{d}y + \int_{[1-\delta,1]} \varepsilon P(y)\mathrm{d}y \\
&\leqslant \varepsilon + 2M\varepsilon + \varepsilon \\
&= (2M+2)\varepsilon.
\end{aligned}
$$

于是有 $\|f - f*P\|_\infty \leqslant (2M+2)\varepsilon$. 由于 M 是一个固定值且 ε 是任意的，因此我们可以让 $f*P$ 依上确界范数任意接近 f. 这样就完成了对周期魏尔斯特拉斯逼近定理的证明. □

习   题

16.4.1 证明：如果 $f: \mathbb{R} \to \mathbb{C}$ 既是紧支撑的又是 $\mathbb{Z}$ 周期的，那么 f 恒等于零.

16.4.2 证明引理 16.4.4.（提示：为了证明 $f * g$ 是连续的，你将会用到 f 是有界的，并且 g 一致连续；或者反过来，g 是有界的，并且 f 是一致连续的这样的事实. 要想证明 $f * g = g * f$，你需要利用周期性来"剪切和粘贴"区间 $[0,1]$. ）

16.4.3 把引理 16.4.6 中标记了（为什么？）的地方补充完整.（提示：对于第一个恒等式，利用等式 $|z|^2 = z\bar{z}$，$\overline{e_n} = e_{-n}$ 和 $e_n e_m = e_{n+m}$. ）

16.5   傅里叶定理和普朗歇尔定理

利用定理 16.4.1，我们现在可以把傅里叶恒等式和普朗歇尔恒等式推广到任意一个连续的周期函数上.

定理 16.5.1（**傅里叶定理**） 对任意的 $f \in C(\mathbb{R}/\mathbb{Z}; \mathbb{C})$，级数 $\sum_{n=-\infty}^{\infty} \hat{f}(n) e_n$ 都依 L^2 度量收敛于 f. 换句话说，我们有

$$\lim_{N \to \infty} \left\| f - \sum_{n=-N}^{N} \hat{f}(n) e_n \right\|_2 = 0.$$

证明 设 $\varepsilon > 0$，我们要证明的是存在一个 N_0，使得对一切足够大的 N 都有 $\|f - \sum_{n=-N}^{N} \hat{f}(n) e_n\|_2 \leqslant \varepsilon$.

根据定理 16.4.1，我们可以找到一个三角多项式 $P = \sum_{n=-N_0}^{N_0} c_n e_n$，使得 $\|f - P\|_\infty \leqslant \varepsilon$，其中 $N_0 > 0$. 于是有 $\|f - P\|_2 \leqslant \varepsilon$.

现在令 $N > N_0$，并设 $F_N = \sum_{n=-N}^{N} \hat{f}(n) e_n$. 下面我们来证明 $\|f - F_N\|_2 \leqslant \varepsilon$. 首先我们观察到，对任意的 $|m| \leqslant N$ 有

$$\langle f - F_N, e_m \rangle = \langle f, e_m \rangle - \sum_{n=-N}^{N} \hat{f}(n) \langle e_n, e_m \rangle = \hat{f}(m) - \hat{f}(m) = 0,$$

这里用到了引理 16.3.5. 那么由于 $F_N - P$ 可以写成 e_m（其中 $|m| \leqslant N$）的线性组合的形式，因此

$$\langle f - F_N, F_N - P \rangle = 0.$$

于是由勾股定理得

$$\|f - P\|_2^2 = \|f - F_N\|_2^2 + \|F_N - P\|_2^2,$$

进而有

$$\|f - F_N\|_2 \leqslant \|f - P\|_2 \leqslant \varepsilon. \qquad \square$$

注 16.5.2 注意，我们只得到了傅里叶级数 $\sum_{n=-\infty}^{\infty} \hat{f}(n)e_n$ 依 L^2 度量收敛于 f 的结论. 有人或许会提出这样的疑问: 这个结论是否也对一致收敛和逐点收敛成立? 然而 (或许会让人感到有些意外), 对这两种收敛方式的回答都是否定的. 但如果假定函数 f 不仅是连续的, 而且还是可微的, 那么上述结论对于逐点收敛成立. 如果假定 f 是连续可微的, 那么这个结论也对一致收敛成立. 这些结论都超出了本书的范围, 此处我们不对它们进行证明. 不过, 我们要证明这样一个定理, 它讨论的是什么时候依 L^2 度量收敛能够被加强为一致收敛.

定理 16.5.3 设 $f \in C(\mathbb{R}/\mathbb{Z}; \mathbb{C})$, 如果级数 $\sum_{n=-\infty}^{\infty} |\hat{f}(n)|$ 是绝对收敛的, 那么级数 $\sum_{n=-\infty}^{\infty} \hat{f}(n)e_n$ 一致收敛于 f. 换句话说, 我们有

$$\lim_{N \to \infty} \left\| f - \sum_{n=-N}^{N} \hat{f}(n)e_n \right\|_{\infty} = 0.$$

证明 由魏尔斯特拉斯判别法 (定理 14.5.7) 知, 级数 $\sum_{n=-\infty}^{\infty} \hat{f}(n)e_n$ 收敛于某个函数 F, 而且由引理 16.1.5(c) 知 F 既是连续的, 又是 $\mathbb{Z}$ 周期的. (严格地说, 魏尔斯特拉斯判别法说的是从 $n=1$ 到 $n=\infty$ 的级数, 但它也适用于从 $n=-\infty$ 到 $n=\infty$ 的级数, 这一点可以通过把双向无限的级数分成两段而得到.) 于是

$$\lim_{N \to \infty} \left\| F - \sum_{n=-N}^{N} \hat{f}(n)e_n \right\|_{\infty} = 0.$$

这意味着

$$\lim_{N \to \infty} \left\| F - \sum_{n=-N}^{N} \hat{f}(n)e_n \right\|_{2} = 0,$$

因为 L^2 范数总是小于或等于 L^∞ 范数. 但是根据傅里叶定理, 序列 $\sum_{n=-N}^{N} \hat{f}(n)e_n$ 已经依 L^2 度量收敛于 f. 因此, 只有当 $F=f$ (见命题 12.1.20) 时, 该序列才能依 L^2 度量收敛于 F. 于是 $F=f$, 从而有

$$\lim_{N \to \infty} \left\| f - \sum_{n=-N}^{N} \hat{f}(n)e_n \right\|_{\infty} = 0.$$

这样就完成了证明. □

作为傅里叶定理的一个推论, 我们有如下定理.

定理 16.5.4 (普朗歇尔定理) 对任意的 $f \in C(\mathbb{R}/\mathbb{Z}; \mathbb{C})$, 级数 $\sum_{n=-\infty}^{\infty} |\hat{f}(n)|^2$ 是绝对收敛的, 并且

$$\|f\|_2^2 = \sum_{n=-\infty}^{\infty} |\hat{f}(n)|^2.$$

这个定理也被称作帕塞瓦尔定理.

证明 设 $\varepsilon > 0$，由傅里叶定理知，当 N 足够大时（依赖于 ε），有

$$\left\| f - \sum_{n=-N}^{N} \hat{f}(n)e_n \right\|_2 \leqslant \varepsilon,$$

那么根据三角不等式，这意味着

$$\|f\|_2 - \varepsilon \leqslant \left\| \sum_{n=-N}^{N} \hat{f}(n)e_n \right\|_2 \leqslant \|f\|_2 + \varepsilon.$$

另外，由推论 16.3.6 得

$$\left\| \sum_{n=-N}^{N} \hat{f}(n)e_n \right\|_2 = \left(\sum_{n=-N}^{N} \left| \hat{f}(n) \right|^2 \right)^{1/2},$$

从而有

$$(\|f\|_2 - \varepsilon)^2 \leqslant \sum_{n=-N}^{N} \left| \hat{f}(n) \right|^2 \leqslant (\|f\|_2 + \varepsilon)^2.$$

取上极限得

$$(\|f\|_2 - \varepsilon)^2 \leqslant \limsup_{N \to \infty} \sum_{n=-N}^{N} \left| \hat{f}(n) \right|^2 \leqslant (\|f\|_2 + \varepsilon)^2.$$

因为 ε 是任意的，所以由夹逼定理得

$$\limsup_{N \to \infty} \sum_{n=-N}^{N} \left| \hat{f}(n) \right|^2 = \|f\|_2^2.$$

这样就得到了要证明的结论.   □

傅里叶变换还有许多其他性质，但我们不再继续讨论. 在习题中，你将会看到少量有关傅里叶定理和普朗歇尔定理的应用.

习　　题

16.5.1 设 f 是 $C(\mathbb{R}/\mathbb{Z}; \mathbb{C})$ 中的函数，并把三角傅里叶系数 a_n, b_n（其中 $n = 0, 1, 2, 3, \cdots$）定义为

$$a_n = 2\int_{[0,1]} f(x)\cos(2\pi nx)\mathrm{d}x, \quad b_n = 2\int_{[0,1]} f(x)\sin(2\pi nx)\mathrm{d}x.$$

(a) 证明：级数

$$\frac{1}{2}a_0 + \sum_{n=1}^{\infty} (a_n \cos(2\pi nx) + b_n \sin(2\pi nx))$$

依 L^2 度量收敛于 f.（提示：利用傅里叶定理，并把指数函数分解成正弦函数和余弦函数. 把正的 n 项和负的 n 项合起来.）

(b) 证明: 如果 $\sum_{n=1}^{\infty} a_n$ 和 $\sum_{n=1}^{\infty} b_n$ 都是绝对收敛的, 那么上面的级数不仅依 L^2 度量收敛于 f, 还一致收敛于 f. (提示: 利用定理 16.5.3.)

16.5.2 当 $x \in [0,1)$ 时, 函数 $f(x)$ 被定义为 $f(x) = (1-2x)^2$, 并且 $f(x)$ 按照 $\mathbb{Z}$ 周期延拓到整个实直线上.

(a) 利用习题 16.5.1 证明: 级数

$$\frac{1}{3} + \sum_{n=1}^{\infty} \frac{4}{\pi^2 n^2} \cos(2\pi n x)$$

一致收敛于 f.

(b) 推导出 $\sum_{n=1}^{\infty} \frac{1}{n^2} = \frac{\pi^2}{6}$. (提示: 计算上述级数在 $x = 0$ 处的值.)

(c) 推导出 $\sum_{n=1}^{\infty} \frac{1}{n^4} = \frac{\pi^4}{90}$. (提示: 用指数函数来表述余弦函数, 并利用普朗歇尔定理.)

16.5.3 设 $f \in C(\mathbb{R}/\mathbb{Z};\mathbb{C})$, 并且 P 是一个三角多项式, 证明: 对所有的整数 n, 有

$$\widehat{f * P}(n) = \hat{f}(n) c_n = \hat{f}(n) \hat{P}(n).$$

更一般地, 如果 $f, g \in C(\mathbb{R}/\mathbb{Z};\mathbb{C})$, 那么证明: 对所有的整数 n, 有

$$\widehat{f * g}(n) = \hat{f}(n) \hat{g}(n).$$

(表述此事的一种奇特方式是, 傅里叶变换把卷积和乘积缠绕在一起.)

16.5.4 设 $f \in C(\mathbb{R}/\mathbb{Z};\mathbb{C})$ 是一个可微函数, 并且它的导函数 f' 是连续的 (复值函数导数的定义方法与实值函数的导数完全相同), 证明: f' 也属于 $C(\mathbb{R}/\mathbb{Z};\mathbb{C})$, 并且对所有的整数 n 有 $\hat{f'}(n) = 2\pi i n \hat{f}(n)$.

16.5.5 设 $f, g \in C(\mathbb{R}/\mathbb{Z};\mathbb{C})$, 证明: 帕塞瓦尔恒等式

$$\Re \int_0^1 f(x) \overline{g(x)} \mathrm{d}x = \Re \sum_{n \in \mathbb{Z}} \hat{f}(n) \overline{\hat{g}(n)}.$$

(提示: 对 $f+g$ 和 $f-g$ 使用普朗歇尔定理, 然后把两者相减.) 进而推导出上面的实数部分可以去掉, 于是有

$$\int_0^1 f(x) \overline{g(x)} \mathrm{d}x = \sum_{n \in \mathbb{Z}} \hat{f}(n) \overline{\hat{g}(n)}.$$

(提示: 利用第一个恒等式, 其中的 f 替换成 $\mathrm{i}f$.)

16.5.6 在本题中, 我们将对具有任意固定周期 L 的函数建立傅里叶级数理论. 设 $L > 0$, 并设 $f: \mathbb{R} \to \mathbb{C}$ 是一个连续的 L 周期复值函数. 对每个整数 n, 把数 c_n 定义为

$$c_n = \frac{1}{L} \int_{[0,L]} f(x) \mathrm{e}^{-2\pi \mathrm{i} n x / L} \mathrm{d}x.$$

(a) 证明: 级数

$$\sum_{n=-\infty}^{\infty} c_n \mathrm{e}^{2\pi \mathrm{i} n x / L}$$

依 L^2 度量收敛于 f. 更准确地说, 证明:

$$\lim_{N \to \infty} \int_{[0,L]} \left| f(x) - \sum_{n=-N}^{N} c_n \mathrm{e}^{2\pi \mathrm{i} n x / L} \right|^2 \mathrm{d}x = 0.$$

(提示: 对函数 $f(Lx)$ 使用傅里叶定理.)

(b) 设级数 $\sum_{n=-\infty}^{\infty} |c_n|$ 是绝对收敛的，证明：

$$\sum_{n=-\infty}^{\infty} c_n \mathrm{e}^{2\pi \mathrm{i} n x/L}$$

一致收敛于 f.

(c) 证明：

$$\frac{1}{L} \int_{[0,L]} |f(x)|^2 \mathrm{d}x = \sum_{n=-\infty}^{\infty} |c_n|^2.$$

（提示：对函数 $f(Lx)$ 使用普朗歇尔定理.）

第 17 章　多元微分学

17.1　线性变换

现在我们转到另一个主题，即多元微积分中的微分学。更准确地说，我们要研究的是从一个欧几里得空间到另一个欧几里得空间的映射 $f : \mathbb{R}^n \to \mathbb{R}^m$，并试着理解这个映射的导函数是什么。

但在此之前，我们需要回忆线性代数中的一些概念，其中最重要的就是线性变换的概念和矩阵的概念。我们将对这些内容进行非常简单的介绍。对这部分内容更全面地讲解可以参阅任何一本线性代数教材。

定义 17.1.1（行向量）设 $n \geqslant 1$ 是一个整数，我们把 $\mathbb{R}^n$ 中的元素称为 n 维行向量。n 维行向量的一种典型记法是 $\boldsymbol{x} = (x_1, x_2, \cdots, x_n)$，也可以简写成 $(x_i)_{1 \leqslant i \leqslant n}$。当然，这里的分量 $x_1, x_2, \cdots, x_n$ 都是实数。如果 $(x_i)_{1 \leqslant i \leqslant n}$ 和 $(y_i)_{1 \leqslant i \leqslant n}$ 都是 n 维行向量，那么它们的向量和被定义为

$$(x_i)_{1 \leqslant i \leqslant n} + (y_i)_{1 \leqslant i \leqslant n} = (x_i + y_i)_{1 \leqslant i \leqslant n}.$$

另外，如果 $c \in \mathbb{R}$ 是任意一个标量，那么我们可以把数乘积 $c(x_i)_{1 \leqslant i \leqslant n}$ 定义为

$$c(x_i)_{1 \leqslant i \leqslant n} = (cx_i)_{1 \leqslant i \leqslant n}.$$

当然，$\mathbb{R}^m$ 中也有类似的运算。然而，如果 $n \neq m$，那么我们不定义 $\mathbb{R}^n$ 中的向量和 $\mathbb{R}^m$ 中的向量的加法运算（例如，$(2, 3, 4) + (5, 6)$ 是无定义的）。另外，$\mathbb{R}^n$ 中的向量 $(0, \cdots, 0)$ 被称为零向量，并记作 $\boldsymbol{0}$。（严格地说，我们应当把 $\mathbb{R}^n$ 中的零向量写成 $\boldsymbol{0}_{\mathbb{R}^n}$，因为不同维度空间中的零向量是不一样的，而且零向量也不等同于数 0。）我们把 $(-1)\boldsymbol{x}$ 简写成 $-\boldsymbol{x}$。

向量的加法运算和数乘运算满足下面这些基本性质。

引理 17.1.2（$\mathbb{R}^n$ 是一个向量空间）设 $\boldsymbol{x}, \boldsymbol{y}, \boldsymbol{z}$ 都是 $\mathbb{R}^n$ 中的向量，并设 c 和 d 是实数，那么我们有加法交换律 $\boldsymbol{x} + \boldsymbol{y} = \boldsymbol{y} + \boldsymbol{x}$，加法结合律 $(\boldsymbol{x} + \boldsymbol{y}) + \boldsymbol{z} = \boldsymbol{x} + (\boldsymbol{y} + \boldsymbol{z})$，加法恒等性 $\boldsymbol{x} + \boldsymbol{0} = \boldsymbol{0} + \boldsymbol{x} = \boldsymbol{x}$，加法逆元性 $\boldsymbol{x} + (-\boldsymbol{x}) = (-\boldsymbol{x}) + \boldsymbol{x} = \boldsymbol{0}$，乘法结合律 $(cd)\boldsymbol{x} = c(d\boldsymbol{x})$，分配律 $c(\boldsymbol{x} + \boldsymbol{y}) = c\boldsymbol{x} + c\boldsymbol{y}$ 和 $(c + d)\boldsymbol{x} = c\boldsymbol{x} + d\boldsymbol{x}$，以及乘法恒等性 $1\boldsymbol{x} = \boldsymbol{x}$。

证明　参见习题 17.1.1.　　　　　　　　　　　　　　　　　　□

定义 17.1.3（转置） 如果 $(x_i)_{1\leqslant i\leqslant n} = (x_1, x_2, \cdots, x_n)$ 是一个 n 维行向量，那么它的转置 $(x_i)_{1\leqslant i\leqslant n}^{\mathrm{T}}$ 可以定义为

$$(x_i)_{1\leqslant i\leqslant n}^{\mathrm{T}} = (x_1, x_2, \cdots, x_n)^{\mathrm{T}} = \begin{pmatrix} x_1 \\ x_2 \\ \vdots \\ x_n \end{pmatrix}$$

我们把形如 $(x_i)_{1\leqslant i\leqslant n}^{\mathrm{T}}$ 的对象称为 n 维列向量.

注 17.1.4 行向量和列向量在功能上没有任何差别（例如，列向量可以像行向量那样做加法运算和数乘运算）. 但是，为了与矩阵的乘法运算保持一致，我们需要把行向量转置成列向量. 稍后，我们还将讨论矩阵的乘法运算. 注意，我们把行向量和列向量看作不同空间中的元素. 比如，我们不定义行向量与列向量的和，即便它们的分量个数相同，两者之和也是无定义的.

定义 17.1.5（标准基行向量） 我们把 $\mathbb{R}^n$ 中的 n 个特殊行向量 $e_1, \cdots, e_n$ 称为标准基行向量. 对每个 $1\leqslant j\leqslant n$，e_j 是第 j 个分量为 1 且其余分量均为 0 的向量.

例如，在 $\mathbb{R}^3$ 中，我们有 $e_1 = (1,0,0)$，$e_2 = (0,1,0)$ 和 $e_3 = (0,0,1)$. 注意，如果 $x = (x_j)_{1\leqslant j\leqslant n}$ 是 $\mathbb{R}^n$ 中的向量，那么

$$x = x_1 e_1 + x_2 e_2 + \cdots + x_n e_n = \sum_{j=1}^{n} x_j e_j.$$

换句话说，$\mathbb{R}^n$ 中的每个向量都是标准基向量 $e_1, \cdots, e_n$ 的线性组合.（记号 $\sum_{j=1}^{n} x_j e_j$ 的含义是明确的，因为向量的加法运算满足交换律和结合律.）当然，正如每个行向量都是标准基行向量的线性组合一样，每个列向量也都是标准基列向量的线性组合：

$$x^{\mathrm{T}} = x_1 e_1^{\mathrm{T}} + x_2 e_2^{\mathrm{T}} + \cdots + x_n e_n^{\mathrm{T}} = \sum_{j=1}^{n} x_j e_j^{\mathrm{T}}.$$

还有（很多）其他方法可以构造 $\mathbb{R}^n$ 的基，但这是线性代数要研究的内容，在此我们不进行讨论.

定义 17.1.6（线性变换） 线性变换 $T : \mathbb{R}^n \to \mathbb{R}^m$ 是一个从欧几里得空间 $\mathbb{R}^n$ 到另一个欧几里得空间 $\mathbb{R}^m$ 的函数，并且该函数还要满足下面这两条公理：

(a)（可加性）对任意的 $x, x' \in \mathbb{R}^n$，都有 $T(x + x') = Tx + Tx'$；

(b)（齐次性）对任意的 $x \in \mathbb{R}^n$ 和任意的 $c \in \mathbb{R}$，都有 $T(cx) = cTx$.

例 17.1.7 定义为 $T_1\boldsymbol{x}=5\boldsymbol{x}$（它让每个向量 $\boldsymbol{x}$ 都膨胀了 5 倍）的膨胀算子 $T_1:\mathbb{R}^3\to\mathbb{R}^3$ 是一个线性变换. 其原因在于对所有的 $\boldsymbol{x},\boldsymbol{x}'\in\mathbb{R}^3$ 都有 $5(\boldsymbol{x}+\boldsymbol{x}')=5\boldsymbol{x}+5\boldsymbol{x}'$，并且对所有的 $\boldsymbol{x}\in\mathbb{R}^3$ 和 $c\in\mathbb{R}$ 都有 $5(c\boldsymbol{x})=c(5\boldsymbol{x})$.

例 17.1.8 旋转算子 $T_2:\mathbb{R}^2\to\mathbb{R}^2$ 的定义是把 $\mathbb{R}^2$ 中的每个向量都绕原点沿逆时针方向旋转 $\pi/2$ 弧度（从而有 $T_2(1,0)=(0,1)$, $T_2(0,1)=(-1,0)$，等等）. 该算子是一个线性变换. 从几何角度考察这一点是最好的，而不是从分析角度.

例 17.1.9 定义为 $T_3(x,y,z)=(x,y)$ 的射影算子 $T_3:\mathbb{R}^3\to\mathbb{R}^2$ 是一个线性变换.（为什么？）定义为 $T_4(x,y)=(x,y,0)$ 的包含算子 $T_4:\mathbb{R}^2\to\mathbb{R}^3$ 也是一个线性变换.（为什么？）最后，对任意的 n，定义为 $I_n\boldsymbol{x}=\boldsymbol{x}$ 的恒等算子 $I_n:\mathbb{R}^n\to\mathbb{R}^n$ 也是一个线性变换.（为什么？）

正如我们很快就要看到的那样，线性变换和矩阵之间有一定的关联.

定义 17.1.10（矩阵） $m\times n$ 矩阵是具有如下形式的对象 $\boldsymbol{A}$:

$$\boldsymbol{A}=\begin{pmatrix} a_{11} & a_{12} & \cdots & a_{1n}\\ a_{21} & a_{22} & \cdots & a_{2n}\\ \vdots & \vdots & \ddots & \vdots\\ a_{m1} & a_{m2} & \cdots & a_{mn}\end{pmatrix},$$

也可以简写为

$$\boldsymbol{A}=(a_{ij})_{1\leqslant i\leqslant m;1\leqslant j\leqslant n}.$$

那么 n 维行向量就是 $1\times n$ 矩阵，n 维列向量就是 $n\times 1$ 矩阵.

定义 17.1.11（矩阵的乘积） 给定一个 $m\times n$ 矩阵 $\boldsymbol{A}$ 和一个 $n\times p$ 矩阵 $\boldsymbol{B}$，我们可以把矩阵的乘积 $\boldsymbol{AB}$ 定义为下面这个 $m\times p$ 矩阵:

$$(a_{ij})_{1\leqslant i\leqslant m;1\leqslant j\leqslant n}(b_{jk})_{1\leqslant j\leqslant n;1\leqslant k\leqslant p}=\left(\sum_{j=1}^n a_{ij}b_{jk}\right)_{1\leqslant i\leqslant m;1\leqslant k\leqslant p}.$$

特别地，如果 $\boldsymbol{x}^{\mathrm{T}}=(x_j)^{\mathrm{T}}_{1\leqslant j\leqslant n}$ 是一个 n 维列向量，并且 $\boldsymbol{A}=(a_{ij})_{1\leqslant i\leqslant m;1\leqslant j\leqslant n}$ 是一个 $m\times n$ 矩阵，那么 $\boldsymbol{Ax}^{\mathrm{T}}$ 是一个 m 维列向量:

$$\boldsymbol{Ax}^{\mathrm{T}}=\left(\sum_{j=1}^n a_{ij}x_j\right)^{\mathrm{T}}_{1\leqslant i\leqslant m}.$$

现在我们可以把矩阵和线性变换联系起来. 如果 $\boldsymbol{A}$ 是一个 $m\times n$ 矩阵，那么我们可以把变换 $L_{\boldsymbol{A}}:\mathbb{R}^n\to\mathbb{R}^m$ 定义为

$$(L_{\boldsymbol{A}}\boldsymbol{x})^{\mathrm{T}}=\boldsymbol{Ax}^{\mathrm{T}}.$$

例 17.1.12 如果 A 是矩阵

$$A = \begin{pmatrix} 1 & 2 & 3 \\ 4 & 5 & 6 \end{pmatrix},$$

并且 $x = (x_1, x_2, x_3)$ 是一个三维行向量, 那么 $L_A x$ 是一个二维行向量, 其定义为

$$(L_A x)^{\mathrm{T}} = \begin{pmatrix} 1 & 2 & 3 \\ 4 & 5 & 6 \end{pmatrix} \begin{pmatrix} x_1 \\ x_2 \\ x_3 \end{pmatrix} = \begin{pmatrix} x_1 + 2x_2 + 3x_3 \\ 4x_1 + 5x_2 + 6x_3 \end{pmatrix}.$$

也就是说,

$$L_A(x_1, x_2, x_3) = (x_1 + 2x_2 + 3x_3, 4x_1 + 5x_2 + 6x_3).$$

更一般地, 如果

$$A = \begin{pmatrix} a_{11} & a_{12} & \cdots & a_{1n} \\ a_{21} & a_{22} & \cdots & a_{2n} \\ \vdots & \vdots & \ddots & \vdots \\ a_{m1} & a_{m2} & \cdots & a_{mn} \end{pmatrix}$$

那么

$$L_A(x_j)_{1 \leqslant j \leqslant n} = \left(\sum_{j=1}^{n} a_{ij} x_j \right)_{1 \leqslant i \leqslant m}.$$

对任意的 $m \times n$ 矩阵 A, 变换 L_A 都是线性的. 容易验证, 对任意的 n 维行向量 x, y 和任意的标量 c, 都有 $L_A(x + y) = L_A x + L_A y$ 和 $L_A(cx) = c(L_A x)$. (为什么?)

令人惊讶的是, 反之也成立. 也就是说, 从 $\mathbb{R}^n$ 到 $\mathbb{R}^m$ 的每个线性变换都能由一个矩阵给出.

引理 17.1.13 设 $T : \mathbb{R}^n \to \mathbb{R}^m$ 是一个线性变换, 那么恰好存在一个 $m \times n$ 矩阵 A 使得 $T = L_A$.

证明 设 $T : \mathbb{R}^n \to \mathbb{R}^m$ 是一个线性变换, 并设 $e_1, e_2, \cdots, e_n$ 是 $\mathbb{R}^n$ 的标准基行向量, 那么 $Te_1, Te_2, \cdots, Te_n$ 都是 $\mathbb{R}^m$ 中的向量. 对每个 $1 \leqslant j \leqslant n$, 我们把 Te_j 写成坐标分量的形式

$$Te_j = (a_{1j}, a_{2j}, \cdots, a_{mj}) = (a_{ij})_{1 \leqslant i \leqslant m}.$$

也就是说, 我们把 a_{ij} 定义为 Te_j 的第 i 个分量. 那么对任意的 n 维行向量 $x = (x_1, \cdots, x_n)$, 都有

$$Tx = T \left(\sum_{j=1}^{n} x_j e_j \right).$$

因为 T 是线性的, 所以

$$
\begin{aligned}
T\left(\sum_{j=1}^{n} x_j \boldsymbol{e}_j\right) &= \sum_{j=1}^{n} T(x_j \boldsymbol{e}_j) \\
&= \sum_{j=1}^{n} x_j T \boldsymbol{e}_j \\
&= \sum_{j=1}^{n} x_j (a_{ij})_{1 \leqslant i \leqslant m} \\
&= \sum_{j=1}^{n} (a_{ij} x_j)_{1 \leqslant i \leqslant m} \\
&= \left(\sum_{j=1}^{n} a_{ij} x_j\right)_{1 \leqslant i \leqslant m}.
\end{aligned}
$$

但如果令 $\boldsymbol{A}$ 为矩阵

$$
\boldsymbol{A} = \begin{pmatrix}
a_{11} & a_{12} & \cdots & a_{1n} \\
a_{21} & a_{22} & \cdots & a_{2n} \\
\vdots & \vdots & \ddots & \vdots \\
a_{m1} & a_{m2} & \cdots & a_{mn}
\end{pmatrix},
$$

那么上述向量就是 $L_{\boldsymbol{A}} \boldsymbol{x}$. 于是对所有的 n 维向量 $\boldsymbol{x}$, 都有 $T\boldsymbol{x} = L_{\boldsymbol{A}}\boldsymbol{x}$. 因此 $T = L_{\boldsymbol{A}}$.

现在我们证明 $\boldsymbol{A}$ 是唯一的. 也就是说, 不存在任何其他矩阵

$$
\boldsymbol{B} = \begin{pmatrix}
b_{11} & b_{12} & \cdots & b_{1n} \\
b_{21} & b_{22} & \cdots & b_{2n} \\
\vdots & \vdots & \ddots & \vdots \\
b_{m1} & b_{m2} & \cdots & b_{mn}
\end{pmatrix}
$$

使得 T 等于 $L_{\boldsymbol{B}}$. 利用反证法, 假设我们可以找到这样一个矩阵 $\boldsymbol{B}$, 并且 $\boldsymbol{B}$ 与 $\boldsymbol{A}$ 不相同, 那么就有 $L_{\boldsymbol{A}} = L_{\boldsymbol{B}}$. 因此, 对每个 $1 \leqslant j \leqslant n$ 都有 $L_{\boldsymbol{A}} \boldsymbol{e}_j = L_{\boldsymbol{B}} \boldsymbol{e}_j$. 但由 $L_{\boldsymbol{A}}$ 的定义知

$$
L_{\boldsymbol{A}} \boldsymbol{e}_j = (a_{ij})_{1 \leqslant i \leqslant m}
$$

且

$$
L_{\boldsymbol{B}} \boldsymbol{e}_j = (b_{ij})_{1 \leqslant i \leqslant m}.
$$

于是, $a_{ij} = b_{ij}$ 对所有的 $1 \leqslant i \leqslant m$ 和 $1 \leqslant j \leqslant n$ 均成立. 这样 $\boldsymbol{A}$ 就等于 $\boldsymbol{B}$, 显然这里出现了矛盾. □

注 17.1.14 引理 17.1.13 建立了线性变换和矩阵之间的一一对应关系, 这也是矩阵在线性代数中如此重要的根本原因之一. 可能有人会问, 我们为什么要费劲地研究线性变换, 而不只研究矩阵呢? 这是因为有时候人们并不想处理标准基

$e_1, \cdots, e_n$, 而是希望使用其他的基. 在这种情况下, 线性变换和矩阵之间的对应关系就会发生改变, 因此保持线性变换和矩阵是两个不同的概念还是很重要的. 对这部分内容更详细的讨论可以参阅任何线性代数教材.

注 17.1.15　如果 $T = L_A$, 那么 A 有时就被称作 T 的矩阵表示, 并记作 $A = [T]$. 但是, 在本书中, 我们避免使用这个记号.

两个线性变换 T 和 S 的复合 $T \circ S$ 仍是一个线性变换（习题 17.1.2）. 在线性代数中, 习惯上把 $T \circ S$ 简写为 TS. 下面的引理表明, 线性变换的复合运算与矩阵的乘法有关.

引理 17.1.16　设 A 是一个 $m \times n$ 矩阵, 并设 B 是一个 $n \times p$ 矩阵, 那么 $L_A L_B = L_{AB}$.

证明　参见习题 17.1.3.　　　　　　　　　　　　　　　　　　　　　　□

习　　题

17.1.1　证明引理 17.1.2.

17.1.2　设 $T : \mathbb{R}^n \to \mathbb{R}^m$ 是一个线性变换, 并且 $S : \mathbb{R}^p \to \mathbb{R}^n$ 也是一个线性变换, T 和 S 的复合 $TS : \mathbb{R}^p \to \mathbb{R}^m$ 被定义为 $TS(x) = T(S(x))$, 证明: 这两个变换的复合 $TS : \mathbb{R}^p \to \mathbb{R}^m$ 也是一个线性变换.（提示: 通过使用大量的括号, 小心地展开 $TS(x+y)$ 和 $TS(cx)$.）

17.1.3　证明引理 17.1.16.

17.1.4　设 $T : \mathbb{R}^n \to \mathbb{R}^m$ 是一个线性变换, 证明: 存在一个数 $M > 0$, 使得对所有的 $x \in \mathbb{R}^n$ 都有 $\|Tx\| \leqslant M\|x\|$.（提示: 根据引理 17.1.13, 用矩阵 A 来表述 T. 然后让 M 等于 A 的所有元素的绝对值之和. 多用三角不等式, 它要比处理平方根之类的事情容易.）进而推导出从 $\mathbb{R}^n$ 到 $\mathbb{R}^m$ 的每个线性变换都是连续的.

17.2　多元微积分中的导数

在回顾了一些线性代数的知识之后, 现在我们回到本章的主题, 即理解形如 $f : \mathbb{R}^n \to \mathbb{R}^m$ 的函数（从一个欧几里得空间到另一个欧几里得空间的函数）的微分. 例如, 我们希望对函数 $f : \mathbb{R}^3 \to \mathbb{R}^4$ 求微分, 这里的 f 被定义为

$$f(x, y, z) = (xy, yz, xz, xyz).$$

在单变量微积分中, 如果想求出函数 $f : E \to \mathbb{R}$ 在点 x_0 处的微分, 其中 E 是 $\mathbb{R}$ 中包含 x_0 的子集, 那么有

$$f'(x_0) = \lim_{x \to x_0; x \in E \setminus \{x_0\}} \frac{f(x) - f(x_0)}{x - x_0}.$$

在多变量函数 $f : E \to \mathbb{R}^m$ 中，我们可以试着模仿上述定义，这里的 E 是 $\mathbb{R}^n$ 的子集. 但此时我们会遇到一个困难: 量 $f(\boldsymbol{x}) - f(\boldsymbol{x}_0)$ 是属于 $\mathbb{R}^m$ 的, 但 $\boldsymbol{x} - \boldsymbol{x}_0$ 属于 $\mathbb{R}^n$. 我们不清楚该如何用一个 n 维向量去除一个 m 维向量.

为了解决这个问题, 我们先来改写 (一维情形下的) 导数的概念, 从而使其不包含向量除法. 我们把 f 在点 x_0 处的可微性看作函数 f 在点 x_0 附近是 "近似于线性的".

引理 17.2.1 设 E 是 $\mathbb{R}$ 的子集, $f : E \to \mathbb{R}$ 是一个函数, 并且 $L \in \mathbb{R}$, 并设 x_0 是 E 的极限点, 那么下面这两个命题是等价的:

(a) f 在点 x_0 处是可微的, 并且 $f'(x_0) = L$;

(b) $\lim_{x \to x_0 ; x \in E - \{x_0\}} \frac{|f(x) - (f(x_0) + L(x - x_0))|}{|x - x_0|} = 0$.

证明 参见习题 17.2.1. □

由上述引理知, 导数 $f'(x_0)$ 可以理解为一个数 L, 这个 L 使得 $|f(x) - (f(x_0) + L(x - x_0))|$ 很小. 也就是说, 当 x 趋于 x_0 时, 即便用非常小的 $|x - x_0|$ 去除 $|f(x) - (f(x_0) + L(x - x_0))|$, 所得的结果仍会趋于 0. 用更通俗的语言来说, 导数就是使近似式 $f(x) - f(x_0) \approx L(x - x_0)$ 成立的量 L.

这看上去与通常的微分概念并没有太大的区别, 但关键在于我们不再明确地使用 $x - x_0$ 做除数. (我们仍用 $|x - x_0|$ 去除, 这是可行的.) 当考察多变量函数 $f : E \to \mathbb{R}^m$ 时 (其中 $E \subseteq \mathbb{R}^n$), 我们仍希望把导数写成某个使得 $f(\boldsymbol{x}) - f(\boldsymbol{x}_0) \approx L(\boldsymbol{x} - \boldsymbol{x}_0)$ 成立的数 L. 然而, 因为此时 $f(\boldsymbol{x}) - f(\boldsymbol{x}_0)$ 是一个 m 维向量, 并且 $\boldsymbol{x} - \boldsymbol{x}_0$ 是一个 n 维向量, 所以我们不再期望 L 是一个标量, 而是一个线性变换. 更准确的说法如下.

定义 17.2.2 (可微性) 设 E 是 $\mathbb{R}^n$ 的子集, $f : E \to \mathbb{R}^m$ 是一个函数, $\boldsymbol{x}_0 \in E$ 是 E 的一个极限点, 并设 $L : \mathbb{R}^n \to \mathbb{R}^m$ 是一个线性变换. 如果

$$\lim_{\boldsymbol{x} \to \boldsymbol{x}_0 ; \boldsymbol{x} \in E - \{\boldsymbol{x}_0\}} \frac{\|f(\boldsymbol{x}) - (f(\boldsymbol{x}_0) + L(\boldsymbol{x} - \boldsymbol{x}_0))\|}{\|\boldsymbol{x} - \boldsymbol{x}_0\|} = 0,$$

其中 $\|\boldsymbol{x}\|$ 是 $\boldsymbol{x}$ 的长度 (在 l^2 度量下):

$$\|(x_1, x_2, \cdots, x_n)\| = (x_1^2 + x_2^2 + \cdots + x_n^2)^{1/2},$$

那么我们称 f 在点 $\boldsymbol{x}_0$ 处是可微的, 并且导数为 L.

例 17.2.3 设 $f : \mathbb{R}^2 \to \mathbb{R}^2$ 是映射 $f(x, y) = (x^2, y^2)$, $\boldsymbol{x}_0$ 是点 $\boldsymbol{x}_0 = (1, 2)$, 并设 $L : \mathbb{R}^2 \to \mathbb{R}^2$ 是映射 $L(x, y) = (2x, 4y)$, 我们断定 f 在点 $\boldsymbol{x}_0$ 处是可微的, 并且导数为 L. 为了证明这一点, 我们计算

$$\lim_{(x, y) \to (1, 2) ; (x, y) \neq (1, 2)} \frac{\|f(x, y) - (f(1, 2) + L((x, y) - (1, 2)))\|}{\|(x, y) - (1, 2)\|}.$$

做变量替换 $(x, y) = (1, 2) + (a, b)$，得

$$\lim_{(a,b) \to (0,0); (a,b) \neq (0,0)} \frac{\|f(1+a, 2+b) - (f(1,2) + L(a,b))\|}{\|(a,b)\|}.$$

代入 f 和 L 的表达式，有

$$\lim_{(a,b) \to (0,0); (a,b) \neq (0,0)} \frac{\|((1+a)^2, (2+b)^2) - (1,4) - (2a, 4b)\|}{\|(a,b)\|}.$$

化简得

$$\lim_{(a,b) \to (0,0); (a,b) \neq (0,0)} \frac{\|(a^2, b^2)\|}{\|(a,b)\|}.$$

我们使用夹逼定理. 表达式 $\frac{\|(a^2,b^2)\|}{\|(a,b)\|}$ 显然是非负的. 另外，由三角不等式得

$$\|(a^2, b^2)\| \leqslant \|(a^2, 0)\| + \|(0, b^2)\| = a^2 + b^2,$$

从而有

$$\frac{\|(a^2, b^2)\|}{\|(a,b)\|} \leqslant \sqrt{a^2 + b^2}.$$

因为当 $(a, b) \to (0,0)$ 时，$\sqrt{a^2 + b^2} \to 0$，所以由夹逼定理知上述极限存在且等于 0. 因此，f 在点 $\boldsymbol{x}_0$ 处可微，并且导数为 L.

正如你看到的，利用第一性原理验证函数的可微性是非常冗长烦琐的. 稍后，我们将用另一种更好的方法来证明可微性并计算导数.

在此之前，我们还需要验证一个基本事实，即一个函数在它定义域中的任何一个内点处最多有一个导数.

引理 17.2.4（**导数的唯一性**）设 E 是 $\mathbb{R}^n$ 的子集，$f : E \to \mathbb{R}^m$ 是一个函数，$\boldsymbol{x}_0 \in E$ 是 E 的内点，并设 $L_1 : \mathbb{R}^n \to \mathbb{R}^m$ 和 $L_2 : \mathbb{R}^n \to \mathbb{R}^m$ 都是线性变换. 如果 f 在点 $\boldsymbol{x}_0$ 处可微，并且导数为 L_1，同时 f 在点 $\boldsymbol{x}_0$ 处还有导数 L_2，那么 $L_1 = L_2$.

证明　参见习题 17.2.2.　　　　　　　　　　　　　　　　　　　　　□

根据引理 17.2.4，我们现在可以谈论 f 在内点 $\boldsymbol{x}_0$ 处的导数，并把这个导数记作 $f'(\boldsymbol{x}_0)$. 于是，$f'(\boldsymbol{x}_0)$ 是唯一一个从 $\mathbb{R}^n$ 到 $\mathbb{R}^m$ 使得

$$\lim_{\boldsymbol{x} \to \boldsymbol{x}_0; \boldsymbol{x} \neq \boldsymbol{x}_0} \frac{\|f(\boldsymbol{x}) - (f(\boldsymbol{x}_0) + f'(\boldsymbol{x}_0)(\boldsymbol{x} - \boldsymbol{x}_0))\|}{\|\boldsymbol{x} - \boldsymbol{x}_0\|} = 0$$

成立的线性变换. 通俗地说，这意味着导数 $f'(\boldsymbol{x}_0)$ 是使得

$$f(\boldsymbol{x}) - f(\boldsymbol{x}_0) \approx f'(\boldsymbol{x}_0)(\boldsymbol{x} - \boldsymbol{x}_0)$$

或

$$f(\boldsymbol{x}) \approx f(\boldsymbol{x}_0) + f'(\boldsymbol{x}_0)(\boldsymbol{x} - \boldsymbol{x}_0)$$

成立的线性变换.（这被称为牛顿近似，与命题 10.1.7 进行比较.）

由引理 17.2.4 推导出的另一个结论是：如果 $f(\boldsymbol{x}) = g(\boldsymbol{x})$ 对所有的 $\boldsymbol{x} \in E$ 均成立，并且 f 和 g 都在点 $\boldsymbol{x}_0$ 处可微，那么当 $\boldsymbol{x}_0$ 是 E 的内点时，有 $f'(\boldsymbol{x}_0) = g'(\boldsymbol{x}_0)$. 但是，如果 $\boldsymbol{x}_0$ 是 E 的边界点，那么这个结论就不一定成立了. 例如，当 E 为单元素集 $E = \{\boldsymbol{x}_0\}$ 时，只知道 $f(\boldsymbol{x}_0) = g(\boldsymbol{x}_0)$ 推不出 $f'(\boldsymbol{x}_0) = g'(\boldsymbol{x}_0)$. 在这里，我们不考虑边界点的情况，只在定义域的内部计算导数.

有时，我们把 f' 称为 f 的全导数，以区别于下文中的偏导数和方向导数. 此外，全导数 f' 还与导数矩阵 $\boldsymbol{D}f$ 有密切的关联，我们将在 17.3 节中定义导数矩阵.

习　题

17.2.1 证明引理 17.2.1.

17.2.2 证明引理 17.2.4. ［提示：利用反证法. 如果 $L_1 \neq L_2$，那么存在一个向量 $\boldsymbol{v}$ 使得 $L_1 \boldsymbol{v} \neq L_2 \boldsymbol{v}$，这个向量一定不是零向量.（为什么？）然后利用导数的定义，并试着通过专门考察 $\boldsymbol{x} = \boldsymbol{x}_0 + t\boldsymbol{v}$ 时的情形（其中 t 是一个标量）来推导出矛盾. ］

17.3　偏导数和方向导数

现在，我们引入偏导数和方向导数的概念，并把它们与可微性联系起来.

定义 17.3.1（方向导数）设 E 是 $\mathbb{R}^n$ 的子集，$f : E \to \mathbb{R}^m$ 是一个函数，$\boldsymbol{x}_0$ 是 E 的内点，并设 $\boldsymbol{v}$ 是 $\mathbb{R}^n$ 中的向量. 如果极限

$$\lim_{t \to 0; t>0, \boldsymbol{x}_0 + t\boldsymbol{v} \in E} \frac{f(\boldsymbol{x}_0 + t\boldsymbol{v}) - f(\boldsymbol{x}_0)}{t}$$

存在，那么我们称 f 在 $\boldsymbol{x}_0$ 处沿方向 $\boldsymbol{v}$ 可微，并把上述极限记作 $\boldsymbol{D}_{\boldsymbol{v}}f(\boldsymbol{x}_0)$:

$$\boldsymbol{D}_{\boldsymbol{v}}f(\boldsymbol{x}_0) = \lim_{t \to 0; t>0} \frac{f(\boldsymbol{x}_0 + t\boldsymbol{v}) - f(\boldsymbol{x}_0)}{t}.$$

注 17.3.2 我们应当把这个定义与定义 17.2.2 进行比较. 注意，这里的除数是标量 t，而不是向量. 因此该定义是有意义的，并且 $\boldsymbol{D}_{\boldsymbol{v}}f(\boldsymbol{x}_0)$ 是 $\mathbb{R}^m$ 中的向量. 如果向量 $\boldsymbol{v}$ 指的是"朝内"的方向（这推广了单变量微积分中左导数和右导数的概念），那么在 E 的边界上定义方向导数也是有可能的. 但此处我们不讨论这一点.

例 17.3.3 如果 $f : \mathbb{R} \to \mathbb{R}$ 是一个函数，那么 $\boldsymbol{D}_{+1}f(x)$ 与 $f(x)$ 的右导数（如果存在）完全相同. 类似地，$\boldsymbol{D}_{-1}f(x)$ 与 $f(x)$ 的左导数（如果存在）的相反数完全相同.

例 17.3.4 设 $f : \mathbb{R}^2 \to \mathbb{R}^2$ 是之前提到过的函数，其定义为 $f(x,y) = (x^2, y^2)$，并设 $\boldsymbol{x}_0 = (1,2)$ 且 $\boldsymbol{v} = (3,4)$，那么

$$
\begin{aligned}
\boldsymbol{D_v}f(\boldsymbol{x}_0) &= \lim_{t \to 0; t > 0} \frac{f(1+3t, 2+4t) - f(1,2)}{t} \\
&= \lim_{t \to 0; t > 0} \frac{(1+6t+9t^2, 4+16t+16t^2) - (1,4)}{t} \\
&= \lim_{t \to 0; t > 0} (6+9t, 16+16t) \\
&= (6,16).
\end{aligned}
$$

方向导数和全导数具有如下关系.

引理 17.3.5　设 E 是 $\mathbb{R}^n$ 的子集，$f : E \to \mathbb{R}^m$ 是一个函数，$\boldsymbol{x}_0$ 是 E 的内点，并设 $\boldsymbol{v}$ 是 $\mathbb{R}^n$ 中的向量. 如果 f 在 $\boldsymbol{x}_0$ 处是可微的，那么 f 在 $\boldsymbol{x}_0$ 处沿方向 $\boldsymbol{v}$ 也可微，并且

$$
\boldsymbol{D_v}f(\boldsymbol{x}_0) = f'(\boldsymbol{x}_0)\boldsymbol{v}.
$$

证明　参见习题 17.3.1.　　　　　　　　　　　　　　　　　　　　　□

注 17.3.6　从这个引理可以看出，全可微性蕴涵方向可微性. 但是，反之不成立，参见习题 17.3.3.

与方向导数密切相关的一个概念是偏导数的概念.

定义 17.3.7（偏导数）　设 E 是 $\mathbb{R}^n$ 的子集，$f : E \to \mathbb{R}^m$ 是一个函数，$\boldsymbol{x}_0$ 是 E 的内点，并设 $1 \leqslant j \leqslant n$，那么 f 在 $\boldsymbol{x}_0$ 处关于变量 x_j 的偏导数，记作 $\frac{\partial f}{\partial x_j}(\boldsymbol{x}_0)$，被定义为

$$
\frac{\partial f}{\partial x_j}(\boldsymbol{x}_0) = \lim_{t \to 0; t \neq 0, \boldsymbol{x}_0 + t\boldsymbol{e}_j \in E} \frac{f(\boldsymbol{x}_0 + t\boldsymbol{e}_j) - f(\boldsymbol{x}_0)}{t} = \frac{\mathrm{d}}{\mathrm{d}t} f(\boldsymbol{x}_0 + t\boldsymbol{e}_j)|_{t=0}.
$$

当然，这里的前提是上述极限存在.（如果这个极限不存在，那么 $\frac{\partial f}{\partial x_j}(\boldsymbol{x}_0)$ 就是无定义的.）

如果偏导数 $\frac{\partial f}{\partial x_1}, \cdots, \frac{\partial f}{\partial x_n}$ 在 E 上存在且连续，那么我们称 f 是连续可微的.

通俗地说，偏导数可以通过这样的方式来得到：固定除了 x_j 以外的所有变量，然后把函数看成关于 x_j 的单变量函数，进而求其导数. 注意，如果 f 在 $\mathbb{R}^m$ 中取值，那么 $\frac{\partial f}{\partial x_j}$ 也在 $\mathbb{R}^m$ 中取值. 实际上，如果我们把 f 写成 $f = (f_1, \cdots, f_m)$，那么容易看出（为什么？）

$$
\frac{\partial f}{\partial x_j}(\boldsymbol{x}_0) = \left(\frac{\partial f_1}{\partial x_j}(\boldsymbol{x}_0), \cdots, \frac{\partial f_m}{\partial x_j}(\boldsymbol{x}_0) \right).
$$

也就是说，要想对一个向量值函数求微分，我们只需分别对其中的每个分量求微分就可以了.

有时，我们也把 $\frac{\partial f}{\partial x_j}$ 中的变量 x_j 换成其他符号. 例如，如果要处理的函数是 $f(x,y) = (x^2, y^2)$，那么我们可以用 $\frac{\partial f}{\partial x}$ 和 $\frac{\partial f}{\partial y}$ 来代替 $\frac{\partial f}{\partial x_1}$ 和 $\frac{\partial f}{\partial x_2}$.（此时，

$\frac{\partial f}{\partial x}(x,y) = (2x,0)$ 且 $\frac{\partial f}{\partial y}(x,y) = (0,2y)$.）但要注意，只有当我们清楚地知道哪个符号代表第一个变量，哪个符号代表第二个变量等时，才能重新对这些变量进行标记. 否则就会引起意想不到的混淆. 例如，在上面这个例子中，表达式 $\frac{\partial f}{\partial x}(x,x)$ 就是 $(2x,0)$，但我们有可能把它错误地计算成

$$\frac{\partial f}{\partial x}(x,x) = \frac{\partial}{\partial x}(x^2, x^2) = (2x, 2x).$$

这里的问题是，符号 x 不仅仅用来表示 f 的第一个变量.（另外，$\frac{\mathrm{d}}{\mathrm{d}x}f(x,x)$ 的确等于 $(2x,2x)$. 因此全微分运算 $\frac{\mathrm{d}}{\mathrm{d}x}$ 与偏微分运算 $\frac{\partial}{\partial x}$ 是不一样的.）

由引理 17.3.5（以及命题 9.5.3）知，如果一个函数在点 $\boldsymbol{x}_0$ 处是可微的，那么该函数在点 $\boldsymbol{x}_0$ 处的所有偏导数 $\frac{\partial f}{\partial x_j}$ 都存在，并且

$$\frac{\partial f}{\partial x_j}(\boldsymbol{x}_0) = \boldsymbol{D}_{e_j}f(\boldsymbol{x}_0) = -\boldsymbol{D}_{-e_j}f(\boldsymbol{x}_0) = f'(\boldsymbol{x}_0)e_j.$$

另外，如果 $\boldsymbol{v} = (v_1, \cdots, v_n) = \sum_j v_j e_j$，那么

$$\boldsymbol{D}_{\boldsymbol{v}}f(\boldsymbol{x}_0) = f'(\boldsymbol{x}_0)\sum_j v_j e_j = \sum_j v_j f'(\boldsymbol{x}_0)e_j$$

（因为 $f'(\boldsymbol{x}_0)$ 是线性的），于是

$$\boldsymbol{D}_{\boldsymbol{v}}f(\boldsymbol{x}_0) = \sum_j v_j \frac{\partial f}{\partial x_j}(\boldsymbol{x}_0).$$

因此，如果函数在点 $\boldsymbol{x}_0$ 处是可微的，那么我们可以用偏导数来表示方向导数.

我们不能只因为函数在点 $\boldsymbol{x}_0$ 处的偏导数存在，就说该函数在点 $\boldsymbol{x}_0$ 处是可微的（习题 17.3.3）. 但是，由定理 17.3.8 知，如果函数在点 $\boldsymbol{x}_0$ 处的偏导数不仅存在而且还是连续的，那么该函数在点 $\boldsymbol{x}_0$ 处就是可微的.

定理 17.3.8 设 E 是 $\mathbb{R}^n$ 的子集，$f: E \to \mathbb{R}^m$ 是一个函数，F 是 E 的子集，并设 $\boldsymbol{x}_0$ 是 F 的内点. 如果 f 在 F 上的全体偏导数 $\frac{\partial f}{\partial x_j}$ 都存在，并且它们在 $\boldsymbol{x}_0$ 处也都是连续的，那么 f 在 $\boldsymbol{x}_0$ 处是可微的，而且线性变换 $f'(\boldsymbol{x}_0): \mathbb{R}^n \to \mathbb{R}^m$ 被定义为

$$f'(\boldsymbol{x}_0)(v_j)_{1 \leqslant j \leqslant n} = \sum_{j=1}^{n} v_j \frac{\partial f}{\partial x_j}(\boldsymbol{x}_0).$$

证明 设 $L: \mathbb{R}^n \to \mathbb{R}^m$ 是线性变换

$$L(v_j)_{1 \leqslant j \leqslant n} = \sum_{j=1}^{n} v_j \frac{\partial f}{\partial x_j}(\boldsymbol{x}_0).$$

我们要证明的是

$$\lim_{\boldsymbol{x} \to \boldsymbol{x}_0; \boldsymbol{x} \in E - \{\boldsymbol{x}_0\}} \frac{\|f(\boldsymbol{x}) - (f(\boldsymbol{x}_0) + L(\boldsymbol{x} - \boldsymbol{x}_0))\|}{\|\boldsymbol{x} - \boldsymbol{x}_0\|} = 0.$$

设 $\varepsilon > 0$，我们只需找到一个半径 $\delta > 0$，使得对所有的 $\boldsymbol{x} \in B(\boldsymbol{x}_0, \delta) \setminus \{\boldsymbol{x}_0\}$ 都有

$$\frac{\|f(\boldsymbol{x}) - (f(\boldsymbol{x}_0) + L(\boldsymbol{x} - \boldsymbol{x}_0))\|}{\|\boldsymbol{x} - \boldsymbol{x}_0\|} \leqslant \varepsilon$$

就可以了. 换句话说，我们希望证明对所有的 $\boldsymbol{x} \in B(\boldsymbol{x}_0, \delta) \setminus \{\boldsymbol{x}_0\}$，都有

$$\|f(\boldsymbol{x}) - f(\boldsymbol{x}_0) - L(\boldsymbol{x} - \boldsymbol{x}_0)\| \leqslant \varepsilon \|\boldsymbol{x} - \boldsymbol{x}_0\|.$$

因为 $\boldsymbol{x}_0$ 是 F 的内点，所以 F 中存在一个球 $B(\boldsymbol{x}_0, r)$. 由于每个偏导数 $\frac{\partial f}{\partial x_j}$ 在 F 上均存在，并且都在 $\boldsymbol{x}_0$ 处连续，因此存在一个 $0 < \delta_j < r$，使得对所有的 $\boldsymbol{x} \in B(\boldsymbol{x}_0, \delta_j)$ 都有 $\left\| \frac{\partial f}{\partial x_j}(\boldsymbol{x}) - \frac{\partial f}{\partial x_j}(\boldsymbol{x}_0) \right\| \leqslant \varepsilon/nm$. 如果令 $\delta = \min(\delta_1, \cdots, \delta_n)$，那么对任意的 $\boldsymbol{x} \in B(\boldsymbol{x}_0, \delta)$ 和任意 $1 \leqslant j \leqslant n$，都有 $\left\| \frac{\partial f}{\partial x_j}(\boldsymbol{x}) - \frac{\partial f}{\partial x_j}(\boldsymbol{x}_0) \right\| \leqslant \varepsilon/nm$.

设 $\boldsymbol{x} \in B(\boldsymbol{x}_0, \delta)$，我们记 $\boldsymbol{x} = \boldsymbol{x}_0 + v_1 \boldsymbol{e}_1 + v_2 \boldsymbol{e}_2 + \cdots + v_n \boldsymbol{e}_n$，其中 $v_1, \cdots, v_n$ 都是标量. 注意到

$$\|\boldsymbol{x} - \boldsymbol{x}_0\| = \sqrt{v_1^2 + v_2^2 + \cdots + v_n^2},$$

那么对所有的 $1 \leqslant j \leqslant n$ 都有 $|v_j| \leqslant \|\boldsymbol{x} - \boldsymbol{x}_0\|$. 我们的任务是证明

$$\left\| f(\boldsymbol{x}_0 + v_1 \boldsymbol{e}_1 + \cdots + v_n \boldsymbol{e}_n) - f(\boldsymbol{x}_0) - \sum_{j=1}^{n} v_j \frac{\partial f}{\partial x_j}(\boldsymbol{x}_0) \right\| \leqslant \varepsilon \|\boldsymbol{x} - \boldsymbol{x}_0\|.$$

把 f 写成 $f = (f_1, f_2, \cdots, f_m)$（那么每个 f_i 都是从 E 到 $\mathbb{R}$ 的函数）. 对变量 x_1 使用中值定理，则存在一个介于 0 和 v_1 之间的 t_i，使得

$$f_i(\boldsymbol{x}_0 + v_1 \boldsymbol{e}_1) - f_i(\boldsymbol{x}_0) = \frac{\partial f_i}{\partial x_1}(\boldsymbol{x}_0 + t_i \boldsymbol{e}_1) v_1.$$

但我们有

$$\left| \frac{\partial f_i}{\partial x_j}(\boldsymbol{x}_0 + t_i \boldsymbol{e}_1) - \frac{\partial f_i}{\partial x_j}(\boldsymbol{x}_0) \right| \leqslant \left\| \frac{\partial f}{\partial x_j}(\boldsymbol{x}_0 + t_i \boldsymbol{e}_1) - \frac{\partial f}{\partial x_j}(\boldsymbol{x}_0) \right\| \leqslant \varepsilon/nm,$$

从而有

$$\left| f_i(\boldsymbol{x}_0 + v_1 \boldsymbol{e}_1) - f_i(\boldsymbol{x}_0) - \frac{\partial f_i}{\partial x_1}(\boldsymbol{x}_0) v_1 \right| \leqslant \varepsilon |v_1|/nm.$$

把全体 $1 \leqslant i \leqslant m$ 对应的上式加起来（注意，根据三角不等式有 $\|(y_1, \cdots, y_m)\| \leqslant |y_1| + \cdots + |y_m|$）得

$$\left\| f(\boldsymbol{x}_0 + v_1 \boldsymbol{e}_1) - f(\boldsymbol{x}_0) - \frac{\partial f}{\partial x_1}(\boldsymbol{x}_0) v_1 \right\| \leqslant \varepsilon |v_1|/n.$$

因为 $|v_1| \leqslant \|\boldsymbol{x} - \boldsymbol{x}_0\|$，所以

$$\left\| f(\boldsymbol{x}_0 + v_1 \boldsymbol{e}_1) - f(\boldsymbol{x}_0) - \frac{\partial f}{\partial x_1}(\boldsymbol{x}_0) v_1 \right\| \leqslant \varepsilon \|\boldsymbol{x} - \boldsymbol{x}_0\|/n.$$

按照类似的论述得

$$\left\| f(\boldsymbol{x}_0 + v_1 \boldsymbol{e}_1 + v_2 \boldsymbol{e}_2) - f(\boldsymbol{x}_0 + v_1 \boldsymbol{e}_1) - \frac{\partial f}{\partial x_2}(\boldsymbol{x}_0) v_2 \right\| \leqslant \varepsilon \|\boldsymbol{x} - \boldsymbol{x}_0\|/n.$$

以此类推有

$$\left\| f(\boldsymbol{x}_0 + v_1\boldsymbol{e}_1 + \cdots + v_n\boldsymbol{e}_n) - f(\boldsymbol{x}_0 + v_1\boldsymbol{e}_1 + \cdots + v_{n-1}\boldsymbol{e}_{n-1}) - \frac{\partial f}{\partial x_n}(\boldsymbol{x}_0)v_n \right\|$$
$$\leqslant \varepsilon\|\boldsymbol{x} - \boldsymbol{x}_0\|/n.$$

把 n 个不等式加起来，我们利用三角不等式 $\|\boldsymbol{x} + \boldsymbol{y}\| \leqslant \|\boldsymbol{x}\| + \|\boldsymbol{y}\|$ 能够得到一个嵌套级数，它可以简化为

$$\left\| f(\boldsymbol{x}_0 + v_1\boldsymbol{e}_1 + \cdots + v_n\boldsymbol{e}_n) - f(\boldsymbol{x}_0) - \sum_{j=1}^{n} \frac{\partial f}{\partial x_j}(\boldsymbol{x}_0)v_j \right\| \leqslant \varepsilon\|\boldsymbol{x} - \boldsymbol{x}_0\|.$$

结论得证. □

从定理 17.3.8 和引理 17.3.5 中可以看出，如果函数 $f : E \to \mathbb{R}^m$ 在某个集合 F 上的偏导数存在且连续，那么在 F 的任意一个内点 $\boldsymbol{x}_0$ 处，全体方向导数都存在且有公式

$$\boldsymbol{D}_{(v_1, \cdots, v_n)} f(\boldsymbol{x}_0) = \sum_{j=1}^{n} v_j \frac{\partial f}{\partial x_j}(\boldsymbol{x}_0).$$

于是，如果 $f : E \to \mathbb{R}$ 是一个实值函数，并且 f 在 $\boldsymbol{x}_0$ 处的梯度 $\nabla f(\boldsymbol{x}_0)$ 被定义为 n 维行向量 $\nabla f(\boldsymbol{x}_0) = (\frac{\partial f}{\partial x_1}(\boldsymbol{x}_0), \cdots, \frac{\partial f}{\partial x_n}(\boldsymbol{x}_0))$，那么只要 $\boldsymbol{x}_0$ 是某个梯度存在且连续的区域的内点，我们就有熟知的公式

$$\boldsymbol{D}_{\boldsymbol{v}} f(\boldsymbol{x}_0) = \boldsymbol{v} \cdot \nabla f(\boldsymbol{x}_0).$$

更一般地，如果 $f : E \to \mathbb{R}^m$ 是一个在 $\mathbb{R}^m$ 中取值的函数，其中 $f = (f_1, \cdots, f_m)$，$\boldsymbol{x}_0$ 是满足下述条件的区域的内点，即在该区域中 f 的偏导数存在且连续，那么由定理 17.3.8 得

$$f'(\boldsymbol{x}_0)(v_j)_{1 \leqslant j \leqslant n} = \sum_{j=1}^{n} v_j \frac{\partial f}{\partial x_j}(\boldsymbol{x}_0)$$
$$= \left(\sum_{j=1}^{n} v_j \frac{\partial f_i}{\partial x_j}(\boldsymbol{x}_0) \right)_{1 \leqslant i \leqslant m}.$$

这个式子可以改写成

$$L_{\boldsymbol{D}f(\boldsymbol{x}_0)}(v_j)_{1 \leqslant j \leqslant n},$$

其中 $\boldsymbol{D}f(\boldsymbol{x}_0)$ 是一个 $m \times n$ 矩阵，

$$\boldsymbol{D}f(\boldsymbol{x}_0) = \left(\frac{\partial f_i}{\partial x_j}(\boldsymbol{x}_0) \right)_{1 \leqslant i \leqslant m; 1 \leqslant j \leqslant n}$$

$$= \begin{pmatrix} \frac{\partial f_1}{\partial x_1}(\boldsymbol{x}_0) & \frac{\partial f_1}{\partial x_2}(\boldsymbol{x}_0) & \cdots & \frac{\partial f_1}{\partial x_n}(\boldsymbol{x}_0) \\ \frac{\partial f_2}{\partial x_1}(\boldsymbol{x}_0) & \frac{\partial f_2}{\partial x_2}(\boldsymbol{x}_0) & \cdots & \frac{\partial f_2}{\partial x_n}(\boldsymbol{x}_0) \\ \vdots & \vdots & \ddots & \vdots \\ \frac{\partial f_m}{\partial x_1}(\boldsymbol{x}_0) & \frac{\partial f_m}{\partial x_2}(\boldsymbol{x}_0) & \cdots & \frac{\partial f_m}{\partial x_n}(\boldsymbol{x}_0) \end{pmatrix}.$$

于是我们有

$$(\boldsymbol{D}_v f(\boldsymbol{x}_0))^{\mathrm{T}} = (f'(\boldsymbol{x}_0)\boldsymbol{v})^{\mathrm{T}} = \boldsymbol{D}f(\boldsymbol{x}_0)\boldsymbol{v}^{\mathrm{T}}.$$

矩阵 $\boldsymbol{D}f(\boldsymbol{x}_0)$ 有时也被称作 f 在 $\boldsymbol{x}_0$ 处的导数矩阵或微分矩阵，它与全导数 $f'(\boldsymbol{x}_0)$ 有密切的联系. 我们也可以把 $\boldsymbol{D}f$ 写成

$$\boldsymbol{D}f(\boldsymbol{x}_0) = \left(\frac{\partial f}{\partial x_1}(\boldsymbol{x}_0)^{\mathrm{T}}, \frac{\partial f}{\partial x_2}(\boldsymbol{x}_0)^{\mathrm{T}}, \cdots, \frac{\partial f}{\partial x_n}(\boldsymbol{x}_0)^{\mathrm{T}} \right).$$

也就是说，$\boldsymbol{D}f(\boldsymbol{x}_0)$ 的每一列都是 f 的一个被写成列向量形式的偏导数. 或者写成

$$\boldsymbol{D}f(\boldsymbol{x}_0) = \begin{pmatrix} \nabla f_1(\boldsymbol{x}_0) \\ \nabla f_2(\boldsymbol{x}_0) \\ \vdots \\ \nabla f_m(\boldsymbol{x}_0) \end{pmatrix}.$$

也就是说，$\boldsymbol{D}f(\boldsymbol{x}_0)$ 的行向量就是 f 的各分量的梯度. 因此，如果 f 是一个标量值函数（$m = 1$），那么 $\boldsymbol{D}f$ 就等于 ∇f.

例 17.3.9 设 $f : \mathbb{R}^2 \to \mathbb{R}^2$ 是函数 $f(x,y) = (x^2 + xy, y^2)$，那么 $\frac{\partial f}{\partial x} = (2x + y, 0)$ 且 $\frac{\partial f}{\partial y} = (x, 2y)$. 由于这些偏导数在 $\mathbb{R}^2$ 上都连续，因此 f 在整个 $\mathbb{R}^2$ 上都是可微的，并且有

$$\boldsymbol{D}f(x,y) = \begin{pmatrix} 2x + y & x \\ 0 & 2y \end{pmatrix}.$$

例如，沿方向 (v, w) 的方向导数是

$$\boldsymbol{D}_{(v,w)}f(x,y) = ((2x + y)v + xw, 2yw).$$

习　　题

17.3.1 证明引理 17.3.5.（这与习题 17.2.1 类似.）

17.3.2 设 E 是 $\mathbb{R}^n$ 的子集，$f : E \to \mathbb{R}^m$ 是一个函数，$\boldsymbol{x}_0$ 是 E 的内点，并设 $1 \leqslant j \leqslant n$，证明：$\frac{\partial f}{\partial x_j}(\boldsymbol{x}_0)$ 存在，当且仅当 $\boldsymbol{D}_{e_j}f(\boldsymbol{x}_0)$ 和 $\boldsymbol{D}_{-e_j}f(\boldsymbol{x}_0)$ 都存在且互为相反数（于是有 $\boldsymbol{D}_{e_j}f(\boldsymbol{x}_0) = -\boldsymbol{D}_{-e_j}f(\boldsymbol{x}_0)$）. 此时，进一步可得 $\frac{\partial f}{\partial x_j}(\boldsymbol{x}_0) = \boldsymbol{D}_{e_j}f(\boldsymbol{x}_0)$.

17.3.3 设 $f : \mathbb{R}^2 \to \mathbb{R}$ 是具有如下定义的函数：当 $(x, y) \neq (0, 0)$ 时，$f(x, y) = \frac{x^3}{x^2 + y^2}$；当 $(x, y) = (0, 0)$ 时，$f(0, 0) = 0$. 证明：f 在 $(0, 0)$ 处不可微，尽管 f 在 $(0, 0)$ 处沿着任何方向 $\boldsymbol{v} \in \mathbb{R}^2$ 都可微. 解释这为什么不与定理 17.3.8 相矛盾.

17.3.4 设 $f:\mathbb{R}^n \to \mathbb{R}^m$ 是一个可微函数，并且对所有的 $x\in\mathbb{R}^n$ 都有 $f'(x)=0$，证明：f 是一个常数函数.（提示：你可能会用到一元函数的中值定理或微积分基本定理. 但要记住，这些定理无法对多元函数进行直接类比. 我不建议使用第一性原理来解题.）一个更难的挑战是，把定义域 $\mathbb{R}^n$ 换成 $\mathbb{R}^n$ 的一个连通开子集 Ω.

17.4 多元微积分链式法则

我们接下来要叙述的是多元微积分链式法则. 回忆一下，如果 $f:X\to Y$ 和 $g:Y\to Z$ 是两个函数，那么复合函数 $g\circ f:X\to Z$ 被定义为：对所有的 $x\in X$，都有 $g\circ f(x)=g(f(x))$.

定理 17.4.1（多元微积分链式法则） 设 E 是 $\mathbb{R}^n$ 的子集，F 是 $\mathbb{R}^m$ 的子集. 设 $f:E\to F$ 是一个函数，$g:F\to\mathbb{R}^p$ 是另一个函数，并设 x_0 是 E 的内点. 如果 f 在 x_0 处是可微的，并且 $f(x_0)$ 是 F 的内点，同时 g 在 $f(x_0)$ 处也是可微的，那么 $g\circ f:E\to\mathbb{R}^p$ 在 x_0 处可微，并且

$$(g\circ f)'(x_0)=g'(f(x_0))f'(x_0).$$

证明 参见习题 17.4.3. □

我们应当把这个定理与一元链式法则（定理 10.1.15）进行比较. 其实不难看出，一元链式法则可以由多元链式法则推导出.

从直观上看，我们可以这样考虑多元链式法则. 让 x 接近于 x_0，那么根据牛顿近似，我们可以断定

$$f(x)-f(x_0)\approx f'(x_0)(x-x_0),$$

于是 $f(x)$ 接近于 $f(x_0)$. 因为 g 在 $f(x_0)$ 处是可微的，所以再次利用牛顿近似得

$$g(f(x))-g(f(x_0))\approx g'(f(x_0))(f(x)-f(x_0)).$$

结合上面这两个式子，我们有

$$g\circ f(x)-g\circ f(x_0)\approx g'(f(x_0))f'(x_0)(x-x_0).$$

据此可得 $(g\circ f)'(x_0)=g'(f(x_0))f'(x_0)$. 然而，这种论述非常不精确. 为了能更精确，我们需要严格地进行极限操作，参见习题 17.4.3.

作为链式法则和引理 17.1.16（以及引理 17.1.13）的一个推论，我们得到

$$D(g\circ f)(x_0)=Dg(f(x_0))Df(x_0).$$

也就是说，我们可以用矩阵和矩阵乘法来描述链式法则，以此来代替用线性变换和复合运算描述的链式法则.

例 17.4.2 设 $f : \mathbb{R}^n \to \mathbb{R}$ 和 $g : \mathbb{R}^n \to \mathbb{R}$ 都是可微函数，我们把函数 $h : \mathbb{R}^n \to \mathbb{R}^2$ 定义为 $h(\boldsymbol{x}) = (f(\boldsymbol{x}), g(\boldsymbol{x}))$. 现在令 $k : \mathbb{R}^2 \to \mathbb{R}$ 表示乘法函数 $k(a, b) = ab$. 我们注意到，

$$\boldsymbol{D}h(\boldsymbol{x}_0) = \begin{pmatrix} \nabla f(\boldsymbol{x}_0) \\ \nabla g(\boldsymbol{x}_0) \end{pmatrix}$$

和

$$\boldsymbol{D}k(a, b) = (b, a).$$

（为什么？）根据链式法则，我们有

$$\boldsymbol{D}(k \circ h)(\boldsymbol{x}_0) = (g(\boldsymbol{x}_0), f(\boldsymbol{x}_0)) \begin{pmatrix} \nabla f(\boldsymbol{x}_0) \\ \nabla g(\boldsymbol{x}_0) \end{pmatrix} = g(\boldsymbol{x}_0)\nabla f(\boldsymbol{x}_0) + f(\boldsymbol{x}_0)\nabla g(\boldsymbol{x}_0).$$

但 $k \circ h = fg$（为什么？）且 $\boldsymbol{D}(fg) = \nabla(fg)$. 这样我们就证明了乘积法则

$$\nabla(fg) = g\nabla f + f\nabla g.$$

按照类似的论述，我们可以推导出和法则 $\nabla(f + g) = \nabla f + \nabla g$ 及差法则 $\nabla(f - g) = \nabla f - \nabla g$. 此外，我们还可以得到商法则（习题 17.4.4）. 如你所见，多元链式法则是非常强大的，它可以用来推导很多其他微分法则.

我们再给出一个链式法则的应用. 设 $T : \mathbb{R}^n \to \mathbb{R}^m$ 是一个线性变换，根据习题 17.4.1，我们观察到 T 在每一点处都是连续可微的. 实际上，对每个 $\boldsymbol{x}$ 都有 $T'(\boldsymbol{x}) = T$（这个等式看起来好像有点奇怪. 但如果把它看成 $\frac{\mathrm{d}}{\mathrm{d}x}(T\boldsymbol{x}) = T$ 的形式，那么理解起来可能就会更容易）. 因此，对任意的可微函数 $f : E \to \mathbb{R}^n$，$Tf : E \to \mathbb{R}^m$ 也是可微的. 那么由链式法则得

$$(Tf)'(\boldsymbol{x}_0) = T(f'(\boldsymbol{x}_0)).$$

这个结论推广了一元微积分法则 $(cf)' = c(f')$，其中 c 是一个常数.

下面介绍链式法则的另一种非常有用的特殊情形：设 $f : \mathbb{R}^n \to \mathbb{R}^m$ 是一个可微函数，并且对每个 $j = 1, \cdots, n$，$x_j : \mathbb{R} \to \mathbb{R}$ 都是可微函数，那么

$$\frac{\mathrm{d}}{\mathrm{d}t} f(x_1(t), x_2(t), \cdots, x_n(t)) = \sum_{j=1}^{n} x_j'(t) \frac{\partial f}{\partial x_j}(x_1(t), x_2(t), \cdots, x_n(t)).$$

（这为什么是链式法则的一种特殊情形？）

习　　题

17.4.1 设 $T : \mathbb{R}^n \to \mathbb{R}^m$ 是一个线性变换，证明：T 在每一点处都是连续可微的. 实际上，对每个 $\boldsymbol{x}$，都有 $T'(\boldsymbol{x}) = T$. DT 是什么？

17.4.2 设 E 是 $\mathbb{R}^n$ 的子集，证明：如果函数 $f : E \to \mathbb{R}^m$ 在 E 的一个内点 $\boldsymbol{x}_0$ 处可微，那么 f 也在 $\boldsymbol{x}_0$ 处连续.（提示：利用习题 17.1.4.）

17.4.3 证明定理 17.4.1.[提示:回顾一元微积分中普通链式法则的证明过程,即定理 10.1.15. 最简单的解题方法是利用由序列描述的极限定义(见命题 14.1.5(b)),并利用习题 17.1.4.]

17.4.4 叙述并证明多元函数(形如 $f : E \to \mathbb{R}$ 的函数,其中 E 是 $\mathbb{R}^n$ 的子集)的商法则. 换句话说,叙述一个法则,使得该法则能够给出一个有关商 f/g 的公式. 把你的答案与定理 10.1.13(h) 进行比较. 务必弄清楚你的假设前提都是什么.

17.4.5 设 $\vec{x} : \mathbb{R} \to \mathbb{R}^3$ 是一个可微函数,并设 $r : \mathbb{R} \to \mathbb{R}$ 是函数 $r(t) = \|\vec{x}(t)\|$,其中 $\|\vec{x}\|$ 表示 $\vec{x}$ 在 l^2 度量下的长度. 设 t_0 是一个实数,证明:如果 $r(t_0) \neq 0$,那么 r 在 t_0 处是可微的,并且

$$r'(t_0) = \frac{\vec{x}'(t_0) \cdot \vec{x}(t_0)}{r(t_0)}.$$

(提示:利用定理 17.4.1.)

17.5 二阶导数和克莱罗定理

现在我们来考察对一个函数微分两次将会发生什么.

定义 17.5.1(二次连续可微性) 设 E 是 $\mathbb{R}^n$ 的开子集,并设 $f : E \to \mathbb{R}^m$ 是一个函数,如果 f 是连续可微的,并且偏导数 $\frac{\partial f}{\partial x_1}, \cdots, \frac{\partial f}{\partial x_n}$ 本身也都是连续可微的,那么我们称 f 是二次连续可微的.

注 17.5.2 有时,连续可微的函数被称为 C^1 函数,二次连续可微的函数被称为 C^2 函数. 我们还可以定义 C^3 函数、C^4 函数等,但这里我们不做这件事.

例 17.5.3 设 $f : \mathbb{R}^2 \to \mathbb{R}^2$ 是函数 $f(x, y) = (x^2 + xy, y^2)$,因为偏导数 $\frac{\partial f}{\partial x}(x, y) = (2x + y, 0)$ 和 $\frac{\partial f}{\partial y}(x, y) = (x, 2y)$ 都存在且都在整个 $\mathbb{R}^2$ 上连续,所以 f 是连续可微的函数. 此外,f 也是二次连续可微的,因为二阶偏导数 $\frac{\partial}{\partial x}\frac{\partial f}{\partial x}(x, y) = (2, 0)$,$\frac{\partial}{\partial y}\frac{\partial f}{\partial x}(x, y) = (1, 0)$,$\frac{\partial}{\partial x}\frac{\partial f}{\partial y}(x, y) = (1, 0)$ 和 $\frac{\partial}{\partial y}\frac{\partial f}{\partial y}(x, y) = (0, 2)$ 都存在且都是连续的.

通过观察上面这个例子,我们发现二阶导数 $\frac{\partial}{\partial y}\frac{\partial f}{\partial x}$ 和 $\frac{\partial}{\partial x}\frac{\partial f}{\partial y}$ 相等. 其实,这是一种很普遍的现象.

定理 17.5.4(克莱罗定理) 设 E 是 $\mathbb{R}^n$ 的一个开子集,并设 $f : E \to \mathbb{R}^m$ 是 E 上的二次连续可微函数,那么对所有的 $1 \leqslant i, j \leqslant n$ 和所有的 $\boldsymbol{x}_0 \in E$,都有 $\frac{\partial}{\partial x_j}\frac{\partial f}{\partial x_i}(\boldsymbol{x}_0) = \frac{\partial}{\partial x_i}\frac{\partial f}{\partial x_j}(\boldsymbol{x}_0)$.

证明 我们一次只研究 f 的一个分量,这样就可以假设 $m = 1$. 由于 $i = j$ 时的结论是平凡的,因此我们不妨设 $i \neq j$. 我们将证明 $\boldsymbol{x}_0 = \boldsymbol{0}$ 时的定理. 对于一般的情形,我们可以采用类似的方法证明.(实际上,一旦证明了 $\boldsymbol{x}_0 = \boldsymbol{0}$ 时的

克莱罗定理，那么我们只需把定理中的 $f(\boldsymbol{x})$ 替换成 $f(\boldsymbol{x}+\boldsymbol{x}_0)$，就能马上得到关于一般的 $\boldsymbol{x}_0$ 的结论.）

设 a 为数 $a = \frac{\partial}{\partial x_j}\frac{\partial f}{\partial x_i}(\boldsymbol{0})$, a' 表示数 $a' = \frac{\partial}{\partial x_i}\frac{\partial f}{\partial x_j}(\boldsymbol{0})$,我们的任务是证明 $a' = a$.

设 $\varepsilon > 0$,因为 f 的二阶导数都是连续的,所以我们可以找到一个 $\delta > 0$,使得只要 $\|\boldsymbol{x}\| \leqslant 2\delta$,就有

$$\left| \frac{\partial}{\partial x_j}\frac{\partial f}{\partial x_i}(\boldsymbol{x}) - a \right| \leqslant \varepsilon$$

和

$$\left| \frac{\partial}{\partial x_i}\frac{\partial f}{\partial x_j}(\boldsymbol{x}) - a' \right| \leqslant \varepsilon.$$

现在我们考虑量

$$X = f(\delta\boldsymbol{e}_i + \delta\boldsymbol{e}_j) - f(\delta\boldsymbol{e}_i) - f(\delta\boldsymbol{e}_j) + f(\boldsymbol{0}).$$

根据变量 x_i 的微积分基本定理,我们有

$$f(\delta\boldsymbol{e}_i + \delta\boldsymbol{e}_j) - f(\delta\boldsymbol{e}_j) = \int_0^\delta \frac{\partial f}{\partial x_i}(x_i\boldsymbol{e}_i + \delta\boldsymbol{e}_j)\mathrm{d}x_i$$

和

$$f(\delta\boldsymbol{e}_i) - f(\boldsymbol{0}) = \int_0^\delta \frac{\partial f}{\partial x_i}(x_i\boldsymbol{e}_i)\mathrm{d}x_i,$$

从而有

$$X = \int_0^\delta \left(\frac{\partial f}{\partial x_i}(x_i\boldsymbol{e}_i + \delta\boldsymbol{e}_j) - \frac{\partial f}{\partial x_i}(x_i\boldsymbol{e}_i) \right) \mathrm{d}x_i.$$

但由中值定理知,对每个 x_i,都存在一个 $0 \leqslant x_j \leqslant \delta$ 使得

$$\frac{\partial f}{\partial x_i}(x_i\boldsymbol{e}_i + \delta\boldsymbol{e}_j) - \frac{\partial f}{\partial x_i}(x_i\boldsymbol{e}_i) = \delta\frac{\partial}{\partial x_j}\frac{\partial f}{\partial x_i}(x_i\boldsymbol{e}_i + x_j\boldsymbol{e}_j).$$

根据对 δ 的选取,我们有

$$\left| \frac{\partial f}{\partial x_i}(x_i\boldsymbol{e}_i + \delta\boldsymbol{e}_j) - \frac{\partial f}{\partial x_i}(x_i\boldsymbol{e}_i) - \delta a \right| \leqslant \varepsilon\delta.$$

对上式两端同时求 0 到 δ 上的积分得

$$\left| X - \delta^2 a \right| \leqslant \varepsilon\delta^2.$$

调换 i 和 j 的位置（注意, X 关于 i 和 j 是对称的）,按照相同的论述得

$$\left| X - \delta^2 a' \right| \leqslant \varepsilon\delta^2.$$

于是由三角不等式知

$$|\delta^2 a - \delta^2 a'| \leqslant 2\varepsilon\delta^2,$$

从而有

$$|a - a'| \leqslant 2\varepsilon.$$

由于上式对所有的 $\varepsilon > 0$ 均成立, 并且 a 和 a' 都与 ε 无关, 因此一定有 $a = a'$, 结论得证. ☐

注意, 如果没有"二阶导数是连续的"这个假设前提, 那么克莱罗定理就不成立了, 参见习题 17.5.1.

习 题

17.5.1 设 $f: \mathbb{R}^2 \to \mathbb{R}$ 是一个函数, 其定义如下: 当 $(x, y) \neq (0, 0)$ 时, $f(x, y) = \frac{xy^3}{x^2 + y^2}$; 当 $(x, y) = (0, 0)$ 时, $f(0, 0) = 0$. 证明: f 是连续可微的, 其二阶导数 $\frac{\partial}{\partial y} \frac{\partial f}{\partial x}$ 和 $\frac{\partial}{\partial x} \frac{\partial f}{\partial y}$ 都存在, 但它们在 $(0, 0)$ 处的取值不相等. 解释一下, 这为什么不与克莱罗定理相矛盾.

17.6 压缩映射定理

在引入下一个议题——反函数定理——之前, 我们要利用完备度量空间的理论来建立一个有用的事实, 那就是压缩映射定理.

定义 17.6.1（压缩） 设 (X, d) 是一个度量空间, 并设 $f: X \to X$ 是一个映射, 如果对所有的 $x, y \in X$ 都有 $d(f(x), f(y)) \leqslant d(x, y)$, 那么我们称 f 是一个压缩映射. 如果存在一个常数 $0 < c < 1$, 使得对所有的 $x, y \in X$ 都有 $d(f(x), f(y)) \leqslant c d(x, y)$, 那么我们称 f 是一个严格压缩映射, c 被称为 f 的压缩常数.

例 17.6.2 定义为 $f(x) = x + 1$ 的映射 $f: \mathbb{R} \to \mathbb{R}$ 是一个压缩映射, 但它不是严格压缩映射. 定义为 $f(x) = x/2$ 的映射 $f: \mathbb{R} \to \mathbb{R}$ 是一个严格压缩映射. 定义为 $f(x) = x - x^2$ 的映射 $f: [0, 1] \to [0, 1]$ 是一个压缩映射, 但它不是严格压缩映射.（对这些结果的验证, 参见习题 17.6.5.）

定义 17.6.3（不动点） 设 $f: X \to X$ 是一个映射, 并设 $x \in X$, 如果 $f(x) = x$, 那么我们称 x 是 f 的不动点.

压缩映射不一定有不动点. 例如, 定义为 $f(x) = x + 1$ 的映射 $f: \mathbb{R} \to \mathbb{R}$ 就没有不动点. 但是, 严格压缩映射一定有不动点, 至少当 X 是完备空间时如此.

定理 17.6.4（压缩映射定理） 设 (X, d) 是一个度量空间, 并设 $f: X \to X$ 是一个严格压缩映射, 那么 f 最多有一个不动点. 另外, 如果我们还假设 X 是一个非空的完备空间, 那么 f 恰好有一个不动点.

证明 参见习题 17.6.7. ☐

注 17.6.5 压缩映射定理是不动点定理的一个例子. 不动点定理是在某些特

定条件下，能够保证映射有不动点的定理．还存在其他一些有用的不动点定理，其中一个有趣的定理是所谓的毛球定理．该定理指出，任意一个从球面 $S^2 = \{(x, y, z) \in \mathbb{R}^3 : x^2 + y^2 + z^2 = 1\}$ 到其自身的连续映射 $f : S^2 \to S^2$ 都必有一个不动点或一个反不动点（满足 $f(\boldsymbol{x}) = -\boldsymbol{x}$ 的点 $\boldsymbol{x} \in S^2$）．对这个定理的证明可以参阅任何拓扑学教材，但它超出了本书的范围．

我们将给出压缩映射定理的一个推论，它对于反函数定理有重要的作用．这个推论主要是说：对任意一个定义在球上的映射 f，如果 f 只是对恒等映射的"小小的"变动，那么 f 仍是一对一的，而且它不会在球的内部造成任何洞．

引理 17.6.6　设 $B(\boldsymbol{0}, r)$ 是 $\mathbb{R}^n$ 中以原点为中心的球，并设 $g : B(\boldsymbol{0}, r) \to \mathbb{R}^n$ 是一个映射，它使得 $g(\boldsymbol{0}) = \boldsymbol{0}$，并且对所有的 $\boldsymbol{x}, \boldsymbol{y} \in B(\boldsymbol{0}, r)$ 都有

$$\|g(\boldsymbol{x}) - g(\boldsymbol{y})\| \leqslant \frac{1}{2}\|\boldsymbol{x} - \boldsymbol{y}\|$$

（这里的 $\|\boldsymbol{x}\|$ 表示 $\boldsymbol{x}$ 在 $\mathbb{R}^n$ 中的长度），那么定义为 $f(\boldsymbol{x}) = \boldsymbol{x} + g(\boldsymbol{x})$ 的函数 $f : B(\boldsymbol{0}, r) \to \mathbb{R}^n$ 是一对一的，并且 f 的象 $f(B(\boldsymbol{0}, r))$ 包含球 $B(\boldsymbol{0}, r/2)$．

证明　我们先来证明 f 是一对一的．利用反证法，假设存在两个点 $\boldsymbol{x}, \boldsymbol{y} \in B(\boldsymbol{0}, r)$ 满足 $f(\boldsymbol{x}) = f(\boldsymbol{y})$，那么 $\boldsymbol{x} + g(\boldsymbol{x}) = \boldsymbol{y} + g(\boldsymbol{y})$，于是

$$\|g(\boldsymbol{x}) - g(\boldsymbol{y})\| = \|\boldsymbol{x} - \boldsymbol{y}\|.$$

为了与我们的前提 $\|g(\boldsymbol{x}) - g(\boldsymbol{y})\| \leqslant \frac{1}{2}\|\boldsymbol{x} - \boldsymbol{y}\|$ 保持一致，只能令 $\|\boldsymbol{x} - \boldsymbol{y}\| = 0$，也就是 $\boldsymbol{x} = \boldsymbol{y}$．显然这里出现了矛盾．因此，$f$ 是一对一的．

现在证明 $f(B(\boldsymbol{0}, r))$ 包含 $B(\boldsymbol{0}, r/2)$．设 $\boldsymbol{y}$ 是 $B(\boldsymbol{0}, r/2)$ 中的任意一点，我们的目标是找到一点 $\boldsymbol{x} \in B(\boldsymbol{0}, r)$ 使得 $f(\boldsymbol{x}) = \boldsymbol{y}$，即 $\boldsymbol{x} = \boldsymbol{y} - g(\boldsymbol{x})$．于是，现在的问题变成了找到映射 $\boldsymbol{x} \mapsto \boldsymbol{y} - g(\boldsymbol{x})$ 的一个不动点．

设 $F : B(\boldsymbol{0}, r) \to B(\boldsymbol{0}, r)$ 是函数 $F(\boldsymbol{x}) = \boldsymbol{y} - g(\boldsymbol{x})$，我们观察到，如果 $\boldsymbol{x} \in B(\boldsymbol{0}, r)$，那么

$$\|F(\boldsymbol{x})\| \leqslant \|\boldsymbol{y}\| + \|g(\boldsymbol{x})\| \leqslant \frac{r}{2} + \|g(\boldsymbol{x}) - g(\boldsymbol{0})\| \leqslant \frac{r}{2} + \frac{1}{2}\|\boldsymbol{x} - \boldsymbol{0}\| < \frac{r}{2} + \frac{r}{2} = r.$$

因此 F 确实把 $B(\boldsymbol{0}, r)$ 映射到了自身．同样的论述表明，对一个足够小的 $\varepsilon > 0$，F 把闭球 $\overline{B(\boldsymbol{0}, r - \varepsilon)}$ 映射到其自身．另外，对任意的 $\boldsymbol{x}, \boldsymbol{x}' \in B(\boldsymbol{0}, r)$，我们有

$$\|F(\boldsymbol{x}) - F(\boldsymbol{x}')\| = \|g(\boldsymbol{x}') - g(\boldsymbol{x})\| \leqslant \frac{1}{2}\|\boldsymbol{x}' - \boldsymbol{x}\|.$$

于是 F 是 $B(\boldsymbol{0}, r)$ 上的严格压缩映射，从而也是完备空间 $\overline{B(\boldsymbol{0}, r - \varepsilon)}$ 上的严格压缩映射．根据压缩映射定理，F 有一个不动点，即存在一个 $\boldsymbol{x}$ 使得 $\boldsymbol{x} = \boldsymbol{y} - g(\boldsymbol{x})$．这意味着 $f(\boldsymbol{x}) = \boldsymbol{y}$，结论得证．　　　　　　　　　　　□

习　题

17.6.1 设 $f : [a, b] \to [a, b]$ 是一元可微函数, 它使得对所有的 $x \in [a, b]$ 都有 $|f'(x)| \leqslant 1$, 证明: f 是压缩映射. (提示: 利用中值定理, 即推论 10.2.9.) 另外, 证明: 如果对所有的 $x \in [a, b]$ 都有 $|f'(x)| < 1$, 并且 f' 是连续的, 那么 f 是一个严格压缩映射.

17.6.2 证明: 如果 $f : [a, b] \to \mathbb{R}$ 是一个可微的压缩映射, 那么 $|f'(x)| \leqslant 1$.

17.6.3 给出函数 $f : [a, b] \to \mathbb{R}$ 的一个例子, 使得 f 是连续可微的函数, 并且对所有不同的 $x, y \in [a, b]$ 都有 $|f(x) - f(y)| < |x - y|$. 同时还要满足, 在 $[a, b]$ 中至少存在一个 x 使得 $|f'(x)| = 1$.

17.6.4 给出函数 $f : [a, b] \to \mathbb{R}$ 的一个例子, 使得 f 是一个严格压缩映射, 但在 $[a, b]$ 中至少存在一点 x 使得 f 在该点处不可微.

17.6.5 验证例 17.6.2 中的结论.

17.6.6 证明: 定义在度量空间 X 上的每个压缩映射都是连续的.

17.6.7 证明定理 17.6.4. [提示: 用反证法证明最多有一个不动点. 为了证明至少有一个不动点, 任取一点 $x_0 \in X$, 递归地定义 $x_1 = f(x_0)$, $x_2 = f(x_1)$, $x_3 = f(x_2)$, $\cdots$. 然后利用归纳法证明 $d(x_{n+1}, x_n) \leqslant c^n d(x_1, x_0)$, 并推导出 (利用几何级数公式, 即引理 7.3.3) 序列 $(x_n)_{n=0}^{\infty}$ 是一个柯西序列, 进而证明该序列的极限就是 f 的不动点.]

17.6.8 设 (X, d) 是一个完备度量空间, 并设 $f : X \to X$ 和 $g : X \to X$ 是 X 上的两个严格压缩映射, 它们的压缩常数分别是 c 和 c'. 由定理 17.6.4 知, f 有某个不动点 x_0 且 g 有某个不动点 y_0. 假设存在一个 $\varepsilon > 0$, 使得对所有的 $x \in X$ 都有 $d(f(x), g(x)) \leqslant \varepsilon$ (f 和 g 依一致度量的距离不超过 ε), 证明: $d(x_0, y_0) \leqslant \varepsilon / (1 - \min(c, c'))$. 因此, 相近的压缩映射具有相近的不动点.

17.7　多元微积分的反函数定理

我们来回顾一元微积分的反函数定理 (定理 10.4.2). 该定理断定, 如果函数 $f : \mathbb{R} \to \mathbb{R}$ 是一个可逆且可微的函数, 并且 $f'(x_0)$ 不等于零, 那么 f^{-1} 在 $f(x_0)$ 处可微, 并且

$$(f^{-1})'(f(x_0)) = \frac{1}{f'(x_0)}.$$

实际上, 只要 f 是连续可微的, 那么即便 f' 不可逆, 我们也可以说些什么. 如果 $f'(x_0)$ 不为零, 那么 $f'(x_0)$ 要么是严格正的, 要么是严格负的. 这意味着 (因为我们假定了 f' 是连续的) 对 x_0 附近的 x 来说, $f'(x)$ 要么是严格正的, 要么是严格负的. 因此, f 在 x_0 附近要么严格递增, 要么严格递减. 在上述任何一种情形下, 只要 f 的定义域能充分接近 x_0, 并且 f 的陪域能充分接近 $f(x_0)$, 那么 f 就是可逆的. (用专业术语来描述这件事就是, f 在 x_0 的附近局部可逆.)

f 是连续可微的这个条件很重要, 参见习题 17.7.1.

其实, 关于函数 $f : \mathbb{R}^n \to \mathbb{R}^n$ 有一个类似的定理成立, 这里的 $\mathbb{R}^n$ 是一个欧几里得空间. 但是, $f'(x_0)$ 不等于零这个条件必须换成另一个稍有不同的条件, 即 $f'(x_0)$ 是可逆的. 我们先来证明线性变换的逆变换也是线性的.

引理 17.7.1 设 $T : \mathbb{R}^n \to \mathbb{R}^n$ 是一个可逆的线性变换, 那么逆变换 $T^{-1} : \mathbb{R}^n \to \mathbb{R}^n$ 也是线性的.

证明 参见习题 17.7.2. □

现在我们证明一个有用的定理, 它可以说是多元微分学中最重要的定理之一.

定理 17.7.2（反函数定理）设 E 是 $\mathbb{R}^n$ 的一个开子集, 并设 $f : E \to \mathbb{R}^n$ 是 E 上的一个连续可微函数. 如果 $x_0 \in E$ 使得线性变换 $f'(x_0) : \mathbb{R}^n \to \mathbb{R}^n$ 可逆, 那么 E 中存在一个包含点 x_0 的开集 U, 并且 $\mathbb{R}^n$ 中存在一个包含 $f(x_0)$ 的开集 V, 使得 f 是从 U 到 V 的双射. 因此, 存在逆映射 $f^{-1} : V \to U$. 另外, 这个逆映射在 $f(x_0)$ 处可微, 并且

$$(f^{-1})'(f(x_0)) = (f'(x_0))^{-1}.$$

证明 首先我们观察到, 只要逆映射 f^{-1} 是可微的, 那么就有如下公式: $(f^{-1})'(f(x_0)) = (f'(x_0))^{-1}$. 这可以从 U 上的恒等映射

$$I = f^{-1} \circ f$$

出发而得到, 其中 $I : \mathbb{R}^n \to \mathbb{R}^n$ 是恒等映射 $Ix = x$. 然后利用链式法则, 对上式等号两端同时求 x_0 处的微分, 有

$$I'(x_0) = (f^{-1})'(f(x_0))f'(x_0).$$

因为 $I'(x_0) = I$, 所以 $(f^{-1})'(f(x_0)) = (f'(x_0))^{-1}$.

注意, 这个论述表明, 如果 $f'(x_0)$ 不可逆, 那么在 $f(x_0)$ 处逆映射 f^{-1} 不可能存在, 也更不可能可微.

接下来, 我们观察到, 只需证明 $f(x_0) = 0$ 时的定理就足够了. 对于一般的情形, 只要把这个特殊情形中的 f 替换成一个新函数 $\tilde{f}(x) = f(x) - f(x_0)$, 再把特殊情形应用到 $\tilde{f}$ 上就可以了（注意, V 必须平移 $f(x_0)$）. 注意, $f^{-1}(y) = \tilde{f}^{-1}(y - f(x_0))$.（为什么？）从现在开始, 我们始终假定 $f(x_0) = 0$.

按照类似的方法, 我们可以假设 $x_0 = 0$. 通过把 $x_0 = 0$ 时的 f 替换成新函数 $\tilde{f}(x) = f(x + x_0)$, 再把 $x_0 = 0$ 时的结论应用到 $\tilde{f}$ 上（注意, E 和 U 都必须平移 x_0）, 我们就能得到一般情形下的结论. 我们观察到 $f^{-1}(y) = \tilde{f}^{-1}(y) + x_0$.（为什么？）从此刻起, 我们始终假定 $x_0 = 0$. 于是, 现在我们有 $f(0) = 0$ 和 $f'(0)$ 是可逆的.

最后，我们假设 $f'(\mathbf{0}) = I$，其中 $I : \mathbb{R}^n \to \mathbb{R}^n$ 是恒等变换 $I\mathbf{x} = \mathbf{x}$. 此时，我们把 f 替换成定义为 $\tilde{f}(\mathbf{x}) = f'(\mathbf{0})^{-1} f(\mathbf{x})$ 的新函数 $\tilde{f} : E \to \mathbb{R}^n$，并对它应用 $f'(\mathbf{0}) = I$ 时的结论，这样就得到了一般情形下的结论. 由引理 17.7.1 知，$f'(\mathbf{0})^{-1}$ 是一个线性变换. 因此，$\tilde{f}(\mathbf{0}) = \mathbf{0}$ 且

$$\tilde{f}'(\mathbf{0}) = f'(\mathbf{0})^{-1} f'(\mathbf{0}) = I.$$

那么根据特殊情形时的反函数定理知，存在一个包含 $\mathbf{0}$ 的开集 U' 和一个包含 $\mathbf{0}$ 的开集 V'，使得 $\tilde{f}$ 是从 U' 到 V' 的双射，而且 $\tilde{f}^{-1} : V' \to U'$ 在 $\mathbf{0}$ 处可微且导数为 1. 但我们有 $f(\mathbf{x}) = f'(\mathbf{0})\tilde{f}(\mathbf{x})$，因此 f 是从 U' 到 $f'(\mathbf{0})(V')$ 的双射（注意，$f'(\mathbf{0})$ 也是一个双射）. 因为 $f'(\mathbf{0})$ 和其逆映射都是连续的，所以 $f'(\mathbf{0})(V')$ 一定是包含 $\mathbf{0}$ 的开集. 现在考察反函数 $f^{-1} : f'(\mathbf{0})(V') \to U'$. 根据 $f(\mathbf{x}) = f'(\mathbf{0})\tilde{f}(\mathbf{x})$，我们得到 $f^{-1}(\mathbf{y}) = \tilde{f}^{-1}(f'(\mathbf{0})^{-1}\mathbf{y})$ 对所有的 $\mathbf{y} \in f'(\mathbf{0})(V')$ 均成立（为什么？利用 $\tilde{f}$ 是从 U' 到 V' 的双射这个事实）. 于是 f^{-1} 在 $\mathbf{0}$ 处可微.

因此，我们要做的是证明 $\mathbf{x}_0 = \mathbf{0}$，$f(\mathbf{x}_0) = \mathbf{0}$ 且 $f'(\mathbf{x}_0) = I$ 这种特殊情形下的反函数定理. 设 $g : E \to \mathbb{R}^n$ 是函数 $g(\mathbf{x}) = f(\mathbf{x}) - \mathbf{x}$，那么 $g(\mathbf{0}) = \mathbf{0}$，$g'(\mathbf{0}) = \mathbf{0}$. 于是

$$\frac{\partial g}{\partial x_j}(\mathbf{0}) = \mathbf{0},$$

其中 $j = 1, \cdots, n$. 因为 g 是连续可微的，所以 E 中存在一个球 $B(\mathbf{0}, r)$，使得对所有的 $\mathbf{x} \in B(\mathbf{0}, r)$ 都有

$$\left\| \frac{\partial g}{\partial x_j}(\mathbf{x}) \right\| \leqslant \frac{1}{2n^2}.$$

（这里的 $\frac{1}{2n^2}$ 并没有什么特殊的含义，我们只是需要一个较小的数而已.）因此，对任意的 $\mathbf{x} \in B(\mathbf{0}, r)$ 和任意的 $\mathbf{v} = (v_1, \cdots, v_n)$，我们有

$$\begin{aligned}
\left\| \mathbf{D}_\mathbf{v} g(\mathbf{x}) \right\| &= \left\| \sum_{j=1}^n v_j \frac{\partial g}{\partial x_j}(\mathbf{x}) \right\| \\
&\leqslant \sum_{j=1}^n |v_j| \left\| \frac{\partial g}{\partial x_j}(\mathbf{x}) \right\| \\
&\leqslant \sum_{j=1}^n \|\mathbf{v}\| \frac{1}{2n^2} \\
&\leqslant \frac{1}{2n} \|\mathbf{v}\|.
\end{aligned}$$

但由微积分基本定理知，对任意的 $\mathbf{x}, \mathbf{y} \in B(\mathbf{0}, r)$，有

$$\begin{aligned}
g(\mathbf{y}) - g(\mathbf{x}) &= \int_0^1 \frac{\mathrm{d}}{\mathrm{d}t} g(\mathbf{x} + t(\mathbf{y} - \mathbf{x})) \mathrm{d}t \\
&= \int_0^1 \mathbf{D}_{\mathbf{y}-\mathbf{x}} g(\mathbf{x} + t(\mathbf{y} - \mathbf{x})) \mathrm{d}t,
\end{aligned}$$

其中, 向量值函数的积分被定义为对每个分量分别求积分. 根据前面的论述, 向量 $D_{y-x}g(x+t(y-x))$ 的大小最多是 $\frac{1}{2n}\|y-x\|$. 因此, 这些向量的每个分量的大小都不会超过 $\frac{1}{2n}\|y-x\|$. 那么 $g(y)-g(x)$ 的每个分量的大小也不会超过 $\frac{1}{2n}\|y-x\|$, 从而 $g(y)-g(x)$ 自身的大小最多是 $\frac{1}{2}\|y-x\|$ (事实上, 它的大小将远小于这个量, 但这个上界对于我们实现目标已经足够了). 换句话说, g 是一个压缩映射. 于是根据引理 17.6.6 知, 映射 $f=g+I$ 在 $B(\mathbf{0},r)$ 上是一对一的, 而且它的象 $f(B(\mathbf{0},r))$ 包含 $B(\mathbf{0},r/2)$. 这样我们就得到了定义在 $B(\mathbf{0},r/2)$ 上的逆映射 $f^{-1}:B(\mathbf{0},r/2)\to B(\mathbf{0},r)$.

因此, 利用 $y=\mathbf{0}$ 时的压缩上界得

$$\|g(x)\|\leqslant\frac{1}{2}\|x\|,$$

其中 $x\in B(\mathbf{0},r)$. 由三角不等式知, 对所有的 $x\in B(\mathbf{0},r)$, 有

$$\frac{1}{2}\|x\|\leqslant\|f(x)\|\leqslant\frac{3}{2}\|x\|.$$

现在令 $V=B(\mathbf{0},r/2)$ 和 $U=f^{-1}(V)\cap B(\mathbf{0},r)$, 那么 f 是从 U 到 V 的双射. V 显然是一个开集, 而由 f 是连续的知 U 也是一个开集 (注意, 如果一个集合是 $B(\mathbf{0},r)$ 中的开集, 那么它也是 $\mathbb{R}^n$ 中的开集). 我们现在要证明的是 $f^{-1}:V\to U$ 在 $\mathbf{0}$ 处可微且导数是 $I^{-1}=I$. 换句话说, 我们想证明

$$\lim_{x\to\mathbf{0};x\in V\setminus\{\mathbf{0}\}}\frac{\|f^{-1}(x)-f^{-1}(\mathbf{0})-I(x-\mathbf{0})\|}{\|x\|}=0.$$

因为 $f(\mathbf{0})=\mathbf{0}$, 所以 $f^{-1}(\mathbf{0})=\mathbf{0}$. 那么上式可以简化为

$$\lim_{x\to\mathbf{0};x\in V\setminus\{\mathbf{0}\}}\frac{\|f^{-1}(x)-x\|}{\|x\|}=0.$$

设 $(x_n)_{n=1}^{\infty}$ 是 $V\setminus\{\mathbf{0}\}$ 中任意一个收敛于 $\mathbf{0}$ 的序列, 根据命题 14.1.5(b), 我们只需证明

$$\lim_{n\to\infty}\frac{\|f^{-1}(x_n)-x_n\|}{\|x_n\|}=0$$

就可以了. 记 $y_n=f^{-1}(x_n)$, 那么 $y_n\in B(\mathbf{0},r)$ 且 $x_n=f(y_n)$. 于是有

$$\frac{1}{2}\|y_n\|\leqslant\|x_n\|\leqslant\frac{3}{2}\|y_n\|.$$

由 $\|x_n\|$ 趋于 0 知, $\|y_n\|$ 趋于 0 且它们的比值是有界的. 所以, 我们只需证明

$$\lim_{n\to\infty}\frac{\|y_n-f(y_n)\|}{\|y_n\|}=0$$

就行了. 但由于 y_n 趋于 $\mathbf{0}$ 且 f 在 $\mathbf{0}$ 处是可微的, 因此我们有

$$\lim_{n\to\infty}\frac{\|f(y_n)-f(\mathbf{0})-f'(\mathbf{0})(y_n-\mathbf{0})\|}{\|y_n\|}=0.$$

(因为 $f(\mathbf{0})=\mathbf{0}$ 且 $f'(\mathbf{0})=I$) 结论得证.　　　　　　　　　　□

关于一个函数什么时候在点 x_0 处是（局部）可逆的，反函数定理给出了一个有用的判别准则——我们需要的是它的导数 $f'(x_0)$ 可逆（此时我们甚至可以得到更多的信息，比如我们可以计算 f^{-1} 在 $f(x_0)$ 处的导数）. 当然，这就要问，我们应该如何判断线性变换 $f'(x_0)$ 是不是可逆的. 回顾已知的 $f'(x_0) = L_{Df(x_0)}$，由引理 17.1.13 和引理 17.1.16 知，线性变换 $f'(x_0)$ 可逆，当且仅当矩阵 $Df(x_0)$ 是可逆矩阵. 有很多方法可以验证像 $Df(x_0)$ 这样的矩阵是不是可逆的. 例如，我们可以利用行列式，或者高斯消元法. 对此我们不展开讨论，但建议读者参阅线性代数教材.

如果 $f'(x_0)$ 存在但不可逆，那么反函数定理就不适用了. 在这种情形下，f^{-1} 在 $f(x_0)$ 处不可能存在，更不会在 $f(x_0)$ 处可微，上面的证明过程已经说明了此事. 但是，f 仍然可以是可逆的. 例如，定义为 $f(x) = x^3$ 的一元函数 $f: \mathbb{R} \to \mathbb{R}$ 是可逆的，虽然 $f'(0)$ 是不可逆的.

习　题

17.7.1 设函数 $f: \mathbb{R} \to \mathbb{R}$ 的定义如下：当 $x \neq 0$ 时，$f(x) = x + x^2 \sin(1/x^4)$；当 $x = 0$ 时，$f(0) = 0$. 证明：f 是可微的且 $f'(0) = 1$，但在任何一个包含 0 的开集上 f 都不是单调递增的.（提示：证明不管 x 与 0 的距离有多近，f 的导数都有可能变成负的. 画出 f 的图像会有助于你思考.）

17.7.2 证明引理 17.7.1.

17.7.3 设 $f: \mathbb{R}^n \to \mathbb{R}^n$ 是一个连续可微函数，另外，对任意的 $x \in \mathbb{R}^n$，$f'(x)$ 都是一个可逆的线性变换，证明：只要 V 是 $\mathbb{R}^n$ 中的开集，那么 $f(V)$ 就是开集.（提示：利用反函数定理.）

17.7.4 本题的记号和假设与定理 17.7.2 中的相同. 证明：在适当缩小开集 U 和 V 的范围后（但保持 x_0 包含在 U 中，并且 $f(x_0)$ 包含在 V 中），导数 $f'(x)$ 对所有的 $x \in U$ 均是可逆的；逆映射 f^{-1} 在 V 中每一点处都是可微的，并且对任意的 $x \in U$ 均有 $(f^{-1})'(f(x)) = (f'(x))^{-1}$. 最后证明：$f^{-1}$ 在 V 上是连续可微的.

17.8　隐函数定理

回忆（见习题 3.5.10）函数 $f: \mathbb{R} \to \mathbb{R}$ 给出的图像

$$\{(x, f(x)) : x \in \mathbb{R}\}.$$

它是 $\mathbb{R}^2$ 的子集，看上去通常是一条曲线. 然而，并不是所有的曲线都是函数的图像. 图像必须满足垂线判别法，即对每个 x，都恰好存在一个 y 使得 (x, y) 在这条曲线上. 例如，圆周 $\{(x, y) \in \mathbb{R}^2 : x^2 + y^2 = 1\}$ 不是图像. 但如果把它限制成一个半圆周，比如 $\{(x, y) \in \mathbb{R}^2 : x^2 + y^2 = 1, y > 0\}$，那么它就是一个图像. 因此，虽然整个圆周不是图像，但它的某些特定部分是图像.（圆周在 $(1, 0)$ 和 $(-1, 0)$ 附近的部分都不是关于变量 x 的图像，但它们是关于变量 y 的图像.）

类似地，任意一个函数 $g : \mathbb{R}^n \to \mathbb{R}$ 都给出一个图像 $\{(\boldsymbol{x}, g(\boldsymbol{x})) : \boldsymbol{x} \in \mathbb{R}^n\}$，该图像在 $\mathbb{R}^{n+1}$ 中，它看起来通常像是 $\mathbb{R}^{n+1}$ 中的某个 n 维曲面（用专业术语来表述就是超曲面）. 反过来，我们可能会问什么样的超曲面确实是某个函数的图像，而这个函数是否连续和可微呢？

如果从几何角度给出超曲面，那么我们可以再次利用垂线判别法来判断这个超曲面是不是图像. 但是，如果超曲面是用代数语言给出的，例如曲面 $\{(x, y, z) \in \mathbb{R}^3 : xy + yz + zx = -1\}$，那么又该如何判定呢？或者更一般地，形如 $\{\boldsymbol{x} \in \mathbb{R}^n : g(\boldsymbol{x}) = 0\}$ 的超曲面（其中 $g : \mathbb{R}^n \to \mathbb{R}$）是不是某个函数的图像呢？在这种情况下，我们仍可以利用隐函数定理来判断超曲面（至少局部地）是不是一个图像.

定理 17.8.1（隐函数定理）设 E 是 $\mathbb{R}^n$ 的开子集，$f : E \to \mathbb{R}$ 是连续可微的，并设 $\boldsymbol{y} = (y_1, \cdots, y_n)$ 是 E 中满足 $f(\boldsymbol{y}) = 0$ 和 $\frac{\partial f}{\partial x_n}(\boldsymbol{y}) \neq 0$ 的点，那么 $\mathbb{R}^{n-1}$ 中存在一个包含 $(y_1, \cdots, y_{n-1})$ 的开集 U，E 中存在一个包含 $\boldsymbol{y}$ 的开集 V，并且还存在一个函数 $g : U \to \mathbb{R}$，使得 $g(y_1, \cdots, y_{n-1}) = y_n$ 且

$$\{(x_1, \cdots, x_n) \in V : f(x_1, \cdots, x_n) = 0\}$$
$$= \{(x_1, \cdots, x_{n-1}, g(x_1, \cdots, x_{n-1})) : (x_1, \cdots, x_{n-1}) \in U\}.$$

也就是说，集合 $\{\boldsymbol{x} \in V : f(\boldsymbol{x}) = 0\}$ 是定义在 U 上的函数的图像. 另外，g 在 $(y_1, \cdots, y_{n-1})$ 处可微，并且对所有的 $1 \leqslant j \leqslant n - 1$ 都有

$$\frac{\partial g}{\partial x_j}(y_1, \cdots, y_{n-1}) = -\frac{\partial f}{\partial x_j}(\boldsymbol{y}) \bigg/ \frac{\partial f}{\partial x_n}(\boldsymbol{y}). \tag{17.1}$$

注 17.8.2　式 (17.1) 有时可以利用隐函数微分法推导出. 从根本上说，关键在于如果已知

$$f(x_1, \cdots, x_n) = 0,$$

那么（只要 $\frac{\partial f}{\partial x_n} \neq 0$）变量 x_n 就被另外 $n - 1$ 个变量隐式地确定了，而且我们可以利用链式法则求出上面这个等式沿 x_j 方向的微分

$$\frac{\partial f}{\partial x_j} + \frac{\partial f}{\partial x_n} \frac{\partial x_n}{\partial x_j} = 0.$$

这就是式 (17.1) 的隐式形式（我们用 g 来表示由 $x_1, \cdots, x_{n-1}$ 确定的 x_n 的隐函数）. 因此，隐函数定理使我们能够用隐含的约束方式来确定一种依赖关系，而不是形如 $x_n = g(x_1, \cdots, x_{n-1})$ 这样的直接公式.

证明 这个定理实际上是反函数定理的一个直接推论. 设 $F: E \to \mathbb{R}^n$ 是函数

$$F(x_1, \cdots, x_n) = (x_1, \cdots, x_{n-1}, f(x_1, \cdots, x_n)).$$

该函数是连续可微的. 我们还注意到

$$F(\boldsymbol{y}) = (y_1, \cdots, y_{n-1}, 0)$$

和

$$\boldsymbol{D}F(\boldsymbol{y}) = \left(\frac{\partial F}{\partial x_1}(\boldsymbol{y})^{\mathrm{T}}, \frac{\partial F}{\partial x_2}(\boldsymbol{y})^{\mathrm{T}}, \cdots, \frac{\partial F}{\partial x_n}(\boldsymbol{y})^{\mathrm{T}} \right)$$

$$= \begin{pmatrix} 1 & 0 & \cdots & 0 & 0 \\ 0 & 1 & \cdots & 0 & 0 \\ \vdots & \vdots & \ddots & \vdots & \vdots \\ 0 & 0 & \cdots & 1 & 0 \\ \frac{\partial f}{\partial x_1}(\boldsymbol{y}) & \frac{\partial f}{\partial x_2}(\boldsymbol{y}) & \cdots & \frac{\partial f}{\partial x_{n-1}}(\boldsymbol{y}) & \frac{\partial f}{\partial x_n}(\boldsymbol{y}) \end{pmatrix}.$$

因为由假设知 $\frac{\partial f}{\partial x_n}(\boldsymbol{y})$ 不为零, 所以上面这个矩阵是可逆的. 这一点可以通过计算行列式, 对行进行化简, 或者直接算出逆矩阵而得到, 其逆矩阵为

$$\boldsymbol{D}F(\boldsymbol{y})^{-1} = \begin{pmatrix} 1 & 0 & \cdots & 0 & 0 \\ 0 & 1 & \cdots & 0 & 0 \\ \vdots & \vdots & \ddots & \vdots & \vdots \\ 0 & 0 & \cdots & 1 & 0 \\ -\frac{\partial f}{\partial x_1}(\boldsymbol{y})/a & -\frac{\partial f}{\partial x_2}(\boldsymbol{y})/a & \cdots & -\frac{\partial f}{\partial x_{n-1}}(\boldsymbol{y})/a & 1/a \end{pmatrix},$$

这里我们简记 $a = \frac{\partial f}{\partial x_n}(\boldsymbol{y})$. 于是利用反函数定理, 我们在 E 中找到一个包含 $\boldsymbol{y}$ 的开集 V, 在 $\mathbb{R}^n$ 中找到一个包含 $F(\boldsymbol{y}) = (y_1, \cdots, y_{n-1}, 0)$ 的开集 W, 使得 F 是从 V 到 W 的双射, 并且 F^{-1} 在 $(y_1, \cdots, y_{n-1}, 0)$ 处可微.

我们把 F^{-1} 写成坐标形式

$$F^{-1}(\boldsymbol{x}) = (h_1(\boldsymbol{x}), h_2(\boldsymbol{x}), \cdots, h_n(\boldsymbol{x})),$$

其中 $\boldsymbol{x} \in W$. 由 $F(F^{-1}(\boldsymbol{x})) = \boldsymbol{x}$ 知, 对所有的 $1 \leqslant j \leqslant n-1$ 和 $\boldsymbol{x} \in W$ 都有 $h_j(x_1, \cdots, x_n) = x_j$, 并且

$$f(x_1, \cdots, x_{n-1}, h_n(x_1, \cdots, x_n)) = x_n.$$

另外, 因为 F^{-1} 在 $(y_1, \cdots, y_{n-1}, 0)$ 处可微, 所以 h_n 也在 $(y_1, \cdots, y_{n-1}, 0)$ 处可微.

现在令 $U = \{(x_1, \cdots, x_{n-1}) \in \mathbb{R}^{n-1} : (x_1, \cdots, x_{n-1}, 0) \in W\}$. 注意, U 是包含 $(y_1, \cdots, y_{n-1})$ 的开集. 把 $g: U \to \mathbb{R}$ 定义为 $g(x_1, \cdots, x_{n-1}) = h_n(x_1, \cdots, x_{n-1}, 0)$, 那么 g 在 $(y_1, \cdots, y_{n-1})$ 处可微. 现在我们来证明

$$\{(x_1, \cdots, x_n) \in V : f(x_1, \cdots, x_n) = 0\}$$
$$= \{(x_1, \cdots, x_{n-1}, g(x_1, \cdots, x_{n-1})) : (x_1, \cdots, x_{n-1}) \in U\}.$$

首先假设 $(x_1, \cdots, x_n) \in V$ 和 $f(x_1, \cdots, x_n) = 0$，于是有 $F(x_1, \cdots, x_n) = (x_1, \cdots, x_{n-1}, 0)$，它属于 W. 那么 $(x_1, \cdots, x_{n-1})$ 属于 U. 使用 F^{-1}，我们发现 $(x_1, \cdots, x_n) = F^{-1}(x_1, \cdots, x_{n-1}, 0)$. 这样就得到了 $x_n = h_n(x_1, \cdots, x_{n-1}, 0)$，从而有 $x_n = g(x_1, \cdots, x_{n-1})$. 因此，等号左端集合中的每个元素都属于右端集合. 把上述步骤反过来就得到了反过来的包含关系，这部分内容留给读者.

最后，我们证明 g 的偏导数公式. 根据前面的讨论，我们有

$$f(x_1, \cdots, x_{n-1}, g(x_1, \cdots, x_{n-1})) = 0,$$

其中 $(x_1, \cdots, x_{n-1}) \in U$. 因为 g 在 $(y_1, \cdots, y_{n-1})$ 处可微，并且 f 在 $(y_1, \cdots, y_{n-1}, g(y_1, \cdots, y_{n-1})) = \boldsymbol{y}$ 处可微，所以利用链式法则，对 x_j 求微分得

$$\frac{\partial f}{\partial x_j}(\boldsymbol{y}) + \frac{\partial f}{\partial x_n}(\boldsymbol{y}) \frac{\partial g}{\partial x_j}(y_1, \cdots, y_{n-1}) = 0.$$

然后通过简单的代数运算，就可以得到结论. $\qquad\qquad\qquad\qquad\qquad\qquad\qquad$ □

例 17.8.3　考虑曲面 $S = \{(x, y, z) \in \mathbb{R}^3 : xy + yz + zx = -1\}$，也可以记作 $\{(x, y, z) \in \mathbb{R}^3 : f(x, y, z) = 0\}$，其中 $f : \mathbb{R}^3 \to \mathbb{R}$ 是函数 $f(x, y, z) = xy + yz + zx + 1$. f 显然是连续可微的且 $\frac{\partial f}{\partial z} = y + x$. 因此，对任意一个满足 $y_0 + x_0 \neq 0$ 的 $(x_0, y_0, z_0) \in S$，都存在一个包含 (x_0, y_0) 的开集 U 和一个在 (x_0, y_0) 处可微的函数 g，使得这个曲面（在 (x_0, y_0, z_0) 附近）可以写成形如 $\{(x, y, g(x, y)) : (x, y) \in U\}$ 的图像. 其实，我们可以通过对隐函数求微分而得到

$$\frac{\partial g}{\partial x}(x_0, y_0) = -\frac{y_0 + z_0}{y_0 + x_0} \text{ 和 } \frac{\partial g}{\partial y}(x_0, y_0) = -\frac{x_0 + z_0}{y_0 + x_0}.$$

在隐函数定理中，如果偏导数 $\frac{\partial f}{\partial x_n}$ 在某一点处的值等于 0，那么在该点附近集合 $\{\boldsymbol{x} \in \mathbb{R}^n : f(\boldsymbol{x}) = 0\}$ 好像不能写成变量 x_n 关于另外 $n - 1$ 个变量的函数图像. 但是，如果其他某个偏导数 $\frac{\partial f}{\partial x_j}$ 不等于 0，那么由隐函数定理知变量 x_j 可以由另外 $n - 1$ 个变量来确定. 于是，只要梯度 ∇f 不全为零，集合 $\{\boldsymbol{x} \in \mathbb{R}^n : f(\boldsymbol{x}) = 0\}$ 就可以写成某个变量 x_j 关于另外 $n - 1$ 个变量的函数图像.（圆周 $\{(x, y) \in \mathbb{R}^2 : x^2 + y^2 - 1 = 0\}$ 就是一个很好的例子. 它既不是 y 关于 x 的图像也不是 x 关于 y 的图像，但在每一点附近它必定是两者之一. 这是因为 $x^2 + y^2 - 1$ 的梯度在圆周上绝不会等于 0.）不过，如果梯度 ∇f 在某个点 $\boldsymbol{x}_0$ 处的确不存在，那么我们称 f 在 $\boldsymbol{x}_0$ 处有临界点，而且函数在该点处的性质会更复杂. 例如，集合 $\{(x, y) \in \mathbb{R}^2 : x^2 - y^2 = 0\}$ 在 $(0, 0)$ 处有临界点，它在 $(0, 0)$ 附近不能被看作任何函数的图像（它是两条直线的并集）.

注 17.8.4　如果一个集合在每一点处都能看成连续函数的图像，那么这个集合叫作流形. 因此，如果集合 $\{\boldsymbol{x} \in \mathbb{R}^n : f(\boldsymbol{x}) = 0\}$ 中不包含 f 的临界点，那么

它就是一个流形. 在现代几何学中（尤其是微分几何学和代数几何学），流形理论非常重要. 但由于这部分内容是研究生阶段的课题，因此在这里我们不对它展开讨论.

习　题

17.8.1 本题的记号和假设与定理 17.8.1 中的相同. 证明：对开集 U 和 V 做适当的缩小后，函数 g 在整个 U 上是连续可微的，并且式 (17.1) 对 U 中所有点均成立.

第 18 章 勒贝格测度

在第 17 章中，我们讨论了多元微积分中的微分理论. 现在，我们自然要考虑多元积分的相关问题. 我们要回答的一般问题是：给定 $\mathbb{R}^n$ 的某个子集 Ω 和某个实值函数 $f: \Omega \to \mathbb{R}$，能否求出 f 在 Ω 上的积分，从而得到某个数 $\int_\Omega f$？（也可以考虑其他类型的函数，比如复值函数和向量值函数. 但是，只要我们弄清楚如何对实值函数求积分，对上述其他类型的函数求积分也就不再困难了，因为对复值函数和向量值函数求积分可以通过分别求出它们每个实值分量的积分来实现.）

对于一维的情形，我们已经（在第 11 章中）建立了黎曼积分 $\int_{[a,b]} f$. 这就回答了 Ω 是区间 $\Omega = [a, b]$ 时的问题，此时 f 是黎曼可积的. 在这里，黎曼积分的精确含义是什么并不重要，但我们要明确一点，那就是每个分段连续的函数都是黎曼可积的，于是每个分段常值函数也是黎曼可积. 然而，并非所有函数都是黎曼可积的. 黎曼积分的概念可以推广到更高维的情形，但这需要我们做出更多的努力，并且我们只能对那些"黎曼可积的"函数求积分，但这样的函数并不多. [例如，黎曼可积函数序列的逐点极限不一定是黎曼可积的（对于 L^2 极限也有同样的结论），但是我们已经知道黎曼可积函数序列的一致极限仍然是黎曼可积的.]

因此，我们必须在黎曼积分之外寻求一个真正令人满意的积分概念，这个概念甚至可以处理间断性非常强的函数. 这就导出了本章和第 19 章的研究对象，即勒贝格积分. 勒贝格积分可以处理很大一类函数，其中包括所有的黎曼可积函数和其他某些函数. 事实上，我们可以放心地说，勒贝格积分本质上能求数学中任何实际需要的函数的积分. 它至少能对欧几里得空间中所有绝对可积的函数求积分.（如果使用选择公理，那么我们还能构造出某些病态函数，这些函数无法用勒贝格积分来处理，但它们并不会出现在实际应用中.）

在介绍细节之前，我们先进行一个非正式的讨论. 为了弄清楚如何计算积分 $\int_\Omega f$，我们必须先弄清楚一个更基础、更根本的问题：应该如何计算 Ω 的长度、面积或体积？要想知道这个问题为什么与积分有关，我们必须注意，如果能够求出函数 1 在 Ω 上的积分，那么我们就得到了 Ω 的长度（如果 Ω 是一维的）、Ω 的面积（如果 Ω 是二维的）、Ω 的体积（如果 Ω 是三维的）. 为了避免划分成若干种不同维度的情形，我们把 Ω 的长度、面积、体积（或者超体积等）这些与欧几里得空间 $\mathbb{R}^n$ 有关的概念统称为 Ω 的测度.

最理想的情况是，对 $\mathbb{R}^n$ 的每个子集 Ω，我们都能指派一个非负数 $m(\Omega)$，它就是 Ω 的测度（长度、面积或体积等）. $m(\Omega)$ 可以等于 0（例如，当 Ω 是一个单元素集或空集时），也可以等于无穷大（例如，当 Ω 是整个 $\mathbb{R}^n$ 时）. 测度应当满足某些合理的特定性质. 例如，单位立方体 $(0,1)^n = \{(x_1,\cdots,x_n) : 0 < x_i < 1\}$ 的测度应该等于 1；如果 A 和 B 不相交，那么应该有 $m(A \cup B) = m(A) + m(B)$（类似地，若 A_n 是互不相交的，则 $m(\bigcup_{n=1}^{\infty} A_n) = \sum_{n=1}^{\infty} m(A_n)$）；只要 $A \subseteq B$，就有 $m(A) \leqslant m(B)$；对任意的 $\boldsymbol{x} \in \mathbb{R}^n$，都有 $m(\boldsymbol{x} + A) = m(A)$（$A$ 平移了向量 $\boldsymbol{x}$ 之后，测度仍保持不变）.

值得注意的是，这样的度量其实根本就不存在. 对 $\mathbb{R}^n$ 中任意一个满足上述性质的子集，我们都无法为其指派一个非负数. 这是一个令人相当震惊的事实，因为它与我们直观的体积概念不符. 稍后我们将对此事进行证明.（这种直觉偏差，一个更戏剧化的例子是巴拿赫–塔斯基悖论，它说的是 $\mathbb{R}^3$ 中的一个单位球被分成 5 块，然后这 5 块通过平移和旋转重新组装成两个完整的且不相交的单位球. 这与体积守恒相矛盾，但此处我们不讨论该悖论.）

这些悖论意味着，我们不可能找到一个合理的方法使得 $\mathbb{R}^n$ 中的每个子集都能被指派一个测度. 但我们可以采取一些补救措施，那就是只测量 $\mathbb{R}^n$ 中一个特定类型的集合，即可测集. 我们只在这些可测集 Ω 上定义测度 $m(\Omega)$. 一旦我们把注意力集中在可测集上，那么上述所有性质就都满足了. 另外，我们在实际生活中遇到的所有集合几乎都是可测集（例如，所有的开集和闭集都是可测的），这对分析学研究已经足够好了.

18.1 目标：勒贝格测度

设 $\mathbb{R}^n$ 是一个欧几里得空间，本章的目标是定义可测集，它是 $\mathbb{R}^n$ 的一类特殊子集. 对于每个可测集 $\Omega \subseteq \mathbb{R}^n$，我们把勒贝格测度 $m(\Omega)$ 定义为 $[0, \infty]$ 中的一个特定数. 可测集满足下列性质：

(i) （博雷尔性质）$\mathbb{R}^n$ 中的每个开集都是可测集，每个闭集也都是可测集；

(ii) （互补性）如果 Ω 是可测集，那么 $\mathbb{R}^n \setminus \Omega$ 也是可测集；

(iii) （布尔代数性质）如果 $(\Omega_j)_{j \in J}$ 是任意有限多个可测集（那么 J 是有限的），那么它们的并集 $\bigcup_{j \in J} \Omega_j$ 和交集 $\bigcap_{j \in J} \Omega_j$ 也都是可测集；

(iv) （σ 代数性质）如果 $(\Omega_j)_{j \in J}$ 是任意可数个可测集（那么 J 是可数的），那么它们的并集 $\bigcup_{j \in J} \Omega_j$ 和交集 $\bigcap_{j \in J} \Omega_j$ 也都是可测集.

注意，其中一些性质是多余的. 例如，(iv) 蕴涵 (iii). 一旦我们知道所有的开集都是可测的，那么根据 (ii) 可以推导出所有的闭集也都是可测的. 从本质上来说，性质 (i)～(iv) 保证了我们考察的每个集合都是可测集，虽然在引言中已经指出，的确存在不可测集.

对于每个可测集 Ω，我们都指派了一个满足如下性质的勒贝格测度 $m(\Omega)$:

(v)（空集）空集 $\varnothing$ 的测度 $m(\varnothing) = 0$;

(vi)（正性）对每个可测集 Ω，都有 $0 \leqslant m(\Omega) \leqslant \infty$;

(vii)（单调性）如果 $A \subseteq B$，并且 A 和 B 都是可测集，那么 $m(A) \leqslant m(B)$;

(viii)（有限次可加性）如果 $(A_j)_{j \in J}$ 是有限多个可测集，那么

$$m(\bigcup_{j \in J} A_j) \leqslant \sum_{j \in J} m(A_j);$$

(ix)（有限可加性）如果 $(A_j)_{j \in J}$ 是有限多个互不相交的可测集，那么

$$m(\bigcup_{j \in J} A_j) = \sum_{j \in J} m(A_j);$$

(x)（可数次可加性）如果 $(A_j)_{j \in J}$ 是可数个可测集，那么

$$m(\bigcup_{j \in J} A_j) \leqslant \sum_{j \in J} m(A_j);$$

(xi)（可数可加性）如果 $(A_j)_{j \in J}$ 是可数个互不相交的可测集，那么

$$m(\bigcup_{j \in J} A_j) = \sum_{j \in J} m(A_j);$$

(xii)（正规化）单位立方体 $[0,1]^n = \{(x_1, \cdots, x_n) \in \mathbb{R}^n :$ 对所有的 $1 \leqslant j \leqslant n$ 都有 $0 \leqslant x_j \leqslant 1\}$ 的测度是 $m([0,1]^n) = 1$;

(xiii)（平移不变性）如果 Ω 是一个可测集，并且 $\boldsymbol{x} \in \mathbb{R}^n$，那么 $\boldsymbol{x} + \Omega = \{\boldsymbol{x} + \boldsymbol{y} : \boldsymbol{y} \in \Omega\}$ 也是一个可测集，并且 $m(\boldsymbol{x} + \Omega) = m(\Omega)$.

同样，这些性质中也存在一些多余的内容. 例如，可数可加性能够推导出有限可加性，有限可加性（与正性联合使用）又可以推导出单调性. 另外，我们还能根据可加性推导出次可加性. 注意，$m(\Omega)$ 可以是 ∞，因此上述性质中的某些和式也有可能等于 ∞. 在本章中，我们约定：如果非负量 a_j 的无穷和 $\sum_{j \in J} a_j$ 不绝对收敛，那么这个和就等于 ∞. （因为每一项都是非负的，所以我们不可能遇到 $-\infty + \infty$ 这样的不确定形式.）

于是，本章的目标可以叙述如下.

定理 18.1.1（勒贝格测度的存在性）*存在可测集的概念，同时还存在一种方法，使得每个可测集 $\Omega \subseteq \mathbb{R}^n$ 都能被指派一个数 $m(\Omega)$，并保证性质 (i)～(xiii)*

全都成立.

其实，勒贝格测度是唯一的．其他任何满足公理 (i) ~ (xiii) 的可测性及测度的概念都将与我们建立的结构产生极大的重合．但是，也有一些测度只满足上述部分公理．另外，我们还可能对欧几里得空间 $\mathbb{R}^n$ 之外的其他区域上的测度产生兴趣．这样就引出了测度论，它自身就是一个完整的课题，对此我们不展开讨论．但要说明一点，在现代概率论和分析学更深入的研究（例如广义函数论）中，测度的概念非常重要.

18.2 第一步：外测度

在构造勒贝格测度之前，我们先来讨论寻找集合测度的朴素方法．也就是说，我们尝试用一些盒子来覆盖集合，再把这些盒子的体积累加在一起．这种方法应该是有效的，它提出了外测度这个概念．外测度适用于每个集合，并且满足除了可加性 (ix) 和 (xi) 之外的所有性质 (v) ~ (xiii)．稍后我们还会对外测度略加修改，从而使其能够满足可加性.

我们从开盒子的概念入手.

定义 18.2.1（开盒子） $\mathbb{R}^n$ 中的一个开盒子（或者简称为盒子）B 就是一个形如
$$B = \prod_{i=1}^{n}(a_i, b_i) = \{(x_1, \cdots, x_n) \in \mathbb{R}^n : x_i \in (a_i, b_i); 1 \leqslant i \leqslant n\}$$
的集合，其中 $b_i \geqslant a_i$ 都是实数．这个盒子的体积 $\mathrm{vol}(B)$ 被定义为数
$$\mathrm{vol}(B) = \prod_{i=1}^{n}(b_i - a_i) = (b_1 - a_1)(b_2 - a_2) \cdots (b_n - a_n).$$

例如，单位立方体 $(0, 1)^n$ 就是一个盒子，它的体积是 1．当 $n = 1$ 时，盒子与开区间是一样的．容易验证，在一般维度下，开盒子其实就是开集．注意，如果存在一个 i 使得 $b_i = a_i$，那么盒子就是体积为 0 的空集，但我们仍把它看作一个盒子（尽管这相当不合常理）．有时，为了强调处理的是 n 维体积，我们也把 $\mathrm{vol}(B)$ 写成 $\mathrm{vol}_n(B)$．例如，$\mathrm{vol}_1(B)$ 是一维盒子 B 的长度，$\mathrm{vol}_2(B)$ 是二维盒子 B 的面积，等等.

注 18.2.2 当然，我们希望盒子的测度 $m(B)$ 与盒子的体积 $\mathrm{vol}(B)$ 是一样的．实际上，这正是公理 (i) ~ (xiii) 的必然结果（见习题 18.2.5）.

定义 18.2.3（开盒覆盖） 设 $\Omega \subseteq \mathbb{R}^n$ 是 $\mathbb{R}^n$ 的子集，我们称一簇盒子 $(B_j)_{j \in J}$ 覆盖了 Ω，当且仅当 $\Omega \subseteq \bigcup_{j \in J} B_j$.

假设 $\Omega \subseteq \mathbb{R}^n$ 被有限个或可数个盒子 $(B_j)_{j \in J}$ 覆盖, 如果我们希望 Ω 是可测的, 其测度满足单调性和次可加性, 即 (vii)、(viii) 和 (x), 并且对每个 j 都有 $m(B_j) = \mathrm{vol}(B_j)$, 那么

$$m(\Omega) \leqslant m\left(\bigcup_{j \in J} B_j\right) \leqslant \sum_{j \in J} m(B_j) = \sum_{j \in J} \mathrm{vol}(B_j).$$

于是

$$m(\Omega) \leqslant \inf\left\{\sum_{j \in J} \mathrm{vol}(B_j) : (B_j)_{j \in J} \text{ 覆盖 } \Omega; \ J \text{ 至多可数}\right\}.$$

受此启发, 我们给出如下定义.

定义 18.2.4(外测度) 设 Ω 是一个集合, 我们把 Ω 的外测度 $m^*(\Omega)$ 定义为量

$$m^*(\Omega) = \inf\left\{\sum_{j \in J} \mathrm{vol}(B_j) : (B_j)_{j \in J} \text{ 覆盖 } \Omega; \ J \text{ 至多可数}\right\}.$$

由于 $\sum_{j=1}^{\infty} \mathrm{vol}(B_j)$ 是非负的, 因此对所有的 Ω 都有 $m^*(\Omega) \geqslant 0$. 但是, $m^*(\Omega)$ 等于 ∞ 也是很有可能的. 注意, 因为我们可以使用可数个盒子, 所以 $\mathbb{R}^n$ 的每个子集都至少有一个可数的开盒覆盖. 事实上, $\mathbb{R}^n$ 自身就被可数个单位立方体 $(0,1)^n$ 覆盖.(如何覆盖?)有时, 我们把 $m^*(\Omega)$ 写成 $m_n^*(\Omega)$, 以此来强调我们使用的是 n 维外测度这个事实.

注意, 对每个集合(不仅仅是可测集)都可以定义外测度, 因为我们可以取任何非空集合的下确界. 外测度满足测度所需的若干性质.

引理 18.2.5(外测度的性质) 外测度满足如下 6 条性质:

(v)(空集)空集 $\varnothing$ 的外测度 $m^*(\varnothing) = 0$;

(vi)(正性)对每个可测集 Ω, 都有 $0 \leqslant m^*(\Omega) \leqslant \infty$;

(vii)(单调性)如果 $A \subseteq B \subseteq \mathbb{R}^n$, 那么 $m^*(A) \leqslant m^*(B)$;

(viii)(有限次可加性)如果 $(A_j)_{j \in J}$ 是 $\mathbb{R}^n$ 的有限个子集, 那么 $m^*(\bigcup_{j \in J} A_j) \leqslant \sum_{j \in J} m^*(A_j)$;

(x)(可数次可加性)如果 $(A_j)_{j \in J}$ 是 $\mathbb{R}^n$ 的可数个子集, 那么 $m^*(\bigcup_{j \in J} A_j) \leqslant \sum_{j \in J} m^*(A_j)$;

(xiii)(平移不变性)如果 Ω 是 $\mathbb{R}^n$ 的子集, 并且 $\boldsymbol{x} \in \mathbb{R}^n$, 那么 $m^*(\boldsymbol{x} + \Omega) = m^*(\Omega)$.

证明 参见习题 18.2.1. □

闭盒子的外测度也符合我们的期望.

命题 18.2.6（闭盒子的外测度） 对任意的闭盒子

$$B = \prod_{i=1}^{n}[a_i, b_i] = \{(x_1, \cdots, x_n) \in \mathbb{R}^n : x_i \in [a_i, b_i]; 1 \leqslant i \leqslant n\},$$

我们有

$$m^*(B) = \prod_{i=1}^{n}(b_i - a_i).$$

证明 显然，我们可以用开盒子 $\prod_{i=1}^{n}(a_i - \varepsilon, b_i + \varepsilon)$（其中 $\varepsilon > 0$ 可以取任意正数）来覆盖闭盒子 $B = \prod_{i=1}^{n}[a_i, b_i]$. 于是，对任意的 $\varepsilon > 0$，有

$$m^*(B) \leqslant \mathrm{vol}\left(\prod_{i=1}^{n}(a_i - \varepsilon, b_i + \varepsilon)\right) = \prod_{i=1}^{n}(b_i - a_i + 2\varepsilon).$$

当 $\varepsilon \to 0$ 时，取极限得

$$m^*(B) \leqslant \prod_{i=1}^{n}(b_i - a_i).$$

为了完成证明，我们必须证明

$$m^*(B) \geqslant \prod_{i=1}^{n}(b_i - a_i).$$

由 $m^*(B)$ 的定义知，我们只需证明：只要 $(B_j)_{j \in J}$ 是 B 的有限覆盖或可数覆盖，就有

$$\sum_{j \in J} \mathrm{vol}(B_j) \geqslant \prod_{i=1}^{n}(b_i - a_i).$$

因为 B 是一个有界闭集，所以它是一个紧集（根据海涅–博雷尔定理，即定理 12.5.7），那么 B 的每个开覆盖都有一个有限子覆盖（定理 12.5.8）. 因此，要想证明上述不等式对可数覆盖成立，只需证明上述不等式对有限覆盖成立就可以了（因为如果 $(B_j)_{j \in J'}$ 是 $(B_j)_{j \in J}$ 的一个有限子覆盖，那么 $\sum_{j \in J} \mathrm{vol}(B_j)$ 就大于或等于 $\sum_{j \in J'} \mathrm{vol}(B_j)$）.

总之，我们的目标是证明：只要 $(B^{(j)})_{j \in J}$ 是 $\prod_{i=1}^{n}[a_i, b_i]$ 的一个有限覆盖，就有

$$\sum_{j \in J} \mathrm{vol}(B^{(j)}) \geqslant \prod_{i=1}^{n}(b_i - a_i). \tag{18.1}$$

这里把 B_j 改成 $B^{(j)}$ 是因为我们将用下标来表示分量.

为了证明式 (18.1)，我们对维数 n 使用归纳法. 首先，我们考虑 $n = 1$ 时的基本情形. 这里的 B 就是闭区间 $B = [a, b]$，每个盒子 $B^{(j)}$ 就是一个开区间 $B^{(j)} = (a_j, b_j)$. 我们要证明的是

$$\sum_{j \in J}(b_j - a_j) \geqslant (b - a).$$

为此, 我们使用黎曼积分. 对每个 $j \in J$, 设函数 $f^{(j)} : \mathbb{R} \to \mathbb{R}$ 满足: 当 $x \in (a_j, b_j)$ 时, $f^{(j)}(x) = 1$; 否则 $f^{(j)}(x) = 0$. 那么 $f^{(j)}$ 是黎曼可积的 (因为 f 是分段常数函数, 并且还是紧支撑的) 且

$$\int_{-\infty}^{\infty} f^{(j)} = b_j - a_j.$$

把全体 $j \in J$ 对应的上式加起来, 然后交换积分运算与有限和运算的次序得

$$\int_{-\infty}^{\infty} \sum_{j \in J} f^{(j)} = \sum_{j \in J} b_j - a_j.$$

但因为区间簇 (a_j, b_j) 覆盖了 $[a, b]$, 所以对任意的 $x \in [a, b]$ 都有 $\sum_{j \in J} f^{(j)}(x) \geqslant 1$. (为什么?) 当 x 取其他任何值时, 我们有 $\sum_{j \in J} f^{(j)}(x) \geqslant 0$. 于是

$$\int_{-\infty}^{\infty} \sum_{j \in J} f^{(j)} \geqslant \int_{[a,b]} 1 = b - a.$$

把这个不等式与前面的等式结合起来, 我们就得到了想要的结论. 这就证明了 $n = 1$ 时的式 (18.1).

现在归纳性地假设 $n > 1$, 并假设我们已经证明了 $n - 1$ 维时的式 (18.1). 下面我们将采用类似的论述去证明. 每个盒子 $B^{(j)}$ 都具有下述形式

$$B^{(j)} = \prod_{i=1}^{n} (a_i^{(j)}, b_i^{(j)}).$$

它可以写成

$$B^{(j)} = A^{(j)} \times (a_n^{(j)}, b_n^{(j)}),$$

其中 $A^{(j)}$ 是 $n-1$ 维的盒子 $A^{(j)} = \prod_{i=1}^{n-1} (a_i^{(j)}, b_i^{(j)})$. 注意,

$$\mathrm{vol}(B^{(j)}) = \mathrm{vol}_{n-1}(A^{(j)})(b_n^{(j)} - a_n^{(j)}).$$

我们在 vol_{n-1} 中使用 $n-1$ 是为了强调这里说的是 $n-1$ 维的体积. 类似地, 我们记

$$B = A \times [a_n, b_n],$$

其中 $A = \prod_{i=1}^{n-1} [a_i, b_i]$, 同样要注意,

$$\mathrm{vol}(B) = \mathrm{vol}_{n-1}(A)(b_n - a_n).$$

对每个 $j \in J$, 设函数 $f^{(j)}$ 满足: 当 $x_n \in (a_n^{(j)}, b_n^{(j)})$ 时, $f^{(j)}(x_n) = \mathrm{vol}_{n-1}(A^{(j)})$; 否则 $f^{(j)}(x_n) = 0$. 那么 $f^{(j)}$ 是黎曼可积的, 并且

$$\int_{-\infty}^{\infty} f^{(j)} = \mathrm{vol}_{n-1}(A^{(j)})(b_n^{(j)} - a_n^{(j)}) = \mathrm{vol}(B^{(j)}),$$

从而有

$$\sum_{j\in J}\mathrm{vol}(B^{(j)}) = \int_{-\infty}^{\infty}\sum_{j\in J}f^{(j)}.$$

现在设 $x_n \in [a_n, b_n]$ 且 $(x_1, \cdots, x_{n-1}) \in A$, 那么 $(x_1, \cdots, x_n)$ 属于 B, 从而也属于某个 $B^{(j)}$. 显然有 $x_n \in (a_n^{(j)}, b_n^{(j)})$ 和 $(x_1, \cdots, x_{n-1}) \in A^{(j)}$. 于是, 对每个 $x_n \in [a_n, b_n]$, 由 $n-1$ 维盒子构成的集合

$$\{A^{(j)} : j \in J;\ x_n \in (a_n^{(j)}, b_n^{(j)})\}$$

都覆盖 A. 利用 $n-1$ 维时的归纳假设式 (18.1) 得

$$\sum_{j\in J; x_n \in (a_n^{(j)}, b_n^{(j)})}\mathrm{vol}_{n-1}(A^{(j)}) \geqslant \mathrm{vol}_{n-1}(A).$$

也就是说,

$$\sum_{j\in J}f^{(j)}(x_n) \geqslant \mathrm{vol}_{n-1}(A).$$

对上式两端同时求在 $[a_n, b_n]$ 上的积分, 得

$$\int_{[a_n, b_n]}\sum_{j\in J}f^{(j)} \geqslant \mathrm{vol}_{n-1}(A)(b_n - a_n) = \mathrm{vol}(B).$$

于是, 由 $\sum_{j\in J}f^{(j)}$ 总是非负的知

$$\int_{-\infty}^{\infty}\sum_{j\in J}f^{(j)} \geqslant \mathrm{vol}_{n-1}(A)(b_n - a_n) = \mathrm{vol}(B).$$

把这个式子与前面得到的关于 $\int_{-\infty}^{\infty}\sum_{j\in J}f^{(j)}$ 的恒等式结合起来, 就得到了式 (18.1), 这样就完成了归纳证明. $\qquad\square$

一旦有了闭盒子的测度, 关于开盒子的相应结论也就容易了.

推论 18.2.7 对任意的开盒子

$$B = \prod_{i=1}^{n}(a_i, b_i) = \{(x_1, \cdots, x_n) \in \mathbb{R}^n : x_i \in (a_i, b_i);\ 1 \leqslant i \leqslant n\},$$

我们有

$$m^*(B) = \prod_{i=1}^{n}(b_i - a_i).$$

这样, 外测度就满足了正规化性质 (xii).

证明 对所有的 i, 我们不妨设 $b_i > a_i$, 因为如果 $b_i = a_i$, 那么结论就可以由引理 18.2.5(v) 推导出. 我们观察到, 对任意的 $\varepsilon > 0$, 有

$$\prod_{i=1}^{n}[a_i + \varepsilon, b_i - \varepsilon] \subseteq \prod_{i=1}^{n}(a_i, b_i) \subseteq \prod_{i=1}^{n}[a_i, b_i].$$

这里我们假设 ε 足够小, 它使得对所有的 i 都有 $b_i - \varepsilon > a_i + \varepsilon$. 根据命题 18.2.6 和引理 18.2.5(vii) 得

$$\prod_{i=1}^{n}(b_i - a_i - 2\varepsilon) \leqslant m^* \left(\prod_{i=1}^{n}(a_i, b_i) \right) \leqslant \prod_{i=1}^{n}(b_i - a_i).$$

令 $\varepsilon \to 0$, 然后使用夹逼定理 (推论 6.4.14) 就得到了要证明的结论.　　　　□

现在我们给出实直线 $\mathbb{R}$ 上的外测度的一些例子.

例 18.2.8　我们来计算 $\mathbb{R}$ 的一维测度. 因为对所有的 $R > 0$ 都有 $(-R, R) \subseteq \mathbb{R}$, 所以根据推论 18.2.7 得

$$m^*(\mathbb{R}) \geqslant m^*((-R, R)) = 2R.$$

令 $R \to \infty$ 就得到了 $m^*(\mathbb{R}) = \infty$.

例 18.2.9　现在我们来计算 $\mathbb{Q}$ 的一维测度. 由命题 18.2.6 知, 对每个有理数 q, 单元素集 $\{q\}$ 的外测度都是 $m^*(\{q\}) = 0$. 因为 $\mathbb{Q}$ 显然是全体有理数 $\{q\}$ 的并集 $\mathbb{Q} = \bigcup_{q \in \mathbb{Q}}\{q\}$, 而且 $\mathbb{Q}$ 还是可数的, 所以

$$m^*(\mathbb{Q}) \leqslant \sum_{q \in \mathbb{Q}} m^*(\{q\}) = \sum_{q \in \mathbb{Q}} 0 = 0.$$

于是 $m^*(\mathbb{Q})$ 一定等于零. 事实上, 同样的论述可以证明每个可数集的测度都是零 [这附带给出了 "实数集是不可数集" (推论 8.3.4) 的另一种证明方法].

注 18.2.10　从 $m^*(\mathbb{Q}) = 0$ 推导出的一个结论是: 给定任意的 $\varepsilon > 0$, 我们可以用可数个总长度之和不超过 ε 的区间来覆盖有理数集 $\mathbb{Q}$. 这个结果并不是很直观, 你能否找到一种更直观的方法, 来构造这个由小区间组成的 $\mathbb{Q}$ 的可数覆盖?

例 18.2.11　我们现在计算无理数集 $\mathbb{R} \setminus \mathbb{Q}$ 的一维测度. 根据有限次可加性, 我们有

$$m^*(\mathbb{R}) \leqslant m^*(\mathbb{R} \setminus \mathbb{Q}) + m^*(\mathbb{Q}).$$

因为 $\mathbb{Q}$ 的外测度是 0, $\mathbb{R}$ 的外测度是 ∞, 所以无理数集 $\mathbb{R} \setminus \mathbb{Q}$ 的外测度是 ∞. 类似的论述可以证明 $[0, 1] \setminus \mathbb{Q}$ ($[0, 1]$ 中的无理数的集合) 的外测度是 1. (为什么?)

例 18.2.12　根据命题 18.2.6, $\mathbb{R}$ 的单位区间 $[0, 1]$ 的一维外测度是 1, 但 $\mathbb{R}^2$ 的单位区间 $\{(x, 0) : 0 \leqslant x \leqslant 1\}$ 的二维外测度是 0. 因此, 一维外测度和二维外测度是有很大区别的. 注意, 上面这些说明及可数次可加性表明, 虽然 $\mathbb{R}$ 的一维测度是 ∞, 但是 $\mathbb{R}^2$ 的整个 x 轴的二维外测度是 0.

习 题

18.2.1 证明引理 18.2.5.（提示：你必须使用下确界的定义，而且还可能需要引入参数 ε. 你需要把某些外测度等于 ∞ 的情况分开来处理.（viii）可以从（x）和（v）中推导出. 对于（x），把指标集 J 记作 $J = \{j_1, j_2, j_3, \cdots\}$. 另外，对每个 A_j，用一簇总体积之和不超过 $m^*(A_j) + \varepsilon/2^j$ 的盒子来覆盖 A_j.）

18.2.2 设 A 是 $\mathbb{R}^n$ 的子集，并设 B 是 $\mathbb{R}^m$ 的子集，那么注意到，笛卡儿积 $\{(a, b) : a \in A, b \in B\}$ 是 $\mathbb{R}^{n+m}$ 的子集. 证明：$m_{n+m}^*(A \times B) \leqslant m_n^*(A) m_m^*(B)$. 这里约定：当 $0 < c \leqslant \infty$ 时，$c \times \infty = \infty \times c = \infty$；当 $c = 0$ 时，$c \times \infty = \infty \times c = 0$.（实际上，有 $m_{n+m}^*(A \times B) = m_n^*(A) m_m^*(B)$ 成立，但要想证明这一点相当困难.）

在习题 18.2.3～习题 18.2.5 中，我们假设 $\mathbb{R}^n$ 是一个欧几里得空间，并假设在 $\mathbb{R}^n$ 中有可测集的概念（它可能与勒贝格可测集的概念重合，也可能不重合）和测度的概念（它可能与勒贝格测度的概念重合，也可能不重合），而且这个测度还满足公理（i）～（xiii）.

18.2.3 (a) 证明：如果 $A_1 \subseteq A_2 \subseteq A_3 \cdots$ 是一个单调递增的可测集序列（因此，对每个正整数 j 都有 $A_j \subseteq A_{j+1}$），那么 $m(\bigcup_{j=1}^{\infty} A_j) = \lim_{j \to \infty} m(A_j)$.

(b) 证明：如果 $A_1 \supseteq A_2 \supseteq A_3 \cdots$ 是一个单调递减的可测集序列（因此，对每个正整数 j 都有 $A_j \supseteq A_{j+1}$），并且 $m(A_1) < \infty$，那么 $m(\bigcap_{j=1}^{\infty} A_j) = \lim_{j \to \infty} m(A_j)$.

18.2.4 证明：对任意的正整数 $q > 1$，开盒子

$$(0, 1/q)^n = \{(x_1, \cdots, x_n) \in \mathbb{R}^n : 0 < x_j < 1/q; \ 1 \leqslant j \leqslant n\}$$

和闭盒子

$$[0, 1/q]^n = \{(x_1, \cdots, x_n) \in \mathbb{R}^n : 0 \leqslant x_j \leqslant 1/q; \ 1 \leqslant j \leqslant n\}$$

的测度都是 q^{-n}.（提示：首先证明，对每个 $q \geqslant 1$ 都有 $m((0, 1/q)^n) \leqslant q^{-n}$，采用的方法是用 $(0, 1/q)^n$ 的某些平移来覆盖 $(0, 1)^n$. 按照类似的论述证明 $m([0, 1/q]^n) \geqslant q^{-n}$. 然后证明，对任意的 $\varepsilon > 0$ 都有 $m([0, 1/q]^n \setminus (0, 1/q)^n) \leqslant \varepsilon$，采用的方法是用一些非常小的盒子来覆盖 $[0, 1/q]^n$ 的边界.）

18.2.5 证明：对任意的盒子 B，有 $m(B) = \text{vol}(B)$.（提示：首先，利用习题 18.2.4 证明坐标 a_j 和 b_j 都是有理数时的结论. 然后设法取极限，进而得到坐标都是实数时的一般结论.）

18.2.6 利用引理 18.2.5 和命题 18.2.6，给出"实数集是不可数集"的另一种证明方法（重新证明推论 8.3.4）.

18.3 外测度是不可加的

从引理 18.2.5 来看，好像只要验证了可加性（ix）和（xi），我们就为拥有一个可用的测度做好了一切准备. 遗憾的是，这些性质对于外测度是不成立的，即便是一维外测度也是如此.

命题 18.3.1（可数可加性不成立） 在 $\mathbb{R}$ 中，存在可数个互不相交的子集

$(A_j)_{j \in J}$，使得

$$m^* \left(\bigcup_{j \in J} A_j \right) \neq \sum_{j \in J} m^*(A_j).$$

证明   我们需要引入一些记号. 设 $\mathbb{Q}$ 是有理数集, $\mathbb{R}$ 是实数集. 对于集合 $A \subseteq \mathbb{R}$, 如果存在一个实数 x 使得 $A = x + \mathbb{Q}$, 那么我们称 A 是 $\mathbb{Q}$ 的陪集. 例如, $\sqrt{2} + \mathbb{Q}$ 是 $\mathbb{Q}$ 的陪集. 因为 $\mathbb{Q} = 0 + \mathbb{Q}$, 所以 $\mathbb{Q}$ 是自身的陪集. 注意, 一个陪集 A 可以对应多个 x 值. 例如, $2 + \mathbb{Q}$ 和 $0 + \mathbb{Q}$ 都是 $\mathbb{Q}$ 的陪集. 还要注意, 两个陪集 不可能部分重叠. 如果 $x + \mathbb{Q}$ 和 $y + \mathbb{Q}$ 相交, 并且 z 是它们的公共点, 那么 $x - y$ 一定是一个有理数（为什么? 利用恒等式 $x - y = (x - z) - (y - z)$）. 因此 $x + \mathbb{Q}$ 和 $y + \mathbb{Q}$ 肯定相等. （为什么?）于是, 任意两个陪集要么相等, 要么不相交.

我们观察到, 有理数集 $\mathbb{Q}$ 的每个陪集 A 与 $[0,1]$ 的交集都是非空的. 实际上, 如果 A 是一个陪集, 那么存在一个实数 x 使得 $A = x + \mathbb{Q}$. 如果我们在 $[-x, 1-x]$ 中取出一个有理数 q, 那么 $x + q \in [0,1]$, 从而 $A \cap [0,1]$ 包含 $x + q$.

令 $\mathbb{R} \setminus \mathbb{Q}$ 表示由 $\mathbb{Q}$ 的全体陪集构成的集合, 注意, 这个集合中的元素本身就 是（实数的）集合. 对于 $\mathbb{R} \setminus \mathbb{Q}$ 中的每个陪集 A, 我们从 $A \cap [0,1]$ 中取出一个 元素 x_A（因为这里有无穷多种选取, 所以我们需要使用选择公理, 参见 8.4 节）. 设 E 是由所有这些 x_A 构成的集合, 即 $E = \{x_A : A \in \mathbb{R}/\mathbb{Q}\}$. 注意, 由 E 的构 造得 $E \subseteq [0,1]$.

现在考察集合

$$X = \bigcup_{q \in \mathbb{Q} \cap [-1,1]} (q + E).$$

显然, 这个集合包含在 $[-1, 2]$ 中（因为只要 $q \in [-1,1]$ 且 $x \in E \subseteq [0,1]$, 就有 $q + x \in [-1,2]$）. 我们断定这个集合包含区间 $[0,1]$. 事实上, 对任意的 $y \in [0,1]$, 我们知道 y 一定属于某个陪集 A（例如, 它属于陪集 $y + \mathbb{Q}$）. 我们还知道 x_A 也 属于这个陪集, 于是 $y - x_A$ 就等于某个有理数 q. 因为 y 和 x_A 都属于 $[0,1]$, 所 以 q 属于 $[-1,1]$. 由 $y = q + x_A$ 知 $y \in q + E$, 从而得到 $y \in X$.

注意, 平移 $q + E$ 是互不相交的, 其中 $q \in \mathbb{Q}$. 因为如果存在两个不同的 $q, q' \in \mathbb{Q}$ 使得 $q + E$ 与 $q' + E$ 相交, 那么存在 $A, A' \in \mathbb{R}/\mathbb{Q}$ 满足 $q + x_A = q' + x_{A'}$. 但 $A = x_A + \mathbb{Q} = x_{A'} + \mathbb{Q} = A'$, 从而 $x_A = x_{A'}$, 这意味着 $q = q'$, 与假设相矛盾.

我们断定

$$m^*(X) \neq \sum_{q \in \mathbb{Q} \cap [-1,1]} m^*(q + E),$$

并据此来证明本命题的结论. 为了弄清楚上式为什么成立, 我们注意到 $[0,1] \subseteq X \subseteq [-1,2]$, 那么根据单调性和命题 18.2.6 得 $1 \leqslant m^*(X) \leqslant 3$. 对于不等式的右

端，根据平移不变性知

$$\sum_{q \in \mathbb{Q} \cap [-1,1]} m^*(q+E) = \sum_{q \in \mathbb{Q} \cap [-1,1]} m^*(E).$$

集合 $\mathbb{Q} \cap [-1,1]$ 是一个可数无限集.（为什么?）因此，不等式右端要么是 0（如果 $m^*(E) = 0$），要么是 ∞（如果 $m^*(E) > 0$）. 无论是哪一种情形，它都不可能介于 1 和 3 之间，结论得证. $\qquad \square$

注 18.3.2 上面的证明用到了选择公理. 事实上，这一点是非常必要的. 我们可以用数理逻辑中某些更高级的技巧来证明. 但如果不假定选择公理，那么我们可能得到一个外测度满足可数可加性的数学模型.

通过改进上述论证，我们可以证明 m^* 实际上也不满足有限可加性.

命题 18.3.3（有限可加性不成立） 在 $\mathbb{R}$ 中，存在有限个互不相交的子集 $(A_j)_{j \in J}$，使得

$$m^* \left(\bigcup_{j \in J} A_j \right) \neq \sum_{j \in J} m^*(A_j).$$

证明 我们用间接论证的方法完成证明. 利用反证法，假设 m^* 满足有限可加性. 设 E 和 X 是命题 18.3.1 中引入的集合，根据可数次可加性和平移不变性，我们有

$$m^*(X) \leqslant \sum_{q \in \mathbb{Q} \cap [-1,1]} m^*(q+E) = \sum_{q \in \mathbb{Q} \cap [-1,1]} m^*(E).$$

因为我们知道 $1 \leqslant m^*(X) \leqslant 3$，所以 $m^*(E) \neq 0$；否则，我们将得到 $m^*(X) \leqslant 0$，显然这里出现了矛盾.

由 $m^*(E) \neq 0$ 知，存在一个有限的整数 $n > 0$ 使得 $m^*(E) > 1/n$. 现在令 J 表示 $\mathbb{Q} \cap [-1,1]$ 的一个基数为 $3n$ 的有限子集，如果 m^* 满足有限可加性，那么

$$m^* \left(\bigcup_{q \in J} (q+E) \right) = \sum_{q \in J} m^*(q+E) = \sum_{q \in J} m^*(E) > 3n \frac{1}{n} = 3.$$

但我们知道 $\bigcup_{q \in J}(q+E)$ 是 X 的子集，而且它的外测度最多为 3. 这与单调性相矛盾. 因此，m^* 不可能满足有限可加性. $\qquad \square$

注 18.3.4 这些例子与巴拿赫–塔斯基悖论有关. 该悖论说的是（利用选择公理）我们可以把 $\mathbb{R}^3$ 中的单位球划分成有限多个块，在经过旋转和平移后，这有限多个块能够重新组装成两个完整的单位球. 当然，这个划分涉及不可测集. 在这里，我们不对这个悖论展开讨论，因为它用到了群论的相关知识，而这些知识超出了本书的范围.

18.4　可测集

在 18.3 节中，我们看到一些集合的外测度性质不是很好，特别是它们可以作为有限可加性和可数可加性的反例. 不过，这些集合是相当病态的，利用选择公理，它们被人为地构造出来. 我们希望把这些集合排除，从而使有限可加性与可数可加性能够成立. 非常幸运，这是可以实现的. 这归功于一个巧妙的定义，它是由卡拉西奥多里（1873—1950）提出的.

定义 18.4.1（勒贝格可测性）设 E 是 $\mathbb{R}^n$ 的子集，我们称 E 是勒贝格可测的，或者简称为可测的，当且仅当对 $\mathbb{R}^n$ 的每个子集 A 都有恒等式

$$m^*(A) = m^*(A \cap E) + m^*(A \setminus E).$$

如果 E 是可测的，那么我们把 E 的勒贝格测度定义为 $m(E) = m^*(E)$；如果 E 不可测，那么 $m(E)$ 无定义.

换句话说，E 是可测的意味着，当我们用 E 把任意的集合 A 划分成两部分时，可加性保持不变. 当然，如果 m^* 是有限可加的，那么每个集合 E 都是可测的. 但由命题 18.3.3 知，并非所有的集合都是有限可加的. 我们可以把可测集看作能使有限可加性成立的集合. 有时，我们把 $m(E)$ 写成 $m_n(E)$，以此来强调我们使用的是 n 维勒贝格测度.

上面这个定义使用起来有些困难. 在实践中，我们很难由这个定义直接验证一个集合是可测的. 但是，我们将使用这个定义来证明可测集的一系列有用的性质（引理 18.4.2～引理 18.4.11），然后只依据这些引理中的性质来判断可测性，而不再使用上述定义.

我们先来证明许多集合其实是可测的. 显然，空集 $E = \varnothing$ 和全空间 $E = \mathbb{R}^n$ 都是可测的.（为什么？）下面给出另一个可测集的例子.

引理 18.4.2（半空间是可测的）半空间

$$\{(x_1, \cdots, x_n) \in \mathbb{R}^n : x_n > 0\}$$

是可测的.

证明　参见习题 18.4.3.　　　　　　　　　　　　　　　　　　　　□

注 18.4.3　类似的论述可以证明，任意一个形如 $\{(x_1, \cdots, x_n) \in \mathbb{R}^n : x_j > 0\}$ 或 $\{(x_1, \cdots, x_n) \in \mathbb{R}^n : x_j < 0\}$（其中 $1 \leqslant j \leqslant n$）的半空间都是可测的.

现在给出可测集的更多性质.

引理 18.4.4（可测集的性质）

(a) 如果 E 是可测的，那么 $\mathbb{R}^n \setminus E$ 也是可测的.

(b)（平移不变性）如果 E 是可测的，并且 $\boldsymbol{x} \in \mathbb{R}^n$，那么 $\boldsymbol{x} + E$ 也是可测的，并且有 $m(\boldsymbol{x} + E) = m(E)$.

(c) 如果 E_1 和 E_2 都是可测的，那么 $E_1 \cap E_2$ 和 $E_1 \cup E_2$ 也都可测.

(d)（布尔代数性质）如果 $E_1, E_2, \cdots, E_N$ 都是可测的，那么 $\cup_{j=1}^N E_j$ 和 $\cap_{j=1}^N E_j$ 也都是可测的.

(e) 每个开盒子都是可测的，每个闭盒子也都是可测的.

(f) 任意一个外测度为 0 的集合 E（$m^*(E) = 0$）都是可测的.

证明 参见习题 18.4.4. □

利用引理 18.4.4，我们已经证明了可测集的性质 (ii)、(iii) 和 (xiii)，并将进一步证明 (i). 另外，我们还有有限可加性（可测集的性质 (ix)）.

引理 18.4.5（有限可加性） 如果 $(E_j)_{j \in J}$ 是有限个不相交的可测集，A 是任意一个集合（不一定是可测的），那么

$$m^*\left(A \cap \bigcup_{j \in J} E_j\right) = \sum_{j \in J} m^*(A \cap E_j).$$

另外，还有 $m(\bigcup_{j \in J} E_j) = \sum_{j \in J} m(E_j)$.

证明 参见习题 18.4.6. □

注 18.4.6 如果把引理 18.4.5 和命题 18.3.3 结合起来，那么我们能推导出"存在不可测集"，参见习题 18.4.5.

推论 18.4.7 如果 $A \subseteq B$ 是两个可测集，那么 $B \setminus A$ 也是可测的，并且

$$m(B \setminus A) + m(A) = m(B).$$

证明 参见习题 18.4.7. □

现在我们来证明可数可加性.

引理 18.4.8（可数可加性） 如果 $(E_j)_{j \in J}$ 是可数个不相交的可测集，那么 $\bigcup_{j \in J} E_j$ 是可测的，并且 $m(\bigcup_{j \in J} E_j) = \sum_{j \in J} m(E_j)$.

证明 设 $E = \bigcup_{j \in J} E_j$，我们的第一个任务是证明 E 是可测的. 令 A 是任意一个集合（不一定是可测的），我们要证明的是

$$m^*(A) = m^*(A \cap E) + m^*(A \setminus E).$$

因为 J 是可数的，所以我们记 $J = \{j_1, j_2, j_3, \cdots\}$. 注意，

$$A \cap E = \bigcup_{k=1}^{\infty} (A \cap E_{j_k}),$$

（为什么？）那么根据可数次可加性得

$$m^*(A \cap E) \leqslant \sum_{k=1}^{\infty} m^*(A \cap E_{j_k}).$$

我们把这个式子改写成

$$m^*(A \cap E) \leqslant \sup_{N \geqslant 1} \sum_{k=1}^{N} m^*(A \cap E_{j_k}).$$

设 F_N 为集合 $F_N = \bigcup_{k=1}^{N} E_{j_k}$，由于所有的 $A \cap E_{j_k}$ 都是互不相交的，并且它们的并集是 $A \cap F_N$，因此由引理 18.4.5 知

$$\sum_{k=1}^{N} m^*(A \cap E_{j_k}) = m^*(A \cap F_N),$$

从而有

$$m^*(A \cap E) \leqslant \sup_{N \geqslant 1} m^*(A \cap F_N).$$

现在考虑 $A \setminus E$. 因为 $F_N \subseteq E$，（为什么？）所以 $A \setminus E \subseteq A \setminus F_N$. （为什么？）于是，由单调性知，对所有的 N 都有

$$m^*(A \setminus E) \leqslant m^*(A \setminus F_N),$$

那么我们得到

$$m^*(A \cap E) + m^*(A \setminus E) \leqslant \sup_{N \geqslant 1} (m^*(A \cap F_N) + m^*(A \setminus E))$$
$$\leqslant \sup_{N \geqslant 1} (m^*(A \cap F_N) + m^*(A \setminus F_N)).$$

但根据引理 18.4.4(d) 知，F_N 是可测的，从而有

$$m^*(A \cap F_N) + m^*(A \setminus F_N) = m^*(A).$$

把这些式子合起来得

$$m^*(A \cap E) + m^*(A \setminus E) \leqslant m^*(A).$$

又由有限次可加性知

$$m^*(A \cap E) + m^*(A \setminus E) \geqslant m^*(A).$$

这样就证明了 E 是可测的.

为了完成引理的证明，我们需要证明 $m(E)$ 等于 $\sum_{j \in J} m(E_j)$. 首先，根据可数次可加性，我们观察到

$$m(E) \leqslant \sum_{j \in J} m(E_j) = \sum_{k=1}^{\infty} m(E_{j_k}).$$

另外, 由有限可加性和单调性知

$$m(E) \geqslant m(F_N) = \sum_{k=1}^{N} m(E_{j_k}).$$

当 $N \to \infty$ 时, 取极限得

$$m(E) \geqslant \sum_{k=1}^{\infty} m(E_{j_k}),$$

从而得到了要证明的

$$m(E) = \sum_{k=1}^{\infty} m(E_{j_k}) = \sum_{j \in J} m(E_j).$$

□

这证明了可测集的性质 (xi). 接下来, 我们研究可数并集和可数交集.

引理 18.4.9 (σ 代数性质) 如果 $(\Omega_j)_{j \in J}$ 是任意可数个可测集 (从而 J 是可数的), 那么并集 $\bigcup_{j \in J} \Omega_j$ 和交集 $\bigcap_{j \in J} \Omega_j$ 也都是可测的.

证明 参见习题 18.4.8. □

我们期望的最后一条需要验证的性质是 (a). 首先, 我们需要一个引理.

引理 18.4.10 每个开集都能写成可数个或有限个开盒子的并集.

证明 首先, 我们需要一个记号. 如果一个盒子 $B = \prod_{i=1}^{n}(a_i, b_i)$ 的所有分量 a_i 和 b_i 都是有理数, 那么我们称 B 是一个有理盒子. 注意, 只存在可数个有理盒子 (因为一个有理盒子可以用 $2n$ 个有理数来描述, 所以有理盒子与 $\mathbb{Q}^{2n}$ 的基数相等. 但 $\mathbb{Q}$ 是一个可数集, 并且任意有限个可数集的笛卡儿积也是可数的, 参见推论 8.1.14 和推论 8.1.15).

我们给出下面这个结论: 给定任意的开球 $B(\boldsymbol{x}, r)$, $B(\boldsymbol{x}, r)$ 中存在一个包含 $\boldsymbol{x}$ 的有理盒子 B. 为了证明这个结论, 记 $\boldsymbol{x} = (x_1, \cdots, x_n)$. 对每个 $1 \leqslant i \leqslant n$, 设 a_i 和 b_i 是满足下列条件的有理数:

$$x_i - \frac{r}{n} < a_i < x_i < b_i < x_i + \frac{r}{n},$$

那么盒子 $\prod_{i=1}^{n}(a_i, b_i)$ 显然是一个有理盒子, 并且它还包含了 $\boldsymbol{x}$. 利用勾股定理 (或者三角不等式), 通过简单的计算就可以证明这个盒子还包含在 $B(\boldsymbol{x}, r)$ 中. 这部分的证明留给读者.

现在设 E 是一个开集, 并设 Σ 是 E 中全体有理盒子 B 构成的集合, 然后考察所有这些盒子的并集 $\bigcup_{B \in \Sigma} B$. 显然, 由于 Σ 中的每个盒子都包含在 E 中, 因此这个并集也包含在 E 中. 另外, 因为 E 是一个开集, 所以对每个 $\boldsymbol{x} \in E$, 都存在一个包含在 E 中的球 $B(\boldsymbol{x}, r)$. 而且由前面的命题知, 这个球中存在一个包

含 x 的有理盒子. 于是, x 属于 $\bigcup_{B \in \Sigma} B$. 因此, 我们有

$$E = \bigcup_{B \in \Sigma} B.$$

注意, Σ 是一个可数集或有限集, 因为它是全体有理盒子构成的可数集的子集. □

引理 18.4.11（博雷尔性质） 每个开集都是勒贝格可测的, 每个闭集也都是勒贝格可测的.

证明 我们只需证明关于开集的结论就可以了, 因为关于闭集的结论可以由引理 18.4.4(a)（性质 (ii)）推导出. 设 E 是一个开集, 根据引理 18.4.10 知, E 是盒子的可数并集. 由于我们已经知道盒子都是可测的, 并且可测集的可数并集仍是一个可测集, 因此结论得证.   □

现在, 关于勒贝格测度的构造及勒贝格测度的基本性质就介绍完了. 接下来, 我们将进入构造勒贝格积分的下一步, 即介绍可积函数的类型.

习　题

18.4.1 设 A 是 $\mathbb{R}$ 中的开区间, 证明: $m^*(A) = m^*(A \cap (0, \infty)) + m^*(A \setminus (0, \infty))$.

18.4.2 设 A 是 $\mathbb{R}^n$ 中的开盒子, 并设 E 是半平面 $E = \{(x_1, \cdots, x_n) \in \mathbb{R}^n : x_n > 0\}$, 证明: $m^*(A) = m^*(A \cap E) + m^*(A \setminus E)$.（提示: 利用习题 18.4.1.）

18.4.3 证明引理 18.4.2.（提示: 利用习题 18.4.2.）

18.4.4 证明引理 18.4.4.（提示: 对于 (c), 首先证明

$$m^*(A) = m^*(A \cap E_1 \cap E_2) + m^*(A \cap E_1 \setminus E_2) + m^*(A \cap E_2 \setminus E_1) + m^*(A \setminus (E_1 \cup E_2)).$$

画一张维恩图或许会有帮助. 另外, 你可能还会用到有限次可加性. 利用 (c) 证明 (d), 并利用 (b)、(d) 及引理 18.4.2 的各种形式证明 (e).）

18.4.5 证明: 命题 18.3.1 和命题 18.3.3 的证明中用到的集合 E 是不可测集.

18.4.6 证明引理 18.4.5.

18.4.7 利用引理 18.4.5 证明推论 18.4.7.

18.4.8 证明引理 18.4.9.（提示: 对于可数并集的问题, 记 $J = \{j_1, j_2, \cdots\}$, $F_N = \bigcup_{k=1}^{N} \Omega_{j_k}$, 并记 $E_N = F_N \setminus F_{N-1}$, 其中 F_0 为空集. 然后利用引理 18.4.8. 对于可数交集的问题, 利用你刚做的一切及引理 18.4.4(a).）

18.4.9 设 $A \subseteq \mathbb{R}^2$ 是集合 $A = [0,1]^2 \setminus \mathbb{Q}^2$, 也就是说, A 是由 $[0,1]^2$ 中的坐标 x 和 y 不全为有理数的点 (x, y) 构成的集合, 证明: A 是可测集且 $m(A) = 1$, 但是 A 没有内点.（提示: 与运用第一性原理的解题思路相比, 利用外测度和测度的性质来解题将更容易, 其中包括上述习题中的结论.）

18.4.10 设 $A \subseteq B \subseteq \mathbb{R}^n$, 证明: 如果 B 是测度为 0 的勒贝格可测集, 那么 A 也是测度为 0 的勒贝格可测集.

18.5 可测函数

在黎曼积分理论中，我们只能对某种特定类型的函数，即黎曼可积函数求积分. 现在我们可以对更大的一类函数，即可测函数求积分. 更准确地说，我们只能对那些绝对可积的可测函数求积分，稍后将展开详细的论述.

定义 18.5.1（可测函数） 设 Ω 是 $\mathbb{R}^n$ 的可测子集，并设 $f:\Omega \to \mathbb{R}^m$ 是一个函数，函数 f 是可测的，当且仅当对每个开集 $V \subseteq \mathbb{R}^m$，$f^{-1}(V)$ 都是可测的.

就像之前讨论的那样，我们在现实生活中处理的绝大多数集合是可测的，因此我们在现实生活中处理的大部分函数自然也是可测的. 例如，连续函数就是可测的.

引理 18.5.2（连续函数是可测的） 设 Ω 是 $\mathbb{R}^n$ 的可测子集，并设 $f:\Omega \to \mathbb{R}^m$ 是一个连续函数，那么 f 也是可测的.

证明 设 V 是 $\mathbb{R}^m$ 的任意一个开子集，那么由于 f 是连续的，因此 $f^{-1}(V)$ 是 Ω 中的开集（见定理 13.1.5(c)）. 也就是说，存在一个开集 $W \subseteq \mathbb{R}^n$ 使得 $f^{-1}(V) = W \cap \Omega$（见命题 12.3.4(a)）. 因为 W 是开集，所以它是一个可测集. 又因为 Ω 是可测的，所以 $W \cap \Omega$ 也是可测的. $\square$

根据引理 18.4.10，我们得到一种容易判别一个函数是否可测的方法.

引理 18.5.3 设 Ω 是 $\mathbb{R}^n$ 的可测子集，并设 $f:\Omega \to \mathbb{R}^m$ 是一个函数，那么 f 是可测的，当且仅当对每个开盒子 B，$f^{-1}(B)$ 都是可测的.

证明 参见习题 18.5.1. $\square$

推论 18.5.4 设 Ω 是 $\mathbb{R}^n$ 的可测子集，并设 $f:\Omega \to \mathbb{R}^m$ 是一个函数，如果 $f = (f_1,\cdots,f_m)$，其中 $f_j:\Omega \to \mathbb{R}$ 是 f 的第 j 个分量，那么 f 是可测的，当且仅当每个单独的 f_j 都是可测的.

证明 参见习题 18.5.2. $\square$

遗憾的是，两个可测函数的复合并不一定是可测的. 不过，我们还有下面这个最佳结论：连续函数作用在可测函数上的结果是可测的.

引理 18.5.5 设 Ω 是 $\mathbb{R}^n$ 的可测子集，并设 W 是 $\mathbb{R}^m$ 的开子集，如果 $f:\Omega \to W$ 是可测的，并且 $g:W \to \mathbb{R}^p$ 是一个连续函数，那么 $g \circ f:\Omega \to \mathbb{R}^p$ 是可测的.

证明 参见习题 18.5.3. $\square$

该引理有一个直接推论.

推论 18.5.6　设 Ω 是 $\mathbb{R}^n$ 的可测子集，如果 $f:\Omega\to\mathbb{R}$ 是一个可测函数，那么 $|f|$、$\max(f,0)$ 及 $\min(f,0)$ 也是可测的.

证明　把引理 18.5.5 应用于 $g(\boldsymbol{x})=|\boldsymbol{x}|$、$g(\boldsymbol{x})=\max(\boldsymbol{x},\boldsymbol{0})$ 和 $g(\boldsymbol{x})=\min(\boldsymbol{x},\boldsymbol{0})$ 上即可.　　　　　　　　$\square$

一个稍弱的直接推论如下.

推论 18.5.7　设 Ω 是 $\mathbb{R}^n$ 的可测子集，如果 $f:\Omega\to\mathbb{R}$ 和 $g:\Omega\to\mathbb{R}$ 都是可测函数，那么 $f+g$、$f-g$、fg、$\max(f,g)$ 及 $\min(f,g)$ 也是可测函数. 如果对所有的 $\boldsymbol{x}\in\Omega$ 都有 $g(\boldsymbol{x})\neq 0$，那么 f/g 也是可测的.

证明　考虑 $f+g$. 我们可以把这个函数写成 $k\circ h$，其中 $h:\Omega\to\mathbb{R}^2$ 是函数 $h(\boldsymbol{x})=(f(\boldsymbol{x}),g(\boldsymbol{x}))$，$k:\mathbb{R}^2\to\mathbb{R}$ 是函数 $k(a,b)=a+b$. 因为 f 和 g 都是可测的，所以由推论 18.5.4 知 h 也是可测的. 又因为 k 是连续的，所以由引理 18.5.5 知 $k\circ h$ 可测的. 其余的情形可以按照类似的论述来处理. 对于 f/g 的情形，唯一需要我们考虑的事情是，空间 $\mathbb{R}^2$ 必须替换成 $\{(a,b)\in\mathbb{R}^2:b\neq 0\}$，这样就能保证映射 $(a,b)\mapsto a/b$ 是一个定义明确的连续映射.　　　　$\square$

可测函数的另一种刻画由下面这个引理给出.

引理 18.5.8　设 Ω 是 $\mathbb{R}^n$ 的可测子集，并设 $f:\Omega\to\mathbb{R}$ 是一个函数，那么 f 是可测的，当且仅当对每个实数 a，$f^{-1}((a,\infty))$ 都是可测的.

证明　参见习题 18.5.4.　　　　　　　　　　　　　　　　　　$\square$

受这个引理的启发，我们把可测函数的概念推广到广义实数系 $\mathbb{R}^*=\mathbb{R}\cup\{\infty\}\cup\{-\infty\}$ 上.

定义 18.5.9（广义实数系上的可测函数）　设 Ω 是 $\mathbb{R}^n$ 的可测子集，我们称函数 $f:\Omega\to\mathbb{R}^*$ 是可测的，当且仅当对每个实数 a，$f^{-1}((a,\infty])$ 都是可测的.

注意，引理 18.5.8 保证了，在广义实数系 $\mathbb{R}^*$ 上取值的函数的可测性概念与只在实数系 $\mathbb{R}$ 上取值的函数的可测性概念是一致的.

关于极限，可测性具有良好的性质.

引理 18.5.10（可测函数序列的极限是可测的）　设 Ω 是 $\mathbb{R}^n$ 的可测子集，对每个正整数 n，设 $f_n:\Omega\to\mathbb{R}^*$ 是一个可测函数，那么函数 $\sup_{n\geqslant 1}f_n$、$\inf_{n\geqslant 1}f_n$、$\limsup_{n\to\infty}f_n$ 及 $\liminf_{n\to\infty}f_n$ 也是可测的. 特别地，如果 f_n 逐点收敛于函数 $f:\Omega\to\mathbb{R}^*$，那么 f 也是可测的.

证明　我们先来证明关于 $\sup_{n\geqslant 1}f_n$ 的结论，并把这个函数称作 g. 我们必须

证明对每个 a, $g^{-1}((a,\infty])$ 都是可测的. 由上确界的定义知

$$g^{-1}((a,\infty]) = \bigcup_{n \geqslant 1} f_n^{-1}((a,\infty]).$$

（为什么？）因为可测集的可数并集仍是可测的，所以上面这个集合是可测的.

按照类似的论述可以证明关于 $\inf_{n \geqslant 1} f_n$ 的结论. $\limsup$ 和 $\liminf$ 的结论可以由恒等式

$$\limsup_{n \to \infty} f_n = \inf_{N \geqslant 1} \sup_{n \geqslant N} f_n$$

和

$$\liminf_{n \to \infty} f_n = \sup_{N \geqslant 1} \inf_{n \geqslant N} f_n$$

推导出（见定义 6.4.6）. $\qquad\square$

正如你看到的，我们对可测函数做的任何事情几乎都能构造出另一个可测函数. 这基本上解释了为什么我们在数学中处理的每个函数差不多都是可测的.（实际上，构造不可测函数的唯一方法就是人为地去构造，比如使用选择公理.）

习　　题

18.5.1 证明引理 18.5.3.（提示：利用引理 18.4.10 和 σ 代数性质.）

18.5.2 利用引理 18.5.3 推导出推论 18.5.4.

18.5.3 证明引理 18.5.5.

18.5.4 证明引理 18.5.8.（提示：使用引理 18.5.3. 作为一个预备步骤，你可能需要证明如果对所有的 a, $f^{-1}((a,\infty))$ 都是可测的，那么对所有的 a, $f^{-1}([a,\infty))$ 也是可测的.）

18.5.5 设 $f: \mathbb{R}^n \to \mathbb{R}$ 是一个勒贝格可测函数，并设 $g: \mathbb{R}^n \to \mathbb{R}$ 是一个函数，它在测度为 0 的集合之外与 f 相同，即存在一个测度为 0 的集合 $A \subseteq \mathbb{R}^n$ 使得对所有的 $x \in \mathbb{R}^n \setminus A$ 均有 $f(x) = g(x)$，证明：g 也是勒贝格可测的.（提示：利用习题 18.4.10.）

第 19 章 勒贝格积分

在第 11 章中，为了研究黎曼积分，我们先对一类特殊的简单函数，即分段常数函数求积分．此外，分段常数函数只能取有限个值（这与现实生活中的大多数函数相反，绝大多数函数能取无限个值）．只要学会如何对分段常数函数求积分，我们就可以按照类似的步骤求其他黎曼可积函数的积分．

我们将使用类似的体系来建立勒贝格积分．首先，我们考虑一类特殊的可测函数，即简单函数．然后说明如何对简单函数求积分，进而再对所有的可测函数（或者至少是绝对可积的函数）求积分．

19.1 简单函数

定义 19.1.1（**简单函数**）设 Ω 是 $\mathbb{R}^n$ 的可测子集，并设 $f : \Omega \to \mathbb{R}$ 是一个可测函数，如果象集 $f(\Omega)$ 是一个有限集，那么我们称 f 是一个简单函数．换句话说，存在有限个实数 $c_1, c_2, \cdots, c_N$，使得对每个 $x \in \Omega$ 都存在一个 $1 \leqslant j \leqslant N$ 使得 $f(x) = c_j$．

例 19.1.2 设 Ω 是 $\mathbb{R}^n$ 的可测子集，并设 E 是 Ω 的可测子集，我们把特征函数 $\chi_E : \Omega \to \mathbb{R}$ 定义为：当 $x \in E$ 时，$\chi_E(x) = 1$；当 $x \notin E$ 时，$\chi_E(x) = 0$．（在某些教材中，χ_E 也被写成 1_E，并被称作指示函数．）那么 χ_E 是一个可测函数．（为什么？）而且它还是一个简单函数，因为象集 $\chi_E(\Omega)$ 是 $\{0, 1\}$（或者，当 E 是空集时，$\chi_E(\Omega)$ 是 $\{0\}$；当 $E = \Omega$ 时，$\chi_E(\Omega)$ 是 $\{1\}$）．

我们给出简单函数的三个基本性质：它们构成一个向量空间；它们是特征函数的线性组合；它们逼近可测函数．更准确地说，我们有如下三个引理．

引理 19.1.3 设 Ω 是 $\mathbb{R}^n$ 的可测子集，并设 $f : \Omega \to \mathbb{R}$ 和 $g : \Omega \to \mathbb{R}$ 都是简单函数，那么 $f + g$ 是一个简单函数．另外，对任意的标量 $c \in \mathbb{R}$，函数 cf 也是一个简单函数．

证明 参见习题 19.1.1. □

引理 19.1.4 设 Ω 是 $\mathbb{R}^n$ 的可测子集，并设 $f : \Omega \to \mathbb{R}$ 是一个简单函数，那么存在有限个实数 $c_1, \cdots, c_N$ 和 Ω 中的有限个互不相交的可测集 $E_1, E_2, \cdots, E_N$，使得 $f = \sum_{i=1}^{N} c_i \chi_{E_i}$．

证明 参见习题 19.1.2. □

引理 19.1.5 设 Ω 是 $\mathbb{R}^n$ 的可测子集，并设 $f: \Omega \to [0, \infty]$ 是一个可测函数，那么存在一个简单函数序列 $f_1, f_2, f_3, \cdots$，其中 $f_n: \Omega \to \mathbb{R}$，使得序列 f_n 非负且单调递增，

$$0 \leqslant f_1(\boldsymbol{x}) \leqslant f_2(\boldsymbol{x}) \leqslant f_3(\boldsymbol{x}) \leqslant \cdots, \boldsymbol{x} \in \Omega,$$

而且该序列逐点收敛于 f：

$$\lim_{n \to \infty} f_n(\boldsymbol{x}) = f(\boldsymbol{x}), \boldsymbol{x} \in \Omega.$$

证明 参见习题 19.1.3. □

现在我们来说明如何计算简单函数的积分.

定义 19.1.6（简单函数的勒贝格积分） 设 Ω 是 $\mathbb{R}^n$ 的可测子集，并设 $f: \Omega \to \mathbb{R}$ 是一个非负简单函数，那么 f 是可测的，象集 $f(\Omega)$ 是有限集且包含在 $[0, \infty)$ 中. 于是，我们把 f 在 Ω 上的勒贝格积分 $\int_\Omega f$ 定义为

$$\int_\Omega f = \sum_{\lambda \in f(\Omega); \lambda > 0} \lambda \, m(\{\boldsymbol{x} \in \Omega : f(\boldsymbol{x}) = \lambda\}).$$

有时，我们也把 $\int_\Omega f$ 记作 $\int_\Omega f \, dm$（以此来强调勒贝格测度 m 的作用），或者使用一个像 x 这样的虚拟变量，例如 $\int_\Omega f(x) \, dx$.

例 19.1.7 设 $f: \mathbb{R} \to \mathbb{R}$ 是一个函数，它在区间 $[1, 2]$ 上等于 3，在区间 $(2, 4)$ 上等于 4，而在其他地方都等于 0，那么

$$\int_\Omega f = 3 \times m([1, 2]) + 4 \times m((2, 4)) = 3 \times 1 + 4 \times 2 = 11.$$

设函数 $g: \mathbb{R} \to \mathbb{R}$ 在 $[0, \infty)$ 上等于 1，而在其他地方都等于 0，那么

$$\int_\Omega g = 1 \times m([0, \infty)) = 1 \times \infty = \infty.$$

因此，简单函数的积分可以等于 ∞.（我们只考虑非负函数的积分是为了避免出现形如 $\infty + (-\infty)$ 的无定义形式.）

注 19.1.8 注意，积分的这个定义与我们对积分（至少非负函数的积分）的直观概念相对应. 也就是说，我们把积分看作函数图像下方的面积（或者高维情形下的体积）.

非负简单函数的积分还有另一种表述.

引理 19.1.9 设 Ω 是 $\mathbb{R}^n$ 的可测子集，并设 $E_1, E_2, \cdots, E_N$ 是 Ω 的有限个

互不相交的可测子集，$c_1, \cdots, c_N$ 都是非负数（不必两两不同），那么

$$\int_\Omega \sum_{j=1}^N c_j \chi_{E_j} = \sum_{j=1}^N c_j m(E_j).$$

证明 不妨设所有的 c_j 都不为零，因为我们可以把零从等式的两端移掉. 设 $f = \sum_{j=1}^N c_j \chi_{E_j}$，那么 $f(\boldsymbol{x})$ 要么等于某个 c_j（当 $\boldsymbol{x} \in E_j$ 时），要么等于 0（当 $\boldsymbol{x} \notin \bigcup_{j=1}^N E_j$ 时）. 因此，f 是一个简单函数且 $f(\Omega) \subseteq \{0\} \cup \{c_j : 1 \leqslant j \leqslant N\}$. 于是由定义知

$$\int_\Omega f = \sum_{\lambda \in \{c_j : 1 \leqslant j \leqslant N\}} \lambda\, m(\{\boldsymbol{x} \in \Omega : f(\boldsymbol{x}) = \lambda\}) = \sum_{\lambda \in \{c_j : 1 \leqslant j \leqslant N\}} \lambda\, m\left(\bigcup_{1 \leqslant j \leqslant N; c_j = \lambda} E_j\right).$$

但根据勒贝格测度的有限可加性，这个式子等于

$$\sum_{\lambda \in \{c_j : 1 \leqslant j \leqslant N\}} \lambda \sum_{1 \leqslant j \leqslant N; c_j = \lambda} m(E_j) = \sum_{\lambda \in \{c_j : 1 \leqslant j \leqslant N\}} \sum_{1 \leqslant j \leqslant N; c_j = \lambda} c_j m(E_j).$$

因为每个 c_j 都只等于一个 λ 值，所以每个 j 都恰好在这个和式中出现一次. 因此，上面这个表达式就等于 $\sum_{1 \leqslant j \leqslant N} c_j m(E_j)$，结论得证. $\qquad\square$

非负简单函数的勒贝格积分有一些基本性质.

命题 19.1.10 设 Ω 是一个可测集，并设 $f : \Omega \to \mathbb{R}$ 和 $g : \Omega \to \mathbb{R}$ 都是非负简单函数.

(a) $0 \leqslant \int_\Omega f \leqslant \infty$. 另外，$\int_\Omega f = 0$，当且仅当 $m(\{\boldsymbol{x} \in \Omega : f(\boldsymbol{x}) \neq 0\}) = 0$.

(b) $\int_\Omega (f + g) = \int_\Omega f + \int_\Omega g$.

(c) 对任意的正数 c，有 $\int_\Omega cf = c \int_\Omega f$.

(d) 如果对所有的 $\boldsymbol{x} \in \Omega$ 都有 $f(\boldsymbol{x}) \leqslant g(\boldsymbol{x})$，那么 $\int_\Omega f \leqslant \int_\Omega g$.

我们约定：如果性质 $P(\boldsymbol{x})$ 对 Ω 中（除了测度为 0 的集合）的所有点都成立，那么我们称 P 几乎对 Ω 中的每一点都成立. 于是，结论 (a) 断定 $\int_\Omega f = 0$，当且仅当 f 几乎在 Ω 中的每一点处都等于 0.

证明 根据引理 19.1.4 或根据公式

$$f = \sum_{\lambda \in f(\Omega) \setminus \{0\}} \lambda \chi_{\{\boldsymbol{x} \in \Omega : f(\boldsymbol{x}) = \lambda\}},$$

我们可以把 f 写成特征函数的组合，即

$$f = \sum_{j=1}^N c_j \chi_{E_j},$$

其中 $E_1, \cdots, E_N$ 是 Ω 的互不相交的子集, 并且 c_j 是正的. 类似地, 我们可以记

$$g = \sum_{k=1}^{M} d_k \chi_{F_k},$$

其中 $F_1, \cdots, F_M$ 是 Ω 的互不相交的子集, 并且 d_k 是正的.

(a) 因为 $\int_{\Omega} f = \sum_{j=1}^{N} c_j m(E_j)$, 所以这个积分值显然介于 0 和 ∞ 之间. 如果 f 几乎处处为 0, 那么所有 E_j 的测度一定都等于 0, (为什么?) 从而有 $\int_{\Omega} f = 0$. 反过来, 如果 $\int_{\Omega} f = 0$, 那么 $\sum_{j=1}^{N} c_j m(E_j) = 0$, 这只可能发生在所有的 $m(E_j)$ 都为 0 的情形下 (因为所有的 c_j 都是正的). 这样 $\bigcup_{j=1}^{N} E_j$ 的测度就为 0, 从而 f 几乎在 Ω 中的每一点处都等于 0.

(b) 记 $E_0 = \Omega \setminus \bigcup_{j=1}^{N} E_j$ 和 $c_0 = 0$, 于是我们有 $\Omega = E_0 \cup E_1 \cup \cdots \cup E_N$ 和

$$f = \sum_{j=0}^{N} c_j \chi_{E_j}.$$

类似地, 如果我们记 $F_0 = \Omega \setminus \bigcup_{k=1}^{M} F_k$ 和 $d_0 = 0$, 那么我们有

$$g = \sum_{k=0}^{M} d_k \chi_{F_k}.$$

因为 $\Omega = E_0 \cup \cdots \cup E_N = F_0 \cup \cdots \cup F_M$, 所以有

$$f = \sum_{j=0}^{N} \sum_{k=0}^{M} c_j \chi_{E_j \cap F_k}$$

和

$$g = \sum_{k=0}^{M} \sum_{j=0}^{N} d_k \chi_{E_j \cap F_k},$$

从而有

$$f + g = \sum_{0 \leqslant j \leqslant N; 0 \leqslant k \leqslant M} (c_j + d_k) \chi_{E_j \cap F_k}.$$

由引理 19.1.9 知

$$\int_{\Omega} (f + g) = \sum_{0 \leqslant j \leqslant N; 0 \leqslant k \leqslant M} (c_j + d_k) m(E_j \cap F_k).$$

另外, 我们有

$$\int_{\Omega} f = \sum_{0 \leqslant j \leqslant N} c_j m(E_j) = \sum_{0 \leqslant j \leqslant N; 0 \leqslant k \leqslant M} c_j m(E_j \cap F_k)$$

及

$$\int_{\Omega} g = \sum_{0 \leqslant k \leqslant M} d_k m(F_k) = \sum_{0 \leqslant j \leqslant N; 0 \leqslant k \leqslant M} d_k m(E_j \cap F_k).$$

这样就得到了结论 (b).

(c) 因为 $cf = \sum_{j=1}^{N} cc_j \chi_{E_j}$, 所以 $\int_{\Omega} cf = \sum_{j=1}^{N} cc_j m(E_j)$. 又因为 $\int_{\Omega} f = \sum_{j=1}^{N} c_j m(E_j)$, 所以结论得证.

(d) 记 $h = g - f$, 那么 h 是一个非负简单函数, 并且 $g = f + h$. 于是由 (b) 得 $\int_{\Omega} g = \int_{\Omega} f + \int_{\Omega} h$. 但我们又根据 (a) 得到 $\int_{\Omega} h \geqslant 0$, 因此结论得证. □

习　　题

19.1.1 证明引理 19.1.3.

19.1.2 证明引理 19.1.4.

19.1.3 证明引理 19.1.5. (提示: 令
$$f_n(\boldsymbol{x}) = \sup\left\{\frac{j}{2^n} : j \in \mathbb{Z}, \frac{j}{2^n} \leqslant \min(f(\boldsymbol{x}), 2^n)\right\},$$
即 $f_n(\boldsymbol{x})$ 是既不大于 $f(\boldsymbol{x})$ 又不大于 2^n 的 2^{-n} 的最大整数倍. 你可以画图来看一下 f_1, f_2, f_3 等都是什么. 然后证明 f_n 满足需要的所有性质.)

19.2　非负可测函数的积分

现在我们从非负简单函数的积分过渡到非负可测函数的积分. 有时, 我们允许可测函数的取值为 ∞.

定义 19.2.1（从上方控制） 设 $f: \Omega \to \mathbb{R}$ 和 $g: \Omega \to \mathbb{R}$ 都是函数, 我们称 f 从上方控制 g, 或者 g 从下方控制 f, 当且仅当对所有的 $\boldsymbol{x} \in \Omega$ 都有 $f(\boldsymbol{x}) \geqslant g(\boldsymbol{x})$.

有时, 我们使用 "f 支配 g" 来代替 "f 从上方控制 g".

定义 19.2.2（非负函数的勒贝格积分） 设 Ω 是 $\mathbb{R}^n$ 的可测子集, 并设 $f: \Omega \to [0, \infty]$ 是一个非负可测函数, 那么我们把 f 在 Ω 上的勒贝格积分 $\int_{\Omega} f$ 定义为
$$\int_{\Omega} f = \sup\left\{\int_{\Omega} s : s \text{ 是一个非负简单函数, 并且 } s \text{ 从下方控制 } f\right\}.$$

注 19.2.3 读者应当把这个概念与定义 11.3.2 中的黎曼下积分的概念进行比较. 有趣的是, 这里我们不需要让这个下积分与上积分相等.

注 19.2.4 注意, 如果 Ω' 是 Ω 的任意一个可测子集, 那么通过把 f 限制到 Ω' 上, 我们也可以把 $\int_{\Omega'} f$ 定义为 $\int_{\Omega'} f = \int_{\Omega'} f|_{\Omega'}$.

我们必须验证这个定义与前面的非负简单函数的勒贝格积分概念是一致的. 换句话说, 如果 $f: \Omega \to \mathbb{R}$ 是一个非负简单函数, 那么由上述定义给出的 $\int_{\Omega} f$ 的值应当等于由之前的定义给出的 $\int_{\Omega} f$ 的值. 这一点显然成立, 其原因在于 f 一定能从下方控制它自身, 而且由命题 19.1.10(d) 知, 其他任意一个从下方控制 f 的非负简单函数 s 都满足 $\int_{\Omega} s \leqslant \int_{\Omega} f$.

注 19.2.5 注意，由于 0 是从下方控制 f 的非负简单函数，因此 $\int_\Omega f$ 始终不小于 0. 当然，$\int_\Omega f$ 可以等于 ∞.

非负可测函数的勒贝格积分有一些基本性质（这些性质将取代命题 19.1.10）.

命题 19.2.6 设 Ω 是一个可测集，并设 $f : \Omega \to [0, \infty]$ 和 $g : \Omega \to [0, \infty]$ 都是非负可测函数.

(a) $0 \leqslant \int_\Omega f \leqslant \infty$. 另外，$\int_\Omega f = 0$，当且仅当 $f(\boldsymbol{x}) = 0$ 几乎对 Ω 中的每个 $\boldsymbol{x}$ 都成立.

(b) 对任意的正数 c，有 $\int_\Omega cf = c \int_\Omega f$.

(c) 如果对所有的 $\boldsymbol{x} \in \Omega$ 都有 $f(\boldsymbol{x}) \leqslant g(\boldsymbol{x})$，那么 $\int_\Omega f \leqslant \int_\Omega g$.

(d) 如果 $f(\boldsymbol{x}) = g(\boldsymbol{x})$ 几乎对 Ω 中的每个 $\boldsymbol{x}$ 都成立，那么 $\int_\Omega f = \int_\Omega g$.

(e) 如果 $\Omega' \subseteq \Omega$ 是一个可测集，那么 $\int_{\Omega'} f = \int_\Omega f \chi_{\Omega'} \leqslant \int_\Omega f$.

证明 参见习题 19.2.1. □

注 19.2.7 命题 19.2.6(d) 十分有趣，它说的是我们可以修改函数在任意测度为 0 的集合上的值（例如，你可以修改函数在每个有理数上的值），而且这不会对其积分值产生任何影响. 这似乎表明，任何单独的点，甚至是测度为 0 的点集，都对函数积分的结果没有任何"贡献". 只有正测度的点集才会对积分产生影响.

注 19.2.8 注意，我们还未尝试交换求和运算与积分运算的次序. 根据这个定义，我们很容易证明 $\int_\Omega (f + g) \geqslant \int_\Omega f + \int_\Omega g$（习题 19.2.2），但要想证明等号成立，我们还需要再花费些力气. 这部分将在后面完成.

在前几章中，我们已经看到，积分运算与极限运算（或者类似于极限的概念，比如上确界）的次序并不总是可交换的. 但是，倘若函数序列是单调递增的，那么勒贝格积分与极限运算的次序就是可交换的.

定理 19.2.9（勒贝格单调收敛定理） 设 Ω 是 $\mathbb{R}^n$ 的可测子集，并设 $(f_n)_{n=1}^\infty$ 是一个非负可测函数序列，其中 $f_i : \Omega \to [0, \infty]$，而且这个序列还是单调递增的，即对每个 $\boldsymbol{x} \in \Omega$ 都有

$$0 \leqslant f_1(\boldsymbol{x}) \leqslant f_2(\boldsymbol{x}) \leqslant f_3(\boldsymbol{x}) \leqslant \cdots.$$

（注意，这里我们假设 $f_n(\boldsymbol{x})$ 关于 n 单调递增，这个概念不同于 $f_n(\boldsymbol{x})$ 关于 $\boldsymbol{x}$ 单调递增.） 于是有

$$0 \leqslant \int_\Omega f_1 \leqslant \int_\Omega f_2 \leqslant \int_\Omega f_3 \leqslant \cdots$$

和

$$\int_\Omega \sup_n f_n = \sup_n \int_\Omega f_n.$$

证明 根据命题 19.2.6(c)，第一个结论显然成立. 现在我们来证明第二个结论. 同样，由命题 19.2.6(c) 得，对每个 n，有

$$\int_\Omega \sup_m f_m \geqslant \int_\Omega f_n.$$

对 n 取上确界得

$$\int_\Omega \sup_m f_m \geqslant \sup_n \int_\Omega f_n.$$

这样就得到了我们要证明的结论的一半. 为了完成证明，我们必须证明

$$\int_\Omega \sup_m f_m \leqslant \sup_n \int_\Omega f_n.$$

根据 $\int_\Omega \sup_m f_m$ 的定义，我们只需证明对所有从下方控制 $\sup_m f_m$ 的非负简单函数 s 都有

$$\int_\Omega s \leqslant \sup_n \int_\Omega f_n$$

就可以了.

固定 s，我们将证明对每个 $0 < \varepsilon < 1$ 都有

$$(1-\varepsilon)\int_\Omega s \leqslant \sup_n \int_\Omega f_n.$$

然后令 $\varepsilon \to 0$，取极限就得到了要证明的结论.

固定 ε，由 s 的构造知对每个 $\boldsymbol{x} \in \Omega$ 都有

$$s(\boldsymbol{x}) \leqslant \sup_n f_n(\boldsymbol{x}).$$

因此，对每个 $\boldsymbol{x} \in \Omega$ 都存在一个 N（依赖于 $\boldsymbol{x}$）使得

$$f_N(\boldsymbol{x}) \geqslant (1-\varepsilon)s(\boldsymbol{x}).$$

因为 f_n 是单调递增的，所以 $f_n(\boldsymbol{x}) \geqslant (1-\varepsilon)s(\boldsymbol{x})$ 对所有的 $n \geqslant N$ 均成立. 于是，如果我们把集合 E_n 定义为

$$E_n = \{\boldsymbol{x} \in \Omega : f_n(\boldsymbol{x}) \geqslant (1-\varepsilon)s(\boldsymbol{x})\},$$

那么就有 $E_1 \subseteq E_2 \subseteq E_3 \subseteq \cdots$ 和 $\bigcup_{n=1}^\infty E_n = \Omega$.

不难验证，所有的 E_n 都是可测的. 根据命题 19.2.6 的 (b)、(c)、(e)，我们有

$$(1-\varepsilon)\int_{E_n} s = \int_{E_n}(1-\varepsilon)s \leqslant \int_{E_n} f_n \leqslant \int_\Omega f_n.$$

因此为了完成论证，我们只需证明

$$\sup_n \int_{E_n} s = \int_\Omega s.$$

由于 s 是一个简单函数，因此我们可以把 s 写成 $s = \sum_{j=1}^{N} c_j \chi_{F_j}$，其中 F_j 是可测的，c_j 是一个正数. 因为

$$\int_{\Omega} s = \sum_{j=1}^{N} c_j m(F_j)$$

和

$$\int_{E_n} s = \int_{E_n} \sum_{j=1}^{N} c_j \chi_{F_j \cap E_n} = \sum_{j=1}^{N} c_j m(F_j \cap E_n),$$

所以我们只需证明对每个 j 都有

$$\sup_n m(F_j \cap E_n) = m(F_j)$$

就行了. 这一点可以利用习题 18.2.3(a) 得到. □

这个定理非常有用. 例如，我们现在就可以交换加法运算与积分运算的次序.

引理 19.2.10（交换加法运算与积分运算的次序） 设 Ω 是 $\mathbb{R}^n$ 的可测子集，并设 $f : \Omega \to [0, \infty]$ 和 $g : \Omega \to [0, \infty]$ 都是可测函数，那么 $\int_{\Omega}(f + g) = \int_{\Omega} f + \int_{\Omega} g$.

证明 由引理 19.1.5 知，存在一个简单函数序列 $0 \leqslant s_1 \leqslant s_2 \leqslant \cdots \leqslant f$ 使得 $\sup_n s_n = f$. 类似地，还存在一个简单函数序列 $0 \leqslant t_1 \leqslant t_2 \leqslant \cdots \leqslant g$ 使得 $\sup_n t_n = g$. 因为 s_n 和 t_n 都是单调递增的，所以不难验证 $s_n + t_n$ 也是单调递增的，并且有 $\sup_n(s_n + t_n) = f + g$.（为什么？）根据单调收敛定理（定理 19.2.9），我们有

$$\int_{\Omega} f = \sup_n \int_{\Omega} s_n,$$
$$\int_{\Omega} g = \sup_n \int_{\Omega} t_n,$$
$$\int_{\Omega}(f + g) = \sup_n \int_{\Omega}(s_n + t_n).$$

但由命题 19.1.10 的 (d) 和 (b) 知 $\int_{\Omega}(s_n + t_n) = \int_{\Omega} s_n + \int_{\Omega} t_n$. 根据定理 19.2.9，$\int_{\Omega} s_n$ 和 $\int_{\Omega} t_n$ 都关于 n 单调递增，于是

$$\sup_n \left(\int_{\Omega} s_n + \int_{\Omega} t_n \right) = \left(\sup_n \int_{\Omega} s_n \right) + \left(\sup_n \int_{\Omega} t_n \right).$$

结论得证. □

当然，一旦能够交换两个函数的积分运算与求和运算的次序，那么根据归纳法，我们就可以交换任意有限个函数的积分运算与求和运算的次序. 更令人惊讶的是，我们同样可以处理非负函数的无限和运算.

推论 19.2.11 设 Ω 是 $\mathbb{R}^n$ 的可测子集，并设 $g_1, g_2, \cdots$ 是一个非负可测函数序列，其中 $g_i : \Omega \to [0, \infty]$，那么

$$\int_{\Omega} \sum_{n=1}^{\infty} g_n = \sum_{n=1}^{\infty} \int_{\Omega} g_n.$$

证明 参见习题 19.2.3.   □

注 19.2.12 注意，我们不必对上述和式的收敛性进行任何假设，这个等式的两端可以同时等于 ∞. 但是，我们绝对有必要假设函数的非负性，参见习题 19.3.4.

类似地，我们可以问能否交换极限运算与积分运算的次序. 换句话说，问下面这个式子是否成立

$$\int_{\Omega} \lim_{n \to \infty} f_n \overset{?}{=} \lim_{n \to \infty} \int_{\Omega} f_n.$$

很遗憾，这个式子并不成立，"移动颠簸"就是一个例子. 对每个 $n = 1, 2, 3, \cdots$，设 $f_n : \mathbb{R} \to \mathbb{R}$ 是函数 $f_n = \chi_{[n, n+1)}$，那么对每个 x 有 $\lim_{n \to \infty} f_n(x) = 0$，但对每个 n 有 $\int_{\mathbb{R}} f_n = 1$，从而有 $\lim_{n \to \infty} \int_{\mathbb{R}} f_n = 1 \neq 0$. 换言之，极限函数 $\lim_{n \to \infty} f_n$ 的积分最终会远小于任何一个初始积分. 然而，下面这个非常有用的法图引理表明，反过来的结论是不成立的，即极限函数的积分不可能大于初始积分（的极限）.

引理 19.2.13（法图引理） 设 Ω 是 $\mathbb{R}^n$ 的可测子集，并设 $f_1, f_2, \cdots$ 是一个从 Ω 到 $[0, \infty]$ 的非负函数序列，那么

$$\int_{\Omega} \liminf_{n \to \infty} f_n \leqslant \liminf_{n \to \infty} \int_{\Omega} f_n.$$

证明 回顾

$$\liminf_{n \to \infty} f_n = \sup_n \left(\inf_{m \geqslant n} f_m \right),$$

那么由单调收敛定理知

$$\int_{\Omega} \liminf_{n \to \infty} f_n = \sup_n \int_{\Omega} \left(\inf_{m \geqslant n} f_m \right).$$

根据命题 19.2.6(c) 知，对每个 $j \geqslant n$，有

$$\int_{\Omega} \left(\inf_{m \geqslant n} f_m \right) \leqslant \int_{\Omega} f_j.$$

对 j 取下确界得

$$\int_{\Omega} \left(\inf_{m \geqslant n} f_m \right) \leqslant \inf_{j \geqslant n} \int_{\Omega} f_j.$$

于是就得到了要证明的

$$\int_{\Omega} \liminf_{n \to \infty} f_n \leqslant \sup_n \inf_{j \geqslant n} \int_{\Omega} f_j = \liminf_{n \to \infty} \int_{\Omega} f_n.$$ □

注意, 我们允许函数在某些点处的取值是 ∞. 一个取值为 ∞ 的函数甚至仍然可以有一个有限的积分. 例如, 设 E 是一个测度为 0 的集合, 函数 $f : \Omega \to \mathbb{R}$ 在 E 上的取值等于 ∞, 但 f 在其他任何地方的取值都等于 0, 那么由命题 19.2.6(a) 知 $\int_\Omega f = 0$. 但如果积分是有限的, 那么这个函数一定几乎处处有限.

引理 19.2.14 设 Ω 是 $\mathbb{R}^n$ 的可测子集, 并设 $f : \Omega \to [0, \infty]$ 是一个非负可测函数, 并且 $\int_\Omega f$ 是有限的, 那么 f 几乎处处有限 (集合 $\{x \in \Omega : f(x) = \infty\}$ 的测度为 0).

证明 参见习题 19.2.4. □

根据推论 19.2.11 和引理 19.2.14, 我们可以得到下面这个有用的引理.

引理 19.2.15 (博雷尔–坎泰利引理) 设 $\Omega_1, \Omega_2, \cdots$ 是 $\mathbb{R}^n$ 的一列可测子集, 并且 $\sum_{n=1}^\infty m(\Omega_n)$ 是有限的, 那么集合

$$\{x \in \mathbb{R}^n : 存在无限个 \ n \ 使得 \ x \in \Omega_n\}$$

的测度为 0. 换句话说, 几乎每个点都只属于有限个 Ω_n.

证明 参见习题 19.2.5. □

习 题

19.2.1 证明命题 19.2.6. (提示: 不要试图模仿命题 19.1.10 的证明, 应该试着使用命题 19.1.10 和定义 19.2.2. 对于 (a) 的一个方向, 从 $\int_\Omega f = 0$ 入手推导出 "对每个 $n = 1, 2, 3, \cdots$ 都有 $m(\{x \in \Omega : f(x) > 1/n\}) = 0$", 再使用可数次可加性. 为了证明 (e), 先证明它关于简单函数的结论.)

19.2.2 设 Ω 是 $\mathbb{R}^n$ 的可测子集, 并设 $f : \Omega \to [0, \infty]$ 和 $g : \Omega \to [0, \infty]$ 都是可测函数, 不使用定理 19.2.9 和引理 19.2.10, 证明: $\int_\Omega (f + g) \geqslant \int_\Omega f + \int_\Omega g$.

19.2.3 证明推论 19.2.11. (提示: 对 $f_N = \sum_{n=1}^N g_n$ 使用单调收敛定理.)

19.2.4 证明引理 19.2.14.

19.2.5 利用推论 19.2.11 和引理 19.2.14 证明引理 19.2.15. (提示: 使用指示函数 χ_{Ω_n}.)

19.2.6 设 $p > 2$ 且 $c > 0$, 利用博雷尔–坎泰利引理证明: 集合

$$\left\{x \in [0, 1] : 存在无限个正整数 \ a \ 和 \ q \ 使得 \ \left|x - \frac{a}{q}\right| \leqslant \frac{c}{q^p}\right\}$$

的测度为 0. [提示: 我们只需考虑满足 $0 \leqslant a \leqslant q$ 的整数 a. (为什么?) 利用推论 11.6.5 证明和式 $\sum_{q=1}^\infty \frac{c(q+1)}{q^p}$ 是有限的.]

19.2.7 对于实数 $x \in \mathbb{R}$, 如果存在实数 $p > 0$ 和 $C > 0$, 使得对所有的非零整数 q 和所有的整数 a 都有 $\left|x - \frac{a}{q}\right| > C/|q|^p$, 那么称 x 是丢番图数. 利用习题 19.2.6, 证明: 几乎每个实数都是丢番图数. (提示: 先在区间 $[0, 1]$ 中考察, 证明 p 和 C 都可以取有理数, 并且还可以让 $p > 2$. 再利用 "0 测度集的可数并集仍然是测度为 0 的集合"

这一事实.)

19.2.8 对每个正整数 n, 设 $f_n : \mathbb{R} \to [0, \infty)$ 是一个非负可测函数, 它满足

$$\int_{\mathbb{R}} f_n \leqslant \frac{1}{4^n}.$$

证明: 对任意的 $\varepsilon > 0$, 存在一个勒贝格测度小于或等于 ε 的集合 E, 即 $m(E) \leqslant \varepsilon$, 它使得对所有的 $x \in \mathbb{R} \setminus E$, $f_n(x)$ 都收敛于 0. (提示: 首先证明对所有的 $n = 1, 2, 3, \cdots$ 都有 $m\left(\left\{x \in \mathbb{R} : f_n(x) > \frac{1}{\varepsilon 2^n}\right\}\right) \leqslant \frac{\varepsilon}{2^n}$, 然后考察所有集合 $\left\{x \in \mathbb{R} : f_n(x) > \frac{1}{\varepsilon 2^n}\right\}$ 的并集.)

19.2.9 对每个正整数 n, 设 $f_n : [0,1] \to [0, \infty)$ 是一个非负可测函数, 而且函数序列 f_n 逐点收敛于 0. 证明: 对任意的 $\varepsilon > 0$, 存在一个集合 E, 其勒贝格测度 $m(E) \leqslant \varepsilon$, 它使得 $f_n(x)$ 在 $[0,1] \setminus E$ 上一致收敛于 0. (这是叶戈罗夫定理的一种特殊情形. 为了证明这个结论, 首先证明对任意的正整数 m, 我们能够找到一个 $N > 0$ 使得 $m(\{x \in [0,1] : f_n(x) > 1/m\}) \leqslant \varepsilon/2^m$ 对所有的 $n \geqslant N$ 都成立.) 如果把 $[0,1]$ 换成 $\mathbb{R}$, 那么结论是否仍然成立?

19.2.10 给出一个非负有界函数 $f : \mathbb{N} \times \mathbb{N} \to \mathbb{R}^+$ 的例子, 使得对每个 n, $\sum_{m=1}^{\infty} f(n, m)$ 都是收敛的, 并且对每个 m, $\lim_{n \to \infty} f(n, m)$ 都存在, 但 f 还满足下面这个不等式

$$\lim_{n \to \infty} \sum_{m=1}^{\infty} f(n, m) \neq \sum_{m=1}^{\infty} \lim_{n \to \infty} f(n, m).$$

(提示: 修改 "移动颠簸" 的例子. 甚至可以使用取值只有 0 和 1 的函数 f.) 这表明, 交换极限运算与无限和运算的次序是危险的.

19.3　绝对可积函数的积分

现在我们已经介绍完了非负函数的勒贝格积分理论. 接下来, 我们考察如何对取值既可以是正数又可以是负数的函数求积分. 但是, 为了避免出现 $\infty + (-\infty)$ 这种无定义的表达式, 我们将把注意力集中在一类特殊的可测函数上, 即绝对可积函数.

定义 19.3.1 (**绝对可积函数**) 设 Ω 是 $\mathbb{R}^n$ 的可测子集, 对于可测函数 $f : \Omega \to \mathbb{R}^*$, 如果积分 $\int_{\Omega} |f|$ 是有限的, 那么我们称 f 是绝对可积的.

显然, $|f|$ 总是非负的, 因此即便 f 是变号的, 这个定义也有意义. 绝对可积函数也被称为 $L^1(\Omega)$ 函数.

如果 $f : \Omega \to \mathbb{R}^*$ 是一个函数, 那么我们把它的正部 $f^+ : \Omega \to [0, \infty]$ 和负部 $f^- : \Omega \to [0, \infty]$ 分别定义为

$$f^+ = \max(f, 0), \quad f^- = -\min(f, 0).$$

由推论 18.5.6 (它可以轻松推广到 $\mathbb{R}^*$ 值函数) 知, f^+ 和 f^- 都是可测的. 另外, 我们观察到, f^+ 和 f^- 都是非负函数, 并且 $f = f^+ - f^-$, $|f| = f^+ + f^-$. (为什么?)

定义 19.3.2（勒贝格积分）设 $f : \Omega \to \mathbb{R}^*$ 是一个绝对可积函数，我们把 f 的勒贝格积分 $\int_\Omega f$ 定义为

$$\int_\Omega f = \int_\Omega f^+ - \int_\Omega f^-.$$

注意，因为 f 是绝对可积的，所以 $\int_\Omega f^+$ 和 $\int_\Omega f^-$ 都小于或等于 $\int_\Omega |f|$，因此它们都是有限的. 于是，$\int_\Omega f$ 总是有限的. 我们绝不会遇到不确定形式 $\infty - \infty$.

注意，这个定义与前面关于非负函数的勒贝格积分定义是一致的，因为如果 f 是非负的，那么 $f^+ = f$ 且 $f^- = 0$. 此外，我们还有下面这个有用的三角不等式（习题 19.3.1）

$$\left| \int_\Omega f \right| \leqslant \int_\Omega f^+ + \int_\Omega f^- = \int_\Omega |f|. \tag{19.1}$$

勒贝格积分有一些其他性质.

命题 19.3.3 设 Ω 是一个可测集，并设 $f : \Omega \to \mathbb{R}$ 和 $g : \Omega \to \mathbb{R}$ 都是绝对可积函数.

(a) 对任意的实数 c（正数、0 或负数），cf 是绝对可积的且 $\int_\Omega cf = c \int_\Omega f$.

(b) 函数 $f + g$ 是绝对可积的，并且 $\int_\Omega (f + g) = \int_\Omega f + \int_\Omega g$.

(c) 如果对所有的 $\boldsymbol{x} \in \Omega$ 都有 $f(\boldsymbol{x}) \leqslant g(\boldsymbol{x})$，那么 $\int_\Omega f \leqslant \int_\Omega g$.

(d) 如果 $f(\boldsymbol{x}) = g(\boldsymbol{x})$ 几乎对每个 $\boldsymbol{x} \in \Omega$ 都成立，那么 $\int_\Omega f = \int_\Omega g$.

证明 参见习题 19.3.2. □

在 19.2 节中，我们曾提到极限运算和积分运算的次序是不能随意交换的，即 $\lim \int f_n = \int \lim f_n$ 不一定成立，就像"移动颠簸"的例子中展现的那样. 但是，如果存在一个绝对可积的函数能够从上方控制每个函数 f_n，那么我们就可以排除"移动颠簸"的例子而成功地交换极限运算和积分运算的次序. 这个极其有用的定理被称为勒贝格控制收敛定理.

定理 19.3.4（勒贝格控制收敛定理）设 Ω 是 $\mathbb{R}^n$ 的可测子集，并设 $f_1, f_2, \cdots$ 是一列从 Ω 到 $\mathbb{R}^*$ 的可测函数，而且这个函数序列是逐点收敛的. 如果存在一个绝对可积函数 $F : \Omega \to [0, \infty]$，使得对所有的 $\boldsymbol{x} \in \Omega$ 和所有的 $n = 1, 2, 3, \cdots$ 都有 $|f_n(\boldsymbol{x})| \leqslant F(\boldsymbol{x})$，那么

$$\int_\Omega \lim_{n \to \infty} f_n = \lim_{n \to \infty} \int_\Omega f_n.$$

证明 如果 F 在一个测度为正的集合上取无穷大，那么 F 就不是绝对可积的，因此使 F 为无穷大的集合的测度为零. 我们可以把这个集合从 Ω 中删除（这

不会对任何积分产生影响），那么在不失一般性的情况下，不妨设对任意的 $x \in \Omega$，$F(x)$ 都是有限的，这意味着 $f_n(x)$ 也是有限的.

设 $f : \Omega \to \mathbb{R}^*$ 是函数 $f(x) = \lim_{n \to \infty} f_n(x)$，根据假设，这个函数是存在的. 由引理 18.5.10 知 f 是可测的. 另外，因为对所有的 n 和所有的 $x \in \Omega$ 都有 $|f_n(x)| \leqslant F(x)$，所以每个 f_n 都是绝对可积的，而且通过取极限得 $|f(x)| \leqslant F(x)$ 对所有的 $x \in \Omega$ 均成立. 于是，f 也是绝对可积的. 我们的任务是证明 $\lim_{n \to \infty} \int_{\Omega} f_n = \int_{\Omega} f$.

$F + f_n$ 是逐点收敛于 $F + f$ 的非负函数，于是由法图引理（引理 19.2.13）知

$$\int_{\Omega} (F + f) \leqslant \liminf_{n \to \infty} \int_{\Omega} (F + f_n),$$

从而有

$$\int_{\Omega} f \leqslant \liminf_{n \to \infty} \int_{\Omega} f_n.$$

另外，$F - f_n$ 是逐点收敛于 $F - f$ 的非负函数，于是同样由法图引理知

$$\int_{\Omega} (F - f) \leqslant \liminf_{n \to \infty} \int_{\Omega} (F - f_n).$$

由于上式不等号右端的式子等于 $\int_{\Omega} F - \limsup_{n \to \infty} \int_{\Omega} f_n$，（为什么 $\liminf$ 会变成 $\limsup$ 呢？）因此

$$\int_{\Omega} f \geqslant \limsup_{n \to \infty} \int_{\Omega} f_n,$$

于是 $\int_{\Omega} f_n$ 的下极限和上极限都等于 $\int_{\Omega} f$，结论得证. $\square$

最后，我们再给出一个引理，它本身并不是十分有趣，但由它可以推导出一些有用的结论.

定义 19.3.5（勒贝格上积分和勒贝格下积分）设 Ω 是 $\mathbb{R}^n$ 的可测子集，并设 $f : \Omega \to \mathbb{R}$ 是一个函数（不一定是可测的），我们把勒贝格上积分 $\overline{\int}_{\Omega} f$ 定义为

$$\overline{\int}_{\Omega} f = \inf \left\{ \int_{\Omega} g \,\Big|\, g : \Omega \to \mathbb{R} \text{ 是从上方控制 } f \text{ 的绝对可积函数} \right\},$$

并把勒贝格下积分 $\underline{\int}_{\Omega} f$ 定义为

$$\underline{\int}_{\Omega} f = \sup \left\{ \int_{\Omega} g \,\Big|\, g : \Omega \to \mathbb{R} \text{ 是从下方控制 } f \text{ 的绝对可积函数} \right\}.$$

容易看出 $\underline{\int}_{\Omega} f \leqslant \overline{\int}_{\Omega} f$（为什么？利用命题 19.3.3(c)）. 当 f 绝对可积时，等号成立.（为什么？）其逆命题也成立.

引理 19.3.6 设 Ω 是 $\mathbb{R}^n$ 的可测子集, 并设 $f: \Omega \to \mathbb{R}$ 是一个函数 (不一定是可测的). 设 A 是一个实数, 如果 $\overline{\int}_\Omega f = \underline{\int}_\Omega f = A$, 那么 f 是绝对可积的, 并且

$$\int_\Omega f = \overline{\int}_\Omega f = \underline{\int}_\Omega f = A.$$

证明 根据勒贝格上积分的定义, 对每个整数 $n \geqslant 1$, 我们可以找到一个绝对可积函数 $f_n^+ : \Omega \to \mathbb{R}$, 它从上方控制 f 并使得

$$\int_\Omega f_n^+ \leqslant A + \frac{1}{n}.$$

类似地, 我们还能找到一个绝对可积函数 $f_n^- : \Omega \to \mathbb{R}$, 它从下方控制 f 并使得

$$\int_\Omega f_n^- \geqslant A - \frac{1}{n}.$$

设 $F^+ = \inf_n f_n^+$ 且 $F^- = \sup_n f_n^-$, 那么 F^+ 和 F^- 都是可测的 (根据引理 18.5.10), 并且都是绝对可积的 (因为它们都介于绝对可积函数 f_1^+ 和 f_1^- 之间). 另外, F^+ 从上方控制 f, F^- 从下方控制 f. 最后, 对每个 n, 有

$$\int_\Omega F^+ \leqslant \int_\Omega f_n^+ \leqslant A + \frac{1}{n},$$

从而

$$\int_\Omega F^+ \leqslant A.$$

类似地, 我们有

$$\int_\Omega F^- \geqslant A.$$

因为 F^+ 从上方控制 F^-, 所以 $\int_\Omega F^+ \geqslant \int_\Omega F^-$. 因此必定有

$$\int_\Omega F^+ = \int_\Omega F^- = A,$$

于是

$$\int_\Omega \left(F^+ - F^- \right) = 0.$$

由命题 19.2.6(a) 知, $F^+(\boldsymbol{x}) = F^-(\boldsymbol{x})$ 几乎对每个 $\boldsymbol{x}$ 都成立. 因为 f 介于 F^- 和 F^+ 之间, 所以 $f(\boldsymbol{x}) = F^+(\boldsymbol{x}) = F^-(\boldsymbol{x})$ 几乎对每个 $\boldsymbol{x}$ 都成立. 因此, f 与绝对可积函数 F^+ 仅在一个测度为 0 的集合上不同. 于是, f 是一个绝对可积的可测 (见习题 18.5.5) 函数, 并且

$$\int_\Omega f = \int_\Omega F^+ = \int_\Omega F^- = A.$$

结论得证. $\square$

习 题

19.3.1 证明：只要 Ω 是 $\mathbb{R}^n$ 的可测子集，并且 f 是绝对可积函数，式 (19.1) 就成立.

19.3.2 证明命题 19.3.3. （提示：对于 (b)，把 f、g 及 $f+g$ 都分成正部和负部，利用引理 19.2.10，试着只用非负函数的积分来表示所有的量.）

19.3.3 设 $f : \mathbb{R} \to \mathbb{R}$ 和 $g : \mathbb{R} \to \mathbb{R}$ 都是绝对可积的可测函数，对所有的 $x \in \mathbb{R}$ 都有 $f(x) \leqslant g(x)$，并且 $\int_{\mathbb{R}} f = \int_{\mathbb{R}} g$，证明：$f(x) = g(x)$ 几乎对每个 $x \in \mathbb{R}$ 都成立（对于 $\mathbb{R}$ 中除去一个测度为 0 的集合之外的每一点 x，都有 $f(x) = g(x)$）.

19.3.4 对任意的 $n = 1, 2, 3, \cdots$，设 $f_n : \mathbb{R} \to \mathbb{R}$ 是函数 $f_n = \chi_{[n,n+1)} - \chi_{[n+1,n+2)}$，即当 $x \in [n, n+1)$ 时，$f_n(x) = 1$；当 $x \in [n+1, n+2)$ 时，$f_n(x) = -1$；当 x 取其他值时，$f_n(x) = 0$. 证明：

$$\int_{\mathbb{R}} \sum_{n=1}^{\infty} f_n \neq \sum_{n=1}^{\infty} \int_{\mathbb{R}} f_n.$$

解释这为什么与推论 19.2.11 不矛盾.

19.4 与黎曼积分的比较

虽然我们已经花费了大量的精力去构造勒贝格积分，但迄今为止我们还没有解决如何真正地计算勒贝格积分，以及勒贝格积分与黎曼积分（比如一维情形下的积分）是否存在区别的问题. 现在我们来证明勒贝格积分是黎曼积分的推广. 为了使接下来的讨论更清晰，我们暂时把黎曼积分 $\int_I f$ 写成 $R. \int_I f$，这样就可以把黎曼积分从勒贝格积分中区分出来.

现在，我们的目标是证明以下命题.

命题 19.4.1 设 $I \subseteq \mathbb{R}$ 是一个有界区间，并设 $f : I \to \mathbb{R}$ 是一个黎曼可积函数，那么 f 也是绝对可积的，并且 $\int_I f = R. \int_I f$.

证明 记 $A = R. \int_I f$，因为 f 是黎曼可积的，所以它的黎曼上积分和黎曼下积分都等于 A. 因此，对每个 $\varepsilon > 0$，存在 I 的一个划分 P，它把 I 划分成一些更小的区间 J 并使得

$$A - \varepsilon \leqslant \sum_{J \in P} |J| \inf_{x \in J} f(x) \leqslant A \leqslant \sum_{J \in P} |J| \sup_{x \in J} f(x) \leqslant A + \varepsilon,$$

其中 $|J|$ 表示区间 J 的长度. 注意，因为 J 是一个盒子，所以 $|J|$ 和 $m(J)$ 相等.

设 $f_\varepsilon^- : I \to \mathbb{R}$ 和 $f_\varepsilon^+ : I \to \mathbb{R}$ 分别是函数

$$f_\varepsilon^-(x) = \sum_{J \in P} \inf_{x \in J} f(x) \chi_J(x)$$

和

$$f_\varepsilon^+(x) = \sum_{J \in P} \sup_{x \in J} f(x) \chi_J(x).$$

它们都是简单函数, 从而也都是可测且绝对可积的. 根据引理 19.1.9, 我们有

$$\int_I f_\varepsilon^- = \sum_{J \in P} |J| \inf_{x \in J} f(x)$$

和

$$\int_I f_\varepsilon^+ = \sum_{J \in P} |J| \sup_{x \in J} f(x),$$

从而有

$$A - \varepsilon \leqslant \int_I f_\varepsilon^- \leqslant A \leqslant \int_I f_\varepsilon^+ \leqslant A + \varepsilon.$$

由于 f_ε^+ 从上方控制 f, 并且 f_ε^- 从下方控制 f, 因此对每个 ε, 有

$$A - \varepsilon \leqslant \underline{\int_I} f \leqslant \overline{\int_I} f \leqslant A + \varepsilon,$$

从而得到

$$\underline{\int_I} f = \overline{\int_I} f = A.$$

于是由引理 19.3.6 知, f 是绝对可积的且 $\int_I f = A$, 结论得证.   □

   因此, 每个黎曼可积的函数也是勒贝格可积的, 至少在有界区间上如此. 我们不再需要记号 $R. \int_I f$. 但反之不成立. 例如, 函数 $f : [0,1] \to \mathbb{R}$ 具有如下定义: 当 x 是有理数时, $f(x) = 1$; 当 x 是无理数时, $f(x) = 0$. 那么, 由命题 11.7.1 知 f 不是黎曼可积的. 另外, f 是集合 $\mathbb{Q} \cap [0,1]$ 的特征函数, 这里的 $\mathbb{Q} \cap [0,1]$ 是一个可数集, 从而其测度为 0. 于是 f 是勒贝格可积的且 $\int_{[0,1]} f = 0$. 由此可见, 与黎曼积分相比, 勒贝格积分可以处理更多的函数. 这是我们在分析学中使用勒贝格积分的一个主要原因. (另一个原因在于, 勒贝格积分可以很好地与极限运算进行交互, 这一点已经在勒贝格单调收敛定理、法图引理及勒贝格控制收敛定理中得到证明. 但在黎曼积分中, 并不存在这样的相应定理.)

19.5 富比尼定理

   我们证明了一维情形下勒贝格积分与黎曼积分有关. 现在我们试着理解两者在高维情形下的联系. 为了使讨论更简化, 我们只研究二维积分, 但这里的论述可以很容易地推广到高维情形中.

　　我们要研究的是形如 $\int_{\mathbb{R}^2} f$ 的积分. 注意, 一旦知道了如何求 $\mathbb{R}^2$ 上的积分, 我们就可以求出在 $\mathbb{R}^2$ 的可测子集 Ω 上的积分, 因为 $\int_{\Omega} f$ 可以改写成 $\int_{\mathbb{R}^2} f \chi_{\Omega}$.

　　设 $f(x,y)$ 是一个二元函数, 从原则上来说, 我们可以采用三种方法求 f 在 $\mathbb{R}^2$ 上的积分. 首先, 我们可以使用二维勒贝格积分求 $\int_{\mathbb{R}^2} f$. 其次, 我们可以固定 x, 并求出关于 y 的一维积分, 然后把得到的结果对 x 求积分, 这样就得到了 $\int_{\mathbb{R}} (\int_{\mathbb{R}} f(x,y) \mathrm{d}y) \mathrm{d}x$. 最后, 我们还可以先固定 y, 并求出关于 x 的积分, 然后对 y 积分, 进而得到 $\int_{\mathbb{R}} (\int_{\mathbb{R}} f(x,y) \mathrm{d}x) \mathrm{d}y$.

　　幸运的是, 如果函数 f 在 $\mathbb{R}^2$ 上是绝对可积的, 那么上述三个积分值相等.

　　定理 19.5.1（富比尼定理）设 $f: \mathbb{R}^2 \to \mathbb{R}$ 是一个绝对可积的函数, 那么存在绝对可积的函数 $F: \mathbb{R} \to \mathbb{R}$ 和 $G: \mathbb{R} \to \mathbb{R}$, 使得对几乎每个 x, $f(x,y)$ 关于 y 是绝对可积的, 并且有

$$F(x) = \int_{\mathbb{R}} f(x,y) \mathrm{d}y.$$

同时, 对几乎每个 y, $f(x,y)$ 关于 x 是绝对可积的, 并且有

$$G(y) = \int_{\mathbb{R}} f(x,y) \mathrm{d}x.$$

最后, 还有

$$\int_{\mathbb{R}} F(x) \mathrm{d}x = \int_{\mathbb{R}^2} f = \int_{\mathbb{R}} G(y) \mathrm{d}y.$$

　　注 19.5.2　非常粗略地说, 富比尼定理说的是

$$\int_{\mathbb{R}} \left(\int_{\mathbb{R}} f(x,y) \mathrm{d}y \right) \mathrm{d}x = \int_{\mathbb{R}^2} f = \int_{\mathbb{R}} \left(\int_{\mathbb{R}} f(x,y) \mathrm{d}x \right) \mathrm{d}y.$$

这使我们在计算二维积分时, 可以把它分解成两个一维积分. 我们没有把富比尼定理写成上述形式的原因在于, 积分 $\int_{\mathbb{R}} f(x,y) \mathrm{d}y$ 可能并不对每个 x 都存在. 类似地, 积分 $\int_{\mathbb{R}} f(x,y) \mathrm{d}x$ 也不一定对每个 y 都存在. 富比尼定理断定, 这些积分只是几乎对每个 x 和 y 成立. 假设函数 $f(x,y)$ 满足: 当 $y > 0$ 且 $x = 0$ 时, $f(x,y) = 1$; 当 $y < 0$ 且 $x = 0$ 时, $f(x,y) = -1$; 而在其他任何情形下 $f(x,y)$ 都等于 0, 那么 f 在 $\mathbb{R}^2$ 上是绝对可积的, 并且 $\int_{\mathbb{R}^2} f = 0$（因为 f 在 $\mathbb{R}^2$ 上几乎处处为 0）. 但是, 当 $x = 0$ 时, $\int_{\mathbb{R}} f(x,y) \mathrm{d}y$ 不是绝对可积的（尽管对其他任意一个 x, $\int_{\mathbb{R}} f(x,y) \mathrm{d}y$ 都是绝对可积的）.

　　证明　富比尼定理的证明相当复杂, 这里我们只给出一个框架. 我们将从一系列化简开始.

　　粗略地说（忽略那些与 0 测度集有关的事项）, 我们要证明的是

$$\int_{\mathbb{R}} \left(\int_{\mathbb{R}} f(x,y) \mathrm{d}y \right) \mathrm{d}x = \int_{\mathbb{R}^2} f,$$

以及调换 x 和 y 的位置之后所得到的等式. 我们只证明上面这个等式, 另一个等式可以按照类似的方法证明.

首先, 我们只需证明关于非负函数的定理就可以了, 因为只要把一般的函数 f 写成两个非负函数的差 $f^+ - f^-$, 然后分别对 f^+ 和 f^- 使用富比尼定理 (并使用命题 19.3.3 的 (a) 和 (b)), 就能得到一般情形下的结论. 因此, 从现在开始我们假定 f 是非负函数.

接下来, 我们只需对支撑在有界集 $[-N, N] \times [-N, N]$ (其中 N 是正整数)上的非负函数 f 证明定理成立就行了. 实际上, 一旦得到了关于这类函数的富比尼定理, 我们就可以把一般的函数 f 写成这种紧支撑函数的上确界, 即

$$f = \sup_{N>0} f\chi_{[-N,N] \times [-N,N]}.$$

分别对每个函数 $f\chi_{[-N,N] \times [-N,N]}$ 使用富比尼定理, 再使用单调收敛定理取上确界就可以了. 于是, 接下来我们假定 f 支撑在 $[-N, N] \times [-N, N]$ 上.

按照类似的论述, 我们只需对支撑在 $[-N, N] \times [-N, N]$ 上的非负简单函数证明定理成立就行了, 因为根据引理 19.1.5, 我们可以把 f 写成简单函数的上确界 (这些简单函数也必须支撑在 $[-N, N] \times [-N, N]$ 上). 对每个简单函数使用富比尼定理, 再使用单调收敛定理取上确界即可. 因此, 我们可以假定 f 是一个支撑在 $[-N, N] \times [-N, N]$ 上的非负简单函数.

接下来, 我们只需证明定理关于支撑在 $[-N, N] \times [-N, N]$ 上的特征函数是成立的就可以了. 这是因为每个简单函数都是特征函数的线性组合, 所以我们可以从关于特征函数的富比尼定理中推导出关于简单函数的富比尼定理. 于是, 我们可以令 $f = \chi_E$, 其中 $E \subseteq [-N, N] \times [-N, N]$ 是一个可测集. 那么我们的任务是证明 (忽略 0 测度集)

$$\int_{[-N,N]} \left(\int_{[-N,N]} \chi_E(x,y)\mathrm{d}y \right) \mathrm{d}x = m(E).$$

只要证明勒贝格上积分满足下面的估计式就行了:

$$\overline{\int}_{[-N,N]} \left(\overline{\int}_{[-N,N]} \chi_E(x,y)\mathrm{d}y \right) \mathrm{d}x \leqslant m(E). \tag{19.2}$$

稍后我们将证明这个估计式. 一旦证明了这个式子对每个集合 E 都成立, 我们就可以把 E 替换成 $[-N, N] \times [-N, N] \setminus E$, 并得到

$$\overline{\int}_{[-N,N]} \left(\overline{\int}_{[-N,N]} (1 - \chi_E(x,y))\mathrm{d}y \right) \mathrm{d}x \leqslant 4N^2 - m(E).$$

但该式不等号左端的式子等于

$$\overline{\int}_{[-N,N]} \left(2N - \underline{\int}_{[-N,N]} \chi_E(x,y)\mathrm{d}y \right) \mathrm{d}x,$$

即

$$4N^2 - \underline{\int}_{[-N,N]} \left(\underline{\int}_{[-N,N]} \chi_E(x,y)\mathrm{d}y \right) \mathrm{d}x.$$

于是，我们有

$$\underline{\int}_{[-N,N]} \left(\underline{\int}_{[-N,N]} \chi_E(x,y)\mathrm{d}y \right) \mathrm{d}x \geqslant m(E),$$

进而有

$$\underline{\int}_{[-N,N]} \left(\overline{\int}_{[-N,N]} \chi_E(x,y)\mathrm{d}y \right) \mathrm{d}x \geqslant m(E).$$

因此，由引理 19.3.6 知 $\overline{\int}_{[-N,N]} \chi_E(x,y)\mathrm{d}y$ 是绝对可积的，并且

$$\int_{[-N,N]} \left(\overline{\int}_{[-N,N]} \chi_E(x,y)\mathrm{d}y \right) \mathrm{d}x = m(E).$$

按照类似的论述可以证明

$$\int_{[-N,N]} \left(\underline{\int}_{[-N,N]} \chi_E(x,y)\mathrm{d}y \right) \mathrm{d}x = m(E),$$

从而有

$$\int_{[-N,N]} \left(\overline{\int}_{[-N,N]} \chi_E(x,y)\mathrm{d}y - \underline{\int}_{[-N,N]} \chi_E(x,y)\mathrm{d}y \right) \mathrm{d}x = 0.$$

因此由命题 19.2.6(a) 知

$$\underline{\int}_{[-N,N]} \chi_E(x,y)\mathrm{d}y = \overline{\int}_{[-N,N]} \chi_E(x,y)\mathrm{d}y$$

几乎对每个 $x \in [-N,N]$ 都成立. 于是，对几乎每个 x, $\chi_E(x,y)$ 关于 y 是绝对可积的. 而且 $\int_{[-N,N]} \chi_E(x,y)\mathrm{d}y$（几乎处处）等于这样一个函数 $F(x)$，它使得

$$\int_{[-N,N]} F(x)\mathrm{d}x = m(E).$$

下面我们来证明式 (19.2). 设 $\varepsilon > 0$ 是任意一个正数，由于 $m(E)$ 与外测度 $m^*(E)$ 相等，因此存在至多可数个盒子 $(B_j)_{j \in J}$，使得 $E \subseteq \bigcup_{j \in J} B_j$ 且

$$\sum_{j \in J} m(B_j) \leqslant m(E) + \varepsilon.$$

对每个盒子 B_j，都存在两个区间 I_j 和 I_j' 使得 $B_j = I_j \times I_j'$. 注意到

$$m(B_j) = |I_j|\,|I_j'| = \int_{I_j} |I_j'|\,\mathrm{d}x = \int_{I_j} \left(\int_{I_j'} \mathrm{d}y \right) \mathrm{d}x$$

$$= \int_{[-N,N]} \left(\int_{[-N,N]} \chi_{I_j \times I_j'}(x,y)\mathrm{d}y \right) \mathrm{d}x$$

$$= \int_{[-N,N]} \left(\int_{[-N,N]} \chi_{B_j}(x,y)\mathrm{d}y \right) \mathrm{d}x.$$

把 $j \in J$ 对应的上式全加起来（利用推论 19.2.11）就得到了

$$\sum_{j \in J} m(B_j) = \int_{[-N,N]} \left(\int_{[-N,N]} \sum_{j \in J} \chi_{B_j}(x,y)\mathrm{d}y \right) \mathrm{d}x.$$

于是有

$$\overline{\int}_{[-N,N]} \left(\overline{\int}_{[-N,N]} \sum_{j \in J} \chi_{B_j}(x,y)\mathrm{d}y \right) \mathrm{d}x \leqslant m(E) + \varepsilon.$$

因为 $\sum_{j \in J} \chi_{B_j}$ 从上方控制 χ_E，（为什么？）所以

$$\overline{\int}_{[-N,N]} \left(\overline{\int}_{[-N,N]} \chi_E(x,y)\mathrm{d}y \right) \mathrm{d}x \leqslant m(E) + \varepsilon.$$

由于 ε 是任意的，因此式 (19.2) 成立. 这样就完成了对富比尼定理的证明. $\qquad\square$

附录 A　数理逻辑基础

本附录的目的在于对数理逻辑进行简要的介绍. 使用数理逻辑, 我们可以推导出严格的数学证明. 知道数理逻辑工作原理对我们理解数学的思维方式非常有帮助, 一旦掌握了这种思维方式, 我们就能以更清晰、更有把握的方式来研究数学概念和数学问题, 包括本书中许多证明类的问题.

合乎逻辑的写作是一项非常有用的技能, 它与清晰、高效、有说服力及富含信息的写作多少有些关系, 但并不完全相同. 能够同时做到这些当然是最理想的状态, 但有时我们不得不做出妥协, 然而你可以通过实践使自己的书写更好地满足上面的要求. 因此, 一个合乎逻辑的论述或许有时看起来比较笨重、过于复杂或显得并不那么让人信服. 但是, 合乎逻辑地书写具有一个很大的优势, 即只要你全部的假设都是正确的且步骤合乎逻辑, 人们就会相信你的结论是正确的. 如果使用其他的书写风格, 那么人们有理由相信某些内容是真的, 但相信 (convince) 和无疑 (sure) 之间是有区别的.

合乎逻辑并非书写的唯一优良特性, 事实上, 有时它会成为一种阻力. 例如, 当数学家想让其他数学家相信某个未经充分论证的命题为真时, 他们常采用简短通俗的论证, 而这种论证在逻辑上是不严谨的. 当然, 对于非数学家来说也是如此. 所以, "非逻辑的"命题或论述并不一定是坏事. 在许多通常情形下, 人们有充分的理由不去强调逻辑性. 但是, 我们应该意识到逻辑推理与通俗论述之间的区别, 而且不要试图把一个非逻辑的论述看作具有逻辑严密性. 特别地, 如果一道习题要求你给出证明, 那么它希望你的答案是合乎逻辑的.

就像其他技能一样, 逻辑是需要通过学习才能掌握的一项技能. 但这项技能同时也是与生俱来的. 实际上, 在每天的言谈及自身的内心 (非数学的) 推理中, 你或许都在无意识地运用逻辑定律. 然而, 想意识到这项天生的技能, 并把它运用到在数学证明中所遇到的那些抽象情形中, 我们还需要一些训练和练习. 由于逻辑性是与生俱来的, 因此你学习的那些逻辑定律是有意义的. 当你发觉自己不得不死记硬背一条逻辑原理或逻辑定律, 而没有感觉到任何心灵上的 "碰撞", 或是无法理解为什么那条定律有用时, 你也许就不能在实践中正确、高效地使用那条逻辑定律. 因此, 在本书内容正式结束之前, 请不要填鸭式学习本附录, 这是没什么用的. 相反, **请你收起用来标记重点的荧光笔, 认真阅读并理解附录中的内容, 而不只是学了它!**

A.1　数学命题

任何一个数学论证都是通过一系列数学命题展开的, 这些数学命题是关于各种数学对象 (数、向量、函数等)、它们之间的运算 (加法、乘法、微分等) 及它们之间的关系 (相等、不相等, 诸如此类) 的精确表述. 这些数学对象既可以是常量也可以是变量, 稍后我们会对此进行详细说明. 命题[①]则要么为真, 要么为假.

---

① 更准确地说, 不含自由变量的命题要么为真, 要么为假. 稍后我们将在本附录中讨论自由变量.

例 A.1.1　$2 + 2 = 4$ 是一个真命题，$2 + 2 = 5$ 是一个假命题.

并非数学符号的每个组合都能成为一个命题. 例如，

$$= 2 + + 4 = - = 2$$

不是命题，我们有时称它是不符合语法规则的或定义不明确的. 例 A.1.1 中的命题是符合语法规则的或定义明确的. 因此，符合语法规则的命题要么为真，要么为假；不符合语法规则的命题则既不是真的也不是假的（实际上，我们通常认为它们根本不是命题）. 关于不符合语法规则的命题，我们有这样一个更微妙的例子：

$$0/0 = 1.$$

被零整除是无定义的，从而上述命题不符合语法规则. 一个合乎逻辑的论证不应该包含任何不符合语法规则的命题，例如，若一个论证使用了诸如 $x/y = z$ 这样的命题，那么它首先必须保证 y 不等于 0. 很多对 "$0 = 1$" 及其他一些假命题的所谓证明与忽略 "命题必须符合语法规则" 这一准则有关.

很多人曾在数学作业中写过一些不符合语法规则的或不准确的命题，而想表达的却是其他某些符合语法规则的准确命题. 从某种程度上来说，这是可行的. 这类似于一个句子中的某些单词出现了拼写错误，或是用一个不太准确的或语法错误的单词来代替准确的单词（用 "She ran good" 来代替 "She ran well"）. 在很多情况下，你能够发现这些错误并对它进行纠正. 但是这看起来很不专业，而且还会让人觉得你可能不知道自己在说什么. 另外，如果你的确不知道自己在说什么，而是盲目地使用数学定律或逻辑定律，那么写出一个不符合语法规则的命题将很快误导你写出越来越多的 "废话"，通常都是那种依据评分标准得不到分数的内容. 因此，注意保持命题符合语法规则及表述准确非常重要，尤其是当我们正在学习一门学科时就更重要了. 一旦拥有了更多的技能和信心，你当然就拥有了轻松说话的能力，因为你明白了自己在做什么，并且不再过多地担心陷入说废话的危险中.

数理逻辑的一个基本公理是，每个符合语法规则的命题要么为真，要么为假，不可能既为真又为假（在有自由变量的情形下，命题的真假有可能与这些变量的值有关. 稍后详述）. 更进一步地说，命题的真假与命题的内在属性有关，并不以考察该命题的人的意志为转移（当然，所有的定义和记号都要保持一致）. 于是，为了证明一个命题为真，只需证明它不为假就可以了；为了证明一个命题为假，只需证明它不为真就可以了. 这正是反证法这一有力工具的基础原理，稍后我们将对此进行讨论. 只要我们处理的概念是准确的，使得我们能够以客观一致的方式来确定（至少原则上可以确定）命题的真假，那么这个公理就是有效的. 然而，当我们处理的是非数学的问题时，这个公理就变得不可信了，于是把数理逻辑应用到非数学问题上可能会导致错误.（例如，命题 "这块石头重 52 千克" 是完全准确和客观的，从而用数学推理对它进行操作是相当安全的，而 "这块石头很重" "这段音乐很美" "上帝是存在的" 等模糊的命题就有很大问题. 因此，尽管数理逻辑是一个非常有用的强大工具，但它仍然存在一些应用上的限制.）而我们依然可以尝试对这些情形（例如，对现实生活中的现象构造一个数学模型）使用逻辑（或者类似于逻辑的原理），但这些事情是科学或哲学领域的内容，而非数学，我们对此不再进一步讨论.

注 A.1.2　存在一些其他的逻辑模型，它们试图处理那些不绝对为真或不绝对为假的命题，如模态逻辑、直觉主义逻辑和模糊逻辑，但这些内容超出了本书的范围.

"是真的"与"是有用的"或"是有效的"是不同的. 例如, 命题

$$2 = 2$$

是真的, 但它不太可能是非常有用的. 命题

$$4 \leqslant 4$$

也是真的, 但它并不是非常有效的 (命题 $4 = 4$ 更准确). 还有可能存在这样一种情况: 虽然命题是假的, 但它依然是有用的, 例如,

$$\pi = 22/7$$

是假的, 但它作为第一近似值仍然是有用的. 在数学推理过程中, 我们只关心命题的真假, 并不在意命题是否有用及是否有效. 这样做的原因在于, 命题的真假是客观的 (每个人都会认同这种说法), 并且我们可以利用精确的法则推导出真命题, 但有用性和有效性从某种程度上来说是一种观点, 而且无法从任何精确法则中推导出. 另外, 在一个论证中, 即使某些个别的步骤可能看起来并不是非常有用或有效的, 但最后的结论可能是相当不平凡的 (不是显然为真的), 并且是有用的, 这种情形实际上是非常普遍的.

命题与表达式不同. 命题要么为真, 要么为假. 表达式则是由一系列数学符号组成的, 它把生成的某个数学对象 (数、矩阵、函数、集合等) 作为自身的值. 例如,

$$2 + 3 \times 5$$

是一个表达式, 而不是命题, 它把生成的数作为自身的值. 然而

$$2 + 3 \times 5 = 17$$

是一个命题, 而不是表达式. 因此, 问 $2 + 3 \times 5$ 是真还是假没有任何意义. 与命题一样, 表达式可能是定义明确的或定义不明确的. 例如, $2 + 3/0$ 是定义不明确的. 在某些情形下, 例如, 当试图把一个向量加到一个矩阵上时, 或者在一个函数的定义域之外对该函数求值, 如 $\arcsin 2$ 时, 将会出现更多微妙的定义不明确的表达式.

利用关系 =、<、$\geqslant$、$\in$ 和 $\subset$ 等, 或者利用性质 (如 "是素数""是连续的""是可逆的"等), 我们能够用表达式来构造命题. 例如, "$30 + 5$ 是素数" 是一个命题, 就像 "$30 + 5 \leqslant 42 - 7$" 也是命题一样. 注意, 数学命题中允许含有词汇.

通过使用逻辑连接词, 如和、或、非、如果……那么、当且仅当, 等等, 我们可以利用较简单的命题来构造复合命题. 下面我们按照直观性递减的次序来给出一些例子.

合取　设 X 是一个命题, Y 也是一个命题, 如果 X 和 Y 都为真, 那么 "X 和 Y" 也为真; 否则, "X 和 Y" 就是假命题. 例如, "$2 + 2 = 4$ 和 $3 + 3 = 6$" 是真命题, 但 "$2 + 2 = 4$ 和 $3 + 3 = 5$" 不是真命题. 又比如, "$2 + 2 = 4$ 和 $2 + 2 = 4$" 是真命题, 尽管这个命题有些累赘. 逻辑关注的是命题的真假, 并非有效性.

我们可以用很多种方法来改写命题 "X 和 Y", 例如, "X 且 Y" 或 "X 和 Y 都为真" 等. 有趣的是, 命题 "X, 但 Y" 与命题 "X 和 Y" 在逻辑上是等价的, 但两者的内涵是不同的 (两个命题都断定了 X 和 Y 同时为真, 但第一种形式暗示 X 和 Y 是相互对比的, 第二种形式则暗示 X 和 Y 是互相支持的). 再次重申, 逻辑与命题的真假有关, 与命题的内涵和其暗示的内容没什么关系.

析取　设 X 是一个命题，Y 也是一个命题，如果 X 和 Y 中至少有一个为真，那么命题 "X 或 Y" 也为真. 例如，"$2+2=4$ 或 $3+3=5$" 是真命题，而 "$2+2=5$ 或 $3+3=5$" 不是真命题. 另外，"$2+2=4$ 或 $3+3=6$" 是真命题（尽管它不太有效. "$2+2=4$ 和 $3+3=6$" 是一个较强的命题）. 因此在数理逻辑中，"或" 默认表示 "包含或". 我们这样做的原因是，在使用 "包含或" 的前提下，为了证明 "X 或 Y" 为真，我们只需证明 X 和 Y 中有一个为真就可以了，而不需要证明另一个命题为假. 于是，我们不需要看第二个等式就能知道 "$2+2=4$ 或 $2353+5931=7284$" 是真命题. 就像前面讨论的那样，尽管命题 "$2+2=4$ 或 $2+2=4$" 高度无效，但它仍是一个真命题.

如果我们确实希望使用 "异或"，那么就使用如 "要么 X 为真，要么 Y 为真，但两者不同时为真" 或 "X 和 Y 中恰好有一个为真" 这样的命题. "异或" 的确越来越多地出现在数学中，但它远不及 "包含或" 那样经常出现.

否定　命题 "X 不是真的""X 是假的" 或 "X 不成立" 被称作 X 的否定，它是真的，当且仅当 X 是假的. 它是假的，当且仅当 X 是真的. 例如，命题 "$2+2=5$ 不成立" 是一个真命题. 当然，我们可以把这个命题简写成 "$2+2\neq5$".

否定把 "和" 转化成 "或". 例如，"简·多伊的头发是黑色的且眼睛是蓝色的" 的否定是 "简·多伊的头发不是黑色的或眼睛不是蓝色的"，而不是 "简·多伊的头发不是黑色的且眼睛不是蓝色的".（你能看出这是为什么吗？）类似地，如果 x 是一个整数，那么命题 "x 是偶数且是非负数" 的否定是 "x 是奇数或负数"，而不是 "x 是奇数且是负数"（注意到这里的 "或" 是 "包含或" 而不是 "异或" 有多么重要）. 另外，命题 "$x\geqslant2$ 且 $x\leqslant6$"（$2\leqslant x\leqslant6$）的否定是 "$x<2$ 或 $x>6$"，而不是 "$x<2$ 且 $x>6$"，也不是 "$2<x>6$".

类似地，否定把 "或" 转化成 "和"（"且"）. 命题 "简·多伊的头发是棕色的或黑色的" 的否定是 "简·多伊的头发不是棕色的且不是黑色的"，即 "简·多伊的头发既不是棕色的也不是黑色的". 如果 x 是一个实数，那么 "$x\geqslant1$ 或 $x\leqslant-1$" 的否定是 "$x<1$ 且 $x>-1$"（$-1<x<1$）.

一个命题的否定将产生一个不可能为真的命题，这种情形是很有可能发生的. 如果 x 是一个整数，那么 "x 是偶数或奇数" 的否定是 "x 既不是偶数也不是奇数"，这个命题显然不可能为真. 记住，即使一个命题是假的，但它仍旧是一个命题，而且通过利用一个偶尔涉及假命题的论证，我们有可能会得到一个真命题.（反证法就属于这种类型. 另一个例子是分成若干种情形来证明. 如果我们把证明分成三种互斥的情形：情形 1、情形 2 和情形 3，那么在任何情况下，总有两种情形是假的，而只有一种情形是真的. 但这未必表示整个证明是错误的或其结论是假的.）

否定有时用起来并不那么直观，尤其是存在多重否定的时候. 例如，命题 "要么 x 不是奇数，要么 x 不大于或等于 3，但两者不同时成立" 用起来就不是特别舒服. 幸运的是，我们很少遇到多于一个或多于两个否定同时存在的情况，因为否定常常会相互抵消. 例如，"X 不是真的" 的否定是 "X 是真的" 或者更简洁地记作 "X". 当然，如果需要对更复杂的表达式进行否定，那么我们就要谨慎些，因为在这个过程中要处理 "和" 与 "或" 之间的转换及类似的事情.

当且仅当　设 X 是一个命题，Y 也是一个命题，如果只要 X 为真，Y 就为真，并且只要 Y 为真，X 就为真（X 和 Y 具有 "同等的真"），那么我们称 "X 为真当且仅当 Y 为真". 关于此事的另一种说法是 "X 和 Y 在逻辑上是等价的命题"，或者 "X 为真等价于 Y 为真"，或

者 "$X \iff Y$". 作为例子, 如果 x 是一个实数, 那么命题 "$x = 3$ 当且仅当 $2x = 6$" 是真的. 这意味着只要 $x = 3$ 为真, 就有 $2x = 6$ 为真; 并且只要 $2x = 6$ 为真, 就有 $x = 3$ 为真. 另外, 命题 "$x = 3$ 当且仅当 $x^2 = 9$" 是假的. 虽然当 $x = 3$ 为真时, $x^2 = 9$ 也为真, 但是当 $x^2 = 9$ 为真时, $x = 3$ 并不自动为真 (考虑一下 $x = -3$ 时会发生什么).

同等真的命题也是同等假的: 如果 X 和 Y 在逻辑上是等价的, 并且 X 是假的, 那么 Y 也一定是假的 (因为如果 Y 是真的, 那么 X 也必定为真). 反过来, 任意两个同等假的命题在逻辑上也是等价的. 例如, $2 + 2 = 5$ 当且仅当 $4 + 4 = 10$.

有时证明两个以上 (不含两个) 的命题在逻辑上等价是一件很有意思的事情. 例如, 我们希望证明 X、Y 和 Z 这三个命题在逻辑上是等价的. 这意味着只要其中一个命题为真, 这三个命题就全为真. 同时还意味着, 如果其中一个命题是假的, 那么这三个命题就全是假的. 这看上去好像要证明很多逻辑蕴涵关系, 但实际上, 一旦对 X、Y 和 Z 之间的逻辑蕴涵关系进行了足够的阐述, 我们就可以推导出其他所有的蕴涵关系, 从而推导出它们在逻辑上是等价的. 例子参见习题 A.1.5 和习题 A.1.6.

习　题

A.1.1 命题 "要么 X 为真, 要么 Y 为真, 但两者不同时为真" 的否定是什么?

A.1.2 命题 "X 为真当且仅当 Y 为真" 的否定是什么? (可能有多种方式来表述这个否定.)

A.1.3 假设已经证明了 "只要 X 为真, Y 就为真" 及 "只要 X 为假, Y 就为假", 那么你是否已经证明了 X 和 Y 在逻辑上是等价的? 请给出解释.

A.1.4 假设已经证明了 "只要 X 为真, Y 就为真" 及 "只要 Y 为假, X 就为假", 那么你是否已经证明了 "X 为真当且仅当 Y 为真"? 请给出解释.

A.1.5 假设你知道 "X 为真当且仅当 Y 为真", 并且你还知道 "Y 为真当且仅当 Z 为真", 那么这是否足以证明 X、Y 和 Z 在逻辑上是等价的? 请给出解释.

A.1.6 假设你知道 "只要 X 为真, Y 就为真" "只要 Y 为真, Z 就为真" 及 "只要 Z 为真, X 就为真", 那么这是否足以证明 X、Y 和 Z 在逻辑上是等价的? 请给出解释.

A.2　蕴涵关系

现在我们来考察一个常用的逻辑关系——蕴涵关系. 如果 X 是一个命题, Y 也是一个命题, 那么 "如果 X, 那么 Y" 是从 X 到 Y 的蕴涵关系. 它也可以写成 "当 X 为真时, Y 为真", 或者 "X 蕴涵 Y", 或者 "Y 为真当 X 为真时" 又或者 "X 为真仅当 Y 为真" (最后这个说法要花费些精力去理解). X 的真假决定了命题 "如果 X, 那么 Y" 表达的意思. 在 X 为真的前提下, 当 Y 为真时, 命题 "如果 X, 那么 Y" 就是真的; 当 Y 为假时, 命题 "如果 X, 那么 Y" 就是假的. 但是如果 X 为假, 那么不管 Y 是真的还是假的, 命题 "如果 X, 那么 Y" 总是真的. 换句话说, 当 X 为真时, 命题 "如果 X, 那么 Y" 蕴涵 Y 为真. 但当 X 为假时, 由命题 "如果 X, 那么 Y" 无法判定 Y 的真假, 此时这个命题是真的, 但是空虚的 (除了 "前提不为真" 这个事实, 它不能传递任何新的信息).

例 A.2.1　若 x 是一个整数, 则不管 x 是否真的等于 2, 命题"如果 $x = 2$, 那么 $x^2 = 4$"总为真. 该命题不能断定 x 等于 2, 也不能断定 x^2 等于 4, 但它确实可以断定 x 等于 2 时 x^2 等于 4. 如果 x 不等于 2, 那么该命题仍然为真, 但它无法提供关于 x 和 x^2 的任何结论.

上述蕴涵关系的某些特殊情形有: 蕴涵关系"如果 $2 = 2$, 那么 $2^2 = 4$"是真的 (真命题蕴涵真命题); 蕴涵关系"如果 $3 = 2$, 那么 $3^2 = 4$"是真的 (假命题蕴涵假命题); 蕴涵关系"如果 $-2 = 2$, 那么 $(-2)^2 = 4$"是真的 (假命题蕴涵真命题). 最后两个蕴涵关系被认为是空虚的, 即它们没有提供任何新的信息, 其原因在于它们的前提都不是真的. (尽管如此, 在证明中使用空虚的蕴涵关系仍有可能达到很好的效果, 即空虚的真命题仍是真的. 稍后我们将看到一个这样的例子.)

就像我们看到的那样, 前提不为真并没有影响蕴涵关系为真. 事实上, 情况恰恰相反. (当前提不为真时, 蕴涵关系自动为真.) 推翻蕴涵关系的唯一方法是证明前提为真但结论为假. 因此, "如果 $2 + 2 = 4$, 那么 $4 + 4 = 2$"是一个假的蕴涵关系 (真命题不蕴涵假命题).

我们还可以把命题"如果 X, 那么 Y"看作"Y 至少与 X 一样真", 即如果 X 为真, 那么 Y 也必定为真. 然而, 如果 X 为假, 那么 Y 可以与 X 一样假, 但 Y 也可以为真. 我们应该把上述结论与"X 当且仅当 Y"进行比较, 其中"X 当且仅当 Y"断定了 X 和 Y 具有同等的真.

空虚的真蕴涵关系常用在日常谈话中, 有时我们并没有意识到这种蕴涵关系是空虚的. 一个简单的例子是, "如果希望是翅膀, 那么猪也可以飞翔". 一个较严肃的例子是, "如果约翰下午 5 点下班, 那么他现在就在这". 这种类型的命题通常用在结论和前提都是假命题的情形中, 但不管怎样, 蕴涵关系仍然是真的. 顺便说一下, 这个命题可以用来阐述反证法的技巧: 如果你相信"如果约翰下午 5 点下班, 那么他现在就在这", 并且你还知道"约翰现在不在这", 那么你就能够推出"约翰不是下午 5 点下班", 因为约翰下午 5 点下班会导致矛盾产生. 注意如何用一个空虚的蕴涵关系来推导有用的真命题.

总之, 有时蕴涵关系是空虚的, 但这在逻辑上并不是一个真正的问题, 因为这些蕴涵关系仍为真, 而且空虚的蕴涵关系在逻辑论证中依然有用. 特别地, 我们可以放心地使用像"如果 X, 那么 Y"这样的命题, 而不必担心前提 X 是否确实为真 (蕴涵关系是不是空虚的).

即使前提和结论之间不存在因果关系, 蕴涵关系也可以为真. 命题"如果 $1 + 1 = 2$, 那么华盛顿是美国的首都"为真 (真命题蕴涵真命题), 虽然这个命题相当古怪. 类似地, 命题"如果 $2 + 2 = 3$, 那么纽约是美国的首都"也为真 (假命题蕴涵假命题). 当然, 这样的命题可能是不稳定的 (美国的首都或许在某一天会发生改变, 但 $1 + 1$ 始终等于 2), 但它至少在此刻是真的. 在逻辑论证中, 使用非因果性质的蕴涵关系是有可能的, 但我们不推荐这样做, 因为这会引起不必要的混淆. (比如, 虽然假命题的确可以蕴涵其他任何真命题和假命题, 但随意地做这样的事情对读者没什么帮助.)

为了证明蕴涵关系"如果 X, 那么 Y", 我们通常采用的方法是, 首先假设 X 为真, 然后利用这个假设 (以及其他任何你知道的事实和前提) 去推导 Y. 即使后面我们推导出 X 是假的, 但这种方法依然可行. 蕴涵关系无法保证 X 为真, 它只能保证在 X 为真的前提下 Y 是真的. 例如, 下面是一个真命题的正确证明, 尽管该命题的前提和结论都是假的.

命题 A.2.2　如果 $2 + 2 = 5$, 那么 $4 = 10 - 4$.

证明 假设 $2 + 2 = 5$，该式两端同时乘以 2 得 $4 + 4 = 10$. 让上式两端同时减去 4 得 $4 = 10 - 4$，这就是要证明的结论. ☐

另外，一个常见的错误是，在证明蕴涵关系时首先假设结论成立，然后去推导前提. 例如，下面的命题是正确的，但证明是错误的.

命题 A.2.3 设 $2x + 3 = 7$，证明 $x = 2$.

证明（错误的） 因为 $x = 2$，所以 $2x = 4$，从而 $2x + 3 = 7$. ☐

在进行证明时，很重要的一点是能够区分前提和结论. 如果不能清晰地区分前提和结论，那么就可能产生混淆.

这里有一个简短的证明，它使用的蕴涵关系可能是空虚的.

定理 A.2.4 如果 n 是一个整数，那么 $n(n+1)$ 是一个偶数.

证明 因为 n 是整数，所以 n 是偶数或奇数. 如果 n 是偶数，那么 $n(n+1)$ 也是偶数，因为偶数的任意倍数仍是偶数. 如果 n 是奇数，那么 $n+1$ 是偶数，这同样意味着 $n(n+1)$ 是偶数. 因此，在任何情形下，$n(n+1)$ 都是偶数，这就完成了证明. ☐

注意，这个证明依靠两个蕴涵关系："如果 n 是偶数，那么 $n(n+1)$ 是偶数"及"如果 n 是奇数，那么 $n(n+1)$ 是偶数". 由于 n 不可能同时既是奇数又是偶数，这两个蕴涵关系中至少有一个的前提是假的，从而是空虚的. 但是这两个蕴涵关系都是真的，而且它们都用来证明这个定理，因为我们预先并不知道 n 是偶数还是奇数. 即使知道 n 的奇偶性，我们也不值得费事地去验证它. 例如，作为该定理的一个特殊情形，我们立即得到如下推论.

推论 A.2.5 设 $n = (253 + 142) \times 123 - (423 + 198)^{342} + 538 - 213$，那么 $n(n+1)$ 是偶数.

在这个特殊情形中，由于我们可以准确地算出 n 的奇偶性——偶数或奇数——因此我们只会用到上述定理中两个蕴涵关系中的一个，而丢弃空虚的那个. 这看起来好像更有效，却并不节省力气，因为我们必须确定 n 的奇偶性，而这需要花费一些工夫. 这比同时论述两个蕴涵关系（包括空虚的蕴涵关系）更费工夫. 虽然这多少有些荒谬，但从长远来看，在一个论证中讨论空虚的、假的或其他"无用的"命题有时确实能够节省力气.（当然，我并不是建议你在证明中加入大量费时的且无关紧要的命题. 此处我要说的是你没必要过多地关注论证中某些可能不正确的假设，不管这些假设是真的还是假的，只要你构造的论证可以给出正确的结论就足够了.）

命题"如果 X，那么 Y"与"如果 Y，那么 X"是不一样的. 例如，"如果 $x = 2$，那么 $x^2 = 4$"是真的，但当 x 等于 -2 时，"如果 $x^2 = 4$，那么 $x = 2$"是假的. 这两个命题互为逆命题. 因此，一个真蕴涵关系的逆命题并不一定是一个真蕴涵关系. 我们使用命题"X 当且仅当 Y"来表示命题"如果 X，那么 Y；并且如果 Y，那么 X". 例如，我们可以说"$x = 2$ 当且仅当 $2x = 4$"，因为"如果 $x = 2$，那么 $2x = 4$；并且如果 $2x = 4$，那么 $x = 2$". 考察"当且仅当"命题的一种方法是把"X 当且仅当 Y"看作"X 恰好与 Y 一样真". 如果其中一个为真，那么另一个也为真；如果其中一个为假，那么另一个也为假. 例如，命题"如果 $3 = 2$，那么 $6 = 4$"是真的，因为它的前提和结论都是假的.（从这个角度来说，"如果 X，那么 Y"可以被看作命题"Y 至少与 X 一样真".）因此，我们用"X 与 Y 具有同等的真"来代替"X 当且仅当 Y".

　　类似地，命题"如果 X 为真，那么 Y 为真"与"如果 X 为假，那么 Y 为假"也不是同一个命题。"如果 $x=2$，那么 $x^2=4$"并不能推导出"如果 $x\neq 2$，那么 $x^2\neq 4$"，事实上，$x=-2$ 就是一个反例。"如果……那么"与"当且仅当"是不同的命题。（如果已经知道"X 为真当且仅当 Y 为真"，那么我们也就知道了"X 为假当且仅当 Y 为假"。）命题"如果 X 为假，那么 Y 为假"有时被称作"如果 X 为真，那么 Y 为真"的否命题。因此，一个真蕴涵关系的否命题并不一定是一个真蕴涵关系。

　　如果你知道"如果 X 为真，那么 Y 为真"，那么命题"如果 Y 为假，那么 X 为假"也是成立的（因为当 Y 为假时，X 不可能为真，其原因在于若 X 为真则蕴涵 Y 也为真，显然这里出现了矛盾）。如果知道"如果 $x=2$，那么 $x^2=4$"，那么我们也就知道了"如果 $x^2\neq 4$，那么 $x\neq 2$"。另外，如果知道"如果约翰下午 5 点下班，那么他现在就在这"，那么我们也就知道了"如果约翰现在不在这，那么他不是下午 5 点下班"。命题"如果 Y 为假，那么 X 为假"被称作"如果 X，那么 Y"的逆否命题，并且这两个命题具有同等的真。

　　特别地，如果你知道 X 蕴涵某个为假的命题，那么 X 自身必定为假。这正是反证法或归谬法的思想：为了证明某个命题一定为假，首先假设它是真的，然后证明它蕴涵某个一定为假的命题（比如，一个同时既为真又为假的命题）。例如，

　　命题 A.2.6　设 x 是一个使得 $\sin x=1$ 的正数，那么 $x\geqslant \pi/2$。

　　证明　利用反证法，假设 $x<\pi/2$，因为 x 是正数，所以 $0<x<\pi/2$。由于在区间 $[0,\pi/2]$ 上 $\sin x$ 是严格递增的，并且 $\sin 0=0$，$\sin(\pi/2)=1$，因此 $0<\sin x<1$。但这与前提条件 $\sin x=1$ 相矛盾。于是 $x\geqslant \pi/2$。　　　　　　　　　　　　　　　　　　　　　□

　　注意，反证法的一个特点是，在证明过程中，你提出的假设最终将被证明是假的。但是这并没有改变整个论证是正确的事实，而且最后的结论也是成立的，因为最终的结论与假设为真无关。（事实上，结论成立依赖假设不为真。）

　　反证法在证明"否定的"命题，如"X 为假""a 不等于 b"这类命题上特别有用。但是，肯定的命题与否定的命题之间的界限有些模糊。（命题 $x\geqslant 2$ 是肯定的命题还是否定的命题？该命题的否定，即 $x<2$，是肯定的命题还是否定的命题？）所以这并不是一个坚固牢靠的法则。

　　逻辑学家常常使用一些特殊的符号来表示逻辑连接关系。例如，"X 蕴涵 Y"可以写成"$X\implies Y$"；"X 不是真的"可以写成"$\sim X$""!X"或"$\neg X$"；"X 和 Y"可以写成"$X\wedge Y$"或"X & Y"，等等。但对普通的数学研究来说，这些符号并不常用，自然语言的可读性更强，还不会占用太多的空间。另外，使用这些符号会让表达式和命题之间的界限变得模糊。理解"$((x=3)\wedge(y=5))\implies(x+y=8)$"并不像理解"如果 $x=3$ 且 $y=5$，那么 $x+y=8$"那样容易。因此一般来说，我不推荐使用这些符号（除了非常直观的符号 $\implies$）。

A.3　证明的结构

　　为了证明一个命题，我们通常先假设一个前提，并朝着结论的方向努力展开论证。这是一种直接证明命题的方法，这种证明过程大概就像下面这样。

　　命题 A.3.1　A 蕴涵 B。

证明 设 A 为真, 因为 A 为真, 所以 C 为真. 因为 C 为真, 所以 D 为真. 因为 D 为真, 所以 B 为真, 这就是要证明的结论. □

下面是这种直接法的另一个例子.

命题 A.3.2 如果 $x = \pi$, 那么 $\sin(x/2) + 1 = 2$.

证明 设 $x = \pi$, 因为 $x = \pi$, 所以 $x/2 = \pi/2$. 因为 $x/2 = \pi/2$, 所以 $\sin(x/2) = 1$. 因为 $\sin(x/2) = 1$, 所以 $\sin(x/2) + 1 = 2$. □

在上述证明中, 我们从一个假设开始, 然后逐步推导出结论. 从结论出发进行逆向推导也是可行的, 看一下什么样的前提蕴涵该结论. 例如, 命题 A.3.1 按照这种方式展开的典型证明大概就像下面这样.

证明 为了证明 B, 只需证明 D 就足够了. 由于 C 蕴涵 D, 因此我们只需证明 C. 而 C 又能从 A 中推导出. □

作为例子, 我们给出命题 A.3.2 的另一种证明.

证明 为了证明 $\sin(x/2) + 1 = 2$, 只需证明 $\sin(x/2) = 1$ 就足够了. 由于 $x/2 = \pi/2$ 蕴涵 $\sin(x/2) = 1$, 因此我们只需证明 $x/2 = \pi/2$. 而 $x/2 = \pi/2$ 又能从 $x = \pi$ 中推导出. □

从逻辑上讲, 命题 A.3.2 的上述两种证明方法是一样的, 只是次序安排不同而已. 注意, 这种证明方式不同于从结论出发来看该结论蕴涵什么 (就像在命题 A.2.3 中那样) 的错误的证明方式. 相反, 我们从结论出发来看什么能够蕴涵此结论.

另一个逆向证明的例子如下.

命题 A.3.3 设 $0 < r < 1$ 是一个实数, 那么级数 $\sum_{n=1}^{\infty} n r^n$ 是收敛的.

证明 要证明这个级数是收敛的, 只需利用比值判别法来证明当 $n \to \infty$ 时, 比值

$$\left| \frac{r^{n+1}(n+1)}{r^n n} \right| = r \frac{n+1}{n}$$

收敛于某个小于 1 的数就可以了. 由于 r 小于 1, 因此只要证明 $\frac{n+1}{n}$ 收敛于 1 就可以了. 因为 $\frac{n+1}{n} = 1 + \frac{1}{n}$, 所以我们只需证明 $\frac{1}{n} \to 0$. 当 $n \to \infty$ 时, $\frac{1}{n} \to 0$ 显然成立. □

我们还可以把从假设出发的直接证明与从结论出发的逆向证明结合起来. 例如, 下面是命题 A.3.1 的一种正确证明.

证明 为了证明 B, 只需证明 D 就足够了. 现在我们来证明 D. 由假设可得 A, 从而我们有 C. 因为 C 蕴涵 D, 所以我们能够得到 D. 这就是要证明的结论. □

再次重申, 从逻辑的角度来看, 这与前面的证明是完全相同的. 于是, 存在很多种方式来书写同一个证明. 你想按照什么样的方式写由你自己决定, 但书写证明的某些特定方式要比其他的方式更具可读性, 也更自然, 而且不同的安排是为了强调论证的不同部分. (当然, 如果刚开始学着进行数学证明, 那么你通常会为得到了结果的一个证明而感到高兴, 而不会过多地关注是否采用了 "最佳的" 证明安排. 然而, 这里要强调的是一个证明可以采用很多种形式.)

上面的证明是相当简单的, 原因在于它只有一个前提和一个结论. 如果存在多个前提和结论并且证明要分成若干种情形, 那么证明过程将会变得更复杂, 像下面这样繁杂的证明.

命题 A.3.4 设 A 和 B 都为真, 那么 C 和 D 也为真.

证明　因为 A 为真，所以 E 为真. 由 E 和 B 知 F 为真. 同样，根据 A 知，要想证明 D 为真，只需证明 G 为真就足够了. 此时存在两种情形：H 和 I. 如果 H 为真，那么由 F 和 H 可以得到 C，并且由 A 和 H 可以得到 G. 另外，如果 I 为真，那么根据 I 可以得到 G，并且根据 I 和 G 可以得到 C. 因此，在上述两种情形下，我们都可以得到 C 和 G，从而有 C 和 D.□

顺便说一下，你可以重新安排上述证明，从而使其具有一个更完整的形式，但你至少要弄清楚一个证明会变得多复杂. 证明一个蕴涵关系可以采取如下几种方法：可以从前提入手直接证明；还可以从结论入手逆向推导；又或者把情况分成若干种情形，从而将原问题分成几个较容易的子问题. 另一种证明方法是反证法. 例如，你可以按照下述形式来论证.

命题 A.3.5　设 A 为真，那么 B 为假.

证明　利用反证法，假设 B 为真，这意味着 C 为真. 但是 A 为真蕴涵 D 为真，而这又与 C 为真相矛盾. 因此，B 一定为假.　　　　　　　　　　　　　　　　　　　□

正如看到的那样，当你试着给出一个证明时，你需要进行若干种尝试. 但随着经验的不断积累，你会越来越清晰地看出采用哪种方法可以使证明更容易，哪种方法或许可行但需要花费更多的精力，以及哪种方法行不通. 在很多情况下，的确只有一种方法是显然可行的. 当然，确实存在一些问题可以采用多种方法来解决. 因此，当发现有不止一种方法可以解决某个问题时，你可以试着找出哪种方法看起来是最简单的，而一旦发现该方法行不通，你就要做好准备换另一种方法去解决问题.

另外，在证明过程中，记清楚哪些命题是已知的（比如前提，或者由前提推导出的结论，又或者从其他定理和结论中得出的结果），哪些命题是想得到的（结论，或者某些蕴涵结论的命题，又或者某些对最终得到结论有帮助的中间结果和引理），这对我们是有帮助的. 把上述两部分混淆在一起几乎不可能得到好的结果，而且还会使我们迷失在证明中.

A.4　变量与量词

我们从一些简单的命题（比如"$2+2=4$"或"约翰的头发是黑色的"）出发，利用逻辑连接词构造出复合命题，进而使用各种逻辑定律由假设推导出结论，这被称为命题逻辑或布尔逻辑. 按照这样的思路，我们可以在逻辑学上走得很远.（我们能列出很多命题逻辑定律，这足以使我们做任何想做的事情. 但我慎重地决定不这样做，因为如果我那样做，你可能会竭尽所能地去记忆这些定律，可是这并不是学习逻辑学应该做的事情，除非你是一台计算机或其他某种"无思想"的设备. 然而，如果真的很好奇到底什么才是正式的逻辑定律，那么你可以在图书馆或互联网上查阅"命题逻辑定律"或类似的内容.）

但要学习数学，这种水平的逻辑是不够的，因为它没有包括变量这个基本概念，即那些我们熟悉的符号，如 x 或 n，它们代表了各种未知量，或者等于某个数值，又或者被假定满足某种性质. 事实上，为了阐述命题逻辑中的一些概念，我们已经接触过一些这样的变量. 因此数理逻辑与命题逻辑是一样的，但数理逻辑中包含变量这个概念.

变量是一个符号，比如 n 或 x，它表示某种特定类型的数学对象——整数、向量、矩阵及诸如此类的内容. 几乎在所有情况下，变量代表的对象类型应该是明确的，否则将很难给出一个符合语法规则的命题.（只有极少数关于变量的命题可以在不知道变量类型的前提下成立.

例如, 给定一个任意类型的变量 x, 那么 $x = x$ 是成立的. 另外, 如果知道 $x = y$, 那么我们能够推导出 $y = x$. 但是, 在明确对象 x 和 y 的类型及它们能否适用于加法运算之前, 我们不能说 $x + y = y + x$. 例如, 若 x 是一个矩阵而 y 是一个向量, 那么上述命题就是不符合语法规则的. 因此, 如果我们真的希望能够做出一些有用的数学研究, 那么每个变量都应该有一个明确的类型.)

我们可以构造一些包含变量的表达式和命题. 例如, 如果 x 是一个实变量 (一个代表实数的变量), 那么 $x + 3$ 是一个表达式, $x + 3 = 5$ 是一个命题. 此时命题的真假可能与变量的取值有关. 譬如, 当 x 等于 2 时, 命题 $x + 3 = 5$ 为真, 而当 x 不等于 2 时, 命题为假. 于是, 含有变量的命题的真假可能会依赖于命题的语境, 此时它依赖于 x 的取值. (这是对命题逻辑法则的修改, 在这种情况下, 所有的命题都有一个确定的真值.)

有时我们不设定变量为某个具体的对象 (除了规定它的类型). 于是, 我们可以把命题 $x + 3 = 5$ 中的 x 看作一个未指定的实数. 在这种情形下, 我们把这种变量称作自由变量. 所以, 命题 $x + 3 = 5$ 是带有自由变量 x 的命题. 包含自由变量的命题可能没有确定的真值, 因为这种命题的真值与未指定的变量有关. 例如, 我们已经知道, 当 x 是一个自由实变量时, $x + 3 = 5$ 没有确定的真值, 但是对每个给定的 x 值, 该命题显然要么为真, 要么为假. 另外, 命题 $(x + 1)^2 = x^2 + 2x + 1$ 对任意的实数 x 都为真, 从而即使 x 是一个自由变量, 我们仍可以把这个命题看作一个真命题.

在其他情况下, 我们通过使用如 "设 $x = 2$" 或 "令 x 等于 2" 这样的声明让一个变量等于某个固定的值. 此时, 该变量被称为约束变量. 只包含约束变量而不包含自由变量的命题的真假是确定的. 如果令 $x = 342$, 那么命题 "$x + 135 = 477$" 的真假是确定的. 但如果 x 是一个自由变量, 那么命题 "$x + 135 = 477$" 可能为真也可能为假, 这与 x 的取值有关. 因此, 就像我们前面说过的那样, 像 "$x + 135 = 477$" 这样的命题的真假依赖于具体的语境——x 是自由变量还是约束变量. 如果 x 是约束变量, 那么就依赖于 x 被约束为什么值.

我们还可以通过使用量词 "对所有的" 或 "对某些 (个)" 把自由变量转化成约束变量. 例如, 命题

$$(x + 1)^2 = x^2 + 2x + 1$$

含有自由变量 x, 并且它不必有确定的真值. 但命题

$$(x + 1)^2 = x^2 + 2x + 1 \text{ 对所有的实数 } x \text{ 都成立}$$

含有约束变量 x, 并且它的真假是确定的 (此时该命题是一个真命题). 类似地, 命题

$$x + 3 = 5$$

含有自由变量 x, 并且它的真假是不确定的. 但命题

$$x + 3 = 5 \text{ 对某些实数 } x \text{ 成立}$$

是真命题, 因为当 $x = 2$ 时, 它就是真的. 另外, 命题

$$x + 3 = 5 \text{ 对所有的实数 } x \text{ 都成立}$$

是假命题, 因为能够找到某个 (实际上能够找到很多个) 实数 x 使得 $x + 3$ 不等于 5.

全称量词　设 $P(x)$ 是某个关于自由变量 x 的命题, 命题 "$P(x)$ 对所有类型为 T 的 x 均为真" 意味着, 给定任意一个类型为 T 的 x, 无论 x 的取值是多少, 命题 $P(x)$ 均为真. 换句话说, 这个命题等价于 "如果 x 的类型为 T, 那么 $P(x)$ 为真". 于是, 证明这个命题通常采用的方法是, 设 x 是一个类型为 T 的自由变量 (用类似于 "令 x 表示任意一个类型为 T 的对象" 的语言来叙述), 然后证明 $P(x)$ 关于该对象为真. 如果我们能够找到一个反例, 也就是说, 可以找到一个类型为 T 的元素 x 使得 $P(x)$ 为假, 那么这个命题就是假的. 例如, 命题 "对所有的正数 x 均有 x^2 大于 x" 可以被证明是假的, 因为我们可以找出一个例子, 比如当 $x = 1$ 或 $x = 1/2$ 时, x^2 不大于 x.

另外, 找出一个使得 $P(x)$ 为真的例子无法证明 $P(x)$ 对所有的 x 均为真. 例如, 只根据等式 $x + 3 = 5$ 在 $x = 2$ 时有一个解, 无法推导出 $x + 3 = 5$ 对所有的实数 x 均为真, 它只能推导出 $x + 3 = 5$ 对某个实数 x 为真. [这就是经常被我们引用但又有点不准确的口号 "不能只用一个例子来证明一个命题" 的来源. 更准确的说法是, 我们不能根据例子来证明 "对所有的⋯⋯均成立" 的命题, 但我们可以用这种方法来证明 "对某些 (个) ⋯⋯成立" 的命题. 此外, 通过找到一个反例, 我们能够否定 "对所有的⋯⋯均成立" 的命题.]

有时也会发生这样的情形, 那就是根本不存在类型为 T 的变量 x. 此时命题 "$P(x)$ 对所有类型为 T 的 x 均为真" 是一个空虚的真命题, 即它是真的但没有任何内容, 这类似于空虚的蕴涵关系. 例如, 命题

$$6 < 2x < 4 \text{ 对所有的 } 3 < x < 2 \text{ 均成立}$$

是一个真命题, 但容易证明它是空虚的. (这样一个空虚的真命题在论证中仍可能是有用的, 尽管这种情形并不经常发生.)

我们可以使用 "对每个" 或 "对任意的" 来代替 "对所有的". 比如, 我们可以把 "对所有的实数 x 均有 $(x+1)^2 = x^2 + 2x + 1$" 改写成 "对任意的实数 x, $(x+1)^2$ 均等于 $x^2 + 2x + 1$". 从逻辑的角度来说, 这些表达是等价的. 我们可以用符号 "$\forall$" 来替换 "对所有的", 例如, "$\forall x \in X, P(x)$ 为真" 及 "$P(x)$ 对 $\forall x \in X$ 均为真" 都与 "$P(x)$ 对所有的 $x \in X$ 均为真" 具有相同的意义.

存在量词　命题 "$P(x)$ 对某个类型为 T 的 x 为真" 意味着, 至少存在一个类型为 T 的 x 使得 $P(x)$ 为真, 虽然这样的 x 可能不止一个. (如果要使这样的 x 既存在又唯一, 那么我们可以使用量词 "恰好对于一个 x" 来代替 "对某个 x".) 要证明这种命题, 只需找到一个满足条件的 x 的例子即可. 例如, 为了证明

$$\text{对某个实数 } x \text{ 有 } x^2 + 2x - 8 = 0,$$

我们只需找到一个实数 x 使得 $x^2 + 2x - 8 = 0$ 就行了, 比如 $x = 2$ 就是这样的实数 (我们还可以使用 $x = -4$, 但没必要同时使用两个). 注意, 当证明 "对某个⋯⋯成立" 的命题时, 我们可以自由地选取想要的 x. 与此形成鲜明对比的是, 当证明 "对所有的⋯⋯成立" 的命题时, 我们必须令 x 是任意的. (为了比较这两种命题, 你可以想象你和对手进行了两个游戏. 在第一个游戏中, 对手出示 x 是什么, 而你必须证明 $P(x)$ 为真. 如果你能在这个游戏中始终保持胜利, 那么就证明了 $P(x)$ 对所有的 x 均为真. 在第二个游戏中, 你来选取 x 是什么, 然后证明 $P(x)$ 为真. 如果你能赢得胜利, 那么就证明了 $P(x)$ 对某个 x 为真.)

说某事对所有的 x 为真, 通常比只说它对某个 x 为真要强很多. 但有一种情形除外, 如果附加在 x 上的条件是不可能满足的, 那么 "对所有的⋯⋯成立" 的命题就是空虚的真命题,

而"对某个……成立"的命题就是假命题. 例如

$$6 < 2x < 4 \text{ 对所有的 } 3 < x < 2 \text{ 均成立}$$

是真命题, 而

$$6 < 2x < 4 \text{ 对某个 } 3 < x < 2 \text{ 成立}$$

是假命题.

我们可以使用"至少对一个"或"存在……使得"来代替"对某个". 例如, 我们可以把"对某个实数 x 有 $x^2 + 2x - 8 = 0$"改写成"存在一个实数 x 使得 $x^2 + 2x - 8 = 0$". 我们可以用符号"∃"来替换"存在……使得", 例如, "$\exists x \in X, P(x)$ 为真"与"对某个 $x \in X$ 有 $P(x)$ 为真"具有相同的意义.

A.5 嵌套量词

我们可以把两个或更多个量词嵌套在一起. 例如, 考虑命题

"对每个正数 x, 存在一个正数 y 使得 $y^2 = x$".

这个命题表达了什么意思? 它的意思是, 对任意的正数 x, 命题

"存在一个正数 y 使得 $y^2 = x$"

都为真. 换句话说, 对任意的正数 x, 我们能找到 x 的一个正的平方根. 于是该命题表明, 每个正数都存在一个正的平方根.

我们继续用游戏来打比方. 假设你和对手进行这样一个游戏: 对手先选取一个正数 x, 然后你再选取一个正数 y, 只要 $y^2 = x$, 你就获得胜利. 如果无论对手选取的 x 是什么, 你总能获得胜利, 那么你就证明了对每个正数 x, 都存在一个正数 y 使得 $y^2 = x$.

否定一个全称命题就产生了一个存在命题. "所有的天鹅都是白色的"的否定并不是"所有的天鹅都不是白色的", 而是"存在某只天鹅不是白色的". 类似地, "对每个 $0 < x < \pi/2$ 都有 $\cos x \geqslant 0$"的否定是"对某个 $0 < x < \pi/2$ 有 $\cos x < 0$", 而不是"对每个 $0 < x < \pi/2$ 都有 $\cos x < 0$".

否定一个存在命题就产生了一个全称命题. "有一只黑色的天鹅"的否定并不是"有一只天鹅不是黑色的", 而是"所有的天鹅都不是黑色的". 类似地, "存在一个实数 x 使得 $x^2 + x + 1 = 0$"的否定是"对每个实数 x 都有 $x^2 + x + 1 \neq 0$", 而不是"存在一个实数 x 使得 $x^2 + x + 1 \neq 0$". (这种情形完全类似于"和"与"或"对否定的处理.)

如果知道命题 $P(x)$ 对所有的 x 均为真, 那么你可以令 x 取你所希望的任何值, 而且 $P(x)$ 对 x 的那个取值也为真, 这就是"对所有的"的含义. 如果知道

$$(x+1)^2 = x^2 + 2x + 1 \text{ 对所有的实数 } x \text{ 均成立},$$

那么你就能得到

$$(\pi + 1)^2 = \pi^2 + 2\pi + 1,$$

也可以得到

$$(\cos y + 1)^2 = \cos^2 y + 2\cos y + 1 \text{ 对所有的实数 } y \text{ 均成立}$$

（因为如果 y 是实数，那么 $\cos y$ 也是实数），以此类推．因此，全称命题具有非常广泛的应用，你可以让 $P(x)$ 对任何你所希望的 x 成立．相比之下，存在命题在应用方面有很大的局限性．如果知道

$$x^2 + 2x - 8 = 0 \text{ 对某个实数 } x \text{ 成立},$$

那么你不能简单地把你所希望的任何实数，如 π，代入上式并断言 $\pi^2 + 2\pi - 8 = 0$．当然，你仍然能够断定 $x^2 + 2x - 8 = 0$ 对某个实数 x 成立，只不过没有指明这个 x 是什么．（我们继续用游戏来打比方．你能够使 $P(x)$ 成立，但由你的对手为你选取 x，而你自己不选取 x．）

注 A.5.1　在逻辑学的发展史上，对量词的正式研究比对布尔逻辑的正式研究早了很长时间．实际上，由亚里士多德（公元前 384 年至公元前 322 年）及他的学术群体建立的亚里士多德逻辑学研究了对象、对象的性质及诸如"对所有的"和"对某个"这样的量词．在亚里士多德逻辑学中，一个典型的推理（或三段论）过程是这样的："人终有一死．苏格拉底是人．所以苏格拉底终有一死．"亚里士多德逻辑学是数理逻辑的一个分支，但是它并不容易表述，因为它缺少像"和""或"及"如果……那么"这样的逻辑连接词（尽管它含有"非"），而且它还缺少如 "=" 和 "<" 这样的二元关系概念．

交换两个量词的先后次序有可能改变命题的真假，也可能不改变命题的真假．交换两个"对所有的"量词的先后次序不会产生任何影响，比如命题

"对所有的实数 a 及所有的实数 b 均有 $(a+b)^2 = a^2 + 2ab + b^2$"

在逻辑上等价于命题

"对所有的实数 b 及所有的实数 a 均有 $(a+b)^2 = a^2 + 2ab + b^2$".

（为什么？这个原因与等式 $(a+b)^2 = a^2 + 2ab + b^2$ 到底是真还是假没有任何关系．）类似地，交换两个"存在一个"量词的先后次序也没有影响，

"存在一个实数 a 且存在一个实数 b 使得 $a^2 + b^2 = 0$"

在逻辑上等价于命题

"存在一个实数 b 且存在一个实数 a 使得 $a^2 + b^2 = 0$".

然而，交换"对所有的"和"存在一个"就完全不同了．考虑下面两个命题：

(a) 对每个整数 n，都存在一个大于 n 的整数 m；

(b) 存在一个整数 m 比每个整数 n 都大．

命题 (a) 显然为真：如果你的对手向你出示了一个整数 n，那么你总能够找到一个大于 n 的整数 m．但命题 (b) 是假的：如果你先选取了一个整数 m，那么你无法保证这个 m 比每个整数 n 都大．你的对手能够很容易地找到一个比 m 大的整数 n 来打败你．这两个命题关键的区别在于，在命题 (a) 中，先选取了整数 n，然后根据 n 来选取整数 m．但在命题 (b) 中，在预先不知道 n 取什么值的前提下，我们被迫先选取整数 m．总之，量词的先后次序之所以重要，是因为内部的变量可能会依赖外部的变量，但反之不然．

习　题

A.5.1 下述各命题的意思是什么? 哪些命题是真命题? 你能用一个游戏来比喻各个命题吗?

(a) 对每个正数 x 及每个正数 y 都有 $y^2 = x$.

(b) 存在一个正数 x, 使得对每个正数 y 都有 $y^2 = x$.

(c) 存在一个正数 x 且存在一个正数 y 使得 $y^2 = x$.

(d) 对每个正数 y, 都存在一个正数 x 使得 $y^2 = x$.

(e) 存在一个正数 y, 使得对每个正数 x 都有 $y^2 = x$.

A.6　关于证明和量词的一些例子

现在我们给出一些包含量词"对所有的"及量词"存在一个"的证明的简单例子. 结论本身很简单, 你应当集中注意力去观察这些量词是如何安置的及整个证明过程是如何构建的.

命题 A.6.1　*对每个 $\varepsilon > 0$, 都存在一个 $\delta > 0$ 使得 $2\delta < \varepsilon$.*

证明　设 $\varepsilon > 0$ 是任意的, 我们必须证明存在一个 $\delta > 0$ 使得 $2\delta < \varepsilon$. 我们只需找到一个这样的 δ 就可以了, 选取 $\delta = \varepsilon/3$ 就满足要求了, 因为此时有 $2\delta = 2\varepsilon/3 < \varepsilon$. □

注意, 这里必须让 ε 是任意的, 因为我们要证明的结论对每个 ε 都成立. 另外, δ 的选取可以由你自己来决定, 因为我们只需证明存在一个 δ 满足需求就可以了. 还要注意, δ 是依赖于 ε 的, 因为 δ-量词是嵌套在 ε-量词里的. 如果把量词的次序颠倒过来, 也就是说, 如果要证明的是"存在一个 $\delta > 0$, 使得对每个 $\varepsilon > 0$ 都有 $2\delta < \varepsilon$", 那么在给定 ε 之前, 你必须先选取 δ. 在这种情形下, 命题是无法证明的, 因为它是一个假命题. (为什么?)

通常情况下, 当我们要证明"存在一个……"的命题时, 比如证明"存在一个 $\varepsilon > 0$ 使得 X 为真"时, 我们要小心地选取 ε, 然后证明 X 对该 ε 为真. 但是这有时需要我们有很强的预见性, 而且直到 ε 应满足的性质在后面的论证中变得更清晰时, 我们才能合理地选取 ε. 唯一需要我们注意的事情是, 保证 ε 不依赖于任何嵌套在 X 中的约束变量. 举个例子,

命题 A.6.2　*存在一个 $\varepsilon > 0$, 使得对所有的 $0 < x < \varepsilon$ 都有 $\sin x > x/2$.*

证明　我们稍后再选取 $\varepsilon > 0$, 设 $0 < x < \varepsilon$. 因为 $\sin x$ 的导数是 $\cos x$, 所以根据中值定理 (推论 10.2.9) 知, 存在某个 $0 < y < x$ 使得

$$\frac{\sin x}{x} = \frac{\sin x - \sin 0}{x - 0} = \cos y.$$

于是, 为了保证 $\sin x > x/2$, 只需保证 $\cos y > 1/2$ 即可. 因此, 只需确保 $0 \leqslant y < \pi/3$ 就行了 (因为余弦函数在 0 处的值为 1, 在 $\pi/3$ 处的值为 $1/2$, 并且它在 0 和 $\pi/3$ 之间是单调递减的). 由 $0 < y < x$ 和 $0 < x < \varepsilon$ 知 $0 \leqslant y < \varepsilon$. 因此, 如果我们选取 $\varepsilon = \pi/3$, 那么就有 $0 \leqslant y < \pi/3$, 这就是要证明的结论, 从而我们能够保证对所有的 $0 < x < \varepsilon$ 都有 $\sin x > x/2$. □

注意, 我们最后选取的 ε 的值不依赖于嵌套变量 x 和 y. 这使得上述论证是合理的. 实际上, 我们可以重新安排整个证明, 从而使任何事情都不会延迟.

证明 我们选取 $\varepsilon = \pi/3$, 那么显然有 $\varepsilon > 0$. 现在我们必须证明对所有的 $0 < x < \pi/3$ 都有 $\sin x > x/2$. 于是, 令 $0 < x < \pi/3$ 是任意的, 根据中值定理知, 存在某个 $0 \leqslant y \leqslant x$ 使得

$$\frac{\sin x}{x} = \frac{\sin x - \sin 0}{x - 0} = \cos y.$$

由 $0 \leqslant y \leqslant x$ 和 $0 < x < \pi/3$ 知 $0 \leqslant y < \pi/3$. 于是, 根据余弦函数在区间 $[0, \pi/3]$ 上是单调递减的知, $\cos y > \cos(\pi/3) = 1/2$. 因此我们有 $\frac{\sin x}{x} > 1/2$, 从而得到想要的 $\sin x > x/2$. □

如果我们选取了一个依赖于 x 和 y 的 ε, 那么整个论证是不成立的, 因为 ε 是外部变量, 而 x 和 y 是嵌套在 ε 中的变量.

A.7 相等

正如前文提到的那样, 我们可以按照下述流程来构造命题. 从表达式（如 $2 \times 3 + 5$）出发, 然后问该表达式是否满足某个特定的性质, 又或者问能否用某种关系（$=$、$\leqslant$、$\in$ 等）把两个表达式联系起来. 有很多种关系, 其中最重要的一种是相等关系. 这个概念是值得我们花费一些时间来回顾的.

相等是把具有同一种类型 T 的两个对象 x 和 y（例如, 两个整数、两个矩阵、两个向量等）联系在一起的关系. 给定两个这样的对象 x 和 y, 命题 $x = y$ 可能为真, 也可能为假. 命题的真假既取决于 x 的值和 y 的值, 又取决于所考察的这类对象, 相等是如何定义的. 例如, 作为实数, 实数 $0.9999\cdots$ 和 1 是相等的. 在模 10 算法中（此时, 我们认为一个数与它模 10 后的余数是相等的）, 数 12 和 2 被看作相等的, 即 $12 = 2$, 尽管这在普通的算术运算中是不成立的.

相等是如何定义的依赖于所考察对象的类型 T, 而且从某种程度上来说, 这只不过是一个关于下定义的问题而已. 然而, 从逻辑学的角度来说, 我们要求相等遵守下面四条相等公理:

- （自反公理）给定任意的对象 x, 我们有 $x = x$;
- （对称公理）给定任意两个同类型的对象 x 和 y, 如果 $x = y$, 那么 $y = x$;
- （传递公理）给定任意三个同类型的对象 x、y 和 z, 若 $x = y$ 且 $y = z$, 则 $x = z$;
- （替换公理）给定任意两个同类型的对象 x 和 y, 如果 $x = y$, 那么对任意一个函数或运算 f 都有 $f(x) = f(y)$. 类似地, 对任意一个关于 x 的性质 $P(x)$, 如果 $x = y$, 那么 $P(x)$ 和 $P(y)$ 就是等价的命题.

前三条公理显然成立, 而且它们结合在一起断定了相等是一个等价关系. 我们给出一些例子来阐述替换公理.

例 A.7.1 设 x 和 y 都是实数, 如果 $x = y$, 那么 $2x = 2y$ 且 $\sin x = \sin y$. 此外, 对任意的实数 z 都有 $x + z = y + z$.

例 A.7.2 设 n 和 m 都是整数, 如果 n 是奇数且 $n = m$, 那么 m 也一定是奇数. 如果还有第三个整数 k, 并且已经知道 $n > k$ 和 $n = m$, 那么我们也就知道了 $m > k$.

例 A.7.3 设 x、y 和 z 都是实数, 如果 $x = \sin y$ 且 $y = z^2$, 那么（利用替换公理的第一种形式）$\sin y = \sin(z^2)$, 从而有（利用传递公理）$x = \sin(z^2)$. 我们也可以利用替换公理的第二种形式直接得到 $x = \sin(z^2)$ 的结论.

于是，从逻辑学的角度来说，只要我们愿意，就可以对一类对象定义相等关系. 但我们必须保证这个相等关系遵守自反公理、对称公理和传递公理，并且它能够与所讨论的这类对象上的其他所有运算保持一致，也就是说，替换公理对所有这些运算均成立. 如果某一天我们决定修改整数，使得 12 等于 2，那么我们唯一能做的就是让 2 等于 12，并且对任意一个定义在修改后的整数上的运算 f 均有 $f(2) = f(12)$. 比如，现在我们需要让 $2 + 5$ 等于 $12 + 5$.（在这种情况下，按照这样的思路推理下去，我们最终将得到模 10 算法.）

在实分析的大多数应用中，我们没必要对不同类型的对象做比较. 如果 x 是一个集合，y 是一个数，那么我们无须考虑 $x = y$ 是真还是假. 但在集合论的研究中，如果 x 和 y 是不同类型的对象，那么我们通常约定命题 $x = y$ 自动为假. 如果将自然数和向量视为不同类型的对象，那么自然数不等于向量. 但有时我们会认为一种类型的对象与另一种类型的对象是相等的，这样就推翻了上述约定. 例如，将自然数与整数中相应元素对等起来，或者将整数与有理数中相应元素对等，诸如此类. 这在技术上是一种"对符号的滥用"，但只要证明这种做法不违反相等公理即可. 有时我们会使用符号 $x \equiv y$ 来表示数学对象 x 与数学对象 y 相等.

习　题

A.7.1 假设有四个实数 a、b、c 和 d，并且已知 $a = b$，$c = d$，那么利用上述四条公理推导出 $a + d = b + c$.

附录 B 十进制

在第 2 章、第 4 章和第 5 章中，我们建立了数学的基本数系：自然数系、整数系、有理数系和实数系．我们简单地假定自然数是存在的，并假定它遵守 5 条公理．整数是通过引入自然数的（形式）差得到的，然后我们又利用整数的（形式）商构造出有理数，实数则来源于有理数的（形式）极限．

这些数系的构造是非常成功的，但是这好像与我们先前所了解的数的相关知识有所不同，特别是很少用到十进制．在十进制中，所有这些数都可以由 0、1、2、3、4、5、6、7、8、9 这 10 个数字组合表示．实际上，除了一些对主体结构而言无关紧要的例子，我们真正用到的十进制数字只有 0、1 和 2，其中 1 和 2 可以分别改写成 $0++$ 和 $(0++)++$．

能够这样做的根本原因是，十进制并非数学中必不可少的内容．十进制在计算方面非常方便．另外，由于十进制已经被使用很多年，因此我们从小就习惯了使用十进制．但是在数学发展史上，十进制的确是一个相对较为近代的发明．数的出现大概已经有上万年了（从人们开始在洞穴岩壁上刻画符号算起），但现代用来表示数的印度–阿拉伯十进制只能追溯到 11 世纪左右．一些早期的文明采用了其他的计数进制．例如，古巴比伦人曾采用过六十进制（在我们的时、分、秒计时系统及度、分、秒角度测量系统中，这种进制仍然在使用）．另外，古希腊人还能进行相当高等的数学研究，尽管对他们来说，能够采用的最高级的计数系统是罗马数系 I, II, III, IV, $\cdots$，而用这个数系来进行哪怕两位数的计算都是相当可怕的．当然，除了十进制，现代计算还依赖二进制、十六进制和字节进制（256 进制）算法，但是模拟计算机，比如计算尺，根本不依赖任何计数系统．事实上，因为计算机可以完成数值计算这样的工作，所以十进制在现代数学中很少被用到．在现代数学研究中，除了一位的整数和分数（以及 e、π 和 i），我们确实很少用到其他任何数．任何更复杂的数通常都会使用更一般的名字，比如用 n 表示．

不管怎样，的确应当把十进制这个课题作为附录的一部分来进行阐述，其中的一个原因在于，如果我们希望把数学知识应用到日常生活中，那么十进制就是一个不可或缺的工具．另一个原因是，我们更希望使用像 $3.14159\cdots$ 这样的记号来表示实数，而不是用记号"$\mathrm{LIM}_{n\to\infty} a_n$，其中 $a_1 = 3.1$, $a_2 = 3.14$, $a_3 = 3.141$, $\cdots$"来表示实数．

首先我们回顾一下，十进制在正整数中是如何运作的，然后考察它在实数中是如何运作的．需要注意的是，在接下来的讨论中，我们将随意使用前面几章中的所有结论．

B.1 自然数的十进制表示

在本节中，我们不使用 $a \times b$ 通常的简写方式 ab，因为如果采用这种简写方式，那么像 34 这样的十进制数可能会被误认为是 3×4.

定义 B.1.1（数字） 数字（digit）指的是 $0, 1, 2, 3, \cdots, 9$ 这 10 个符号，其中任何一个

符号都被称作一个数字. 我们用公式 $0 \equiv 0$, $1 \equiv 0++$, $2 \equiv 1++$, $\cdots$, $9 \equiv 8++$ 把这些数字与自然数等同起来. 另外, 我们定义数 "十" 为 "十 $= 9++$". (目前我们还无法使用十进制记号 10 来表示 "十", 因为这需要预先知道十进制的相关知识, 而这将导致循环论证.)

定义 B.1.2(**十进制正整数**) 十进制正整数指的是由数字组成的字符串 $a_n a_{n-1} \cdots a_0$, 其中 $n \geqslant 0$ 是一个自然数, 并且第一个数字 a_n 不为零. 例如, 3049 是一个十进制正整数, 而 0493 和 0 都不是十进制正整数. 利用下面这个公式可以把每个十进制正整数等同于一个正整数:

$$a_n a_{n-1} \cdots a_0 \equiv \sum_{i=0}^{n} a_i \times 十^i.$$

注 B.1.3 注意, 这个定义显然蕴涵

$$10 = 0 \times 十^0 + 1 \times 十^1 = 十.$$

于是我们能够把 "十" 写成更熟悉的 10. 另外, 由单独一个数字组成的十进制整数恰好等于这个数字自身. 例如, 根据上述定义知, 十进制数 3 等于

$$3 = 3 \times 十^0 = 3.$$

因此, 单独一个数字与由单独一个数字组成的十进制数之间是不可能产生混淆的. (它们之间的区别很小, 我们不需要为此担忧.)

现在我们证明, 十进制的确可以表示正整数. 从定义中我们能够清晰地看到, 由于 "和" 完全是由自然数构成的, 并且根据定义知, 最后一项 $a_n \times 十^n$ 是不为零的, 因此每个正的十进制表示都给出了一个正整数.

定理 B.1.4(**十进制表示的唯一性和存在性**) 每个正整数 m 都恰好等于一个十进制正整数.

证明 我们将使用强归纳法原理(命题 2.2.14, 其中 $m_0 = 1$). 对任意的正整数 m, 令 $P(m)$ 表示命题 "m 恰好等于一个十进制正整数", 假设我们已经知道对所有的正整数 $m' < m$, $P(m')$ 均为真. 现在我们希望能够证明 $P(m)$ 也为真.

首先我们观察到 $m \geqslant 十$ 或 $m \in \{1, 2, 3, 4, 5, 6, 7, 8, 9\}$(按照一般的归纳法, 可以很容易证明这个结果). 先设 $m \in \{1, 2, 3, 4, 5, 6, 7, 8, 9\}$, 那么 m 显然等于由单独一个数字组成的十进制正整数, 并且这样的十进制正整数只有一个. 此外, 由两个或更多个数字组成的十进制数都不等于 m, 因为如果存在这样一个十进制数 $a_n \cdots a_0$(其中 $n > 0$), 那么我们就有

$$a_n \cdots a_0 = \sum_{i=0}^{n} a_i \times 十^i \geqslant a_n \times 十^n \geqslant 十 > m.$$

现在设 $m \geqslant 十$, 那么根据欧几里得算法(命题 2.3.9)得

$$m = s \times 十 + r,$$

其中 s 是一个正整数, 并且 $r \in \{0, 1, 2, 3, 4, 5, 6, 7, 8, 9\}$. 由于

$$s < s \times 十 \leqslant s \times 十 + r = m,$$

因此我们可以利用强归纳假设推导出 $P(s)$ 为真. 特别地, s 的十进制表示为

$$s = b_p \cdots b_0 = \sum_{i=0}^{p} b_i \times 十^i.$$

上式等号两端同时乘以"十"得

$$s \times 十 = \sum_{i=0}^{p} b_i \times 十^{i+1} = b_p \cdots b_0 0.$$

上式等号两端同时加上 r 得

$$m = s \times 十 + r = \sum_{i=0}^{p} b_i \times 十^{i+1} + r = b_p \cdots b_0 r.$$

因此, m 至少有一个十进制表示. 现在我们需要证明 m 最多有一个十进制表示. 利用反证法, 假设 m 有两个不同的十进制表示,

$$m = a_n \cdots a_0 = a'_{n'} \cdots a'_0.$$

首先, 根据前面的计算得

$$a_n \cdots a_0 = (a_n \cdots a_1) \times 十 + a_0$$

和

$$a'_{n'} \cdots a'_0 = (a'_{n'} \cdots a'_1) \times 十 + a'_0.$$

于是, 经过一些代数运算后, 我们得到

$$a'_0 - a_0 = (a_n \cdots a_1 - a'_{n'} \cdots a'_1) \times 十.$$

上式等号右端是"十"的倍数, 等号左端则严格介于"$-$十"和"$+$十"之间. 于是, 等号两端必定同时等于 0. 这意味着 $a_0 = a'_0$ 且 $a_n \cdots a_1 = a'_{n'} \cdots a'_1$. 但是, 根据前面的论证知, $a_n \cdots a_1$ 是一个小于 $a_n \cdots a_0$ 的整数, 于是, 由强归纳假设得 $a_n \cdots a_1$ 只有唯一的十进制表示, 这表明 n' 必定等于 n 且 a'_i 必定等于 a_i, 其中 $i = 1, \cdots, n$. 因此, 十进制数 $a_n \cdots a_0$ 和 $a'_{n'} \cdots a'_0$ 实际上是完全相同的, 但这与它们是不相同的假设矛盾. □

我们把上述定理给出的十进制数称作 m 的十进制表示. 一旦有了十进制表示, 我们就可以推导出关于竖式加法和竖式乘法的一般定律, 从而能够将 $x + y$ 和 $x \times y$ 的十进制表示与 x 和 y 的十进制表示联系起来 (习题 B.1.1).

一旦有了正整数的十进制表示, 我们当然就可以通过负号 ($-$) 来得到负整数的十进制表示. 最后, 我们规定 0 也是一个十进制数. 这就给出了所有整数的十进制表示. 于是, 任意一个有理数都是两个十进制整数的比值, 例如, 335/113 或 $-1/2$ (当然, 这里要求分母不为零), 然而把一个有理数表示成两个十进制数比值的方法可能不止一种, 比如 6/4 = 3/2.

因为"十 = 10", 所以我们从现在开始将按照惯例用"10"来代替"十".

习　题

B.1.1 本题是为了说明你在小学阶段学过的竖式加法运算确实成立. 令 $A = a_n \cdots a_0$ 和 $B = b_m \cdots b_0$ 表示两个十进制正整数, 我们按照惯例约定当 $i > n$ 时, $a_i = 0$, 并且当 $i > m$ 时, $b_i = 0$. 如果 $A = 372$, 那么 $a_0 = 2, a_1 = 7, a_2 = 3, a_3 = 0, a_4 = 0$, 以此类推. 根据下面的竖式加法算法, 递归地定义数 $c_0, c_1, \cdots$ 和 $\varepsilon_0, \varepsilon_1, \cdots$.

- $\varepsilon_0 = 0$.

- 现在假设对某个 $i \geqslant 0$，我们已经定义了 ε_i. 如果 $a_i + b_i + \varepsilon_i < 10$，那么我们就令 $c_i = a_i + b_i + \varepsilon_i$ 且 $\varepsilon_{i+1} = 0$；否则，如果 $a_i + b_i + \varepsilon_i \geqslant 10$，那么我们就令 $c_i = a_i + b_i + \varepsilon_i - 10$ 且 $\varepsilon_{i+1} = 1$.（数 ε_{i+1} 是从第 i 个十进制位到第 $i+1$ 个十进制位的"进位数字".）

证明：$c_0, c_1, \cdots$ 都是数字，并且存在一个 l 使得 $c_l \neq 0$，而且对所有的 $i > l$ 均有 $c_i = 0$. 再证明：$c_l c_{l-1} \cdots c_1 c_0$ 是 $A + B$ 的十进制表示. 注意，我们的确能够利用这个算法定义加法，但这看起来极其复杂，即使证明像 $(a+b)+c = a+(b+c)$ 这样简单的事实也是相当困难的. 这就是我们在构造自然数时没有使用十进制的原因之一. 想要严格地展示出竖式乘法（或者竖式减法，又或者竖式除法）的运算过程更困难，对此我们在这里不再论述.

B.2 实数的十进制表示

我们要用到一个新的符号：小数点 ".".

定义 B.2.1（十进制实数） 十进制实数是由数字和小数点按照下述方式排成的一个序列：

$$\pm a_n \cdots a_0.a_{-1}a_{-2}\cdots,$$

其中，小数点左侧的数字个数是有限的（于是 n 是一个自然数），但小数点右侧的数字个数是无限的. 另外，$\pm$ 或取 $+$，或取 $-$. $a_n \cdots a_0$ 是一个十进制自然数（它要么是一个十进制正整数，要么是 0）. 这个十进制数等于实数

$$\pm a_n \cdots a_0.a_{-1}a_{-2}\cdots \equiv \pm 1 \times \sum_{i=-\infty}^{n} a_i \times 10^i.$$

上面这个级数总是收敛的（习题 B.2.1）. 接下来，我们证明每个实数至少有一个十进制表示.

定理 B.2.2（十进制表示的存在性） 每个实数 x 至少有一个十进制表示

$$x = \pm a_n \cdots a_0.a_{-1}a_{-2}\cdots.$$

证明 首先，我们注意到 $x = 0$ 有十进制表示 $0.000\cdots$. 另外，一旦找到了 x 的一个十进制表示，那么通过改变符号 $\pm$，我们就自动得到了 $-x$ 的一个十进制表示. 因此，我们只需证明这个定理关于正实数 x 是成立的就足够了（根据命题 5.4.4）.

设 $n \geqslant 0$ 是任意的自然数，根据阿基米德性质（推论 5.4.13）知，存在一个自然数 M 使得 $M \times 10^{-n} > x$. 因为 $0 \times 10^{-n} \leqslant x$，所以必定存在一个自然数 s_n 使得 $s_n \times 10^{-n} \leqslant x$ 且 $s_n + + \times 10^{-n} > x$.（如果不存在这样的自然数，那么我们利用归纳法可以推导出 $s \times 10^{-n} \leqslant x$ 对所有的自然数 s 均成立，而这与阿基米德性质相矛盾.）

现在考虑序列 $s_0, s_1, s_2, \cdots$，因为

$$s_n \times 10^{-n} \leqslant x < (s_n + 1) \times 10^{-n},$$

所以

$$(10 \times s_n) \times 10^{-(n++)} \leqslant x < (10 \times s_n + 10) \times 10^{-(n++)}.$$

另外，我们有

$$s_{n+1} \times 10^{-(n+1)} \leqslant x < (s_{n+1} + 1) \times 10^{-(n+1)},$$

从而

$$10 \times s_n < s_{n+1} + 1 \text{ 且 } s_{n+1} < 10 \times s_n + 10.$$

从这两个不等式中可以看出

$$10 \times s_n \leqslant s_{n+1} \leqslant 10 \times s_n + 9.$$

于是我们能够找到一个数字 a_{n+1} 使得

$$s_{n+1} = 10 \times s_n + a_{n+1},$$

那么有

$$s_{n+1} \times 10^{-(n+1)} = s_n \times 10^{-n} + a_{n+1} \times 10^{-(n+1)}.$$

根据这个等式，利用归纳法得

$$s_n \times 10^{-n} = s_0 + \sum_{i=1}^{n} a_i \times 10^{-i}.$$

上式等号两端同时取极限（利用习题 B.2.1）得

$$\lim_{n\to\infty} s_n \times 10^{-n} = s_0 + \sum_{i=1}^{\infty} a_i \times 10^{-i}.$$

另外，对所有的 n 均有

$$x - 10^{-n} \leqslant s_n \times 10^{-n} \leqslant x,$$

于是，根据夹逼定理（推论 6.4.14）知

$$\lim_{n\to\infty} s_n \times 10^{-n} = x.$$

因此，我们得到

$$x = s_0 + \sum_{i=1}^{\infty} a_i \times 10^{-i}.$$

又根据定理 B.1.4 知，s_0 有一个十进制正整数表示，所以我们得到了 x 的一个十进制表示，结论得证。 □

然而，十进制有一个小小的缺陷：一个实数可能存在两个十进制表示。

命题 B.2.3（十进制表示不具有唯一性）数 1 有两个不同的十进制表示：$1.000\cdots$ 和 $0.999\cdots$。

证明 十进制表示 $1 = 1.000\cdots$ 显然成立。现在我们来计算 $0.999\cdots$。根据定义知，$0.999\cdots$ 是柯西序列

$$0.9, 0.99, 0.999, 0.9999, \cdots$$

的极限。但是根据命题 5.2.8 知，1 是该序列的形式极限。 □

其实，$1.000\cdots$ 和 $0.999\cdots$ 是 1 仅有的两个十进制表示（习题 B.2.2）。实际上，正如这里所展现的，所有的实数都只有一个或两个十进制表示。当实数是一个有限小数时，它就有两个十进制表示；否则，它就只有一个十进制表示（习题 B.2.3）。

习 题

B.2.1 设 $a_n \cdots a_0.a_{-1}a_{-2} \cdots$ 是一个十进制实数, 证明: 级数 $\sum_{i=-\infty}^{n} a_i \times 10^i$ 是绝对收敛的.

B.2.2 证明: 1 仅有的十进制表示

$$1 = \pm a_n \cdots a_0.a_{-1}a_{-2} \cdots$$

是 $1 = 1.000 \cdots$ 和 $1 = 0.999 \cdots$.

B.2.3 设 x 是一个实数, 如果存在整数 n 和 m 使得 $x = n/10^m$, 那么我们称实数 x 是一个有限小数. 证明: 如果 x 是一个有限小数, 那么 x 恰好有两个十进制表示; 如果 x 不是有限小数, 那么 x 恰好有一个十进制表示.

B.2.4 用十进制重写推论 8.3.4 的证明.

人名索引

术语索引